GENERAL AVIATION

조종사 입문서

이강희 지음

Have a safe fly!

비행연구원

| 저자 | 이 강 희

- 청주대 영문학, (학점제) 심리학
- 육군3사관학교, 장교영어반 및 미항공고등군사반 수료
- 육군항공 조종사 및 육군항공학교 헬리콥터 학과교관 및 비행교관 역임
- FAA 이론교관 및 비행교관 역임
- 주요저서

  『운항학 개론』 『항공우주용어사전』 『항법개론』 『항공기상』 『항공상식』 『제트엔진』 『가스터빈엔진(제트엔진)에 도전하다』 『비행기 조종학』 『계기비행』 『계기비행절차』 『항공무선통신』 『항공교육 교수법』 『항공기 I』 『항공정보지침서』 『헬리콥터 역학과 비행』 『조종실에서 글라스 칵핏까지』 『드론기술 Q&A와 전문용어』 기타 문제집 시리즈

| 조종사 입문서 |

- 펴낸 곳/펴낸 날 : 비행연구원/2022.3.25
- 등 록 : 제17-174호(1996.6.12)
- 홈페이지/e-mail : www.flightin.com/flight-in@hanmail.net
- YouTube : 비행연구원
- 정 가 : 36,000원
- 조종사 입문서 : 2021.4.2 초판 : 2022.3.25. 초판/2쇄

Printed in KOREA by Flight Institute ISBN 978-89-87015-62-0 93550

머리말

항공산업의 급성장과 함께 항공기의 활동이 눈에 띄게 증가하고 있다. 청소년부터 장년층까지 창공을 날아보고자 하는 원초적 요구를 실현하기 위한 일반항공 여건만 조성된다면 단일 직업군으로 성장해 가고 있다. 현대 경비행기는 우수한 기술력을 바탕으로 제작되었기 때문에 성능이 우수하고 신뢰성이 역시 매우 높다. 특히 경량항공기는 무게와 크기가 작고 날개와 같은 일부 구조물은 접을 수 있어 일반 컨테이너에 보관할 수 있고 자가제작한 항공기를 운용할 수 있다는 것도 최대의 장점이다. 경항공기의 또 다른 최대의 장점은 이착륙을 위한 공간이 크게 제한을 받지 않는 점이다. 이 같은 특성 때문에 넓은 초지라든지 농장, 불특정 공간, 해안가, 산악 지형 혹은 수상 등에서 자유롭게 운용할 수 있다. 최근 경항공기를 중심으로 일반항공이 활성화되고 있는 것은 고무적인 일이 아닐 수 없다. 경항공기도 일반 공항에서 이착륙할 수 있고, 장거리 항행에 나서기 때문에 공항에 대한 정보 그리고 항공도 판독 그리고 운용절차에 대한 지식이 필수적으로 요구되고 있다.

조종사가 되기 위한 전체 과목을 다룬 책이 없어 다소 아쉬운 점이 있었으나, 이 책은 비행이론과 항공기 구조 그리고 계기, 성능, 무게와 균형, 항공교통절차, 공중항법, 항공기상, 그리고 항공생리와 항공의사결정에 대해서 조종사로서 갖추어야 할 기초 지식을 수록하였다. 전문 조종사 범위를 넘지 않으면서 또한 조종사로서 필요한 지식을 충분히 전달할 수 있는 수준을 고려하여 많은 실물사진과 그래픽 그리고 원리의 이해와 실무에 적합한 내용으로 집필 기준을 설정하였다.

이 책은 내용과 함께 관련 문제를 구성하여 항공지식을 더욱 강화할 수 있도록 구성하였다. 여기에 수록된 문제는 국내 기출문제와 FAA 문제를 발췌하여 수록하였다. 또한, 대부분 문제를 해설을 곁들였기 때문에 책에서 다루지 못한 부분을 보충할 수 있도록 구성하여 자격증 시험에 대비하였다.

자가용 조종사 자격증명을 포함한 상위과정에 도전하는 조종사는 과목별 문제집을 함께 학습할 것을 권장한다. 이외에도 좀 더 깊은 항공지식을 학습하기 위해서 다양한 참고서가 발행되어 있으니 참고할 것을 권장한다.

한 권의 책에 모든 내용을 다룰 수 없다. 이 책을 통해서 조종사가 되기 위해서 무엇을 그리고 어떻게 준비해야 하는지에 대한 가이드 역할에 충실하도록 구성하였다. 끝으로 이 책이 모든 조종사 입문자의 희망을 실현하는데 훌륭한 동반자가 될 것을 기대하면서 안전비행을 기원한다.

저자 이강희

차 례

Chapter 1 비행이론

1.1 개 요

현대의 항공산업은 글로벌 물류의 핵심으로 초대형 운송용 항공기와 초음속 전투기를 주축으로 한 제트엔진 항공기와 항공레저 차원의 일반항공이 뚜렷한 영역을 형성하여 발전해 가고 있다. 경항공기라고 해서 어느 다른 항공기 범주에서 크게 벗어나는 것은 아니다. 항공기로서 갖추어야 할 모든 요소를 갖추었지만 단지 운용범위가 크게 제한될 뿐이다. 경량항공기(light sport aircraft)는 대부분 소유자 혹은 조종사의 책임으로 운용되기 때문에 상대적으로 체계적인 정비와 관리가 소홀해질 수 있다. 실제 경항공기 사고를 분석했을 때 기본을 중요시하지 않은 인적과실에 의한 사고라는 것은 의미하는 바가 크다. 이러한 점을 고려했을 때 기본 비행이론 지식은 궁극적으로 항공안전에 도움이 될 것이다. 경항공기는 [그림1-1]과 같이 자가제작 항공기를 포함하여 다양한 형태로 제작되고 있어 소유자 또는 운용자 스스로 운용 규칙을 준수하고 필요한 지식을 습득할 것이 요구된다. 여기서는 경항공기 조종사로서 필수 기본 지식에 대해서 원리 측면에서 분석하기보다는 실무에서 필요한 지식 위주로 설명한다.

1.2 비행과 양력

1.2.1 베르누이 정리

날개에서 양력(lift)이 발생하는 기본원리는 이미 수 세기 전에 입증된 뉴턴의 운동법칙과 베르누이 정리이다. 특히 베르누이 정리는 공기를 포함한 유체흐름에서 압력과 속도의 관계를 정의하였다. [그림1-2]는 베르누이 정리와 이를 실증적으로 보여주고 있는 벤투리관

【그림1-1】 경항공기는 하늘을 날고자 하는 원초적 욕구를 실현하는 최적의 항공기이다. 무게가 가볍고 운용범위가 크게 제한되지만, 초경량 그리고 경량 항공기도 엄연한 항공기 범주에 속한다. 이것은 공기역학적 원리가 모든 비행기와 동일하게 적용된다는 것을 의미한다. 최근 경량 항공기는 엔진과 복합소재로 제작되어 무게는 가벼워졌지만, 성능은 크게 향상되었다.

에서 유체의 압력과 속도의 관계이다. 단면적이 다른 관 속을 통과하는 유체흐름에서 양력 발생 원리를 유추할 수 있다. 이 실험에서 유체는 단면적이 넓은 곳보다 좁은 곳에서 빠르게 흐른다. 이것을 유체의 운동에너지인 동압(dynamic pressure)이라 한다. 그러나 동압만으로 양력 발생 원리를 완전히 설명할 수 없다. 동압 외에도 유체 자체가 지닌 압력이 있고 이를 정압(static pressure)이라 한다. 유체가 갖는 전체 압력(total pressure)은 변함이 없다. 그렇다면 동압 혹은 정압 중 어느 한 요소가 변화되었다면 반드시 다른 요소가 변화되

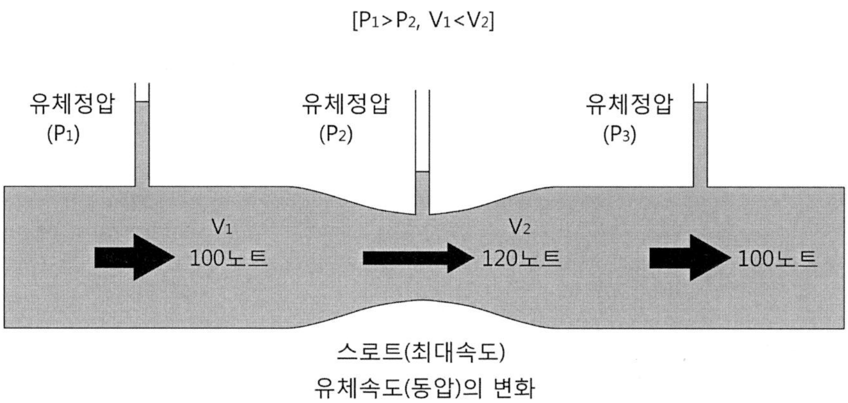

【그림1-2】 베르누이 정리를 적용한 벤투리관에서 유체의 동압과 정압의 관계를 관찰할 수 있다. 모든 비압축성 유체에서 전체 압력은 일정하다. 따라서 동압과 정압은 상호 반비례의 관계를 갖는다. 유체속도가 가장 빨라지는 지점은 관의 단면적이 가장 좁아지는 병목(스로트) 구역이다. 스로트는 공기역학에서 매우 중요한 의미가 있다.

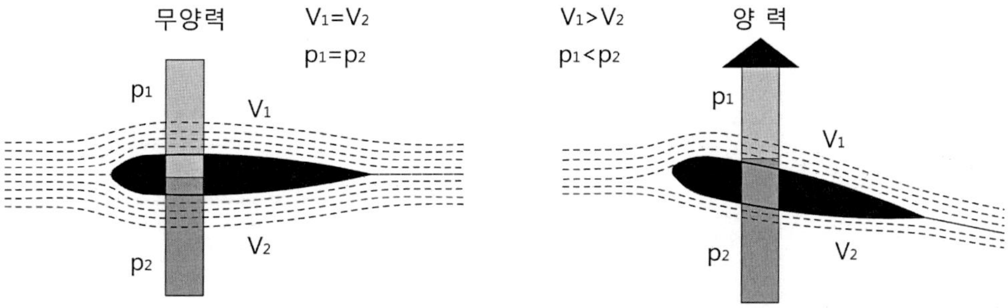

[그림1-3] 에어포일 정면에 부딪힌 공기는 순간적으로 정체된 후 위아래로 분리되어 흐른다. 에어포일 윗면을 통과하는 공기속도는 빠르고 정압은 낮은 반면 아랫면을 흐르는 공기속도는 느리고 정압은 높다. 여기서 발생하는 압력차가 양력이다. 속도차가 클수록 압력차도 증가하지만 무한정 증가할 수 없다. 왼쪽 대칭형 에어포일에서 공기흐름이 아무리 빠를지라도 에어포일을 부양시키는 힘은 없다. 그러나 오른쪽 대칭형 에어포일은 공기흐름과 일정한 각도를 형성했을 때 에어포일을 부양시키는 힘이 발생하고 있음을 알 수 있다.

어야 한다. 예를 들어 동압이 감소했다면 정압이 그만큼 증가해야 하고, 반대로 동압이 증가한다면 정압이 감소해야 한다.

날개 단면은 윗면이 굽어 있고 아랫면은 상대적으로 평평하다. 날개는 공기흐름 속에 끼워져 있는 형상이다. 날개 윗면이나 아랫면으로 흐르는 공기가 무한적으로 굽어져 흐르지 않고 공기층이 일종의 관 역할을 한다. [그림1-3]과 같이 날개의 윗면을 흐르는 공기흐름의 속도(동압)는 빠르고 정압은 낮아진다. 반대로 아랫면에서 공기흐름의 속도(동압)는 느리고 정압은 높아진다.

1.2.2 에어포일의 정의

에어포일(airfoil)은 공기흐름의 반작용(reaction)으로 유용한 공기역학적 힘을 얻을 수 있도록 고안된 구조물이다. 비행기 날개 그리고 회전날개 항공기 블레이드(blades)는 전형적인 에어포일이다. 여기서는 단순히 양력을 얻을 수 있는 구조물로 한정했지만 좀 더 넓은 의미의 에어포일은 항공기의 안정성(stability)에 도움이 되는 안정판과 각종 보조 조종면 역시 모두 에어포일의 범주에 속한다.

에어포일 모양은 [그림1-4]와 같이 대칭형과 비대칭형(symmetric and asymmetric)이 있다. 경비행기 날개는 비대칭 에어포일이고 꼬리날개의 안정판은 대부분 대칭형 구조이다. 비대칭 에어포일의 구조는 앞전(leading edge)은 둥글게 그리고 뒷전(trailing edge)은 뾰쪽하게 설계되어 있다. 윗면은 굽어 있고 아랫면은 상대적으로 평평하거나 약간 오목하게 설계된다. 앞전과 뒷전을 잇는 선을 시위선(chord line)이라 한다. 시위선은 양력 발생에서 매우 중요한 의미를 갖는다. 캠버(camber)는 에어포일 윗면과 아랫면 중간 지점을 연결한 선이다. 비대칭형 에어포일은 베르누이 정리를 적용하여 양력이 발생할 수 있음을 입증

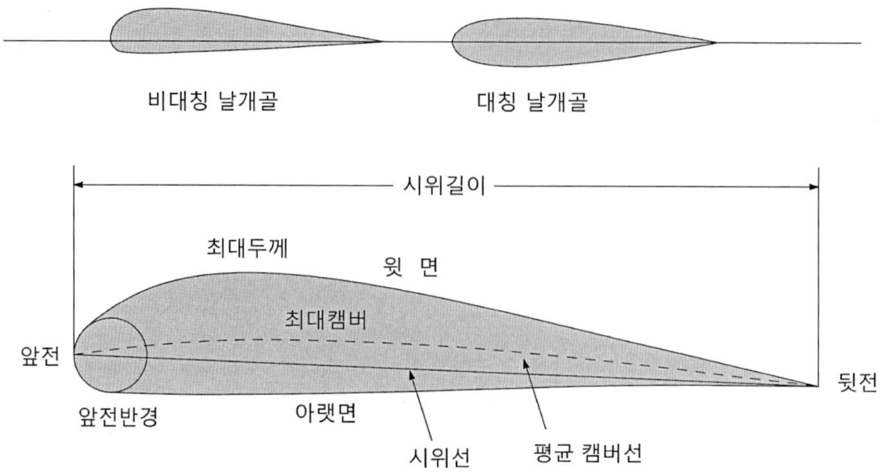

【그림1-4】 에어포일의 윗면은 굽어 있고 아랫면은 상대적으로 평평하다. 앞전은 둥그렇게 그리고 뒷전은 뾰쪽한 모양으로 설계되어 있다. 이것이 전형적인 비대칭 양력 발생 에어포일이다. 일반적으로 에어포일 전체는 고정되어 있지만, 뒷전에 일종의 가변 장치(플랩)를 장착하여 캠버를 변형시켜 인위적으로 시위선을 조절할 수 있다.

하였다. 에어포일 앞전에 부딪힌 공기흐름은 순간적으로 정체(stagnation)된 후 윗면과 아랫면으로 분리되어 흐르고 뒷전에서 서로 다시 합류하기는 하지만 윗면을 흐르는 공기가 훨씬 더 빠르게 이동한다. 윗면의 공기흐름을 분석했을 때 동압(속도)은 높고 정압은 낮다. 반대로 아랫면에서 동압(속도)은 낮고 정압은 높다. 이것은 명백하게 윗면과 아랫면의 압력(정압)의 차이가 발생하고 있음을 알 수 있다. 압력은 항상 높은 곳에서 낮은 곳으로 작용한다고 본다면 에어포일에서 정압은 상향으로 작용한다.

1.2.2 에어포일에 작용하는 힘

공기역학적 힘(aerodynamic forces)은 양력과 항력이다. 양력(lift)은 비행기를 지지하는 힘이고 항력(drag)은 비행기의 전방 이동을 저지하는 힘이다. 따라서 모든 에어포일은 최소의 항력으로 최대의 양력을 얻을 수 있도록 설계되어야 한다. 이들 힘이 작용하는 점을 압력중심(또는 양력중심)이라 한다.

[그림1-5]의 위 그림은 삼각도형을 이용한 합력 벡터를 보여주고 있다. 양력과 항력은 공기밀도, 날개면적, 속도의 제곱 그리고 받음각(angle of attack; AOA)에 따라 달라질 수 있다. 여기서 받음각을 제외하고 다른 요소들이 일정하다고 했을 때 받음각 변화에 따른 양력과 항력의 변화는 조종사에게 매우 중요하다. 아래 그림에서 받음각에 따른 양력계수(C_L)와 항력계수(C_D)의 변화를 보여주고 있다. 받음각이 증가함에 따라 항력계수는 급격히 증가하고 있고 양력계수는 약 20°까지 지속해서 증가한다. 그 이상의 받음각에서 양력계수는 급격히 감소한다. 이것이 실속 또는 임계 받음각(critical AOA)이다. 이 그래프에서 양력과 항력의 비율을 나타내는 양항비(lift to drag ratio; L/D) 곡선은 6°에서 최대이다.

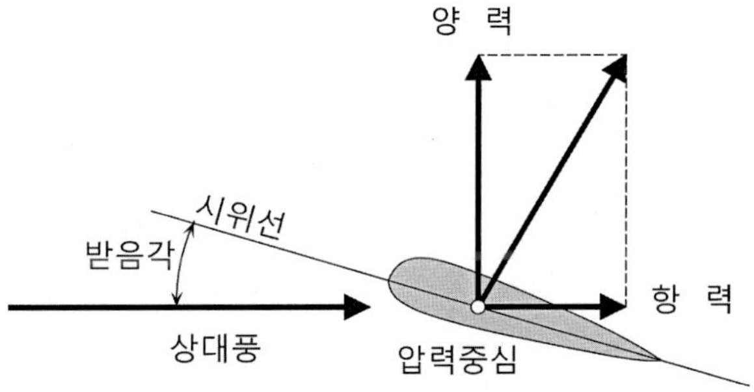

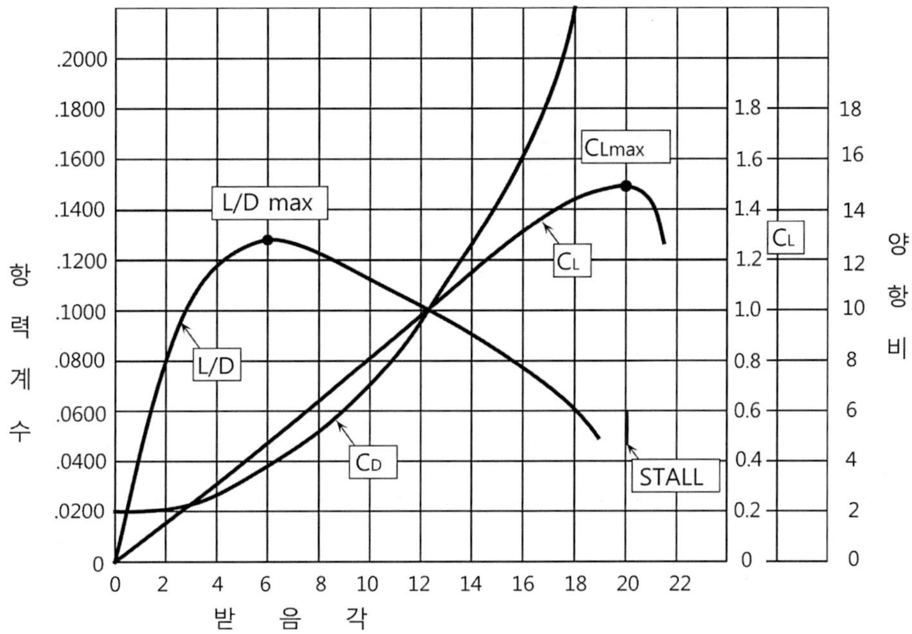

【그림1-5】 공기역학적 힘은 양력과 항력이 있다. 양력은 에어포일 윗면과 아랫면을 흐르는 공기 흐름의 속도 차에 따른 압력 불균형에 의한 것이다. 항력은 비행기 혹은 에어포일의 전방 이동을 저지하는 모든 힘의 합력이다. 아래 그래프는 에어포일의 양력계수과 항력계수의 변화이다. 받음각이 높을수록 양력계수는 증가하지만, 항력계수도 증가한다. 임계 받음각에 도달해서는 양력이 발생하지 못하는 상태가 된다. 이것이 실속이다.

이 받음각에서 비행했을 때 항력은 최저가 되고 항속거리는 최대가 된다. 그러나 그 이상 혹은 이하의 받음각에서 최대 양항비(L/D_{max})는 감소한다.

에어포일의 양력 발생에서 가장 큰 영향을 미치는 요소는 받음각이다. 이외에도 양력 발생에 영향을 미치는 요소는 에어포일의 모양(shape)을 결정하는 캠버이다. 윗면의 캠버가 증가하면 어느 한계까지는 양력이 증가하지만, 어느 한계를 넘어서면 에어포일 윗면에서 공기흐름이 분리되어 오히려 양력 손실의 원인이 되기 때문이다.

1.2.3 상대풍

상대풍(relative wind)이란 에어포일의 이동 방향에 평행하고 반대 방향의 바람이다. 자연 바람은 관측자의 위치에 따라 달라진다. 만약 관측자가 바람 부는 쪽을 향하고 있다면 맞바람(headwind)이지만 등지고 있다면 뒷바람(tailwind)이 된다. 비행 중인 항공기를 가정했을 때 자연 바람은 어느 방향에서나 불어올 수 있지만, 상대풍은 비행경로(flight path)와 평행하지만, 반대 방향의 바람이다.

1.2.4 받음각

받음각은 [그림1-5]와 같이 시위선과 상대풍이 이루는 각도이다. 받음각은 조종사가 실질적으로 양력의 크기를 결정할 수 있는 수단이다. 기본적으로 받음각이 증가하면 양력이 증가하고 받음각이 감소하면 양력도 감소한다. 이를 속도와 연관시켰을 때 속도가 감소하면 양력이 감소한다. 이를 보상하기 위해서 받음각을 증가시켜 양력을 증가시켜야 한다. 반대로 속도가 증가하면 양력이 증가하여 항공기는 상승하려는 힘을 얻는다. 이처럼 받음각은 속도에 따라 달라질 수 있다. 결론적으로 조종사는 받음각을 변화시켜 양력, 속도, 그리고 항력 등을 조절할 수 있다.

이와 유사한 용어로 [그림1-6]과 같이 동체의 세로축과 날개의 시위선이 이루는 각을 붙임각(angle of incident)이라 한다. 붙임각은 비행기의 세로축과 약 1~3°의 각도가 형성되도록 설계되고 이 각도는 변하지 않는다. 반면에 받음각은 상대풍과 시위선 사이의 각도이기 때문에 비행자세에 따라 항상 변할 수 있다.

조종사가 받음각에 대해서 확실하게 이해해야 할 가장 중요한 사항 중 하나는 모든 비행기에서 실속 또는 임계 받음각은 무게, 동압, 경사각 또는 피치 자세와 관계없이 일정하다. 이 요소들이 실속속도(stall speed)에 영향을 줄 수 있을 것이나 결코 실속각에 영향을 주지 않는다. [그림1-5]에서 보는 것과 같이 받음각이 약 18~20° 정도로 증가하면 날개 윗면으로 더 이상 공기가 유연하게 흐르지 못한다. 이것은 공기흐름이 큰 받음각 변화에 빠르게 방향을 전환하지 못하기 때문이다. 이때의 각이 실속 또는 임계 받음각(critical angle of attack)이다.

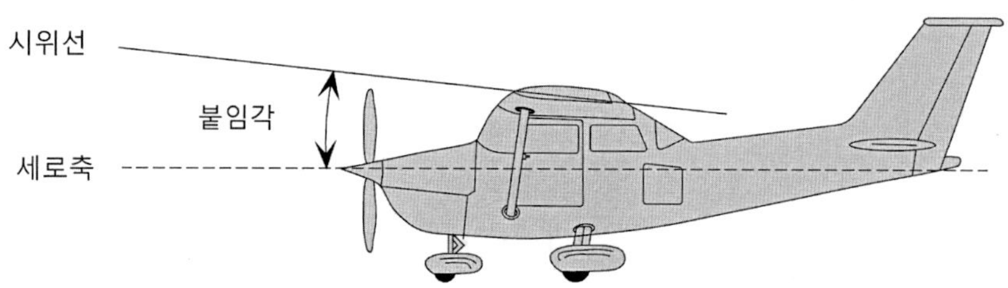

【그림1-6】 붙임각은 날개 시위선과 비행기 세로축 사이의 각도이다.

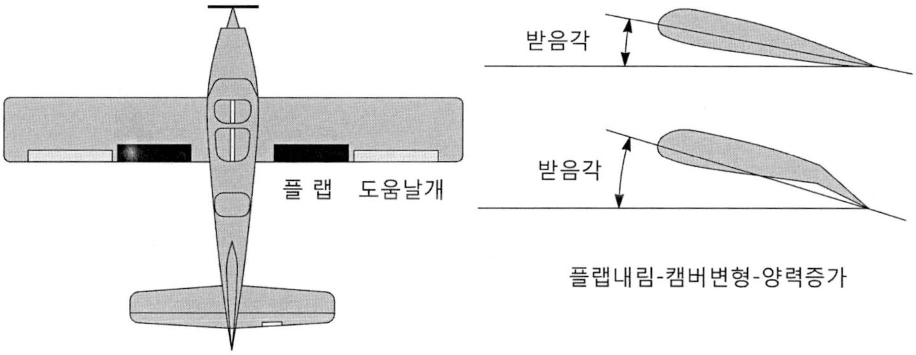

【그림1-7】 플랩은 고양력장치이다. 특히 저속에서 날개 전체의 받음각 증가는 실속 위험이 있지만, 플랩을 내렸을 때 실속 위험 없이 양력을 얻는 데 매우 유용하다. 날개 뒷전의 내측에 플랩 그리고 외측으로 도움날개가 장착된다. 오른쪽은 플랩을 내렸을 때 캠버선의 변경으로 시위선이 어떻게 변하여 양력증가 효과를 얻을 수 있는지 보여주고 있다.

1.2.5 고양력장치

고양력장치(high lift devices)는 저속에서 필요한 양력을 부가적으로 얻을 수 있는 장치이다. 예를 들어 500kg의 항공기가 순항 비행하는데 100노트가 필요하면 착륙 속도 50노트에서도 500kg의 무게를 지지할 수 있는 양력이 필요하다. 그러나 날개 전체에서 받음각을 증가시키는 것은 한계(실속)가 있으므로 고양력장치를 이용하여 부가 양력을 얻을 수 있다면 착륙 과정에서 더욱 안전할 수 있다. 양력을 증가시키는 가장 좋은 방법이 에어포일의 캠버를 증가시키는 것이다. 이것이 플랩(flaps)이다. 캠버가 변함에 따라 받음각이 증가하고 받음각의 증가는 양력을 증가시킨다. 대부분의 플랩은 [그림1-7]과 같이 뒷전의 일부 혹은 전체에 장착되지만, 일부 단거리 이착륙 비행기는 앞전 플랩(leading edge flaps, 슬랫)을 사용하기도 한다. 플랩을 사용함으로써 달성할 수 있는 장점은 다음과 같다.

첫째, 착륙 속도를 낮추어 착륙거리를 감소시킨다.
둘째, 속도의 증가 없이도 깊은각 접근이 가능하다.

플랩을 사용함으로써 착륙접근 속도를 낮출 수 있어 안전하고 접근 경로 선상의 높은 장애물이 있을 때 이를 통과하여 깊은각으로 접근할 때 매우 유용하다. 경비행기에 사용되는 플랩은 [그림1-7]과 같이 단순한 평면 플랩(plane flap)을 사용하여 에어포일의 캠버를 증가시킨다. 일부 경비행기의 최대 장점은 최소 공간에서 운용할 수 있는 단거리 이착륙 성능이다. 단거리 이착륙(STOL) 비행기는 프로펠러 후류와 날개의 역할을 이용할 수 있어야 한다. 이 유형의 비행기는 일반 비행기와 비교해서 붙임각 자체가 크고 뒷전 플랩과 함께 앞전 플랩(슬롯과 슬랫)을 사용함으로써 프로펠러 후류에 의한 고양력을 얻을 수 있도록 고안되어 있다. 앞전 플랩은 뒷전 플랩과 달리 양력 증가에 도움이 되지만 항력에는 거의 영향이 없는 차이점이 있다.

1.2.6 날개평면

날개를 위에서 관찰했을 때의 모양을 날개평면(wing planform)이라 한다. 날개는 높은 양력을 발생할 수 있도록 에어포일 단면(airfoil section)과 조화되어야 한다. 저속 비행기일수록 날개길이(span)가 길고 고속 비행기의 날개길이는 상대적으로 작아지는 특징이 있다. 주변에서 흔히 볼 수 있는 운송용 비행기의 날개는 뒤로 젖혀 있으면서 날개끝으로 갈수록 좁아지는 특징을 갖는다. 초음속 전투기의 날개평면은 길이는 더 짧고 면적을 크게 설계하는 것은 항공기의 속도와 수행하는 임무의 특징에 따라 결정된다. 대부분의 경비행기 날개는 [그림1-7]과 같이 직사각형 모양이다. 직사각형 날개는 제작이 쉽고 양호한 저속비행 특성을 갖지만, 구조, 무게 그리고 항력 면에서 다소 비효율적이다.

가로세로비(aspect ratio)는 [그림1-8]과 같이 날개의 길이와 폭 사이의 비율이다. 예를 들어 직사각형 날개의 전체 길이가 24피트이고 시위가 6피트인 날개의 가로세로비는 4가 된다. 대부분의 훈련 및 일반항공 비행기는 높은 가로세로비(5~6)로 설계된다. 가로세로비가 큰 비행기일수록 조종사의 조종량의 허용 범위가 넓지만, 근본적으로 반응이 느린 단점이 있다. 가로세로비가 증가하면 유도항력이 감소하지만, 이것은 날개 길이의 증가(무게의 증가)를 의미한다. 이 같은 이유로 항력 감소로 얻은 부분이 증가한 무게 때문에 상실하게 될 수 있다.

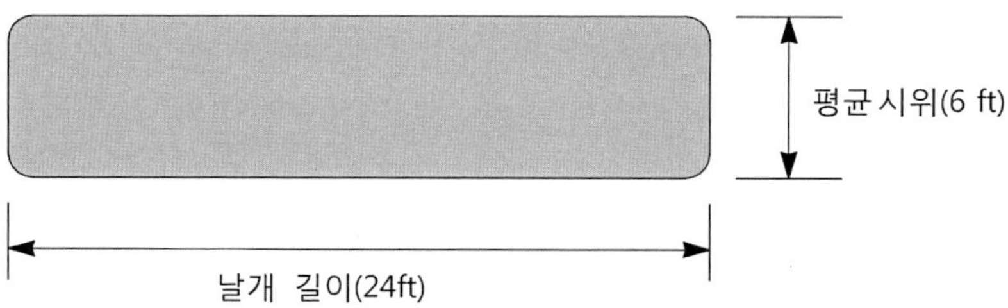

날개면적=144 sq.ft

$$\text{가로세로비} = \frac{\text{날개 길이}}{\text{평균 시위}} = \frac{24}{6} = 4$$

【그림1-8】 경비행기의 날개는 대부분 직사각형 날개평면으로 설계된다. 이 날개평면의 가로와 세로의 비율이 높을수록 날개의 길이가 길어지지만, 양력이 증가하고 유도항력이 감소한다. 그러나 길이의 증가는 필연적으로 무게 증가를 초래하여 양력 증가 효과를 상쇄시킬 수 있다. 가로세로비는 글라이더 유형에서 가장 크고 고속 전투기 유형의 날개평면에서 가로세로비는 지극히 작다.

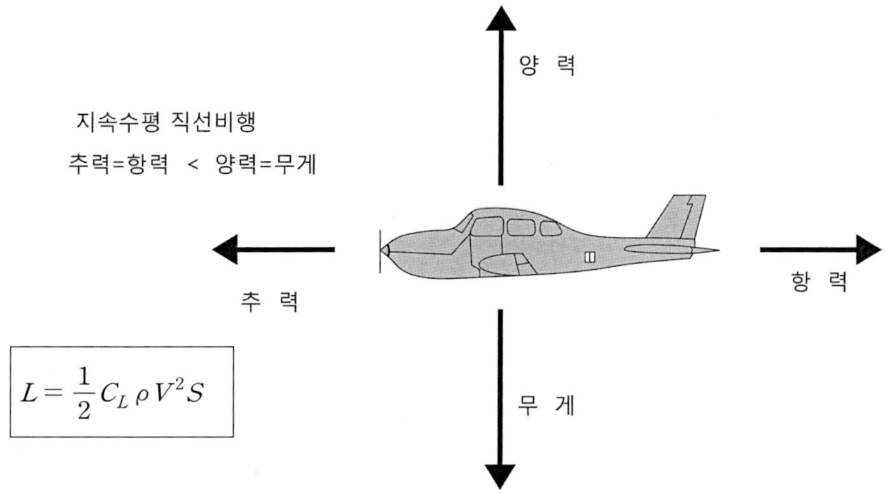

【그림1-9】 지속 수평직선비행하는 비행기에 작용하는 힘을 분석했을 때 추력=항력, 양력=무게의 관계가 성립된다. 만약 이들 힘 중 어느 한 힘의 변화가 발생한다면 평형은 깨지고 새로운 조건에서 평형을 유지하기 위한 힘의 균형이 다시 이루어져야 한다.

1.3 비행기에 작용하는 힘

비행 중인 항공기에는 [그림1-9]와 같이 추력(thrust), 양력(lift), 항력(drag) 그리고 무게(weight)가 작용한다. 양력과 무게가 동등해야 수평비행(level flight)을 하게 될 것이고, 추력과 항력이 동등할 때 속도의 변화가 없는 지속비행(steady flight)을 하게 될 것이다.

1.3.1 양 력

(1) 양력과 속도

양력은 속도의 제곱으로 증가한다. 비행 중 속도가 증가했을 때 양력이 증가하기 때문에 비행기는 상승하려는 힘을 갖는다. 반대로 속도가 감소했을 때 양력이 감소하기 때문에 비행기는 강하하려는 경향이 있다. 따라서 동고도로 비행 중 속도의 증감에 따라 고도를 유지하기 위해서는 받음각을 반드시 조절해 주어야 한다. (양력 방정식 참고)

(2) 양력과 무게

날개는 언제나 동일 받음각에서 실속(stall)된다. 만약 무게가 증가하였다면 동고도를 유지하기 위해서 양력을 증가시켜야 한다. 그러나 받음각을 증가시킬 수 있는 각도는 제한되어 있으므로 유일한 방법은 속도를 증가시키는 것이다.

(3) 양력과 공기밀도

공기밀도(air density)는 양력과 항력에 직접 영향을 줄 수 있는 요소이다. 밀도는 기압, 기온 그리고 습도 등에 따라 달라진다. 예를 들어 18,000피트에서의 밀도는 해수면 밀도의 절반 정도밖에 되지 않는다는 것을 고려한다면 고고도에서 동일 양력을 유지하기 위해서 동일한 받음각이라면 더 큰 진대기속도(TAS)가 요구된다. 또한, 더운 공기는 찬공기보다 밀도가 적고 습한 공기는 건조한 공기보다 밀도가 적다. 이들 조건에서도 더 큰 진대기속도(TAS)로 비행해야 동고도를 유지할 수 있다.

1.3.2 항 력

항력은 유해항력(parasite drag)과 유도항력(induced drag)이 있다. 유해항력은 비행을 보조할만한 아무런 역할도 하지 않기 때문에 붙여진 용어지만, 유도항력은 날개의 양력 발생의 결과로 인한 항력이다. [그림1-10]은 이들 항력과 관계를 보여주고 있다. 유해항력과 유도항력이 만나는 점이 항력이 가장 낮은 속도이다.

(1) 유해항력

공기 속을 이동하는 모든 물체는 그 자체만으로 공기의 저항을 받는다. 이것을 유해항력이라 한다. 유해항력을 최소화하는 방법은 물체를 가능한 한 유선형(streamlined)으로 설계하는 것이다. 착륙장치, 안테나 등 외부로 돌출된 부분은 유해항력을 증가시키는 원인이다. 유해항력은 속도의 제곱으로 증가한다. 속도가 2배로 빨라질수록 유해항력은 4배로 증가한다. 따라서 일정한 고도에서 비행기는 90노트로 비행할 때보다 180노트에서 비행할 때 4배 유해항력을 받는다. 일반적으로 유해항력은 표면마찰항력(skin friction drag), 형상

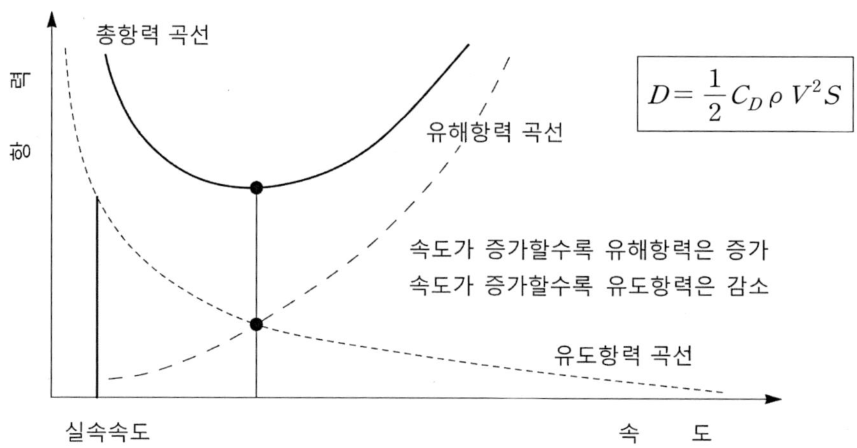

【그림1-10】 비행 중인 항공기의 이동을 저지하는 힘은 유해항력과 유도항력이 있다. 이들 항력은 속도에 따라 서로 다르게 작용한다. 속도가 증가하면 유해항력은 증가하지만, 유도항력은 감소한다. 이들 항력 곡선이 만나는 점이 항공기의 항력이 최저가 되고 이 속도로 비행했을 때 항공기는 최저의 항력으로 비행할 수 있고 항속거리는 최대가 된다.

항력(form drag), 그리고 간섭항력(interference drag)이 포함된다.

⑵ 유도항력

유도항력(induced drag)은 날개가 양력을 발생할 때 부수적으로 발생하는 항력이다. 이것은 날개에서 양력이 발생하는 순간 항력도 함께 발생한다는 것을 의미한다. 또한, 양력 발생이 크면 항력 발생 역시 크다. 이것이 유도항력의 특징이다. 항공기에서 항력은 최소가 되어야 한다. 그러나 유해항력과 유도항력은 속도와 함께 고려했을 때 상호 반비례 관계가 있다. [그림1-10]은 이들 항력의 관계를 잘 보여주고 있다. 항공기 속도가 증가하면 유해항력이 증가하고 속도가 감소하면 유도항력이 증가한다. 이들 두 항력의 최소점이 총항력이 최저가 되는 속도이다. 이 속도는 비행기의 최대 항속시간 및 항속거리(range and endurance)를 산출하는데 중요한 요소이다.

⑶ 양항비

항력이 최소가 될 때 이를 극복하는데 필요한 동력 역시 가장 작다. 날개의 공기역학적 효율은 양력과 항력의 비율인 양항비(lift to drag ratio)의 관계를 분석함으로써 이해할 수 있다. 양항비(L/D ratio)는 [그림1-5]와 같이 양력계수(lift coefficient; C_L)를 항력계수(drag coefficient; C_D)로 나누어 얻은 값이다. 예를 들어 양력이 2,400파운드이고 항력의 크기가 200이라면 양항비는 12가 된다. 이것은 양력이 항력보다 12배가 크다는 것을 의미한다. 동일 양력의 크기에 항력이 400이 발생한다면 양항비는 6이 된다. 이것은 항력이 200일 때보다 날개 효율(wing efficiency)이 떨어진다고 할 수 있다. 양항비와 받음각의 관계를 그래프로 나타낸 것을 양항비 곡선이라 한다. [그림1-5]와 같이 받음각이 약 6°까지는 양항비 곡선이 증가하고 있고 이때의 양력은 에어포일에 따라 항력의 약 13배가 된다. 그러나 받음각이 6° 이상에서 양항비는 지속해서 감소한다. 그래프에서 양력계수 곡선(C_L)은 지속 증가하고 있고 항력계수 곡선(C_D) 역시 급격히 증가하고 있다. 실속 받음각(20°)에서 양항비는 약 5 정도가 된다. 따라서 최대 양항비(L/D_{max})가 되는 받음각에서 에어포일이 가장 효과적이고 최저 항력이 발생하는 받음각이다. 여기서 최대 양항비는 오직 하나의 받음각과 양력계수에서 발생한다는 사실을 알 수 있다. 만약 비행기의 최대 양항비(L/D_{max}) 값에서 지속비행으로 운용하게 된다면 총항력은 최저가 된다. 그러나 최대 양항비보다 높거나 낮은 어떠한 받음각에서도 양항비는 감소하게 되어 결국 주어진 비행기의 양력을 위한 총항력은 증가한다.

1.3.4 추 력

추력(thrust)은 프로펠러가 공기흐름을 후방으로 가속시켜 그 반작용으로 비행기를 전진시키는 힘이다. 비행기는 추력과 항력이 같아질 때까지 계속 이동하고 추력과 항력이 동등할(추력=항력) 때 일정 속도에 도달하게 될 것이다. 이를 지속 또는 등속도 비행이라 한다. 지속 수평비행 중 동력을 감소시키면 추력이 감소하고 속도도 감소한다. 반대로 동력을 증가시키면 추력이 항력보다 커져 속도가 증가한다. 지속 수평비행은 최저 조종가능 속도에서부터 최대속도까지 받음각과 추력(속도)을 적절히 조화시켜 유지할 수 있다.

1.3.5 무 게

공기역학적으로 무게와 양력은 서로 반대로 작용하면서 평형을 이루어야 한다. 만약 무게의 힘이 크다면 항공기는 고도를 상실(강하)하게 될 것이고, 반대로 양력의 힘이 크다면 항공기는 고도를 얻게(상승) 될 것이다. 양력은 상대풍에 수직 상향으로 작용하는 힘이다. 따라서 양력은 비행기의 무게를 지지하는데 필요한 힘이라고 할 수 있다. 무게는 무게중심을 통과하여 항상 수직 하향으로 작용하고 양력과 무게가 일치된 상태에서 수평비행이 가능하다.

1.4 날개끝 와류

(1) 날개끝 와류의 발달

날개에서 양력이 발생할 때 [그림1-11]과 같이 윗면과 아랫면에서의 압력 불균형이 형성된다. 압력은 항상 낮은 곳으로 그리고 최단 경로를 통해 이동하려는 경향이 있다. 날개에 흐르는 공기흐름을 분석했을 때 윗면에서는 동체 쪽으로 그리고 아랫면에서는 날개끝 쪽으로 이동하려는 측방흐름이 존재한다. 윗면의 공기는 동체를 향하여 흐르려는 경향과 함께 뒷전에서 벗어난다. 이 공기흐름이 뒷전의 안쪽 부분에서 유사한 와류(vortex)가 형성되지만, 동체가 내부로 이동하는 것을 제한하기 때문에 이 와류는 크게 성장하지 못한다. 반면 날개끝에서는 공기흐름이 제한되지 않아 측방흐름이 강하게 발달하여 강력한 날개끝 와류가 발달한다. 날개끝(wingtip)에서는 아랫면의 측방흐름이 외부 공기흐름 때문에 더

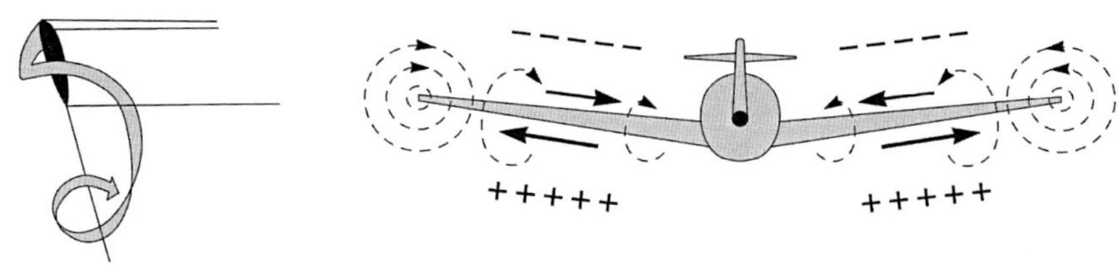

날개끝에서 안쪽으로 말리는 형태로 형성된다.

와류는 밖으로 그리고 아래에서 위로 흐르려는 경향이 강하다. 날개끝에서 원형와류가 형성된다.

【그림1-11】 윗면과 아랫면의 압력차가 와류의 발생 원인이다. 날개끝에서는 외측 공기와 조화되어 안쪽으로 말리는 형태의 와류가 형성된다. 이것이 날개끝 후방으로 길게 뻗친 뒷전 와류이다.

【그림1-12】
이 비행기는 날개끝을 상향 그리고 뒤쪽으로 향하도록 설계함으로써 날개끝 와류를 최소화하고 있다.

이상 흐르지 못하고 동시에 윗면으로부터 내리흐름(downwash)과 합류되어 위로 그리고 안쪽으로 말리면서 후방으로 길게 뻗친 뒷전 와류(trailing vortices)가 발달한다. 이들 와류가 날개 후방으로 난기류(turbulence)를 형성하면서 상당한 에너지를 소모하여 항력이 크게 증가한다. 받음각 증가와 함께 날개끝 와류도 증가하고 유도항력도 증가한다. 이것은 받음각이 증가할 때 날개 윗면과 아랫면에 더 큰 압력 불균형(pressure differential)과 더욱 강력해진 측방흐름 때문이다. 결국, 이것은 격렬한 와류 발생의 원인이 되어 강력한 후류난기류(wake turbulence)와 유도항력 증가의 원인이 된다. 날개끝 와류의 강도와 크기는 무게에 비례하고 날개길이(span)와 속도에 반비례한다. 무겁고 속도가 느린 비행기일수록 더 큰 받음각이 요구되고 이는 강한 날개끝 와류의 존재를 의미한다. 따라서 비행기는 이륙, 상승 및 착륙 구간 중 최대의 날개끝 와류(후류난기류)가 발생할 수 있음을 예측할 수 있다.

⑵ 날개끝 와류의 감소

날개끝에서 발달하는 와류는 날개의 양력에 영향을 주기 때문에 직접 양력을 감소시키는 원인이다. 날개끝에서 발달하는 와류의 원인과 형태에 대해서 분석되었고 이를 바탕으로 와류를 최소화하기 위한 장치들이 개발되었다. 이를 날개끝 장치(wingtip devices)라 한다. 대형 운송용 항공기의 날개는 수직판 혹은 윙렛(vertical fence or winglet)을 장착함으로써 와류를 감소시키고 있다. 경비행기 역시 날개끝 와류로 인한 영향을 감소시키기 위해서 윙렛이나 유사한 구조물을 사용하기도 한다. 또 다른 기술은 날개끝을 뒤쪽으로 더 젖힘(raked wingtip)으로써 와류를 후방으로 유연하게 이동시켜 날개 양력에 영향을 주지 않도록 하는 것이다. 경비행기에서도 날개끝 와류를 최소화하기 위한 유사한 기술들이 적용되고 있다. [그림1-12]는 경비행기 날개끝을 후방으로 젖히면서 위로 약간 올라가게 설계함으로써 와류의 영향을 최소화하고 있다.

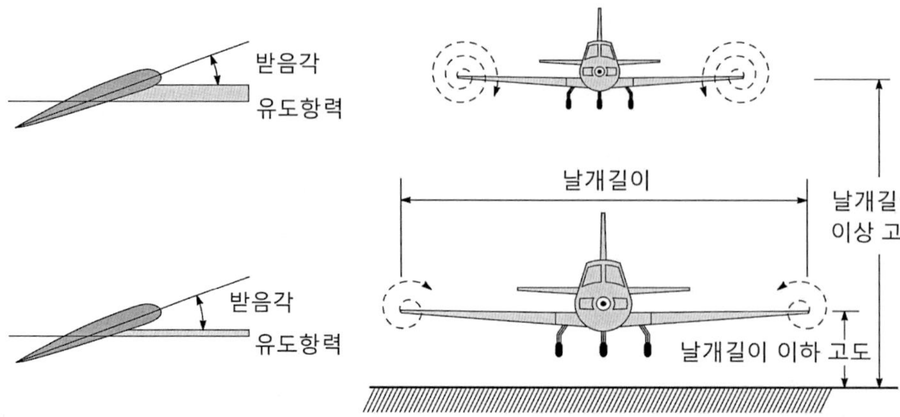

【그림1-13】 비행기가 지면에 가까워지면서 유도항력이 감소하고 있고 동시에 날개끝 와류 역시 급격히 감소하면서 동일 동력 조건이라면 성능이 향상된다. 착륙 단계에서 이 성능 향상 분력을 조절해 주지 않으면 비행기가 정상적으로 침하하지 못하고 상당한 플로팅이 유발될 수 있다.

1.5 지면효과

1.5.1 지면효과의 정의

지면효과(ground effect)란 지표면 근처에서 비행 중인 비행기에 대한 지표면의 간섭으로 인한 성능(양력 증가, 필요 추력 감소)의 향상이다. 비행기가 지표면에 매우 가깝게 비행할 때 다음과 같은 공기역학적 특성이 나타난다.

첫째, 높은 고도에서 비행할 때보다 낮은 속도로 비행이 가능하다.
둘째, 높은 고도에서 비행할 때보다 낮은 동력으로 동일 속도를 유지할 수 있다.

1.5.2 유도항력의 감소

비행기가 지면효과를 받을 때 유도항력이 감소한다. 이것은 [그림1-13]과 같이 동일 비행조건에서 받음각을 상대적으로 증가시키는 효과가 있다. 저속으로 착륙 접근하는 비행기의 받음각은 크고 이로 인한 유도항력 역시 크다. 따라서 저속비행 조건에서 지면효과로 인한 유도항력의 감소 효과는 더욱 뚜렷하다. 이것은 비행기가 지면효과를 받는 고도에 진입했을 때 받음각을 감소시킬 필요가 있다. 만약 받음각을 그대로 유지하고 있다면 양력계수가 증가하여 비행기는 상승하려는 경향을 갖게 될 것이다. 또한, 지면효과는 속도에 따른 필요추력(thrust required)도 변화시킨다. 유도항력의 감소 효과가 저속에서 더욱 뚜렷하게 나타나기 때문에 저속에서 요구되는 추력의 중요한 감소 원인이 된다. 그러나 지면효과로 인한 공기흐름의 감속은 유해항력에는 거의 영향을 주지 않는다. 지면효과는 지표면 근처에서 공기흐름의 행태를 변화시킬 수 있으므로 비행용 계기(flight instruments)의 위치 오차(position errors)를 유발할 수 있다. 지면효과를 받고 있을 때 정압관의 부분 압력을 증가시킬 수 있고 이것은 속도계와 고도계의 지시를 낮게 지시하는 오차를 일으킬 수 있다.

1.5.3 지면효과의 높이

날개가 지표면 근처에 아주 근접되어 있을 때 지면효과는 최대가 된다. 날개가 지면으로부터 날개길이(span)와 같은 높이에 있을 때 유도항력의 감소는 단지 1.4%에 불과하다. 그러나 날개가 지면으로부터 날개길이의 1/4 높이에 있을 때 유도항력의 감소는 23.5%가 되고, 1/10 높이에 있을 때 유도항력의 감소는 47.6%가 된다. 따라서 비행기 날개가 지표면 가까이 있을 때 유도항력의 감소 효과는 크게 발생한다. 결과적으로 지면효과의 영향을 받을 수 있는 비행조건은 이륙을 위한 부양 중이거나 착지 직전이다. 이륙 중 지면효과를 받는 고도(in ground effect; IGE)에서 비행기에 영향을 줄 수 있는 효과들을 고려할 수 있어야 한다. 지면효과를 벗어난(out of ground effect; OGE) 비행기는 착륙 중 지면효과에 진입하는 비행기와 반대 효과를 경험하게 될 것이다.

첫째, 동일 양력계수를 유지하기 위한 받음각 증가가 요구된다.
둘째, 유도항력이 증가하고 필요추력의 증가가 요구된다.
셋째, 안정성의 감소하고 순간적인 기수들림 변화가 발생할 수 있다.
넷째, 정압원의 감소로 인한 지시속도가 증가한다.

(1) 이륙 중 지면효과

지면효과는 명백하게 성능을 증대시키는 요인이지만 또 다른 면에서 지면효과는 권장 이륙 속도를 얻기 전에 비행기가 부양되었을 때 위험성도 함께 강조되어야 한다. 지면효과를 받는 상태에서 유도항력의 감소로 비행기는 권장 속도보다 낮은 속도에서 이륙할 수 있다. 그러나 속도가 부족한 상태에서 지면효과에서 벗어나 상승함에 따라 유도항력이 증가하는 조건에서 초과동력(excess power)이 거의 없는 초기 상승 상태에 놓이게 된다. 지면효과를 받고 이륙 중 비행기를 부양(lift-off)시키기는 하지만 지면효과를 벗어났을 때는 지속적인 상승이 불가능할 수 있다. 이러한 상황에서 비행기를 강제로 상승시키는 것은 상당한 위험을 초래할 수 있다. 따라서 중요한 것은 적절한 초기 상승 성능을 제공할 수 있도록 반드시 권장 이륙 속도를 준수하여야 한다.

(2) 착륙 중 지면효과

비행기가 일정한 받음각으로 지면효과를 받는 고도에 진입했다면 비행기는 지속적으로 활주로에 내려앉지 못하고 일정 고도에서 밀려가는 플로팅(floating)이 발생할 수 있다. 착륙 중 지면효과를 받는 고도(IGE)에서 유도항력 감소 그리고 무동력 감속 때문에 자세변경

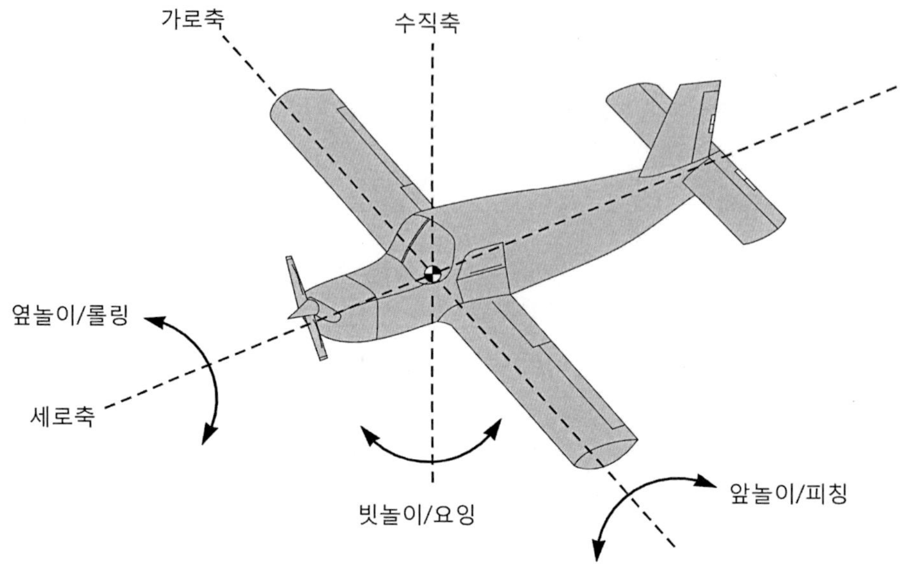

【그림1-14】 비행기의 모든 운동은 무게중심을 중심으로 3개의 축이 형성된다. 기수의 들림과 숙여짐 동체의 좌우 운동 그리고 기수의 좌우 운동은 모두 이들 축을 중심으로 이루어진다.

(flare) 지점에서 속도의 변화는 상당한 플로팅 거리를 초래할 수 있다. 비행기가 착지대(touchdown zone)에 가까워짐에 따라 날개길이보다 낮은 고도에서 지면효과를 가장 크게 받게 될 것이다. 최종접근(final approach) 구간에서 비행기가 지면에 가까이 접근함에 따라 반드시 동력을 감소시켜 비행기가 원하는 활공경로를 유지할 수 있도록 조종해야 한다.

1.6 비행기의 축

항공기의 운동 축(motion axis)은 무게중심으로 통과하는 3개의 가상선으로 이루어진다. 이들 축은 [그림1-14]와 같이 무게중심(CG)에서 교차하고 다른 두 축에 90° 각을 이룬다. 이들 축을 세로축, 가로축 그리고 수직축이라 한다. 세로축은 동체의 기수에서 꼬리를 연하는 직선 축이다. 항공기는 이 축을 중심으로 좌우 운동을 하고 이를 옆놀이/롤링(rolling)이라 한다. 가로축은 날개의 좌우 양 끝을 연하는 직선 축이다. 항공기는 이 축을 중심으로 기수의 상하운동을 하고 이를 앞놀이/피칭(pitching)이라 한다. 수직축은 항공기의 상부와 하부를 연하는 직선 축이다. 항공기는 수직축을 중심으로 기수의 좌우 운동을 하고 이를 빗놀이/요잉(yawing)이라 한다. 항공기는 3축을 중심으로 좌우 상하운동을 하고 오른쪽과 상향운동을 양성 그리고 왼쪽과 하향운동을 음성으로 할 때 6개의 운동 방향이 형성된다.

(1) 세로축 조종

항공기가 세로축(longitudinal axis)을 중심으로 운동할 때 선회하려는 힘이 발생한다. 도

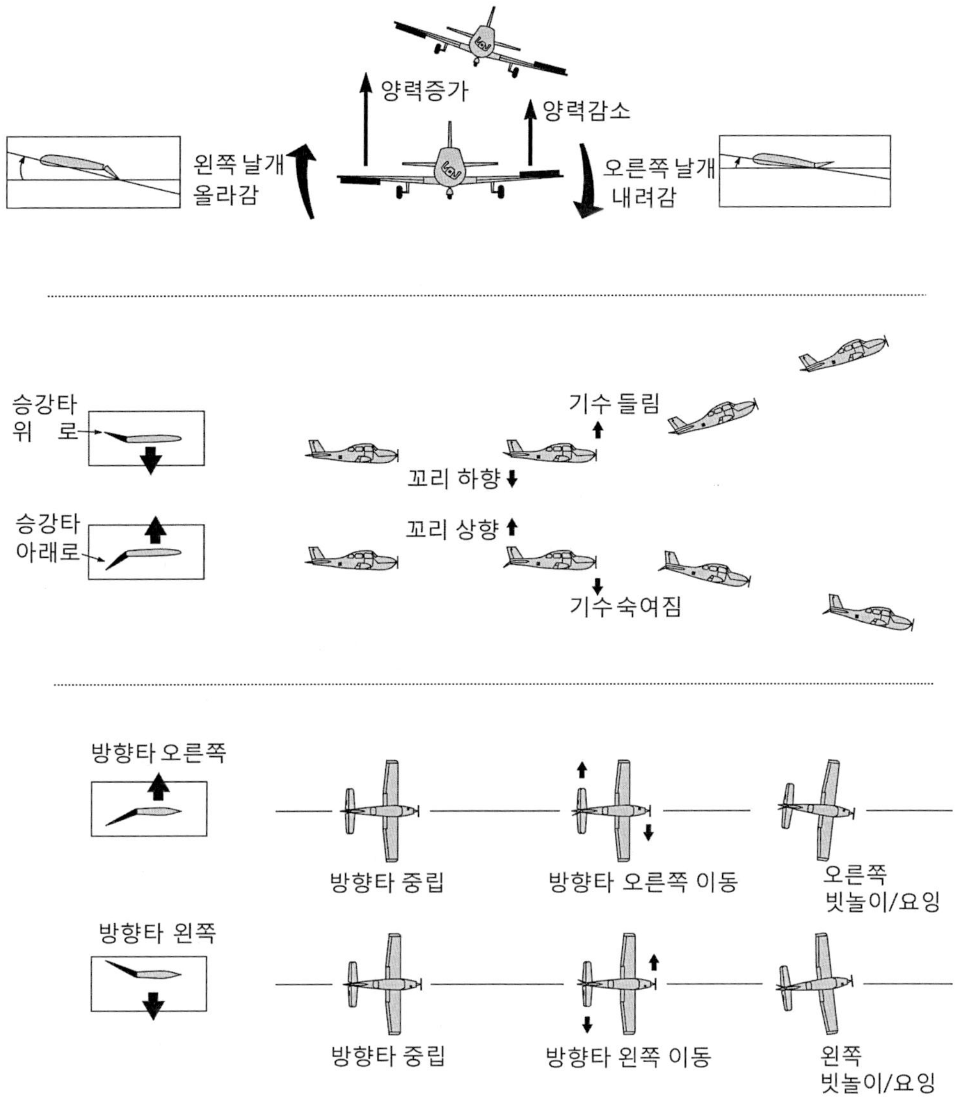

【그림1-15】 도움날개, 승강타 그리고 방향타를 3개의 주조종면이라 한다. 조종간과 러더 페달을 조작했을 때 비행기의 반응을 관찰할 수 있다. 승강타의 상하운동에 따라 기수의 숙여짐과 들림 그리고 도움날개의 좌우 운동은 항공기를 선회하게 하고 방향타의 좌우 운동은 기수의 좌우 운동으로 비행의 질을 결정하는 요소이다.

움날개(aileron)는 롤링을 조종한다. [그림1-15]의 위 그림은 세로축을 중심으로 한 비행기 롤 운동의 한 사례를 보여주고 있다. 오른쪽 도움날개가 올라가면서 날개에 흐르는 공기흐름을 변화시켜 받음각이 감소한다. 오른쪽 날개는 양력이 감소하면서 내려간다. 왼쪽 도움날개는 내려가면서 캠버가 더욱 커지고 받음각이 증가한다. 왼쪽 날개는 양력이 증가하고 위로 들린다. 결국, 비행기는 오른쪽으로 롤링하는 힘이 발생한다.

⑵ 가로축 조종

비행기는 가로축(lateral axis)을 중심으로 기수의 들림과 숙여짐(pitching) 운동을 한다. 비행기의 승강타(elevator)는 피치(pitch)를 조종한다. [그림1-15]의 중간 그림은 승강타에 의한 기수의 상하운동을 보여주고 있다. 조종간을 당기면 승강타는 위로 작용하여 승강타 상부에 흐르는 공기흐름을 변형시켜 꼬리 전체를 아래로 밀어 내리는 힘이 발생한다. 이에 따라 기수는 들리면서(nose-up) 비행기는 상승 자세를 형성한다. 반대로 조종간을 앞으로 밀었을 경우 승강타는 아래로 작용하고 비행기 꼬리를 위로 밀어 올려 기수는 숙여지고(nose-down) 비행기는 강하 자세가 된다.

⑶ 수직축 조종

항공기는 수직축(vertical axis)을 중심으로 기수는 좌우 운동을 한다. [그림1-15]의 아래 그림은 방향타의 변화가 비행기 기수에 어떻게 작용하는지를 보여주고 있다. 주조종면의 균형조종(coordinated control)을 하고 있다면 비행기의 세로축은 비행경로와 일치한다. 그러나 기수가 직선 비행경로에 대해서 어느 한쪽으로 벗어났다면 비행기는 비스듬한 자세(sideslip attitude)로 비행하게 될 것이다. 이 같은 비행기의 자세는 즉시 수정해야 하나 때로는 측풍(crosswind)을 수정하여 편류(drift)를 방지하려고 일부러 이 같은 요잉 자세로 비행하도록 한다. 방향타(rudder)는 조종실 내의 러더 페달(rudder pedals)로 작동되며 방향타가 왼쪽으로 움직이면 꼬리는 오른쪽으로 이동하면서 기수는 왼쪽으로 빗놀이(yaw)하고, 방향타가 오른쪽으로 이동하면 꼬리는 왼쪽으로 힘을 받게 되어 기수는 오른쪽으로 빗놀이(yaw)하는 힘을 받는다.

1.7 안정성

안정성(stability)은 평형 상태(equilibrium state)의 항공기가 외부로부터 평형을 방해하는 힘이 적용되었을 때 항공기의 반응에 따라 안정성, 불안정성 그리고 중립으로 분류한다. 안정성에는 정적 및 동적 안정(static and dynamic stability)이 있다. 평형이란 지속 혹은 등속도 비행과 같이 항공기에 작용하는 힘이 서로 균형을 이룰 때다.

1.7.1 정적 안정성

정적 안정성(static stability)은 항공기의 균형이 상실된 후 항공기에 나타나는 최초 경향(initial tendency)으로 다음과 같이 분류된다.

① 양성 정적 안정성: 항공기의 균형이 상실된 후 원래의 평형 상태로 회복할 수 있는 최초 경향이다. [그림1-16]의 왼쪽 그림과 같이 공을 놓았을 때 원래의 위치로 되돌아갈 수 있는 상태의 안정성이다.

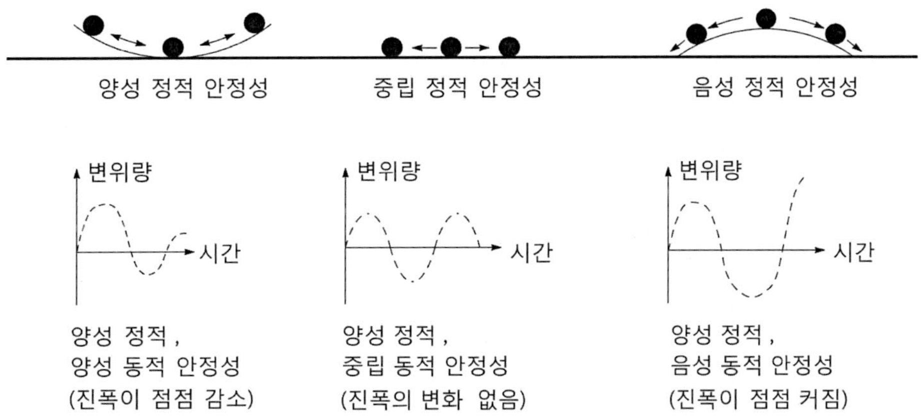

【그림1-16】 항공기의 안정성은 외부로부터 어떠한 힘을 받았을 때 자체적으로 회복할 수 있어야 한다. 그러나 때로는 너무 강한 안정성은 조종성에 영향을 줄 수 있으므로 이들이 적절히 절충되어야 한다. 정적 안정성은 외부의 영향을 받았을 때 반응하는 최초의 경향으로 볼 수 있으며 시간 경과에 따른 안정성의 변화를 동적 안정성이라 한다. 이것은 반드시 최초의 경향(정적 안정성)과 함께 고려되어야 한다.

② 음성 정적 안정성: 항공기의 균형이 상실된 후 평형 상태에서 계속 멀어지려는 최초 경향이다. [그림1-16]의 오른쪽 그림과 같이 공은 다시 원래의 위치로 되돌아올 수 없는 상태의 안정성이다.

③ 중립 정적 안정성: 항공기의 균형이 상실된 후 새로운 위치에 그대로 남아 있으려는 최초 경향이다. [그림1-16]의 중간 그림과 같이 공이 이동한 후 이동한 새 위치에 남아 있으려는 안정성이다.

1.7.2 동적 안정성

정적 안정성은 비행기가 평형 상태에서 방해받은 후 항공기가 반응하는 최초 경향이라고 정의했다. 최초의 경향은 항공기에서 전체 경향으로 판단했을 때 최초 경향과 다르거나 반대일 수 있으므로 최초 경향(정적)과 전체 경향(동적)을 구분해야 한다. 동적 안정성은 항공기 균형이 상실된 후 나타나는 전체 경향이라고 볼 수 있다. 이것은 시간 경과에 따라 항공기가 반응하는 안정성이다. 따라서 항공기의 동적 안정성은 반드시 최초 경향인 정적 안정성이 포함되어야 한다. 동적 안정성은 시간 경과에 따라 [그림1-16]의 아래 그림과 같이 구분할 수 있다.

첫째, 양성정적 양성동적 안정성은 항공기의 진동이 시간이 지남에 따라 최초의 상태로 되돌아가려는 특성이다. 이때 진폭은 평형 상태를 지난 후 다시 평형 상태를 향한 반복 운동으로 평형 상태에서 진동이 정지될 때까지 진동 감축이 계속되는 상태이다.

둘째, 양성정적 중립동적 안정성이란 진동의 진폭이 평형 상태로 되돌아가려는 이동은

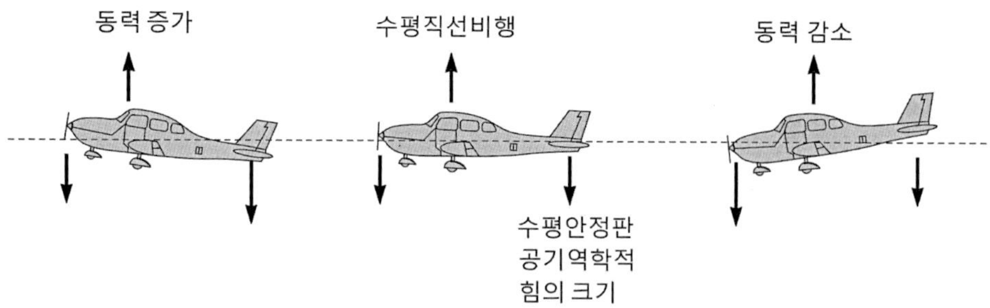

【그림1-17】 수평직선비행일 때 기수 자체의 무거움과 수평안정판 그리고 양력이 상호 균형을 이루고 있다. 만약 동력을 증가시키면 수평안정판을 아래로 내리미는 힘이 발달하여 기수가 들리면서 상승 경향을 갖는다. 반대로 동력이 감소하면 수평 안정판에 작용하는 공기역학적 힘이 감소하여 꼬리날개가 들리는 현상이 발생하고 비행기 기수는 숙여진다.

계속되지만, 진폭의 변화 없이 진동이 계속되어 평형 상태로 되돌아갈 수 없는 상태이다.

셋째, 양성정적 음성동적 안정성이란 시간이 지남에 따라 진폭이 더욱 증가하여 진동이 더욱 커지는 상태이다.

1.7.3 비행기의 안정성

(1) 세로 안정성

세로 안정성은 [그림1-17]과 같이 가로축에 대한 기수의 상하운동에 관한 안정성이다. 예를 들어 돌풍과 같은 원인으로 기수가 들렸을 때 이 항공기가 안정성을 갖추고 있다면 자체적으로 원래의 수평 자세로 회복할 수 있다. 꼬리날개의 수평안정판(horizontal stabilizer)이 세로 안정성에 기여한다. 순항속도에서 수평직선비행 할 때 프로펠러에서 발생한 추력과 항력이 일치된다. 이때 수평 안정판에 흐르는 공기흐름은 상하 균형을 이루고 비행기는 동고도 수평직선비행을 하게 된다. 세로 불안정 항공기는 매우 깊은각으로 점점 급강하 또는 상승하려는 경향을 갖는다. 이 항공기는 기수가 계속해서 들리거나 숙여지려는 특성 때문에 조종하기가 매우 어려우며 때로는 위험을 초래하기도 한다. 날개 압력중심(center of pressure)은 받음각 증가와 함께 앞으로 이동하고 받음각의 감소와 함께 뒤로 이동한다. 이것은 에어포일의 받음각이 증가할 때 압력중심이 앞으로 이동하여 날개 앞전이 더 많이 들리려는 경향이 발생한다. 이 경향이 날개에 고유의 불안정 특성을 부여한다.

(2) 가로 안정성

가로 안정성이란 세로축에 대한 항공기의 좌우 운동에 대한 안정성이다. 비행기의 날개는 양력 발생뿐만 아니라 난기류와 같은 외부 힘으로 발생한 비행기의 수평 불안정 상태를 자체의 안정성으로 회복할 수 있도록 설계되어 있다. 가로 안정성은 날개에 의한 복원력을 갖는다. 이것은 비행기의 한쪽 날개가 반대쪽 날개보다 낮아졌을 때 롤 효과를 안정시키는

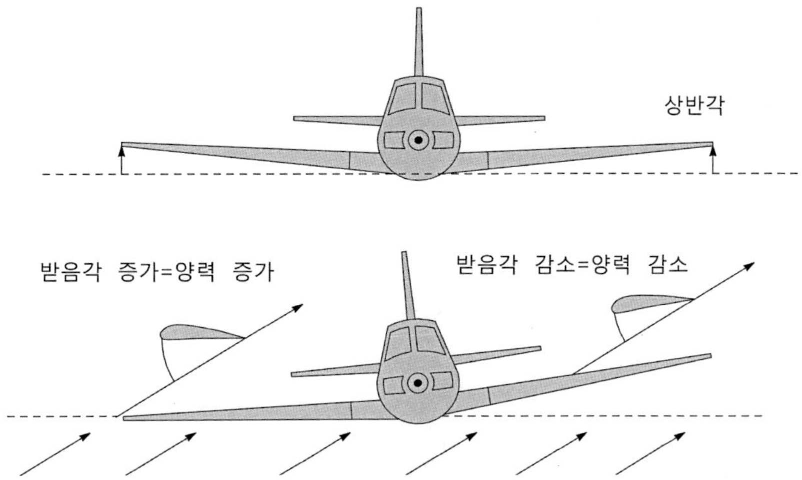

【그림1-18】 대부분의 비행기 날개는 동체에 약간 V-자 모양으로 장착된 것을 관찰할 수 있다. 이것이 비행기 가로 안정성을 위한 설계이고 상반각이라 한다. 이것은 비행기가 외부의 영향으로 옆으로 기울면서 미끄러질 때 좌우 날개는 받음각의 차이가 발생하도록 설계되어 있다. 일부 대형 비행기의 날개는 아래로 일정 각도로 장착될 수 있고 이를 하반각이라 한다.

데 도움이 된다. 비행기의 가로 안정성에는 주로 상반각 설계로 제어된다. 상반각은 [그림 1-18]과 같이 1~3° 정도의 각으로 날개를 장착하는 것이다. 이것은 상반각(dihedral)이라 한다. 상반각은 가로축에 평행한 선과 날개길이방향(spanwise) 축과 이루는 각도이고 약간 "V"자 모양이 된다. 만약 돌풍(gust)으로 한쪽 날개가 올라가면 다른 쪽 날개는 낮아지게 되고 비행기는 경사지게 될 것이다. 비행기가 선회함이 없이 경사졌을 때 비행기는 낮아진 날개를 향하여 사이드슬립 경향이 있다. 그러나 날개가 상반각을 갖기 때문에 공기는 높아진 날개보다 낮아진 날개에서 더 큰 받음각으로 부딪치게 된다. 이것은 낮아진 날개의 받음각을 증가시키고 높아진 날개에서는 받음각을 감소시켜 비행기는 최초의 평형을 회복하려는 경향이 생기며 날개는 수평이 되고 받음각은 다시 같아진다.

(3) 수직 또는 방향 안정성

비행기의 방향 안정성(directional stability)이란 수직축을 중심으로 한 안정성이다. 방향 안정성은 상대풍을 지향하려는 풍향계(weathervane) 경향을 적용한 것이다. 이 안정성은 동체의 측면과 수직 안정판(핀)으로 달성할 수 있다. 방향 안정성은 비행기를 설계할 때 쉽게 달성할 수 있다. 수직 안정판의 면적 그리고 무게중심으로부터 동체 후방의 측면은 풍향계 현상과 동일하게 기수가 상대풍을 향하려는 경향이 발달한다. 비행기에 [그림1-19]의 음영 처리 부분이 무게중심 전방보다 후방 표면의 측방 면적(lateral area)을 크게 하여 양성 방향 안정성을 갖도록 한다. 이 같은 높은 양성 방향 안정성은 수직 안정판이 담당한다. 풍향계와 마찬가지로 이 수직 안정판이 후방에 위치하고 크기가 클수록 비행기의 방향 안정성도 커진다. 만약 비행기가 직선으로 비행 중 돌풍으로 비행기가 수직축에 대해서 약

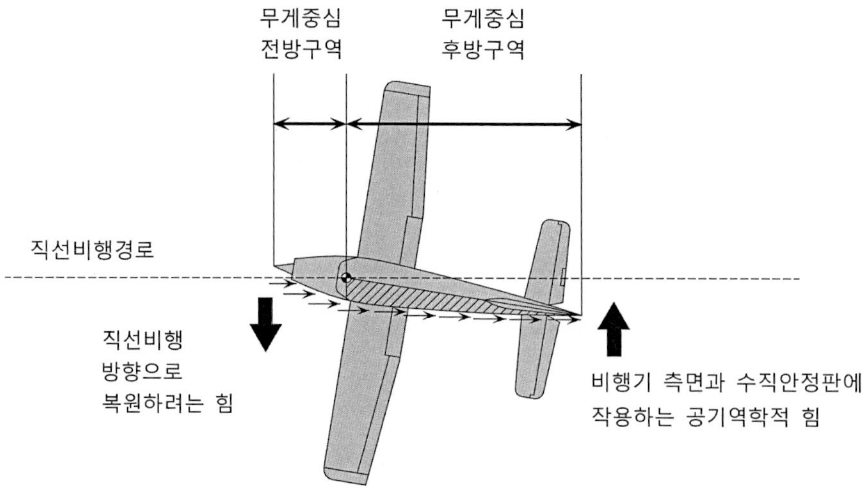

【그림1-19】 비행기 세로축과 비행경로가 정확하게 일치했을 때 가장 안정된 비행 상태가 된다. 만약 기수가 비행경로에 왼쪽 또는 오른쪽으로 약간 벗어난 상태라면 비행기는 물론이고 조종사도 비스듬한 자세가 되어 불편하다. 이것은 비행 품질과 관련된 것으로 이를 수정해 주는 역할을 하는 것이 수직 안정판이고 방향 안정성이라 한다. 그림과 같이 외부의 영향으로 기수가 틀어졌을 때 동체 측면과 수직 안정판에 흐르는 공기흐름의 힘으로 꼬리는 반대편으로 힘을 받아 기수를 원래의 위치로 이동시키려는 경향을 갖는다.

간 회전하게 된다면 비행기 기수가 오른쪽으로 회전하는 동안 공기가 일정한 각도로 수직 안정판의 왼쪽 면에 부딪히고 있으므로 그 운동은 지연되고 정지하게 된다. 이것이 회전 운동에 저항하는 수직 안정판의 왼쪽 면에 공기압이 원인이 되어 비행기의 요잉을 지연시킨다. 이 같은 작용으로 기수가 회전하려는 비행기는 풍향계와 같이 상대풍을 향하려는 경향을 갖는다.

1.8 선 회

1.8.1 선회의 힘

항공기의 선회(turn)는 반드시 동체의 경사(롤링)가 선행되어야 한다. 이를 위해서 먼저 도움날개를 이용하여 동체의 롤을 유도해야 한다. 조종사가 조종간으로 오른쪽 혹은 왼쪽으로 적용했을 때 비행기는 [그림1-20]과 같이 양력의 분력(component of lift)이 발생한다. 수직으로 작용하는 성분은 비행기 무게를 지지하기 위한 힘(양력)이고 수평으로 작용하는 분력은 구심력으로 실질적으로 선회에 기여하는 힘이다. 수평양력분력(horizontal of component of lift; HCL)은 직선 비행경로로부터 비행기를 선회하는 방향으로 잡아당기는 힘이다. 이것이 비행경로(flight path)를 변경시킨다. 원심력(centrifugal force; CF)은 비

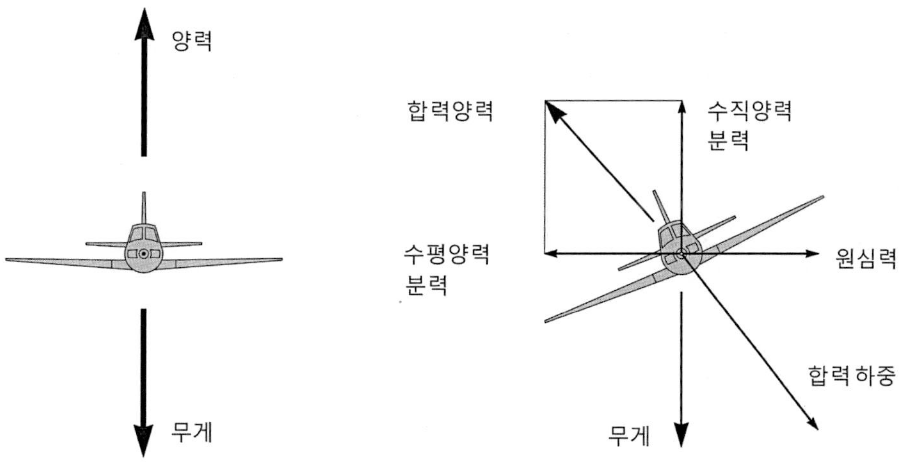

【그림1-20】 선회 순간 수직 양력은 원심력과 반대의 수평양력분력이 발달한다. 실질적으로 선회는 수평양력분력으로 수행된다. 반면 수직 양력이 감소했기 때문에 이를 적절히 보상해 주지 못하면 고도는 떨어진다. 경사각이 증가할수록 수직 양력의 감소량이 증가한다.

행 방향 변화에 대한 수평양력분력과 동등하고 수평양력분력과 방향은 반대이다. 결론적으로 비행기의 경사는 선회의 힘을 유발하게 된다. 따라서 수평직선비행을 유지하고자 한다면 비행기의 경사에 주의하여야 한다.

1.8.2 수평양력분력과 수직양력분력의 관계

항공기가 선회할 때 양력의 분력이 발생하면서 수직으로 항공기를 지지하고 있는 양력이 부족한 현상이 동시에 발생한다. 이것은 항공기가 동고도 수평비행을 유지할 수 없다는 것으로 의미한다. 따라서 이를 적절히 보상해 주지 않으면 항공기는 동고도 선회를 할 수 없다. 수평 선회에서 고도를 유지하는데 충분한 수직양력분력(vertical component of lift)을 제공하기 위해서 받음각의 증가가 요구된다. 날개의 항력은 받음각(AOA) 발생에 비례하기 때문에 유도항력은 양력이 증가함에 따라 증가할 것이다. 이것은 선회 중 경사각(angle of bank)에 비례하여 속도 상실의 한 원인이다. 따라서 경사각이 작을 때는 속도도 작게 감소하고 경사각이 크면 속도의 감소도 크다고 할 수 있다. 수평 선회에서 동고도를 유지하는데 추가 동력이 적용되어야 하고 추가 동력의 크기는 경사각에 비례한다. 결론적으로 상실된 수직양력분력을 보상해 주기 위해서 다음과 같은 방법이 적용된다.

첫째, 선회와 동시에 적절한 승강타 후방압으로 받음각을 증가시킨다.

둘째, 속도를 증가시킨다. 이는 선회반경 및 선회율의 변화를 동시에 초래할 수 있다.

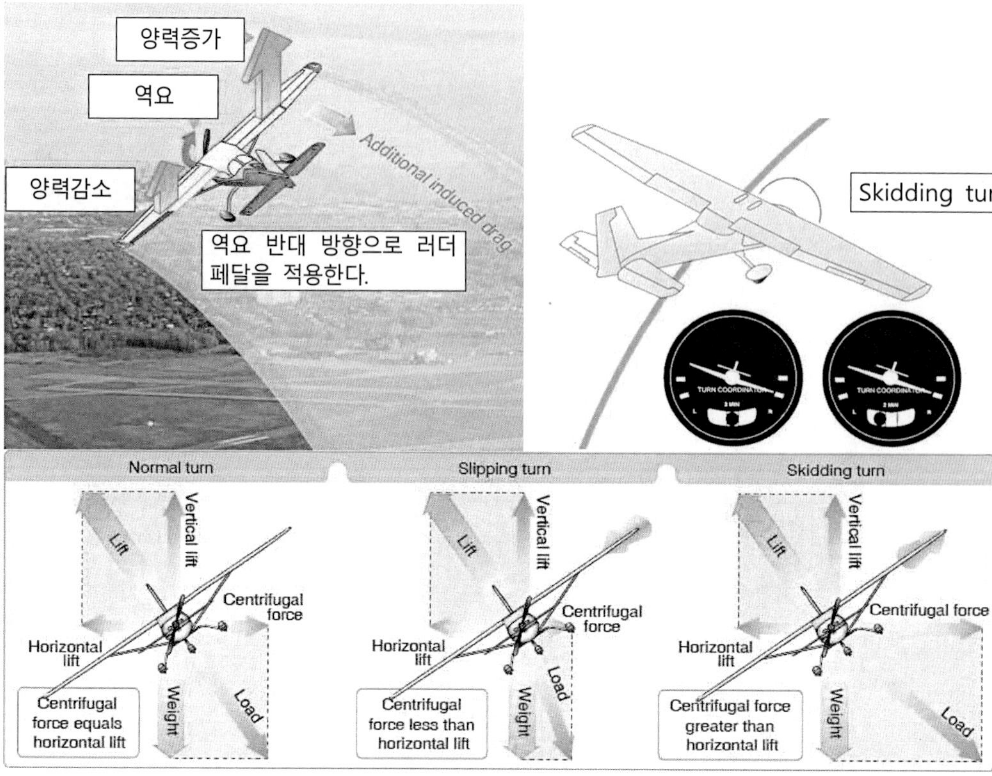

【그림1-21】 선회할 때 양쪽 날개의 양력 불균형이 발생하면 항력 불균형이 초래된다. 양력이 증가하면 유도항력이 함께 증가하기 때문에 양력 증가 방향으로 요잉하려는 힘이 발생한다. 이를 역요라 한다. 이 같은 역요 현상에 적절히 대응하여야 비행기는 선회경로를 따라서 조종간 균형선회가 가능하다. 실제 러더 페달을 사용하지 않고 선회했을 때 정상적인 선회경로를 따라 비행하지 못하고 비스듬하게 선회하는 것은 명백한 역요 현상에 의한 것이다. 이를 방지하고 선회경로를 따라 비행하기 위해서 선회와 동시에 선회방향 러더 페달을 동시에 적용하는 것이다.

1.8.3 선회율과 선회반경

선회율(rate of turn)은 수평양력분력(HCL)의 크기에 달려 있다. 경사각이 증가하면 수평양력분력도 증가하고 선회율도 증가한다. 그러나 선회반경(radius of turn)은 감소한다. 만약 조종간을 약간 풀어 경사각을 감소시켰다면 수평양력분력도 감소하고 선회율은 감소하지만, 선회반경은 증가한다. 만약 동일 경사각으로 선회 중 속도를 증가시켰다면 선회율은 감소하지만, 선회반경은 증가한다.

1.8.4 역요

비행기가 선회할 때 좌우 도움날개는 [그림1-21]과 같이 서로 반대 방향으로 작용한다. 조종간을 오른쪽으로 적용했을 때 오른쪽 도움날개는 위로 꺾어지고 왼쪽 도움날개는 아래로 꺾어진다. 이를 분석했을 때 오른쪽 날개에서는 양력이 감소하고 왼쪽 날개에서는 양력이 증가한다. 유도항력은 양력과 비례한다. 따라서 양력이 증가한 날개에서 유도항력도 증가하고 양력이 감소한 날개에서는 유도항력도 감소한다. 여기서 유도항력은 날개를 뒤로 잡아끄는 힘이라고 볼 수 있다. 결국, 양력이 증가한 쪽의 날개를 약간 당기는 힘(유도항력 증가)이 발생하여 기수가 선회 반대 방향으로 요잉(yawing)하는 현상이 발생한다. 이것을 역요(adverse yaw)라 한다. 실제 선회 중 러더를 사용하지 않고 선회를 시도했을 때 비행기는 정확한 선회경로를 따라 선회하지 못하고 선회경로 안쪽으로 혹은 바깥쪽으로 미끄러지면서 선회하는 현상을 관찰할 수 있다.

(1) 스키딩 선회

스키딩 선회(skidding turn)는 선회율이 경사각보다 너무 클 때(선회율>경사각) 또는 원심력이 수평양력분력보다 너무 클 때 (CF>HCL) 발생한다. 이것은 비행기 기수가 선회 비행경로 안쪽을 향하고 꼬리날개는 바깥쪽에 있는 빗놀이/요(yaw) 상태이다. 선회방향 러더 페달을 너무 많이 적용했을 때 주로 발생한다. 따라서 선회계의 볼이 벗어난 방향의 러더 페달에 압을 적용하여 볼을 중앙에 위치시켜 균형선회(coordinated turn)를 할 수 있다.

(2) 슬립핑 선회

슬립핑 선회(slipping turn)는 경사각이 선회율보다 너무 클 때 (경사각>선회율) 또는 수평양력분력이 원심력보다 너무 클 때(HCL>CF) 발생한다. 이것은 비행기 기수가 선회 비행경로 바깥쪽을 향하는 꼬리날개는 안쪽에 있는 빗놀이/요(yaw) 상태이다. 슬립핑 선회의 수정은 경사각을 감소시키거나 선회방향 러더 페달 압을 증가시키는 것이다. 선회계의 볼이 벗어난 방향의 러더 페달에 압을 적용하여 볼을 중앙에 위치시키는 방법으로 균형선회를 할 수 있다.

1.9 하중계수

1.9.1 하중계수의 정의

항공기가 지속(등속) 수평비행할 때 구조에 미치는 영향이 가장 작다. 그러나 급가속이나 급상승 또는 선회할 때 구조에 미치는 공기하중(air load)은 크게 증가할 수 있다. 하중계수란 지속 수평비행 중인 항공기에 작용하는 힘의 균형을 변형시키기 위하여 적용된 힘(급가속, 급상승, 급선회)의 크기가 항공기 구조에 미치는 공기하중이다. 하중계수는 중력(gravity) 단위 “G”를 사용한다. 하중계수는 항공기의 총무게(gross weight)에 대한 항공기에 작용하는 총 공기하중(total air load)의 비율이다. 일반적으로 선회할 때 [그림1-22]와 같이 하중계수는 증가한다. 조종사가 하중계수에 대해서 반드시 숙지해야 하는 사항은

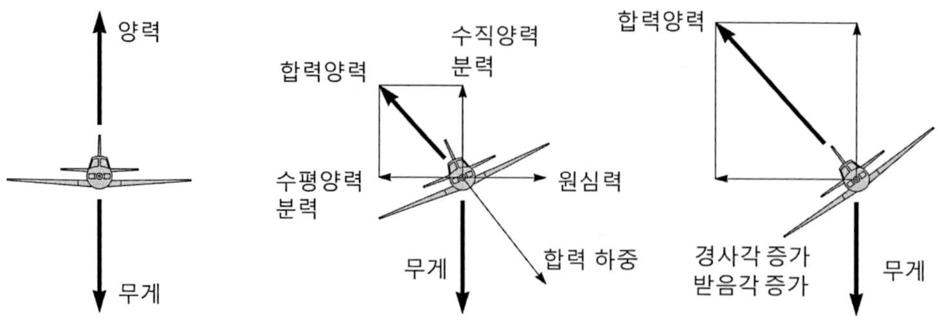

【그림1-22】 선회할 때 비행기에는 원심력과 선회 안쪽으로 구심력(수평양력분력)이 동시에 작용하면서 비행기 구조에 공기역학적 하중이 증가한다. 등속 수평직선비행하는 비행기에서 양력과 무게가 일치하고 이때 하중계수를 "1G"라 한다. 그러나 선회할 때 공기하중은 증가한다. 선회 경사각이 증가할수록 구조에 미치는 공기하중은 증가한다. 이것은 하중계수의 증가를 의미한다.

다음과 같다.

첫째, 비행기 구조적 한계에 영향을 줄 수 있는 과하중의 위험성을 경고해 준다.

둘째, 하중계수의 증가는 실속속도를 증가시킨다.

[그림1-23]의 하중계수(load factor)를 나타내는 그래프에서 경사각에 따른 하중계수를 결정할 수 있다. 예를 들어 경사각이 30°일 때 하중계수는 약 1.15G가 되고 60° 경사일 때 하중계수는 2G가 된다. 예를 들어 2,300파운드의 비행기가 60° 경사로 선회했을 때 날개에 작용하는 공기하중(air load)은 4,600(2,300×2)파운드가 된다.

1.9.2 비행기 설계 하중계수

모든 항공기는 설계 하중계수(design load factor)가 지정된다. 대부분 경비행기의 하중계수는 3.8G 정도이고 보통범주(normal category)로 분류한다. 제한 하중계수에 따라 수행할 수 있는 기동의 종류가 한정된다. 이 범위 내에서 기동 중에 비행기는 구조적 손상 없이 제한 하중계수(limit load factor)에 견딜 수 있어야 한다. 비행기의 설계 하중계수에 따라 수행할 수 있는 기동이 결정된다. 해당 항공기의 설계 하중계수의 범주는 조종사 운용자 지침서 또는 조종실 플래카드에 명시되어 있다. 하중계수의 범주가 두 값의 경계에 있을 때 기동성의 정도가 점점 커지는 것을 고려하여 상위 등급으로 결정한다.

1.9.3 하중계수와 실속속도

임계 받음각(critical angle of attack)에 도달했을 때 실속(stall)이 발생할 수 있다. 선회할 때 동고도를 유지하기 위해서 양력 증가가 요구되고 이는 받음각의 증가를 의미한다. 이것은 선회할 때 실속 받음각이 더욱 높은 속도에 도달할 수 있다. 경사각이 크면 클수록

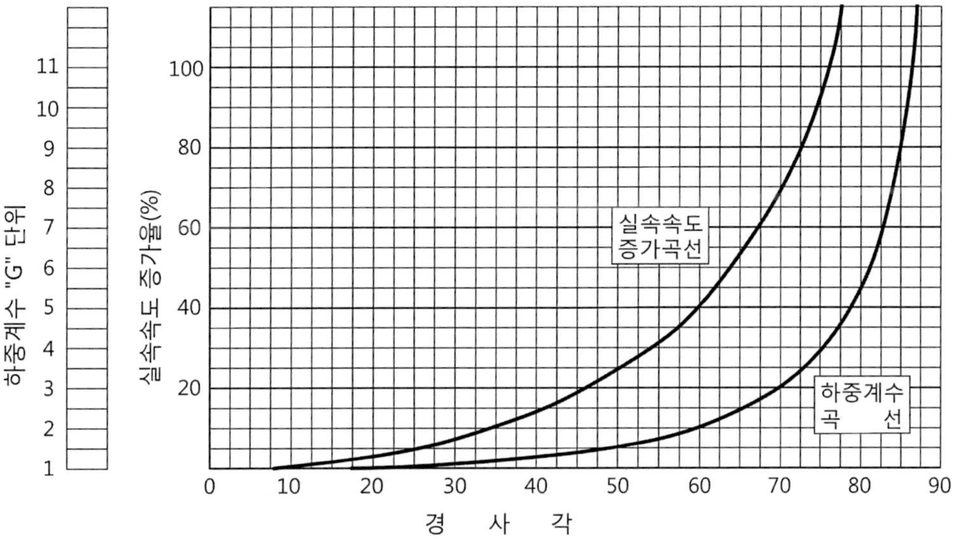

【그림1-23】 그래프는 하중계수에 따라 실속속도가 얼마나 증가할 수 있는지 보여주고 있다. 경사각이 60°일 때 하중계수는 2G가 된다. 이때 실속속도는 약 40% 증가한다. 이 그래프는 일반항공 조종사가 하중계수에 따른 실속속도의 증가를 계산하는 데 유용하다.

실속 받음각에 도달하는 속도가 높아진다는 것을 의미한다. 비행기의 실속속도는 하중계수의 제곱근에 비례한다. 예를 들어 하중계수가 2G일 때 실속속도는 1.4(2의 제곱근은 1.4)배가 되고 4배로 증가했다면 실속속도는 2배로 증가한다. [그림1-23]은 하중계수에 따른 실속속도의 증가를 보여주고 있다. 예들 들어 수평직선비행에서 실속속도가 60노트일 때 비행기가 3G를 받고 있다면 이 비행기는 102노트에서 실속될 수 있다. 만약 60° 경사로 선회할 때 실속속도는 1.4배로 증가하고 수평직선비행할 때 실속속도가 60노트일 때 60° 경사로 선회하는 비행기는 84(1.4×60)노트에서 실속될 수 있다. 조종사는 하중계수가 증가하는 비행조건에서 다음 사항에 유의해야 한다.

첫째, 깊은각 선회할 때 하중계수가 증가하고 실속 가능성은 증가한다.
둘째, 실속 훈련 중 과하중을 받을 수 있다.

선회할 때 증가하는 경사각과 하중계수의 관계를 통해서 기동 중 다음과 같은 위험 가능성을 인식할 수 있다.

첫째, 깊은각 경사 또는 지면 근처에서의 급경사 기동은 실속 가능성이 급증한다.
둘째, 곡예비행 또는 급기동 중 조종성 상실과 구조적 파손 가능성이 급증한다.

항공기는 비행 중 예기치 못한 강력한 난기류(strong turbulence)의 변화로 인한 공기하중의 변화에 견딜 수 있어야 한다. 예를 들어 돌풍은 상당한 강도의 난기류를 동반하기 때문에 이를 피하는 것이 최선이지만 피할 수 없는 상황이라면 해당 비행기의 설계기동속도(V_A) 또는 그 이하로 감속하여 비행할 것을 권장한다. 결론적으로 의도적으로 실시하는

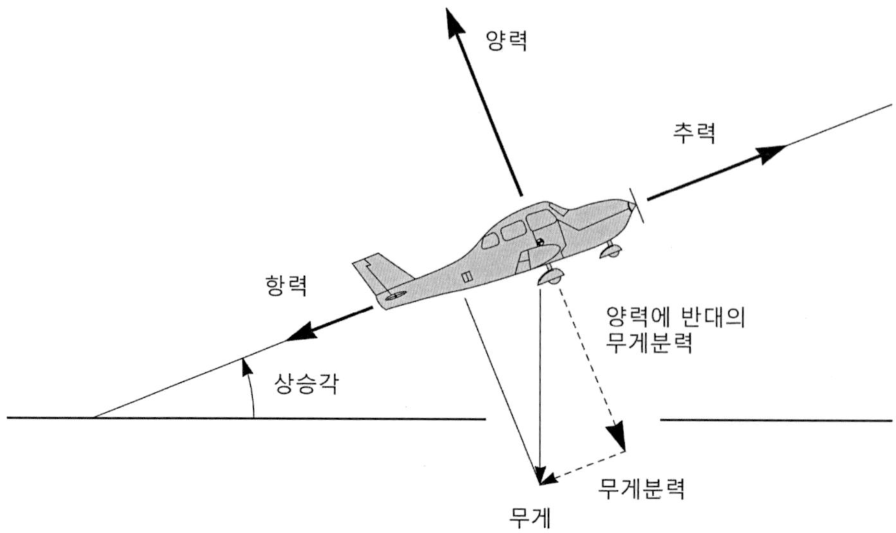

【그림1-24】 수평비행에서 상승에 진입하는 순간 힘의 분력이 발생한다. 무게는 항상 수직으로 작용하지만 상승하면 후방으로 무게 분력이 발달한다. 이 무게 분력이 항력에 합류하여서 총항력이 증가하는 원인이 된다. 따라서 상승에 진입하는 순간 적절한 조치를 하지 않으면 속도는 감소한다.

곡예비행, 급강하로부터 급상승 기동, 높은 실속속도 그리고 고속비행 중 돌풍을 만났을 때와 같은 상황은 비행기 구조 전체에 다양한 형태의 응력(stress)이 작용한다. 가벼운 응력은 날개의 스퍼와 골격 구조가 흡수할 수 있지만, 과도한 하중은 날개의 앞전과 뒷전 및 꼬리날개 내부의 리브(ribs) 구조 등에 심각한 영향을 줄 수 있다. 따라서 비행기 구조에 미치는 응력(stress)은 어느 한 부분으로 제한되기보다는 구조 전체에 영향을 줄 수 있음을 유의해야 한다.

1.10 상승의 힘

1.10.1 상승 힘의 벡터

수평비행에서 상승으로 전환하는 순간 [그림1-24]와 같이 비행기에 작용하는 공기역학적 힘의 변화가 발생한다. 그러나 일단 상승 경로(climb path)에 안정된 후에는 수평비행할 때의 역학관계와 같아진다. 상승하기 위해서 조종간 후방압을 적용했을 때 날개의 받음각이 증가하면서 양력이 증가한다. 이 순간 양력이 무게보다 커지고 비행기는 상승한다. 이후 비행기가 상승 경로에 안정된 후에는 변화된 받음각에서 양력과 무게가 다시 일치한다. 비행기가 상승 경로에 진입한 후부터 속도가 감소한다. 이것은 동력의 변화 없이 상승에 진입했다면 수평비행 속도를 유지하는데 필요한 추력은 상승할 때 동일 속도를 유지하는데 불충분하므로 속도가 점차 감소한다. 상승 경로에 안정된 비행기의 무게는 양력 분력과 후

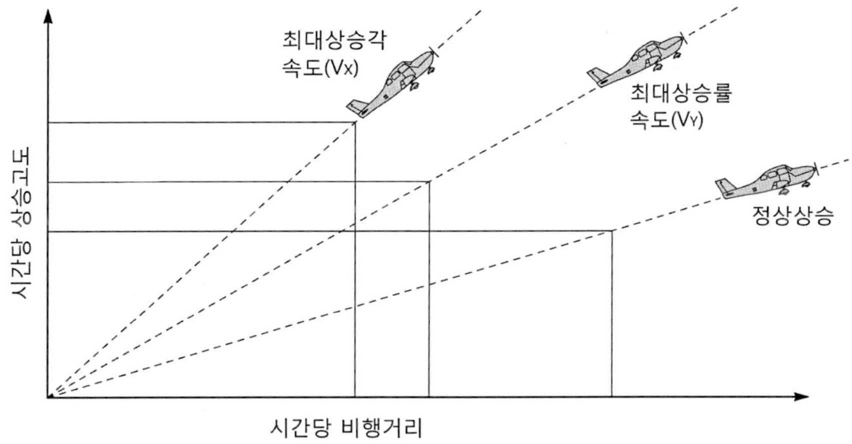

【그림1-25】 일반적으로 정상상승 절차를 적용하겠지만 상승 경로 선상에 장애물이 있을 때 상승각은 증가할 수 있다. 최대상승각 상승은 주어진 거리에서 최대 고도로 상승할 수 있는 속도이고, 최대상승률 상승은 주어진 시간 당 최대 고도를 달성할 수 있는 속도이다.

방으로 작용하는 항력 분력의 합력이다. 총항력에 추가로 항력 분력이 더해지면서 총항력이 동력보다 커져 속도는 감소한다. 속도는 동일 방향으로 작용하는 무게 분력을 포함한 총항력이 추력과 같아질 때까지 감소하여 결국 추력과 항력은 다시 동일해진다.

1.10.2 상승 방법

(1) 정상상승

순항 고도에 도달할 때까지 정상 속도와 충분한 고도를 얻을 수 있는 상승률이 조화된 상승이다. 대부분 비행기는 이 절차에 따라 상승한다. 정상상승(normal climb)은 [그림1-25]와 같이 충분한 속도를 유지할 수 있고 엔진 냉각 기능과 피치 자세가 비교적 낮아 상승 중 넓은 전방 시야(field of view)를 제공한다.

(2) 최대 상승각 상승

만약 이륙경로 선상에 높은 장애물(obstacles)이 있다면 해당 비행기의 최대 상승각(best angle of climb; V_X)을 적용하여 장애물을 통과할 수 있어야 한다. 이때 적용하는 상승을 최대 상승각 상승이라 한다. 이 상승은 제한된 거리에서 최대 고도를 얻을 수 있다. [그림1-25]와 같이 상승각은 매우 크고 속도는 느린 상태에서 최대 동력이 적용된다. 이 같은 이유로 엔진의 냉각(cooling) 기능이 심각하게 떨어져 엔진 온도의 급상승을 초래할 수 있다. 따라서 장시간 운용할 때 엔진에 상당한 무리를 초래할 수 있어 가능한 한 최단 시간으로 제한되어야 한다.

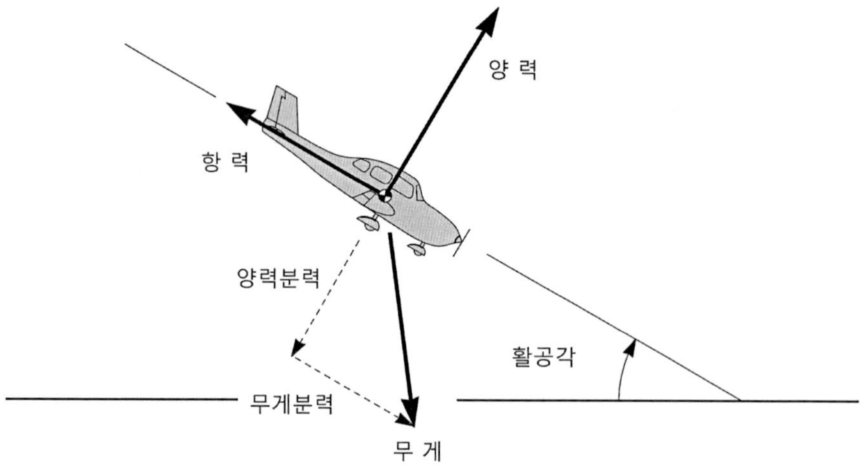

【그림1-26】 무동력 강하할 때 추력 분력은 작용하지 않는다. 반면 전방으로 무게 분력이 이를 대신한다. 모든 비행기는 최적 활공비를 얻기 위한 속도가 지정된다. 경비행기에서 무동력 활공은 자주 활용되는 기술 중 하나이다. 활공비는 주변의 환경에 영향을 받을 수 있고 조종사의 기량에 따라 달라질 수 있다. 특히 무동력 활공은 엔진 고장과 같은 비상상황에서 안전한 착륙 장소까지 비행하는 데 꼭 필요한 기술이다.

(3) 최대 상승률 상승

최대 상승률 상승(best rate of climb; V_Y)은 가능한 한 빠르게 순항 고도(cruise altitude)에 도달하고자 할 때 적용된다. 이는 제한된 시간에 최대 고도를 얻을 수 있는 상승 기동이다. [그림1-25]와 같이 최대 상승각 상승(V_X) 속도보다는 빠르고 상승각은 최대 양항비(L/D_{max}) 속도보다 약간 낮다. 일반적으로 해수면에서 최대 상승각 속도(V_X)는 최대 상승률 속도(V_Y)에 비해서 5~10노트 정도 느리다.

1.11 강하의 힘

1.11.1 유동력 강하

비행기가 강하할 때도 상승할 때와 유사한 힘의 변화가 발생한다. 유동력 강하는 수평직선비행과 동일 동력을 유지한 상태에서 강하하는 것이다. 유동력 강하(power descent)는 무동력 강하(power-off descent)보다 얕은(shallow) 강하각 또는 낮은 강하율로 강하할 수 있다. 강하 경로(descent path) 선상에 [그림1-26]과 같이 무게 분력의 일부가 전방 강하 경로에 작용한다. 이는 받음각이 감소할 때 비행기의 무게보다 양력이 순간적으로 작아지기 때문이다. 비행기가 지속 강하 경로에 안정되면 날개의 받음각은 다시 원래의 수평비행 값으로 접근하게 되고 받음각과 무게는 다시 안정되게 될 것이다. 강하가 시작된 순간부터 안정될 때까지 속도는 점차 증가한다. 이것은 강하 경로를 따라 추력에 전방으로 작용하는 무게 분력이 가중되었기 때문이다. 결과적으로 수평비행 동력보다 증가한 동력 또는 추력은 강하 속도를 증가시키는 원인이 된다. 강하 속도의 증가를 방지하기 위해서 동력을 감소시키거나 플랩을 내려 항력을 증가시키는 방법을 적용할 수 있다. 수평직선비행할 때 동일 속도를 유지하기 위해서는 강하 진입 순간 동력을 감소시켜야 한다. 전방으로 작용하는 무게 분력은 강하각이 증가함에 따라 증가하고 강하각이 작을수록 감소한다. 이것은 순항속도와 동일 속도에서 강하하고자 할 때 동력 감소의 양은 강하각의 크기에 따라 결정된다.

1.11.2 무동력 강하

무동력 강하(power-off descent)는 스로틀 레버를 완전히 내린 상태에서 프로펠러는 추력이 발생하지 않고 비행 관성(flight inertia)과 무게만으로 비행하는 상태이다. 이를 활공이라 한다. 무동력 강하가 유동력 강하와 다른 점은 [그림1-26]과 같이 무게, 양력 그리고 항력만이 작용하고 추력은 비행경로 상에 전방으로 작용하는 무게 분력이 대신한다. 따라서 비행기가 지속 강하 상태라면 전방 무게 분력은 항력과 동등하고 방향은 반대이다. 활공 중인 비행기의 양력 벡터와 양력과 항력의 합력 벡터가 이루는 각도가 비행경로와 수평선 사이에 형성된 각도와 동일하고 이를 활공각이라 한다. 가장 얕은각 활공은 항력이 최소가 되는 최대 양항비에서 얻을 수 있다. 따라서 최대 활공거리는 최대 양항비에서 얻을 수 있다. 결론적으로 양항비($L/D\ ratio$)가 높다는 것은 활공 성능이 좋다는 것이고 반대로 양항비가 작다는 것은 상대적으로 항력이 크기 때문에 활공각이 커지고 활공할 수 있는 거리가 짧아진다.

1.11.3 활공비

활공비(glide ratio)는 무동력 상태에서 현재 고도 대비 전방으로 비행할 수 있는 거리이다. 예를 들어 [그림1-27]과 같이 1,000피트 강하로 10,000피트를 이동할 수 있다고 한다면 그 비행기의 활공률은 1:10이 된다.

(1) 속도와 활공비

권장 활공속도(glide speed)보다 빠르게 활공할 때는 양항비가 감소한다. [그림1-28]과 같이 활공거리는 감소하고 비행기는 빠르게 강하하게 될 것이다. 반대로 권장 활공속도보다 느릴 때는 받음각이 증가하므로 양항비가 감소한다. 이때 비행기의 자세는 상대적으로 높은 상태에서 깊은각으로 강하하게 될 것이다. 이륙 상승 중 엔진 고장과 같은 비상상황에 처했을 때 즉시 정확한 활공 자세와 속도를 유지하는 것은 안전에 결정적인 영향을 미칠 수 있는 중요한 요소이다. 또는 순항비행 중에 엔진 고장과 같은 상황에서 즉시 정확한 활공 자세와 속도를 유지하여 고도를 확보하고 적절한 착륙 지역을 선정할 수 있는 시간을

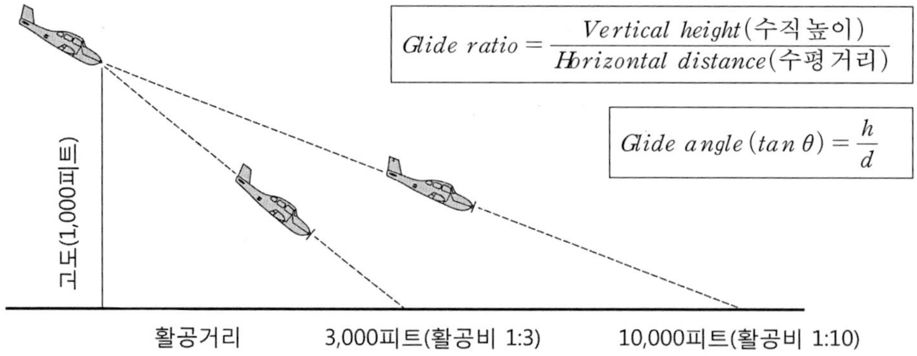

【그림1-27】 활공비는 현재의 고도에서 수평으로 비행할 수 있는 거리이다. 예를 들어 고도 1,000피트에서 10,000피트를 활공할 수 있다면 활공비는 1:10이다. 활공비는 글라이더 유형이 가장 높고 전투기와 같이 날개가 둔탁하고 가로세로비가 작을수록 활공 성능은 현저히 떨어진다.

얻을 수 있다. 만약 권장 활공 속도로 활공 중 선정된 지역까지 활공할 수 없을 것으로 판단되어 활공거리(glide distance)를 증가시킬 목적으로 기수를 들어서는 안 된다. 이는 날개의 받음각을 증가시켜 결국 양항비를 감소시키는 요인이 되기 때문이다.

(2) 플랩과 활공비

플랩(flaps)은 날개의 양력 발생을 보조해 줄 수 있는 고양력장치이다. 최대 양항비는 최저 항력으로 최대의 활공거리를 얻어야 한다면 플랩의 사용은 항력을 증가시켜 활공거리를 감소시킬 수 있다. 따라서 플랩을 사용하면 항력이 증가하고 양항비(L/D ratio)가 감소하여 더욱 깊은각으로 활공하게 된다. 활공거리는 현저히 감소한다.

(3) 무게와 활공비

비행기의 무게는 활공각(glide angle)에 영향을 주지 않으나 활공속도는 무게에 따라 변한다. 무게가 감소하면 최대 활공속도보다 약간 감소시켜 최대 활공각을 유지할 수 있다. 최대 양항비를 위한 받음각을 유지함으로써 속도는 감소하되 활공각은 동일하게 유지된다.

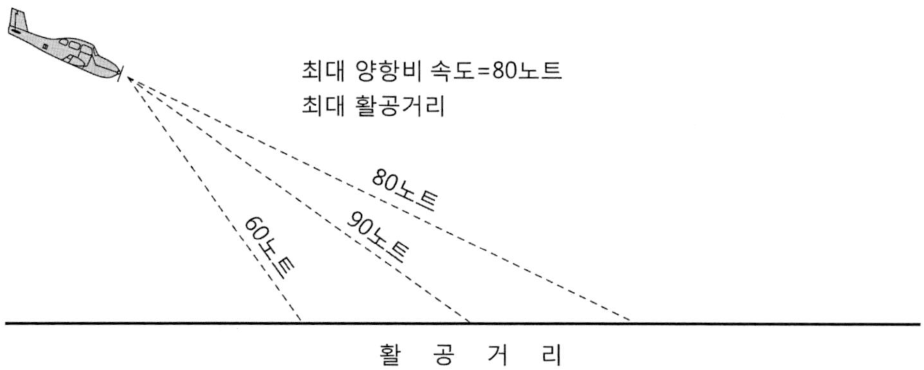

【그림1-28】 최대 활공비 속도는 양항비가 최대일 때의 속도이다. 이 속도에서 최대 활공거리를 활공할 수 있으나 이보다 빠르거나 느린 속도는 활공거리가 단축된다.

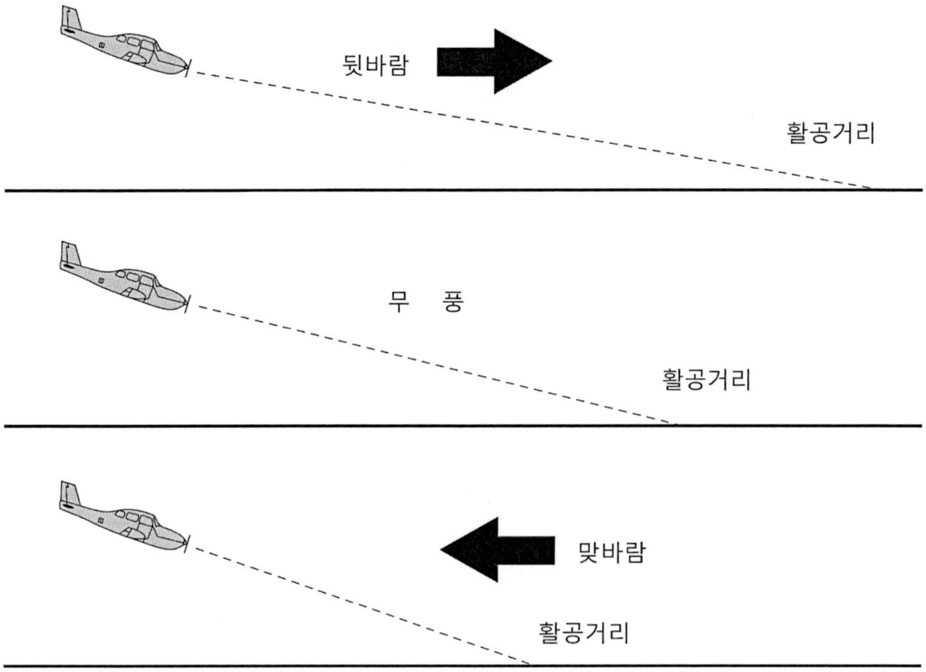

【그림1-29】 활공거리는 비행조건에 따라 달라질 수 있다. 특히 바람 방향에 따라 강한 뒷바람은 활공거리가 크게 증가할 수 있으나 맞바람은 활공거리가 단축된다.

동일 활공경로(glide path)를 유지하기 위해서 무게가 무거운 비행기는 가벼운 비행기에 비해서 빠르게 활공해야 하고 지상에 도달하는 시간도 빨라질 것이다. [그림1-28]

(4) 바람과 활공비

바람(wind)은 [그림1-29]와 같이 활공거리에 결정적으로 영향을 줄 수 있는 요소이다. 맞바람(headwind)은 활공거리를 감소시키고 뒷바람(tailwind)은 활공거리를 증가시킨다. 특히 비행 중 엔진 고장과 같은 무동력 상황에서 선정된 착륙장 혹은 활주로까지 되돌아갈 수 있는 정확한 활공거리를 판단하는 것은 치명적 사고를 예방할 수 있는 요소이다. 정상적인 비행조건이라면 착륙은 항상 맞바람으로 수행되어야 한다. 그러나 활공거리를 고려하여 불가피하게 뒷바람 조건을 선택할 수 있다. 이 같은 상황에서 비록 활공거리는 증가했지만, 착륙 단계(landing phase)에서 또 다른 문제점에 처할 수 있다는 점이 복합적으로 고려되어야 한다.

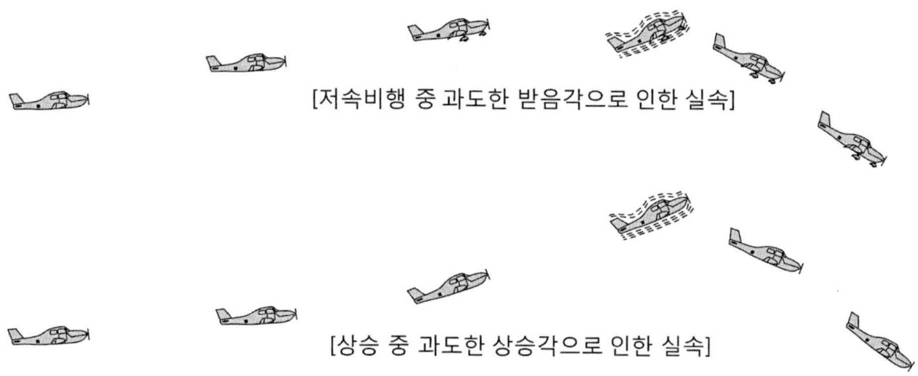

【그림1-30】 실속의 근본적인 원인은 높은 받음각이다. 비행기 조종에서 가장 빈번한 조작이 저속에서 급격히 기수를 들었을 때 받음각이 급격히 증가할 수 있다. 상승 중 상승각이 정상 이상으로 증가했을 때도 역시 받음각이 임계각을 초과할 수 있어 실속의 원인이 된다. 이외에도 선회 중 경사각의 증가는 실속속도를 증가시킨다.

1.12 실 속

1.12.1 실속 원인

실속(stall)은 비행기가 더 이상 양력을 발생하지 못하고 지상으로 곤두박질하는 위험한 비행조건이다. 조종사는 의도적으로 비행기를 실속시키는 것을 제외하고 실속은 위험 상황이라는 것을 인식해야 한다. 실속의 원인은 [그림1-30]과 같이 과도한 받음각(excess AOA) 이다. 조종사는 비행 중 받음각의 증가를 초래할 수 있는 다양한 기동 조건을 인식할 수 있어야 한다. 실속은 날개 위의 공기흐름이 유연하게 흐르지 못하고 와류가 발생하기 시작하면 날개는 정상적인 양력을 발생하지 못한다. 이때의 받음각을 실속 받음각 또는 임계 받음각이라 한다. 실속 받음각은 어느 비행기나 비행속도, 무게, 무게중심의 위치, 하중계수 또는 밀도고도와 관계없이 항상 동일하다.

1.12.2 실속 발생 유형

임계 받음각은 비행기 설계에 따라 16~20° 정도의 각도를 갖지만, 비행기의 특성에 따라 실속 받음각이 다르다.

(1) 저속비행 중 실속

비행기가 저속(low speed)으로 비행할수록 더욱 큰 받음각이 요구된다. 조종사는 동고도를 유지하기 위해서 받음각을 증가시켜 양력을 증가시키고자 할 것이다. 이것은 실속의 직접적인 원인이다. 특히 저속비행이 요구되는 착륙접근 구간에서 높은 받음각은 비행기를 지지하는데 충분한 양력이 발생하지 못하고 비행기는 순간적으로 정체된다. 여기서 만약 비행속도가 더 감소하면 받음각이 임계 받음각을 초과하여 실속이 발생할 수 있다.

(2) 선회 중 실속

선회 중인 비행기의 실속속도는 수평직선비행할 때보다 더 높다. 선회 중 동고도를 유지하기 위해서 동력을 증가시키거나 조종간 후방압을 적용하여 받음각을 증가시켜야 한다. 이것은 날개의 받음각을 증가시켜 양력 증가 효과를 얻을 수 있다. 경사각이 증가함에 따라 원심력(centrifugal force)에 의해 증가한 하중을 상쇄시키기 위해서 받음각도 증가해야 한다. 그러나 선회 중 받음각이 과도하게 증가할 때는 언제든지 실속될 수 있다.

(3) 상승 또는 착륙 중 실속

정상이륙(normal takeoff)을 위해서 권장 이륙 속도에 도달했을 때 조종간 후방압을 적용하여 상승 자세(climb attitude)로 변경해야 한다. 비행기의 상승 자세에 확실하게 익숙하지 않았을 때 무의식적으로 높은 상승 자세는 쉽게 임계 받음각에 도달할 수 있다. 비행기의 실속은 주로 이륙 혹은 착륙 단계에서 많이 발생한다. 이것은 이륙할 때 충분한 부양력을 얻기 위해서 더 큰 받음각이 요구되기 때문이고 착륙할 때는 감속 단계에서 비행기 무게를 지지하기 위한 충분한 양력을 얻기 위해 받음각의 증가가 요구되기 때문이다. 이 같은 이착륙 단계에서의 실속은 회복을 위한 충분한 고도가 확보되지 않았기 때문에 상당한 위험을 초래할 수 있다.

1.12.3 날개설계와 실속

비행기에서 실속은 치명적이다. 날개의 모양에 따라 초기 실속의 발생 위치와 진행 방식이 다르다. 일반 직사각형 날개평면을 사용하고 있는 경비행기의 실속 행태는 [그림1-31]과 같이 날개뿌리(wing root)에서부터 발생해서 날개끝(wingtip) 쪽으로 진행되는 경향이 있다. 이 성향은 조종사에게 매우 유리하다. 왜냐하면, 날개뿌리에서부터 실속이 발생하여 적절한 실속 경고(stall warning)를 제공하면서 날개끝에 있는 도움날개 부분에서는 아직도 충분한 공기역학적 힘(aerodynamic forces)을 보유하고 있기 때문이다. 초기 실속(incipient stall)이 진행되고 있는 상황에서 실속회복(stall recovery) 조작을 위한 조종성을 제공할 수 있으므로 안정적이라 할 수 있다. 이것은 공기역학에서 매우 유리한 특성이며 구조의 간결성과 함께 다소 비효율적임에도 불구하고 직사각형 날개평면이 경비행기에 많이 활용되는 이유 중 하나이다.

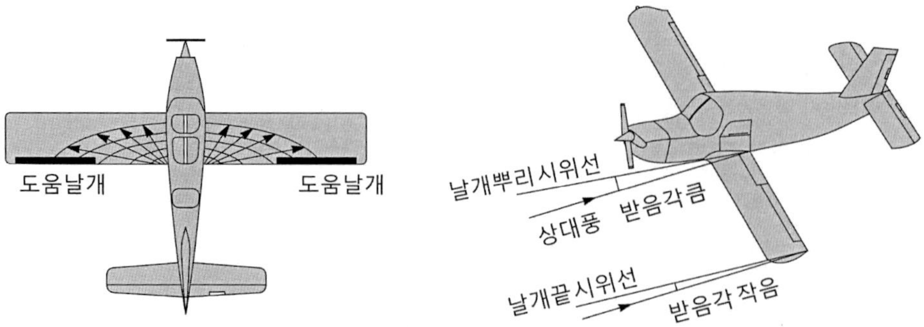

【그림1-31】 직사각형 날개평면에서 실속은 날개뿌리에서부터 시작되어 확산한다. 초기 실속이 발생하는 동안 도움날개는 실속 영향에서 벗어나 있으며 공기역학적으로 유효 조종성을 유지하고 있다. 날개 전체의 실속을 방지하기 위해서 날개뿌리와 날개끝을 약간 비틀어 설계함으로써 날개끝의 실속을 최대한 지연시키는 역할을 한다. 이를 와시아웃이라 한다.

1.12.4 실속 인지

비행기의 실속은 임계 받음각을 초과했을 때 언제든지 발생할 수 있다. 조종사 훈련의 한 과정으로 실속회복 훈련(stall recovery training)과 실속이 임박했다는 것을 인지할 수 있는 능력을 계발하는 것은 매우 중요하다. 이륙과 상승 중에는 가용한 최대의 동력을 적용하고 있으므로 유동력 실속이 발생할 수 있고 착륙접근 중에는 최저의 동력이 적용되기 때문에 무동력 실속이 발생할 수 있다. 이 같은 상황을 가정한 의도적인 실속회복 훈련을 수행하는 목적은 실속이 유발될 수 있는 조건에 익숙하고 실속이 발생할 수 있는 초기 징후를 즉각적으로 인지(recognized)하는 데 도움이 될 뿐만 아니라 즉각적인 예방 조치나 수정 조작을 취할 수 있는 능력을 계발하는 데 있다. 실속은 시각, 소리 그리고 감각 등을 활용하여 인지할 수 있어야 한다.

(1) 조종계통

실속이 임박했을 때 가장 명확하게 감지할 수 있는 현상은 조종간이 힘을 받지 못하는 상태가 된다. 이것은 속도가 감소함에 따라 조종면에 작용하는 공기의 영향이 감소하였기 때문이다. 조종간에 감지할 수 있는 공기역학적 힘이 점차 조종계통의 기계적 힘으로 전환되면서 조종면의 운동과 비행기의 반응 사이의 지연이 발생한다. 이 같은 지연은 모든 조종간이 거의 저항을 받지 않고 움직일 수 있을 때까지 증가하고 이것이 완전실속이다.

(2) 소리와 진동

비행 중 속도가 감소함에 따라 비행기 구조에 스치는 바람 소리가 작아지는 것도 실속을 인지하는 한 방법이다. 이외에도 실속에 확실히 진입되었을 때 비행기 동체의 떨림 현상과 동반한 부수적인 소음이 아주 커지는 경우가 있다. 조종사의 운동감각 또는 운동 방향과 속도의 변화를 감지할 수 있는 감각은 실속을 인지하는데 중요한 요소이다. 이것은 실속

인지를 위한 조종사 훈련의 중요한 지표가 될 수 있다. 이 감각을 잘 발달시킨다면 비행기 속도의 감소를 쉽게 인지할 수 있고 비행기가 정체되거나 반실속 상태로 강하되는 것을 쉽게 인지할 수 있을 것이다.

(3) 실속경고장치

대부분 비행기는 임계 받음각에 도달했을 때 실속을 경고해 주는 경고음과 경고등을 갖추고 있다. 이들 장치가 실속을 인지하는 데 매우 효율적이지만, 공기역학적 실속이 이미 발생한 후에 경고해 주는 장치라는 것에 유의해야 한다.

1.12.5 실속회복

실속회복의 원칙은 즉각적이고 확실하게 기수를 숙여(nose-down) 받음각을 감소시키는 것이다. 실속의 근본적인 원인은 과도한 받음각에 있으므로 실속을 인지하자마자 조종간을 최대한 앞으로 밀어 이 원인부터 제거하여 받음각을 회복한다. 기수가 숙여지면 날개는 다시 유효 받음각을 얻는다. 저속에서 실속을 인지했다면 동력을 최대로 적용하여 속도를 증가시키고 받음각을 감소시키기 위해서 조종간을 앞으로 밀어주어야 한다. 실속회복할 때 스로틀을 최대 동력으로 적용하여도 고정-피치(fixed pitch) 프로펠러 비행기 엔진은 과속하지 않는다. 이것은 비행기가 저속 상태에서 프로펠러에 무거운 공기하중이 부여되기 때문이다. 그러나 실속회복 후 속도가 다시 증가함에 따라 속도가 과도하게 증가하지 않도록 동력을 조정해야 과속으로 인한 2차 실속(secondary stall)을 방지할 수 있다.

1.12.6 실속속도

실속은 비행기의 속도와 관계없이 받음각이 임계각을 초과했을 때 발생한다. 실속을 일으키는 받음각은 일정하나 비행조건에 따라 실속이 발생할 수 있는 실속속도는 변할 수 있다. 예를 들어 최대 중량을 적재한 비행기가 수평직선비행 중 실속속도가 50노트라 가정하자. 이 비행기가 60° 경사로 선회할 때는 하중계수가 2G로 증가하고 실속을 일으킬 수 있는 속도 역시 70노트로 증가할 수 있다. 이처럼 같은 비행기일지라도 하중계수, 경사각, 무게, 동력, 플랩 등에 따라 실속속도는 변할 수 있으나 실속을 일으킬 수 있는 임계 받음각은 일정하다.

(1) 무 게

무게(weight)가 증가하면 수평비행을 위한 양력이 증가해야 하고 실속속도 역시 증가할 것이다. 그러나 실속 받음각에는 영향을 주지 않는다. 무게의 감소는 날개의 하중이 감소한다는 것으로 무게를 지지하는데 더욱 작은 양력으로 가능하다. 이것은 실속속도를 그만큼 낮출 수 있다는 것을 의미한다.

실 속 속 도				
총무게(2,750 lbs)		경사각		
		수평	30°	45°
동　력		착륙장치와 플랩 올림		
On	mph kt	62 54	67 58	74 64
Off	mph kt	75 65	81 70	89 77
		착륙장치와 플랩 내림		
On	mph kt	54 47	58 50	64 56
Off	mph kt	66 57	71 62	78 68

【그림1-32】 동력의 유무, 경사각 그리고 플랩 각도에 따른 실속속도가 명백하게 다르다는 것을 알 수 있다. 예를 들어 착륙 단계에서 착륙장치와 플랩으로 완전히 내렸을 때 실속속도를 크게 낮출 수 있다.

(2) 무동력과 유동력

유동력과 무동력에 따라서 실속 특성은 다르다. 무동력과 비교하면 유동력 실속속도가 낮다. 유동력과 무동력은 프로펠러에서 추력을 생산할 수 있는지에 따라 구분된다. 일반적으로 착륙 접근하는 비행기는 최종접근경로에서 스로틀을 완전히 내려 동력을 최저로 조정한 상태이기 때문에 프로펠러는 실질적으로 추력을 생산하지 못한다. 이것은 비행 중 엔진 정지와 유사한 상황이다. 유동력 비행기의 프로펠러에서 발생하는 나선 후류는 날개 윗면을 흐르는 공기흐름의 분리를 지연시켜 실속 발생을 지연시키는 역할을 한다. 그러나 무동력에는 나선 후류(slip stream)가 발생하지 않아 실속속도는 그만큼 높다.

(3) 플 랩

플랩은 고양력장치(high lift devices)이고 플랩의 사용은 실속속도를 감소시킬 수 있다. 플랩을 내리면 캠버(camber)가 증가하여 새로운 형태의 날개가 형성되고 비행기 자세를 낮출 수 있다. 이것은 조종사 시계의 확보뿐만 아니라 실속 받음각이 더 낮은 속도에서 도달하게 한다. 착륙접근하는 비행기는 최대한 낮은 속도로 접근하기를 원하기 때문에 플랩은 필수적으로 활용되어야 하고 결정적으로 실속속도를 낮출 수 있다. [그림1-32]는 운용지침서에 표시된 실속속도 도표이다. 동력의 유무, 경사각 그리고 플랩 각도 및 착륙장치의 사용 여부에 따라 실속속도의 변화를 보여주고 있다. 유동력 실속속도가 무동력 실속속도보다 낮다. 예를 들어 수평비행에서 유동력 실속속도는 54노트이고 무동력일 때는 65노트이다. 또한, 경사각(angle of bank)이 증가하면 실속속도 역시 증가한다. 표에서 무동력 수평비행할 때 65노트, 30° 경사에서 70노트, 45° 경사에서는 77노트로 증가하고 있다. 플랩을 내리면 실속속도도 감소한다. 표에서 무동력 수평비행할 때 플랩을 사용하지 않았을 때 실속속도는 65노트이지만, 플랩을 내렸을 때는 57노트로 감소하고 있다.

1.12.7 날개 기울움(윙드롭)

유동력 상태에서 날개끝에서부터 실속이 먼저 발생한다면 실속에 접근함에 따라 좌우 날개의 불균형 양력은 급격히 날개를 어느 한쪽으로 기울게 하는 현상이 발생할 수 있다. 이것을 윙드롭(wing drop)이라 한다. 만약 실속이 임박해서 한쪽 날개가 급격히 기울어질 때 이를 수정하기 위해서 조종사는 무의식적으로 조종간(도움날개)을 사용하게 될 것이나 이것은 낮아진 날개의 유효 받음각을 더욱 증가시켜 날개를 더 기울게 하여 실속 상태를 더욱 악화시키는 결과를 초래한다. 따라서 실속이 임박해서 날개가 한쪽으로 기울어지면 조종간(도움날개)을 사용하지 말고 방향타로서 수정해야 한다. 이것은 유동력 실속 훈련할 때 정확한 수평 자세(level attitude)를 유지할 것을 강조하는 이유이다.

1.13 프로펠러

1.13.1 프로펠러의 구조

왕복엔진 비행기에서 프로펠러는 추력을 생산한다. 프로펠러를 구동시킬 수 있는 동력원(source of power)은 엔진이기 때문에 반드시 왕복엔진과 프로펠러의 조합으로 추력을 얻는다. 프로펠러는 [그림1-33]과 같이 2개 이상의 블레이드(blades), 스피너(spinner) 그리고 허브(hub)로 구성된 일종의 회전날개이다. 프로펠러는 공기역학적 효율을 높이기 위해서 에어포일 모양으로 설계되고 회전속도에 따라 균등한 힘을 발생할 수 있도록 설계되어야 한다. 프로펠러의 장착 위치에 따라 동체를 미는 방식과 끄는 방식으로 활용된다. 고정피치(fixed pitch) 프로펠러는 비행기의 예상 순항속도에서 가장 효율적으로 운용될 수 있는 피치각을 선정한다. 이처럼 모든 고정 피치 프로펠러는 특정 속도와 RPM의 조화에서만 최적의 효율을 달성할 수 있으므로 비행기가 수행하는 임무에 따라 이를 적절히 적용할 수 있어야 한다.

1.13.2 프로펠러 비틀림

프로펠러의 구조는 허브(hub) 근처의 꼬임각(twist angle)은 크고 블레이드 끝의 꼬임각은 작아 전체적으로 비틀려져 있다. 프로펠러 끝단 비틀림은 외측은 허브 근처보다 빠르게 이동하기 때문이다. (상대속도 빠름) 허브 근처의 블레이드 회전속도는 블레이드 끝단의 속도에 비해서 상대적으로 느리다. 만약 블레이드 전체가 동일 블레이드 각(blade angle)을 갖는다면 순항속도에서 상대속도 차이로 인하여 프로펠러 끝단에서는 실속이 일어나는 동

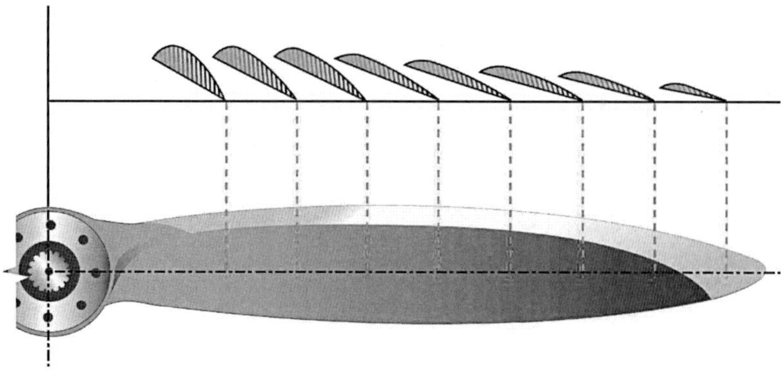

【그림1-33】 프로펠러 블레이드 역시 에어포일과 유사하지만 단지 수직 위치에서 추력을 발생한다. 프로펠러 블레이드는 동일 RPM으로 회전하지만, 길이가 다르므로 외측과 내측의 상대속도는 다르다. 프로펠러 블레이드 전체에서 균등한 추력을 발생할 수 있도록 피치각을 다르게 설계함으로써 달성할 수 있다. 실제 프로펠러 블레이드를 관찰했을 때 외측은 비교적 평평하지만, 내측으로 갈수록 비틀림 각도가 증가한다.

안에 허브 근처에서는 음성 받음각이 발생할 수 있다. 이 같은 비틀림 설계는 블레이드의 상대속도 차이에 따라 다르게 설계함으로써 순항비행에서 전체 블레이드에 일정한 받음각을 갖게 한다.

1.13.3 고정 피치 프로펠러

고정 피치 프로펠러는 주어진 RPM에서 가장 효율적인 하나의 속도가 존재하고 비행기 설계자는 속도와 RPM의 조화에서 최대 효율(maximum efficiency)을 갖도록 피치각을 결정해야 한다. 예를 들어 단거리 활주로(short field)에서 높은 하중과 저속으로 운용되는 농업용 비행기는 저피치(low pitch)의 프로펠러로 설계되어야 하고, 고속에서 장거리 순항비행을 위한 비행기는 고피치(high pitch)의 프로펠러를 갖도록 설계되어야 한다. 고정 피치 프로펠러는 블레이드 각과 관계없이 오직 하나의 속도와 RPM의 조화에서만 최대의 효율을 발휘하고 이 범위를 벗어나면 효율은 급격하게 떨어진다. 고정 피치 프로펠러는 엔진의 회전축에 직접 연결되어 있으므로 스로틀(throttle)로 RPM을 조정할 수 있고 동력은 엔진 회전계(tachometer)에 지시된다.

1.13.4 단발 프로펠러 비행기의 특성

프로펠러 비행기는 공기역학적인 힘과 물리적 힘이 조화되어 뚜렷한 좌선회 경향을 갖는다. 특히 저속에서 높은 동력으로 운용되는 이륙과 상승 단계에서 더욱 뚜렷하다. 비행기의 좌선회 경향(left turning tendency)의 주요 원인은 다음과 같다.

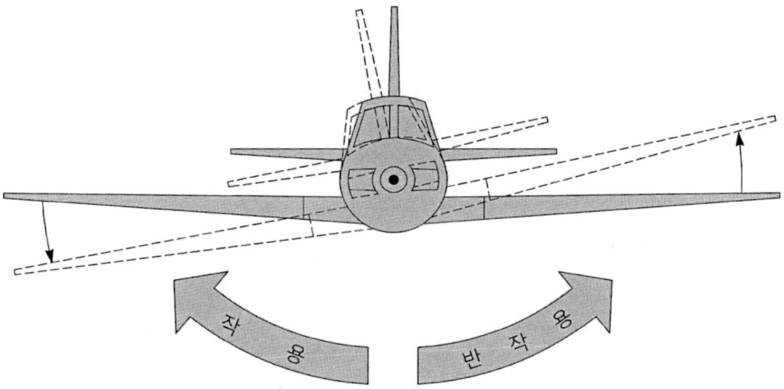

【그림1-34】 단발 프로펠러는 다양한 효과가 조화되어 전체적으로 좌선회 경향이 있다. 프로펠러의 회전 방향과 동체의 운동은 작용과 반작용 효과를 일으키는 원인이다. 이를 토크 반작용이라 한다.

첫째, 엔진 또는 프로펠러에서 발생하는 토크 반작용
둘째, 프로펠러 나선 후류의 효과
셋째, 프로펠러 회전의 작용
넷째, 프로펠러의 비대칭 하중

(1) 토크 반작용

비행기의 프로펠러가 시계방향으로 회전할 때 동체는 [그림1-34]와 같이 토크 반작용(torque reaction)으로 시계 반대 방향으로 회전하려는 경향 때문에 왼쪽으로 롤링하는 현상이 발생한다. 비행 중인 비행기에서 이 힘은 세로축 주위에서 작용한다. 이를 상쇄시키기 위해서 하향 힘을 받는 날개에 더 큰 양력을 생산시킬 방법을 적용한다. 일반적으로 순항속도를 기준으로 토크 효과(torque effect)를 상쇄시킬 수 있도록 엔진 오프셋(offset)으로 설계된다. 순항속도 이외의 속도에서는 도움날개 트림 탭(trim tab)으로 조절되어야 한다. 이륙활주 중 좌 요 모멘트(left yaw moment)는 적절한 러더의 활용 또는 러더 트림으로 수정되어야 한다. 이 모멘트의 크기는 다음과 같은 요소들에 따라 달라질 수 있다.

첫째, 엔진의 크기와 마력
둘째, 프로펠러의 크기와 RPM
셋째, 비행기의 크기(무게)
넷째, 지표면의 상태

(2) 나선후류의 효과

프로펠러가 회전할 때 발생하는 후류는 동체를 감싸면서 회전한다. 이것을 나선후류라 한다. 특히 고속의 프로펠러 속도와 느린 전방 속도에서 후류의 나선(helical) 회전은 압축되고 수직 안정판에 강한 측방 힘이 작용한다. 이때 비행기는 수직축에 대해서 왼쪽으로

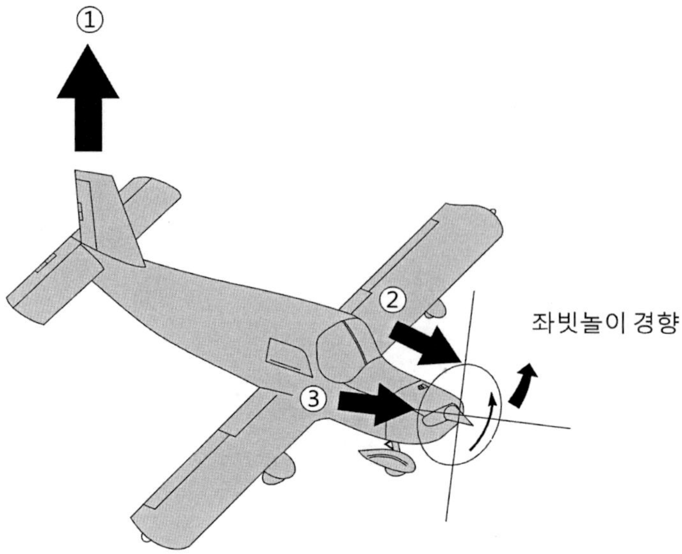

【그림1-35】 회전하는 프로펠러는 하나의 회전판으로 고려할 수 있다. 자이로 세차 현상은 회전판의 어느 한 지점에 힘을 적용했을 때 회전 방향으로 90°를 지난 지점에서 분명해지는 현상으로 모든 회전체에서 합력 힘이 유도해내는데 매우 중요하게 적용된다. 이 현상은 뒷바퀴 조향장치에서 꼬리날개가 들리면서 프로펠러 상단에 힘이 적용되어 이것이 세차 현상을 일으켜 좌 요잉 현상을 일으킨다.

선회 모멘트(turning moment)가 발생하여 기수를 왼쪽으로 돌아가게 한다. 나선후류의 힘이 강할수록 좌선회 모멘트도 커진다. 그러나 전방 속도가 증가함에 따라 나선후류는 길게 늘어지거나 효과가 감소한다. 또한, 나선후류(slipstream)는 날개에 부딪힌 후류 때문에 세로축 주변에 오른쪽으로 롤링 모멘트가 발생한다. 토크 반작용으로 발생한 롤링 모멘트가 왼쪽으로 작용하는 반면 나선후류에 의해 발생한 롤링 모멘트는 오른쪽으로 작용하게 되어 두 힘이 서로 상쇄될 수 있다.

(3) 회전의 작용

프로펠러 회전의(gyro) 효과를 이해하기 전에 먼저 회전의에 대한 기본원리를 이해해야 한다. 프로펠러 회전의 작용은 세차 현상의 결과이다. 세차(precession) 현상은 회전하는 물체의 테두리에 이를 변화시키는 힘이 적용되었을 때 회전 물체의 합력 작용 또는 편향이다. 이것은 회전면에 힘이 적용되었을 때 합력 힘은 회전 방향으로 90° 전방에서 나타낸다. 프로펠러도 회전면과 유사한 특성을 갖는다. 프로펠러가 회전할 때 하나의 회전면으로 볼 수 있다. 외부에서 프로펠러를 변형시키는 힘이 회전면에 적용될 때마다 합력 힘은 회전 방향으로 90°가 지난 후 나타난다. 이때 적용된 힘의 위치에 따라 비행기에는 피칭과 요잉 모멘트 또는 이들 두 모멘트가 조화된 합력으로 나타난다. 회전의 작용은 특히 뒷바퀴형 비행기의 이륙활주 중 이륙 속도에 도달했을 때 꼬리날개가 들리면서 뚜렷이 나타난다. [그림1-35]에서 이륙활주 중 꼬리날개의 부양은(①) 비행기 자세를 수평으로 변경시키고 이

【그림1-36】 뒷바퀴 조향 착륙장치에서 지상활주와 같이 높은 기수 자세에 있을 때 상향 블레이드와 하향 블레이드 사이에 공기를 받아들이는 각도의 차이에 의한 좌선회 경향이 발생한다. 이외에도 프로펠러 비행기의 저속 고기수 자세로 비행할 때 이 같은 현상이 뚜렷하게 나타난다.

자세의 변화는 프로펠러 회전면 상부에 힘이 적용된(②) 것과 같은 효과를 갖는다. 따라서 프로펠러 상부에 힘이 적용되었기 때문에 이 힘은 90° 전방에 작용하는 합력 힘(③)으로 나타나 수직축 주변에 좌 요잉 모멘트를 일으키고 비행기는 좌선회 경향을 갖는다. 이 모멘트의 크기는 적용된 힘에 따라 꼬리날개 부분이 들리는 정도에 달려 있다. 뒷바퀴형 비행기의 이륙활주 중이 아니더라도 상승 자세에서 수평으로 또는 강하 자세에서 수평으로 자세 변경(flare) 할 때도 같은 효과가 나타날 수 있다.

(4) 비대칭 하중

비행기가 높은 받음각으로 비행할 때 프로펠러의 비대칭 하중으로 인하여 비대칭 추력이 발생하고 비행기는 좌선회 경향이 나타난다. 이를 P-요소(P-factor)라 한다. 특히 P-요소는 뒷바퀴형 비행기의 이륙활주 중에 잘 발생하고 기타 비행기는 저속의 높은 동력과 높은 받음각으로 운용될 때 잘 발생한다. 순항 비행할 때 비행기 자세가 거의 수평을 이루고 받음각 역시 작기 때문에 상향하는 블레이드와 하향하는 블레이드는 거의 같은 양의 받음각이 발생하고 P-요소는 잘 나타나지 않는다. 그러나 뒷바퀴형 비행기가 지상에 있을 때 기수가 약간 위쪽으로 기울어 있다. 이것은 프로펠러 회전면이 [그림1-36]의 오른쪽과 같이 수직이 아님을 알 수 있다. 이로 인하여 이륙 활주할 때 비행기는 수평으로 이동하지만 프로펠러는 상향 블레이드와 하향 블레이드는 서로 다른 받음각을 형성한다. 이는 하향하는 블레이드가 취하게 되는 공기량은 상향하는 블레이드가 취하게 되는 공기량보다 많다. 수직축을 주변으로 좌우 차이가 발생하면서 추력 중심을 프로펠러 디스크(propeller disk)의 오른쪽으로 이동시킨다. 추력 중심이 약간 오른쪽으로 이동했기 때문에 비행기는 왼쪽으로 요잉 모멘트가 발달하여 좌선회 경향이 발달한다.

1.13.5 프로펠러의 기하 피치와 유효피치

대부분의 단발엔진 항공기는 특정 전진 속도에서 효율적인 고정 피치 프로펠러를 갖추고 있다. 일반적으로 고정 피치 프로펠러의 프로펠러 설계는 순항과 상승 간의 효율 저하이다. 프로펠러가 공기를 통해 특정 속도로 가장 효율적인 이유는 "프로펠러 슬립" 때문이다. 프

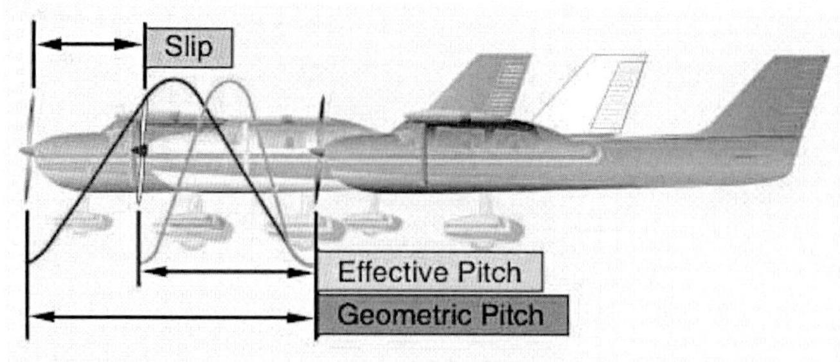

【그림1-37】 프로펠러 기하피치와 유효피치

로펠러 슬립(propeller slip)은 [그림1-37]과 같이 이론적인 피치(theoretical pitch), 기하학적 피치(, geometric pitch), 그리고 프로펠러의 실제 피치(actual pitch), 유효 피치(effective pitch) 사이의 차이이다. 효율적인 프로펠러는 미끄러짐(slippage)이 가장 적기 때문에 엔진 마력을 추력으로 더 많이 변환하는 프로펠러이다. 일정한 속도 프로펠러는 대부분 비행조건에서 최대 효율을 위해 프로펠러 피치를 조절한다.

1.14 단거리 이착륙 항공기

1.14.1 개 요

일반항공 분야에서 최근 새롭게 주목받고 있는 유형의 항공기가 단거리 이착륙 항공기이다. 이 항공기는 용어가 의미하는 것과 매우 짧은 이착륙 거리에서 운용이 가능한 항공기이다. 미래형 항공기는 필연적으로 단거리 이착륙(short field takeoff and landing) 또는 수직 이착륙(vertical takeoff and landing) 성능을 갖춘 항공기가 주류를 이루게 될 것이다. 전투 항공기 분야에서도 단거리 또는 수직 이착륙 성능을 갖춘 전투기 개발에 많은 투자를 하는 것은 이들 성능을 보유한 항공기가 장소에 구애받지 않고 기동할 수 있는 전장의 융통성(flexibility)을 갖기 때문이다. 경량 항공기 분야에서도 단거리 이착륙 항공기는 높은 페이로드(payload)와 함께 운용 장소에 크게 영향을 받지 않아 영역을 확장해 가고 있다. 이에 경량 단거리 이착륙 항공기의 특징과 성능을 소개한다.

1.14.2 단거리 이착륙 항공기의 등장

(1) 정 의

단거리 이착륙(STOL) 항공기에 대한 정의는 국가별로 약간씩 다르게 정의하고 있다. DOD/NATO에서는 이륙활주를 시작한 지점에서부터 1,500피트(450미터) 이내에서 50피트(15미터) 장애물을 통과하여 이륙할 수 있어야 하고, 착륙 역시 50피트 장애물을 통과하

【그림1-38】 단거리 이착륙 비행기의 장점이 활주로 외의 다양한 지표면 장소에서 이착륙이 가능한 것이다. 단거리 이착륙 비행기는 높은 페이로드가 가능하지만 우수한 제동력을 갖추어야 하고 아울러 지표면의 상태에 영향을 받지 않도록 견고하고 유연성이 높은 타이어를 사용해야 한다. 오른쪽은 날개끝을 하향으로 굽어지게 설계한 모델이다.

여 1,500피트(450미터) 이내에서 정지할 수 있는 항공기로 정의하고 있다. 또 다른 정의에 의하면 유사한 조건이지만 1,000피트(305미터) 이내에서 50피트 장애물을 통과하여 이착륙이 가능한 성능을 갖춘 항공기로 정의하기도 한다. 그러나 최근 STOL 항공기 경연대회에서 100피트 이내의 거리에서 이착륙함으로써 기존의 정의를 무색하게 할 정도로 성능이 향상되고 있다.

(2) 운용상의 장점

비행기 이륙을 위한 활주로 길이는 최저비행속도(실속속도)의 제곱으로 결정된다. 이것은 실속속도를 낮출수록 활주로 길이를 크게 감소시킬 수 있다. 이를 위해서 공기역학적, 재료공학, 기계역학 등이 조화되어 현대 경량 항공기 무게는 가벼워지면서 성능은 크게 향상되는 추세이다. 실제 높은 동력/무게비 그리고 낮은 항력은 비행기의 부양을 위한 가속에 도움이 된다. 최저의 착륙속도를 유지하기 위해서는 고양력장치와 우수한 제동력은 필수이다. 제동장치는 일단 착지한 후의 성능이지만 단거리 이착륙을 위한 실질적인 설계 요소는 고양력장치에 초점이 맞추어져야 한다. 이를 위해서 단거리 이착륙 비행기는 일반 비행기에서 볼 수 없는 몇 가지 특이한 구조를 갖추고 있다.

단거리 이착륙 비행기는 나무라든지 숲으로 우거진 지형에서 운용할 수 있어야 하므로 섬이라든지 오지 혹은 고립된 마을의 교통수단으로 최소한의 평지에서 운용할 수 있어야 한다. 이 같은 성능 요건을 갖추기 위해서 단거리 이착륙 비행기는 높은 동력/무게비와 저항력은 이륙경로 선상의 장애물을 넘을 수 있는 높은 상승률을 제공한다. 착륙할 때도 저속에서 장애물을 통과하여 강하할 수 있는 깊은각 접근을 가능하게 한다. 때로는 스포일러 혹은 역추력 프로펠러는 착륙거리를 크게 감소시키는 데 기여한다. 단거리 이착륙 비행기의 장점이 [그림1-38]과 같이 활주로 이외에 약간의 평지만 가용하다면 수풀 지역, 강변 혹은 해안가, 언덕, 수면(플로트 장착) 등 이착륙 장소에 크게 구애받지 않고 운용할 수 있으므로 일반항공(general aviation)에서 선호하는 이유이다.

【그림1-39】 화살표가 지시하는 것과 같이 날개 앞전과 뒷전에 플랩이 장착되어 있다. 뒷전 플랩이 전형적인 고양력장치라면 앞전 플랩(슬랫)은 실속을 지연시키는 결정적인 역할을 한다.

(3) 단거리 이착륙을 위한 설계

비행기의 항력을 최소화하기 위해서 뒷전 플랩과 함께 앞전 플랩(leading edge flap, slat)이 함께 사용된다. 날개끝에서의 항력을 줄이기 위해서 설계도 중요한 항력 감소 역할을 한다. 날개 윗면에 와류 발생기(vortex generator)를 장착하거나 와류의 이동을 최소화하기 위한 펜스(fence)를 장착하기도 한다. 이외에도 날개끝 드루프(droop) 설계 혹은 윙렛(winglets)은 날개끝 와류를 최소화하여 항력을 감소시키는 데 도움이 된다. 이외에도 조종사는 최종접근 경로에서 사이드슬립 조작을 함으로써 부가적인 항력을 증가시킨다. 단거리 이착륙 비행기의 외형에서 관찰할 수 있듯이 전제 무게에 비해서 날개가 상대적으로 크다. 이 같은 날개는 때로는 플랩, 슬롯, 슬랫 그리고 와류 발생기의 역할을 하기도 한다. 기본적으로 우수한 STOL 성능을 갖는 비행기는 최대속도가 낮다. 그러나 페이로드 양력 발생 능력을 감소시키는 것은 아니다. 이들 항공기에 페이로드는 매우 중요한 요소이다. 고립된 마을이라든지 오지를 연결하는 유일한 교통수단이기 때문이다.

(4) 앞전 플랩

대부분의 단거리 이착륙 비행기가 고양력을 얻을 수 있는 장치로 앞전 플랩을 활용한다. 앞전 플랩은 더욱 높은 받음각에서 실속을 지연시키는 역할을 한다. 앞전 플랩은 다음과 같은 2가지 효과를 동시에 얻을 수 있다. [그림1-39]

첫째, 슬랫(slat)이 전개되었을 때 최대 압력 영역이 슬랫 위에서 형성된다. 공기흐름이 슬랫에서 분리되지만, 이들 공기흐름은 날개 위의 공기흐름에 영향을 주지 않는다.

둘째, 날개와 슬랫 사이의 공기 통로를 통해서 흐르는 고에너지의 공기가 가속되면서(벤투리 효과) 날개 위의 공기흐름과 합류하여 실속을 지연시킨다.

둘째 경우와 같이 이것이 슬롯(slot)의 기능이다. 공기의 속도가 빨라질수록 압력은 더욱 낮아지고 날개 윗면과 아랫면 사이의 압력차는 더욱 증가한다. 이 높은 에너지의 공기는 경계층(boundary layer)을 활성화하여 더 높은 받음각에서 날개 표면에 들러붙게 하는 역

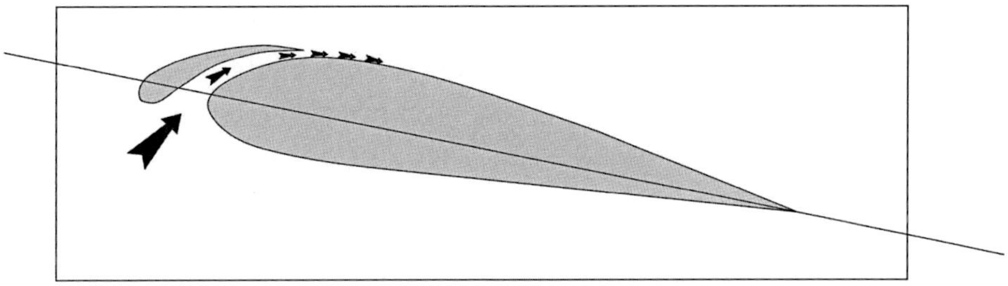

캠버 변화 및 경계층 제어-슬랫과 슬롯

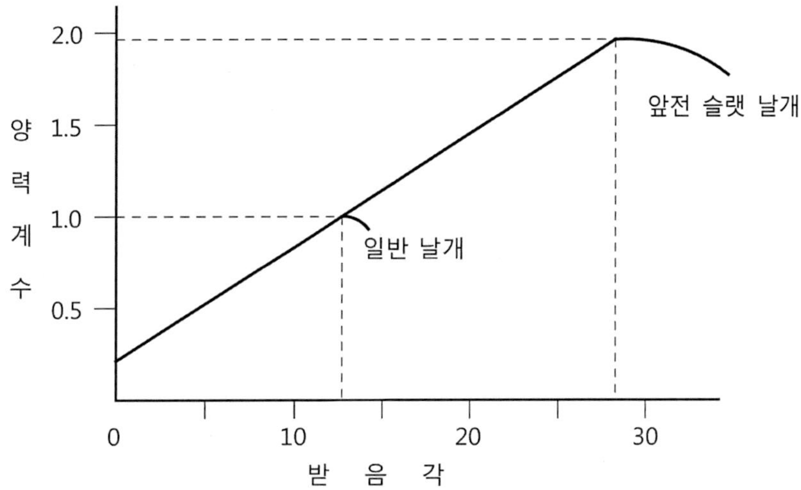

【그림1-40】 날개와 슬랫 그리고 슬롯 단면을 관찰할 수 있다. 이들이 효과적으로 조화되었을 때 최적의 공기역학적 성능을 달성할 수 있다. 벤투리 효과를 얻을 수 있도록 입구는 크고 출구는 작게 그리고 출구에서 슬랫 뒷전과 날개 표면이 평행이 되도록 설계되어야 한다. 아래 그래프는 앞전 슬랫을 활용했을 때 공기역학적 효과를 관찰할 수 있다. 슬롯이 없을 때 그리고 있을 때 받음각 효과는 거의 2배로 증가하고 있음을 알 수 있다. 이외에도 실속 발생 성향 역시 완만하다. 날개 공기역학에서 받음각이 높아질수록 압력중심은 앞으로 이동하여 실속 성향 혹은 기수들림 경향을 더 촉진한다. 이때 날개 위에 상당한 저압 구역이 형성되고 이것이 실속의 직접적 원인이다. 그러나 앞전 슬랫이 전개되었을 때 저압 구역이 슬랫 위에 형성되고 크기 또한 슬롯을 통과하는 공기흐름의 영향으로 상당히 작게 형성된다.

할을 한다. 슬롯을 통과하는 가속 공기는 슬랫 위에서 저압력 구역이 크게 발달하지 못하게 하는 역할을 하기도 한다. 슬롯의 역할을 이해했다면 이 같은 역할을 할 수 있도록 정교하게 설계되어야 한다.

슬롯은 기본적으로 벤투리 효과를 얻을 수 있도록 입구와 출구의 비율이 정교하게 설계되어야 한다. 통상 입구의 면적은 출구 면적의 약 2~3배 정도가 적당하다. 또한, 슬랫의 뒷전은 반드시 날개와 평행해야 공기흐름이 비행 성능에 영향을 주지 않고 균등하게 그리고 직선으로 흐를 수 있다. 아래의 그래프는 앞전 슬롯을 장착한 날개와 일반 날개의 받음각 대비 양력계수의 변화를 실험한 것이다. 일반 날개는 [그림1-40]과 같이 받음각이 약 12°에서 양력계수는 1.0에 그치지만 슬롯 날개는 받음각이 약 27° 정도에서 양력계수가 2.0으로 대략 2배의 양력계수가 항상 효과를 보여주고 있다. 물론 실속 성향 역시 슬롯 날개가 더 급격하게 발달하지 않는 성향을 보인다. 이처럼 슬롯의 이점을 최대로 살리기 위해서 조종사의 기량이 중요시된다. 예들 들어 저속비행을 위해서 동력은 스로틀 아이들에 조정하고 속도를 줄이기 위해서 기수를 서서히 들어준다. 비행기의 속도가 감소하고 피치 자세가 높아졌을 때 서서히 동력을 적용한다. 이때 승강타는 동력의 적용 양에 따라 약 1/4~1/2까지 후방압 상태가 되고 기수는 약 20° 정도에서 저속비행이 가능하다.

기출문제 및 예상문제

1. 유체의 동압(dynamic pressure)에 대해서 올바르게 설명하고 있는 것은?

① 동압은 밀도와 반비례한다. ② 동압의 성질은 정압과 유사하다.

③ 동압은 운동에너지이다. ④ 동압은 속도가 빠르면 감소한다.

【해설】 *유체는 단면적이 넓은 곳보다 좁은 곳에서 빠르게 흐른다. 이것을 유체의 운동에너지인 동압(dynamic pressure)이라 한다.*

2. 유체의 정압과 동압에 대해서 올바르게 설명하고 있는 것은?

① 동압은 유체가 지닌 고유의 압력이다.

② 정압과 동압의 합은 일정하다.

③ 유체 흐름 속도가 증가하면 정압과 동압이 모두 증가한다.

④ 정압은 흐름 속도가 가장 빠를 때 최대가 된다.

【해설】 *유체의 정압과 동압의 합은 항상 일정하다.*

3. 유체의 정압과 동압에 대해서 올바르게 설명하고 있는 것은?

① 정압은 관의 표면에 수직일 때 가장 작다.

② 정압과 동압의 합은 밀도에 따라 달라진다.

③ 유체 흐름 속도가 증가하면 정압은 감소하고 동압은 증가한다.

④ 동압은 흐름 속도가 가장 느릴 때 최대가 된다.

【해설】 *유체 흐름에서 정압과 동압은 반비례한다.*

4. 베르누이 정리를 실증적으로 가장 잘 적용하고 있는 모델은?

① 가속도의 법칙 ② 작용 반작용의 법칙

③ 벤투리 효과 ④ 질량보존의 법칙

5. 단면적이 다른 관 속으로 흐르는 유체의 속도와 압력은 어떤 변화가 발생하는가?

① 좁은 곳에서; 속도 느리고, 압력 높다.

② 좁은 곳에서; 속도 빠르고, 압력 낮다.

③ 넓은 곳에서; 속도 느리고, 압력 낮다.

④ 넓은 곳에서; 속도 빠르고, 압력 높다.

【해설】 *비압축성 유체에서 전체 압력은 일정하다. 따라서 동압과 정압은 상호 반비례의 관계*

【정답】 1.③ 2.② 3.③ 4.③ 5.②

를 갖는다. 유체속도가 가장 빨라지는 지점은 관의 단면적이 가장 좁아지는 병목(스로트) 구역이라 한다.

6. 베르누이 정리에 관해서 설명하고 있는 것은?

① 모든 작용은 동일하고 방향이 반대인 반작용이 있다.
② 날개의 하부 표면이 공기를 하방으로 변형시킬 때 상향 힘이 발생한다.
③ 아랫면에 부딪히는 공기의 충격압은 윗면의 공기 충격압보다 크다.
④ 에어포일의 굴곡진 윗면을 빠르게 이동하는 공기는 낮은 압력을 유발한다.

【해설】 *베르누이는 유체 흐름 속도와 압력의 관계를 정리하였다. 유체속도가 빠르면 정압은 낮아지고 속도가 느리면 정압은 높아진다.*

7. 비행기 날개는 어떠한 공기역학적 조건에서 양력이 발생할 수 있도록 고안되었는가?

① 윗면에서 음성 공기압 그리고 아랫면에서 양성 공기압이 발생해야 한다.
② 아랫면에서 음성 공기압 그리고 윗면에서 양성 공기압이 발생해야 한다.
③ 윗면과 아랫면의 압력중심이 다르게 발생해야 한다.
④ 날개 무게중심 전방에서 상향압 그리고 후방에서 하향압이 발생해야 한다.

【해설】 *양력은 날개의 윗면과 아랫면을 통과하는 공기 속도의 차에 의해서 아랫면에서 양성 공기압이 발생하고 윗면에서는 음성 공기압이 발생해야 한다.*

8. 비대칭 에어포일의 받음각이 "0"인 상태로 비행 중인 날개의 윗면을 따라 형성되는 압력은?

① 대기압과 동등해야 한다. ② 대기압보다 커야 한다.
③ 대기압보다 작아야 한다. ④ 대기압과 관계없다.

【해설】 *받음각이 "0"이라는 것은 시위선과 상대풍이 일치한다. 비대칭 에어포일은 윗면과 아랫면의 굽어진 정도가 다르므로 윗면의 압력이 대기압보다 작다.*

9. 에어포일의 앞전과 뒷전을 잇는 가상선을 ( )이라 한다.

① 캠버선 ② 시위선
③ 추력선 ④ 세로선

10. 에어포일의 앞전부터 뒷전까지 그리고 윗면에서 아랫면까지의 모든 점에서 동일 거리를 잇는 가상선을 ( )이라 한다.

① 시위선 ② 세로선
③ 평균캠버선 ④ 최대캠버선

11. 에어포일의 시위선과 상대풍이 이루는 각도를 ( )이라 한다.

① 세로선 ② 받음각
③ 붙임각 ④ 상반각

【정답】 6.④ 7.① 8.③ 9.② 10.③ 11②

12. 받음각은 에어포일의 시위선과 (　　　　) 사이의 각도이다.

① 상대풍　　　　② 에어포일의 피치각
③ 세로축　　　　④ 비행경로

13. 아래 [그림-41]의 공기역학적 벡터에서 (4)는 무엇을 나타내는가?

① 상대풍　　　　② 시위선
③ 붙임각　　　　④ 받음각

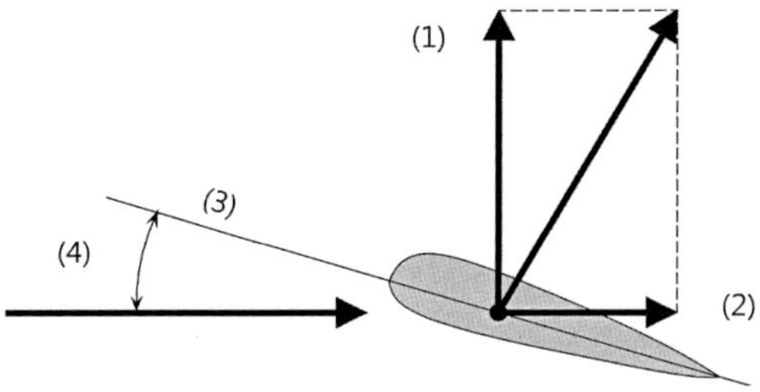

【그림1-41】

14. 날개의 받음각이 변화되었을 때 날개 위의 공기역학적 변화는 무엇인가?

① 날개의 붙임각
② 날개 윗면과 아랫면에서 형성되는 압력분포
③ 날개 윗면과 아랫면에 흐르는 공기흐름의 양
④ 날개에 부딪히는 상대풍의 각도

15. 받음각의 정의를 가장 잘 서술하고 있는 것은?

① 날개 시위선과 상대풍 사이의 각도이다.
② 항공기 상승각과 수평선 사이의 각도이다.
③ 항공기 세로축과 날개 시위선 사이 형성된 각도이다.
④ 날개 시위선과 비행경로 사이의 각도이다.

【해설】 받음각(angle of attack)은 날개의 시위선(chord line)과 상대풍(relative wind) 사이에 형성된 각도이다. 시위선은 에어포일의 앞전과 뒷전을 잇는 직선이다. 상대풍은 날개가 공기 속을 통해서 이동할 때 날개에 대한 공기흐름의 방향이다. 항공기 세로축과 날개 시위선 사이 형성된 각도는 붙임각(angle of incidence)이다.

16. 받음각은 에어포일의 시위선과 무엇 사이의 각도라고 할 수 있는가?

① 비행경로의 방향　　　　② 에어포일의 피치각
③ 회전 평면　　　　④ 상대풍의 방향

17. 날개의 시위선과 항공기의 세로축 사이의 각도를 (　　　)이라 한다.

① 붙임각　　　　② 상반각
③ 받음각　　　　④ 후퇴각

【정답】 12.① 13.④ 14.② 15.① 16.④ 17.①

18. 현대 경비행기의 양력 발생 에어포일로 가장 적절한 유형은 (　　　)이다.

① 대칭형　　② 비대칭형
③ 반대칭　　④ 역대칭형

19. 에어포일에서 발생하는 양력과 수직으로 작용하는 요소는?

① 시위선　　② 상대풍
③ 항공기의 세로축　　④ 중력

20. 날개의 받음각이 변화되었을 때 날개 위의 공기역학적 변화는 무엇인가?

① 날개의 붙임각
② 날개 위아래에서 형성되는 압력 분포
③ 날개의 위아래를 흐르는 공기흐름의 양
④ 날개에 부딪히는 상대풍의 각도

21. 날개에서 발생하고 있는 양력에 대해서 맞게 설명한 것은?

① 날개의 시위선에 수직으로 작용하는 상이한 압력이다.
② 무게 분력에 수직으로 작용하는 힘이다.
③ 비행기 세로축에 대해서 수직으로 작용하는 힘이다.
④ 상대풍에 대해서 수직으로 작용하는 힘이다.

22. 에어포일 선상에서 양력이 작용하는 점을 (　　　)이라 한다.

① 중력　　② 압력중심
③ 시위의 중간점　　④ 무게중심

【해설】 *양력은 시위선의 어느 한 점에서 작용한다. 이를 압력중심(center of pressure)이라 한다. 비대칭 에어포일에서 받음각이 증가하면 압력중심은 전방으로 이동하고 받음각이 감소하면 압력중심은 후방으로 이동한다.*

23. 압력중심의 위치 변화가 항공기에 어떤 영향을 줄 수 있는가?

① 양력/항력 비율　　② 양력 성능
③ 공기역학적 균형과 조종성　　④ 항공기의 무게와 균형

【해설】 *압력중심(center of pressure)의 변화는 공기역학적 균형(aerodynamic balance)과 조종성에 영향을 줄 수 있다.*

24. 대칭형 에어포일에서 받음각이 증가했을 때 압력중심은 어떻게 되는가?

① 무게중심 쪽으로 이동한다.
② 에어포일 표면을 따라 후방으로 이동한다.
③ 영향을 받지 않고 그대로 남아 있다.
④ 에어포일 표면을 따라 전방으로 이동한다.

【정답】 18.② 19.② 20.② 21.④ 22.② 23.③ 24.③

【해설】 대칭형 에어포일에서는 받음각이 변해도 압력중심은 변하지 않는다.

25. 조종사가 날개의 받음각을 변화시켜 제어할 수 있는 것은?

① 양력, 속도, 항력　② 속도, 항력, C.G

③ 양력, 속도, C.G　④ 양력과 속도, 그러나 항력은 예외

【해설】 받음각의 증가는 양력을 증가시켜 항공기를 상승하게 만들고 속도는 감소한다. 또한, 양력 증가는 유도항력의 증가를 동반한다. 받음각의 변화는 C.G와 관계없다.

26. 날개의 가로세로비는 무엇인가?

① 날개뿌리에 대한 날개폭의 비율　② 평균 시위와 날개길이의 비율

③ 날개폭에 대한 시위의 면적　④ 세로축과 가로축의 비율

【해설】 날개의 가로세로비(aspect ratio)는 날개 길이와 평균 시위 사이의 비율이다.

27. 높은 가로세로비를 갖는 날개의 특성은?

① 실속속도가 높아진다.　② 높은 받음각에서 항력이 증가한다.

③ 저속에서 조종성이 떨어진다.　④ 가로세로비의 증가는 항력을 감소시킨다.

【해설】 일정 속도에서 가로세로비(aspect ratio)의 증가는 항력을 감소시킨다. 가로세로비가 큰 날개는 양력이 크게 발생할 수 있는 조건에서 항력 감소가 뚜렷하고 상승 성능의 향상과 함께 실속속도가 감소한다.

28. 높은 양력 조건에서 가로세로비가 큰 날개평면의 특징 중 하나는?

① 항력 증가 없이 속도가 증가한다.　② 상승 성능이 떨어진다.

③ 실속속도가 증가한다.　④ 항력이 뚜렷하게 감소한다.

【해설】 날개의 가로세로비(aspect ratio)는 평균 시위에 대한 길이의 비율이다. 날개가 길고 좁으면 가로세로비(AR)가 크고, 짧고 넓으면 가로세로비(AR)는 작다. 양항비는 가로세로비와 함께 증가한다.

29. 날개평면의 테이퍼비는 무엇인가?

① 날개 길이와 동체 길이의 비율

② 평균 시위와 날개길이의 비율

③ 날개 시위와 동채 폭의 비율

④ 날개뿌리 시위와 날개끝 시위의 비율

【해설】 날개평면의 테이퍼비(taper ratio)는 날개끝으로 갈수록 시위가 점점 작아지는 비율이다.

30. 이론적으로 공기역학적 효율이 가능 높은 날개 평면은?

① 직사각형 날개평면　② 타원형 날개평면

③ 테이퍼형 날개평면　④ 삼각형 날개평면

【정답】 25.① 26.② 27.④ 28.④ 29.④ 30.②

【해설】 공기역학적으로 가장 효율이 높은 날개평면은 타원형(elliptical wing)이다. 따라서 타원형 날개평면의 효율계수(efficiency factor)는 1.0이다.

31. 저속비행에서 고속비행으로 전환되었을 때 동고도를 유지하기 위한 받음각은 어떻게 되어야 하는가?

① 증가 ② 감소

③ 변화 없음 ④ 감소 후 증가

32. 조종사는 속도가 감소할 때 고도를 유지하기 위해서 어떻게 조치해야 하는가?

① 항력보다 큰 양력을 발생시키기 위해서 받음각이 증가해야 한다.

② 추력 감소를 보상하기 위해서 받음각이 감소해야 한다.

③ 항력 증가를 보상하기 위해서 받음각이 감소해야 한다.

④ 양력 감소를 보상하기 위해서 받음각이 증가해야 한다.

33. 비행 중 기수들림 경향을 초래하는 압력중심의 위치는?

① 무게중심 아래에 있을 때 ② 무게중심 후방에 있을 때

③ 무게중심 위에 있을 때 ④ 무게중심 전방에 있을 때

【해설】 압력중심이 무게중심 전방으로 이동한다면 비행기는 기수들림 경향이 발생할 것이고 받음각이 계속 증가하면 실속조건에 진입하게 될 것이다.

34. 수평비행 중 속도가 증가할 때 항공기의 총항력은 최대 양항비 속도에서 발생하는 총항력보다 커진다. 이유는 무엇인가?

① 유도항력이 증가하기 때문이다.

② 유도항력이 감소하기 때문이다.

③ 유해항력이 감소하기 때문이다.

④ 유해항력이 증가하기 때문이다.

【해설】 속도가 증가하면 유해항력(parasite drag)이 증가하기 때문에 항공기의 총항력은 최대 양항비 속도보다 커지게 된다. 속도가 감소하면 동고도를 유지하기 위한 받음각이 증가하여야 하고 받음각의 증가는 유도항력(induced drag)의 증가를 초래하여 총항력은 최대 양항비 속도보다 증가한다.

35. 동력을 증가시켰을 때 기수들림 경향은 어떠한 이유 때문인가?

① 양력중심이 무게중심 앞에 있기 때문이다.

② 양력중심과 무게중심이 동일 위치에 있기 때문이다.

③ 추력선이 무게중심 아래에 있기 때문이다.

④ 추력선과 무게중심이 동일 위치에 있기 때문이다.

【해설】 동력 증가에 따라 항공기 기수가 들리려는 경향은 추력선(thrust line)이 무게중심 아래에 있기 때문이다.

【정답】 31.② 32.④ 33.④ 34.④ 35.③

36. 항력과 속도의 관계를 올바르게 설명하고 있는 것은?

① 유도항력은 속도가 증가하면 증가한다.

② 유도항력은 속도와 반비례하여 변한다.

③ 항공기 외부 구조물에 의한 항력은 속도가 증가하면 감소한다.

④ 유해항력과 속도는 반비례하여 감소한다.

【해설】 저속에서 항공기의 수평비행을 지지하기 위해서는 받음각이 상대적으로 커야 하고, 받음각이 크다는 것은 유도항력이 더 크게 발생한다. 따라서 유도항력과 속도는 반비례한다.

37. 양력 발생과 연관이 있는 항력에 대해서 항공기 총항력의 한 부분을 올바르게 설명하고 있는 것은?

① 유도항력이고 속도의 변화에 영향을 받지 않는다.

② 유도항력이고 속도의 변화에 크게 영향을 받는다.

③ 유해항력이고 속도의 변화에 크게 영향을 받는다.

④ 유해항력이고 속도의 변화에 영향을 받지 않는다.

38. 날개 플랩의 한 목적은?

① 속도의 증가 없이 착륙까지 더 깊은각 접근을 가능하게 한다.

② 조종간에 지속적으로 적용되는 압력을 완화하도록 한다.

③ 양력을 변화시키기 위한 날개면적을 감소시킨다.

④ 속도와 항력을 동시에 증가시켜 더 깊은각 접근을 가능하게 한다.

【해설】 비행 중 플랩(flaps)을 내리는 것은 에어포일의 캠버(camber)를 증가시키고 받음각을 증가시킨다. 이것은 양력과 유도항력(induced drag) 모두를 증가시켜 조종사는 속도의 증가 없이 착륙까지 더 깊은각 접근(steeper approach)을 가능하게 한다.

39. 착륙 접근 중 플랩의 주요 목적 중 하나는?

① 속도의 증가 없이 강하각을 감소시킨다.

② 더 높은 지시속도에서 착지를 허용한다.

③ 양력을 변화시키기 위한 날개 길이를 증가시킨다.

④ 속도의 증가 없이 접근각을 증가시킨다.

40. 양력과 항력 모두를 증가시키는 장치는 어느 것인가?

① 플랩 ② 스포일러

③ 슬랫 ④ 도움날개

【해설】 슬랫(slat)은 날개의 앞전에 부착되어 있으며 앞으로 이동하여 받음각을 증가시켜 양력을 증가시키지만, 항력에는 영향을 주지 않는다. 슬롯(slot)은 일종의 공기통로를 형성하여 공기흐름을 제어한다.

【정답】 36.② 37.② 38.① 39.④ 40.①

41. 수평 선회 중에 플랩의 사용에 대해서 맞는 것은?
① 플랩의 작동은 실속속도에 영향을 주지 않는다.
② 플랩을 내리면 실속속도가 증가한다.
③ 플랩을 올리면 실속속도가 증가한다.
④ 플랩을 올리면 요크 또는 스틱에 전방 압이 요구된다.

42. 단거리 이착륙 비행기의 고양력을 발생시키기 위해서 날개 앞전에 사용되는 것은?
① 플랩 ② 스포일러
③ 슬랫/슬롯 ④ 도움날개

43. 단거리 이착륙 비행기에서 플랩과 비교했을 때 슬랫(slat)의 장점은?
① 항력증가 없이 고양력을 얻을 수 있다.
② 항력과 양력을 동시에 증가시킬 수 있다.
③ 양력보다는 항력 증가량이 많다.
④ 날개 위의 양력을 제거하는 공기 제동력을 제공한다.

44. 날개 스포일러의 주요 목적은 무엇인가?
① 항력 감소 ② 강하속도 감소
③ 착륙 속도의 감소 ④ 날개의 양력 감소
【해설】 스포일러(spoiler)는 날개 윗면에 장착되어 유선 공기흐름을 흩어지게 하여 해당 구역의 양력을 많이 감소시킨다. 스포일러는 항력을 증가시키고 양력을 감소시킨다. 에어 브레이크(air brake)는 오직 항력만 크게 감소시킨다.

45. 비행기에 있는 러더의 주요 목적은?
① 빗놀이(요)를 조종한다. ② 과경사 경향을 조종한다.
③ 옆놀이(롤)를 조종한다. ④ 피치자세를 조종한다.
【해설】 비행기에 있는 러더(rudder)는 수직축에 대해서 좌우 운동을 하면서 요(yaw)를 조종하는 역할을 한다. 롤(roll)은 세로축에 대한 항공기의 운동이고 도움날개로 조종한다.

46. 비행기의 가로축은 무엇이고 이를 기준으로 항공기는 어떻게 운동하는가?
① 날개끝을 연하는 가상선, 기수들림과 숙여짐
② 날개끝을 연하는 가상선, 기수의 좌우운동
③ 동체 전후를 가로지르는 가상선, 기수의 들림과 숙여짐
④ 동체 전후를 가로지르는 가상선, 기수의 좌우운동
【해설】 항공기의 운동, 회전축, 그리고 안정성의 관계는 다음과 같다.

【정답】 41.③ 42.③ 43.① 44.④ 45.① 46.①

주조종면	항공기 운동	회전축	안정성 종류
도움날개	롤	세로축	가로 안정성
승강타/스태빌레이터	피치	가로축	세로 안정성
방향타	요	수직축	방향 안정성

47. 항공기에 작용하는 3개의 축이 교차하는 지점은?

① 압력중심　② 평균 현의 중심지점

③ 세로축의 중간지점　④ 무게중심

【해설】 세로축, 가로축 그리고 수직축은 무게중심에서 서로 직교한다.

48. 비행기의 왼쪽 도움날개가 위로 올라갔을 때 공기역학적으로 어떠한 변화가 발생하는가?

① 양력감소-날개 내려감　② 양력증가-날개 내려감

③ 양력증가-날개 올라감　④ 양력감소-날개 올라감

49. 비행기 기수의 들림과 숙여짐을 조종하는 것은 무엇인가?

① 방향타　② 승강타

③ 도움날개　④ 트림 탭

50. 승강타가 위로 올라갔을 때 기수의 변화는 어떻게 반응하는가?

① 꼬리 하향-기수 상향　② 꼬리 하향-기수 하향

③ 꼬리 상향-기수 하향　④ 꼬리 상향-기수 상향

51. 방향타가 왼쪽으로 작동되었을 때 꼬리와 기수의 반응은 어떻게 나타나는가?

① 꼬리 오른쪽, 기수-오른쪽　② 꼬리 왼쪽, 기수-오른쪽

③ 꼬리 오른쪽, 기수-왼쪽　④ 꼬리 왼쪽, 기수-왼쪽

52. 동체의 좌우 운동의 기준이 되는 축과 이를 조종하는 것은?

① 세로축-도움날개　② 가로축-승강타

③ 가로축-도움날개　④ 수직축-러더 페달

53. 다음 중 주조종면이 아닌 것은?

① 플랩　② 스태빌레이터

③ 도움날개　④ 승강타

【해설】 주조종면(primary control surfaces)은 도움날개(aileron), 승강타(elevator), 그리고 방향타(rudder)이다. 스태빌레이터(stabilator)는 승강타와 수평안정판이 결합 형태이기 때문에 주조종면으로 볼 수 있다.

【정답】 47.④　48.①　49.②　50.①　51.③　52.①　53.①

54. 승강타는 어느 축에 대해서 회전하는가?

① 세로축 ② 가로축

③ 수직축 ④ 수평선

【해설】 *승강타(elevator)는 항공기 기수의 들림과 숙여짐을 조종하는 주조종면으로 항공기의 가로축(lateral axis)을 중심으로 기수의 상하운동을 한다. 세로축(longitudinal axis)을 중심으로 한 운동을 옆놀이/롤(roll)이라 하고 도움날개로 조종한다. 수직축(vertical axis)을 중심으로 한 운동을 요/빗놀이(yaw)라 하고 방향타(rudder)로 조종한다.*

55. 주조종면에 관해서 올바르게 서술하고 있는 것은?

① 각 조종면의 효율은 속도와 함께 증가한다. 이들에 더 많은 공기가 흐르기 때문이다.

② 모든 3개의 주조종면이 차례로 움직일 때만 에어포일 주변과 위 공기흐름과 압력분포가 변화하기 때문이다.

③ 주조종면은 도움날개, 방향타, 승강타, 그리고 트림 시스템으로 구성된다.

④ 조종면의 효율은 공기밀도와 함께 감소한다. 이것은 이들에 더 많은 양의 공기흐름과 관계가 있기 때문이다.

【해설】 *도움날개, 승강타, 그리고 방향타가 속도와 함께 효율(efficiency)이 증가하는 것은 주조종면에 더 많은 공기흐름이 작용하고 있기 때문이다.*

56. 플랩에 관해서 올바르게 서술하고 있는 것은?

① 플랩은 날개의 앞전에 부착되어 날개 양력을 증가시키는 데 사용된다.

② 플랩은 양력과 항력을 동시에 증가시켜 대지속도의 증가 없이 강하속도를 증가시킬 수 있다.

③ 플랩은 양력을 감소시키기 위해서 날개로부터 전개되는 고양력장치이다.

④ 플랩은 대기속도의 증가 없이 강하각을 증가시킬 수 있다.

【해설】 *플랩은 날개의 뒷전(trailing edge)에 부착되고 착륙 접근 중 날개의 양력을 증가시키기 위해서 사용된다. 따라서 플랩을 사용함으로써 대기속도를 증가시키지 않고도 더 깊은각 혹은 강하각(angle of descent) 접근이 가능하다.*

57. 트림 시스템의 설계 목적은 무엇인가?

① 트림은 주조종면의 기능이 한계에 도달했을 때 보조 기능을 수행한다.

② 트림은 착륙 접근 중 날개 양력을 증가시키기 위해서 사용된다.

③ 트림은 롤을 조종하기 위해서 서로 다른 방향으로 움직인다.

④ 트림은 조종사가 조종간에서 일정한 압을 유지하는데 필요한 힘을 완화시켜 준다.

【해설】 *트림 시스템(trim system)에서 트림은 조종간에서 일정한 압을 유지하는데 필요한 힘을 완화시켜 준다. 트림은 트림 탭(trim tabs), 안티서보 탭(anti-servo tabs), 지상조절 탭(ground adjustable tabs) 등이 있다. 때로는 조종력(control force)을 "0"으로 완화한다고도 한다.*

【정답】 54.② 55.① 56.④ 57.④

58. 2차 조종면은 어느 것인가?

① 스포일러　　② 도움날개
③ 스태빌레이터　　④ 승강타

【해설】 주조종면(primary control surfaces)을 보조하는 장치를 2차 조종면(secondary control surfaces)이라 한다. 플랩, 트림 탭, 서보 탭(servo tabs), 스포일러(spoilers), 슬랫(slats), 앞전 플랩(leading edge flaps) 등은 모두 2차 조종면에 속한다.

59. 비행 중인 항공기에 작용하는 4개의 힘은 무엇인가?

① 양력, 무게, 추력, 그리고 항력　　② 양력, 무게, 중력, 그리고 추력
③ 양력, 중력, 동력, 그리고 마찰　　④ 양력, 마찰, 추력, 그리고 항력

【해설】 비행 중인 항공기에 작용하는 4개의 힘은 양력, 무게, 추력, 그리고 항력이다. 날개에서 양력(lift)이 발생하고 반대로 작용하는 것이 무게(weight)이다. 동력장치에서 추력(thrust)이 생산되고 반대로 작용하는 것이 항력(drag)이다. 등속도 수평직선비행하고 있을 때 양력=무게, 추력=항력의 관계를 이룬다.

60. 항공기에 작용하는 4개의 힘이 평형을 이루는 시기는?

① 항공기가 상승하는 순간　　② 항공기가 가속하고 있을 때
③ 항공기가 지상에 정지해 있을 때　　④ 등속도 수평비행

【해설】 항공기가 어떠한 속도의 변화가 없는 상태가 되었을 때(unaccelerated) 항공기에 작용하고 있는 4개의 힘은 평형(equilibrium)을 이루고 있다고 할 수 있다. 항공기가 지상에 정지해 있다면 무게(중력) 외에는 어떠한 힘도 항공기에 작용하고 있지 않다.

61. 항공기가 수평직선비행 상태에 있을 때 양력, 항력, 추력, 그리고 무게의 상관관계에 관해서 올바르게 서술하고 있는 것은?

① 양력=무게, 추력=항력　　② 양력, 항력, 무게=추력
③ 양력과 무게=추력과 항력　　④ 추력, 항력, 무게=양력

【해설】 항공기가 수평직선비행 상태에 있을 때(대기속도의 변화가 없을 때) 양력(lift), 항력(drag), 추력(thrust), 그리고 무게(weight)의 상관관계는 양력=무게, 추력=항력이 된다.

62. 유도항력은 양력의 부산물이고 받음각과의 관계에 대해서 가장 잘 서술하고 있는 것은?

① 받음각 증가에 정비례해서 감소한다.
② 받음각 감소에 정비례해서 증가한다.
③ 받음각 증가에 정비례해서 증가한다.
④ 받음각과 무관하다.

【해설】 유도항력(induced drag)은 양력이 발생함에 따라 이에 대한 부산물(by product)로 발생하는 항력이다. 따라서 양력 발생과 함께 발생하고 양력 발생이 없으면 유도항력도 없다. 유도항력은 받음각이 증가함에 따라 비례(direct proportion)해서 증가한다.

【정답】 58.① 59.① 60.④ 61.① 62.③

63. 비행기의 날개가 실속될 수 있는 받음각에 관해서 올바르게 서술하고 있는 것은?

① CG가 앞으로 이동하면 증가한다.

② 총중량의 증가와 함께 변한다.

③ 총중량과 관계없이 일정하다.

④ CG가 뒤로 이동하면 감소한다.

【해설】 비행기의 날개는 대기속도(airspeed), 무게(gross weight), 하중계수(load factor), 그리고 밀도고도(density altitude)에 관계없이 항상 동일 받음각에서 실속된다. 각 비행기의 날개는 공기흐름이 날개 윗면으로부터 분리되고 실속되는 특정 받음각을 갖는다. 이를 임계 받음각(critical angle of attack)이라 한다.

64. 항공기 기동에서 4개의 기본 기동은 무엇인가?

① 동력, 피치, 경사, 그리고 트림

② 추력, 양력, 선회, 그리고 활공

③ 수평직선비행, 선회, 동력, 그리고 활공

④ 수평직선비행, 선회, 상승, 그리고 강하

【해설】 기본 4개의 기동(maneuvers)은 수평직선비행(straight-and-level flight), 선회(turns), 상승(climbs), 그리고 강하(descent)이다.

65. 고도가 증가함에 따라 비행기가 특정 형상에서 실속될 수 있는 대기속도는?

① 진대기속도가 감소함에 따라 감소한다.

② 진대기속도가 증가함에 따라 증가한다.

③ 고도와 관계없이 동일하다.

④ 항공기 성능에 영향을 주지 않는다.

【해설】 공기밀도(air density)는 항공기 성능을 결정하는 중요한 요소이다. 고도가 증가함에 따라 공기밀도는 감소하고 비행기는 더 높은 진대기속도(true airspeed; TAS)에서 실속될 것이다. 그러나 조종사는 속도계에서 고밀도고도(high density altitude)의 영향을 알 수 없다. 따라서 비행기는 특정 형상(particular configuration)에서 고도와 관계없이 동일 지시대기속도(indicated airspeed)에서 실속될 것이다. 여기서 특정 형상이란 착륙을 위한 착륙장치와 플랩을 내렸을 때 형상 이외의 착륙형상(landing configuration)을 의미한다.

66. 비행기가 스핀에 진입할 수 있는 비행 상태는?

① 오직 낮아진 날개의 부분 실속 ② 깊은각 나선강하

③ 과경사 경향 ④ 완전 실속

【해설】 비행기가 스핀(spin)에 진입하기 위해서는 항상 완전실속(full stall) 상태가 되어야 한다. 따라서 스핀은 한쪽 날개가 다른 쪽 날개보다 실속이 적게 발생했을 때 회전하게 하는 원인이 된다. 깊은각 나선강하(steep diving spiral)는 상대적으로 낮은 받음각을 갖는 날개로 인한 것으로 실속은 아니다.

【정답】 63.③ 64.④ 65.③ 66.④

67. 에어포일이 실속될 수 있는 임계 받음각에 관해서 올바르게 서술하고 있는 것은?

① CG가 앞으로 이동하면 증가할 것이다. ② 총무게와 관계없이 동일하다.

③ 총무게 증가와 함께 변한다. ④ CG가 뒤로 이동하면 증가할 것이다.

【해설】 비행기 실속의 모든 직접적인 원인은 과도한 받음각(angle of attack)이다. 비행기의 날개는 대기속도(airspeed), 총무게(gross weight), 하중계수(load factor), 그리고 밀도고도(density altitude)에 관계없이 항상 동일 받음각에서 실속된다. 각 비행기의 날개는 공기흐름이 날개 윗면으로부터 분리되고 실속(stall)되는 특정 받음각을 갖고 이를 임계 받음각(critical angle of attack)이라 한다.

68. 모든 실속의 직접적인 원인은 무엇인가?

① 비행속도 ② 밀도고도

③ 상향 수직속도 ④ 받음각

69. 비행기가 왼쪽으로 스핀이 발생했다. 어느 쪽 날개가 실속되었는가?

① 오직 오른쪽 날개만 실속되었다. ② 두 날개 모두 실속되지 않았다.

③ 오직 왼쪽 날개만 실속되었다. ④ 양쪽 날개 모두 실속되었다.

70. 서리가 비행기의 이륙 성능에 미치는 영향은?

① 서리는 날개 위의 유연한 공기흐름을 흩뜨려 양력 발생 능력에 악영향을 줄 것이다.

② 서리는 날개의 캠버를 변화시킬 것이고 양력 발생 능력을 증가시킨다.

③ 서리는 더 높은 받음각에서 부양하도록 하여 실속속도를 감소시킨다.

④ 서리는 두껍게 형성되었을 때만 성능에 영향을 줄 수 있다.

【해설】 서리(frost)는 날개의 공기역학적 모양(aerodynamic shape)을 변형시키지 않지만, 날개 표면을 거칠게 하여 유연한 공기흐름을 흩뜨려 항력을 증가시키고 공기흐름을 조기에 분리시켜 양력 발생 능력을 떨어뜨린다.

71. 서리는 비행기의 이륙 성능에 어떠한 영향을 주는가?

① 서리는 정상 이륙속도에서 부양하는 것을 방해할 수 있다.

② 서리는 이륙 중 날개의 캠버를 변화시켜 양력을 증가시킬 수 있다.

③ 서리는 낮은 지시대기속도에서 더 낮은 받음각으로 부양하게 할 수 있다.

④ 서리는 정상보다 더 낮은 속도에서 부양하도록 하는 원인이 된다.

72. 착륙접근 중 지면효과로 인한 플로팅이 가장 뚜렷하게 나타날 수 있는 시기는?

① 지면 위 날개 길이 높이에 있고 뒷바람이 불고 있을 때

② 지면 위 날개 길이의 두 배 높이에 있을 때

③ 정상 받음각보다 클 때

④ 지면 위 날개 길이 절반의 높이에 있을 때

【해설】 착륙 접근 중 지면효과(ground effect)로 인한 플로팅(floating)은 비행기의 높이가

【정답】 67.② 68.④ 69.④ 70.① 71.① 72.④

날개 길이(wingspan)의 절반 이하에 있을 때 가장 뚜렷해진다. 지면효과는 전체 날개 길이 높이까지 확장될 수 있다. 날개에 대한 공기흐름의 변화로 인해서 유도항력이 감소한다. 이것은 더 낮은 대기속도에서 추력의 감소가 필요하다. 따라서 플레어(flare) 중 과도한 속도는 상당한 플로팅을 초래하게 될 것이다.

73. 지면효과는 무엇인가?

① 비행기에 대한 공기흐름 패턴과 함께 지표면 간섭의 결과이다.
② 비행기 날개에 대한 유도항력이 증가하면서 공기흐름 패턴에서 변형의 결과이다.
③ 날개가 더 이상 비행 중인 비행기를 지지할 수 없는 비행기 날개에 대한 공기흐름 패턴에서 흩어짐의 결과이다.
④ 비행기 날개에 대한 유해항력이 증가하면서 공기흐름 패턴에서 변형의 결과이다.

【해설】 지면효과는 비행 중인 비행기에 대한 공기흐름 패턴에서 지면(혹은 수면)의 간섭(interference)으로 인한 현상이다. 날개가 지면효과(ground effect)를 받으면 오름흐름(upwash), 내리흐름(downwash), 그리고 날개끝 와류(wingtip vortices)가 감소한다. 이것은 유도항력의 감소를 의미한다. 따라서 주어진 받음각을 위한 날개는 지면효과를 받지 않을 때와 비교해서 부가 양력을 발생하게 된다.

74. 조종사가 지면효과에 대해서 알아야 하는 것을 가장 잘 서술하고 있는 것은?

① 날개끝 와류는 이륙 혹은 착륙하는 항공기에 더 큰 비행난기류 문제를 초래할 것이다.
② 유도항력이 감소한다. 따라서 플레어 시점에 과도한 속도는 상당한 플로팅을 초래할 것이다.
③ 유도항력이 증가한다. 따라서 플레어 시점에 과도한 속도는 상당한 플로팅을 초래할 것이다.
④ 유도항력과 유해항력 모두 감소한다. 따라서 플레어 시점에 과도하게 높은 자세는 상당한 플로팅을 초래할 것이다.

【해설】 날개에 대한 공기흐름의 변화로 인해서 유도항력이 감소한다. 이것은 더 낮은 대기속도에서 필요로 하는 추력은 감소하게 될 것이고, 따라서 플레어 시점에 과도한 속도는 상당한 플로팅을 초래하게 될 것이다.

75. 지면효과로 인해서 가장 잘 초래될 수 있는 문제는?

① 착륙 중 갑자기 침하할 수 있다.
② 권장 이륙속도에 도달하기 전에 부양할 수 있다.
③ 대기속도가 정상이륙을 위해서 충분할지라도 부양하지 못할 수 있다.
④ 유도항력과 유해항력 모두 감소한다.

【해설】 이륙 중이라면 지면효과를 받고 있을 때 유도항력의 감소로 인해서 비행기는 권장 이륙속도(recommended takeoff speed)에 도달하기 전에 부양될 수 있다는 것을 알아야 한다. 그러나 비행기가 충분하지 못한 대기속도와 함께 지면효과를 벗어난 고도까지 상승했다면 유도항력이 다시 증가하기 때문에 상승 성능이 한계에 달할 수 있다. 극단적 사례이지만, 비행

【정답】 73.① 74.② 75.②

기는 비록 지면효과를 받아 부양(airborne)했지만 대기속도의 부족으로 상승하지 못하고 활주로로 침하(settling to the runway)할 수 있다. 따라서 지면효과를 받아 이륙했다면 즉시 기수를 낮추어 상승에 필요한 대기속도까지 가속한 후 초기상승(initial climb) 기동을 수행해야 한다. 지면효과는 받는 고도에서 속도는 매우 낮아졌기 때문에 유해항력에는 거의 영향을 주지 않는다.

76. 이륙 중 지면효과에서 벗어난 비행기에 관해서 가장 잘 서술하고 있는 것은?

① 지면마찰이 감소하여 약간의 동력 감소가 필요하다.
② 동일 양력계수를 유지하기 위해서 더 낮은 속도가 필요하다.
③ 동일 양력계수를 유지하기 위해서 더 낮은 받음각이 필요하다.
④ 유도항력이 증가하여 성능이 떨어질 수 있다.

【해설】 *이륙 후 지면효과를 벗어나는(out of ground effect; OGE) 비행기는 착륙 중 지면효과에 진입할 때 반대의 효과가 나타난다. 예를 들어 지면효과를 벗어나는 항공기는 다음과 같은 현상을 예상해야 한다.*
(1) 동일 양력계수를 유지하기 위해서 받음각을 증가시켜야 한다.
(2) 유도항력이 증가하여 추력이 증가해야 한다.
(3) 안정성이 떨어지고 노스-업 변화가 발생한다.
(4) 정압원의 감소로 인해서 지시대기속도가 증가할 것이다.

77. 항공기가 이륙 중 지면효과를 벗어날 때 예상할 수 있는 현상은?

① 지면마찰이 감소하여 동력을 약간 감소시켜야 한다.
② 동일 양력계수를 유지하기 위해서 받음각을 약간 증가시켜야 한다.
③ 동일 양력계수를 유지하기 위해서 받음각을 약간 낮추어야 한다.
④ 유도항력이 감소하여 성능이 떨어질 수 있다.

【해설】 *항공기가 지면효과를 벗어날 때 동일 양력계수(same lift of coefficient)를 유지하기 위해서 받음각을 증가시켜야 한다.*

78. 비행기를 선회하게 하는 힘은 무엇인가?

① 수평양력분력　　② 수직양력분력
③ 원심력　　④ 총수직 양력

【해설】 *비행기 날개가 수평이 아닐 때 양력 전체가 수직이라고 볼 수 없다. 이때 양력은 수직양력분력(vertical component of lift)과 수평양력분력(horizontal component of lift)으로 나누어진다. 비행기는 낮아진 날개 방향으로 당겨지는 경향이 있다. 조종사가 수평양력분력을 얻기 위해서 러더, 도움날개, 그리고 승강타가 적절하게 조화되었을 때 균형선회를 하게 될 것이다.*

【정답】 76.④ 77.② 78.①

79. 비행기가 안정되어 있다는 것은 무엇을 의미하는가?

① 실속이 잘 발생하지 않는다. ② 기동성이 좋다.
③ 스핀이 잘 발생하지 않는다. ④ 조종하는데 덜 힘이 든다.

【해설】 일반적으로 비행기의 고유 안정성(inherently stable)은 난기류와 같은 외부 힘으로 방해를 받았을 때 원래의 비행 상태로 복원할 수 있음을 의미한다. 따라서 비행기가 기본적으로 안정되어 있다는 것은 더 작은 힘으로 조종할 수 있다는 것을 의미한다.

80. 항공기의 세로안정성을 결정하는 것은?

① 양력중심에 대한 CG의 위치
② 스태빌레이터, 러더, 그리고 러더 트림 탭의 효율
③ 무게와 항력에 대한 출력과 양력의 상관관계
④ 양력중심에 대한 추력과 양력의 상관관계

【해설】 양력중심(center of lift)에 대한 무게중심(center of gravity)의 위치는 상당 부분 항공기의 세로안정성(longitudinal stability)을 결정한다. 양성 안정성은 양력중심이 무게중심 뒤에 놓였을 때이다. 다음 꼬리(tail)는 하향 꼬리 힘을 발생시키면서 음성 양력(negative lift)을 생성함으로써 기수의 피치-다운(pitch-down) 경향을 상쇄시킨다.

81. 비행기의 CG가 후방 CG 한계 뒤에 위치하도록 적재되었다. 이 비행기에서 조종사가 경험할 수 있는 바람직하지 않은 비행특성은?

① 이륙활주거리가 더 길어질 것이다.
② 실속상태에서 회복이 어려울 수 있다.
③ 정상 대기속도보다 더 높은 속도에서 실속될 것이다.
④ 조종사는 기수가 무거워졌다는 것을 느끼게 될 것이다.

【해설】 항공기의 무게중심이 뒤로 이동할수록 기수는 가벼워지고 후방이 무거워지는 감각을 느끼게 될 것이다. 일반적으로 무게중심이 후방에 위치할수록 특히 저속에서 조종성이 현저히 떨어질 수 있다. 이것은 실속이 발생했을 때 후방이 무겁기 때문에 회복이 어려울 수 있다는 것을 의미한다.

82. 동력을 감소시키고 조종간을 조작하지 않았을 때 기수가 숙여지는 원인이 되는 것은 무엇인가? (T-테일 제외)

① 추력과 항력이 감소할 때 무게중심이 앞으로 이동하기 때문이다.
② 승강타에 작용하는 프로펠러 후류로부터 내리흐름이 감소하고 승강타 효율이 감소하기 때문이다.
③ 추력이 무게보다 감소할 때 양력도 감소하고 날개는 더 이상 무게를 지지할 수 없기 때문이다.
④ 추력이 감소할 때 항력이 감소하면서 내리흐름이 감소하고 승강타 효율이 감소하기 때문이다.

【해설】 꼬리에 있는 상대풍은 공기와 프로펠러 후류(propeller slipstream) 속을 통과하고

【정답】 79.④ 80.① 81.② 82.②

있는 항공기 이동의 결과이다. 이것은 승강타에 작용하는 프로펠러 후류로부터 내리흐름(downwash)이 감소하고 승강타 효율이 감소하기 때문이다. 이는 수평안정판은 더 작은 음성 양력이 생산되고 기수는 숙여지게 될 것이다.

83. 후방 CG 한계에 적재된 비행기에서 전체적으로 예상할 수 있는 현상에 관해서 가장 잘 서술하고 있는 것은?

① CG 위치가 뒤에 있을수록 안정성은 높아지는 경향이 있다.
② 저속에서 안정성이 떨어지지만, 고속에서 안정성은 향상된다.
③ 고속에서 안정성이 떨어지지만, 저속에서 안정성은 향상된다.
④ 전체 속도에서 안정성이 떨어진다.

【해설】 *무게중심이 뒤로 이동함에 따라 비행기는 전체 속도영역에서 안정성이 떨어질 수 있다는 것을 기억해야 한다.*

84. 비행 중 스로틀을 앞으로 전진시켰을 때 예상할 수 있는 현상은?

① 항공기의 대지속도와 받음각 모두 증가할 것이다.
② 대기속도는 상대적으로 일정하지만, 항공기는 상승할 것이다.
③ 항공기는 오른쪽으로 선회하도록 하면서 가속될 것이다.
④ 항공기의 대기속도는 증가하지만, 양력은 감소할 것이다.

【해설】 *비행 중 스로틀(throttle)을 앞으로 밀었을 때 대기속도(airspeed)는 증가할 것이고 대지속도(ground speed) 역시 함께 증가한다. 동력을 적용했을 때 수평안정판 위의 공기흐름이 증가하기 때문에 비행기는 상승하게 될 것이다. 대기속도에 의해서 생성된 양력은 증가할 것이다. 단발엔진 비행기에서 동력을 적용했을 때 엔진과 프로펠러로 인해서 좌선회 경향(left turning tendency)이 발생한다.*

85. 단발엔진 비행기에서 토크 효과가 더욱 뚜렷해지는 비행 상태는?

① 높은 대기속도, 높은 동력, 낮은 받음각
② 낮은 대기속도, 낮은 동력, 낮은 받음각
③ 높은 대기속도, 높은 동력, 높은 받음각
④ 낮은 대기속도, 높은 동력, 높은 받음각

【해설】 *단발엔진(single-engine) 비행기에서 발생하는 토크 효과(torque effect)는 엔진 동력에 정비례하고 대기속도에 반비례한다. 따라서 토크 효과가 가장 크게 발생할 것으로 예상할 수 있는 시기는 낮은 대기속도, 높은 동력, 높은 받음각이다.*

86. P-요소가 비행기 기수를 왼쪽으로 돌아가도록 하는 가장 큰 원인이 될 수 있는 기동은?

① 받음각이 낮을 때　　② 받음각이 클 때
③ 고속으로 비행할 때　　④ 저속으로 비행할 때

【해설】 *비대칭(asymmetric) 프로펠러 하중 혹은 P-요소(factors)는 비행기가 높은 받음각에서 비행할 때 가장 뚜렷하다.*

【정답】 83.④　84.①　85.④　86.②

87. P-요소에 의해서 초래되는 비행기의 좌선회 경향은 무엇 때문인가?

① 엔진의 시계방향 회전과 비행기의 시계반대방향으로 회전하고 있는 프로펠러 때문이다.

② 오른쪽 하향하는 프로펠러 블레이드는 왼쪽 상향하는 프로펠러 블레이드와 비교해서 더 추력을 생산하기 때문이다.

③ 힘이 적용된 지점의 90° 전방에서 회전하고 있는 프로펠러에 적용된 자이로 힘 때문이다.

④ 프로펠러 회전면 상반구와 하반구 사이에 발생하는 추력의 차이 때문이다.

【해설】 비대칭(asymmetric) 프로펠러 하중 혹은 P-요소(factors)는 비행기가 높은 받음각에서 비행할 때 발생한다. 뒤에서 보았을 때 프로펠러 오른쪽 측면에서 하향하고 있는 블레이드(descending blade)는 더 높은 받음각을 갖고 이는 더 큰 추력을 생산하는 원인이 된다. 프로펠러 왼쪽 측면에서 상향하고 있는 블레이드(ascending blades)는 반대의 효과가 발생한다. 따라서 비행기는 수직축을 중심으로 왼쪽으로 돌아가려는 경향이 발생한다. 이를 좌선회 경향(left-turning tendency)이라 한다. 자이로 세차(gyroscopic procession)는 힘이 적용된 지점의 90° 전방에서 회전하고 있는 프로펠러에 적용된 자이로 힘이다.

88. 비행기의 날개에 가해지고 있는 초과하중의 양은 무엇에 달려 있는가?

① CG의 위치　　② 비행기의 속도

③ 적용된 급격한 하중　　④ 양력중심의 위치

【해설】 비행기의 날개가 지지할 수 있는 초과하중의 양(amount of excess load)은 비행기가 얼마나 빠르게 비행하느냐에 달려 있다. 저속에서 날개의 최대 가용한 양력 힘은 비행기의 무게를 지지하는데 필요한 양보다 약간 더 크다. 이때 약간의 초과하중은 비행기를 실속하게 하는 원인이 된다. 고속에서 날개 위에 더 많은 공기흐름의 결과로 날개의 양력 성능은 매우 크기 때문에 강력한 돌풍 등으로 인한 승강타의 급격한 움직임은 하중계수가 안전한계(safe limits)를 초과하게 하는 원인이 된다. 이것은 각 비행기 제작자가 최대속도를 지정해야 하는 이유를 말해준다.

89. 비행기에서 수평직선비행과 비교해서 하중계수를 증가시키는 기본 기동은?

① 상승　　② 강하

③ 실속　　④ 선회

【해설】 선회는 하중계수를 증가시킨다. 선회는 중력의 힘(force of gravity)을 상쇄시키기 위한 만큼 선회경로 주변으로 날개로부터 양력이 비행기를 당기는 데 사용하고 있기 때문이다. 선회 중 날개는 비행기의 무게에 오프셋 원심력(offset centrifugal force)을 더한 하중을 지지할 수 있어야 한다. 예를 들어 60° 경사 선회에서 하중계수는 2로 증가한다. 이것은 날개는 수평직선비행에 비교해서 두 배의 하중을 지지해야 한다는 것을 의미한다. 상승의 경우에 비행기가 일단 상승이 확립된 후 날개는 오직 비행기의 무게만 지지한다.

90. 비행기가 실속에 가까워질 때 하중계수의 증가는 실속에 어떻게 영향을 주는가?

① 더 높은 속도에서 실속될 것이다. 0　　② 스핀이 발생하는 경향이 있다.

③ 조종이 더 어려울 수 있다.　　④ 더 낮은 속도에서 실속될 것이다.

【정답】 87.② 88.② 89.④ 90.①

【해설】 기본적으로 하중(총무게 혹은 원심력)이 증가할수록 비행기는 더 큰 양력이 필요하다. 따라서 하중이 증가한다면 비행기는 더 높은 속도에서 실속이 발생하게 될 것이다.

Angle of bank Φ	Load factor n
0°	1.0
10°	1.015
30°	1.154
45°	1.414
60°	2.000
70°	2.923
80°	5.747
85°	11.473
90°	∞

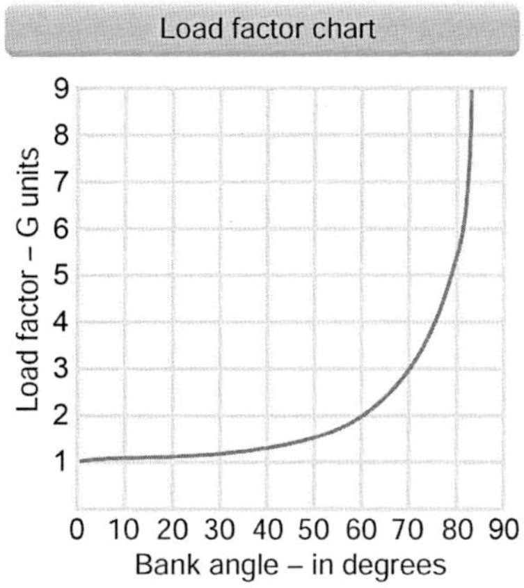

【그림1-42】

91. [그림1-42] 만약 비행기의 무게가 3,000파운드라면 고도를 유지하면서 60° 경사선회 중 비행기 구조가 지지해야 하는 대략적인 무게는?

① 3,000파운드　　② 4,000파운드
③ 6,000파운드　　④ 7,000파운드

【해설】 하중계수 그래프에서 하단 경사각 60°에서 위로 이동하여 곡선과 만나는 점을 찾는다. 다음, 왼쪽으로 수평 이동하여 만나는 점이 하중계수이다. 이 문제의 경우 하중계수는 2이다. 따라서 비행기 구조는 원래 무게에 두 배의 무게에 견딜 수 있어야 한다.

92. [그림-42] 만약 비행기의 무게가 3,300파운드라면 고도를 유지하면서 30° 경사선회 중 비행기 구조가 지지해야 하는 대략적인 무게는?

① 1,200파운드　　② 3,100파운드
③ 3,800파운드　　④ 4,690파운드

【해설】 하중계수 그래프에서 하단 경사각 30°에서 위로 이동하여 곡선과 만나는 점을 찾는다. 다음, 왼쪽으로 수평 이동하여 만나는 점이 하중계수이다. 이 문제의 경우 하중계수는 1.154이다. 따라서 비행기 구조는 원래 무게에 1.154를 곱한 무게에 견딜 수 있어야 한다.

93. [그림1-42] 만약 비행기의 무게가 5,000파운드라면 고도를 유지하면서 45° 경사선회 중 비행기 구조가 지지해야 하는 대략적인 무게는?

① 5,500파운드　　② 7,100파운드
③ 7,900파운드　　④ 8,200파운드

【정답】 91.③　92.③　93.②

94. [그림1-43] A지점이 나타내는 속도는 무엇인가?

① V_{NO}　　② V_{NE}

③ V_{FE}　　④ V_{S1}

【해설】 A지점이 나타내는 속도는 속도계의 녹색 원호의 하단 속도이다. 이것은 특정형상(플랩과 착륙장치 올림, 1G 비행)에서 실속속도이고 V-속도는 V_{S1}이다.

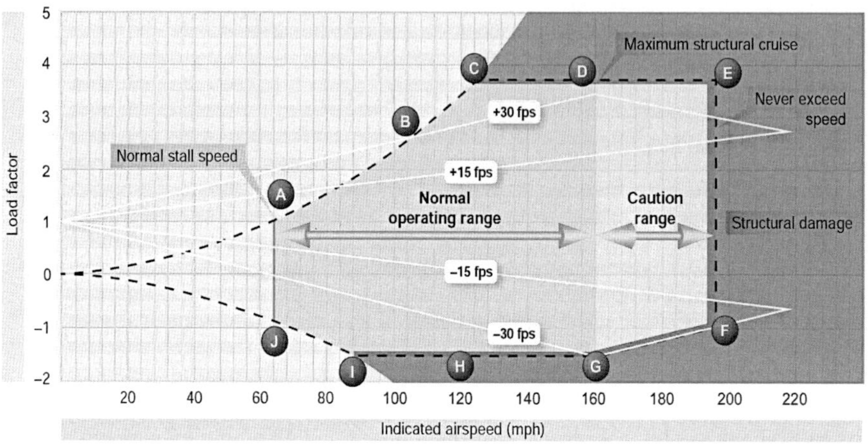

【그림1-43】

95. [그림1-43] C지점이 나타내는 속도는?

① V_A　　② V_G

③ V_Y　　④ V_{NE}

【해설】 C지점이 나타내는 속도는 설계기동속도(design maneuvering speed)를 나타낸다. 조종사는 비행 중 난기류에 직면했을 때 설계기동속도 또는 그 이하로 감속하여 비행해야 항공기 구조적 응력을 방지할 수 있다. 이 속도는 속도계에 표시되지 않는다.

96. [그림1-43] 당신이 지시대기속도 120노트로 비행하고 있고 급격한 4G 하강기류를 만났다면 비행기에 미치는 영향은?

① 비행기는 최대 실속속도에 도달하게 될 것이다.

② 비행기는 구조적 파손이 발생하기 전에 실속될 것이다.

③ 비행기는 순간 연료 고갈로 인해서 엔진고장이 발생할 것이다.

④ 비행기는 과도한 스트레스를 받고 파손 가능성이 있다.

【해설】 그래프에서 대기속도는 mph로 제시되었다. 따라서 120노트를 mph로 환산하면 138 mph가 된다. 그래프에서 138 mph와 4G가 만나는 점은 설계기동속도 한계를 벗어나 있음을 알 수 있다. 이것은 비행기의 설계한계를 초과한 하중계수이고 비행기는 과도한 스트레스(응력)를 받아 파손 가능성이 있다는 것을 의미한다.

【정답】 94.④　95.①　96.④

97. [그림1-43] A지점과 C지점 사이의 점선이 나타내는 것은 무엇인가?

① 실속곡선 ② 양력곡선
③ 기동속도 대비 하중계수에서의 변화 ④ 항력곡선

【해설】 실속곡선은 실속이 발생할 수 있는 대기속도와 하중계수의 결합을 보여주고 있다. 따라서 대기속도와 하중계수의 결합이 이 점선을 벗어난다면(왼쪽으로) 날개는 실속이 발생하는 원인이 될 것이다.

98. [그림1-43] 양성한계하중계수를 나타내는 것은?

① E 지점부터 F 지점까지 수직 점선
② D 지점부터 G 지점까지 수직 실선
③ C 지점부터 E 지점까지 수평 점선
④ H 지점부터 G 지점까지 수평 점선

【해설】 양성한계하중계수(positive limit load factor)는 하중계수가 더 증가한다면 항공기에 구조적 파손의 원인이 될 수 있는 지점을 나타낸다. E 지점부터 F 지점까지 수직 점선은 초과금지속도(never exceed speed; V_{NE})를 나타낸다. D 지점부터 G 지점까지 수직 실선은 최대구조적순항속도(maximum structural cruise speed; V_{NO})를 나타낸다.

99. 비대칭형 에어포일의 받음각이 증가함에 따라 나타나는 불안정 경향은 무엇인가?

① 기수들림 ② 기수숙여짐
③ 기수 수평 ④ 좌선회 경향

【해설】 받음각이 증가하면 압력중심(center of pressure)은 앞쪽으로 이동하는 경향이 있다.

100. 직사각형 날개의 실속 경향을 올바르게 설명하고 있는 것은?

① 실속이 날개끝에서부터 날개뿌리로 진행된다.
② 실속이 날개뿌리에서부터 날개끝으로 진행된다.
③ 실속이 뒷전 중심으로부터 날개뿌리와 날개끝으로 진행된다.
④ 실속이 날개 중심에서부터 좌우로 진행된다.

【해설】 직사각형 날개에서 실속은 날개 뿌리에서부터 발생하여 외측으로 진행한다. 따라서 날개 뿌리 쪽에서 실속이 발생하는 동안 날개끝 쪽에 있는 도움날개의 효율을 유지할 수 있어 실속 회복에 도움이 된다.

101. 직사각형 날개의 실속 특성이 다른 날개평면과 비교했을 때 유리한 점은?

① 날개끝에서 조기 실속 경고 제공
② 날개 안쪽에서 바깥쪽으로 진행
③ 날개 중간에서 안쪽으로 진행
④ 조기 실속 경고와 날개끝 유효 조종성

【정답】 97.① 98.③ 99.① 100.② 101.④

102. 지속 수평비행 중 추력이 항력보다 작아질 때 이 비행기는 어떻게 되는가?

① 속도에 변화가 없다. ② 상승한다.
③ 속도가 증가한다. ④ 속도가 감소한다.

【해설】 등속도(unaccelerated) 수평직선비행(straight and level) 중인 항공기에 작용하는 4개의 힘은 (양력=무게, 추력=항력)의 관계에 있다. 이들 중 어느 한 요소의 변화는 상호 관련 힘의 변화를 초래한다.

103. 항공기에 작용하는 4개의 힘이 평형을 이루고 있을 때 연료 소모로 무게가 감소하였다면 어떤 현상이 발생할 수 있는가?

① 양력 감소, 강하 경향 ② 양력 증가, 강하 경향
③ 양력 증가, 상승 경향 ④ 양력 감소, 상승 경향

104. 수평비행 중 속도가 50노트에서 70노트로 증가했다. 양력은 어떻게 될 것인가?

① 증가 ② 감소
③ 속도에 변화가 없다. ④ 증가 후 감소한다.

【해설】 양력 방정식($L = C_L \frac{1}{2} \rho V^2 S$)에서 양력은 속도의 제곱으로 비례한다.

105. 수평비행 중 속도 감소에 따른 동고도를 유지하고자 했을 때 조종사가 취할 수 있는 적절한 조치는?

① 동력 감소 ② 플랩 올림
③ 받음각 증가 ④ 승강타 전방압

【해설】 속도가 감소했으므로 양력도 감소한다. 이를 보상하기 위해서는 받음각을 높일 수 있는 조치를 해야 한다.

106. 이론적으로 속도가 2배가 되었다면 유해항력은?

① 3배로 증가 ② 2배로 증가
③ 0.5배 증가 ④ 4배로 증가

【해설】 항공기가 빠르게 비행할수록 더 큰 유해항력이 발생한다. 항공기 속도가 2배로 증가했다면 유해항력은 4배로 커진다.

107. 항공기 운용과 관련된 공기역학적 항력에 관해서 맞는 것은?

① 유도항력의 발생은 전적으로 공기 저항에 따라 달라진다.
② 유도항력은 공기의 저항에 의해 발생하고 속도 증가에 반비례한다.
③ 모든 공기역학적 항력은 전적으로 양력 발생에 의한 것이다.
④ 유도항력은 양력 발생의 부산물이고 속도가 낮아지면 증가한다.

【해설】 유도항력(induced drag)은 양력 발생과 함께 발생하기 때문에 비행 중인 항공기에는 항상 유도항력이 발생한다. 유도항력은 받음각에 따라 다르므로 속도에 따라 다르다. 유도항

【정답】 102.④ 103.③ 104.① 105.③ 106.④ 107.④

력은 속도의 제곱에 반비례한다.

108. 최대 양항비 속도에서 프로펠러 비행기에서 얻을 수 있는 특성은?

① 주어진 거리에 대해서 최대 고도

② 최저 항력계수와 최대 고도

③ 최대 항속거리와 최대 활공거리

④ 최대 양력계수와 최저 항력계수

【해설】 *수평비행에서 최대 양항비에서 총항력은 최저가 된다. 이 속도에서 프로펠러 항공기는 최대 항속거리와 최대 무동력 활공거리를 얻을 수 있다.*

109. 항공기의 유해항력이란 무엇인가?

① 항공기의 외형 또는 외부 돌출 구조물에 의한 항력

② 양력이 발생하면서 동반하는 항력

③ 양력이 발생하면서 부가적으로 항력을 증가시키는 항력

④ 에어포일 윗면으로부터 내리흐름의 결과에 의한 항력

【해설】 *유해항력은 항공기의 안테나와 같은 외부 구조물에 의한 항력이다.*

110. 비행기가 이륙과 같은 높은 받음각 조건일 때 유도항력과 유해항력은 어떻게 변하는가?

① 유도항력 크게, 유해항력 크게

② 유도항력 작게, 유해항력 크게

③ 유도항력 작게, 유해항력 작게

④ 유도항력 크게, 유해항력 작게

【해설】 *유도항력은 받음각에 반비례한다. 따라서 높은 받음각 조건이라면 유도항력이 크게 증가할 것이다. 이륙 중 속도는 빠르지 않은 상태로 유해항력은 크지 않다.*

111. 항공기의 총항력이 최저인 속도에서 비행하고자 한다. 어느 속도를 선택해야 하는가?

① 유해항력이 최저인 속도

② 유해항력과 유도항력이 만나는 점의 속도

③ 유해항력이 최대인 속도

④ 유도항력이 최저인 속도

【해설】 *최저 항력 조건은 유도항력과 유해항력이 교차하는 점의 속도이다. 이것이 최대 양항비(L/DMAX) 속도이다. 프로펠러 비행기는 최대 양항비 속도에서 최대활공거리를 달성할 수 있다.*

112. 비행 중 최대활공거리를 비행하고자 할 때 조종사가 선택할 수 있는 속도는?

① 최대 유도항력 속도　　② 최대 양항비 속도

③ 최대 유해항력 속도　　④ 최대 강하속도

【정답】 108.③ 109.① 110.④ 111.② 112.②

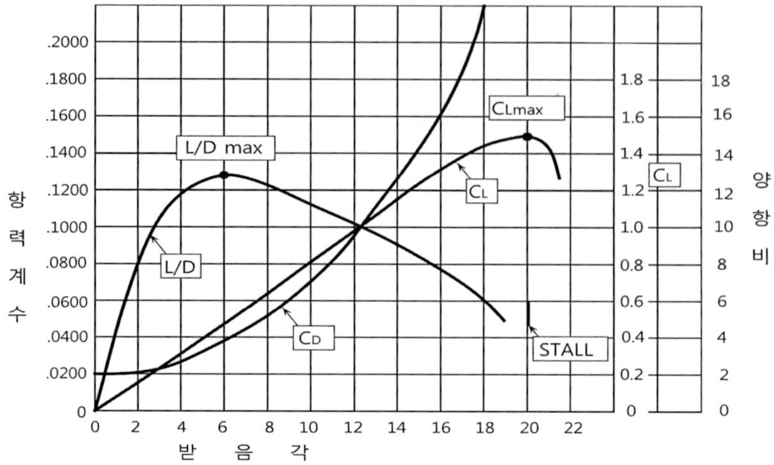

【그림1-44】

113. [그림1-44] 비행기가 10° 받음각으로 1마일을 활공했을 때 고도는 얼마까지 떨어질 수 있는가?

① 240피트　　② 480피트

③ 570피트　　④ 960피트

【해설】 주어진 받음각에서 비행기의 활공비를 구한다. 그래프 하단의 받음각 10° 점에서 수직 상방으로 이동하여 L/D_{MAX} 곡선과 만나는 점에서 오른쪽으로 이동하여 L/D가 지시하는 것이 활공비(1:11)이다. 1SM을 활공했음으로 1SM은 5,280피트이고 11로 나누었을 때 480피트의 고도를 상실한다.

114. [그림1-44] 비행기가 받음각 8°로 3마일 활공했을 때 고도는 얼마까지 떨어질 수 있는가?

① 440피트　　② 880피트

③ 1,250피트　　④ 1,450피트

115. [그림1-44] 받음각 2°에서 양항비는 몇 도의 받음각과 같아지는가?

① 받음각 9.75°　　② 받음각 10.5°

③ 받음각 14.5°　　④ 받음각 15.8°

【해설】 그래프의 2° 받음각에서 L/D 곡선과 만나는 점에서 오른쪽으로 수평 이동하여 만나는 점에서 수직 하방으로 이동하여 지시하는 지점의 받음각은 대략 동일 양항비를 나타낸다.

116. [그림1-44] 최대 양항비(L/D_{MAX}) 속도에서의 비행에 관해서 맞는 것은?

① L/D_{MAX} 이외의 받음각에서 유해항력은 증가한다.

② L/D_{MAX} 이외의 받음각에서 양항비는 증가한다.

③ L/D_{MAX} 이외의 받음각에서 유도항력은 증가한다.

④ L/D_{MAX} 이외의 받음각에서 주어진 항공기 양력을 위한 총항력은 증가한다.

【정답】 113.② 114.③ 115.④ 116.④

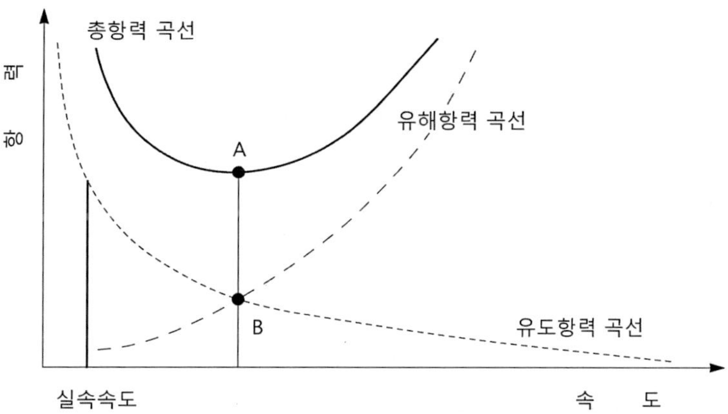

【그림1-45】

117. [그림1-44] 비행기가 피트당 고도 상실의 최대 수평거리를 비행할 수 있는 받음각은 얼마인가?

① 6° ② 12.3°
③ 15.6° ④ 20°

118. [그림1-45] 지속 수평비행에서 "A" 지점이 지시하는 속도는?

① 최대 양항비 속도이다. ② 최저 양항비를 갖는다.
③ 최대 양력계수가 발달한다. ④ 최대 항력계수가 발달한다.

【해설】 "A" 지점은 총항력 곡선이 최저이고 양항비가 최대가 되는 점이다.

119. [그림1-45] 지속 수평비행에서 "B" 지점이 나타내는 속도에서 조종사가 예측할 수 있는 성능 요소는?

① 최대항속시간 ② 최대활공거리
③ 최대양력계수 ④ 최대고도

120. [그림1-45] "A" 속도의 지속상태 비행에서 예상할 수 있는 항공기 성능 요소는?

① 최대 양항비를 갖는다. ② 최저 양항비를 갖는다.
③ 최대 양력계수가 발생한다. ④ 최대 항속거리 속도이다.

121. [그림1-45] "B" 속도의 지속상태 비행에서 예상할 수 있는 항공기 성능 요소는?

① 최대양력계수 ② 최저양력계수
③ 최저 양항비 ④ 양호한 기류 속에서 최대활공거리

122. 비행 중인 날개 윗면에서 측방흐름의 이동 방향은?

① 동체 상향 ② 동체 안쪽
③ 날개끝 ④ 동체 하향

【정답】 117.① 118.① 119.② 120.① 121.④ 122.②

【해설】 비행 중인 날개 윗면과 아랫면에서 압력차가 발생한다. 아랫면의 높은 압력 구역에서는 공기흐름을 약간 외측으로 밀어내는 경향이 있고, 윗면의 낮은 압력 구역에서는 공기흐름을 약간 안쪽으로 밀어내는 경향이 있다. 따라서 이들 흐름이 날개끝에서 합류되어 원통형 와류를 형상한다.

123. 날개 뒷전에서 와류가 발생하는 근본적인 원인은?

① 날개 윗면과 아랫면 사이의 무게중심
② 시위선과 상대풍 사이의 각도
③ 날개 윗면과 아랫면 사이 압력중심의 위치
④ 날개 윗면과 아랫면 사이의 압력차

124. 이륙과 같은 높은 받음각 비행조건에서 날개끝 와류의 발달은?

① 변함이 없다. ② 작아진다.
③ 커진다. ④ 커진 후 점차 감소한다.

【해설】 날개끝 와류(wingtip vortex)는 중형 항공기의 높은 받음각 조건, 저속 그리고 와류 분산이 최소화되는 매끈한 형상에서 최대로 발달한다.

125. 날개끝 와류를 최소화하기 목적의 윙렛은 어떠한 효과가 있는가?

① 원형 와류의 크기에는 변화가 없지만, 위쪽으로 밀어 올리는 효과가 있다.
② 원형 와류의 크기를 감소시키면서 위쪽으로 밀어 올리는 효과가 있다.
③ 원형 와류의 크기에는 변화가 없지만, 안쪽으로 끌어당기는 효과가 있다.
④ 원형 와류의 크기를 감소시키면서 바깥쪽으로 밀어내는 효과가 있다.

【해설】 윙렛(winglet)은 날개끝 와류 제어장치의 하나로 날개끝에서 발생한 와류의 크기를 감소시키고 위로 밀어 올려 날개끝 양력 발생 능력을 보존한다.

126. 일반 경비행기의 날개끝이 매끈하게 뒤로 젖힌 모양으로 설계되는 이유는?

① 공기흐름을 변경시켜 항력을 증가시킨다.
② 와류를 뒤쪽으로 유연하게 흘려보내 와류의 영향을 최소화한다.
③ 와류를 날개 안쪽으로 끌어당겨 항력을 감소시킨다.
④ 와류는 날개 외측으로 밀어내 항력을 감소시킨다.

127. 항공기의 정적 안정성이란 무엇인가?

① 항공기 평형이 상실된 후 최초로 나타나는 반응
② 항공기 평형이 상실된 후 일정 시간이 경과 후 나타나는 반응
③ 항공기 불균형 상태에서 최초로 나타나는 반응
④ 항공기 불균형 상태에서 일정 시간이 경과한 후 나타나는 반응

【해설】 항공기가 외부 힘으로 평형(equilibrium)을 상실한 후 최초로 나타나는 경향이다.

【정답】 123.④ 124.③ 125.② 126.② 127.①

128. 동적 안정성이란 무엇인가?

① 항공기 평형이 상실된 후 최초로 나타나는 반응
② 항공기의 불균형 상태에서 일정 시간이 경과 후 나타나는 경향
③ 항공기의 불균형 상태에서 반응하는 순간 반응
④ 항공기 평형이 상실된 후 시간경과에 따른 전체 경향

【해설】 항공기가 외부 힘으로 평형(equilibrium)을 상실한 후 시간이 지난 후에 나타나는 경향으로 반드시 정적 안정성 조건을 갖추어야 한다.

129. 비행기의 세로안정성을 결정하는 것은 무엇인가?

① 양력중심에 관한 무게중심의 위치
② 도움날개와 도움날개 트림의 효율성
③ 수평 안정판, 러더 그리고 러더 트림 탭의 효율성
④ 무게와 항력에 대한 추력과 양력의 관계

【해설】 세로 안정성(longitudinal stability)은 항공기의 가로축을 기준으로 한 기수의 상하운동으로서 양력 중심에 대한 무게중심의 위치가 세로안정성에 기여한다.

130. 동력을 감소시키고 다른 조종을 하지 않았다. 이때 비행기의 기수가 숙여지는 이유는?

① 추력과 항력이 감소할 때 무게중심이 전방으로 이동한다.
② 프로펠러의 나선후류로부터 승강타에 작용하는 공기압이 감소하여 승강타의 효율이 감소한다.
③ 추력이 무게보다 감소하고 양력 또한 감소하여 날개는 더 이상 무게를 지지할 수 없게 된다.
④ 추력이 감소함에 따라 항력이 증가하고 무게중심이 전방으로 이동한다.

【해설】 수평 안정판은 공기의 속도와 프로펠러 나선후류의 영향을 받는다. 따라서 동력의 감소는 항공기 속도와 나선후류의 감소를 초래하고 이는 꼬리 하향 힘이 감소하기 때문에 상대적으로 기수가 하향하는 경향이 있다.(T-형 꼬리날개 예외)

131. 승강타 전방 압을 적용한 후 놓았을 때 비행기 자세는 새로운 위치에서 그대로 남아 있었다면 이 비행기가 보유하고 있는 안정성은?

① 양성, 세로 정적 안정성　　② 음성, 세로 동적 안정성
③ 중립, 세로 정적 안정성　　④ 중립, 세로 정적 안정성

132. 비행기의 세로 동적 불안정성은 무엇으로 식별할 수 있는가?

① 좌우 경사의 진동이 더욱 깊어짐
② 기수의 오르내림이 더욱 깊어짐
③ 점점 더 깊어지는 3개의 가로 롤링 진동
④ 세로 진동이 더 이상 변화가 없는 진동

【해설】 동적 안정성은 시간 경과에 따른 전체적인 반응이다. 세로운동은 가로축을 중심으로

【정답】 128.④ 129.① 130.② 131.③ 132.②

한 피치 운동이고 불안정성은 진동의 폭이 점점 더 커지는 상태이다.

133. 승강타를 앞으로 밀은 후 놓았을 때 비행기 자세가 원래의 위치로 되돌아가려는 최초 경향을 보였다면, 비행기는 어떠한 상태라고 할 수 있는가?

① 양성 동적 안정성　　② 양성 정적 안정성
③ 음성 정적 안정성　　④ 중립 동적 안정성

134. 만약 항공기의 기수가 최초에 승강타를 전방 압을 적용한 후 놓았을 때 원래의 위치에서 더 멀리 이동하려는 경향은 무엇인가?

① 음성 정적 안정성　　② 양성 정적 안정성
③ 양성 동적 안정성　　④ 중립성 정적 안정성

135. 항공기의 화물이 무게중심 후방에 적재되었을 때 비행기는 어느 축에 대해서 불안정 경향이 나타나는가?

① 수직축과 세로축　　② 수직축과 가로축
③ 가로축　　④ 세로축

【해설】 *CG의 전후방은 항공기의 가로축을 중심으로 기수의 상하운동을 한다.*

136. 항공기의 자세와 비행경로의 조종을 조종사 의도에 따라 반응하게 하는 특성은?

① 반응성　　② 조종성
③ 기동성　　④ 안정성

【해설】 *항공기가 조종사의 의도대로 따라줄 수 있는 특성을 조종성이라 한다. 이것은 특히 항공기의 자세와 비행경로의 변경에 관한 조종성을 포함한다.*

137. 안정된 비행조건을 방해하는 힘으로부터 원래의 비행 평형을 회복하는 힘을 발생하는 항공기의 특성은?

① 안정성　　② 조종성
③ 기동성　　④ 반응성

【해설】 *안정성(stability)은 항공기가 외부의 영향을 받아 균형이 깨졌을 때 자체의 특성으로 원래의 자세로 회복할 수 있는 경향을 의미한다.*

138. 상반각을 갖는 날개의 목적은 무엇인가?

① 가로 안정성 증대　　② 세로안정성 증대
③ 날개의 양력계수 증대　　④ 실속 안정성 증대

【해설】 *상반각(dihedral angle)은 날개가 날개뿌리로부터 약간 위로 경사진 각도이다. 이것은 날개의 경사에 따라 상대풍과의 각도가 변하여 기울어진 쪽의 양력은 증가하고 반대편의 양력은 감소하여 항공기는 다시 원래의 위치를 유지하려는 경향을 갖는다.*

【정답】 133.② 134.① 135.③ 136.② 137.① 138.①

139. 상반각이란 무엇인가?
① 날개가 동체로부터 약간 V-자 모양으로 위로 경사진 각도
② 날개와 상대풍 사이의 각도
③ 동체 세로축과 시위선 사이의 각도
④ 동체 가로축과 시위선 사이의 각도

140. 비행기가 돌풍의 영향으로 왼쪽으로 기울었을 때 상반각이 적용된 날개에서 어떻게 회복하는가?
① 양력 감소-날개 상향　② 양력 감소-날개 하향
③ 양력 증가-날개 하향　④ 양력 증가-날개 상향

141. 비행 중 기수가 약간 왼쪽으로 틀어졌을 때 방향 안정성은 어떻게 회복하는가?
① 동체 측면과 수직 안정판의 측방 공기압
② 상반각과 수직 안정판의 측방 공기압
③ 동체 측면과 수평 안정판의 측방 공기압
④ 상반각과 수직 안정판의 측방 공기압

142. 선회 중 경사각이 커질수록 수평양력분력과 수직양력분력은 어떻게 변화될 것으로 예상할 수 있는가?
① 수평양력분력-증가, 수직양력분력-감소
② 수평양력분력-증가, 수직양력분력-증가
③ 수평양력분력-감소, 수직양력분력-증가
④ 수평양력분력-감소, 수직양력분력-감소

143. 선회 중 동고도를 유지하기 위한 적절한 조치?
① 속도 감소 또는 받음각 증가　② 속도 감소 또는 받음각 감소
③ 속도 증가 또는 받음각 감소　④ 속도 증가 또는 받음각 증가

144. 선회 중 경사각을 증가시켰을 때 선회반경과 선회율은 어떻게 변화될 것으로 예상하는가?
① 선회반경 감소, 선회율 감소　② 선회반경 감소, 선회율 증가
③ 선회반경 증가, 선회율 증가　④ 선회반경 증가, 선회율 감소

【해설】 동일한 조건에서 선회 중 속도가 증가했다면 선회반경은 커지고 선회율은 감소한다. 동일 조건의 선회에서 경사각이 증가했다면 선회반경은 작아지고 선회율은 증가한다.

145. 표준율 선회로 360°를 선회하는데 얼마의 시간이 요구되는가?
① 1분　② 1.5분
③ 2분　④ 3분

【해설】 표준율 선회(standard rate of turn)는 초당 3°의 선회율을 의미하고 반표준율 선회

【정답】 139.① 140.④ 141.① 142.① 143.④ 144.② 145.③

는 초당 1.5°의 선회율이다. 따라서 표준율 선회로 360°를 선회하는 데는 120초가 소요된다.

146. 선회 중에 동일 고도를 유지하기 위해서 승강타 후방압이 필요한 이유는 무엇인가?
① 수평양력분력의 상실과 원심력의 증가
② 수직양력분력의 상실
③ 방향타의 변위와 선회 전체를 통한 약간의 반대 도움날개
④ 합력 하중계수의 증가로 수평양력분력의 상실

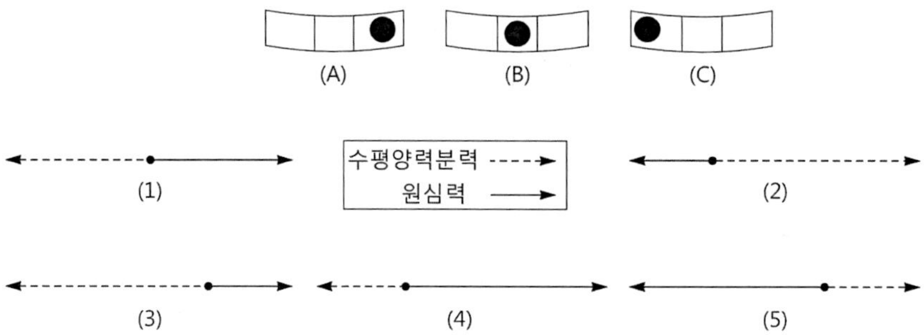

【그림1-46】

147. [그림1-46] 우선회하는 동안에 경사계가 그림 A와 같이 지시했다면 HCL(수평양력분력)과 CF(원심력) 벡터는 어느 그림과 같이 항공기에 작용하는가?
① 2, 볼을 중앙에 위치시키기 위해서는 왼쪽 페달 압이 필요하다.
② 2, 볼을 중앙에 위치시키기 위해서는 오른쪽 페달 압이 필요하다.
③ 4, 볼을 중앙에 위치시키기 위해서는 오른쪽 페달 압이 필요하다.
④ 4, 볼을 중앙에 위치시키기 위해서는 왼쪽 페달 압이 필요하다.
【해설】 우선회하는 동안에 그림 A와 같이 지시했다는 것은 선회 안쪽으로 미끄러지면서 선회하고 있음을 의미한다. 따라서 이를 수정하기 위해서 "볼을 차라!"의 개념으로 오른쪽 페달 압이 적용되어야 한다.

148. [그림1-46] 우선회 중에 경사계가 그림 C와 같이 지시했다면 HCL(수평양력분력)과 CF(원심력) 벡터는 어느 그림과 같이 항공기에 작용하는가?
① 3, 볼을 중앙에 위치시키기 위해서는 더 적은 오른쪽 페달 압이 필요하다.
② 3, 볼을 중앙에 위치시키기 위해서는 더 많은 오른쪽 페달 압이 필요하다.
③ 5, 볼을 중앙에 위치시키기 위해서는 더 적은 오른쪽 페달 압이 필요하다.
④ 5, 볼을 중앙에 위치시키기 위해서는 더 많은 오른쪽 페달 압이 필요하다.

149. 선회 중 예상할 수 있는 역빗놀이 현상의 주요 원인은?
① 좌우 날개의 유도항력의 차이 ② 좌우 날개의 유해항력의 차이
③ 좌우 날개의 압력차 ④ 좌우 날개의 속도차
【해설】 역빗놀이(adverse yaw)는 높아진 날개의 도움날개에서는 더 높은 양력과 항력이 발

【정답】 146.② 147.② 148.③ 149.①

생하여 기수를 높아진 날개 쪽으로 끌어당기는 힘이 발생한다.

150. 선회를 시작할 때 역빗놀이는 왜 발생하는가?

① 낮아진 날개에서 유도항력 증가와 높아진 날개에서 유도항력 감소
② 낮아진 날개에서 유도항력 감소와 높아진 날개에서 유도항력 증가
③ 높아진 날개에서 유해항력 증가와 낮아진 날개에서 유해항력 감소
④ 높아진 날개에서 유해항력 감소와 낮아진 날개에서 유해항력 증가

【해설】 역빗놀이(adverse yaw)는 높아진 날개의 도움날개에서는 더 높은 양력과 항력이 발생하여 기수를 높아진 날개 쪽으로 끌어당기는 힘이 발생한다.

151. 선회 중 역빗놀이를 방지하기 위한 적절한 조치는?

① 선회 반대 방향의 러더 페달에 압을 적용한다.
② 선회와 동시에 증속한다.
③ 선회 방향의 러더 페달에 압을 적용한다.
④ 항공기 자체적으로 수정할 수 있도록 어떠한 조종도 적용하지 않는다.

152. 조종사가 선회율을 증가시키고 동시에 선회반경을 감소시키고자 한다. 조종사의 적절한 조치는?

① 경사각을 증가시키고 속도를 감소시킨다.
② 경사각을 유지하고 속도를 감소시킨다.
③ 경사각을 증가시키고 속도를 증가시킨다.
④ 경사각을 유지하고 속도를 증가시킨다.

【해설】 경사각이 클수록 속도가 느릴수록 선회율은 커지고 선회반경은 작아진다. 반대로 경사각이 작고 속도가 빠를수록 선회율은 작아지고 선회반경은 커진다.

153. 조종간 균형선회에서 일정한 경사각과 고도를 유지하는 동안에 속도의 증가는 무엇을 변화시키는가?

① 하중계수의 감소를 초래하며 선회율을 감소시킨다.
② 하중계수의 변화 없이 선회율을 감소시킨다.
③ 하중계수의 변화 없이 선회율을 증가시킨다.
④ 하중계수가 증가하면서 선회율이 증가한다.

【해설】 조종간 균형선회(coordinated turn)에서 속도의 증가는 선회율을 감소시키고 선회반경을 크게 한다. 일정한 경사각의 유지는 원심력의 변화를 초래하지 않기 때문에 하중계수의 변화도 없다.

【정답】 150.② 151.③ 152.① 153.②

154. 선회 중 고도를 유지하기 위해서 받음각을 증가시켜야 한다. 이와 같은 조치를 해야 하는 이유는?

① 항력의 합력 요소에 반대로 작용하는 힘의 보상
② 수직양력분력 감소 보상
③ 수평양력분력 감소 보상
④ 원심력의 감소 보상

155. 수평선회 중에 속도가 증가했다면 고도를 유지하기 위해서 어떻게 해야 하는가?

① 받음각과 경사각을 감소시켜야 한다.
② 받음각이 증가하거나 경사각이 감소해야 한다.
③ 받음각과 경사각이 증가해야 한다.
④ 받음각이 감소하거나 경사각이 증가해야 한다.

【해설】 선회 중에 속도가 증가했다면 증가한 양력으로 인하여 항공기는 상승하게 될 것이다. 이를 방지하고 동고도를 유지하기 위해서는 받음각을 감소시키거나 경사각을 증가시켜야 한다.

156. 선회할 때 도움날개가 위로 올라간 쪽의 날개에서 양력은 어떻게 변화될 것으로 예상하는가?

① 양력 감소-항력 증가　　② 양력 증가-항력 증가
③ 양력 감소-항력 감소　　④ 양력 증가-항력 감소

157. 비행 중 날개에 부여되는 총공기 하중과 항공기의 총무게 사이의 비율은?

① 가로세로비이고 실속속도에 직접 영향을 준다.
② 하중계수이고 실속속도에 직접 영향을 준다.
③ 하중계수이고 실속속도와 무관하다.
④ 원심력이고 실속속도와 무관하다.

【해설】 하중계수(load factor)는 날개에 부여되는 총공기 하중(total air load)과 항공기의 총무게(gross weight) 사이의 비율이고 하중계수의 증가는 실속속도를 증가시키는 직접적인 원인이다.

158. 비행기의 구조에 미치는 하중계수란 무엇인가?

① 총모멘트와 총무게의 비율
② 총공기 하중과 항공기의 총무게 사이의 비율
③ 총무게와 가용하중의 비율
④ 유상하중과 항공기 총무게의 비율

159. 일반 경항공기 조종사가 비행 중 하중계수를 고려해야 하는 중요한 특성은?

① 실속속도　　② 최대속도
③ 최대상승각　　④ 최대선회속도

【정답】 154.② 155.④ 156.③ 157.② 158.② 159.①

160. 기류가 양호한 조건에서 조종간 균형 수평 선회 중 비행기 날개에 부여되는 공기하중은 무엇의 영향을 받는가?

① 선회율 ② 경사각

③ 진대기속도 ④ 선회반경

【해설】 외부의 영향이 없는 조건에서 조종간 균형(조종간) 수평 선회 중에 하중계수는 단지 경사각에 의해서 변한다.

161. 일반적으로 항공기의 하중계수에서 가장 크게 변화될 수 있는 기동은?

① 수평비행 ② 정상 상승

③ 선회 ④ 활공비행

162. 일반적으로 경비행기는 어느 범주의 하중계수에 속하는가?

① 보통 범주, 3.8G ② 다목적 범주, 4.0G

③ 곡예 범주, 6.0G ④ 한계 범주, 4.5G

【해설】 항공기의 하중계수 범주는 다음과 같다.

- *보통 범주(normal category): 3.8*
- *다목적 범주(utility category): 4.4*
- *곡예 범주(acrobatic category): 6.0*

163. 곡예비행을 주목적으로 제작된 경비행기의 하중계수 한계는 대략 어느 정도인가?

① 보통 범주, 3.8G ② 다목적 범주, 4.0G

③ 곡예 범주, 6.0G ④ 한계 범주, 4.5G

164. 비행기 하중계수와 실속속도는 어떠한 상관관계가 있는가?

① 하중계수 증가-실속속도 증가 ② 하중계수 증가-실속속도 감소

③ 하중계수 증가-실속속도 일정 ④ 상호 어떠한 관계가 없음

165. 항공기의 하중계수가 1G라는 것은 무엇을 의미하는가?

① 증속 수평비행 ② 감속 수평비행

③ 지속 수평비행 ④ 지속 선회비행

166. 항공기의 하중계수가 2G라는 것은 무엇을 의미하는가?

① 항공기 구조에 항공기 무게의 1배의 공기하중이 가해지고 있다.

② 항공기 구조에 항공기 무게의 2배의 공기하중이 가해지고 있다.

③ 항공기 구조에 항공기 무게의 3배의 공기하중이 가해지고 있다.

④ 항공기 구조에 항공기 무게의 4배의 공기하중이 가해지고 있다.

【정답】 160.② 161.③ 162.① 163.③ 164.① 165.③ 166.②

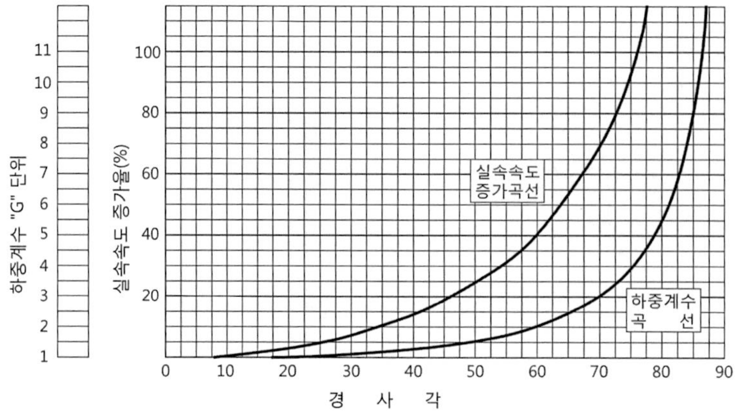

【그림1-47】

167. [그림1-47] 비행기의 무게가 2,300파운드일 때 동고도를 유지하면서 60° 경사 선회 중 비행기 구조에 미치는 대략적인 하중은?

① 2,300파운드 ② 2,900파운드
③ 3,400파운드 ④ 4,600파운드

【해설】 그림에서 하중계수는 왼쪽 수직선이 하중계수를 지시하고 아래 선이 경사각이다. 그래프의 곡선은 하중계수의 증가율을 나타낸다. 예를 들어 경사각이 "0"일 때 하중계수는 1G가 되고 60° 경사에서 하중계수는 2G가 된다. 날개에 부여되는 힘은 하중계수에 항공기 무게를 곱한 값이다. 따라서 2,300파운드의 항공기가 60° 경사로 선회할 때 항공기 날개에 부여되는 무게는 약 4,600파운드의 하중이 실리게 된다.

168. [그림1-47] 비행기의 무게가 3,300파운드이다. 동고도를 유지하면서 30° 경사로 선회 중인 비행기 구조에 미치는 대략적인 하중은?

① 1,200파운드 ② 3,100파운드
③ 3,500파운드 ④ 3,960파운드

169. [그림1-47] 비행기의 무게가 4,500파운드이다. 동고도를 유지하면서 45° 경사로 선회 중 비행기 구조에 미칠 수 있는 대략적인 하중은?

① 4,500파운드 ② 6,750파운드
③ 7,200파운드 ④ 7,550파운드

170. 수평으로 30° 경사 선회 중에 속도가 50노트에서 80노트로 증가하였다. 하중계수는 어떻게 되겠는가?

① 하중계수는 실속속도만큼 증가한다.
② 하중계수는 감소하고 실속속도는 증가한다.
③ 하중계수는 감소하고 선회반경이 증가할 것이다.
④ 하중계수는 동일하고 선회반경이 증가할 것이다.

【정답】 167.④ 168.④ 169.② 170.④

【해설】 어느 항공기의 주어진 경사에서 속도의 변화는 하중계수를 변화시키지 않는다. 단지 속도의 증가는 선회반경을 증가시킨다.

171. [그림1-47] 지속 수평비행 실속속도가 60노트라면 2G의 하중계수에서 비행기의 실속속도는 얼마인가?

① 66노트　　② 74노트
③ 79노트　　④ 84노트

【해설】 왼쪽의 하중계수 2G에서 오른쪽으로 수평 이동하여 하중계수 곡선과 만나는 점에서 수직 상방으로 이동한다. 실속속도 증가 곡선과 만나는 점에서 왼쪽으로 수평으로 이동하여 실속속도 증가율을 결정한다. 그림에서 실속속도 증가율은 40%이다. 따라서 2G에서의 하중계수는 등가속도 실속속도에 40%가 증가한 속도가 된다.

172. [그림1-47] 지속 수평비행 실속속도가 70노트라면 하중계수 4G에서 비행기의 실속속도는 얼마인가?

① 91노트　　② 112노트
③ 132 노트　　④ 140노트

173. [그림1-47] 경사각 50°로 일정 선회 중에 1.5G의 하중계수가 60노트의 등속 실속속도를 갖는 비행기에 부여된다면 비행기의 첫 실속은 얼마의 속도에서 발생하는가?

① 68노트　　② 75노트
③ 82노트　　④ 87노트

【해설】 경사 50°와 하중계수 1.5에서 실속속도 증가율을 결정한다. 그래프의 경사 50도 점에서 수직 이동하여 하중계수 1.5와 만나는 지점에서 계속 수직 이동하여 실속속도 증가 곡선과 만나는 점에서 왼쪽으로 수평 이동하여 지시하는 값 25%가 된다. 따라서 일정 속도에서 60노트의 실속속도는 1.5G의 50° 경사에서는 75노트에서 실속된다.

174. 비행기가 상승에 진입하여 안정되었을 때 속도가 감소하는 원인은?

① 총항력에 추력 분력이 가중　　② 총항력에 무게 분력이 가중
③ 총항력에 양력 분력이 가중　　④ 총항력에 중력 분력이 가중

175. 상승경로에 높은 장애물을 통과하여 상승하고자 할 때 적용할 수 있는 상승 기동은?

① 최대 상승률 상승　　② 최대 상승각 상승
③ 최저 상승각 상승　　④ 최저 상승률 상승

176. 비행기가 강하에 진입한 순간 속도가 증가한다. 속도 증가의 주요 원인은?

① 추력에 무게 분력 가중　　② 양력에 무게 분력 가중
③ 항력에 무게 분력 가중　　④ 중력에 무게 분력 가중

【정답】 171.④　172.④　173.②　174.②　175.②　176.①

177. 강하에 진입하는 순간 속도 감소를 방지하는 방법은?

① 동력 감소 또는 플랩 내림　② 받음각 감소 또는 플랩 내림
③ 동력 증가 또는 플랩 올림　④ 동력 감소 또는 플랩 올림

178. 강하 중 전방으로 작용하는 무게 분력의 크기를 결정하는 것은 무엇인가?

① 추력　② 양력 분력
③ 강하각　④ 총항력

179. 유동력 강하와 무동력 강하의 차이점은 무엇인가?

① 유동력 강하할 때 추력 분력이 없다.
② 유동력 강하할 때 추력 분력이 가중된다.
③ 무동력 강하할 때 추력 분력이 가중된다.
④ 무동력 강하할 때 추력 분력이 고려되지 않는다.

180. 일정한 동력으로 지속강하 중인 항공기에 작용하는 힘의 관계에 관해서 설명한 것은?

① 추력은 항력과 동등하고 무게는 양력보다 크다.
② 추력은 항력보다 크고 무게는 양력보다 크다.
③ 추력은 항력보다 크고 무게는 양력과 동등하다.
④ 추력은 항력과 동등하고 양력은 무게와 동등하다.

【해설】 등속도 수평직선비행에서 항공기에 작용하는 모든 힘은 균형을 이룬다. 추력 = 항력, 양력 = 무게의 관계가 성립된다.

181. 수평비행에서 상승으로 전환 중 받음각이 증가하고 양력은 어떻게 되는가?

① 순간적으로 감소한다.
② 동일하게 남아 있다.
③ 순간적으로 증가한다.
④ 동력이 증가하지 않는 한 증가하지 않는다.

【해설】 수평직선비행(straight and level flight)에서 상승하기 위해서 승강타의 후방압을 적용했을 때 받음각이 증가하고 이 순간 양력은 무게보다 커져 비행기는 상승하게 된다.

182. 활공비에 대해서 맞게 설명하고 있는 것은?

① 맞바람은 활공거리를 증가시킨다.
② 권장 활공속도보다 높은 속도는 활공거리를 증가시킨다.
③ 활공 중 플랩을 내리면 활공거리는 증가한다.
④ 고도 대비 수평 이동거리의 비율이다.

【해설】 활공비(glide ratio)는 고도 대비 수평으로 이동할 수 있는 거리의 비율이다. 활공비가 1:10일 때 현재 고도 1,000피트에서 활공할 수 있는 거리는 10,000피트이다.

【정답】 177.① 178.③ 179.④ 180.④ 181.③ 182.④

183. 비행 중 비상절차의 한 과정으로 활공 훈련 중이다. 활공에 대해서 올바르게 설명하고 있는 것은?

① 권장 활공속도 이외의 어느 속도에서도 활공거리는 감소한다.

② 뒷바람은 활공거리를 감소시킨다.

③ 권장 활공속도보다 낮은 속도는 활공거리를 증가시킨다.

④ 활공 중 높은 기수 자세는 활공거리를 증가시킨다.

184. 비행기가 권장 활공속도보다 빠른 속도로 활공했을 때 양항비는 어떤 변화를 예상할 수 있는가?

① 양항비 감소-활공거리 증가　　② 양항비 증가-활공거리 증가

③ 양항비 감소-활공거리 감소　　④ 양항비 증가-활공거리 감소

【해설】 양항비는 비행기의 공기역학적 효율을 나타낸다. 최대 양항비의 속도에서 최대활공거리를 얻을 수 있다. 정적 공기 속에서 양항비와 활공비는 동등하다.

185. 비행기의 권장 활공속도보다 느린 속도로 활공했을 때 예상되는 활공거리는?

① 활공거리는 증가한다.　　② 활공거리는 감소한다.

③ 활공거리는 변함이 없다.　　④ 활공거리는 증가 후 점차 감소한다.

【해설】 권장 활공속도보다 빠르거나 느린 속도는 활공거리가 단축된다.

186. 비상절차 훈련 중 목측점(aiming point)에 미도착할 것으로 예상하여 활공거리를 증가시킬 목적으로 기수를 들었을 때 조종사의 조치는 어떻게 평가할 수 있는가?

① 부적절했다. 활공거리는 감소한다.　　② 부적절했다. 활공거리는 증가한다.

③ 적절했다. 활공거리는 증가한다.　　④ 활공거리는 변함이 없다.

【해설】 최대 양항비를 발생하고 있는 받음각보다 높거나 낮은 받음각은 양항비를 감소시켜 결과적으로 주어진 항공기 양력을 위한 총항력 증가를 초래한다. 에어포일 모양이나 플랩은 받음각을 변화시켜 양력 발생에 영향을 준다.

187. 활공 중 플랩을 내렸다. 활공 성능에 어떤 영향을 줄 수 있는가?

① 활공거리는 증가한다.　　② 활공거리는 감소한다.

③ 활공거리에 영향을 주지 않는다.　　④ 활공각이 감소할 수 있다.

188. 동일 조건에서 무게가 증가했을 때 활공 성능에 어떠한 변화가 예상되는가?

① 활공각은 변화가 없으나 활공 속도가 느려질 수 있다.

② 활공각이 증가할 수 있고 활공 속도가 느려질 수 있다.

③ 활공각이 증가할 수 있고 활공 속도가 빨라질 수 있다.

④ 활공각은 변화 없으나 활공 속도가 빨라질 수 있다.

【해설】 활공비는 오직 항공기에 작용하는 공기역학적 요소들의 상관관계만 기초로 한다. 무게는 활공비에 영향을 주지 않고 활공 시간만 변화시킨다. 예를 들어 동일 활공비를 얻기 위해

【정답】 183.① 184.③ 185.② 186.① 187.② 188.④

서 더 무거운 항공기는 대기속도가 빨라야 한다.

189. 비상절차 훈련 중 활공거리를 최대화할 수 있는 바람 조건은 무엇인가?
① 뒷바람 ② 맞바람
③ 측풍 ④ 무풍

190. 날개의 실속 받음각에 영향을 미치지 않는 요소들은 어느 것인가?
① 동압과 관계없으나 무게, 경사각과 피치자세에 따라 다르다.
② 무게와 피치자세와 관계없으나 동압과 경사각에 따라 다르다.
③ 무게, 동압, 경사각 또는 피치자세가 있다.
④ 경사각과 관계없으나 무게, 동압, 피치자세에 따라 다르다.
【해설】 *실속(stall)을 일으키는 받음각은 항공기의 무게, 경사, 피치자세와 관계없이 일정하다. 그러나 실속속도는 무게, 경사각에 따라 다르다.*

191. 실속 발생의 초기 징후를 감지했을 때 조종사의 초동 조치로 적절한 것은?
① 조종간 후방 압으로 받음각 감소 조치
② 즉각적으로 동력을 적용하여 상승
③ 조종간 전방 압으로 받음각 감소 조치
④ 플랩을 내려 받음각을 증가시킨다.
【해설】 *실속(stall)의 주원인은 높은 받음각이다. 따라서 초기에 받음각을 낮출 수 있는 조치를 해야 한다.*

192. 비행기의 플랩을 내렸을 때 실속속도에는 어떠한 변화가 예상되는가?
① 실속속도 증가 ② 실속속도 감소
③ 실속속도에 영향을 미치지 않는다. ④ 실속속도는 증가 후 점차 감소
【해설】 *실속속도는 비행기가 공중에 떠 있을 수 있는 충분한 양력이 부족한 속도이다. 플랩을 내리면 캠버가 증가하여 양력이 증가한다. 양력이 증가한 만큼 비행기는 더 낮은 속도에서 비행할 수 있다.*

193. 실속 훈련 중 어느 한쪽 날개가 급격히 기울어지는 것을 느끼고 즉시 조종간을 반대 방향으로 적용했다. 조종사가 올바른 조치를 했는가?
① 아니다. 날개 기울움 현상만 더욱 악화시킬 수 있다.
② 아니다. 날개 기울움은 영향이 없다.
③ 그렇다. 날개 기울움은 회복될 것이다.
④ 그렇다. 날개 기울움은 영향이 없다.
【해설】 *윙-드롭 실속(wing-drop stall)은 한쪽 날개가 다른 쪽 날개보다 먼저 실속되는 현상이다. 임계 받음각에 먼저 도달한 날개가 실속되어 양력을 잃으면서 롤(roll)이 발생한다. 이미 기울어진 쪽 날개 양력이 상실되었으므로 도움날개를 반대로 적용해도 회복되지 않고 더 악화*

【정답】 189.① 190.③ 191.③ 192.② 193.①

될 수 있다. 따라서 윙-드롭 현상 초기에 러더 페달을 적용하여 방향 조종을 유지해야 한다.

194. 실속 훈련 중 어느 한쪽 날개가 급격히 기울어지는 것을 느꼈다. 조종사의 적절한 조치는?

① 윙-드롭 초기에 도움날개를 적용하여 방향 조종을 유지해야 한다.
② 윙-드롭 초기에 도움날개를 적용하여 피치 조종을 유지해야 한다.
③ 윙-드롭 초기에 러더 페달을 적용하여 피치 조종을 유지해야 한다.
④ 윙-드롭 초기에 러더 페달을 적용하여 방향 조종을 유지해야 한다.

195. 실속속도에 영향을 줄 수 있는 요소들은?

① 하중계수, 받음각, 동력　　② 무게, 하중계수, 동력
③ 받음각, 무게, 공기밀도　　④ 고도, 기온, 받음각

【해설】 *실속속도(stall speed)는 다양한 환경에 영향을 받는다. 무게(weight), 하중계수(load factor), 동력(power), 무게중심(center of gravity), 고도(altitude), 기온, 날개 착빙 또는 서리 등의 영향을 받으나 받음각에 의해서는 영향을 받지 않는다.*

196. 실속 받음각과 실속속도의 관계를 가장 잘 설명하고 있는 것은?

① 실속 받음각과 실속속도 모두 변함이 없다.
② 실속 받음각은 변할 수 있지만, 실속속도는 일정하다.
③ 실속 받음각은 일정하지만, 실속속도는 변할 수 있다.
④ 실속 받음각과 실속속도 모두 변할 수 있다.

197. 급강하로부터 회복 기동에서 하중계수는 실속속도에 어떠한 영향을 미치는가?

① 실속속도를 증가시킨다.　　② 실속속도를 감소시킨다.
③ 변화가 없다.　　④ 실속속도가 증가한 후 감소한다.

【해설】 *급강하로부터 급격한 회복 기동(recovery maneuver)은 받음각의 급격한 변화로 인하여 하중계수를 증가시킨다. 이것은 회복할 때 중력과 원심력이 항공기의 급격한 자세 변화를 방해하고 상대풍 역시 비행경로(flight path)에 반대로 작용하기 때문에 임계 받음각은 더 높은 속도에서 도달하게 될 것이다.*

198. 단발 엔진 비행기에서 토크 효과가 가장 크게 발생하는 조건은?

① 저속, 낮은 동력, 낮은 받음각
② 저속, 높은 동력, 높은 받음각
③ 고속, 높은 동력, 높은 받음각
④ 고속, 낮은 동력, 낮은 받음각

【해설】 *회전체에 매달려있는 물체는 회전체(rotor)의 회전 방향에 반대로 회전하려는 힘이 발생하고 이를 토크(torque)라 한다. 토크는 엔진 동력에 비례하고 속도에 반비례한다. 따라서 저속, 높은 동력, 높은 받음각에서 최대가 된다.*

【정답】 194.④　195.②　196.③　197.①　198.②

199. P-요소에 의해서 발생하는 비행기의 좌선회 경향의 원인은?
① 엔진의 시계방향 회전과 프로펠러의 시계반대방향 회전
② 하향 프로펠러 블레이드는 상향 블레이드보다 더 많은 추력 발생
③ 자이로 세차 현상
④ 프로펠러 나선후류 효과
【해설】 프로펠러 블레이드가 상향할 때와 하향할 때의 받음각의 차이로 인한 힘의 불균형 현상이다. 이 같은 현상은 뒷바퀴 조향 비행기의 저속 그리고 높은 동력에서 가장 뚜렷하게 나타난다.

200. P-요소의 효과가 가장 크게 나타나는 비행조건은?
① 저속 낮은 받음각 ② 고속 낮은 받음각
③ 고속 낮은 받음각 ④ 저속 높은 동력

201. 후방에서 관찰했을 때 시계방향으로 회전하는 프로펠러는 나선후류를 발생시키고 이 후류는 비행기의 어떠한 경향을 초래하는가?
① 수직축 주위로 오른쪽 그리고 세로축 주위로 왼쪽으로 회전하려는 경향
② 수직축 주위로 왼쪽 그리고 세로축 주위로 오른쪽으로 회전하는 경향
③ 수직축 주위로 왼쪽 그리고 세로축 주위로 왼쪽으로 회전하는 경향
④ 수직축 주위로 오른쪽 그리고 세로축 주위로 오른쪽으로 회전하는 경향
【해설】 프로펠러 나선후류(slipstream)는 동체를 휘감고 돌아 오른쪽 수직꼬리날개에 부딪혀 꼬리를 오른쪽으로 이동하게 하는 모멘트가 발생하고 이로 인해 기수는 왼쪽으로 돌아가려는 경향이 발생한다.

202. 뒷바퀴조향 착륙장치에서 회전의 현상에 의한 좌선회 경향을 촉발하는 원인은?
① 토크 반작용 ② 수직 안정판의 부조화
③ 꼬리의 들림 ④ 프로펠러의 나선후류
【해설】 꼬리(tail)의 들림은 프로펠러 회전면의 상부에 힘이 적용되고 이것은 회전 방향 90도를 지난 지점에서 뚜렷하게 나타나는 회전체의 세차(precession) 운동에 의한 것이다.

203. 프로펠러 비틀림이 다르게 설계되는 이유는?
① 프로펠러 폭이 다르기 때문이다. ② 상대속도가 다르기 때문이다.
③ 길이가 다르기 때문이다. ④ 무게가 다르기 때문이다.

204. 프로펠러 블레이드의 기하학적 비틀림이 다른 이유는 무엇인가?
① 순항 비행할 때 블레이드 선상에서 상대적으로 일정한 붙임각을 제공하기 위함이다.
② 순항비행 중 허브 근처의 블레이드 부분에 실속을 방지하기 위함이다.
③ 순항 비행할 때 블레이드 선상에서 상대적으로 일정한 받음각을 제공하기 위함이다.
④ 순항 비행할 때 블레이드 외부에서 더 큰 추력을 얻기 위함이다.

【정답】 199.② 200.④ 201.② 202.③ 203.② 204.③

【해설】 프로펠러 블레이드(blades)는 날개뿌리의 비틀림(twist)은 날개끝의 비틀림보다 크게 설계되어 있다. 이 같은 기하학적 비틀림은 순항비행 중 프로펠러 전체에서 일정한 받음각을 제공하도록 하기 위함이다.

205. 고정피치 프로펠러에서 최대의 효율성을 얻기 위해서 상호 조화가 이루어져야 하는 것은?

① 고도와 RPM ② 속도와 RPM

③ 자세와 RPM ④ 속도와 고도

【해설】 프로펠러의 피치가 고정된(fixed pitch propeller) 형태는 RPM으로 추력을 증감시킬 수 있도록 고안되어 있고 이 같은 형태의 가장 큰 효율성은 순항속도에서 속도와 RPM의 조화로 얻을 수 있다.

206. 프로펠러 효율에 대해서 맞게 설명한 것은?

① 프로펠러 1회전에서 실제로 프로펠러가 이동한 거리이다.

② 프로펠러의 기하학적 비틀림과 프로펠러의 유효 피치 사이의 차이다.

③ 프로펠러의 분당 회전수에 대한 이동 거리를 나타낸다.

④ 프로펠러 효율은 제동마력에 대한 추력마력의 비율이다.

【해설】 프로펠러 효율(propeller efficiency)은 제동마력(brake horsepower)에 대한 추력마력(thrust horsepower)의 비율이다. 프로펠러 효율은 프로펠러 슬립에 따라 대략 50~87%이다.

207. 프로펠러가 1회전 할 때 실제로 프로펠러가 이동한 거리는 무엇인가?

① 비틀림 ② 유효 피치

③ 기하 피치 ④ 실효 피치

【해설】 프로펠러 슬립(propeller slip)은 기하 피치와 유효 피치 사이의 차이다. 기하 피치(geometric pitch)는 1회전당 이동하는 이론적 거리이다. 유효 피치(effective pitch)는 실제 이동한 거리이다.

208. 프로펠러 슬립은 무엇인가?

① 기하 피치와 블레이드 각 사이의 차

② 기하 피치와 유효 피치 사이의 차

③ 프로펠러의 회전 평면과 항공기의 전진 속도의 차

④ 블레이드과 상대풍이 이루는 각

【정답】 205.④ 206.② 207.②

Chapter 2 비행구조와 계기

2.1 개 요

경비행기에서부터 초대형 비행기까지 모든 비행기의 기본 구조는 유사하다. 현대의 경항공기들은 첨단 신소재로 제작되기 때문에 무게는 가볍지만, 성능은 일반 경비행기 못지않다. 이외에도 개인적으로 제작한 항공기들이 비행할 수 있는 것도 경항공기 분야의 한 장점이다. 실제 에어쇼에서는 기존 개념을 초월한 자가제작(home-built) 항공기들이 출품되기도 한다. 이 장에서는 비행이론을 기초로 자신이 운용하게 될 비행기의 구조와 기능 그리고 계기에 대해서 다룬다.

2.2 기본 구조

(1) 동 체

모든 비행기는 [그림2-1]과 같이 동체(fuselage), 날개(wing), 동력장치(powerplant), 후방부(empennage), 그리고 착륙장치(landing gear)와 같이 5개의 주요 구조로 구성되어 있다. 동체(fuselage)는 우리 몸의 몸통(body)에 해당하는 구조물이다. 동체는 조종사와 승객이 탑승하는 조종실(cockpit)이 있다. 경항공기는 대부분 2인승이고 비행에 필요한 모든 행위가 조종실에서 이루어진다. 조종사와 승객이 좌우에 탑승할 수 있는 좌우 복좌식(side by side seat)이 있고 전후로 탑승할 수 있는 전후 복좌식(tandem seat)이 있다. 동체는 항력을 최소화할 수 있도록 전체 구조가 유선형(streamlined)으로 설계되어야 한다. 동체의 주요 골격(frame)은 단일 프레임으로 제작되기보다 무게를 감소시키고 구조적 강도를 강화할 수 있도록 설계되어야 한다. 전형적인 무게감소와 강도를 강화할 수 있는 구조가 철탑과 같은 구조의 트러스 그리고 전체를 덮을 수 있는 외피(범장) 구조가 있다. 일반적으

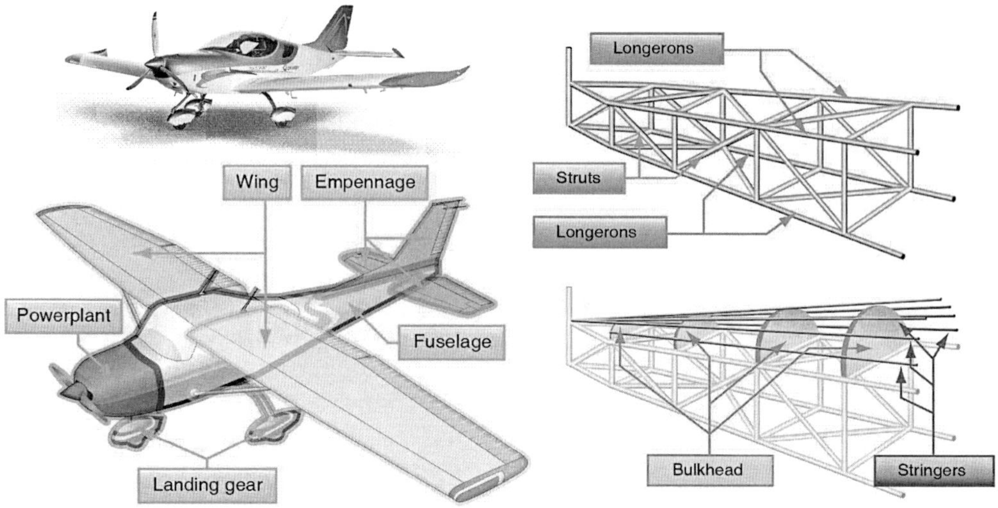

【그림2-1】 동체는 유선형으로 설계되어 공기의 저항을 최소화한다. 동체의 전방부에 엔진이 탑재되고 조종실이 있다. 동체 후방은 원통 또는 유선형으로 설계되어 무게를 줄이고 항력을 최소화할 수 있도록 하였다. 내부의 공간으로 조종 케이블 등이 통과할 수 있도록 설계된다. 꼬리날개는 수평과 수직 안정판이 있다. [FAA pilot knowledge handbook]

로 이들 두 방식을 조화시켜 동체의 무게감소 효과와 함께 강도를 강화한다.

⑵ 날 개

날개(wings)는 비행기의 양력(lift)을 발생시키는 구조물이다. 날개가 양력을 얻기 위해서는 속도가 필수이고 속도를 제공할 수 있는 원동력은 엔진과 프로펠러이다. 날개는 양력을 제공하지만, 최대한 가벼워야 하고 항력을 최소화할 수 있어야 한다. 날개가 가늘고 길면 높은 양력을 발생하겠지만 날개 구조를 지지하는 견고한 지지대가 사용되어야 하기 때문에 속도와 양력 그리고 무게가 잘 절충되어야 한다. 날개평면(wing planform)은 직사각형 모양이고 이것은 제작이 단순하고 공기역학적으로 다소 유리한 면이 있기 때문이다.

날개 외부 받침대(external struts)의 여부에 따라 캔틸레버(cantilever)와 세미캔틸레버(semi-cantilever)가 있다. 캔틸레버 날개는 동체의 하부에 부착되어 이를 지지해 주는 받침대가 필요하지 않다. 따라서 날개 하중은 날개 내부의 주요 골격으로 지지한다. 반면 세미캔틸레버 날개는 외부에 받침대가 장착되어 있다. 날개 외피(skin)는 가볍고 질긴 알루미늄 합금판, 유리섬유(fiberglass) 또는 천 등을 사용한다. 날개의 뒷전 바깥 부분에 도움날개가 부착되어 있으며 좌우 도움날개(aileron)는 상호 반대 방향(vice versa)으로 움직인다. 날개의 뒷전 안쪽으로는 플랩(flaps)이 장착되어 있다. 이외에도 날개는 연료통(fuel tank)으로도 사용된다. 날개의 장착 위치에 따라 [그림2-2]와 같이 고익형(high wing)과 저익형(low wing)이 있다. 날개 위치에 따른 장단점을 비교했을 때 어느 유형이 특별히 우수한 비행 특성을 갖는다고 할 수 없지만, 운용상의 장단점이 있다.

【그림2-2】 켄틸레버 저익형 비행기는 하향 시계가 약간 제한될 수 있고, 날개에서 엔진까지 연료를 급송하기 위해서는 별도의 연료펌프를 갖추어야 한다. 위 오른쪽은 복엽기이다. 아래 그림에서 스퍼, 리브, 그리고 세로대는 날개의 주요 구조물이다. [FAA, pilot knowledge handbook]

① 고익형 비행기

일반항공이 보급되면서부터 고익형(high wing) 비행기가 주목을 받기 시작했다. 일반항공에서 세스나 경비행기는 고익형으로 가장 많이 보급된 비행기이다. 최근에 개발되는 소형 비행기 혹은 경비행기 그리고 단거리 이착륙 비행기들은 대부분 고익형을 채택하고 있다. 고익형 비행기는 조종사나 승객이 지상의 광경을 관찰하기에 양호한 시계를 제공한다. 이처럼 양호한 하향 시계(field of view)는 사진 촬영, 감시 활동, 항공관광 등에 매우 유리하다. 날개가 동체로부터 높은 위치에 있으므로 활주로 외의 지표면에서 운용 중 주변의 작은 돌조각 혹은 이물질들이 날개에 부딪히는 것을 방지할 수 있다.

고익형 비행기의 연료계통은 중력을 이용하여 엔진까지 급송되기 때문에 별도의 연료펌프(fuel pump)가 없어도 된다. 공기역학적으로 고익형 날개에 상반각(dihedral) 설계가 조화되었을 때 이 유형의 비행기는 가로 안정성(later stability)이 매우 높다. 고익형의 단점은 기동 중에 조종사의 시야가 상당히 제한될 수 있다. 날개가 위쪽에 있으므로 위쪽에서 이동 중인 다른 항공기의 관찰이 어려울 수 있다. 특히 선회 중 날개가 선회 방향으로 기울기 때문에 조종사 시야를 가린다. 이 같은 문제점은 조종실을 약간 앞쪽으로 배열하거나 조종실 위쪽에 창문을 설치하는 방식으로 일부 해소하기는 하지만 근본적인 해결책이 아니다. 선회 중에 날개를 약간 흔드는 방식으로 다른 항공기 위치를 관찰해야 한다. 이외에도 날개가 위쪽에 있어 급유(refueling)와 정비에 약간 불편할 수 있으며 때로는 보행자가 날개 혹은 받침대에 머리를 부딪칠 수 있다.

② 저익형 비행기

경항공기 분야에서 저익형(low wing) 비행기는 상대적으로 드물다. 저익형 비행기는 고익형에 비해 외부 받침대(external struts)가 없어 상대적으로 외형이 날렵하다. 날개가 동체 하부에 장착되어 있으므로 접개들이 착륙장치(retractable landing gear)를 사용할 수 있는 공간이 충분하다. 저익형 날개가 일부 하향 시계가 제한되기는 하지만 전 방향에서 양호한 시계를 제공한다. 연료통으로 사용되는 날개 위치가 낮기 때문에 급유가 고익형에 비해 편리한 면이 있지만, 부가적으로 연료펌프를 사용해야 하는 단점이 있다. 공기역학적으로 낮은 날개는 지면효과(ground effect)의 활용에 더 유리한 면이 있다. 저익형 날개는 조종사 혹은 승객이 탑승하기가 불편하다. 때로는 날개 위를 밟고 조종실에 탑승해야 하므로 비나 눈이 내렸을 때 미끄러워 낙상 사고가 발생할 수 있다.

(3) 꼬리날개

꼬리날개는 [그림2-3]과 같이 수평 및 수직 안정판으로 구성되어 있다. 순항비행에서 수평 안정판은 수평 비행할 수 있도록 하고 수직 안정판은 직선 비행할 수 있도록 한다. 수평 안정판에는 기수의 들림과 숙여짐(nose up and down)을 조종할 수 있는 승강타(elevator)가 부착되어 있고, 수직 안정판에는 직선 비행을 조종하기 위한 방향타(rudder)가 장착되어 있다.

일부 경비행기의 꼬리날개는 [그림2-3]에서 보는 것과 같이 수직 안정판 상부에 수평 안정판(horizontal stabilizer)이 장착된 유형이 있다. 이를 T-형 꼬리날개(T-tail)라 한다. 이 꼬리날개의 장점은 날개 위의 공기흐름으로부터 높이 떨어져 있어 영향을 받지 않아 꼬리 조종면에 유연한 공기흐름과 양호한 피치 조종을 제공한다. 이 같은 특징은 저속 비행기에 양호한 조종성을 제공하는 면이 있다. T-형 꼬리날개는 높은 공기역학적 성능과 함께 후방부가 날개 공기흐름의 영향을 받지 않기 때문에 우수한 활공비를 갖는다. 이 같은 이유로 글라이더에 매우 유리한 비행 성능을 제공한다. 저속에서 T-형 꼬리날개 비행기의 승강타는 일반 비행기의 승강타보다 더 많은 양이 작동해야 한다. 이 같은 원인은 일반 비행기의 꼬리날개는 프로펠러 후류(slipstream)가 수평 안정판에 작용하여 기수 숙여짐을 일부 보상하는 반면 T-형 꼬리날개는 프로펠러 후류의 영향을 받지 못하기 때문이다. 수직 안정판은 수평 안정판과 승강타를 지지할 수 있어야 하므로 가볍고 견고한 재질이 사용되지 않는 한 무게를 증가시키는 요인이고 그 자체의 무게로 인하여(고하중이 모멘트 암을 유발) 플러

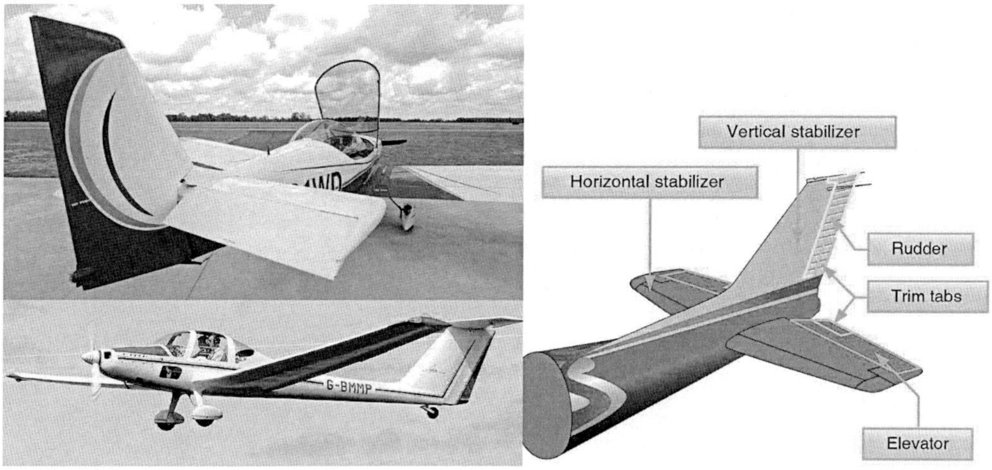

【그림2-3】 꼬리날개의 수평 안정판은 기수-양력중심-수평 안정판이 조화되어 수평 안정에 기여한다. 수직 안정판은 동체의 세로축과 조화되어 비행기의 방향 안정성에 기여한다. 일부 승강타와 방향타에는 조종압을 완화시켜 줄 수 있는 트림 탭이 부착되기도 한다. T-형 꼬리날개는 수평 안정판과 승강타가 높은 위치에 있어 날개 혹은 프로펠러를 통과한 공기흐름의 영향을 받지 않아 양호한 세로 조종성을 제공한다. [FAA, pilot knowledge handbook]

터(flutter; 공기역학적 진동의 한 종류)가 발생할 수 있다. 이외에도 T-형 꼬리날개는 높은 위치에 있어 정비사가 쉽게 문제점을 발견하는 데도 약간 불편함이 있다. T-형 꼬리날개의 승강타는 프로펠러 후류의 영향을 받을 수 없다는 점 때문에 저속 조종성이 감소하는 단점이 있다. 따라서 저속 운용으로 설계되지 않는 비행기는 이를 해결하기 위한 별도의 장치가 없는 한 저속 조종성이 더욱 어려울 수 있다.

일반 꼬리날개와 T-형 꼬리날개가 트림(in trim)이 잘 조절되었다면 비행기의 세로 안정성은 거의 유사하지만 앞서 언급한 것과 같이 이륙, 착륙 또는 실속과 같은 저속비행 조건에서는 일반 꼬리날개보다 더 많은 조종량이 필요하다. 이 유형의 꼬리날개는 비행기 받음각이 높아질수록 실속 날개로부터 공기흐름이 꼬리날개(tailplane)와 승강타에 공기흐름을 방해하여 실속이 더 심각하게 발생할 수 있다. 이 같은 비행조건에서 날개와 동체로부터 흩어진 공기흐름이 수평 안정판과 승강타를 완전히 덮을 수 있으므로 승강타의 기능이 현저히 떨어지면서 실속회복을 어렵게 한다. 저속에서 높은 받음각과 후방 무게중심은 매우 위험하므로 이를 보상하기 위해서 승강타가 실속 위치까지 작동하지 못하도록 기계적 장치가 장착된다.

(4) 착륙장치

① 조향장치에 따른 분류

착륙장치는 조향(steering) 방식에 따라 앞바퀴조향(nose wheel steering) 착륙장치 그리고 뒷바퀴조향(tailwheel steering) 착륙장치로 분류한다. 이외에도 수상 운용을 위한 플

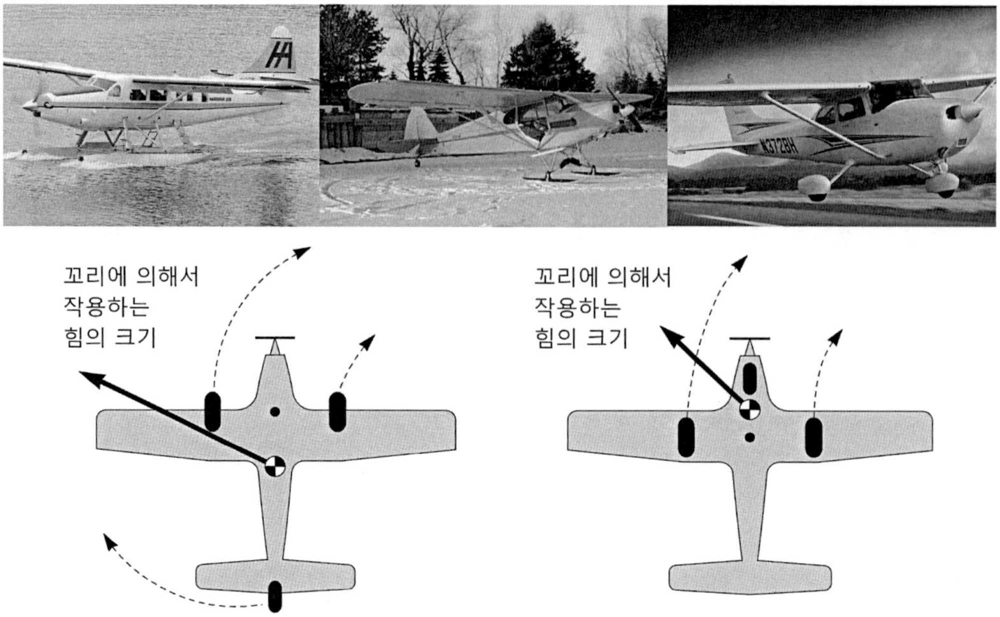

【그림2-4】 운용 장소에 따른 착륙장치의 종류이다. 앞바퀴조향 착륙장치와 뒷바퀴조향 착륙장치의 힘의 작용 관계를 잘 보여주고 있다.

로트(float)를 장착하거나 설상에서 운용을 위한 스키(ski)를 장착하기도 한다. 착륙장치는 바퀴와 이를 지지하는 지지대 그리고 제동장치(brake system)로 구성된다. 경비행기의 착륙장치는 동체에 고정된 착륙장치 형태(fixed landing gear)이다. 착륙장치는 활주로에 착지하는 순간 상당한 무게를 받을 수 있으므로 반드시 충격흡수(shock absorber) 장치를 갖추어야 한다. 앞바퀴조향 착륙장치에서 앞바퀴는 올레오(oleo) 충격 흡수장치를 사용하고 주바퀴(main wheels)는 탄력성 있는 강철 재료를 사용하여 충격을 흡수한다. 앞바퀴조향 착륙장치는 [그림2-4]와 같이 바퀴의 배열이 삼각형으로 되어 있다. 이 구조는 직진 성향이 있어 고속 활주에서 안정성이 높고 조종이 쉽다. 이것은 무게중심이 앞바퀴와 주바퀴 사이에 위치하기 때문에 모멘트가 작아 그만큼 회전 성향이 감소한다. 반면 뒷바퀴조향 착륙장치는 역삼각형으로 배열되어 있다. 이 유형의 착륙장치는 회전축과 무게중심 사이의 길이가 길어 모멘트가 크고 그만큼 회전 성향이 강하다. 앞바퀴조향 착륙장치는 다음과 같은 장점이 있다.

첫째, 고속 활주 중 브레이크를 사용해도 비교적 안전하다.
둘째, 지상활주, 이륙활주 또는 착륙활주 중 양호한 전방 시계를 제공한다.
셋째, 직진 성향으로 지상루프 경향이 작다.

② 제동장치

제동장치는 비행기를 정지시키거나 조향장치로 활용된다. 브레이크는 주착륙 바퀴에 장

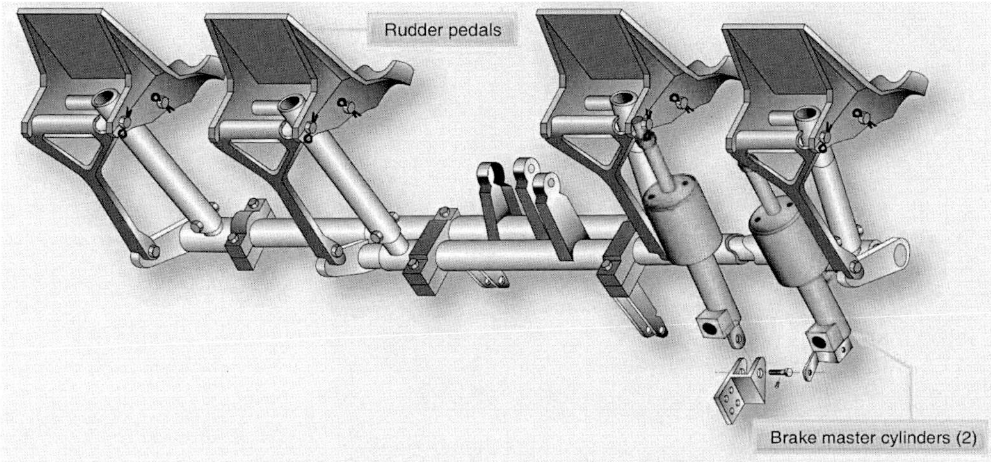

【그림2-5】 비행기의 제동장치는 브레이크 마스터 실린더와 러더 페달의 상단에 장착되어 있어 발끝을 이용해서 제동장치를 작동시킨다. [FAA, pilot knowledge handbook]

착되어 있다. 브레이크 페달은 [그림2-5]와 같이 러더 페달(rudder pedals) 상단에 부착되어 있고 조종사는 발끝을 사용하기 때문에 토우 브레이크(toe brake)라고도 한다. 직진 방향을 유지할 수 있도록 양쪽 브레이크를 동시에 사용하는 것이 바람직하다. 지상활주 중 짧은 선회반경이 요구될 때 조향 바퀴와 함께 사용함으로써 선회반경을 최소화할 수 있다. 비행기 제동장치는 브레이크 작동을 위한 자체의 유압액 저장기(hydraulic reservoirs)를 갖추고 있으며 다른 주요 유압장치와 독립되어 있다.

③ 계류 브레이크

계류 브레이크(parking brake)는 [그림2-6]과 같이 자동차의 핸드 브레이크(hand brake)와 유사하다. 이 장치는 통상 왼쪽 좌석 패널 아래에 있으며 손잡이를 잡아서 몸쪽으로 당긴 후 1/4 정도 돌려 손잡이가 계기 패널과 수직 위치에 놓이면 잠금 위치가 된다. 이를 해제하는 방법은 브레이크 페달에 충분한 압을 가한 후 손잡이를 다시 돌려 아래로 밀어 넣어 계기 패널과 수평이 된 상태로 놓으면 된다.

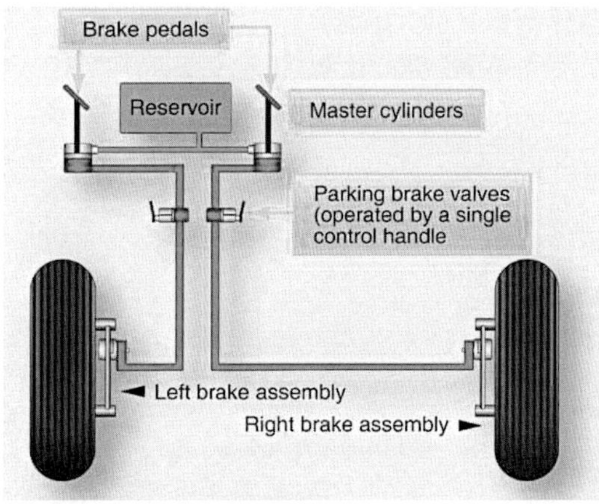

【그림2-6】 일반 경비행기의 제동계통도
[FAA, pilot knowledge handbook]

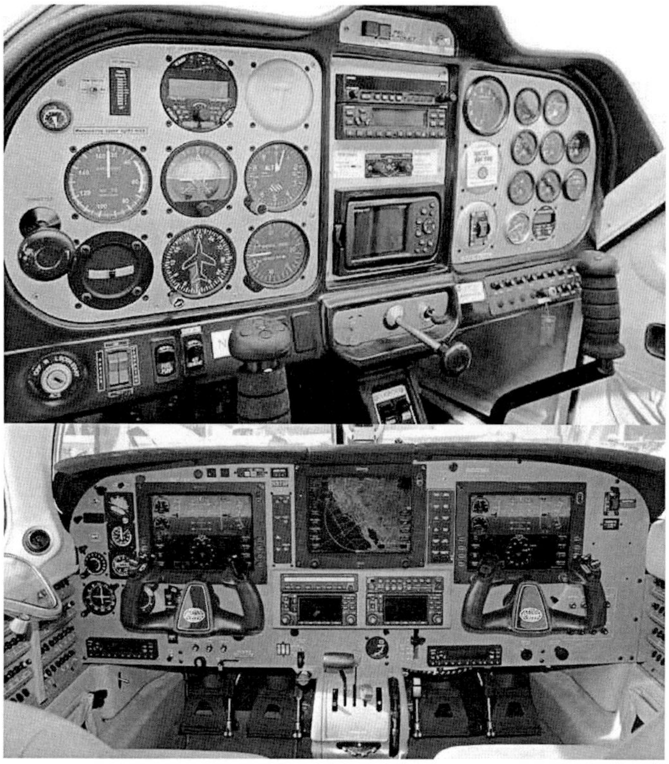

【그림2-7】 경항공기는 구조가 매우 제한되기 때문에 비행에 필수적인 장비들만으로 구성된다. 위 그림은 재래식 계기판이고, 아래 그림은 디지털 디스플레이 방식의 최신 조종실이다.

⑸ 조종계통과 조종실

① 조종간과 주조종면

조종간(control yoke or wheel)이란 조종사가 주조종면(primary control surfaces)을 직접 작동시킬 수 있는 장치들이다. 주조종면은 승강타(elevator), 도움날개(aileron) 그리고 방향타(rudder)가 있다. 조종간은 [그림2-7]과 같이 스틱형 조종간이 있고 양발을 사용하는 러더 페달이 있다. 조종간에는 승강타와 도움날개를 조종할 수 있게 되어 있다. 일부 경비행기에는 요크형 조종간을 갖추고 있다. 조종간은 승강타와 도움날개를 동시에 조종할 수 있도록 각 조종면에 조종 케이블(control cable)로 연결되어 있다. 조종간을 앞으로 밀

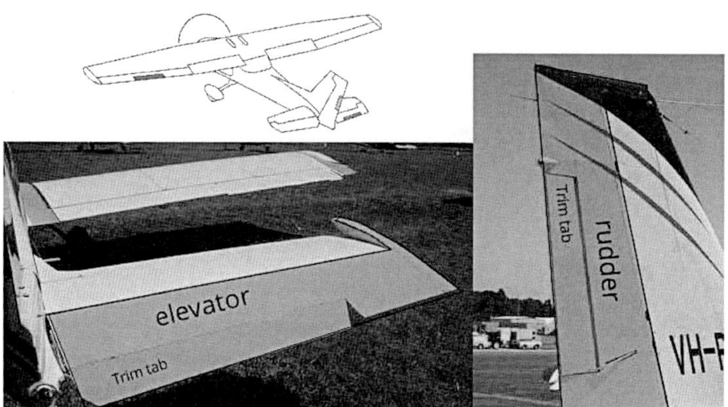

【그림2-8】 트림 탭

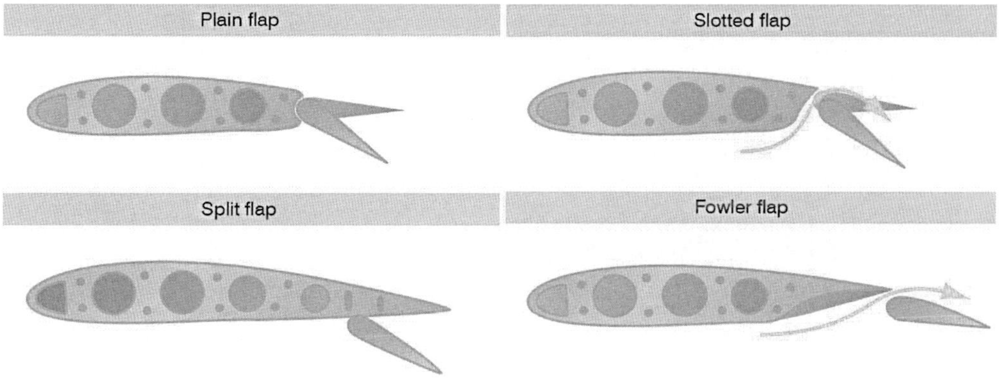

【그림2-9】 플랩의 종류 [FAA, pilot knowledge handbook]

거나 뒤로(몸쪽으로) 당기면 승강타가 움직이고 조종간을 왼쪽 또는 오른쪽으로 돌리면 도움날개가 움직인다. 물론 조종간을 당기거나 밀면서 동시에 왼쪽 또는 오른쪽으로 돌려 조종할 수 있다.

② 러더 페달

방향타는 조종간과 분리되어 있고 조종사의 양발을 이용하여 러더 페달을 조종한다. 러더 페달은 뒤꿈치가 바닥에 닿도록 가볍게 올려놓고 앉은 자세에서 어느 한쪽의 러더 페달을 최대로 밀었을 때 무릎이 약간 굽어질 정도가 적당하다.

③ 보조 조종면

비행기의 조종은 조종간으로 주조종면을 작동시켜 원하는 기동을 수행할 수 있다. 그러나 전체 조종면으로 미세한 조종까지 수행하기에는 조작량이 너무 커질 수 있다. 이를 보조하기 위해서 각 주조종면에 작은 탭(tabs)을 장착하여 미세조종을 하거나 주조종면의 조종압을 완화하는 데 사용한다. 이를 보조 조종면(secondary control surfaces)이라 한다. 이외에도 플랩(flaps), 스포일러(spoiler), 그리고 각종 탭(tabs) 역시 이에 속한다. 전형적인 조종력 완화를 위한 장치가 트랩 탭(trim tabs)이다. 트림 탭은 조종력을 “0”으로 만들어 손을 놓고도 원하는 비행경로를 유지할 수 있도록 한다. [그림2-8]

④ 조종 자세

비행기 조종은 양손과 양발을 모두 사용한다. 조종실의 배치에 따라 다르지만, 일반 경비행기는 좌우 복좌식이고 왼쪽이 기장석(pilot in command; PIC)이다. 조종훈련생 역시 왼쪽에 앉고 교관 조종사는 오른쪽에 앉는다. 왼쪽에 앉은 조종사는 중앙 패널에 동력조정장치인 스로틀 레버(throttle lever)가 있어 왼손으로 조종간을 편안하게 잡고 오른손으로는 동력을 조정할 수 있도록 스로틀 레버를 거머쥔다. 전후 복좌식에서는 스로틀이 왼쪽에 있다. 따라서 오른손으로 스틱을 잡고 왼손으로 동력을 조정할 수 있어야 한다.

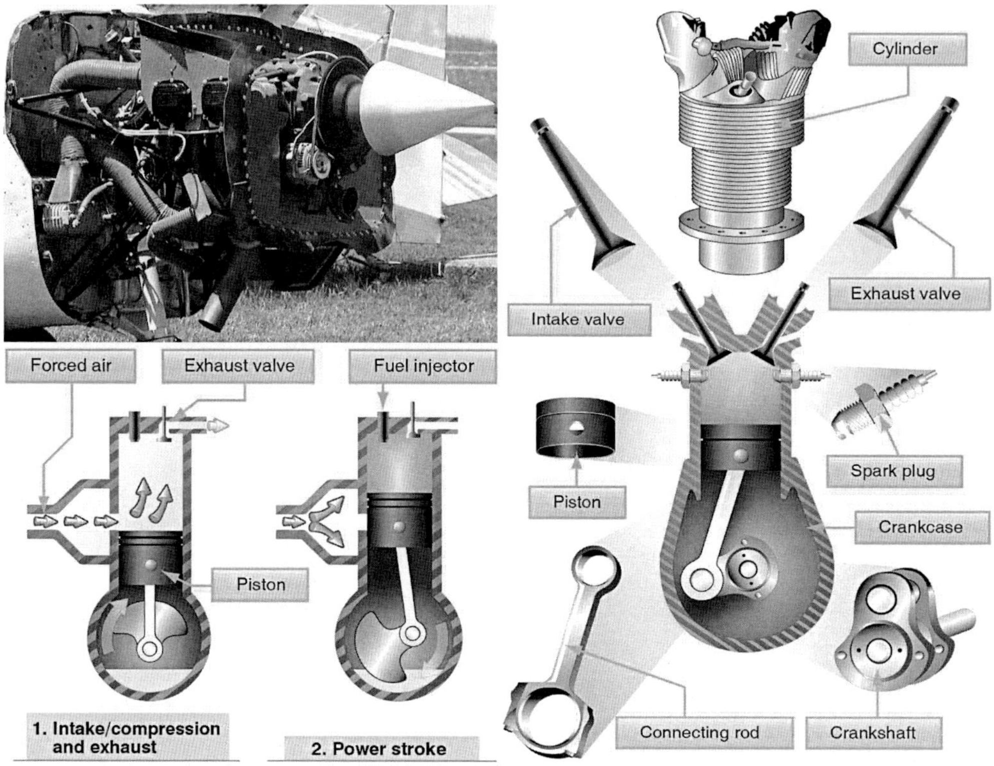

【그림2-10】 왕복엔진의 주요 구조와 2행정 엔진(왼쪽 아래) [FAA, pilot knowledge handbook]

2.3 엔 진

공기 속에서 날개가 양력을 얻기 위해서는 일정 속도 이상의 전진속도가 필요하다. 항공기에 전진속도를 부여할 수 있는 동력원(powerplant)이 엔진(engine)이다. 그러나 엔진만으로 속도를 얻을 수 없다. 엔진에서 생산된 동력을 추력으로 전환할 수 있는 프로펠러의 조화가 필수적이다. 일반 경비행기의 동력장치는 왕복엔진(피스톤 엔진)이 역사적으로 오랫동안 사용됐다. 왕복엔진은 흡기식 내연기관이고 자동차 엔진과 유사하다.

2.3.1 왕복엔진 구조

내연기관(internal combustion engine)은 적정 비율의 연료와 공기(fuel and air)의 혼합가스를 연소시켜 동력을 얻는다. 이 과정에서 발생한 출력(power)으로 프로펠러를 회전시켜 비행기를 추진시킬 수 있는 추력(thrust)을 얻는다. 초경량항공기에서는 통상 2행정 엔진을 사용하지만, 그 이상의 출력이 필요한 항공기는 대부분 4행정 왕복엔진을 사용한다. [그림2-10]은 엔진의 주요 구성품과 2행정(two-stroke) 엔진을 보여주고 있다. [그림2-11]은 전형적인 4행정(four-stroke, 4기통) 왕복엔진의 작동 원리를 보여주고 있다. 왕

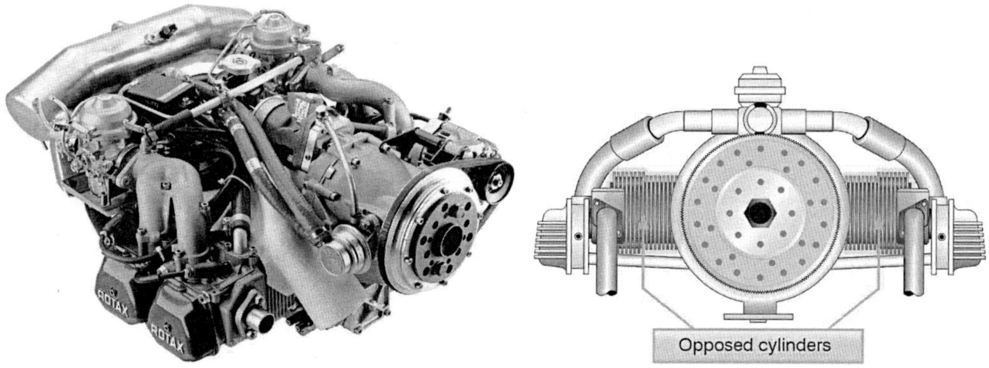

【그림2-11】 전형적인 경항공기의 수평대향 4-실린더 왕복엔진 외형이다. 이 엔진 개량형은 약 60kg 정도의 무게에 출력은 약 100마력 정도이다. 최근 경항공기는 재래식 항공기와 비교해서 동력 무게비가 향상되었다. 이것은 경항공기의 성능과 직결되는 문제이기도 하다.

복엔진을 구성하는 주요 구성품은 실린더(cylinder), 피스톤(piston), 밸브(intake valve and exhaust valve), 크랭크축(crankshaft), 커넥팅로드(connecting rod), 그리고 크랭크 케이스(crankcase)로 구성되어 이들 부품의 상호 작용으로 프로펠러를 회전시킬 수 있는 동력을 생산한다.

(1) 실린더

실린더는 원통형 구조로 되어 있으며 내부에 피스톤의 상하운동에 따라 혼합가스를 압축 및 연소시키는 구조물이다. 실린더의 배열은 전면면적을 최소화할 수 있도록 2개씩 2열로 서로 마주 보게 배열된다. 이를 수평 대향 엔진이라 하고 이외에도 일렬 정립, 일렬 도립 혹은 V-형 배열 방식이 있다. 실린더 상부에는 공기 흡입구 밸브(air intake valve)와 배기가스 배출 밸브, 연소실과 점화 플러그(ignition plug) 그리고 하부에는 크랭크축의 작동 공간을 제공하는 크랭크 케이스가 있다. 실린더의 외벽에는 여러 개의 작은 핀(pins)들이 부착되어 있다. 이것은 엔진 냉각을 위한 냉각핀(cooling fins)이다. 엔진실은 진공 상태가 되지 않도록 외부로 통하는 흡기선(breather line)이 있다. 만약 이 구멍이 막혀 진공 상태가 되었을 때 엔진의 불규칙한 작동으로 심하면 엔진을 파손시킬 수 있다. 겨울철과 같이 날씨가 매우 추울 때는 공기흡입선 내에 남아 있는 습기가 응축되어 막힐 수 있으므로 비행 전 엔진 흡기선이 막히지 않았는지 확인해야 한다.

(2) 피스톤

피스톤은 실린더 내부에서 상하운동을 하면서 혼합가스를 압축시키는 작용을 한다. 피스톤의 지름은 실린더 내경(inner diameter)과 꼭 맞게 설계되어야 공기의 누출을 최소화할 수 있다. 실린더 내에서 엔진 오일은 피스톤 운동에 의한 열을 냉각시키는 효과와 함께 압축 성능도 향상된다. 이외에도 피스톤에는 피스톤링(piston ring)이 끼워져 있어 실린더에 유입된 공기의 누출을 최소화한다.

(3) 밸브

흡기 밸브는 피스톤이 하향과 동시에 열려 실린더 내부로 혼합가스를 유입한다. 피스톤이 상향하면 흡기 밸브는 닫히고 유입된 혼합가스를 압축한다. 배기 밸브는 폭발행정 후에 발생한 배기가스(exhaust gas)를 실린더 밖으로 배출하는 역할을 한다.

(4) 크랭크축

크랭크축(crankshaft)은 피스톤의 상하운동에 의한 수직 운동을 회전운동으로 전환하는 역할을 한다. 크랭크축은 엔진에서 발생한 동력을 프로펠러로 전달한다. 크랭크축과 피스톤이 연결된 것을 연결 쇠막대라 한다. 크랭크축에는 반동추(counterbalance)가 달려 있다. 반동추는 지속적인 회전성 관성력을 제공하면 진동을 흡수하는 역할을 한다. 스로틀의 급격한 조작은 반동추의 불균형 작동을 초래하여 엔진에 심한 응력(severe stress)이 부여되는 원인이다. 따라서 스로틀(throttle)을 조작할 때는 엔진의 반응을 느끼면서 항상 유연하게 조작해야 한다.

2.3.2 엔진 작동 주기

왕복엔진은 흡기식 엔진(airbreathing engine)이다. 자연 상태의 공기를 흡입하여 연료와 혼합(mix)하여 이를 연소시켜 동력(power)을 생산한 후 다시 대기로 되돌려 보낸다. 이처럼 일련의 반복 과정을 작동 주기(operating cycle)라 한다. 왕복엔진의 1작동 주기는 혼합가스를 흡입-압축-폭발-배기의 순서로 진행되고 이것을 4행정(four-stroke)이라 한다. 엔진의 1작동 주기 동안에 크랭크축은 2회전 한다. 첫 번째 회전할 때 흡입 및 압축 행정이 이루어지고 두 번째 회전할 때 폭발 및 배기 행정이 이루어진다. 이 과정에서 한 가지 간과할 수 없는 것이 점화(ignition) 작용이다. 비록 행정에는 포함되지 않지만, 혼합가스(mixture)의 폭발을 일으키기 위한 점화 작용이 필수적이다. 왕복엔진은 시동부터 엔진 정지까지 점화 작용이 지속해서 일어나야 한다. 만약 점화 작용이 없으면 실제 엔진은 정지 상태가 된다. 따라서 왕복엔진에서 점화 불꽃을 지속적으로 제공할 수 있는 독립 전원 장치가 필요한 이유이다. 이 때문에 왕복엔진의 정상 작동은 4행정 5작용(four-stroke, five-event cycle)으로 정의한다.

(1) 흡기

흡기 행정(intake stroke)은 [그림2-12, ①]과 같이 피스톤의 하향운동에 따라 실린더 상부의 흡기 밸브(intake valve)가 열리고 배기 밸브는 닫힌다. 흡기 밸브가 열리면서 기화기(carburetor)를 통해서 혼합가스가 유입된다. 실린더로 유입되는 혼합가스의 양은 스로틀 조정에 따라 결정된다. 피스톤의 하향운동이 거의 완료되었을 때 흡기 밸브는 닫히고

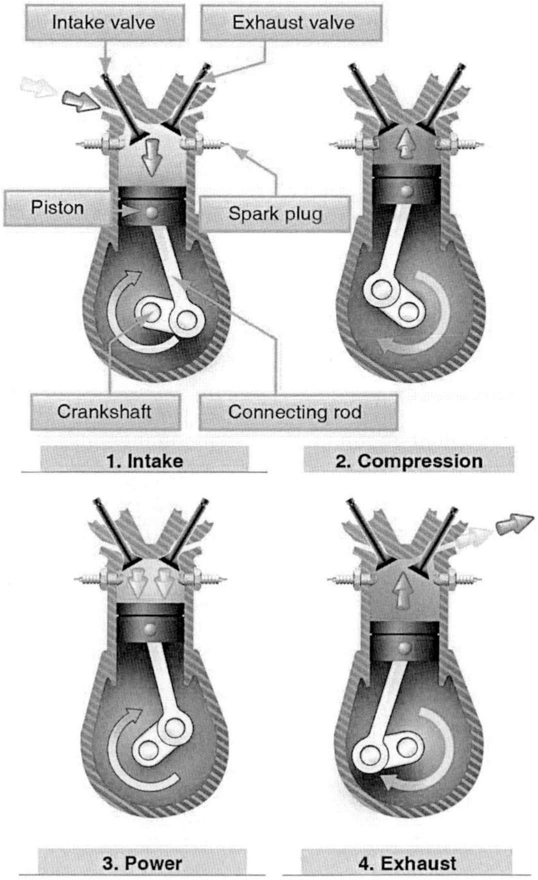

【그림2-12】 왕복엔진의 작동 주기는 4행정이지만, 실질적으로 점화 작용이 없이는 작동할 수 없다. 따라서 이들 행정에 점화 작용을 추가한 4행정 5작용으로 구분하기도 한다. 왕복엔진의 실질적인 동력을 생산하는 과정은 폭발이다. 연소실에서 압축된 혼합가스를 연소시키면서 발생하는 폭발력은 연소 가스의 급팽창으로 피스톤을 밀어내는 강력한 힘을 발생시키는 원동력이다.
[FAA, pilot knowledge handbook]

유입된 혼합가스는 실린더 내부에 갇힌다.

(2) 압축

흡기 행정이 완료된 후 [그림2-12, ②]에서 보는 것과 같이 두 밸브가 닫혔기 때문에 피스톤이 위로 향할 때 연소실에 있는 혼합가스가 압축(compression)되기 시작한다. 이 과정을 압축 행정(compression stroke)이라 한다. 피스톤이 거의 실린더 상부에 도달하는 순간 점화 플러그에서 전기 불꽃이 발생하여 혼합가스를 연소시킨다.

(3) 폭발(팽창)

폭발(팽창) 행정(power stroke)은 실질적으로 동력을 생산하는 과정이다. 다른 모든 과정은 이를 위한 행정이라고 볼 수 있다. 피스톤이 상사점에 거의 도달했을 때 [그림2-12, ③]에서와 같이 실린더 내부에서 압축 혼합가스를 점화시킴으로써 순간적인 폭발이 일어나고 피스톤을 아래로 밀어내는 힘이 발생한다. 엔진을 계속 작동시키는 힘은 폭발의 연속 과정으로 인한 동력이다. 이 과정에서 실린더 내부의 온도와 압력이 급상승한다.

(4) 배기

배기 행정(exhaust stroke)은 폭발(팽창)로 얻어진 피스톤의 하향운동은 계속해서 피스톤의 상향으로 진행될 수 있는 동력을 제공한다. 이때 실린더 상부의 배기 밸브가 열리면서 연소 가스를 실린더 밖으로 배출한다. 이것으로 1주기가 종료되고 다시 공기를 흡입하는 행정이 반복된다.

2.3.3 점화장치

왕복엔진의 점화장치는 마그네토(magneto)이다. 이 장치는 실린더 내의 압축 혼합가스를 연소시키기 위해서 피스톤이 상사점(TDC)에 도달하기 직전에 고압의 전기 불꽃을 발생한다. 점화장치는 엔진의 다른 전기장치와는 완전히 독립되어 있다. 마그네토는 외부의 전원 없이도 엔진의 회전력으로 전기를 생산하는 일종의 자체 발전기(generator)이다. 엔진이 정지 상태에서 마그네토는 전기를 생산할 수 없다. 따라서 엔진 시동에는 외부 전원 공급 장치 혹은 배터리의 전원으로 시동기(starter)를 작동시켜야 한다. 일단 시동이 걸린 후 시동기는 자동으로 차단된다. 배터리의 전원은 더 이상 필요로 하지 않고 마그네토 자체에서 점화 전원을 공급한다. 일반적으로 항공기의 점화장치에는 2개의 마그네토가 활용된다. 이는 한 개의 마그네토를 사용할 때보다 다음과 같은 장점이 있기 때문이다.

첫째, 2개의 마그네토로 안전성을 증대시킨다.
둘째, 단일 마그네토보다 엔진 작동이 유연하다.
셋째, 안정적 전기의 생산과 균등 분배를 달성할 수 있다.

만약 한 개의 마그네토를 장착한 비행기 엔진의 경우 마그네토가 고장 났을 때 대처방법이 없으나 두 개의 마그네토를 장착한 경우는 한 개의 마그네토만으로도 안전한 장소까지 비행할 수 있다. 마그네토의 또 다른 중요한 점검 요소는 접지(ground) 상태이다. 만약 적절한 접지가 되지 않았다면 엔진은 프로펠러의 부주의한 회전으로 엔진이 작동될 수 있다. 또한, 시동 스위치를 OFF 시켰을지라도 엔진이 정지되지 않는 심각한 문제가 발생할 수 있다. 마그네토의 접지 상태를 점검하는 방법은 엔진을 정지시키기 전에 시동 스위치를 순간적으로 OFF 시킨다. 마그네토 접지가 정상이라면 엔진은 꺼지려 할 것이다. 만약 어떠한 변화 없이 계속 작동되고 있다면 마그네토 접지 상태의 불량을 의심해야 한다.

2.3.4 동력조정 장치-스로틀

자동차의 가속은 가속페달을 밟아 조정한다. 비행기 역시 엔진 출력을 조정할 수 있는 장치가 있고 이것을 스로틀 레버(throttle lever)라 한다. 스로틀은 푸시-풀 로드형과 레버형이 있다. 스로틀 레버는 연료/공기 혼합조정기와 함께 배열되어 있다. 푸시-풀 로드형 스로틀은 [그림2-13]과 같이 로드 끝부분의 손잡이를 가볍게 감싸 쥐고 레버형은 손바닥을

【그림2-13】 동력 조정장치 스로틀 레버, 프로펠러 조정기(가변 피치), 그리고 혼합 조정기(빨간색)가 나란히 배열된다. 이 그림은 전형적인 푸시-풀 로드(왼쪽)과 쿼드런트(레버) 방식(오른쪽) 등 항공기에 따라 다양한 형식으로 제작된다.

레버 위에 올려놓고 가볍게 감싸 쥔다. 스로틀은 기화기 또는 연료 조정기(fuel control unit; FCU)에 연결되어 있으므로 엔진에 공급되는 혼합가스의 양을 조절하여 출력을 조정한다. 공통으로 스로틀을 앞으로 밀어서(헬리콥터 엔진 스로틀 제외) 출력을 증가시키고 뒤로 당겨서 출력을 감소시킨다.

스로틀은 자동차의 가속페달과 같이 스프링 장치가 되어 있지 않기 때문에 조종사가 세팅한 위치에 고정되는 형식이다. 일부 스로틀 장치에는 진동이나 다른 원인으로 조금씩 풀리는 현상을 방지하기 위해서 마찰잠금(friction)장치가 되어 있다. 스로틀 조작은 항상 유연하게 밀고 당기는 습관을 길러야 하고 엔진의 반응을 느끼면서 스로틀의 양을 조정하는 방법을 익힌다. 스로틀을 급격하게 또는 거칠게 조작하면 엔진의 반응이 지연될 수도 있으며 동력 상실을 유발하는 원인이 될 수 있다.

2.3.5 기화기

기화기(carburetor)는 연료를 미세한 입자들로 분무화시키고 실린더에 혼합가스를 공급하는 장치이다. 조종실 스로틀 레버를 조작하는 것은 [그림2-14]과 같이 스로틀 밸브의 개방 정도를 조정하는 것으로써 혼합가스의 양을 조절하여 엔진 출력을 조정한다. 기화장치가 필요한 이유는 액체 상태의 연료로는 연소 효율성이 매우 낮기 때문이다. 가연성 혼합가스는 기화기를 통해서 분무화(atomized)된 연료와 공기를 적정 비율로 혼합하여 얻어진 것이다. 기화기의 작동 원리는 물이 들어 있는 병에 T-형 관을 꽂아서 한쪽 관에 입을 대고 힘껏 불면 병 속의 물이 관을 따라 올라와 공기와 함께 분사되는 것과 같은 벤투리 효과를 이용한 것이다. 기회기의 기본 구조는 [그림2-14]과 같이 플로트 채임버(float chamber), 스로틀 밸브(또는 나비 밸브), 방출 노즐(discharge nozzle), 미터링 분사기(metering jet; 정밀하게 계량된 연료를 분사하는 장치) 등으로 구성되어 있다.

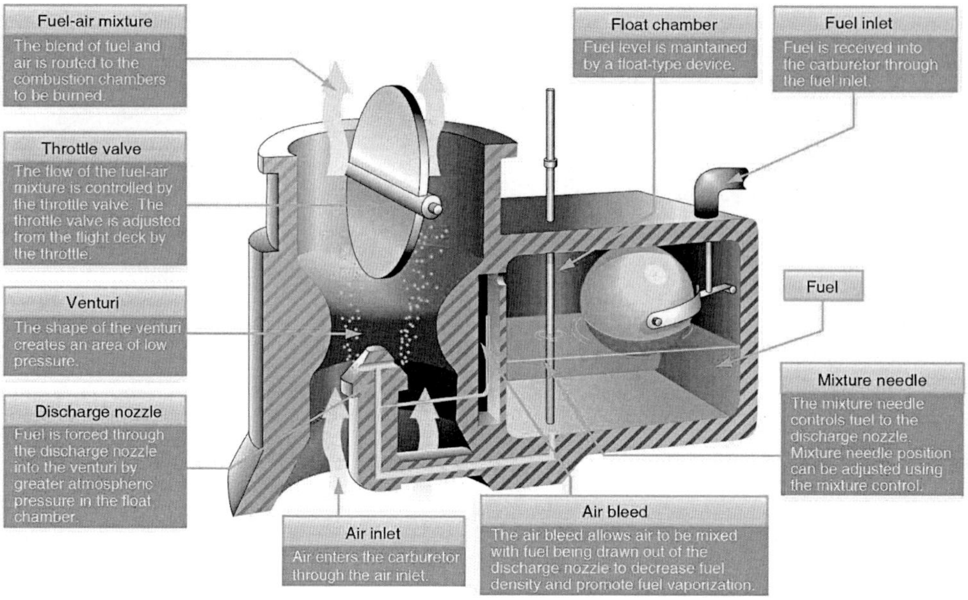

【그림2-14】 기화기의 작동 원리의 기본은 벤투리 효과이다. 조종사는 조종실에 있는 스로틀 레버를 작동시켰을 때 스로틀 밸브가 열리고 닫힌다. 조종실 스로틀 레버를 완전히 내린 상태가 기화기 스로틀 밸브가 닫힌 상태이다. [FAA, pilot knowledge handbook]

(1) 기화기 착빙

기화기 착빙(carburetor icing)은 [그림2-15]와 같이 혼합가스의 흐름을 막고 엔진의 정상 작동을 방해할 수 있다. 연료가 기화기 벤투리관의 단면적이 가장 좁은 곳에 있는 스로틀 밸브로부터 유입되자마자 증발하고 기화되면서 연료 착빙과 스로틀 밸브에 얼음이 들러붙어 스로틀 착빙 현상이 발생할 수 있다.

① 대기 조건에 따른 착빙

습한 공기나 높은 상대습도(high relative humidity)에서 기화기로 유입되는 공기 중의 습기는 낮아진 기온 때문에 쉽게 응축(condensation)되어 기화기 착빙이 형성된다. 건조한 날이나 기온이 결빙점 이하일 때 공기 중의 습기는 크게 문제가 되지 않으나 외부 기온이 -7℃~21℃에서의 높은 습도는 기화기 착빙의 가능성이 가장 크다.

② 충격 착빙

충격 착빙(impact icing)은 결빙 기온 또는 그 이하의 기온에서 습한 공기가 공기 흡입구를 통하여 유입될 때 찬 금속관의 구부러진 부분에 부딪히면서 금속관의 벽에 얼음이 형성된다. 공기 흡입구가 부분적으로 막힘에 따라 유입되는 공기량이 제한될 수 있고 이는 혼합비에 영향을 줄 수 있다.

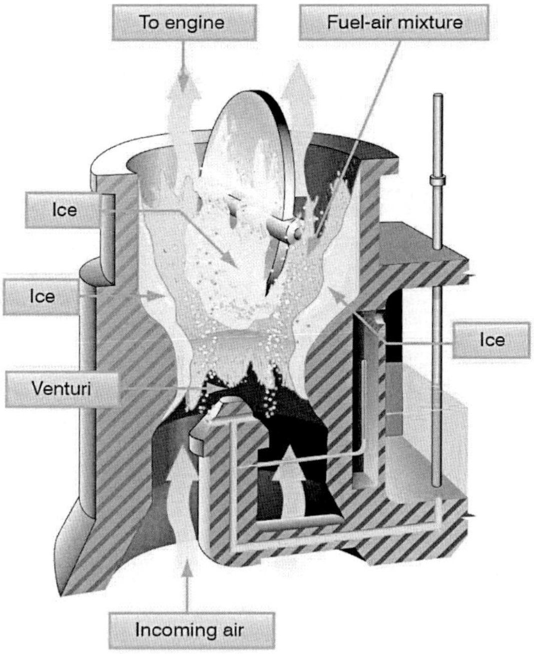

【그림2-15】 기화기 내부에서 스로틀 밸브와 관의 벽에 얼음이 들러붙어 공기흐름을 방해할 수 있다. 이것을 기화기 착빙이라 한다.
[FAA, pilot knowledge handbook]

(2) 기화기 착빙의 징후와 조치

기화기 착빙 첫 징후는 RPM 감소와 거친 엔진 작동이다. 기화기 착빙을 방지하기 위하여 [그림2-15]와 같이 카뷰레터 히트(carburetor heat)가 사용된다. 이것은 기화기에 유입되는 공기를 사전에 예열(preheating)시키거나 이미 형성된 얼음을 녹일 수 있다. 이 장치는 별도의 가열 장치를 사용하기보다 기화기에 유입되는 공기를 뜨거운 엔진 주변으로 통과시킴으로써 가열된 공기가 기화기에 유입될 수 있도록 한 장치이다. 이를 사용했을 때 뜨거운 공기가 유입되고 밀도가 낮아져 혼합비가 농후해지는 경향이 있다. 이는 엔진 출력을 정상보다 약 10~20% 정도 감소할 수 있다. 기화기 내의 착빙이 제거됨에 따라 RPM이 서서히 회복되고 완전히 제거된 후에는 엔진 출력이 정상을 회복하게 될 것이다. 착륙 접근 단계에서는 카뷰레터 히트(carburetor heat) 스위치를 반드시 "COLD" 위치에 놓고 비행해야 한다. 이는 앞에서 언급한 것과 같이 엔진 출력을 감소시키는 요인이기 때문이다.

2.3.6 연료분사기

현대의 왕복엔진은 기화기 대신에 연료분사기(fuel injection system)가 많이 사용된다. [그림2-16]과 같이 연료 조정기(fuel control unit; FCU)에서 정확하게 계량된 연료량을 실린더에 직접 분사하는 방식이다. 연료 조정기에서 계량 연료(metering fuel)는 연료 매니폴드 밸브(fuel manifold valve)로 공급되고 이 장치로부터 각 실린더 헤드로 연결된 연료 분사 노즐(discharge nozzle)을 통해서 각 실린더에 연료가 분사된다. 기화기와 달리 각 실린더에 각각의 연료 라인(fuel lines)을 통하여 정확하게 계량된 연료량을 공급할 수 있

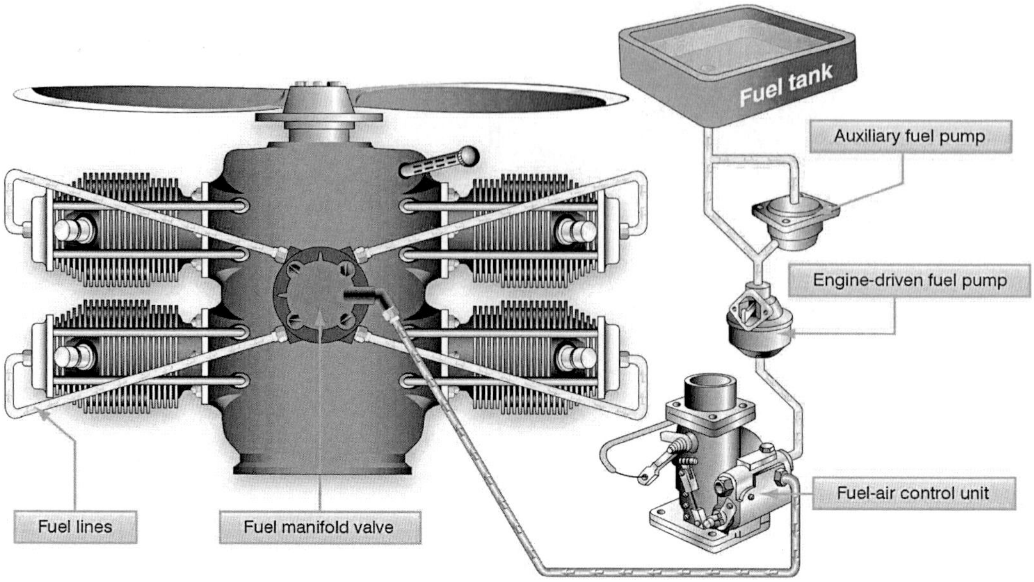

【그림2-16】 연료분사장치 [FAA, pilot knowledge handbook]

다. 이 장치는 기화기와 비교해서 착빙 가능성이 낮고 효율적이기 때문에 연료 소모량이 적고 출력이 높다. 반면에 엔진이 가열된 상태에서는 연료 라인의 증기폐색(vapor lock) 현상으로 인하여 시동이 매우 어려울 수 있다. 이 같은 상태에서 보조 연료펌프(auxiliary fuel pump) 또는 승압 펌프(booster pump)를 작동시켜 연료 라인의 압력을 높여줌으로써 시동을 보조한다. 또한, 미세한 구멍의 연료 분사 노즐은 이물질에 막힐 수 있으므로 잘 정제된 연료를 사용해야 한다. 엔진 구동 펌프(engine-driven pump)는 연료탱크(fuel tank)에서 연료분사장치에 연료를 공급하는 주요 동력원이다.

2.3.7 혼합조정기

혼합조정기(mixture control)는 공기와 연료를 정확한 비율로 혼합해 주는 장치이다. 이것은 고도 증감에 따라 공기밀도가 다르므로 실린더에 유입되는 연료/공기의 혼합비도 달라진다. 기화기는 해수면 표준대기를 기준으로 제작된다. 조종사는 고도 증감 따라 적절한 혼합비를 조정할 수 있어야 한다. 예를 들어 실린더에 유입되는 혼합가스에서 연료의 양은 일정하게 유입되지만, 공기밀도(air density)는 고도에 따라 유동적이다. 고도가 높아지면 공기밀도는 희박(lean)해져 실린더 내부에 유입되는 공기량은 고도가 낮을 때보다 상대적으로 적은 양이 유입된다.

이로 인하여 실린더 내부의 혼합가스는 공기량보다 연료가 많은 상태인 농후 혼합비(rich mixture)가 된다. 반대로 고도가 높은 곳에서 낮은 곳으로 강하하였을 때 공기밀도가 높아지므로 혼합가스의 비율은 상대적으로 공기량이 많아져 연료가 적은 상태인 희박 혼합비(lean mixture)가 된다. 이상적인 공기량과 연료의 혼합 비율은 공기 12파운드 당 연료

1파운드의 비율이다. 농후 혼합비는 약 8:1의 비율이고, 희박 혼합비는 약 16:1 정도이다. 이처럼 고도의 증감에 따라 적절한 혼합 비율을 유지할 수 없을 때는 엔진의 효율이 감소하지만, 적정 혼합비를 유지했을 때 상당한 연료를 절약할 수 있다. 만약 과농후(enrich) 상태에 있을 때 엔진에 다음과 같은 현상이 초래될 수 있다.

첫째, 엔진 급냉각
둘째, 파울링으로 점화 플러그의 수명 단축
셋째, 엔진 성능 감소
넷째, 높은 연료 소모

혼합조정기는 [그림2-13]과 같이 스로틀 옆에 장착되고 빨간색으로 구분된다. 연료/공기 혼합조정기는 다음과 같은 기본 규칙을 따를 것을 권장한다.

① 동력을 증가시키기 전에 농후 혼합비로 조정한다.
② 동력 및 고도 변화 후에는 혼합조정기를 재조정한다.
③ 이륙 및 상승할 때 최대 농후 혼합비로 조정한다.

혼합조정기가 최대로 밀어준 상태가 "RICH(농후)"이다. 고도의 증가에 따라 약간씩 후방으로 당기면 "LEAN(희박)"의 상태가 된다. 혼합조정기를 최대로 당기면 기화기에 공급되는 연료의 흐름을 차단하는 "IDLE CUT-OFF" 상태가 되어 엔진을 정지시킨다. 엔진을 정지할 때는 전원 스위치를 끄기 전에 먼저 혼합조정기를 "IDLE CUT-OFF" 상태로 하여 엔진에 공급되는 연료를 차단한다. 이 절차는 실린더 내에 남아 있는 연료를 완전연소시키기 위한 절차이다.

2.3.8 연 소

엔진에서 정상적인 연소가 이루어지기 위해서는 연료(fuel), 점화 불꽃(ignition spark) 그리고 산소(oxygen)라고 하는 연소의 3요소가 연속 공급되어야 한다. 만약 이 중 어느 하나라도 부족하다면 연소는 불가능하다. 정상 연소는 압축 행정의 상사점(TDC)에서 혼합가스가 점화되어 최대 압력이 발생할 수 있는 연소 과정이다. 실린더 내의 화염 전선은 점화 플러그에서 시작되어 초당 약 70~100피트의 속도로 연소실로 확산한다. 조종사는 다음과 같은 방법으로 정상 연소(normal combustion) 상태를 유지할 수 있다.

첫째, 적정 등급의 연료
둘째, 적정 혼합비
셋째, 엔진 온도 제어(카울 플랩 또는 스로틀 조정)

위의 요소들을 적절히 조절하지 못했을 때는 엔진 출력을 감소시키는 이상폭발과 조기점화 현상과 같은 비정상 연소(abnormal combustion)가 발생할 수 있다.

(1) 이상폭발

이상폭발(detonation)은 실린더 내에 과도한 온도 및 압력이 존재할 때 혼합가스가 자연 발화 연소점에서 순간적으로 폭발하는 현상이다. 이상폭발은 순간적이기 때문에 피스톤은 대형 쇠망치로 내리치는 것과 같은 충격을 받는다. 비행 중 이상폭발이 발생했을 때 외부의 소음 때문에 이를 감지하기가 매우 어렵고 수정 조치를 하기에는 시기가 늦다. 이상폭발은 동력 상실, 엔진과열, 조기점화를 유발하고 그 상태에서 계속 운용하면 엔진의 파손을 초래할 수 있다. 일반적으로 이상폭발은 저등급(low grade fuel) 또는 유효 기간이 지난 연료의 사용, 과희박 혼합비, 높은 매니폴드 압력 또는 과열엔진에서 발생할 수 있다. 이상폭발이 발생했을 때 혼합비를 농후하게 유지하거나 실린더 압력을 감소시키고 엔진을 냉각시키기 위해서 속도를 증가시키는 방법을 취할 수 있다.

(2) 조기점화

조기점화(preignition)란 정상 점화가 이루어지기 전에 연료가 점화되거나 점화 플러그의 전기적 전호(arc; 아크 방전)가 발생하기 전에 점화되는 현상이다. 조기점화는 연소실 내의 열점(hot spots)이 존재할 때 발생한다. 이 같은 주요 원인은 높은 온도로 가열된 배기 밸브, 연소실 내부에 붙어 있는 그을음 덩어리(carbonaceous deposits) 혹은 백열(incandescence) 상태로 가열된 점화 플러그 전극 등이다. 이 같은 국지 고온부의 발생은 이상폭발로 인한 고온이 원인이 될 수 있다. 이상폭발은 한 실린더에서 발생하면 전체 실린더로 확산하는 반면 조기점화 현상은 한 개 혹은 두 개의 실린더에만 존재한다. 이것이 조기점화 현상을 탐지하기가 어려운 점이다. 일반적인 조기점화 징후는 배기구에서 빨갛게 타오르는 그을음 입자가 배출되는 것으로도 판단할 수 있다. 조기점화 현상을 감지하면 농후 혼합비로 조정하여 엔진을 냉각시켜야 한다.

2.3.9 연료 공급 방식

연료가 연료통(fuel tank)에서 실린더까지 공급되는 방식에 따라 중력급송 방식과 연료펌프 방식(gravity-feed system and fuel pump system)이 있다. 중력급송 방식은 주로 연료통이 높게 위치한 고익형 비행기에 적합하다. 연료펌프 장치는 연료통이 낮게 위치한 저익형 비행기에서 활용하는 방식이다. 중력급송 장치는 날개에 장착된 연료통과 엔진 사이의 위치에너지로 엔진에 공급되는데 필요한 충분한 압력을 유지할 수 있다. 연료펌프는 엔진 동력으로 작동되고 엔진이 작동되는 한 연료는 공급된다. 그러나 시동할 때나 연료펌프가 고장 났을 때 이를 보조해 줄 수 있는 전기적으로 작동되는 보조 연료펌프(electric pump)가 있어야 한다. 이외에도 보조 연료펌프는 연료 라인에서 증기폐색을 일으킬 수 있는 증기를 제거한다. 연료펌프 장치를 장착한 비행기는 연료 압력을 지시하는 연료압력게이지(fuel pressure gauge)가 있다. 연료압력게이지의 지시가 규정치 이하를 지시할 때는 즉시 보조 연료펌프를 작동시켜 연료 압력을 유지함으로써 연료가 지속 공급될 수 있다.

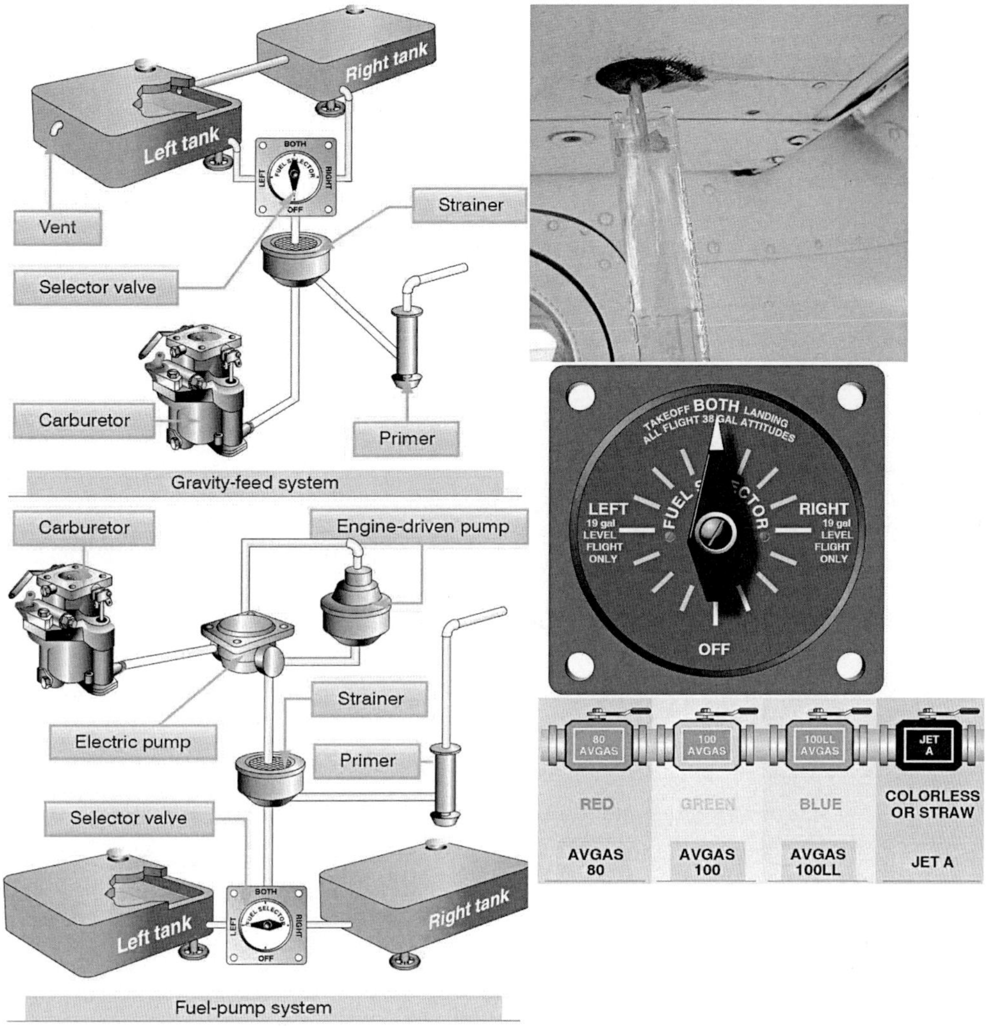

【그림2-17】 연료공급장치의 기본 구성도이다. 위는 중력급송방식이고 아래는 연료펌프 방식이다. 오른쪽 위 그림은 투명 플라스틱 관으로 섬프에서 뽑아낸 연료의 상태를 점검한다. 중간 그림은 물이나 이물질이 섞여 있다면 완전히 제거될 때까지 뽑아내야 한다. 아래 그림은 연료통 선택 스위치와 연료 등급 표기 방법을 보여주고 있다. [FAA, pilot knowledge handbook]

2.3.10 연료계통 구성품

(1) 연료통

연료통(fuel tank)은 [그림2-2, 17]과 같이 날개의 공간을 활용하거나 동체 하부 또는 별도의 위치에 장착된다. 연료통에는 물이나 이물질들이 고일 수 있는 가장 낮은 지점에 섬프(sump) 또는 배유구(drain hole)가 있고 연료의 오염 상태를 측정하는 데 활용된다. 연료통은 내부에 여러 개의 칸막이로 구성되어 있다. 이들 칸막이(baffle) 구멍을 통해서 연료가 흐를 수 있도록 하므로 비행기 자세의 변화에도 연료가 한쪽으로 급격히 쏠리는 현상을 방지한다.

(2) 통기구

연료통의 상부에는 통기구(vent)가 설치되어 연료통 안의 압력과 대기의 압력이 같게 하는 기능을 한다. 만약 통기구가 막히면 연료통 안은 진공(vacuum) 상태가 되어 연료의 흐름을 방해할 수 있다. 일반적으로 통기구는 연료통 마개(fuel cap)나 작은 관을 통하여 외부로 연결되기도 한다. 이외에도 과도한 연료가 주입되었을 때 또는 높은 기온으로 연료가 끓어(boiling) 넘쳐나는 연료가 외부로 흘러나올 수 있도록 배유구가 설치되어 있다.

(3) 프라이머

프라이머(primer)는 엔진 시동 전에 일정량의 연료를 실린더에 직접 분사하여 시동을 쉽게 하는 수동 연료펌프(manual fuel pump)이다. 프라이머는 [그림2-17]과 같이 조종실에 손잡이 형태로 되어 있고 손으로 눌러서 연료를 직접 분사한다. 사용 후에는 반드시 잠금 위치에 놓아야 비행 중 프라이머 라인을 통해서 과도한 연료가 공급되는 것을 방지할 수 있다. 낮은 동력에서 과도한 연료의 공급은 엔진을 정지시킬 수도 있기 때문이다. 프라이머는 주로 추운 날씨에 냉각된 엔진을 시동할 때 사용한다.

(4) 연료 선택기 손잡이

항공기에 장착된 연료통 위치에 따라 [그림2-17]과 같이 조종사가 선택하여 사용할 수 있다. 연료 선택기 손잡이(fuel selector knobs)는 날개 연료통의 위치에 따라 "LEFT, RIGHT, BOTH, OFF"로 표시되어 있다. 조종사가 선택한 연료통의 연료가 엔진에 공급된다. 그러나 "BOTH" 위치에 놓았을 때 양 날개의 연료통에서 동시에 소모되기 때문에 균형을 유지할 수 있으나 어느 한쪽 연료통을 사용할 때는 너무 많이 소모되지 않도록 유량계를 잘 주시하여 적절한 시기에 연료통을 전환해 주어야 한다. 좌우 연료통의 불균형 연료 소모는 비행기 가로 균형에 영향을 줄 수 있기 때문이다. 연료의 공급 방식과 관계없이 어느 한쪽 연료통이 완전히 고갈될 때까지 사용하지 않도록 하는 것도 매우 중요하다. 연료가 완전히 빈 상태에서는 연료 라인으로 공기가 흡입되어 증기폐쇄의 원인이 된다. 연료통을 전환하고자 할 때는 가급적 보조연료펌프(auxiliary fuel pump or booster pump)라든지 승압 펌프를 작동시킬 것을 권장한다. 이는 연료가 전환되는 동안에 연료 라인에 지속적인 연료 압력을 유지할 수 있도록 할 수 있기 때문이다.

(5) 연료량 게이지와 연료압력게이지

연료량 게이지(fuel quantity gauge)는 [그림2-17]과 같이 연료통에 들어 있는 연료량을 지시한다. 대부분의 연료량 게이지는 전기로 작동된다. 비행 전 점검할 때 연료량 게이지만을 신뢰 말고 반드시 연료통을 육안으로 확인하는 습관을 갖는다. 연료펌프 장치에서 연료압력게이지(fuel pressure gauge)는 [그림2-17]과 같이 연료와 엔진에 공급되는 공기 사이의 압력차를 측정하여 연료의 적정 공급과 실제 압력을 지시한다.

2.3.11 연료 샘플

비행 전에 연료통에 들어 있는 연료를 채취(sampling)하여 물이나 기타 이물질로 오염되지 않았는지를 반드시 점검해야 한다. 섬프(sump; 연료통의 가장 낮은 지점)에 고여 있는 물은 추운 날씨에 얼어 버려 연료 라인을 막아 버릴 수 있고 반대로 무더운 날씨에서는 기화기로 흘러 들어가 엔진을 정지시킬 수 있으므로 매우 위험하다. 연료 샘플은 [그림2-17]과 같은 투명 플라스틱관 등을 이용하여 각 연료통의 스트레이너(strainer; 일종의 여과기) 배유 밸브에서 채취한다. 채취한 연료 속에 물이라든지 이물질이 섞여 있을 때는 오염 물질이 나오지 않을 때까지 연료를 뽑아낸 후 비행해야 한다. 야간에 기온이 떨어지면서 연료통도 냉각되어 연료통의 공간에 물방울이 형성되어 연료를 오염시킬 수 있다. 이를 방지하기 위해서 그 날의 마지막 비행 후 연료통에 연료를 충만하여 습기 형성을 최소화한다.

2.3.12 항공 가솔린

왕복엔진에 사용되는 연료를 항공 가솔린(aviation gas; AVGAS)이라 하고 옥탄가와 성능 등급(octane and performance number)에 따라 구분된다. 혼합가스가 실린더 내에서 폭발에 견딜 수 있는 정도에 따라 지정된다. 연료 등급(fuel grade)이 높은 연료는 높은 압력에 견딜 수 있음을 의미한다. 연료 등급은 두 숫자 그룹으로 나타낸다. 예를 들어 100/130의 경우 첫 번째 100은 연료가 희박 상태를 지시하고 130은 연료가 농후 상태에서의 연료 효율이다. 항공 가솔린에 염료를 첨가하여 등급을 구분한다. 이 등급이 연료의 발화력을 의미하는 것이 아니라 단지 왕복엔진에서 가솔린의 성능을 나타낸다. 일반 경비행기의 왕복엔진에는 파란색을 띤 100LL이나 초록색을 띤 100/130 옥탄가 연료를 사용한다. 빨간색을 띤 항공 가솔린은 옥탄가가 80/87이다. 만약 규정된 등급보다 낮은 등급의 항공 가솔린을 사용하였을 때는 실린더 내에서 불규칙한 연소가 발생하여 엔진 온도를 급상승시키고 RPM의 감소를 초래한다. 이 같은 이유로 등급이 다른 연료와 혼합하여 사용하고자 할 때는 반드시 차상위 등급 연료(next higher grade)를 사용해야 한다.

2.3.13 오일계통

엔진 오일은 윤활 및 냉각 작용 그리고 피스톤의 압축 효과에 중요한 역할을 한다. 오일은 고압과 저압 여과기(high pressure oil screen or low pressure oil screen)를 통과하면서 오염 물질을 제거한다. 오일은 피스톤과 실린더와 같은 두 금속이 접촉되는 부분에 엷은 유막(oil film)을 형성하여 금속 표면에서 발생할 수 있는 고열을 방지한다. 또한, 연결 부분과 베어링에도 금속끼리의 마찰(friction)을 최소화하여 부품의 수명을 보호한다.

(1) 오일 냉각기

엔진실(engine compartment)에 들어 있는 운동 부품에 오일을 분사하여 오일이 열을

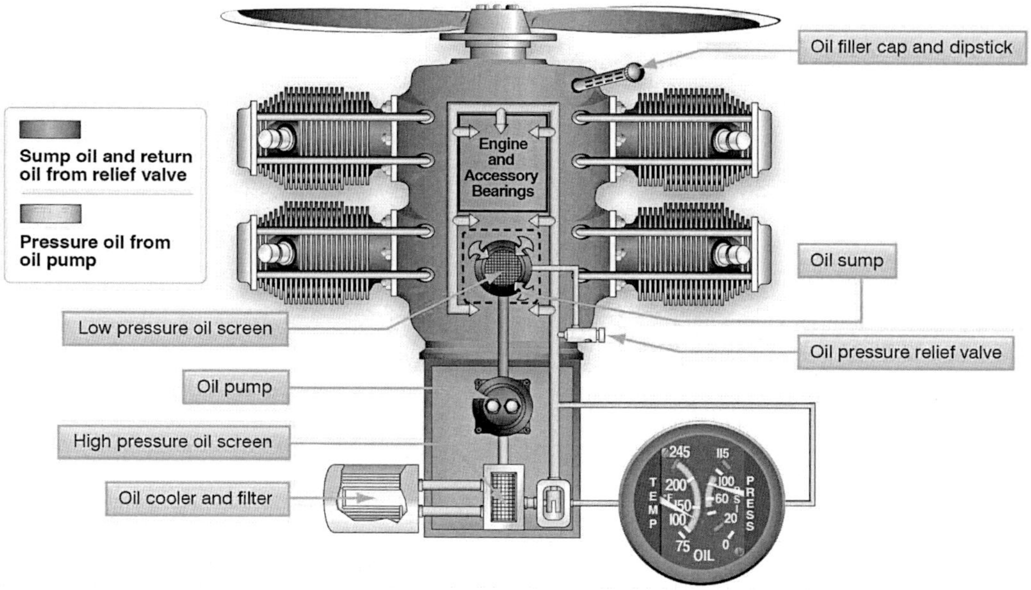

【그림2-18】 엔진 오일 계통 [FAA, pilot knowledge handbook]

흡수한다. 이 과정에서 오일이 높은 온도로 가열될 수 있어 오일을 냉각(cooling)시켜 다시 엔진실로 유입시키는 과정이 필요하다. 이것을 순환오일계통이라 한다. 이 같은 역할을 행하는 것이 오일 냉각기(oil cooler)이다. 오일 온도 감지기에서 규정치 이하의 온도일 때는 오일 냉각기를 거치지 않고 바로 오일 탱크(oil tank)로 보내지고 규정치 이상의 온도가 감지될 때는 오일 냉각기로 순환시킨다.

(2) 오일 점검

비행 전에는 반드시 엔진 덮개 속에 있는 오일 마개를 열고 규정된 오일량이 들어 있는지를 계심봉(dipstick)을 이용하여 점검해야 한다. 오일은 해당 항공기의 운용자 지침서에 지정된 등급의 오일을 사용해야 한다. 조종사는 엔진 시동을 건 후 즉시 오일 압력계와 오일 온도계(oil pressure gauge and oil temperature gauge)를 점검하여 정상 범위에 있는지를 우선 점검한다.

(3) 오일 압력계과 온도계

오일 압력계는 엔진 구동(engine-driven) 오일펌프에서 섬프 또는 오일 탱크에서 오일라인을 통과하여 엔진의 작동 부분까지 제공되는 압력이 정상인지를 지시한다. 만약 오일 압력이 낮게 지시한다면 오일펌프(oil pump)에서 제공되는 압력이 낮다는 것을 의미하고 비정상적으로 낮은 압력은 오일 라인(oil line)을 막히게 할 수 있다. 오일이 정상적으로 공급되지 못한다면 금속 마찰 부분에 과열과 마모로 인하여 엔진 파손이 발생할 수 있다. 일반적으로 엔진 시동 후 오일 압력계(oil pressure gauge)를 점검하여 여름철에는 30초 이내에 그리고 겨울철에는 60초 이내에 정상 범위를 지시하지 않으면 엔진을 정지할 것을 권고한다. 오일 온도계(oil temperature gauge)는 [그림2-18]과 같이 엔진에 유입되는 오일 온도를 측정한다. 오일 압력계와 같이 즉시 반응을 나타내기보다 서서히 엔진 오일 온도를 지시한다. 과열된 엔진은 동력 상실과 높은 오일 소모율(rate of oil consumption)로 인하여 엔진 파손의 결과를 초래할 수 있다. 엔진오일계통에 과도한 압력은 압력 릴리프 밸브(pressure relief valve)를 통해서 방출함으로써 계통을 보호한다.

(4) 오일의 성질

오일의 점도(viscosity)는 오일 자체의 접착력이다. 오일 점도가 높다는 것은 오일의 흐름이 매우 느리다는 것이고 점도가 낮으면 오일의 흐름이 너무 유연한 상태의 오일이다. 따라서 오일은 충분한 점도를 유지해야 하고 일정 기간 사용 후에는 오일의 점도가 떨어지기 때문에 주기적으로 오일을 교환해 주어야 한다. 여름철에는 정상보다 높은 점도의 오일을 사용해야 하고 겨울철에는 낮은 점도의 오일이 사용된다.

2.3.14 전기계통

항공기에 사용되는 통신장비, 각종 등화장치, 플랩 그리고 일부 계기의 작동에 전기를 필요로 한다. 전기는 엔진의 회전력을 이용한 자체 발전기(generator)에서 생산된다. 일반적으로 경항공기의 전기장치는 다음과 같은 구성품들로 이루어져 있다.

① 교류 또는 직류 발전기
② 배터리
③ 마스터 및 배터리 스위치
④ 퓨즈 및 회로 차단기
⑤ 부하계 또는 암미터
⑥ 시동 모터

(1) 교류 발전기와 직류 발전기

항공기 엔진이 정상적으로 작동되면 배터리(battery) 전원은 차단되고 발전기는 엔진의 회전력으로 자체 발전하여 전기를 공급한다. 엔진 구동 교류 발전기(engine-driven alternator)는 엔진이 회전하면서 그 회전력으로 교류(alternator current; AC)를 생산한다. 그러나 대부분의 항공기 전기장치는 직류가 사용되기 때문에 정류기를 거쳐 직류로 전환하는 장치가 필요하다. 다이오드는 배터리에서 나오는 전류의 역류를 방지한다. 직류 발전기(generator)는 낮은 엔진 RPM에서는 충분한 전원을 공급하지 못하지만, 교류 발전기는 낮은 RPM에서도 충분한 양의 전원을 공급할 수 있다. 또한, 엔진 속도의 변화에도 일정한 전원을 공급할 수 있으며 상대적으로 가볍고 높은 전기 부하(electrical loads)에도 견딜 수 있는 장점이 있다. 대부분의 경항공기 발전기에서는 14~28볼트의 전기를 생산한다.

(2) 배터리

경항공기 배터리는 납 판을 전해액(약한 황산)에 담그면 화학 반응으로 전류를 발생시키는 납산 배터리(lead-acid battery)이다. 배터리는 전기 시동기 모터(starter motor)를 작동시키기 위한 원천 전원을 공급한다. 또한, 비행 중 엔진 고장과 같은 상황에서 비상전원을 공급하는 유일한 전기 공급원이다. 일단 엔진 시동이 걸린 후에는 교류 발전기에서 전원을 공급하기 때문에 배터리 전원은 더 이상 필요하지 않게 된다. 시동 중에 소모되었던 전기 에너지는 교류 발전기로 다시 충전되어야 한다. 시동 전에는 시동에 필요한 스위치 외에는 가능한 한 모든 전원 스위치를 꺼야 한다. 시동기가 작동될 때 발생할 수 있는 큰 전압 변동은 전기에 민감한 각종 전기 부품들을 심하게 파손시킬 수 있기 때문이다. 따라서 모든 전원 스위치는 엔진 시동 후 켜야 한다.

(3) 마스터 스위치

마스터 스위치(master switch)는 항공기에 사용되는 모든 전기장치를 제어한다. 그러나 점화장치(ignition system)에 제공되는 전원은 마그네토에서 독립적으로 제공되기 때문에 마스터 스위치만으로는 엔진이 작동되지 않는다. 마스터 스위치는 [그림2-19]와 같이 두 개의 스위치로 분리된 분리 스위치(split switch)이다. 한쪽 스위치는 배터리(BAT) 전원이고 다른 쪽 스위치는 교류 발전기(ALT) 스위치이다. 비행 중에는 두 스위치를 모두 켜서 전원을 공급하고 배터리는 재충전되어야 한다. 엔진 정지 후에는 두 전원 스위치를 모두 꺼서 불필요하게 전기가 소모되지 않도록 주의해야 한다. 비행 중 엔진 고장으로 인하여 교류 발전기가 기능을 발휘하지 못할 때 교류 발전기 스위치만 꺼서 전원 시스템과 분리할 수 있으며, 지상에서 엔진이 작동되지 않은 상태로 전기장치를 점검하기 위해서는 배터리 스위치만으로 전원을 공급할 수 있어 분리 스위치를 선택적으로 활용할 수 있다.

(4) 퓨즈와 서킷브레이커

전기를 사용하는 모든 부품은 규정치 이상의 높은 전류가 흘렀을 때 과열이 발생하고 이것은 전기 화재의 직접적인 원인이 될 수 있다. 과전류로부터 보호하기 위한 장치가 퓨즈(fuse), 서킷브레이커(circuit breaker) 또는 과부하 스위치이다. 전기장치에서 과부하 또는 단락은 퓨즈를 녹이거나 서킷브레이커를 튀어나오게 하고 과부하 스위치는 꺼짐(OFF) 위치로 내려와 전류 흐름을 차단하여 전기 부품을 보호한다. 비행 전 점검에서 [그림2-19]와 같이 팝-업 서킷브레이커의 상태를 확인하여야 하고 정상 운용 상태에서 서킷브레이커가 튀어나왔을 때 이를 눌러 원위치시킨다. 만약 다시 튀어나온다면 이는 전기 회로상의 문제가 있는 것으로 판단해야 한다. 퓨즈도 서킷브레이커와 같은 방법으로 교환하여 사용하고 반드시 예비 퓨즈를 확보해야 한다. 과부하 스위치는 "ON-OFF" 스위치와 과부하 보호기로 구성되어 있다. 전기장치에 과부하가 존재할 때 스위치는 자동으로 "OFF" 위치로 내려간다. 정상적인 운용 상태라면 스위치를 "ON"으로 올리고 또다시 "OFF" 위치로 내려

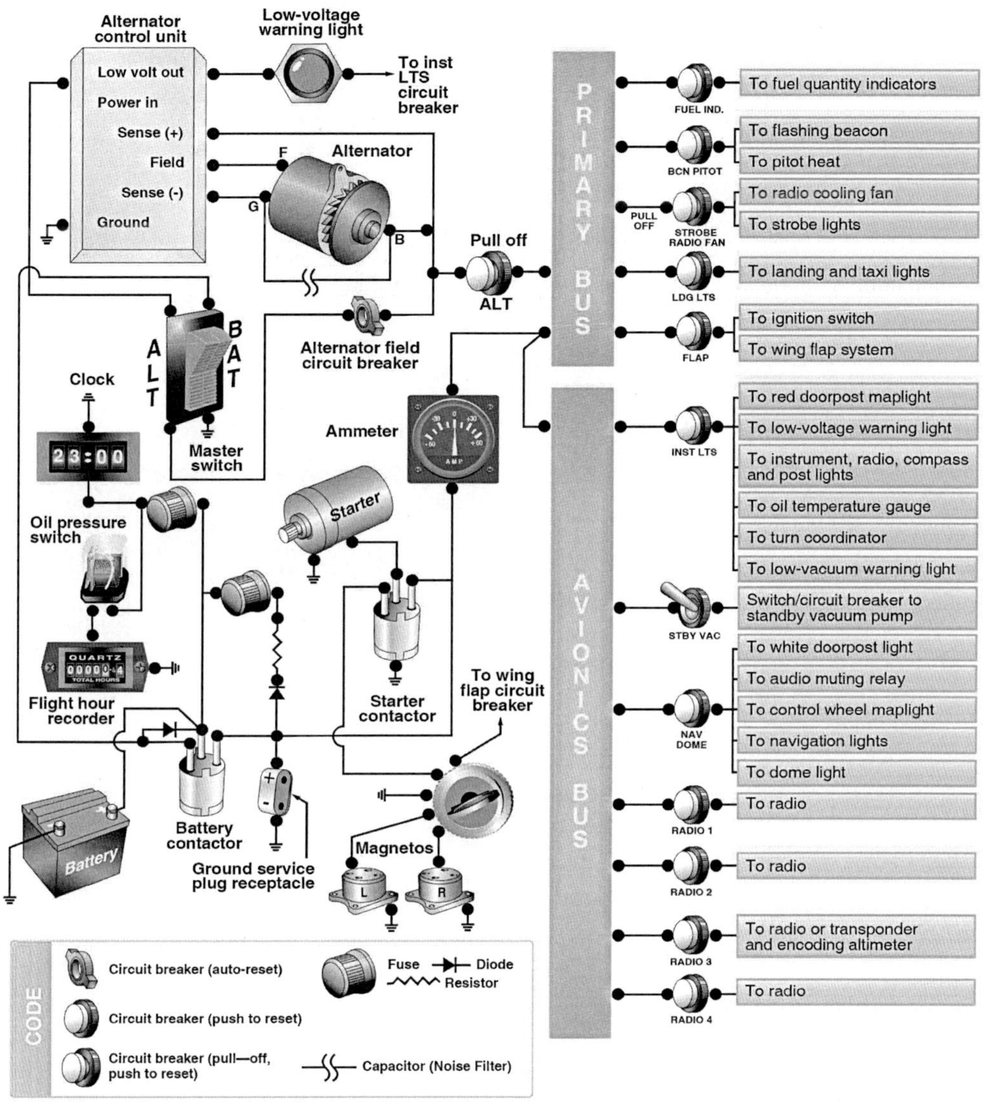

【그림2-19】 발전기에서 생산된 전기는 프라이머리 버스(primary bus)와 항공전자 버스(avionics bus)로 공급되어 관련 계기들을 작동시킨다. [FAA, pilot knowledge handbook]

온다면 전기장치의 점검이 요구된다.

(5) 부하계

부하계(loadmeter)는 전기계통에서 교류 발전기의 출력(output)만을 측정한다. 엔진이 작동되지 않았을 때 배터리 스위치를 "ON"에 놓거나 엔진이 작동되는 상황에서 교류 발전기 스위치를 "OFF" 위치에 놓았을 때 부하계는 "0"을 지시해야 한다. 엔진이 작동 중일 때 교류 발전기(alternator) 스위치를 "ON" 위치에 놓으면 부하계는 교류 발전기의 출력을 지시해야 한다. 시동 중에 소모된 배터리 전원을 충전하기 위해서 많은 전류가 배터리에 흐르기 때문에 부하계는 높게 지시한다. 다른 전원을 사용하지 않는 한 배터리 충전이 완료됨에 따라 부하계 지시는 서서히 감소하여 "0" 위치보다 약간 높게 지시하게 될 것이다. 통신장비, 플랩, 각종 조명장치 등을 "ON" 시킴에 따라 부하계 지시도 증가한다. 비행 중 부하계 지시가 "0"으로 떨어졌다면 이는 교류 발전기의 고장이 발생했음을 의미한다. 물론 교류 발전기 고장을 경고하는 저전압 경고등(low voltage warning light) 역시 작동할 것이다. 이때부터는 배터리로부터 비상전원을 공급받기 때문에 즉시 운용자 지침서에 명시된 절차에 따라야 한다. 교류 발전기가 고장 났다면 엔진 작동에 필수적인 전기 부품 외에는 모두 꺼야 한다. 실제 사고사례 중 착륙 접근 중 전기장치의 고장을 인지한 조종사는 마지막 착륙을 위한 착륙장치를 내릴 수 있는 최소한의 전원을 확보함으로써 안전한 착륙에 대비하는 것과 같은 것은 조종사의 현명한 조치 중의 하나일 것이다. 전류계(ammeter)는 배터리로 들어가고 나오는 전류 흐름을 지시한다. 부하계와 달리 눈금 중앙이 "0"으로 표기되어 있어 양쪽으로 음전하 및 양전하를 표시한다. 지시침이 양성(+)을 지시하면 발전계통이 배터리 충전(charge) 상태를 그리고 음성(-)을 지시하면 방전 상태를 나타낸다. 이 상태가 계속되면 배터리는 완전히 방전(discharge)될 것이다.

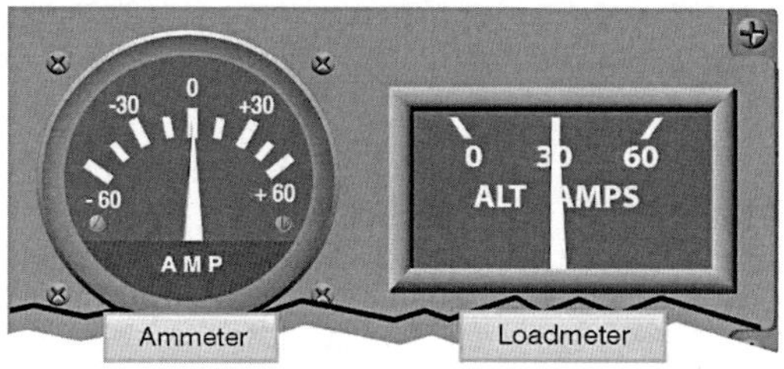

【그림2-20】 전류계와 부하계

2.3.15 냉각 장치

엔진은 고속으로 회전하기 때문에 엔진 내부에서는 높은 열이 발생한다. 엔진과열은 엔진 효율을 크게 떨어뜨릴 수 있고 과도한 열(overheating)은 엔진 손상의 직접적인 원인이다. 항공기 엔진은 공랭식(air-cooled engine)이다. [그림2-21]과 같이 비행기 앞부분에 있는 공기 흡입구(air intake)를 통해서 공기를 끌어들이거나 공기흐름에 노출시켜 엔진을 냉각시킨다. 비정상적인 엔진 온도의 상승 원인은 다음과 같다.

첫째, 최대 동력으로 상승
둘째, 저등급 오일 및 연료 사용
셋째, 과희박 혼합비
넷째, 오일량 부족

엔진 오일 온도계(oil temperature gauge)의 지시가 급격히 상승할 때 조종사가 취할 수 있는 조치는 다음과 같다.

첫째, 상승률을 감소시키고 속도를 증가한다.
둘째, 농후 혼합비로 조정한다.

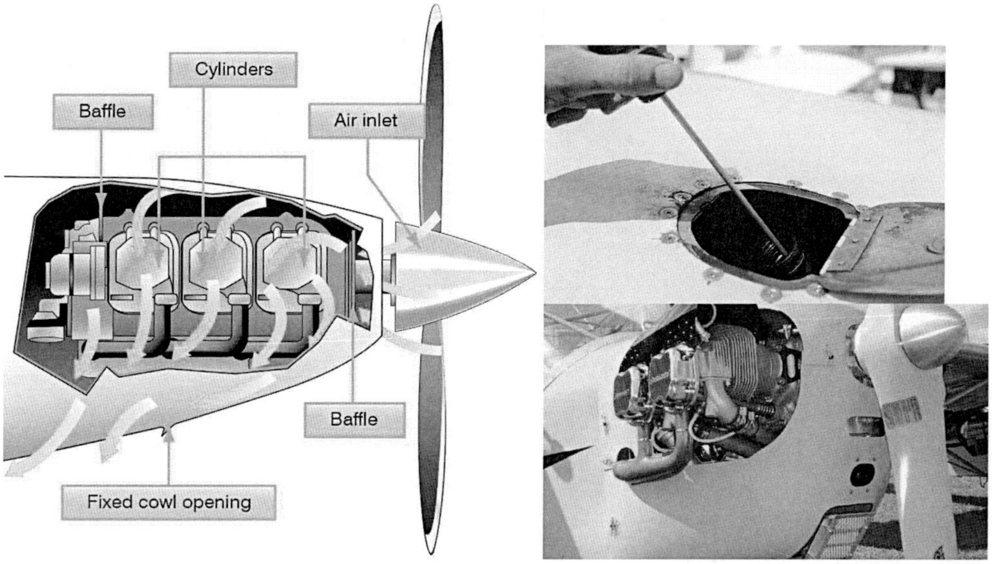

【그림2-21】 대부분의 경비행기는 엔진 덮개로 보호되어 있다. 공기 흡입구 속으로 공기를 끌어들여 냉각시킨다. 실린더 냉각핀으로 공기가 흐르면서 냉각 효과를 얻는다. 내부에는 공기흐름 방향을 제어하는 여러 개의 칸막이(baffle)가 있다. 기화기에 공급되는 공기에 이물질이 섞이지 않도록 철망으로 보호되어 있다. 계심봉으로 오일량을 점검한다. [FAA, pilot knowledge handbook]

셋째, 동력을 최저로 조정한다.

2.4 비행 계기

조종실 계기판(instrument panel)에는 조종사가 비행하는데 참고할 수 있는 여러 종류의 계기들이 배열되어 있다. 전형적인 경비행기의 조종실에 갖추고 있는 계기판이다.(뒤표지 참고) 일부 항공기에서는 위성항법장치(GPS)를 탑재하였고 디스플레이형 계기판에 필요한 비행 정보를 제공하고 있다. 비록 글라스 조종실(glass cockpit)이라 할지라도 예비용으로 최소한의 재래식 비행 계기를 갖추어야 한다. 항공기에 사용되는 계기는 용도에 따라 비행 계기, 항법 계기, 엔진 계기로 구분된다. 대부분 경항공기는 항법 계기는 갖추고 있지 않고 비행 계기와 엔진 계기만을 간단히 다룬다.

2.4.1 피토-정압 계기

피토-정압계통(pitot-static system)은 대기의 정압과 동압을 이용한 계기이다. 정압은 정압관(static port)을 통해서 측정된다. 동압은 피토관을 통해서 측정되고 피토관에 유입되는 동압을 충격압(impact pressure)이라고도 한다. 피토-정압 계기는 [그림2-22]와 같이 피토관(pitot tube)과 정압관으로 구성되어 있다. 피토관을 통한 충격압은 속도계만 작

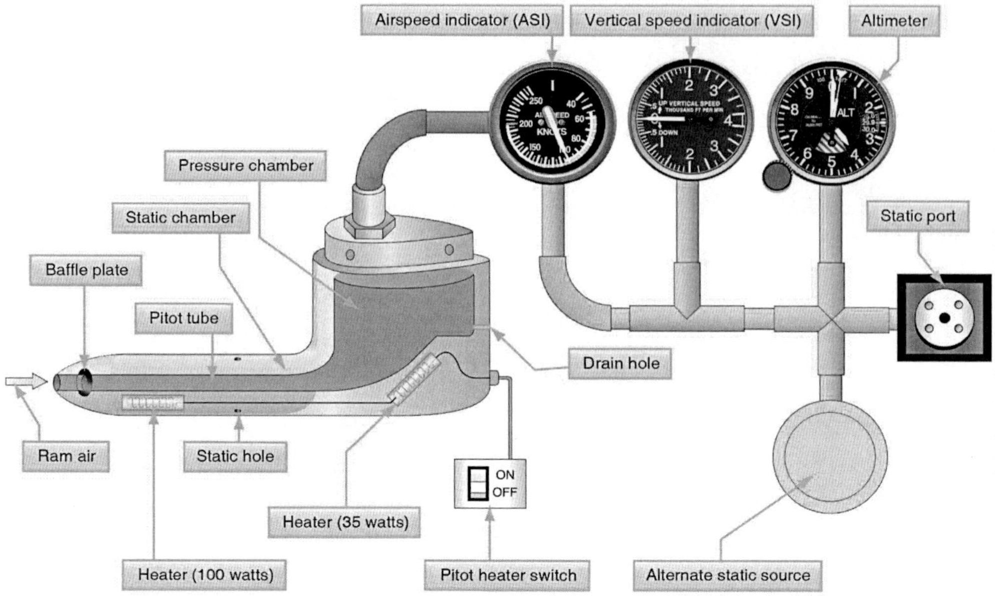

【그림2-22】 속도계, 고도계 그리고 승강계는 피토-정압 시스템으로부터 충격압과 정압을 공급받는다. 속도계는 피토관과 정압관이 함께 연결되어 있지만, 고도계와 승강계는 정압관으로부터 주변 정압을 받아들인다. [FAA, pilot knowledge handbook]

용하는 반면 정압관을 통한 정압은 속도계, 고도계, 승강계에 모두 공급된다. 비행 전에 피토관과 정압관 상태를 반드시 확인해야 하고 비행 중 착빙(icing)으로 인하여 피토관의 막힘을 방지하기 위해서 피토관 가열기(pitot heat)를 적절히 사용할 수 있어야 한다. 피토관은 전열선이 감겨 있어 착빙이 의심될 때 피토관 가열기를 사용한다.

2.4.2 속도계

속도계(airspeed indicator)는 피토관을 통해서 유입된 충격압에 의한 압력차(pressure differential)를 이용하여 측정한다. 피토관을 통해서 공기의 충격압을 받아들이고 연결된 관을 통하여 속도계에 전달된다. 항공기가 정지 상태에서는 충격압과 정압이 일치되어 속도 "0"을 지시한다. 피토관은 충격압(impact pressure)을 정확하게 받아들이기 위하여 [그림2-22, 23]과 같이 기수 또는 날개의 앞전에 설치된다. 정압관은 항공기의 어떠한 움직임에도 압력(정압)의 변화를 최소화할 수 있는 위치에 설치된다. 정압관은 무게중심(center of gravity) 주위의 동체 측면부나 피토관 뒤쪽에 설치하여 순수한 대기압만 장치에 전달되어야 한다. 정압과 충격압의 차이를 속도계의 문자판에 마일(mile), 노트(knot) 단위로 지시한다. 피토관과 상대풍이 직선일 때 가장 정확한 충격압이 전달될 수 있으나 받음각이 높은 상태에서는 정상 지시속도보다 낮게 지시할 수 있다.

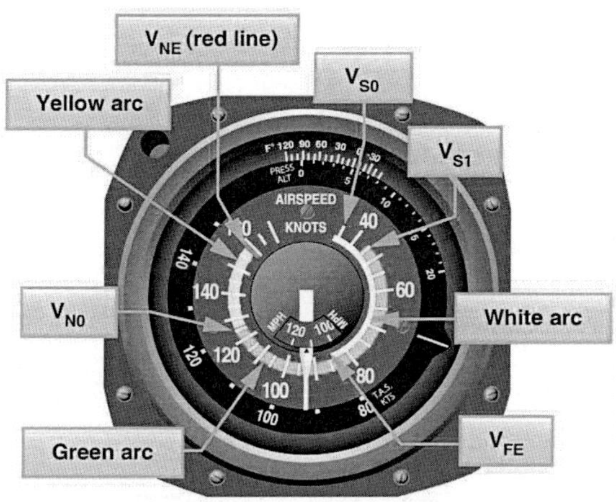

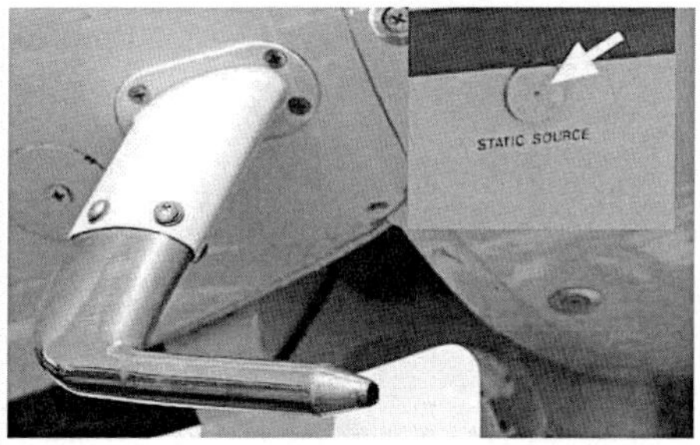

【그림2-23】 피토관은 공기흐름과 직선으로 배열되어 있으면서 밀고 들어오는 공기의 압력을 측정하는 장치이다. 반면 정압관은 최대한 정적인 공기의 압력을 받아들여야 하므로 공기흐름의 영향을 받지 않는 위치에 설치되어야 오차를 최소화할 수 있다. [FAA, pilot knowledge handbook]

(1) 속도의 종류

① 지시속도(IAS)

속도계가 지시하는 속도이다. 대기의 밀도, 설치 오차, 계기 오차 등이 수정되지 않은 속도이다. 지시속도(indicated airspeed; IAS)는 공기역학적으로 항공기의 성능을 결정하기 위한 기본 단위로 사용되기 때문에 조종사 운용 지침서(POH)에 명시되는 이륙 및 착륙 속도, 최대속도, 상승속도, 순항속도 또는 실속속도 등은 모두 지시속도(IAS)이고 고도 및 기온에 따라 변하지 않는다.

② 진대기속도(TAS)

진대기속도(true airspeed; TAS)는 현재의 대기 조건에서 공기 속을 이동하는 실제 속도이다. 진대기속도(TAS)는 고도와 기온에 따라 변하기 때문에 추측항법과 같은 항행기록부를 작성하는 데 활용된다. 고도가 증가함에 따라 공기밀도는 감소하고 밀도고도가 증가함에 따라 진대기속도(TAS)는 증가한다.

③ 대지속도(GS)

대지속도(ground speed; GS)는 지상 위를 이동하는 실제 속도이다. 이 같은 이유로 공중에 떠 있는 항공기는 바람의 영향을 받게 되고 맞바람은 대지속도(GS)를 감소시키고 뒷바람은 대지속도(GS)를 증가시킨다.

(2) V-속도와 속도계 표식

속도계는 운용 범위에 따라 조종사가 쉽게 식별할 수 있도록 여러 색으로 구분하여 놓았다. [그림2-23]의 속도계 표식(marking)의 한 형태이며 운용 제한 범위를 나타낸다.

① 백색 원호: 플랩의 작동 범위를 나타낸다.

- 백색 원호 하단(V_{SO}): 플랩과 착륙장치를 내린 상태에서의 실속속도
- 백색 원호 상부(V_{FE}): 플랩을 내렸을 때 운용 가능한 최대 속도

② 녹색 원호: 정상 운용 범위를 지시한다.

- 녹색 원호 하단(V_{S1}): 플랩과 착륙장치를 올린 상태에서의 실속속도
- 녹색 원호 상부(V_{NO}): 최대 구조적 순항속도(V_{NO})

③ 노란색 원호: 주의 범위를 지시한다. 이 속도 범위는 V_{NO}부터 V_{NE}까지 양호한 기류 조건으로 한정한다.

④ 빨간색 선: 초과금지속도(V_{NE})는 비행기를 운용할 수 있는 최대속도이다.

2.4.3 고도계

(1) 고도계 작동원리

고도계(altimeter)는 대기의 기압차(표준 대기압과 주변 대기압)를 이용하여 고도(높이)를 측정하는 계기이다. 기압고도계는 기압 변화를 이용하여 항공기의 평균해수면(MSL) 고도로 지시한다. 기압고도계(pressure altimeter)는 계기 내부에 대기압의 변화에 민감하게 반응하는 아네로이드 웨이퍼(aneroid wafers) 층으로 구성되어 있다. 고도가 상승함에 따라 대기압은 감소한다. 이에 따라 아네로이드 물질이 팽창하고 팽창된 양은 기어를 통해 계기에 지시하는 원리이다. 반대로 고도가 감소함에 따라 대기압은 증가한다.

(2) 고도의 종류

고도계는 항공기와 지상 또는 다른 항공기와 수직 분리를 위해서 매우 중요하다. 국제표준대기(ISA)는 수직 분리의 개념을 통일시켜 고도계를 조정하는 것이 주목적이다. 해수면에서 표준대기압은 29.92"Hg 또는 1013.2 헥토파스칼(hPa)이다. 항공에서 사용되는 고도는 기준점에 따라 [그림2-25]와 같이 구분한다.

① 절대고도

지표면으로부터 항공기까지의 실제 높이이다. 절대고도(absolute altitude)는 지표면에 따라 달라진다. 동일한 고도를 유지하고 있다 할지라도 산악지형에서 절대고도는 낮아지고 평지에서는 높아진다. 절대고도는 “AGL” 단위를 사용한다.

② 지시고도

항공기 고도계에서 지시하는 것이 지시고도(indicated altitude)이다. 이 고도계는 고도 변화에 민감하게 반응하는 아네로이드 물질을 이용하여 항공기 높이를 지시한다.

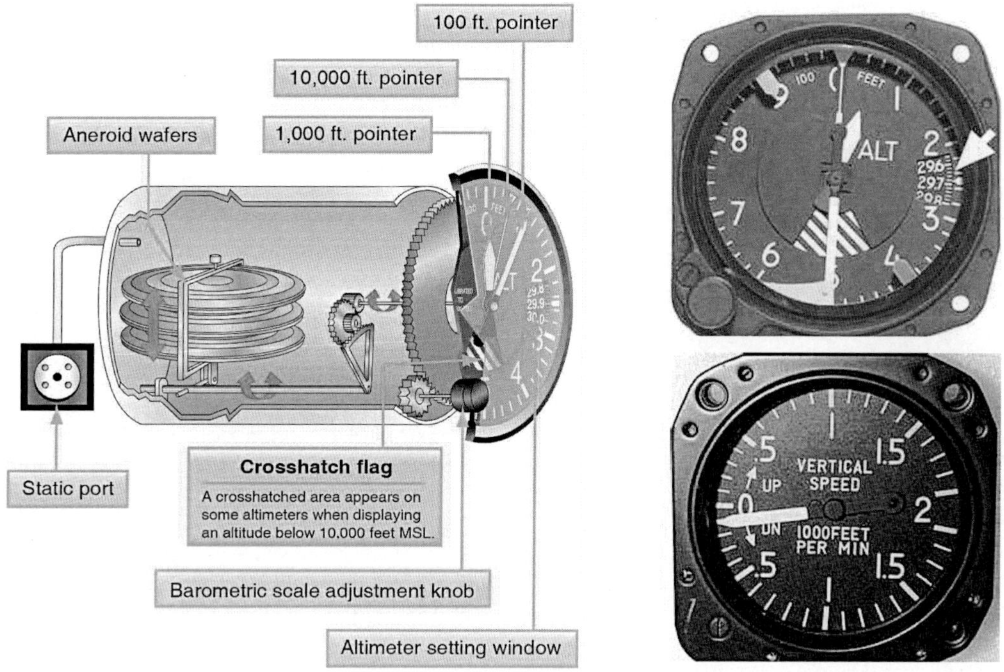

【그림2-24】 대부분 항공기에서 사용되는 고도계와 승강계이다. 이들 계기는 기압차를 이용한 전형적인 기압고도계이다. 화살표가 지시하는 것이 기압 수정치를 조정할 수 있는 기압창이다. 빗금 플래그(crosshatch flag)는 10,000피트 이하의 고도를 지시한다. [FAA, pilot knowledge handbook]

③ 기압고도(PA)

고도계 수정치를 29.92"Hg에 맞춘 상태에서 고도계가 지시하는 고도이다. 이 고도는 [그림2-25]와 같이 이론적 평면인 표준기지면으로부터의 높이이다. 표준대기 조건에서 기압고도(pressure altitude)는 진고도(TA)와 일치한다.

④ 진고도

진고도(true altitude; TA)는 평균해수면(mean sea level; MSL)으로부터 항공기까지의 실제 높이이다. 항공도에 그려진 공역 한계, 공항 표고, 각종 장애물의 높이 등은 모두 진고도로 표기된다. 표준대기 조건에서 기압고도(지시고도)와 진고도는 일치한다. 그러나 표준대기 조건이 드물기 때문에 지시고도와 진고도는 차이가 발생한다. 예를 들어 기온이 표준보다 높은 지역에서 지시고도(IA)는 진고도(TA)보다 낮게 지시하고 표준기온에서는 지시고도(IA)와 진고도(MSL)는 일치한다. 그러나 기온이 표준보다 낮은 지역에서 지시고도는 진고도보다 높게 지시한다.

(3) 고도계 읽는 법

고도계는 [그림2-24]와 같이 2개의 지시침(pointer)으로 구성되어 있으며 가장 작은 지시침은 만 단위, 중간 지시침은 천 단위, 그리고 가장 긴 지시침은 백 단위를 지시하고 한

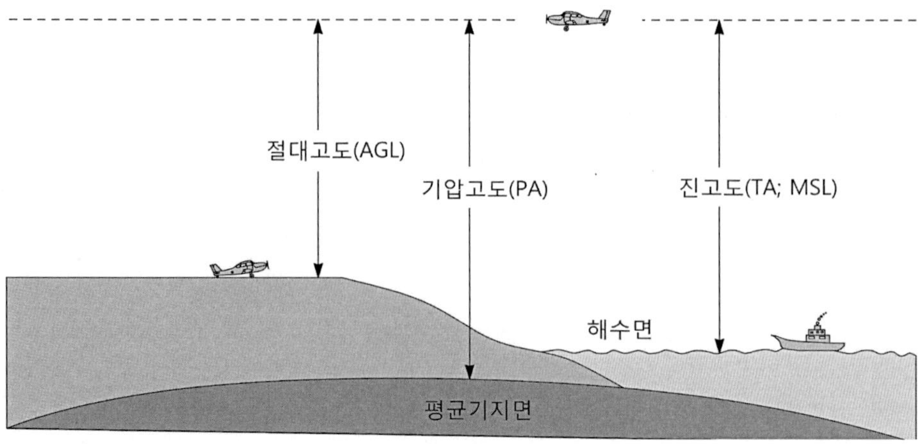

【그림2-25】 고도는 기준 표면으로부터 항공기까지의 수직 거리이다. 일반적으로 지표면에서 항공기까지의 높이를 절대고도라 한다. 그러나 절대고도는 지표면의 표고에 따라 달라질 수 있으므로 항공기 고도로 사용하기에 적합하지 않다. 기압고도는 대기압을 이용하여 항공기의 고도를 측정하는 것으로 실제 항공기 고도계의 기본원리를 제공한다. 진고도는 해수면으로부터의 높이를 측정한 고도이다.

눈금은 20피트이다.

(4) 고도계 수정

모든 항공기는 동일 고도 기준치를 적용해야 수직 분리를 달성할 수 있다. 대기압은 시간과 지역에 따라 달라질 수 있고 조종사는 항상 자신이 위치한 지역의 정확한 기압고도를 유지하기 위해서는 해당 지역의 기압 수정치(altimeter setting)를 고도계에 반영해야 한다. 고도계에는 [그림2-24]와 같이 고도계 수정을 위하여 콜스만 창 또는 기압창(altimeter setting window)이 있다. 공항의 고도계 수정치 값을 콜스만 창 지침에 맞추었을 때 고도계가 지시하는 고도가 해당 공항의 진고도(MSL)이다. 이것은 기압고도와 진고도가 일치하는 상태가 된다. 비관제구역에서 해당 공항의 고도계 수정치 값을 모를 때는 해당 공항의 표고(elevation)에 고도계를 일치시켜 운용한다. 지상에서 고도계의 정확도는 관제사가 제공하는 최근 고도계 수정치 값에서 고도계가 지시하는 지시고도(IA)와 공항 표고의 값이 75피트 이내이어야 고도계를 신뢰할 수 있다. 고도계 수정치를 받을 수 없거나 경항공기 운용과 같이 국지 공역에서 비행할 때 고도계 지시침을 "0"에 맞추고 비행한다.

고도계를 수정하는 방법은 [그림2-26]과 같이 QNE, QNH, QFE 세팅이 있다. 일반적으로 고도계 수정치를 적용하는 것은 QNH 세팅이다. 순항고도(enroute)에서는 QNE가 되고 이때 모든 항공기 고도계의 수정치는 1013.2에 맞추어야 한다. 현지 공항 표고(field elevation)에 맞추었을 때 QFE 세팅이다.

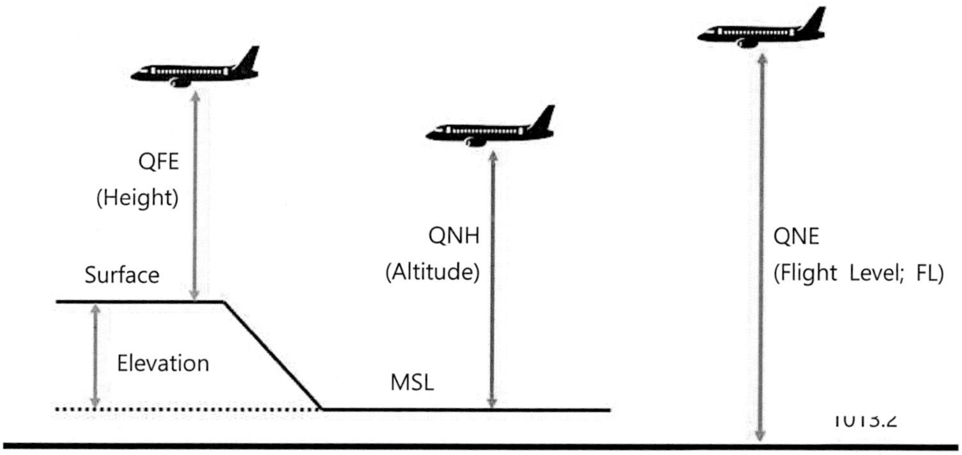

【그림2-26】 고도계를 수정하는 방법은 QNE, QNH, QFE 세팅이 있다. 일반적으로 고도계 수정치를 적용하는 것은 QNH 세팅이다. 순항고도에서는 QNE가 되고 이때 모든 항공기 고도계의 수정치는 1013.2에 맞추어야 한다. 현지 공항 표고에 맞추었을 때 QFE 세팅이다.

2.4.4 승강계

승강계(vertical speed indicator; VSI)는 항공기의 상승 또는 강하에 대한 정보를 분당 피트(fpm)로 지시한다. 승강계 케이스 안에 속도계와 비슷한 다이어프램이 있으며 이것은 정압선에 직접 연결되어 있다. 만약 정압이 일정하다면 다이어프램 내부와 외부의 정압이 일치하여 승강계는 어떠한 변화도 발생하지 않는다. 그러나 정압의 변화가 발생했을 때 다이어프램 내부의 정압이 팽창 또는 수축함으로써 밀폐된 케이스의 정압을 즉각적으로 팽창 또는 수축시키지만, 조정된 누출구(calibrated leak)를 통해서 지연되고 다이어프램의 팽창 또는 수축을 내부에 있는 기계적 연결 장치를 통해서 계기의 지시침을 작동시킨다. 항공기가 수평으로 복귀했을 때 다시 다이어프램 내부의 정압과 외부의 정압이 같아져 승강계 지시침은 "0"을 지시한다.

2.4.5 피토-정압 계기의 오차

피토-정압 계기는 신뢰할 수 있는 계기이지만 피토관이나 정압관(static port)이 이물질 혹은 얼음 등으로 막혔을 때 계기의 지시는 부정확하다. 비행 전 점검 중에 반드시 피토관 덮개를 제거해야 하고 이물질로 막혀 있는지를 점검해야 한다. 이외에도 기온이 결빙층 근처에서 비행 중일 때 가시적 습기는 피토관이나 정압관에 언제든지 착빙이 형성될 수 있다. 조종사는 피토-정압 계기의 오차가 발생할 수 있는 조건들에 익숙해 있어야 한다. 피토관이 막혔을 때 속도계만 부정확한 지시를 하지만 정압관이 막혔을 때는 속도계, 고도계 그리고 승강계 모두 오차가 발생한다.

2.4.6 자이로 계기

자이로(gyro) 계기는 회전의(자이로) 원리를 이용한 계기이다. 자이로 원리를 이용한 계기는 자세계, 선회계, 기수방위 지시계가 있다. 회전의 운동에서 비행 계기에 필요한 두 가지의 원리를 얻을 수 있다.

(1) 공간 강성

공간 강성(rigidity in space)은 회전자가 축을 중심으로 회전할 때 외부 짐벌(gimbal) 움직임과 관계없이 회전자 본래의 회전성을 유지하려는 성질이다. [그림2-27]과 같이 고속으로 회전하는 회전자는 자이로 받침대가 기울어 있든 뒤집어 있든지 간에 동일 방향으로 회전하려는 특성이다. 예를 들어 항공기에 설치된 자이로를 가정했을 때 항공기 자체는 자이로의 받침대와 같은 개념이기 때문에 항공기가 어떠한 자세로 변화하더라도 자이로 회전자는 원래의 회전 성향을 유지하고 있다. 이 같은 자이로의 특성은 비행 방향과 자세를 제공하는 기수방위 지시계와 자세계(attitude indicator)에 활용된다.

(2) 세 차

고속으로 회전하는 회전자의 외부 끝단에 힘을 가했을 때 회전하는 회전자의 편향 또는 합력이다. 회전자의 외부 끝단에 힘을 가했을 때 힘의 합력은 회전 방향의 90° 지점에서 그 힘이 분명해지는 현상이다. 자이로 계기에서는 짐벌에서의 마찰과 기계장치의 베어링으로 인한 세차(precession)가 발생할 수 있고 이것이 자이로 계기에서 오차가 발생하는 한 원인이다.

(3) 자이로 동력

자이로(gyro)를 회전시키는 동력은 전기 또는 엔진 구동 회전력을 이용한 진공 흡입 펌프(suction pump)에 의한 방법이 있다. 대부분 비행기는 이들 두 시스템을 채택하여 활용하고 어느 한 시스템이 고장 났을 때 다른 장비를 예비로 사용할 수 있도록 하고 있다. 진공 흡입 펌프에서는 공기를 고속으로 흡입하여 각 자이로 회전자의 버킷에 분사하여 회전시킨다. 자이로를 회전시키는데 필요한 흡입력은 약 4.5~5.4"Hg이고 조종실 계기판에 있는 흡입 게이지(suction gauge)에 지시된다. 일부 경비행기에는 [그림2-27]과 같이 동체 외부에 나팔관 모양의 벤투리관을 장착하여 비행기가 일정 속도 이상에 도달했을 때 벤투리관을 통과하는 공기흐름의 속도가 진공 흡입력을 제공한다.

2.4.7 자세계

시계비행(VFR) 중에는 수평선(horizon)이나 외부의 시각 참조물(visual reference)을 이용하여 항공기의 자세를 판단한다. 자세계(attitude indicator)는 자이로의 공간강성 특

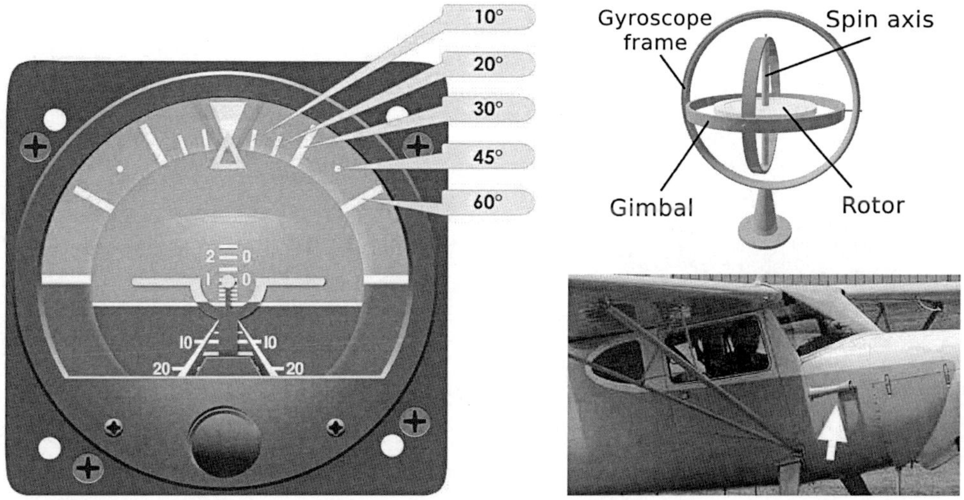

【그림2-27】 자이로는 한 개의 회전자와 3개의 외부 짐벌로 구성되어 있다. 외부 받침대들의 변위와 관계없이 회전자(rotor)는 수평으로 회전한다. 자세계의 중요한 기능은 인공 수평선을 제공한다. 이외에도 기수의 숙여짐과 들림 그리고 경사각도 함께 지시하는 유일한 계기이다.

성을 이용하여 자연 수평선을 대신할 수 있는 인공 수평선을 제공해 주기 때문에 조종사는 외부의 지형 참조 없이도 수평 자세를 유지할 수 있다. 자세계는 [그림2-27]과 같이 경사와 피치 자세를 동시에 지시해주는 유일한 계기이다.

① 수평 지시기: 조종사에게 인공 수평선을 지시한다. 모형 항공기 날개 지침과의 상관관계에 의해 항공기의 수평 자세를 판단할 수 있다.

② 모형 항공기: 항공기의 날개를 가정한 것으로 이것이 실질적으로 항공기를 대신한다. 이 지시기는 고정되어 있으며 수평 지시기와의 상관관계로 항공기 자세를 제공한다.

③ 경사각 및 경사 지침: 자세계 상부에 있는 삼각형 모양의 지침은 항공기의 좌우 경사각에 대한 정보를 제공한다.

④ 조정 손잡이: 수평 지시기와 모형 항공기가 약간의 차이가 발생할 수 있기 때문에 이륙 전에 이를 수정하여야 한다. 조정 손잡이를 좌우로 돌려 수평 지시기를 모형 항공기에 일치시킨다.

2.4.8 선회계

선회계(turn indicator)는 항공기의 시간 당 선회율(rate of turn)과 선회의 질(quality of turn)을 지시하는 계기이다. 선회계는 [그림2-28]과 같이 구형인 선회경사 지시계와 신형으로 개선된 선회 코디네이터(turn coordinator)가 있다. 두 계기 모두 항공기의 선회율을 지시하지만, 선회 코디네이터는 모형 항공기 날개가 선회율과 옆놀이/롤 비율(roll rate)을 지시한다. 모형 항공기가 좌우 참고 지표(index)를 지시할 때 항공기는 표준율 선회(standard rate of turn)를 지시한다. 선회경사 지시계는 선회율만을 지시하고 지

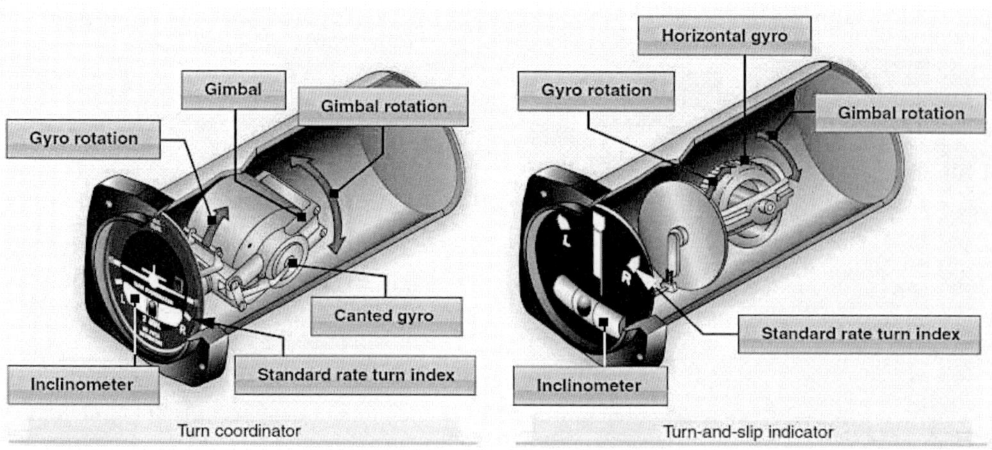

【그림2-28】 선회 코디네이터와 선회 경사 지시계 [FAA, pilot knowledge handbook]

시침이 참고 지표와 일치할 때 표준율 선회를 지시한다. 지시침이 중심 지표와 참고 지표 사이를 지시할 때 항공기는 반표준율 선회를 지시한다.

(1) 선회율과 선회반경

선회계는 분당 선회율에 따라 2분 선회계와 4분 선회계가 있다. 이것은 360°를 선회하는데 걸리는 시간을 기준으로 구분된다. 2분 선회 코디네이터는 매초 당 3°의 선회율로 360° 선회할 때 120초(2min)가 소요되며, 4분 선회경사 지시계의 경우는 매초 당 1.5°로 선회할 360°를 선회하는데 240초(4min)가 소요된다. 여기서 매초 당 3°의 선회율을 표준율 선회라 하고 1.5°의 선회를 반표준율 선회라 한다. 일정 경사각에서 속도의 증가는 선회율을 감소시키고 선회반경(radius of turn)을 증가시킨다. 일정 속도에서 경사각을 증가시키면 선회율이 증가하고 선회반경은 감소한다.

(2) 선회계의 볼

선회계의 볼(ball)은 선회할 때 선회의 질을 지시하는 일종의 경사계(inclinometer)이다. 선회 중인 항공기는 세로축을 따라 곡선 비행경로를 따라 비행해야 하나 항공기의 원심력과 수평양력분력이 일치되지 않았을 때는 균형선회(coordinated turn)를 할 수 없다. 볼은 중심부가 낮게 제작되고 관 내부에는 등유로 채워져 있으며 관 내부를 자유롭게 움직일 수 있는 강철 베어링이 들어 있다. 수평 비행할 때 중력(gravity)으로 볼이 중앙에 위치한다. 조종간(3타) 균형선회라면 수평양력분력과 원심력이 일치하여 볼은 정중앙에 위치한다. 그러나 이들 두 힘의 분력이 균형을 이루지 못할 때 항공기는 스키딩(skidding) 또는 슬립핑(slipping turn)과 같은 불안정 선회를 하게 된다.

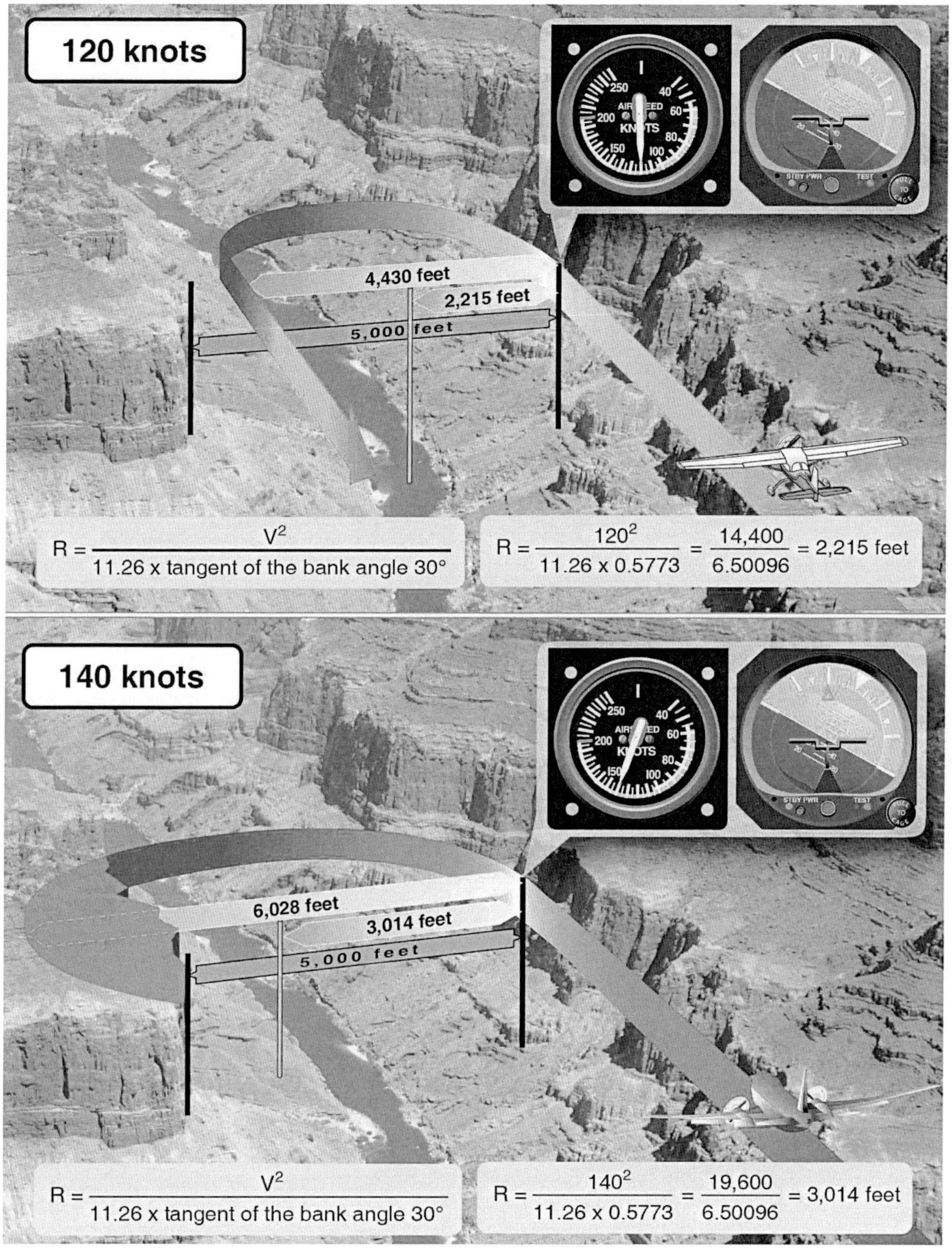

【그림2-29】 대기속도에 따른 선회반경 [FAA, pilot knowledge handbook]

2.4.9 기수방위 지시계

일반적으로 방위각을 지시하는 계기로써 나침반(magnetic compass)을 사용한다. 그러나 일반 나침반을 그대로 항공기의 방위 지시계로 사용하기가 매우 어렵다. 항공기의 자세가 수시로 변할 수 있기 때문이고 나침반 역시 불안정하여 정확한 판독이 어렵고 지구 자기장의 영향을 받아 선회 오차 또는 증감속 오차가 발생하기 때문이다. 기수방위 지시계(heading indicator)는 [그림2-30]과 같이 원판의 나침반 카드가 수직으로 장착되어 판독이 쉽다. 자이로 장치의 내부 마찰로 인하여 세차 현상이 발생하고 기수방위가 지정된 방위에서 조금씩 벗어나게 된다. 따라서 정확한 기수방위를 위해서는 주기적으로 (약 15분 간격) 나침반의 지시에 일치시켜 주어야 한다. 기수방위 지시계를 재조정하기 위해서는 지속 수평직선비행 상태에서 나침반의 지시를 판독하여 재조정한다.

【그림2-30】 자이로 원리로 작동되는 전형적인 지수방위 지시계이다. 모형 항공기 기수가 방위각이다. 이 지시계는 세차 현상으로 인하여 오차가 발생한다. 주기적으로 나침반 방위에 재조정해 주어야 한다.

2.4.10 나침반

나침반(compass)은 [그림2-31]과 같이 외부 전원 없이도 정확한 방위를 지시한다. 그러나 항공기에 장착된 나침반은 자기장(magnetic field)의 영향을 받아 약간의 오차가 발생한다. 기본적으로 항공기가 지속 수평비행 중에만 정확하게 지시하지만 선회할 때 또는 증속이나 감속할 때 약간의 오차가 발생할 수 있다.

(1) 선회 오차와 증감속 오차

항공기에 장착된 나침반은 자기장의 영향을 받아 약간의 오차가 발생한다. 나침반의 오차는 선회와 증속 혹은 감속으로 인하여 발생할 수 있다. 항공기가 선회 중일 때 자기장으로 인한 자기 복각(magnetic dip)의 영향을 받는다. 이 현상은 [그림2-31, 32]와 같이 항공기가 북쪽으로 비행 중 동쪽 또는 서쪽으로 선회할 때 나침반은 지연 오차(lag errors)가 발생한다. 반대로 남쪽으로 비행 중 동쪽 또는 서쪽으로 선회할 때 나침반은 선도 오차(lead errors)가 발생한다. 선도 오차란 항공기의 실제 방위각보다 더 빠르게 이동한 후 선회정지 후 정상 방위를 지시한다. 지연 오차란 항공기의 실제 방위각보다 더 늦게 이동한 후 선회정지 후 정상 방위를 지시한다. 이외에도 항공기 기수가 동쪽 또는 서쪽을 향하고

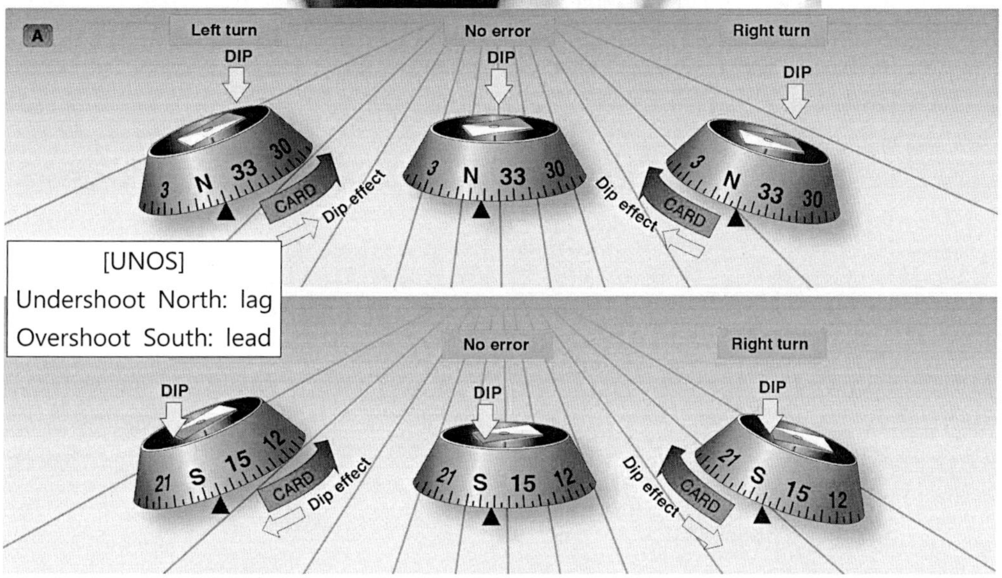

【그림2-31】 나침반 선회오차 [FAA, pilot knowledge handbook]

있으면서 증속할 때 나침반은 북쪽으로 일시 지시한 후 정상 방위를 지시한다. 이를 증속북향 오차라 한다. 반대로 감속할 때는 감속남향 오차가 발생한다.

(2) 자차

나침반은 지구 자기장뿐만 아니라 항공기의 금속 부품, 엔진 회전부 또는 전기 장비에서 발생하는 자기장의 영향을 받는다. 이들 장비에서 발생한 전기장은 나침반에 영향을 줄 수 있고 이를 자차(deviation; Dev)라 한다. 나침반 자차는 동일 나침반이라 할지라도 항공기에 따라 달라진다. 항공기별 자차를 측정하여 해당 나침반에 수정 카드를 비치하여 조종사가 쉽게 오차를 수정할 수 있게 하였다.

【그림2-32】 항공기가 가속이나 감속할 때 나침반 오차가 발생한다.
[FAA, pilot knowledge handbook]

(3) 자기편각

자기편각(magnetic variation; VAR)은 진북(true north)과 자북(magnetic north) 사이의 차이다. 항공도는 자북을 기준으로 제작되고 항공기 나침반은 자북을 지시한다. 따라서 이들의 차이를 반영해야 항공도를 이용한 정확한 자방위(magnetic heading)를 유지할 수 있다.

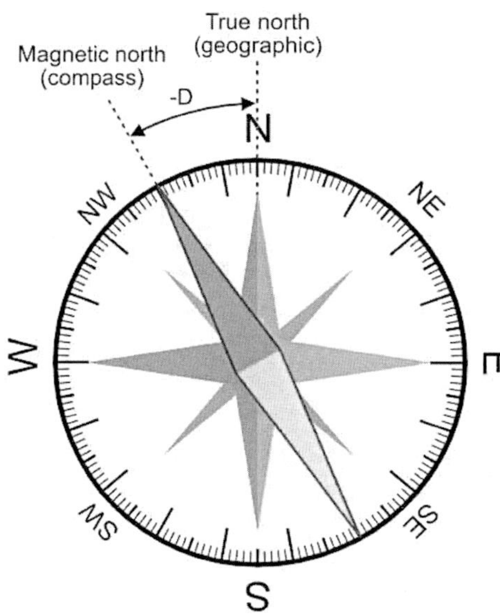

【그림2-33】 자기편각

2.5 전자비행계기

전자비행계기장치(electronic flight instrument system; EFIS)가 개발되면서 최근 출시되는 항공기 대부분은 아날로그 계기판(analog instrument panel)에서 LCD를 이용한 디스플레이 방식으로 대체되고 있고 이를 글라스 칵핏(glass cockpit)이라 한다. 조종실은 [그림2-34, 컬러]와 같이 주비행 디스플레이(primary flight display; PFD)와 다기능 디스플레이(multifunction display; MFD)로 구성되어 있다. PFD가 주요 비행 관련 정보를 제공한다면 MFD는 항법 정보(이동 지도, moving map), 항공기 시스템 정보(엔진 모니터링) 또는 필요할 때 PFD를 대신해서 사용될 수 있다. 글라스 칵핏은 항공안전 향상과 함께 계기판을 단순화하였다. 이것은 재래식 아날로그 계기와 비교하면 고장률(failure rate)이 낮은 반도체 계기(solid-state instruments)를 사용함으로써 가능할 수 있었다. 그러나 전기장치가 고장 났을 때를 대비해서 자세계의 경우처럼 전기를 필요로 하지 않거나 배터리 전원으로 작동될 수 있는 예비(backup) 계기들을 갖추고 있다.

(1) 속도계 테이프

속도계 테이프는 PFD의 왼쪽에 배열되어 있고 아날로그 계기가 아닌 테이프가 상하로 이동하면서 속도를 지지하는 속도 테이프(airspeed tape)이다. 항공기 속도가 증가할 때 속도 테이프는 아래로 내려가면서 더 높은 속도를 지시한다. 진대기속도(TAS)는 외기온도 탐침에서 대기자료컴퓨터(air data computer; ADC)에 입력되어 테이프의 하단에 나타난다. 속도 테이프에는 비행과 관련된 속도 범위(정상-녹색, 주의-노란색, 빨간색-초과금지), 주요 속도 지표(V_X, V_Y, V_R)가 있다. 이외에도 조종사가 원하는 참고 속도를 맞출 수 있도록 속도 버그(airspeed bug)가 있다.

(2) 자세계

자세계(attitude indicator)는 [그림2-34, 36, 컬러]와 같이 크기 때문에 조종사의 상황인식(situational awareness) 능력이 크게 향상되었다. 자세계(attitude Indicator)는 디스플레이의 중앙에 그리고 가장 크게 설계되었다. 인공수평(artificial horizon) 전체를 가로질러 표시되고, 전체 비행 단계와 모든 기동에서 항공기 자세(attitude)를 신속 정확하게 판단할 수 있다. 항공기를 나타내는 모형항공기(miniature aircraft)는 노란 셰브런(yellow chevron) 또는 유사한 모양으로 나타낸다. 자세계 상단에 경사각 지표(bank angle index)와 슬립/스키드 지시기(slip/skid indicator)가 있다. 자세계는 자세 기수방위와 참조장치(attitude heading and reference system; AHRS)에서 관련 데이터를 제공한다. 조종사가 조종간을 뒤로 당기면 승강타가 올라가면서 노란 셰브런이 인공 수평선으로부터 위로 변위(displacement)하는 것을 보여준다. AHRS 장치는 지구의 세로 평면(longitudinal plane)

과 비행기의 세로축 사이에 변화하는 각도를 감지한다.

디스플레이 상부는 파란색으로 하늘을 나타내고 아래는 갈색으로 지면을 그리고 이들을 분리하고 있는 백색 선은 수평선이다. 수평선에 평행한 선들의 피치 눈금은 5° 간격으로 그려져 있고 각 10°에 라벨이 표기되어 있다. 피치 눈금은 항상 수평선과 평행이 된다. 파란색 구역의 곡선은 롤 눈금(roll scale)이다. 눈금 상부에 있는 삼각형(▽)이 "0" 지침이고 작은 마크(hash marks)는 경사각을 나타낸다. 롤 눈금은 항상 수평선에 상대적으로 동일 위치에 있다.

롤 포인터(roll pointer; △)는 [그림2-35, 컬러]와 같이 경사 방향과 각도를 지시한다. 롤 포인터는 비행기 부호와 정렬된다. 롤 포인터는 자연 수평과 비교하여 비행기 가로축의 각도를 지시한다. 슬립/스키드 지시기(slip/skid indicator)는 비행기의 세로축이 상대풍과 정렬된 균형조종 비행을 보여준다. EFD 장점 중 하나는 세차 오차가 없는 것이다. 아날로그 계기에서 세차 오차는 회전하고 있는 자이로(spinning gyro)에 적용되고 있는 힘으로 발생하지만 EFD 설계에 사용된 반도체(solid state) 계기들은 세차 오차가 발생하지 않는다.

(3) 고도계

고도계(altimeter)는 PFD의 왼쪽에 배열되어 있고 속도계 테이프와 마찬가지로 테이프 방식으로 고도를 지시한다. 항공기 고도가 증가하면 테이프가 아래로 내가면서 더 높은 숫자로 고도를 나타낸다. 현재 고도는 사각형 안에 숫자로 나타난다. 고도는 20피트 간격으로 지시되고, 테이프 상단에 원하는 고도(target altitude)를 세팅할 수 있고, 아래에는 고도계 수정치(altimeter setting)를 보여준다. 고도 트렌드 지시기는 변위 방향에서 변화를 보이기 시작한다. [그림2-35, 컬러]의 고도계 트랜드 지시기(altitude trend indicator)는 6초 이내에 1,780피트가 될 것을 보여주고 있다.

(4) 승강계

승강계(vertical speed indicator; VSI)는 고도계 테이프 오른쪽에 배열되어 있다. 승강계는 직사각형 안에 분당 상승률이 표기되고 지시선 모양으로 설계되어 있다. 박스 상단에 현재 분당 상승률/강하율을 보여준다.

(5) 기수방위 지시계

기수방위 지시계(heading indicator)는 자세계 바로 아래에 배열되고 일반적으로 수평상태지시계(horizontal situation indicator; HSI)의 형태이다. HSI 상단 검은색 사각형에 현재 기수방위를 나타낸다. HSI는 기수방위와 동시에 VOR 항법 계기이다. 자세계와 같이 AHRS 장치에 정보가 공급되는 자기력계(magnetometer)에서 관련 데이터를 제공한다.

(6) 선회 지시계

선회 지시계(turn indicator)는 재래식 계기와 약간 다르다. 슬라이딩 바(sliding bar)가 삼각형 아래에서 좌우로 움직이면서 균형선회에서 슬립핑 또는 스키딩을 지시한다. 슬라이딩 바가 삼각형(triangle) 아래에 정렬되었을 때가 균형선회(coordinated flight)이다. 선회 지시계의 균형비행 참고는 가속도계 AHRS 장치에 있는 가속도계(accelerometers)에서 관련 데이터가 제공된다.

(7) 태코미터

태코미터(tachometer)는 "six pack" 계기와 관련해서 6번째 계기이지만, PFD에 없는 유일한 계기이다. 태코미터는 MFD에서만 설치되어 있다. 그러나 디스플레이 화면이 고장났을 때 PFD 비행 계기와 함께 남아 있는 화면에 나타낼 수 있다.

(8) 슬립/스키드 지시기

슬립/스키드 지시기(slip/skid indicator)는 자세계에 있는 하부 선분 삼각형의 작은 부분이다. 슬립/스키드 지시기는 롤 포인터(roll pointer) 아래에 있는 수평선이다. 선회 선가 지시계의 볼(ball)과 같이 슬라이딩 바의 한 폭은 볼의 한 폭 변위와 동등하다. 이 지시기는 비행기의 세로축이 상대풍(relative wind)과 정렬 상태를 보여준다. 기수방위는 일정하게 유지되고 있는데 롤 포인터와 롤 지침이 정렬되지 않았을 때 비행기는 불균형조종 비행(uncoordinated flight)을 하고 있다. 이를 수정하고 균형조종 비행으로 비행기를 되돌아오도록 러더 압을 적용해야 한다.

(9) 선회율 지시계

선회율 지시계(turn rate indicator)는 회전하는 방위판(rotating compass card) 바로 위에 배열되어 있다. [그림2-35, 컬러]와 같이 좌우 모두에서 표준율(standard rate) 선회는 물론이고 반표준율(half standard-rate) 선회를 보여준다. 선회 지시계는 표준율 틱 마크(tick marks)에서 외측으로 확장된 자홍색 선으로 초당 4°까지 선회를 지시할 수 있다. 만약 선회가 초당 4°를 초과한다면 자홍색 선은 다음 6초 이내에 있을 수 있는 기수방위를 정밀하게 지시하지 못한다. 이때 자홍색 선 움직임은 멈추고 화살표 머리(arrowhead)가 나타날 것이다. 이것은 조종사에게 정상 작동 범위를 초과했음을 경고한다.

(10) 트렌드 지시기

전자비행계기의 또 다른 장점 중 하나는 트렌드 벡터(trend vector)이다. 트렌드 벡터는 대기속도와 고도 테이프 그리고 선회율 지시기에 있는 컬러 라인(color line)이다. 컬러 라인은 제조사에 따라 약간 다를 수 있다. 예를 들어 Cirrus SR-20의 트렌드 벡터는 자홍색이고 B-737에서는 초록색이다. 이들 컬러 라인들은 만약 현재 비율이 유지되고 있다면 항공기는 6초 이내 속도, 고도 또는 기수방위와 관련된 것을 지시한다.

예를 들어 [그림2-35, 36, 컬러]는 Cirrus SR-20의 트렌드 벡터를 나타내는 컬러와 데이터를 사용한다. 만약 관련 테이프와 값이 변화 없이 일정하게 유지되거나 관련 시스템의 일부에 결함이 있을 때 트렌드 벡터는 나타나지 않는다. 선회율 트렌드 지시기(turn rate trend indicator)이다. 속도, 고도 그리고 수직 속도 트렌드 지시기와 마찬가지로 선회율 트렌드 지시기는 항공기의 6초 이내의 예상 기수방위를 보여준다.

기수방위 지시계의 상부 양쪽에 있는 이들 2개의 틱 마크(tick marks)들은 표준율 선회(standard rate turns)와 함께 반표준율 선회를 보여준다. [그림2-35, 컬러]와 같이 항공기가 좌선회할 때 자홍색 트렌드 지시기는 선회율에 비례하여 길게 늘어진다. 선회율 지시기가 첫 번째 틱 마크를 지시할 때 반표준율 선회이고, 두 번째 틱 마크를 지시할 때 표준율 선회를 지시한다. 만약 선회율이 표준율을 초과했다면 트렌드 지시기는 두 번째 틱 마크를 지나서 연장될 것이다. 이 트렌드 지시기는 6초 이내의 예상 항공기 기수방위를 보여주지만, 항공기의 전방에서 24° 이내 또는 초당 4°로 제한된다. 항공기가 6초 이내에 25°를 초과했을 때 트렌드 지시기에 붙어 있는 자홍색 화살표 머리가 나타난다. 항공기가 원하는 고도에 도달했을 때 트렌드 지시기가 타깃 고도(target altitude)와 일치되도록 피치 자세를 조절한다. 타깃 고도에 접근함에 따라 트렌드 지시기는 고도가 안정될 때까지 점차 작아진다. 트렌드 지시기(trend indicator)는 피치 변화를 결정하는 주요 수단이 아닌 보조 지시기(supplement indicator)로 사용되어야 한다.

기출문제 및 예상문제

1. 동체의 구조적 강도를 강화하기 위해서 철탑과 같은 구조를 (　　　　)라 한다.

① 세미켄틸레버　　② 트러스

③ 범장　　④ 켄틸레버

【해설】 트러스(truss)는 구조에 가해지는 하중에 의한 변형에 저항하기 위해 가로세로 그리고 대각 철재를 사용한 견고한 구조이다. 이 구조는 마치 철탑과 유사하다.

2. 엔진실과 조종실 사이의 열전달을 차단하는 역할을 하는 것을 (　　　)이라 한다.

① 방화벽　　② 세로보

③ 가로보　　④ 리브

【해설】 방화벽(firewall)은 엔진과 기체의 다른 부분으로부터 격리시킨다. 단발 엔진 비행기에서는 엔진실과 조종실을 분리하는 동체의 일부이다.

3. 비행기 날개를 지지하기 위해서 외부에 받침대가 있는 유형을?

① 트러스　　② 세미켄틸레버

③ 범장　　④ 켄틸레버

【해설】 켄틸레버(cantilever)는 외부에 어떠한 지지대가 없이 날개의 주 골격만으로 지지한다. 세미켄틸레버(semi-cantilever)는 외부 지지대를 이용해서 날개를 지지하는 구조이다.

4. 비행기 도움날개와 승강타의 작동 상의 차이점은 무엇인가?

① 도움날개와 승강타의 작동 방식은 동일하다.

② 승강타는 좌우가 반대로 작동한다.

③ 도움날개는 좌우가 상하로 같이 작동한다.

④ 도움날개는 좌우가 상호 반대 방향으로 작동한다.

【해설】 도움날개(aileron)는 좌우가 서로 반대(vice-versa)로 움직인다.

5. 비행기 주조종면의 조종압을 완화하기 위한 장치는?

① 도움날개　　② 승강타

③ 트림탭　　④ 안정판

【해설】 트림 탭(trim tab)은 조종면과 반대 방향으로 움직여 조종력을 "0"으로 트림하는 데 사용된다.

【정답】 1.② 2.① 3.② 4.④ 5.③

6. 스테빌레이터에 대해서 바르게 설명하고 있는 것은?

① 승강타와 수평 안정판의 단일 구조물이다.

② 수직 안정판과 단일 구조로 되어 있다.

③ 조종량이 상대적으로 작은 장점이 있다.

④ 수평 안정판과 분리되어 있지만, 독립적으로 작동한다.

【해설】 스테빌레이터(stabilator)는 승강타와 수평 안정판 역할을 동시에 수행할 수 있도록 설계된 조종면이다. 스테빌레이터의 과조종(over-controlling)을 방지하기 위해서 안티-서보 탭(anti-servo tab)이 장착되고, 이 탭은 스테빌레이터와 같은 방향으로 움직이지만, 더 많이 움직여 스테빌레이터의 운동을 제어한다.

7. 스테빌레이터에 관한 내용이다. 틀리게 설명하고 있는 것은?

① 수평 안정판과 단일 구조로 되어 있다.

② 조종량이 상대적으로 작기 때문에 보조 장치가 필요하지 않다.

③ 안티-서보 탭은 스테빌레이터와 같은 방향이지만 더 크게 운동한다.

④ 스테빌레이터는 세로조종을 위한 주조종면이다.

8. T-형 꼬리날개가 일반 꼬리날개에 비해서 다른 점은?

① 피치 조종이 불리하게 영향을 줄 수 있다.

② 날개를 통과한 흩어진 공기흐름의 영향을 받지 않는다.

③ 활공비가 떨어진다.

④ 꼬리 조종면에 프로펠러 후류의 영향을 받을 수 있다.

【해설】 T-형 꼬리날개는 높은 공기역학적 성능과 함께 후방부가 날개 공기흐름의 영향을 받지 않기 때문에 우수한 활공비를 갖는다.

9. T-형 꼬리날개가 저속에서 더 많은 조종 양을 필요로 하는 이유는?

① 피치 자세가 높기 때문이다.

② 꼬리날개가 상대적으로 무겁기 때문이다.

③ 프로펠러 후류의 영향을 받지 못하기 때문이다.

④ 가로 조종이 불리하기 때문이다.

【해설】 T-형 꼬리날개의 승강타는 프로펠러 후류의 영향을 받을 수 없다는 점 때문에 저속 조종성이 감소하는 단점이 있다.

10. 앞바퀴조향 착륙장치가 뒷바퀴조향 착륙장치와 비교해서 안정성이 높은 이유는?

① 회전축이 상대적으로 뒤쪽에 있기 때문이다.

② 무게중심이 뒤쪽으로 쏠려 있기 때문이다.

③ 무게중심이 회전축에 가깝기 때문이다.

④ 무게중심이 기수 쪽으로 쏠려 있기 때문이다.

【정답】 6.① 7.② 8.② 9.③ 10.③

11. 앞바퀴조향 착륙장치의 장점은 무엇인가?

① 고속 활주 중 제동장치의 효율성이 높다.
② 지상활주 시계가 불량하다.
③ 직진 성향이 떨어진다.
④ 짧은 회전축으로 인하여 회전 성향이 높다.

【해설】 앞바퀴조향 착륙장치의 장점은 다음과 같다.
첫째, 고속 활주 중 브레이크를 사용해도 비교적 안전하다.
둘째, 지상활주, 이륙활주 또는 착륙활주 중 양호한 전방 시계를 제공한다.
셋째, 직진 성향으로 지상루프 경향이 작다.

12. 뒷바퀴조향 착륙장치 비행기의 지상운용 중 주의해야 할 사항은?

① 고속 활주 중 제동장치의 효율성이 높다.
② 지상활주 시계가 양호하다.
③ 고속으로 활주할 때 직진 성향이 양호하다.
④ 회전축과 뒷바퀴 사이가 길어 회전 성향이 높다.

13. 물 위에서 운용할 수 있는 착륙장치를 (   )라 한다.

① 부양정 ② 플로트 o
③ 보조 부양정 ④ 안정판

14. 일반항공에서 고익형과 저익형 비행기를 비교했을 때 고익형의 장점은?

① 지면효과에 유리하다. ② 하향시계가 양호하다.
③ 가로 안정성이 낮다. ④ 구조적으로 유해항력 요소가 작다.

15. 일반항공에서 고익형 경비행기의 장점은?

① 하향시계가 불량하다.
② 지면효과에 유리하다.
③ 작은 돌멩이와 같은 이물질로부터 비교적 안전하다.
④ 구조적으로 유도항력 요소가 크다.

16. 일반항공에서 저익형 경비행기에 관한 내용이 틀린 것은?

① 조종실 탑승이 불편하다.
② 하향시계 일부가 제한될 수 있다.
③ 구조적으로 유해항력 요소가 작다.
④ 상향시계가 불량하다.

【정답】 11.① 12.④ 13.② 14.② 15.③ 16.④

17. 나침반의 정밀도는 나침반 지시를 무엇과 비교해서 점검해야 하는가?

① 나침반 자차 카드　　② 무편각선

③ 공항참고점　　④ 활주로 기수방위

【해설】 비행 전에 나침반(compass)에 액체가 완전하게 채워져 있는지 확인해야 한다. 선회 중 나침반은 자유롭게 움직이면서 정확하게 알고 있는 기수방위와 일치하는지 확인해야 한다. 지상에서 기수방위를 확인하기 위한 적절한 수단으로는 활주로와 유도로는 정밀하게 측정된 방위로 지정된다. 따라서 이들은 나침반의 정밀도(accuracy)를 점검하는데 유용한 수단이다.

18. 일반적으로 북반구에서 나침반이 북쪽으로 선회하는 것을 지시하는 경우는 언제인가?

① 동쪽 기수방위로부터 우선회에 진입했을 때

② 서쪽 기수방위로부터 좌선회에 진입했을 때

③ 항공기가 동쪽 또는 서쪽 기수방위에 있는 동안 가속했을 때

④ 항공기가 북쪽 또는 남쪽 기수방위에 있는 동안 가속했을 때

【해설】 북반구(Northern Hemisphere)에서 항공기가 동쪽 또는 서쪽 기수방위에 있는 동안 가속했을 때 나침반은 북쪽으로 선회를 지시할 것이다. 항공기가 동쪽 또는 서쪽 기수방위로부터 선회했을 때 선회오차(turning error)는 발생하지 않는다.

19. 비행 중 마그네틱 컴퍼스(나침반)의 지시가 가장 정확한 시기는?

① 오직 수평직선 등속도로 비행할 때　　② 대기속도를 일정하게 유지하는 한

③ 경사가 18°를 초과하지 않는 선회　　④ 오직 등속도로 비행할 때

【해설】 비행 중 마그네틱 컴퍼스(magnetic compass)는 오직 수평직선 등속도로 비행할 때만 정확하게 지시하는 것으로 볼 수 있다. 비행기가 가속, 감속, 혹은 선회 중 나침반은 복각(dip)과 오류 지시의 원인이 된다. 나침반은 외부 전원이 필요하지 않다.

20. 나침반 자차의 원인은 무엇인가?

① 나침반 영구자석에 있는 흠집

② 진북 위치와 자북 위치 사이의 차이

③ 자력선을 왜곡시키는 항공기 내에 있는 자기장

④ 나침반에 들어 있는 액체의 부족

【해설】 나침반 자차(deviation; Dev)는 항공기 내에 있는 금속 혹은 전기부품에서 발생된 자기장(magnetic field)이 나침반 지시침에 영향을 주어 오류 발생의 원인이 된다.

21. 북반구에서 항공기가 가속 또는 감속했다면 나침반은 어떻게 지시할 것으로 예상하는가?

① 순간적으로 북쪽으로 선회를 지시한다.

② 잠시 움직임이 정지되는 경향이 있다.

③ 남쪽을 향해서 선회를 지시한다.

④ 북쪽 또는 남쪽 기수방위일 때 정확하다.

【정답】 17.④　18.③　19.①　20.③　21.④

【해설】 나침반의 증감속 오차(acceleration and deceleration error)는 기수방위가 동쪽 혹은 서쪽에 있을 때 발생한다. 그러나 기수방위가 북쪽 혹은 남쪽을 향하고 있다면 증감속 오차는 발생하지 않는다.

22. 북반구에서 나침반 지시가 초기 서쪽을 향해서 선회를 지시할 것으로 예상하는 항공기의 기동은?

① 북쪽 기수방위로부터 좌선회에 진입했을 때
② 남쪽 기수방위로부터 우선회에 진입했을 때
③ 북쪽 기수방위에 있는 동안 가속했을 때
④ 서쪽 기수방위로부터 우선회에 진입했을 때

【해설】 북반구에서 북선오차(northerly turning error)로 인해서 항공기가 북쪽 기수방위로부터 우선회에 진입한다면 나침반은 초기 서쪽으로 선회를 지시하게 될 것이다.

23. 북반구에서 나침반 지시가 남쪽을 향해서 선회를 지시할 것으로 예상하는 항공기의 기동은?

① 동쪽 기수방위로부터 좌선회에 진입했을 때
② 서쪽 기수방위로부터 우선회에 진입했을 때
③ 서쪽 기수방위에 있는 동안 감속했을 때
④ 북쪽 기수방위에 있는 동안 감속했을 때

【해설】 북반구에서 서쪽 기수방위에 있는 동안 감속했을 때 나침반 지시가 남쪽을 향해서 선회를 지시할 것이다. 이를 증감속 오차라 하고 "ANDS"라고도 한다.

24. 마그네틱 컴퍼스(나침반)에서 발생하는 자차의 원인은 무엇인가?

① 북선오차
② 항공기 내에 있는 특정 금속이나 전기부품
③ 진북 위치와 자북 위치 사이의 차
④ 항공기의 자체 진동

【해설】 나침반에 있는 자석(magnets)은 어느 자기장에도 정렬되려는 특성을 갖는다. 항공기 내의 각종 배선 주변, 특정 금속, 또는 구조물의 자화 부품 등에서 흐르고 있는 전류로 인해서 발생한 국지 자기장(local magnetic fields)이 지구의 자기장과 충돌하면서 나침반 지시에 영향을 줄 수 있다. 이를 나침반 자차라 하고 편각(Variation; VAR)과 달리 지리적 위치에 따라 기수방위가 달라질 수 있다.

25. 북반구에서 나침반 지시가 초기 동쪽을 향해서 선회를 지시할 것으로 예상하는 기동은?

① 남쪽 기수방위에 있는 동안 감속했을 때
② 북쪽 기수방위에 있는 동안 가속했을 때
③ 남쪽 기수방위에 있는 동안 가속했을 때
④ 북쪽 기수방위로부터 좌선회했을 때

【해설】 항공기가 북쪽 기수방위로부터 좌선회(서쪽으로) 했을 때 나침반 지시가 초기 동쪽

【정답】 22.② 23.③ 24.② 25.④

을 향해서 선회를 지시할 것이다. 이를 지연 오차(lag error)라 한다.

26. 피토관에 전열선이 감겨 있는 이유는 무엇인가?
① 착빙 방지 ② 냉각 효과
③ 정압 효과 ④ 이물질 흡입 방지
【해설】 *피토-히트(pitot heat)는 조종실 계기에 중대한 오류를 지시할 수 있는 피토관에 얼음이 형성되는 것을 방지하기 위한 장치이다.*

27. 정압관의 위치 선정에 관해서 올바르게 설명하고 있는 것은?
① 무게중심 근처의 공기흐름에 영향을 받지 않는 위치
② 기수 부근의 상대풍과 일직선이 되는 위치
③ 날개 앞전의 상대풍과 일직선이 되는 위치
④ 무게중심의 변화가 크게 변할 수 있는 위치

28. 피토-정압계통에서 어느 계기를 위한 충격압을 제공하는가?
① 고도계 ② 승강계
③ 속도계 ④ 선회계
【해설】 *피토-정압계통(pitot-static system)에서 피토관의 충격압(impact pressure)은 오직 속도계에만 적용된다. 따라서 속도계 정상 작동은 충격압과 정압이 있어야 한다.*

29. 만약 정압관이 막혔다면 영향을 받는 계기는 어느 것인가?
① 속도계만 ② 고도계만
③ 속도계, 고도계, 그리고 승강계 ④ 승강계
【해설】 *피토-정압 시스템은 속도계, 고도계, 그리고 승강계의 작동을 위한 공기 압력의 근원이다. 따라서 정압관(static vents)이 막혔다면 이들 모두 영향을 받는다.*

30. 만약 피토관이 막혔다면 영향을 받는 계기는?
① 고도계 ② 승강계
③ 속도계 ④ 자세계
【해설】 *피토-정압 시스템은 속도계, 고도계, 그리고 승강계의 작동을 위한 공기 압력의 근원이다. 피토관은 속도계에 직접 연결되어 있어 오직 속도계에만 충격압을 전달한다. 따라서 피토관이 막혔다면 속도계만 영향을 받게 될 것이다.*

31. 만약 피토관과 외부 정압관이 막혔다면 영향을 받는 계기는?
① 고도계, 속도계, 그리고 선회경사 지시계
② 고도계, 속도계, 승강계, 그리고 자세계
③ 고도계, 자세계, 그리고 선회경사 지시계
④ 고도계, 속도계, 그리고 승강계

【정답】 26.① 27.① 28.③ 29.③ 30.③ 31.④

【해설】 피토-정압 시스템은 속도계(airspeed indicator), 고도계(altimeter), 그리고 승강계(vertical speed indicator)의 작동을 위한 공기 압력의 근원이다. 만약 피토관과 외부 정압관(outside static vents)이 막혔다면 고도계, 속도계, 그리고 승강계 모두 영향을 받을 것이다.

32. [그림2-37, 컬러 그림] 비행기 속도계의 주의범위는?

① 0~60노트　② 100~165노트
③ 165~208노트　④ 60~100노트

【해설】 주의범위(caution range)는 속도계에서 노란색 원호로 표시된다. 이 범위에서 운용은 기류가 유연한 상태(smooth air)에서 비행으로 한정된다.

33. [그림2-37, 컬러 그림] 기류가 양호할 때 운용할 수 있는 비행기의 최대속도는?

① 100노트　② 165노트
③ 208노트　④ 210노트

【해설】 비행기가 양호한 기류 속에서 비행할 수 있는 최대속도는 속도계에 있는 적색 방사선(red radial line)이다.

34. [그림2-37, 컬러 그림] 이 비행기의 최대구조적순항속도는 얼마인가?

① 100노트　② 165노트
③ 208노트　④ 210노트

【해설】 최대구조적순항속도(maximum structural cruising speed)는 정상운용(normal operation)을 위한 최대속도이고 속도계에서 녹색 원호의 상부 한계가 지시하는 속도이다.

35. [그림2-37, 컬러 그림] 이 비행기의 전체 플랩작동범위는 얼마인가?

① 55~100노트　② 58~208노트
③ 58~165노트　④ 100~160노트

【해설】 전체 플랩작동범위(full flap operating range)는 속도계에서 백색 원호로 지시된다.

36. [그림2-37, 컬러 그림] 플랩과 착륙장치를 내렸을 때의 착륙형상에서 무동력 실속속도는 어떻게 알 수 있는가?

① 녹색 원호의 상부한계　② 백색 원호의 상부한계
③ 노란색 원호의 하부한계　④ 백색 원호의 하부한계

【해설】 속도계에서 플랩과 착륙장치를 내렸을 때의 착륙형상(landing configuration)에서 무동력 실속속도(power-off stall)는 백색 원호의 하부한계가 지시하는 속도이다.

37. [그림2-37, 컬러 그림] 초과금지속도는 어떻게 알 수 있는가?

① 노란색 원호의 하부한계　② 백색 원호의 상부한계
③ 적색 방사선　④ 노란색 전체범위

【해설】 속도계에서 초과금지속도(never exceed speed; V_{NE})는 적색 방사선이 지시하는 속

【정답】 32.③　33.③　34.②　35.①　36.④　37.③

도이다.

38. [그림2-37, 컬러 그림] 특정형상에서 무동력 실속속도는 어떻게 알 수 있는가?

① 녹색 원호의 상부한계 ② 백색 원호의 상부한계

③ 녹색 원호의 하부한계 ④ 노란색 원호의 상부한계

【해설】 속도계에서 특정형상(specified configuration)에서의 무동력 실속속도는 녹색 원호의 하부한계가 지시하는 속도이다.

39. [그림2-37, 컬러 그림] 최대플랩내림속도는 얼마인가?

① 65노트 ② 100노트

③ 165노트 ④ 180노트

【해설】 전체 플랩작동범위(full flap operating range)는 속도계에서 백색 원호로 지시된다. 최대플랩내림속도(maximum flaps extended speed)는 백색 원호의 상부한계가 지시하는 속도이다. 이 속도가 플랩을 내릴 수 있는 최대속도이다, 만약 이 속도 한계를 초과한다면 구조적 파손이 발생할 수 있다.

40. [그림2-37, 컬러 그림] 정상플랩작동범위는 어느 색으로 알 수 있는가?

① 노란색 원호 ② 녹색 원호

③ 백색 원호 ④ 녹색과 백색 원호 사이

【해설】 플랩의 정상작동범위(normal operating range)는 백색 원호로 표시된다. 백색 원호의 하부한계는 플랩을 내렸을 때 무동력 실속속도를 지시한다. 상부한계는 조종사가 플랩을 내릴 수 있는 최대속도이다.

41. 속도계에 있는 빨간색 선이 나타내는 것은?

① 기동속도 ② 난기류 속도

③ 초과금지속도 ④ 최대구조적운용속도

【해설】 속도계에서 초과금지속도(never exceed speed; V_{NE})는 적색 방사선(radial line)이 지시하는 속도이다.

42. 속도계에 컬러로 표시되지 않은 중요한 속도는 무엇인가?

① 초과금지속도 ② 최대구조적순항속도

③ 실속속도 ④ 기동속도

【해설】 비행기의 기동속도(maneuvering speed; V_A)는 비록 속도계에 컬러로 표시되지 않지만 조종사가 기억해야 하는 중요한 속도이다. 이 속도는 비행기 매뉴얼(조종사 운용 지침서) 혹은 조종실 플래카드(placard)에 표기되어 있다. 기동속도는 난기류 속에서 구조적 파손 없이 조종면을 최대로 적용할 수 있는 속도이다. 따라서 비행 중 난기류를 만났다면 기동속도 또는 그 이하로 감속하여 비행해야 초과하중(exceed loads)으로 인한 구조적 파손을 방지할 수 있다.

【정답】 38.③ 39.② 40.③ 41.③ 42.④

43. 비행기가 착지 단계의 자세변경(플레어) 과정에서 속도계 오차의 원인은?

① 상대적으로 속도가 느리기 때문이다.

② 비행경로와 일직선이 아니기 때문이다.

③ 고도가 상대적으로 낮기 때문이다.

④ 공기밀도가 높아지기 때문이다.

44. 일반적으로 속도계가 부정확하게 지시할 수 있는 비행조건은?

① 속도가 낮을수록　　② 속도가 높을수록

③ 기동속도　　④ 주의범위에서 운용 중

【해설】 *피토관(pitot tube)은 항공기의 세로축과 일치되게 설치되어 있다. 그러나 저속에서 높은 받음각은 비행경로와 피토관의 불일치로 오차가 많이 발생할 수 있다.*

45. 모든 항공기의 성능을 지시하는 기본 속도는?

① 진대기속도　　② 지시속도

③ 등가대기속도　　④ 대지속도

【해설】 *지시속도(indicated airspeed; IAS)는 피토-정압계통에서 속도계가 지시하는 속도이다. 항공기의 성능을 나타내는 속도는 기본적으로 지시속도(IAS)이다.*

46. 항공기가 현재 대기 속을 이동하는 속도는 무엇인가?

① 지시속도　　② 등가대기속도

③ 대지속도　　④ 진대기속도

【해설】 *진대기속도(true airspeed; TAS)는 비행 중 실제 공기에 상대적인 항공기의 속도이다. 이 속도는 기압과 기온이 반영되어야 한다. 따라서 진대기속도는 항공기의 정밀 항법에 중요하다.*

47. 항공기가 지상 위를 실제로 이동하는 속도는 무엇인가?

① 진대기속도　　② 지시속도

③ 등가대기속도　　④ 대지속도

【해설】 *대지속도(ground speed; GS)는 자동차와 같이 지상 위를 실제 이동하는 속도이다.*

48. 속도계의 백색 하단이 지시하는 속도는 무엇인가?

① 플랩 작동 속도　　② 착륙형상에서 실속속도

③ 정상 비행조건에서 실속속도　　④ 최대상승각 속도

49. 속도계의 초록색 하단이 지시하는 속도는 무엇인가?

① 플랩 작동 속도　　② 착륙형상에서 실속속도

③ 정상 비행조건에서 실속속도　　④ 최대상승각 속도

【정답】 43.② 44.① 45.② 46.④ 47.④ 48.② 49.③

50. 착륙형상에 있을 때 비행기의 실속속도를 지시하는 V-속도는?

① Vso ② V1

③ V2 ④ Vfe

51. 정상 비행에 있을 때 비행기의 실속속도를 지시하는 V-속도는?

① Vso ② Vs1

③ Vs2 ④ VFE

52. 비행기의 최대 구조적 순항속도를 지시하는 V-속도는 어느 것인가?

① Vso ② V_{NO}

③ Vs1 ④ VNE

53. 속도계에 지시되는 V_{NE} 이상의 속도가 위험하게 고려되는 것은 무엇 때문인가?

① 과도한 유도항력은 구조적 파손을 초래한다.

② 조종 표면에 과도한 공기압이 형성되어 조종성을 상실할 수 있다.

③ 조종 효율이 매우 불안정하기 때문에 항공기를 조종할 수 없다.

④ 돌풍을 만났을 때 설계 제한하중계수를 초과할 수 있다.

【해설】 비행 중 돌풍을 만났을 때 항공기의 설계 제한하중계수를 초과할 수 있기 때문에 초과금지속도(V_{NE}) 이상의 비행속도는 회피해야 한다.

54. 속도계의 백색 원호의 하부한계는 어떠한 상태에서의 속도를 의미하는가?

① 착륙 형상(플랩 내림)에서 무동력 실속속도

② 플랩을 내린 상태에서 최저 조종 가능한 속도

③ 특정 형상에서 무동력 실속속도

④ 착륙 형상에서 유동력 실속속도

【해설】 착륙 형상(landing configuration)은 착륙을 위해서 플랩이나 착륙장치를 내린 상태의 형상이다. 그 외의 비행기 형상을 특정 형상(specific configuration)이라 한다.

55. 속도계의 초록색 원호의 하부한계는 어떠한 상태에서의 속도를 의미하는가?

① 착륙형상에서 무동력 실속속도

② 착륙형상 외의 무동력 실속속도

③ 착륙장치와 플랩을 올린 상태에서의 최저 조종가능 속도

④ 플랩을 내린 상태에서 최저 조종가능 속도

【해설】 속도계의 초록색 원호는 정상 운용범위를 나타내고 하단의 속도는 착륙 형상(landing configuration) 외에 무동력 실속속도(V_{S1})를 나타낸다.

【정답】 50.① 51.② 52.② 53.④ 54.① 55.②

【그림2-38】

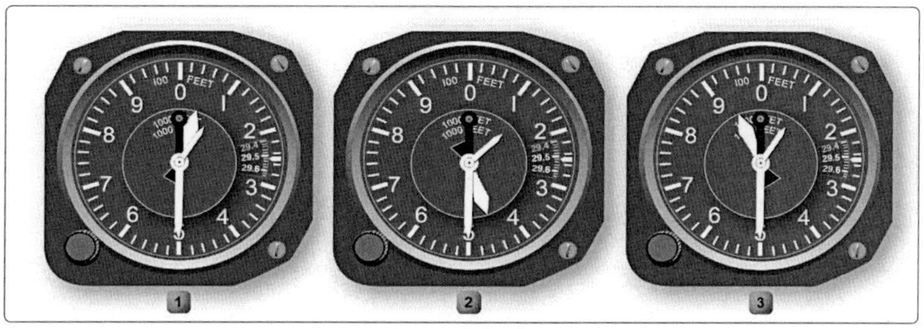

【그림2-39】

56. [그림2-38] 고도 9,000피트 이상을 지시하고 있는 고도계는?

① 1, 2, 3　　② 1, 2

③ 3　　④ 1, 3

【해설】 1번 고도계는 500피트, 2번 고도계는 1,500피트 그리고 3번 고도계는 9,500피트를 지시하고 있다. 일반 기압고도계는 3개의 지시침(needles)으로 구성되어 있다. 만 단위 고도를 지시하는 얇고 긴 지시침(끝이 삼각 모양), 천 단위 고도를 지시하는 단침, 그리고 백 단위 고도를 지시하는 장침이 있다.

57. [그림2-38] 1번 고도계가 지시하는 고도는?

① 4,500피트　　② 1,500피트

③ 500피트　　④ 2,500피트

【해설】 만 단위와 천 단위를 지시하는 지시침은 0과 1 사이에 있다. 따라서 만 피트 이하 그리고 천 피트 이하가 되고 백 단위 고도를 지시하는 장침이 지시하는 고도를 판독하면 된다.

58. [그림2-38] 3번 고도계가 지시하는 고도는?

① 1,500피트　　② 10,000피트

③ 4,500피트　　④ 9,500피트

59. [그림2-39] 2번 고도계가 지시하는 고도는?

① 1,500피트　　② 4,500피트

③ 14,500피트　　④ 5,500피트

【정답】 56.③　57.③　58.④　59.③

60. [그림2-39] 1번 고도계가 지시하는 고도는?

① 500피트　② 1,500피트
③ 8,500피트　④ 10,500피트

61. [그림2-39] 3번 고도계가 지시하는 고도는?

① 9,500피트　② 10,950피트
③ 15,940피트　④ 1,500피트

【해설】 만 단위를 지시하는 지시침이 대략 1(10,000)을 지시하고 있다. 천 단위를 지시하는 지시침은 9와 0 사이에 있다. 최종적으로 백 단위를 지시하는 지시침은 500피트를 지시하고 있다. 이를 조합하면 9,500피트가 된다.

62. [그림2-39] 고도 10,000피트 이상을 지시하고 있는 고도계는?

① 1, 2, 3　② 1, 2
③ 1　④ 1, 3

63. 절대고도는 무엇인가?

① 고도계에서 직접 판독한 고도이다.　② 평균 해수면 위의 실제 높이이다.
③ 표준기지면 위의 거리이다.　④ 지표면 위 항공기의 수직거리이다.

【해설】 절대고도(absolute altitude)는 지표면 위로부터 항공기까지의 수직거리이다. 이를 AGL(above ground level) 단위로 나타낸다.

64. 진고도는 무엇인가?

① 해수면 위 항공기의 수직거리이다.　② 지표면 위 항공기의 수직거리이다.
③ 표준기지면 위의 높이이다.　④ 고도계가 지시하는 고도이다.

【해설】 진고도(true altitude)는 평균해수면(mean sea level) 위의 실제 고도이다.

65. 밀도고도는 무엇인가?

① 표준기지면 위의 높이　② 해수면 위 항공기의 수직거리
③ 고도계에서 직접 판독한 고도　④ 비표준기온을 수정한 기압고도

【해설】 밀도고도(density altitude)는 비표준기온을 위해서 수정한 기압고도(pressure altitude)이다.

66. 기압고도와 밀도고도가 같아지는 조건은?

① 기온이 0°F일 때 해수면에서 일치한다.　② 고도계 설치오차가 없을 때 일치한다.
③ 표준기온에서 일치한다.　④ 해수면에서만 일치한다.

【해설】 기압고도와 밀도고도는 오직 표준기온일 때만 일치한다.

【정답】 60.④　61.①　62.②　63.④　64.①　65.④　66.③

67. 지시고도와 진고도가 동일해지는 조건은?
① 고도계의 기계적 오차가 없을 때
② 표준대기조건 하의 해수면일 때
③ 고도계 수정치 29.92에서 18,000피트(MSL)일 때
④ 표준기온일 때만
【해설】 *고도계에서 직접 읽은 지시고도(indicated altitude)는 표준대기조건이 존재하고 당신의 고도계가 적절하게 보정되었을 때 진고도(true altitude; 해수면 위의 거리)와 같아진다.*

68. 기압고도와 진고도가 같아지는 대기 조건은?
① 대기압이 29.92″Hg일 때
② 해수면에서만 일치한다.
③ 지시고도가 기압고도와 동등해질 때
④ 표준대기조건이 존재할 때
【해설】 *기압고도(pressure altitude)는 표준대기조건(해수면에서 29.92″Hg 그리고 15℃)이 존재할 때 같아진다.*

69. 기압고도는 어떠한 상태의 지시고도인가?
① 위치와 설치 오차를 수정한 고도이다.
② 기압계 눈금을 29.92에 맞추었을 때 지시하는 고도이다.
③ 비표준기온과 기압을 위해서 수정한 고도이다.
④ 비표준기온에서 공기밀도를 수정한 고도이다.
【해설】 *기압고도는 29.92″Hg의 표준기지면(standard datum plane) 위 항공기의 높이이다. 고도계는 29.92″Hg에 맞추었다면 지시고도는 기압고도이다.*

70. 표준대기 조건에서 고도 1,000피트 상승할 때마다 대기압은 어떻게 변하는가?
① 1"Hg 감소
② 2"Hg 감소
③ 1"Hg 상승
④ 2.5"Hg 상승

71. 지표면으로부터의 고도는 무엇이고 사용하는 단위는?
① 기압고도, AGL
② 지시고도, MSL
③ 진고도, MSL
④ 절대고도, AGL

72. 평균해수면으로부터 항공기까지의 높이를 나타내는 고도와 단위는?
① 절대고도, AGL
② 기압고도, AGL
③ 지시고도, MSL
④ 진고도, MSL

73. 고도계 수정치는 현지의 비표준기온에서 기압 수정치로 조정한 것이다. 이때 고도계가 지시하는 고도는?
① 공항 표고에서 수정고도
② 공항 표고에서 절대고도
③ 공항 표고에서 진고도
④ 공항 표고에서 기압고도

【정답】 67.② 68.④ 69.② 70.① 71.④ 72.④ 73.③

【해설】 지역 고도계 수정치(altimeter setting)는 현재 존재하는 기압과 표준 대기압 사이의 차이를 수정하는 절차이다. 따라서 해당 지역의 기압이 표준보다 높거나 낮으면 항공기 고도계는 지역 고도계 수정치에 조정해야 한다. 이때 고도계는 공항 표고(field elevation)에서 진고도(true altitude)를 지시한다.

74. 항공기 운항을 위해서 제공되는 각종 장애물의 높이와 공역의 한계를 지시하는 고도는?

① 절대고도, AGL ② 기압고도, AGL

③ 지시고도, MSL ④ 진고도, MSL

75. 고도계 수정치를 29.15에서 29.85로 수정이 불가피하다면 고도는 얼마가 변하는가?

① 지시고도에서 70피트 증가

② 밀도고도에서 70피트 감소

③ 기압고도에서 700피트 감소

④ 지시고도에서 700피트 증가

【해설】 고도계 수정치가 29.15″에서 29.85″로 수정했다면 지시고도는 700피트 증가한다. 단순하게 고도계가 지시하는 고도는 고도계 수정치 값과 동일 방향으로 변한다. 사례와 같이 고도계 수정치 값이 증가했다면 고도계가 지시하는 고도 역시 증가한다. 고도계 수정치 1″Hg는 고도 1,000피트의 변화와 같다.

76. 조종사가 고도계 수정치를 30.11에서 29.92로 변경했다면 어떠한 변화가 예상되는가?

① 고도계는 0.15″Hg 더 높게 지시할 것이다.

② 고도계는 150피트 더 높게 지시할 것이다.

③ 고도계는 150피트 더 낮게 지시할 것이다.

④ 고도계는 15피트 더 낮게 지시할 것이다.

【해설】 단순하게 고도계가 지시하는 고도는 고도계 수정치 값과 동일 방향으로 변한다. 사례와 같이 고도계 수정치 값이 감소했다면 고도계가 지시하는 고도 역시 감소한다. 고도계 수정치 1″Hg는 고도 1,000피트의 변화와 같다.

77. 만약 항공기가 낮은 기압 지역에서 고도계 수정치의 변화 없이 높은 기압 지역으로 진입했다면 고도계는 어떻게 지시할 것인가?

① 해수면 위 실제 고도

② 해수면 위 실제고도보다 더 높은 고도

③ 해수면 위 실제고도보다 더 낮은 고도

④ 변함이 없다.

【해설】 고도계 수정치가 정확한 값보다 낮은 값에 맞추었을 때 고도계가 지시하는 고도는 낮게 지시해야 한다. 따라서 고도계는 해수면 위 실제고도보다 더 낮게 지시하게 될 것이다.

【정답】 74.④ 75.④ 76.③ 77.③

78. 만약 항공기가 높은 기압 지역에서 낮은 기압 지역으로 고도계 수정치의 변화 없이 진입했다면 고도계는 어떻게 지시할 것인가?

① 해수면 위 실제고도보다 더 낮은 고도
② 해수면 위 실제고도보다 더 낮은 밀도고도
③ 해수면에서 실제고도
④ 해수면 위 실제고도보다 더 높은 고도

【해설】 *항공기가 높은 기압 지역에서 낮은 기압 지역으로 고도계 수정치의 변화 없이 진입했다면 고도계는 해수면 위 실제고도보다 더 높은 고도를 지시할 것이다. 고도계 수정치 값이 낮아짐에 따라 고도계는 더 낮게 지시한다. 이것은 고도계가 지시하는 고도는 고도계 수정치 값과 동일 방향으로 변한다는 것을 의미한다.*

79. 고도계가 진고도(실제고도)보다 낮게 지시하게 되는 조건은?

① 표준보다 더 낮은 기온　　　② 표준보다 더 낮은 대기압
③ 표준보다 더 온난한 기온　　④ 해수면에서 표준과 일치하는 기온

【해설】 *공기가 표준기온보다 더 높을 때 항공기는 고도계가 지시하는 고도보다 더 높게 비행하게 될 것이다. 이것은 고도계는 실제 비행하고 있는 고도보다 더 낮게 지시한다는 것을 의미한다.*

80. 진고도(실제고도)가 지시고도보다 낮아지는 조건은?

① 해수면에서 공기밀도가 더 팽창하는 조건이 존재할 때
② 표준기온보다 더 높은 기온일 때
③ 밀도고도가 지시고도보다 더 높을 때
④ 표준기온보다 더 낮은 기온일 때

【해설】 *기온이 표준보다 더 낮을 때 항공기는 고도계가 지시하는 것보다 더 낮게 비행하고 있다. 여기서 고도계 지시는 기온의 변화를 위해서 수정하는 것이 아니라 대기압(barometric pressure)의 변화를 위해서 수정한다는 것을 기억해야 한다. 따라서 항공기가 온난한 공기(warmer)에서 찬 공기(cold air) 속으로 고도계 수정치를 조정함이 없이 일정한 지시고도를 유지하고 있다면 항공기는 실질적으로 더 낮은 고도에서 비행하게 될 것이다.*

81. 기온의 변화는 고도계에 어떻게 영향을 주는가?

① 기압 층은 더운 날에 상승하고 지시고도는 진고도보다 더 낮다.
② 높은 기온은 기압 층을 팽창하게 하여 지시고도는 진고도보다 더 높다.
③ 낮은 기온은 기압 층을 수축하게 하여 지시고도는 진고도보다 더 낮다.
④ 기압 층은 더운 날에 하강하고 지시고도는 진고도보다 더 높다.

【해설】 *표준보다 더운 날 대기압 층은 추운 날보다 더 높다. 이때 고도계는 실제고도보다 더 낮게 지시할 것이다.*

【정답】 78.④ 79.③ 80.④ 81.①

82. 비행용 계기 중에 자이로 원리를 적용한 계기들은?

① 자세계, 선회계, 기수방위 지시계 ② 속도계, 선회계, 기수방위 지시계

③ 자세계, 고도계, 기수방위 지시계 ④ 속도계, 승강계, 고도계

【해설】 속도계, 고도계, 승강계는 피토-정압계통이다.

83. 회전 원판의 어느 한 지점에 힘을 적용했을 때 그 힘이 회전 방향으로 90°를 지난 지점에서 분명해지는 현상은?

① 공간강성 ② 세차 현상

③ 고착 현상 ④ 자동운동 현상

【해설】 자이로스코픽 세차(gyroscopic precession)는 힘이 작용한 방향에서 90도 후에 작용하는 힘이 나타나는 회전체에서 일어나는 현상이다.

84. 비행기 외부에 나팔관 모양의 장치가 부착되어 있다. 어느 장치를 위한 것인가?

① 자이로 동력-흡입력 ② 피토관으로 속도계-흡입력

③ 정압관으로 고도계-정압 ④ 피토-정압장치의 대기압

85. 비행 중 진공계통에서 제공하는 흡입력이 부족할 때 영향을 받는 계기?

① 속도계 ② 기압고도계

③ 기수방위 지시계 ④ 승강계

【해설】 자이로 작동원리에 따른 계기는 자세계, 선회계, 그리고 기수방위 지시계가 있다.

86. 자이로 계기 중 피치와 경사 정보를 동시에 제공하는 계기는?

① 자세계 ② 선회코디네이터

③ 기수방위 지시계 ④ 승강계

87. [그림2-41] 수평비행 중 자세계를 정확하게 조절하는 방법은?

① 수평지시기를 수평비행 지시에 맞춘다.

② 수평지시기를 모형 항공기에 맞춘다.

③ 모형 항공기를 수평지시기에 맞춘다.

④ 수평지시기와 모형항공기를 서로 반대로 움직여 맞춘다.

【해설】 자세계(attitude indicator)의 수평지시기(horizon bar)는 실제 수평선을 나타낸다. 이 수평지시기는 자이로에 고정되어 있고 항공기가 가로 및 세로축에 대해서 피치 혹은 경사 운동을 할지라도 수평 평면(horizon plane)을 유지하면서 실제 수평선에 대한 항공기의 자세를 보여준다. 조종사가 자세계에 있는 조절 손잡이(knob)를 돌리면 모형 항공기(miniature aircraft)가 상하로 움직이고 조종사의 시선에 적합하도록 수평지시기에 맞출 수 있다.

【정답】 82.① 83.② 84.① 85.③ 86.① 87.③

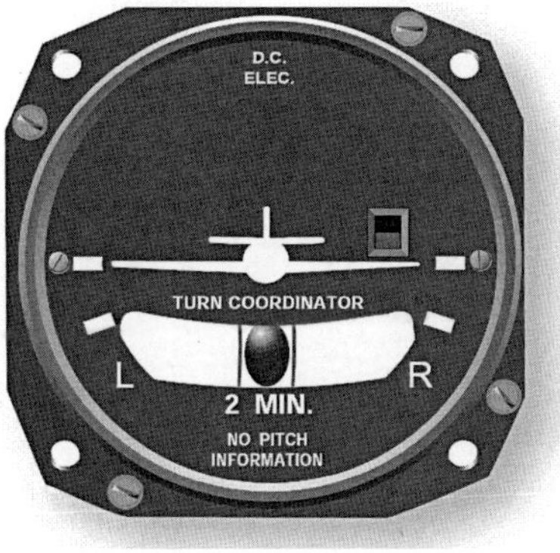

【그림2-40】

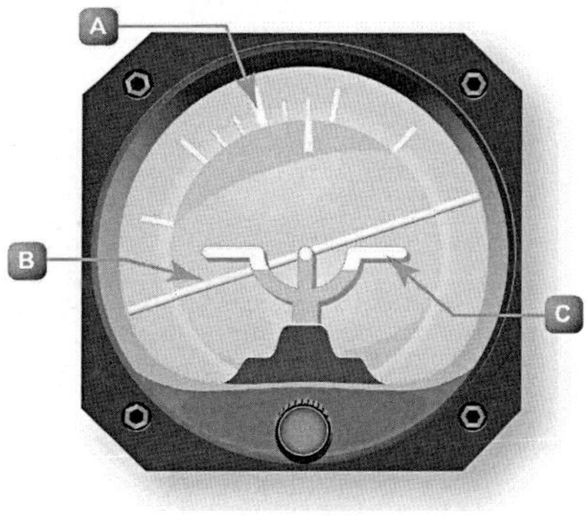

【그림2-41】

88. [그림2-41] 조종사는 자세계로부터 경사방향을 어떻게 결정할 수 있는가?

① 경사눈금의 편향 방향(A)

② 수평지시기의 편향 방향(B)

③ 수평지시기(B)는 오른쪽으로 돌리면서 모형항공기의 관계

④ 수평지시기(B)에 대한 모형 항공기(C)의 관계

【해설】 자세계에서 지시하는 경사 방향은 기울어진 수평지시기에 대한 모형 항공기의 관계를 이용해서 결정한다. 수평선에 대한 모형 항공기의 상대 위치가 항공기의 자세를 지시한다. 이 문제에 제시된 자세계는 수평 우선회를 지시하고 있다.

89. [그림2-40] 선회코디네이터가 지시하는 것은?

① 요(빗놀이)와 롤(옆놀이) 축에 대한 항공기의 운동

② 30°를 초과하지 않는 경사각

③ 세로축을 참고한 항공기의 자세

④ 항공기의 경사와 균형선회

【해설】 선회코디네이터(turn coordinator)는 항공기(aircraft)의 요와 롤 운동(yaw and roll movement)을 지시한다. 모형 항공기의 움직임은 항공기의 롤 비율(roll rate)에 비례한다. 롤 비율이 제로까지 감소할 때 선회코디네이터는 선회율(rate of turn)을 지시한다.

90. 선회계의 볼은 어떤 원리에 의해서 작동하는가?

① 자이로 회전력　　② 자이로 세차

③ 자이로 회전강성　　④ 수평계 원리

91. 선회코디네이터는 선회경사 지시계와 어떠한 점이 다른가?

① 선회율과 선회의 질을 지시

② 선회율과 옆놀이(롤) 비율을 동시에 지시

③ 선회율과 선회반경을 지시

④ 선회율과 피치율 지시

【정답】 88.④ 89.① 90.④ 91.②

【그림2-42】

92. [그림2-42] 비정상적인 자세가 발생한 후 당신은 기수방위 지시계가 110°로 벗어난 것을 발견했다. 기수방위 지시계는 어떻게 재조정해야 하는가?

① 케이지 손잡이를 오른쪽으로 돌려 다시 맞춘다.

② 케이지 손잡이를 당겨서 다시 맞춘다.

③ 그대로 놓아둔다. 이것은 나침반 기수방위와 정확하게 일치할 것이기 때문이다.

④ 케이지 손잡이를 눌러서 다시 맞춘다.

【해설】 기수방위 지시계의 왼쪽 하단에 케이지 손잡이(cage knob)가 있다. 기수방위를 재조정하기 위해서 케이지 손잡이를 눌러 주어야 한다.

93. 비행 중 기수방위 지시계로부터 정확한 지시를 얻기 위해서 계기를 어떻게 해야 하는가?

① 비행 전 잘 알고 있는 기수방위에 맞춘다.

② 규칙적인 간격에서 나침반 방위에 조정한다.

③ 자이로 세차로 인한 오차를 주기적으로 나침반에 재정렬한다.

④ 규칙적인 간격에서 항공도의 진방위에 조정한다.

【해설】 자이로 세차(gyroscopic precession)로 인해서 방향성 자이로 계기는 주기적으로 마그네틱 컴퍼스(나침반)에 재정렬시켜 주어야 한다. 마찰은 정확한 기수방위로부터 드리프트(drifting; 약간씩 변해가는 현상)하게 하는 주원인이다.

94. 기수방위 지시계는 계속해서 정확한 방위를 지시하지 못한다. 이 원인은 무엇이고 어느 정도의 시간 간격으로 조정하는 것이 적절한가?

① 세차로 인한 오차, 약 15분 간격으로 재조정

② 공간강성으로 인한 오차, 약 30분 간격으로 재조정

③ 세차로 인한 오차, 약 30분 간격으로 재조정

④ 공간강성으로 인한 오차, 약 15분 간격으로 재조정

95. 글라스 칵핏의 주요 장점은?

① 비행 중 종이 차트를 더 이상 휴대할 필요가 없다.

② 조종사의 부족한 항공지식을 보조한다.

③ 지형회피를 보장한다.

④ 상황인식을 향상시킨다.

【정답】 92.④ 93.③ 94.① 95.④

【해설】 글라스 칵핏(glass cockpit)은 조종사의 조종실 업무(work load)를 감소시키고 상황 인식(situational awareness)의 향상, 그리고 안전 마진(safety margin)을 높여준다.

96. EFD를 장착한 항공기의 운용에 관해서 올바르게 서술하고 있는 것은?

① 조종사의 기량과 지식의 부족을 보조해 줄 수 있다.

② 새로운 능력을 제공하고 기본 비행과업을 단순화할 수 있다.

③ 조종사에게 경고를 위한 주의를 단순화함으로써 비행인식을 향상시킬 수 있다.

④ 최신 정밀한 정보를 제공하기 때문에 다른 간행물을 참고할 필요가 없다.

【해설】 전자비행디스플레이(electronic flight display; EFD)는 상황인식의 향상과 같은 새로운 능력을 제공하고 전통적인 지방횡단 비행계획과 연료관리(fuel management)와 같은 기본 비행과업을 단순하게 한다. 첨단항공전자(advanced avionics)를 장착한 항공기는 상황인식을 향상시켜 더욱 안전하게 비행할 수 있도록 한다. 이동지도, 지형(topography), 지형인식(terrain awareness), 교통, 그리고 기상 데이터링크는 상황인식의 향상과 같은 전례 없는 정보를 제공하지만 잘 계획된 정보관리전략 없이는 이들 도구는 단순하게 승객을 만족시키는 조종사가 될 수 있다.

97. 전자비행계기 디스플레이 조종실을 갖춘 항공기를 비행 중 안전 마진을 보장하기 위해서 조종사의 행동을 가장 잘 서술하고 있는 것은?

① 주요 항법 수단으로 이동지도를 사용하고, 엔진 시스템과 기상을 확인하기 위해서 MFD의 사용, 그리고 정보의 보충 형식을 예비로 사용한다.

② PFD에 있는 각 항목을 규칙적으로 관찰하고, MFD에서 확인한다.

③ 내부와 외부 모두를 규칙적으로 관찰하고 모든 적절한 점검표의 사용, 그리고 다른 정보 형식과 교차점검을 한다.

④ PFD에서 가장 최신정보를 제공하기 때문에 전적으로 이들에 의존해서 비행한다.

【해설】 전자비행계기 디스플레이를 갖춘 항공기를 비행 중 안전 마진을 향상시키기 위해서 내부와 외부 모두를 규칙적으로 관찰하고 모든 적절한 점검표의 사용, 그리고 다른 정보 형식과 교차점검을 해야 한다.

98. 경항공기 엔진의 기본 작동원리는 무엇인가?

① 흡기식 내연기관　　② 흡기식 압축기관

③ 비흡기식 외연기관　　④ 비흡기식 내연기관

【해설】 왕복엔진(reciprocating engine) 또는 피스톤 엔진(piston engine)은 전형적인 열기관(heat engine)으로 압력을 회전운동으로 바꾸는 데 사용되는 한 개 이상의 피스톤이 사용된다. 내연기관(internal combustion engine; ICE)은 연료와 공기의 혼합가스를 연소실에 연소시켜 동력을 생산하는 열기관이다.

【정답】 96.② 97.③ 98.①

99. 경비행기에 사용되는 엔진 배열 방식은?

① 도립수평 ② 수평대향

③ 성형 ④ 일렬

【해설】 수평대형 엔진(horizontally opposed engine)은 크랭크케이스를 중심으로 양쪽에 실린더가 배열된 엔진이다. 이 배열로 왕복 힘이 상쇄되어 엔진이 부드럽게 작동한다. 또한, 상대적으로 작고 가벼운 크랭크케이스로 작동할 수 있어 출력 대 중량 비율이 높다. 이외에도 컴팩트 실린더 배열은 엔진의 전면 영역을 줄이고 공기역학적 항력은 낮다.

100. 왕복엔진의 4행정 중 피스톤의 왕복운동은 몇 회를 하는가?

① 1회 ② 2회

③ 3회 ④ 4회

101. 왕복엔진의 4행정은 무엇인가?

① 흡기-압축-점화-배기 ② 흡기-폭발-점화-배기

③ 흡기-압축-폭발-배기 ④ 흡기-압축-폭발-점화

102. 왕복엔진의 실질적 동력을 생산하는 행정은 어느 것인가?

① 압축 행정 ② 점화 행정

③ 배기 행정 ④ 폭발 행정

103. 왕복엔진의 4행정에는 포함되지 않지만 엔진 작동에 필수적인 작용은 무엇인가?

① 압축 작용 ② 점화 작용

③ 배기 작용 ④ 흡기 작용

104. 실린더의 외벽에 달려있는 핀의 역할은 무엇인가?

① 소음감소 작용 ② 윤활작용

③ 냉각 작용 o ④ 압축 작용

【해설】 냉각 핀(cooling fins)은 실린더 열을 공기로 전달하는 수단을 제공하기 때문에 냉각 계통에서 매우 중요하다.

105. 피스톤의 압축 성능을 향상하기 위한 부품은?

① 피스톤 링 ② 크랭크축

③ 반동추 ④ 흡입 밸브

【해설】 피스톤 링(piston ring)은 피스톤이 가스를 압축할 때 새지 않도록 실린더 벽에 꼭 맞게 장착되어야 한다. 압축 링의 목적은 엔진 작동 중에 피스톤을 지나 연소 가스가 빠져나가지 않도록 하는 것이다.

【정답】 99.② 100.② 101.③ 102.④ 103.② 104.③ 105.①

106. 왕복엔진에서 피스톤의 수직 운동을 회전운동으로 전환하는 데 사용되는 부품은?

① 피스톤 링 ② 크랭크축
③ 반동추 ④ 흡기 밸브

【해설】 크랭크축(crankshaft)은 왕복엔진의 중추 구성품이다. 피스톤과 커넥팅 로드의 왕복 운동을 회전운동으로 바꾸는 역할을 한다.

107. 엔진 크랭크축 반동추의 불균형을 초래하는 과도한 응력의 주원인은?

① 스로틀 밸브에 형성되는 착빙 ② 혼합비의 과농후 상태로 운용
③ 스로틀의 급격한 조작 ④ 부적절한 혼합비로 운용할 때

【해설】 크랭크축의 반동추(counterweight)는 크랭크축의 회전 중에 발생하는 관성력으로 균형을 유지하도록 설계되어 있으며 동시에 크랭크축에서 발생하는 진동을 흡수하거나 감소시키는 역할을 한다. 반동추의 불균형을 초래하는 원인은 급격한 스로틀의 개폐로 인한 엔진의 무리, 과속, 높은 동력 또는 낮은 매니폴드 압에서 높은 RPM 등이다.

108. 엔진 크랭크축의 반동추의 역할은 무엇인가?

① 엔진 작동 소음 감소 ② 관성력으로 불규칙 진동 흡수
③ 엔진 오일의 원활한 공급 ④ 엔진실 내부의 압력 조절

109. 스로틀을 급격히 조작했을 때 엔진 작동에 미칠 수 있는 영향은?

① 엔진 작동에 과도한 응력이 부여될 수 있다.
② 혼합비가 급격히 떨어질 수 있다.
③ 엔진 온도가 급격히 증가할 수 있다.
④ 혼합비가 과도하게 농후해질 수 있다.

110. 겨울철 비행 전 예열 절차에 대해서 잘 설명하고 있는 것은?

① 조종실 구역은 휴대용 가열기로 예열해서는 안 된다.
② 뜨거운 공기는 반드시 공기 흡입관을 통해서 직접 불어 넣어야 한다.
③ 엔진뿐만 아니라 조종실도 함께 예열해야 한다.
④ 엔진부와 오일 순환부를 중심으로 예열하고 조종실은 하지 않아도 된다.

【해설】 추운 지역에서 엔진 오일은 굳어져 있고 윤활이 잘되지 않는다. 이것은 엔진뿐만 아니라 조종실 내의 각종 무선장비, 항법 장비 또는 계기들도 같은 영향을 받기 때문에 조종실도 반드시 예열(preheat)해야 한다.

111. 전기계통에 공급되고 있는 전류의 양을 측정하는 게이지는 무엇인가?

① 부하계 ② 하중계
③ 가속도계 ④ 엔진회전계

【정답】 106.② 107.③ 108.② 109.① 110.③ 111.①

112. 비행 중 부하계의 지시가 "0"을 지시할 때 어느 장비의 고장을 의심해야 하는가?
① 연료계통의 고장 ② 오일계통의 고장
③ 냉각장치의 고장 ④ 교류발전기의 고장

113. 항공기 전기계통에서 부하계가 지시하는 것은?
① 배터리의 출력 ② 교류발전기의 출력
③ 직류발전기의 출력 ④ 마그네토의 출력

114. 비행 중 부하계의 지시가 "0"을 지시하는 것을 발견하였다. 적절한 조치는?
① 필수 전원만 배터리로 공급하고 가능한 한 빨리 착륙한다.
② 배터리로 충분한 전원을 공급받을 수 있으므로 정상적으로 비행한다.
③ 즉시 비상착륙한다.
④ 즉각적인 엔진 정지의 원인이 될 수 있다.

115. 항공기의 전원을 공급하는 교류 및 직류발전기에 대해서 올바르게 설명하고 있는 것은?
① 직류발전기는 교류발전기보다 항상 높은 전류를 제공한다.
② 교류발전기는 낮은 엔진 RPM에서도 높은 전기를 공급할 수 있다.
③ 중량이기는 하지만 낮은 RPM에서 성능은 양호하다.
④ 두 장치 모두 낮은 RPM에서 큰 전류를 생산한다.

116. 비행 중 전기계통이 고장 났을 때 조종사가 예상할 수 있는 현상은?
① 전자장비 고장
② 점화장치, 각종 계기, 등화장치 그리고 전자장비의 고장
③ 엔진구동 연료펌프, 조종실 등화장치를 포함한 모든 계기의 고장
④ 엔진 점화장치와 엔진구동 연료펌프의 고장
【해설】 엔진 점화장치는 독립된 전원공급 장치인 마그네토에 의해서 제공되기 때문에 전기계통의 고장에 영향을 받지 않는다. 엔진구동 연료펌프 역시 기계적으로 작동되는 것이기 때문에 전기계통과 관계없다.

117. 비행 중 마그네토를 장착한 항공기에서 전기계통(배터리와 교류발전기)의 고장이 발생했다. 이 상황에서 조종사가 예상할 수 있는 것은?
① 엔진구동 연료펌프의 정지로 엔진고장과 함께 무선장치, 등화장치, 그리고 교류를 필요로 하는 모든 계기의 고장을 예상할 수 있다.
② 점화계통, 연료 게이지, 항공기 등화장치, 그리고 항공전자장비의 고장을 예상할 수 있다.
③ 항공전자장비의 고장을 예상할 수 있다.
④ 점화계통, 항공기 등화장치의 고장을 예상할 수 있다.
【해설】 마그네토 점화계통(ignition system)과 전기계통은 분리되어 있다. 따라서 전기계통의 고장이 발생하더라고 점화계통에는 영향을 주지 않는다. 엔진구동장치(engine-driven

---

【정답】 112.④ 113.② 114.① 115.② 116.① 117.③

equipment)는 기계적 힘으로 작동하고 전기적 영향을 받지 않는다.

118. 전류계의 양성 지시는 무엇을 의미하는가?

① 항공기 배터리의 충전이 곧 상실된다는 것을 지시한다.

② 배터리에서 방전되고 있는 비율을 지시한다.

③ 보충되는 것보다 더 많은 전류가 배터리로부터 흐르고 있음을 의미한다.

④ 배터리에서 충전율을 지시한다.

【해설】 전류계(ammeter)의 지시가 양성을 지시할 때 배터리에서 충전율(rate of charge)을 보여준다. 암미터(전류계)의 음성 지시는 배터리에 보충되는 것보다 더 많은 전류가 배터리로부터 흐르고 있음을 의미한다.

119. 배터리 충전을 유지하기 위해서 교류발전기 전압 출력은 어떻게 되어야 하는가?

① 배터리 전압보다 더 낮아야 한다. ② 배터리 전압과 동등해야 한다.

③ 배터리 전압보다 더 높아야 한다. ④ 배터리 전압과 관계가 없다.

【해설】 교류발전기 전압 출력(alternator voltage output)은 배터리 충전을 유지하기 위해서 배터리의 전압보다 약간 더 높아야 한다.

120. 전기계통에 관해서 올바르게 서술하고 있는 것은?

① 마스터 스위치는 전기계통에 전류를 공급한다.

② 속도계는 전기계통으로 구동된다.

③ 전기계통은 항공기 등화와 무선장치의 전원을 공급한다.

④ 엔진구동펌프는 전기를 공급해서 구동되는 장치이다.

【해설】 항공기 등화장치, 무선, 그리고 전기연료펌프(electrical fuel pump) 등은 전기계통에서 전원을 공급받는 장비들이다.

121. 대부분의 4행정 엔진에서 사용되고 있는 윤활계통의 종류는?

① 저고도에서 압력식 그리고 고고도에서 중력식

② 중력식

③ 연료/오일 혼합식

④ 압력식

【해설】 4행정(4-cycle) 엔진의 크기와 복잡성으로 인해서 윤활계통은 엔진구동펌프를 포함하여 압력식 윤활계통(forced lubrication system)이 사용된다. 대부분의 4행정 엔진에서 크랭크케이스로부터 엔진 케이스로 오일을 뿌리기 위해서 중력급송방식을 적용하고 있다. 그러나 엔진 오일은 크랭크케이스까지 엔진구동펌프를 이용해서 강제로 급송하는 방식을 채택하고 있다. 연료/오일 혼합(fuel/oil mixture) 윤활계통은 통상 2행정 엔진에서 사용된다.

【정답】 118.④ 119.③ 120.③ 121.④

122. 공랭식 엔진에서 열을 어떻게 분산시키는가?

① 실린더와 헤드에 있는 냉각핀을 통해서
② 방열기 핀으로 공기를 흐르게 하는 방식
③ 실린더 헤드 온도 탐지기를 통해서
④ 프로펠러 후류를 오일 냉각기로 흐르게 하는 방식

【해설】 *공랭식 엔진(air cooled engines)은 실린더와 헤드에 있는 냉각핀(cooling fins) 위로 직접 공기흐름을 통과시켜 열을 식힌다. 방열기(radiator)는 수랭식 엔진에서 사용된다.*

123. 일반적으로 액랭식 엔진에 있는 냉각액은 어떠한 방식으로 순환되는가?

① 모세관 인력 ② 전기 펌프
③ 엔진구동펌프 ④ 중력

【해설】 *액랭식 엔진은 계통에서 냉각액(coolant)의 순환을 위해서 오일펌프와 유사한 엔진구동펌프를 사용한다.*

124. 비정상적으로 높은 엔진오일 온도가 발생하는 주원인은 무엇인가?

① 오일량이 너무 낮다.
② 너무 높은 점도 오일을 사용하고 있다.
③ 과도한 농후 혼합에서 운용하고 있다.
④ 높은 동력에서 운용하고 있다.

【해설】 *엔진 오일이 규정치보다 낮은 상태에서 엔진이 작동될 때 오일이 계통을 적절하게 순환하지 못할 수 있다. 이로 인해서 엔진의 열을 엔진 냉각기(oil cooler)로 순환할 수 없게 된다. 또한, 불충분한 오일은 실린더 내에서 과도한 마찰 그리고 다른 금속-금속 접촉 부품에서 엔진을 파손시킬 수 있다. 점도(viscosity)가 높을수록 윤활 효과는 더 좋다. 과도한 농후 혼합비는 엔진 냉각 효과가 있다. 물론 높은 동력에서 운용하고 있는 것 역시 엔진오일 온도를 높이는 원인이 되겠지만 이것이 주원인은 아니다.*

125. 과도하게 높은 엔진오일 온도에 관해서 올바르게 서술하고 있는 것은?

① 열전달 호스의 손상과 실린더 냉각핀이 휘어지는 원인이 될 수 있다.
② 동력손실의 원인, 과도한 오일 소모, 그리고 엔진 내부부품의 영구 손상 가능성이 있다.
③ 항공기 엔진에 영향을 주지 않는다.
④ 엔진 주변에 설치된 부속품의 작동에 영향을 줄 수 있다.

【해설】 *과도하게 높은 엔진 온도는 동력손실의 원인, 과도한 오일 소모, 그리고 엔진 내부부품의 영구 손상을 초래할 수 있다.*

126. 엔진 내부냉각을 위해서 공랭식 엔진에서 중요한 역할을 하는 것은?

① 정확하게 작동하고 있는 온도계 ② 배기 매니폴드 위로 흐르고 있는 공기
③ 오일의 점도 ④ 윤활유의 순환

【해설】 *엔진은 윤활계통(lubrication system)을 통해서 오일을 순환시켜 대부분의 냉각 목*

【정답】 122.① 123.③ 124.① 125.② 126.④

적을 달성한다. 윤활계통은 마찰을 감소시키고 엔진 내부부품(internal engine parts)으로부터 열을 흡수하여 냉각에 도움을 준다. 대부분의 항공기 엔진은 윤활계통을 순환한 후 다시 엔진으로 보내지기 전 오일 냉각기(oil cooler)를 거쳐 냉각된 오일을 엔진에 보낸다.

127. 과열 엔진을 냉각시키는 데 도움이 되는 한 절차는?

① 혼합비를 농후하게 한다. ② RPM을 증가시킨다.
③ 대기속도를 낮춘다. ④ 고도를 높이기 위해서 상승한다.

【해설】 *연료/공기 혼합비(fuel/air mixture)를 농후(enrich)하게 하는 것은 엔진 냉각에 도움이 된다.*

128. 만약 엔진오일 온도와 실린더 헤드온도 게이지가 정상 작동 범위를 초과했다면 조종사는 어떠한 상태에서 운용했다고 볼 수 있는가?

① 혼합조정기를 과농후하게 조정했다.
② 정상 오일압보다 더 높게 운용했다.
③ 매우 높은 동력과 혼합이 과희박에 조정했다.
④ 과농후 혼합과 정상보다 높은 오일압에서 운용했다.

【해설】 *엔진오일 온도와 실린더 헤드온도 게이지(cylinder head temperature gauge)가 정상작동범위를 초과했다면 조종사는 동력을 너무 높게 운용했거나 혼합이 너무 희박(too lean)한 상태에서 운용했음을 의미한다.*

129. 상승 중 과열 엔진을 냉각시키는 데 도움이 되는 조종사의 적절한 조치는?

① 상승률을 높이기 위해서 RPM을 증가시킨다.
② 상승속도를 낮추고 RPM을 증가시킨다.
③ 상승속도를 증가시키고 RPM을 증가시킨다.
④ 상승률을 감소시키고 대기속도를 증가시킨다.

【해설】 *만약 상승 중 엔진 과열이 발생했을 때 상승률을 감소시키고 대기속도를 증가시킨다면 엔진 냉각에 도움이 될 수 있다.*

130. 비행 중 엔진 과열을 방치했을 때 예상할 수 있는 결과는?

① 과열로 인하여 연료 소모량을 증가시키고 동력을 증가시킬 것이다.
② 열전달 호스와 실린더 냉각핀 휨의 결과를 초래할 것이다.
③ 과도한 오일 소모의 원인이 되고 내부 엔진의 파손을 초래할 수 있다.
④ 과농후 혼합비로 이상폭발이 발생할 수 있다.

【해설】 *과도한 엔진의 열은 많은 오일의 소모와 많은 동력 상실(loss of power)과 엔진 내부를 파손시킬 수 있다. 이 같은 과열은 혼합비(mixture)가 너무 희박하거나 높은 동력으로 운용할 때 발생한다.*

【정답】 127.① 128.③ 129.④ 130.③

131. 왕복엔진에서 기본적인 오일의 역할은?

① 마모방지, 냉각, 압축 기능
② 윤활, 과농후 방지, 엔진 압력 조정
③ 마모방지, 엔진 압력 조정, 소음 방지
④ 압축, 냉각, 소음 방지

132. 겨울철 저점도의 오일을 사용해야 한다. 그 이유는 무엇인가?

① 대기압이 전반적으로 높기 때문이다. ② 습도가 상대적으로 낮기 때문이다.
③ 윤활성이 높기 때문이다. ④ 밀도가 높기 때문이다.

133. 엔진 오일은 주기적으로 교환해야 한다. 그 이유는 무엇인가?

① 변색되기 때문이다. ② 점도가 점차 떨어지기 때문이다.
③ 압축 기능이 너무 높아지기 때문이다. ④ 오일의 부피가 점차 증가하기 때문이다.

134. 왕복엔진의 점화 플러그에 전기 불꽃을 제공하는 장치는 무엇인가?

① 엔진 구동 발전기 ② 마그네토
③ 고압으로 자체 점화원 공급 ④ 배터리 전원

135. 항공기 왕복엔진에서 복식 점화장치의 장점은?

① 엔진 과열을 방지한다.
② 균등한 불꽃(스파크) 분배를 제공한다.
③ 실린더 헤드 압의 균형을 얻을 수 있다.
④ 항공기 전기계통의 예비 전원으로 사용된다.

【해설】 대부분 항공기 엔진은 각 연소실에 있는 2개의 스파크 플러그(spark plugs)에 전류를 공급하기 위해서 2개의 마그네토(magnetos)를 갖추고 있는 복식 점화계통(dual ignition system)이다. 이들 복식 점화계통의 주요 장점은 어느 한 마그네토의 고장에도 전원을 공급할 수 있는 안전성과 혼합가스의 균등한 연소로 성능 향상에 도움이 된다.

136. 2행정 엔진에서 복식 점화계통의 한 목적은?

① 엔진 성능 향상에 도움이 된다. ② 균등한 열 배분을 제공한다.
③ 균형된 실린더 헤드온도를 제공한다. ④ 엔진의 진동을 감소시키는데 기여한다.

137. 왕복엔진의 복식 점화장치에서 얻을 수 있는 부가적인 장점은?

① 엔진 소음의 감소
② 엔진의 난기작동 시간 감소
③ 엔진 성능의 획기적인 증가
④ 점화장치 고장에 대한 예비 점화장치 확보

【해설】 복식 점화장치는 다음과 같은 장점을 제공한다.

【정답】 131.① 132.③ 133.② 134.② 135.② 136.① 137.④

- *실린더 내에 더욱 균등한 불꽃을 제공하여 양호한 연소력*
- *어느 한 점화장치가 고장 나더라도 한 개의 점화장치로 운용 가능*

138. 엔진을 정지하기 전에 스로틀 아이들에서 시동키를 순간적으로 "OFF" 시켰으나 엔진은 정상적으로 작동하고 있다. 이것은 무엇을 의미하는가?

① 정상이다. 엔진은 혼합조정기를 "idle cut-off" 함으로써 정지된다.
② 비정상이다. 방치했을 때 위험할 수 있다.
③ 이것은 원하지 않은 상태지만 잘못된 것은 없다.
④ 배터리 전원을 차단하면 해소될 수 있는 문제이다.

【해설】 *엔진을 정지하기 전에 점화 스위치를 순간적으로 "OFF" 시키는 절차를 수행하는데 이는 마그네토(magneto)의 접지(ground) 배선 상태를 점검하기 위한 것이다. 만약 점화 스위치를 "OFF" 시켰는데 엔진이 계속 작동한다면 접지 배선이 문제가 있는 것이고, 이는 상당한 문제가 있음을 지시한다.*

139. 엔진을 정지시키기 전에 마그네토 접지 상태를 점검하는 올바른 방법은?

① 스로틀을 아이들에 놓고 점화 SW를 순간적으로 OFF 시킨다.
② 브레이크를 견고히 밟고 동력을 최대로 적용한 후 점화 스위치를 순간적으로 OFF 시킨다.
③ 한쪽 마그네토만으로 희박 혼합비와 매니폴드 압의 상승을 관찰한다.
④ 전원 스위치를 OFF 시켜 놓고 순간적으로 아이들 CUT-OFF 시킨다.

【해설】 *접지선(ground wire)이 단절되었을 때 점화 스위치를 "off' 시켜도 엔진은 계속 작동한다. 이것은 점화 스위치를 "off" 시켜도 스파크 플러그에 계속 전원이 공급되기 때문에 엔진이 정지되지 않는다는 것을 의미한다.*

140. 점화장치인 마그네토에 대한 설명이다. 맞는 것은?

① 마그네토에 공급하고 남은 전기는 다른 전기장치에 공급된다.
② 엔진이 정지할 때는 배터리로부터 전원을 공급받는다.
③ 엔진의 회전력으로 전기를 생산하는 독립 발전기이다.
④ 엔진 전체의 전기장치의 한 부분으로 다른 전기장치와 연결되어 있다.

【해설】 *마그네토(magneto)는 영구자석과 코일을 사용하여 항공기 스파크 플러그(spark plug)를 점화하기 위한 고전압을 생성하는 엔진 구동(engine-driven) 전기 발전기이다. 항공기 전기계통과 독립되어 있다.*

141. 마그네토와 점화 스위치 사이에 접지선이 단절되었다면 엔진에 영향을 미치는 가장 뚜렷한 현상은?

① 엔진 작동 중 스위치를 "OFF" 하지 않아도 정지될 수 있다.
② 매우 거칠게 작동될 것이다.
③ 스위치를 "ON" 위치에 놓고도 시동을 걸 수 없다.
④ 스위치를 "OFF" 위치에 놓아도 시동이 꺼지지 않는다.

【정답】 138.② 139.① 140.③ 141.④

142. 왕복엔진에서 액체 상태의 연료를 미세한 입자로 분무화시키는 장치와 적용되는 기본 원리는?

① 기화기-벤투리 효과 ② 혼합조정기-공기와 연료의 비율
③ 스로틀-공기 가압 방식 ④ 가압 공기/연료 혼합가스 직접 분사 방식

143. 왕복엔진에 사용되는 기화기의 작동원리는?

① 흡기 장치 내로 흐르는 연료 흐름의 측정
② 벤투리 스로트와 스로틀 밸브에서 공기압의 차
③ 공기압의 감소를 초래하는 벤투리 스로트에서 공기 속도의 증가로 흡인력 감소 효과
④ 연료통으로부터 위치 에너지를 이용한 연료 압력

【해설】 기화기(carburetor)는 벤투리관의 스로트 (throat; 병목 구역)에서 흐름 속도가 증가하고 연료통 내의 압력이 낮아져 연료를 끌어 올려 분사하는 방법이다.

144. 엔진에 공급되는 혼합가스의 양을 직접 제어하는 것은?

① 연료 노즐 ② 스로틀 밸브
③ 매니폴드 밸브 ④ 혼합조정기

145. 연료분사장치에서 정밀하게 계량된 연료를 공급하는 핵심 역할을 하는 부품은?

① FCU(연료조정기) ② 연료 분사기
③ 스로틀 ④ 연료 매니폴드

146. 왕복엔진에서 사용된 연료분사장치의 단점은 무엇인가?

① 항상 보조연료펌프를 사용해야 한다.
② 연료 소모량이 높다.
③ 착빙 가능성이 높다.
④ 엔진이 가열된 상태에서 시동이 어려울 수 있다.

147. 기화기 장치와 비교해서 연료분사장치의 장점 중 하나는?

① 가열된 엔진 시동이 용이하다.
② 실린더에 연료 분사 능력이 양호하다.
③ 고온 조건에서 지상 운용 중 증기폐색 현상이 작다.
④ 기화기 장치와 비교해서 연료 소모가 높다.

148. 현대의 많은 왕복엔진에서 연료분사장치를 채택하고 있다. 장점으로 볼 수 있는 것은?

① 엔진 성능은 다소 떨어지지만, 연료 소모가 적다.
② 기화기 착빙 가능성은 낮지만, 연료 소모량이 높다.
③ 균등한 연료 분사 효과와 연료 소모가 상대적으로 적다.
④ 연료분사장치는 별도의 엔진 구동 펌프가 필요하지 않다.

【정답】 142.① 143.③ 144.② 145.① 146.④ 147.② 148.③

【해설】 연료분사장치(fuel injection system)의 주요 장점은 다음과 같다.

- *흡기계통 착빙 위험 방지*
- *균등한 연료 분배*
- *개별 실린더 과열 현상 개선*
- *연비 향상*
- *연료 분사 작용으로 연료 흐름의 가속도 개선*

149. 연료분사장치에서 각 실린더의 연료 노즐에 연료를 분배하는 부품은?

① 연료 매니폴드　② 연료 라인
③ 연료 조정기　④ 스로틀 밸브

150. 연료분사장치의 최종 부품으로 특히 청정연료가 필요한 부품은?

① 연료 매니폴드　② 연료 조정기
③ 연료 노즐　④ 스로틀 밸브

151. 비행 중 스파크 플러그의 파울링이 발생할 수 있는 주요 원인은?

① 혼합비 조정 없이 강하했을 때
② 스로틀의 급조작
③ 혼합비 조정 없이 상승했을 때
④ 혼합가스에서 연료량이 상대적으로 적을 때

【해설】 상승은 혼합비를 농후하게 한다. 농후 혼합비는 과도한 연료와 냉각 효과로 인한 스파크 플러그의 파울링 현상이 발생한다. 혼합비 조정 없이 강하했을 경우는 희박 혼합비가 되어 엔진 과열이 발생하고 이는 이상폭발, 거친 엔진 작동, 동력손실 등을 유발한다.

152. 연료분사장치를 장착한 엔진에서 적절한 혼합비와 경제적 운용을 달성하기 위해서 조종사가 주로 참고해야 하는 계기는?

① 연료흐름 게이지
② 배기가스 온도계
③ 특정 고도를 위한 권장된 매니폴드 압과 RPM 세팅
④ 연료압 게이지와 연료흐름 게이지

153. 왕복엔진에서 배기 매니폴드형의 난방장치를 자주 점검해야 하는 이유는?

① 배기장치에서 후방 압력으로 인한 동력상실을 최소화하기 위해서
② 조종실로 배기가스 유입을 방지하기 위해서
③ 엔진 냉각을 최소화하기 위해서
④ 엔진 온도의 비정상적인 상승을 방지하기 위해서

【해설】 조종실에 공급되는 따뜻한 공기는 배기 매니폴드(exhaust manifold)를 통해서 가열 공기를 유입하여 활용하고 있다. 만약 배기 매니폴드의 균열이 생겼다면 이 균열 틈으로 배기가스가 유입될 수 있으므로 주기적으로 점검해야 한다.

【정답】 149.① 150.③ 151.③ 152.② 153.②

154. 기화기 착빙에 관해서 플로트형 기화기를 연료분사장치와 비교했을 때 어떻게 고려해야 하는가?

① 플로트형 기화기는 고성능 엔진에서 착빙 가능성이 더 낮다.

② 착빙에 관한 한 동일하다.

③ 착빙 가능성이 더 낮다.

④ 착빙 가능성이 더 높다.

【해설】 *일반적으로 플로트형 기화기(float-type carburetor)는 연료분사장치(fuel injection system)에 비해서 착빙 가능성이 더 높다. 이것은 플로트형 기화기는 연료의 기화로 인한 냉각 효과(cooling effect) 그리고 기화기에 있는 벤투리(venturi)에서 공기 압력의 감소로 인한 냉각 효과 때문이다.*

155. 플로트형 기화기의 기본 작동원리는 무엇인가?

① 고도가 상승함에 따라 벤투리에서 자동 공기의 계측

② 벤투리 스로트와 공기 흡입구에서 공기 압력의 차이

③ 공기 압력의 증가를 초래하는 벤투리 스로트에서 공기속도의 증가

④ 공기 압력의 감소를 초래하는 벤투리 출구에서 공기속도의 증가

【해설】 *플로트형 기화기에서 공기는 기화기 속으로 흐르고 벤투리관을 통해서 흐른다. 공기가 벤투리 스로트에서 더 빠르게 흐름에 따라 이 구역에서 저압 구역이 형성되면서 연료탱크로부터 연료를 끌어들여 공기흐름 속에 뿌려 공기와 혼합되도록 한다.*

156. 베르누이 정리에 따르면 공기가 벤투리관 스로트를 통과할 때 압력은 어떻게 되는가?

① 증가한다. ② 감소한다.

③ 변함이 없다. ④ 증가와 감소를 반복한다.

【해설】 *베르누이 정리에 따르면 유체 흐름의 속도는 압력 감소의 원인이 된다고 서술하고 있다. 공기가 벤투리관을 통해서 흐를 때 저압 구역이 형성된다.*

157. 만약 항공기가 고정피치 프로펠러와 플로트형 기화기를 장착하고 있다면 기화기 착빙의 뚜렷한 첫 징후는?

① RPM이 증가함 ② 거친 엔진 작동

③ RPM이 떨어짐 ④ 엔진 온도가 상승함

【해설】 *항공기가 고정피치 프로펠러(fixed-pitch propeller)와 플로트형 기화기를 장착하고 있다면 기화기 착빙의 가장 뚜렷한 첫 징후는 RPM이 떨어지는 것이다.*

158. 기화기 착빙에 관해서 가장 잘 서술하고 있는 것은?

① 대부분 기온에 따라서만 발생한다.

② 외기기온이 높은 상대습도와 함께 거의 결빙기온에 가까울 때만 형성된다.

③ 외기기온이 70°F(21℃) 이하이고 상대습도가 80% 이상일 때 가장 잘 형성된다.

④ 외기기온이 결빙기온 이하이고 상대습도가 80% 이상일 때 가장 잘 형성된다.

【정답】 154.④ 155.② 156.② 157.③ 158.③

【해설】 기화기 착빙은 어느 기온에서도 발생할 수 있지만, 상대습도(relative humidity)가 80% 또는 그 이상과 함께 기온이 70°F(21℃) 또는 그 이하에서 가장 잘 발생한다.

159. 고정피치 프로펠러를 장착한 항공기에서 기화기 착빙의 가능성은 카뷰레터 히트를 적용하고 무엇을 관찰해야 하는가?

① RPM이 증가한 다음 RPM이 점차 감소하는지 관찰해야 한다.
② RPM이 감소한 다음 RPM이 일정한 지시를 하는지 관찰해야 한다.
③ RPM이 증가한 다음 RPM이 일정한 지시를 하는지 관찰해야 한다.
④ RPM이 감소한 다음 RPM이 점차 증가하는지 관찰해야 한다.

【해설】 고정피치(fixed-pitch) 프로펠러를 장착한 항공기에서 기화기 착빙의 가능성은 카뷰레터 히트(carburetor heat)를 적용하고 RPM이 감소한 다음 RPM이 점차 증가하는지 관찰해야 한다. 카뷰레터 히트를 적용했을 때 RPM이 감소하는 것은 밀도가 낮은 뜨거운 공기가 엔진에 유입되고 있기 때문이고 이것은 출력(power output)을 감소시키는 원인이다. 만약 착빙이 형성되었다면 얼음이 녹으면서 물이 엔진으로 유입되어 엔진 성능이 떨어지는 원인이 된다. 그러나 기화기 착빙이 녹으면서 착빙이 완전히 제거되었을 때(혹은 착빙이 없을 때와 같이)도 안정될 때까지 RPM은 점차 증가한다.

160. 기화기 착빙이 가장 잘 발생할 수 있는 호조건은?

① 결빙기온 이하와 상대습도 미만의 어느 기온에서나
② 기온이 32°F(0℃)와 50°F(10℃) 사이 그리고 낮은 습도
③ 기온이 20°F(-6.6℃)와 70°F(21℃) 사이 그리고 높은 습도
④ 기온이 32°F(0℃)와 70°F(21℃) 사이 그리고 가시적 습기

【해설】 기화기 착빙(carburetor icing)이 가장 잘 발생할 수 있는 호조건은 기온이 20°F와 70°F 사이 그리고 높은 습도(high humidity)이다. 이외에도 기화기 착빙은 기화기에서 발생하는 급격한 냉각으로 인해서 기온이 100°F(37.7℃)로 높거나 습도가 50% 미만일 때도 발생할 수 있다. 특히 낮은 스로틀 세팅 혹은 완전내림 세팅(throttle closed)에서 기화기 착빙의 가능성이 증가한다.

161. 기화기 착빙의 가능성에 관해서 주변 기온과 관계를 가장 잘 서술하고 있는 것은?

① 기온이 100°F(37.7℃)로 높고 상대습도가 높을 때
② 기온이 95°F(35℃)로 높고 가시적 습기가 있을 때
③ 기온이 0°F(-17.7℃)로 낮고 상대습도가 높을 때
④ 기온이 70°F(21℃)로 높고 상대습도가 높을 때

【해설】 통상 기온이 70°F 이상 그리고 20°F 아래에서 착빙(icing)으로 인한 문제는 발생하지 않는다.

【정답】 159.④ 160.③ 161.④

162. 고정피치 프로펠러와 플로트 기화기를 장착한 항공기에서 기화기 착빙의 가장 뚜렷한 첫 징후는?

① 오일온도와 실린더 헤드온도가 떨어진다. ② 엔진 작동이 거칠어진다.
③ RPM이 떨어진다. ④ 엔진의 진동이 증가하는 현상이다.

163. 비행 중 기화기 착빙으로 인하여 발생할 수 있는 문제점은?

① 정상 혼합가스의 흐름을 막을 수 있다.
② RPM이 순간적으로 증가할 수 있다.
③ 이상폭발의 원인이 될 수 있다.
④ 조기점화의 원인이 될 수 있다.

164. 기화기에서 발생할 수 있는 충격 착빙이란 무엇인가?

① 기화기에 유입되는 공기의 벤투리 현상에 따른 압력이 높아지면서 발생한다.
② 기화기에 유입되는 공기의 벤투리 현상에 따른 압력이 낮아지면서 발생한다.
③ 상대습도가 높은 찬 공기가 금속 표면에 부딪히면서 발생한다.
④ 상대습도가 낮고 건조한 공기가 찬 금속 표면에 부딪히면서 발생한다.

165. 왕복엔진의 기화기 착빙의 첫 징후는 무엇인가?

① 엔진 온도가 급격히 상승한다.
② RPM이 급상승하고 엔진 작동이 거칠어진다.
③ RPM 감소와 거친 엔진 작동
④ 오일 온도가 급상승하고 엔진 작동이 거칠어진다.

166. 기화기를 장착한 엔진에서 기화기 착빙을 유발하는 낮은 온도가 발생하는 이유는?

① 기화기 벤투리에서 공기의 압축 때문이다.
② 기화기에 유입되는 공기의 결빙 온도 때문이다.
③ 기화기에 유입되는 공기의 밀도가 낮기 때문이다.
④ 기화기 내의 연료의 기화 작용과 공기의 팽창 때문이다.

167. 일반적으로 카뷰레터 히트의 사용은 어떠한 경향을 예상해야 하는가?

① 카뷰레터 히트를 사용하는 고도에 따라 달라질 것이다.
② 엔진 성능이 증가할 것이다.
③ 엔진 성능에 영향을 주지 않는다.
④ 엔진 성능이 떨어질 것이다.

【해설】 카뷰레터 히트(carburetor heat)를 사용했을 때 엔진 성능이 떨어질 수 있고 작동 온도가 상승한다. 더운 공기(warmer air)는 밀도가 낮고, 엔진 성능은 밀도와 함께 떨어진다. 따라서 카뷰레터 히트는 이륙과 같은 최대동력이 필요할 때 혹은 정상 엔진 작동 중에는 사용하지 말아야 한다.

【정답】 162.③ 163.① 164.③ 165.③ 166.④ 167.④

168. 카뷰레터 히트의 적용으로 예상할 수 있는 현상은?

① 기화기를 통과하는 더 많은 공기를 초래한다.
② 연료/공기 혼합이 농후해진다.
③ 연료/공기 혼합에 영향을 주지 않는다.
④ 공기밀도가 더 높아질 것이다.

【해설】 카뷰레터 히트를 사용하는 것은 연료/공기 혼합을 더욱 농후(enrich)하게 한다. 이것은 더운 공기는 찬 공기에 비해서 밀도가 낮기 때문이다.

169. 카뷰레터 히트를 사용했을 때 연료/공기 혼합에 어떠한 변화가 발생하는가?

① 희박 혼합으로부터 RPM 감소가 초래된다.
② 연료/공기 혼합에 영향을 주지 않는다.
③ 연료/공기 혼합이 더욱 희박해진다.
④ 연료/공기 혼합이 더욱 농후해진다.

170. 카뷰레터 히트를 작동시킨 상태에서 이륙했을 때 발생할 수 있는 현상은?

① 이륙할 때 더 높은 동력이 요구되기 때문에 혼합비는 희박해진다.
② 이륙거리가 감소할 수 있다.
③ 상승 성능이 향상될 수 있다.
④ 이륙활주 거리가 증가할 것이다.

171. 이륙과 같은 높은 출력이 필요한 비행조건에서 카뷰레터 히트 장치의 올바른 작동 방법은?

① COLD에 놓고 운용해야 한다.
② 최대로 개방한 상태로 운용한다.
③ 중간 위치에 놓고 운용한다.
④ 3/4 위치에 놓고 운용한다.

172. 표고가 높은 공항에서 카뷰레터 히트 장치의 기능을 점검하는 중에 엔진이 점점 거칠어지는 것을 인지했다. 이 같은 상황에서 가장 적절한 조치는?

① 혼합비를 희박으로 조정한 후 엔진 작동을 점검한다.
② 엔진 정비를 위해서 비행을 포기한다.
③ 이상폭발을 조절하기 위해서 매니폴드 압을 감소시킨다.
④ 전기계통의 이상 여부를 점검한다.

【해설】 표고가 높은 공항이므로 공기밀도 역시 낮다. 마그네토가 이상이 없는 상태에서 기화기 열기공급 장치를 점검할 때 엔진이 점점 거칠어진다면 혼합조정기를 조정해야 한다.

173. 고도가 증가함에 따라 연료/공기 혼합을 조절해야 하는 기본 목적은?

① 공기밀도의 증가를 보상하기 위한 혼합에서 연료량이 감소했기 때문이다.
② 공기밀도의 감소를 보상하기 위한 연료 흐름이 감소했기 때문이다.
③ 공기밀도와 기압에서 감소를 보상하기 위한 혼합에서 연료량이 증가했기 때문이다.
④ 공기밀도의 감소를 보상하기 위한 연료 흐름이 증가했기 때문이다.

【정답】 168.② 169.④ 170.④ 171.① 172.① 173.②

【해설】 고도가 증가함에 따라 공기밀도는 감소한다. 따라서 혼합 조정기(mixture control)는 일정한 연료/공기 비율을 유지하기 위한 연료 흐름을 감소시키기 위해서 연료량을 감소시킬 수 있도록 조절해야 한다.

174. 조종사가 연료/공기 혼합비를 조정하는 장치를 (　　)라 한다.
① 스로틀　② 매니폴드 압
③ 혼합조정기　④ 연료 조정기

175. 연료/공기 혼합비는 무엇인가?
① 실린더에 유입되는 연료량과 공기량의 비율
② 실린더에 유입되는 연료 무게와 공기 무게의 비율
③ 기화기에 유입되는 연료 무게와 공기 무게의 비율
④ 기화기에 유입되는 연료량과 공기량의 비율

176. 고도가 높아지면 공기밀도는 희박해진다. 이때 혼합비는 어떤 변화가 예상되는가?
① 연료량이 많아진다; 희박 혼합비　② 연료량이 적어진다; 농후 혼합비
③ 연료량이 많아진다; 농후 혼합비　④ 연료량이 적어진다; 희박 혼합비

177. 혼합비가 과도하게 농후한 상태에의 비행은 어떤 문제점을 초래할 수 있는가?
① 엔진 과열과 과도한 연료 소모　② 엔진 급냉각과 과도한 연료 소모
③ 엔진 과열과 상당한 연료 절약　④ 엔진 급냉각과 상당한 연료 절약

178. 일반 경항공기 왕복엔진의 적정 혼합비는 얼마인가?
① 공기:연료=16:1(파운드)　② 공기:연료=12:1(파운드)
③ 공기:연료=10:1(파운드)　④ 공기:연료=8:1(파운드)

179. 일반 경항공기 왕복엔진의 과희박 혼합비는 얼마인가?
① 공기:연료=16:1(파운드)　② 공기:연료=12:1(파운드)
③ 공기:연료=10:1(파운드)　④ 공기:연료=8:1(파운드)

180. 엔진을 정지시키기 전에 혼합조정기의 "Idle cut-off"를 먼저 행할 것을 권장하는 이유는?
① 마그네토 접지 상태 점검
② 엔진 정지 전 전기 공급 중단
③ 엔진 정지 전 오일 완전 순환
④ 실린더 내에 남아있는 연료 연소

【해설】 엔진을 정지(shutdown)시키기 전에 혼합조정기의 "Idle cut-off"를 먼저 행할 것을 권장하는 것은 실린더 속에 남아있는 연료를 완전히 연소시킴으로써 차후 엔진 시동에서 잔류 연료로 인한 문제를 방지하기 위한 것이다.

【정답】 174.③　175.②　176.③　177.②　178.②　179.①　180.④

181. 표고가 높은 공항에서 엔진 런업 중 조종사는 마그네토 점검의 영향이 아닌 엔진이 약간 거칠게 작동하는 것을 알았고 카뷰레터 히트 점검 중 더 악화되었다. 이들 환경에서 조종사의 가장 합리적인 초기 조치는?

① 혼합비를 더 희박한 세팅으로 조정하고 결과를 확인한다.

② 정비를 위해서 비행라인으로 되돌아간다.

③ 이상폭발을 제어하기 위해서 매니폴드압을 감소시킨다.

④ 혼합비를 더 농후한 세팅으로 조정하고 결과를 확인한다.

【해설】 표고(elevation)가 높은 공항에서 엔진 런업(run-up) 중 조종사는 마그네토 점검의 영향이 아닌 엔진이 약간 거칠게 작동하는 것을 알았고 카뷰레터 히트 점검 중 더 악화되었다면 혼합조정기를 더 희박으로 세팅하고 결과를 확인한다. 표고가 높은 공항에서 공기밀도는 더 낮아지고 카뷰레터 히트의 적용은 이미 연료/공기 혼합을 너무 농후하게 증가시킨다. 엔진 런업 중 연료/공기 혼합을 희박하게 조절함으로써 상황이 호전될 수 있을 것이다.

182. 고도가 변함에 따라 공기/연료 혼합비를 조정해야 하는 기본 목적은?

① 공기밀도의 감소를 보상하기 위해서 연료량을 감소시킨다.

② 공기밀도의 증가를 보상하기 위해서 연료량을 감소시킨다.

③ 기압과 공기밀도의 감소를 보상하기 위해서 연료량을 증가시켜야 한다.

④ 공기밀도의 감소를 보상하기 위해서 연료량을 증가시킨다.

【해설】 고도의 증가에 따라 공기밀도가 감소하기 때문에 이를 보상하기 위한 혼합비 조정이 필수이다.

183. 고고도에서 과농후 혼합비는 어떤 현상을 초래하는가?

① 엔진의 과열

② 스파크 플러그의 파울링

③ 연료 소모량이 증가하더라도 엔진 작동은 더 유연하다.

④ 이상폭발

【해설】 과도한 농후 혼합비는 엔진 냉각의 원인이다. 과농후 혼합비는 연소실 내에서 정상보다 낮은 온도에서 연소하는 스파크 플러그의 파울링 현상이 초래된다.

184. 조종사가 혼합조정기를 조정했을 때 변화시키는 것은?

① 기화기 벤투리관을 통과하는 공기흐름의 양을 조절한다.

② 고고도에서 혼합비가 너무 농후해지는 것을 방지한다.

③ 비행기가 상승할 때 혼합비가 희박해지는 것을 방지한다.

④ 비행기가 강하할 때 혼합비가 농후해지는 것을 방지한다.

【해설】 고도가 상승함에 따라 공기밀도의 감소는 혼합비를 농후하게 한다. 혼합조정기는 상대적으로 농후해진 혼합비를 보상하기 위해서 조절되어야 한다.

【정답】 181.① 182.① 183.② 184.②

185. 조종사가 혼합비를 희박으로 조정했을 때 어떤 현상이 예상되는가?
① 기화기에 유입되는 공기량이 감소한다.
② 기화기에 유입되는 공기량이 증가한다.
③ 연소실에 유입되는 연료량이 감소한다.
④ 연소실에 유입되는 연료량이 증가한다.

186. 고도가 증가함에 따라 혼합조정기를 희박으로 조정하지 않았다면 어떤 현상이 발생하는가?
① 기화기에 유입되는 공기량이 감소하고 연료량도 감소한다.
② 기화기에 유입되는 공기밀도는 감소하고 연료량은 증가한다.
③ 기화기에 유입되는 공기밀도가 감소함에 따라 연료량도 감소한다.
④ 기화기에 유입되는 공기밀도는 감소하고 연료량은 일정하다.

187. 고도 9,500피트에서 순항비행 중 연료/공기 혼합이 정확하게 조절되었다. 만약 4,500피트까지 혼합을 다시 조절하지 않고 강하했다면 예상할 수 있는 현상은?
① 연료/공기 혼합은 과도하게 희박해질 것이다.
② 실린더에 정상적인 연소를 위한 것보다 더 많은 연료가 있을 것이고, 과도한 연료는 열을 흡수하고 엔진을 냉각시킬 것이다.
③ 과도하게 농후한 혼합은 실린더 헤드온도를 더 높일 것이고 이상폭발의 원인이 된다.
④ 정상적인 연소를 위한 것보다 더 많은 연료가 있어 이상폭발의 원인이 된다.
【해설】 9,500피트에서 연료/공기 혼합이 정확하게 조절되었다. 항공기가 강하함에 따라 공기밀도는 증가하고, 공기보다 더 적은 양의 연료 상태가 되어 엔진은 더 희박(too lean)한 상태에서 작동하게 될 것이다. 과도한 희박 혼합은 더 높은 실린더 헤드온도가 되어 이상폭발(detonation)의 원인이 된다.

188. 왕복엔진에서 이상폭발이 발생하는 시기에 관해서 가장 적절하게 서술하고 있는 것은?
① 스파크 플러그가 파울링 또는 단락이나 배선의 결함이 발생했을 때
② 연소실의 열점이 연료/공기 혼합을 정상 점화 전에 점화시킬 때
③ 실린더에 있는 불연소 혼합가스가 정상연소 대신 폭발할 때
④ 고도의 변화 중 과도한 농후 혼합이 존재할 때
【해설】 이상폭발(detonation)은 실린더 안에 있는 불연소(unburned) 연료/공기 혼합이 정상적인 연소 대신 폭발하는 현상이다. 이것은 피스톤을 정상적으로 밀어내기보다 급격한 힘으로 내리친다.

189. 높은 동력 세팅에서 이상폭발이 발생하는 시기에 관해서 가장 잘 서술하고 있는 것은?
① 정상 점화 시기보다 더 빠르게 연소할 때
② 과도하게 농후한 혼합이 동력행정에서 폭발적 이득이 될 때
③ 연료 혼합이 실린더에 있는 백열 카본 찌꺼기로 인해서 조기에 점화될 때
④ 혼합가스가 정상적이고 고르게 연소하기보다 순간적으로 점화될 때

【정답】 185.③ 186.④ 187.① 188.③ 189.④

190. 항공기 엔진에 사용되는 연료 등급이 엔진에 지정된 것보다 낮다면 예상할 수 있는 현상은?

① 모든 실린더에서 균등하지 않은 연료와 공기의 혼합이 원인이다.

② 실린더 헤드온도가 낮아질 수 있다.

③ 이상폭발이 발생할 수 있다.

④ 조기점화가 발생할 수 있다.

【해설】 *항공기 엔진에 사용되는 연료 등급(grade of fuel)이 엔진에 지정된 것보다 낮다면 이상폭발이 발생할 수 있다. 이것은 더 낮은 등급의 연료는 더 낮은 온도에서 점화되도록 하는 원인이 된다. 따라서 더 높은 등급의 연료를 사용해야 하는 더 높은 온도의 엔진은 더 낮은 등급의 연료를 고르게 연소하기보다 폭발하게 하는 원인이 된다.*

191. 만약 조종사가 이륙 후 상승 중 엔진이 폭발하고 있는 것으로 의심된다면 초기에 취해야 하는 적절한 행동은?

① 혼합을 희박하게 해야 한다.

② 기수를 약간 들어주는 기동으로 속도를 낮추어야 한다.

③ 카뷰레터 히트를 적용한다.

④ 대기속도를 증가시키기 위해서 기수를 약간 낮춘다.

【해설】 *만약 이륙 후 상승 중 엔진이 폭발하고 있는 것으로 의심된다면 조종사는 기수를 약간 낮추어 대기속도를 증가시킴으로써 냉각 효과(cooling effect)를 얻을 수 있고, 엔진에 가해지는 하중을 낮추어줄 수 있다. 일반적으로 이상폭발은 연료 등급이 낮거나 혹은 과도한 엔진 온도에서 발생한다.*

192. 정상적인 점화가 발생하기 전에 연료/공기 혼합의 점화가 발생하는 현상은?

① 연소 ② 조기점화

③ 이상폭발 ④ 실린더 내의 불연소 작동

【해설】 *조기점화(preignition)는 정상적인 점화가 발생하기 전에 점화되거나 스파크 플러그에서 전기 전호(electrical arcing)가 발생하기 전에 점화가 발생한다. 조기점화는 과도하게 가열된 배기밸브, 카본 찌꺼기, 그리고 백열 상태로 가열된 스파크 플러그와 전극이 주원인이 된다. 통상 이들 열점(hot spots)은 이상폭발 중에 발생한 높은 온도로 초래된다. 조기점화와 이상폭발 사이의 중요한 차이는 이상폭발의 경우 어느 한 실린더에서 발생했다면 전체 실린더로 확산할 수 있지만, 조기점화는 오직 한 실린더 혹은 두 개의 실린더에서만 발생한다.*

193. 만약 권장 옥탄가의 연료가 가용하지 않다면 대체할 수 있는 연료의 종류는?

① 다음 높은 등급의 항공유

② 다음 낮은 등급의 항공유

③ 동일 옥탄가의 자동차 무연 연료

④ 제트유는 어느 종류든 가능하다.

【해설】 *권장 옥탄가의 연료가 가용하지 않다면 다음 높은 등급(next higher grade)의 항공유를 사용해서 한다. 특별한 경우를 제외하고 항공유(aviation gas; AVGAS)를 사용해야 한다.*

【정답】 190.③ 191.④ 192.② 193.①

194. 실린더 헤드온도와 엔진오일 온도 게이지가 정상작동범위를 초과하는 가장 큰 원인은?

① 고속으로 비행했다.

② 지정된 연료 등급보다 높은 연료를 사용했다.

③ 정상 오일압보다 더 높게 작동했다.

④ 지정된 연료 등급보다 낮은 연료를 사용했다.

【해설】 예를 들어 옥탄가(octane rating) 100 대신 옥탄가 80의 연료를 사용하는 것과 같이 지정된 연료 등급(fuel grade)보다 낮은 등급의 연료를 사용했을 때 실린더 헤드온도와 엔진 오일온도 게이지의 정상작동범위를 초과하거나, 이상폭발과 같은 문제가 발생하는 가장 큰 원인이 된다. 정상 오일압(oil pressure)보다 약간 높은 온도에서 작동하는 것은 더욱 양호한 윤활과 내부냉각을 제공한다. 그러나 너무 높은 오일압은 오일 라인(oil lines) 등에 손상을 줄 수 있다.

195. 마지막 비행 후 연료탱크를 가득 채우는 것이 양호한 운용절차로 고려되는 이유는?

① 연료탱크에 존재하는 물을 연료 라인에서 엔진을 거쳐 연료탱크의 상부로 밀어낼 것이다.

② 연료탱크 속의 공간을 제거하여 연료의 팽창을 방지한다.

③ 연료탱크 속의 공간을 줄여 습기의 응축을 방지한다.

④ 연료탱크 속의 공간을 줄여 습기의 팽창을 방지한다.

【해설】 그 날의 마지막 비행 후 연료탱크를 가득 채우는 것은 연료탱크 속의 공간을 줄여 습기의 응축(condensation)을 방지하는 양호한 수단이다.

196. 연료펌프를 장착한 항공기에서 보조 전기구동펌프를 사용해야 하는 시기에 관해서 가장 잘 서술하고 있는 것은?

① 엔진구동연료펌프를 보조해야 할 필요가 있을 때

② 비상상황이 발생했을 때

③ 엔진 시동을 제외하고 항상

④ 엔진구동연료펌프가 고장 났을 때

【해설】 대부분 항공기에서 두 종류의 연료펌프를 사용한다. 주연료펌프는 엔진구동방식이고, 이 연료펌프가 고장 났을 때 사용할 수 있는 전기구동방식의 연료펌프가 있다. 보조 전기구동연료펌프는 엔진 시동을 걸 때 사용한다.

197. 연료탱크 섬프와 연료 스트레이너 퀵 드레인을 장착하고 있는 항공기의 연료계통에서 물을 완전히 빼내기 위해서 연료는 어디에서 빼내는 것이 필수적인가?

① 연료 스트레이너 드레인

② 연료계통의 최저점

③ 연료 스트레이너 드레인과 연료탱크 섬프

④ 연료 스트레이너 정점과 저점

【해설】 연료탱크 섬프(sump)와 연료 스트레이너 퀵 드레인(strainer quick drain)을 장착하고 있는 항공기의 연료계통에서 물을 완전히 빼내기 위해서 연료는 연료 스트레이너 드레인과 연료탱크 섬프로부터 투명용기(transparent container)에 빼내야 한다.

【정답】 194.④ 195.③ 196.④ 197.③

198. 연료계통에 존재하는 물이나 이물질들이 (   )에서 고일 수 있도록 설계되어 있다.

① 섬프 ② 필터

③ 연료펌프 ④ 기화기

【해설】 항공기 연료 탱크는 오염물과 물이 가라앉는 지점을 섬프라고 한다. 섬프(sump)는 연료통의 가장 낮은 지점(low point)이 되고 비행 전 점검 시 불순물을 제거하는 데 사용되는 배유 밸브(drain valve)가 장착되어 있다.

199. 연료통의 통기구가 막히지 않았는지 확인해야 하는 이유는?

① 연료통 진공은 연료 흐름을 막을 수 있기 때문이다.

② 연료통으로 이물질이 유입될 수 있기 때문이다.

③ 연료통으로 습기가 스며들 수 있기 때문이다.

④ 연료통 내에서 연료의 쏠림을 방지할 수 없기 때문이다.

【해설】 통기구(vent)는 연료계통의 압력 평형을 유지하도록 공기 및 연료량 그리고 연료 탱크 내 압력을 안전하게 관리하기 위해 항공기에 사용된다.

200. 프라이머란 무엇인가?

① 연료를 기화기에 직접 분사하는 장치

② 연료를 실린더에 직접 분사하는 장치

③ 연료를 연료 매니폴드에 직접 공급하는 장치

④ 연료를 연료조정기에 직접 공급하는 장치

【해설】 프라이머(primer)는 엔진 시동이 어려운 조건에서 연료를 실린더에 직접 분사하는 장치이다.

201. 만약 엔진에 사용할 수 있도록 권장된 옥탄가의 연료가 가용하지 않을 때 어떤 연료로 대신할 수 있는가?

① 하위 옥탄가의 항공유 ② 동일 등급의 무연 자동차용 가스

③ 상위 옥탄가의 항공유 ④ 하위 등급의 항공유와 혼합유

【해설】 권장된 옥탄가의 연료가 가용하지 않을 때는 반드시 상위 등급의 연료를 사용해야 한다. 하위 등급의 연료를 사용했을 때는 이상폭발의 원인이 된다.

202. 연료통 통기구가 막혀 있지 않은지 점검해야 하는 이유는?

① 지속적인 연료 흐름을 유지하기 위해서 연료통 내에 적절한 공기압을 제공하기 위해서

② 열이 연료통 내의 연료량을 팽창시킬 때 초과 연료를 배출하기 위해서

③ 연료통에서 연료 가스를 배출하여 연료통 폭발의 가능성을 제거하기 위해서

④ 연료가 초과되어 주입되었을 때 초과 연료량을 배출하기 위해서

【해설】 밀폐 연료통 내에서는 진공 상태가 발생하기 때문에 연료의 흐름을 방해한다. 따라서 이 같은 현상을 방지하고 지속적인 연료 흐름을 제공하기 위해서 비행 전 통기구가 막혀 있지 않은지 점검해야 한다.

【정답】 198.① 199.① 200.② 201.③ 202.①

203. 항공연료가 흡수할 수 있는 수분의 양을 결정하는 것은?

① 기온 변화와 관계없이 일정하다.

② 연료 온도가 증가할 때 증가한다.

③ 연료 온도가 감소할 때 증가한다.

④ 어느 한계점에 이르면 더 이상 증가하거나 감소하지 않는다.

【해설】 모든 연료는 대기로부터 수분을 흡수한다. 연료 온도가 높을수록 수분을 흡수하는 양도 증가한다.

204. 날개 연료통을 전환하기 전에 어느 한쪽의 연료통을 완전히 비우는 것은 바람직하지 않다. 그 이유는 무엇인가?

① 연료통 내의 이물질이 연료장치로 보내질 수 있기 때문이다.

② 연료에 의한 윤활작용이 떨어질 수 있기 때문이다.

③ 연료펌프에 의한 공기 흡입은 증기폐색의 원인이 될 수 있기 때문이다.

④ 공회전하는 연료펌프가 과열되어 위험을 초래할 수 있기 때문이다.

205. 연료를 급유할 때 정전기의 잠재적 위험을 제거하기 위한 적절한 예방조치는?

① 배터리와 점화 스위치를 “OFF” 했는지 다시 확인한다.

② 연료 트럭에서 지표면으로 접지선을 연결한다.

③ 항공기와 지표면으로 접지선을 연결한다

④ 항공기, 연료통, 연료 노즐 그리고 지표면 사이에 접지선을 연결한다.

【해설】 항공유는 발화점이 매우 높기 때문에 정전기로부터 예방할 수 있는 적절한 조치를 해야 한다. 정전기 발생을 예방하기 위해서 항공기, 급유 트럭, 연료 노즐과 지상 사이에 접지선을 연결해야 한다.

206. 대기가 건조한 조건에서 급유할 때 특히 주의해야 하는 것은?

① 정전기 ② 주변 상대습도

③ 태양 노출 정도 ④ 대기압의 변화

【해설】 정전기(static electricity)는 전하가 정지 상태에 있어 흐르지 않고 머물러 있는 전기이다. 그러나 정전기가 두 물체 사이에 전기 흐름이 발생했다면 이를 정전기 방전(static discharge)이라 한다.

207. 연료 등급이 100/130으로 지정되었을 때 이들 숫자는 무엇을 의미하는가?

① 100-농후 연료효율, 130-희박 연료효율

② 100-희박 연료효율, 130-농후 연료효율

③ 100-과열 연료효율, 130-과냉각 연료효율

④ 100-과냉각 연료효율, 130-과열 연료효율

【정답】 203.② 204.③ 205.④ 206.① 207.②

208. 연료급송 장치에서 증기폐색 현상에 더 취약한 것은?

① 중력급송 장치 ② 연료펌프 장치

③ 연료 분사기 ④ 어느 장치도 영향을 받지 않는다.

209. 연료펌프 급송 장치에서 증기폐색 현상이 예상될 수 있는 시기는?

① 엔진이 가열되었을 때

② 엔진 시동 전

③ 엔진 정지 후 너무 긴 시간을 허용한 후 시동 걸 때

④ 엔진이 냉각되었을 때

【해설】 *증기폐색(vapor lock)은 가솔린 내연기관의 연료공급 계통에 남아있는 액체 연료가 기체로 변하는 문제로 인해 발생한다. 이로 인해 연료펌프 작동이 중단되어 카뷰레터 또는 연료분사장치에 공급되는 압력이 손실되어 일시적인 동력 상실 또는 완전 정지가 발생할 수 있다. 특히 엔진이 가열된 상태에서 이 같은 문제가 잘 발생할 수 있다.*

210. 증기폐색 현상이 예상될 때 조종사가 취할 수 있는 조치는?

① 엔진을 예열시켜야 한다.

② 기수를 숙여 엔진의 위치 에너지를 증가시킨다.

③ 전기 보조 연료펌프를 작동시킨다.

④ 기수를 들리게 하여 엔진의 위치 에너지를 증가시킨다.

211. 비행 중 심한 난기류를 만났을 때 조종사가 유지해야 하는 비행 상태는?

① 일정 고도와 대기속도 ② 일정한 받음각

③ 활공자세 ④ 수평비행자세

【해설】 *비행 중 심한 난기류(severe turbulence)를 만났을 때 고도와 대기속도를 유지하려는 시도는 항공기 구조에 상당한 스트레스(overstressing)가 가해질 수 있다. 따라서 대기속도를 기동속도(V_A) 또는 그 이하로 동력을 조정하고 항공기가 기류를 탈 수 있도록 허용하면서 수평비행자세(level flight attitude)를 유지할 것을 권장한다.*

212. 부양 직후 동력상실 사고가 발생했을 때 기억해야 하는 가장 중요한 규칙은?

① 즉각 정확한 활공 자세와 대기속도를 확립하는 것이다.

② 연료고갈 가능성을 대비해서 신속하게 연료공급을 확인하는 것이다.

③ 불시착을 계획하기 위한 바람 방향을 결정하는 것이다.

④ 바람방향을 판단하여 기수가 맞바람을 향하도록 하는 것이다.

【해설】 *항공기가 이륙하여 부양한 직후 엔진고장과 같은 사고가 발생했을 때 조종사가 기억해야 하는 가장 중요한 사항은 즉각 정확한 활공자세(gliding attitude)와 대기속도를 확립하는 것이다. 이를 위해서 피치자세(pitch attitude)를 수평비행보다 약간 낮출 필요가 있다. 때로는 대기속도를 낮추어 고도를 유지하려 시도하기도 하지만 이것은 저고도에서 실속이 발생할 수 있어 치명적이다.*

【정답】 208.② 209.① 210.③ 211.④ 212.①

213. 엔진 시동이 걸린 후 조종사가 취해야 하는 첫 조치는?

① 적정 RPM으로 조절하고 엔진 게이지가 원하는 값을 지시하는지 확인한다.

② 마그네토 혹은 점화 스위치를 순간적으로 OFF에 놓고 접지 상태를 확인한다.

③ 각 브레이크와 계류 브레이크를 확인한다.

④ 브레이크의 작동 여부를 먼저 확인한 후 점화 스위치를 순간적으로 OFF에 놓고 접지 상태를 확인한다.

【해설】 조종사는 엔진 시동이 걸린 후 즉시 RPM을 원하는 값으로 조절하고 오일압과 같은 엔진 게이지가 원하는 값을 지시하고 있는지 확인해야 한다.

214. 손으로 프로펠러를 돌려 시동을 거는 비행기 엔진에서 숙련 조종사가 가장 중요시해야 하는 요소는?

① 프로펠러를 잡기 전에 "contact"을 외쳐야 한다.

② 조종석의 조종 위치에 있어야 한다.

③ 조종석에 있어야 하고 모든 명령을 호창해야 한다.

④ 무선통신장비를 갖추어야 한다.

【해설】 손으로 프로펠러를 돌려 시동을 거는 비행기 엔진(hand starting airplane engine)은 근본적인 위험요소가 존재하기 때문에 모든 예방조치를 취해야 한다. 특히 중요한 것은 숙련된 조종사(competent pilot)가 반드시 조종실(cockpit)에서 조종할 수 있는 준비가 되어 있어야 한다.

215. 기온이 매우 낮은 날 비행 전 점검 중 크랭크케이스 흡기선을 특별히 주의해서 점검해야 하는 이유는?

① 크랭크케이스로부터 응결된 오일로 막힐 수 있기 때문이다.

② 외부 공기로부터 얼어버릴 수 있는 습기로 막힐 수 있기 때문이다.

③ 외부 공기로부터 흡입된 이물질이 흡기선을 막을 수 있기 때문이다.

④ 크랭크케이스 증기로부터 응축된 후 얼어버릴 수 있는 얼음으로 막힐 수 있기 때문이다.

【해설】 크랭크케이스의 흡기선(breath lines)이 얼음으로 막혔다면 엔진에 오일이 적절하게 순환할 수 없을 뿐만 아니라 오일 라인이 파손되거나 혹은 오일을 크랭크케이스로 공급할 수 없다. 따라서 비행 전 점검 중 흡기선이 얼음으로 막히지 않았는지 육안으로 확인해야 한다. 흡기선의 얼음은 엔진이 정지된 후 크랭크케이스 증기(crankcase vapor)가 라인에서 결빙되면서 형성된다.

【정답】 213.① 214.② 215.④

Chapter 3 공항, 교통절차 및 통신, 규정

3.1 개 요

항공교통절차(air traffic procedure)란 용어가 익숙해질 정도로 경항공기의 활동도 꾸준히 증가하고 있다. 모든 항공기는 규정된 절차와 규정에 따라 운용했을 때 공동의 목표인 항공안전을 달성할 수 있다. 항공기 활동이 많은 구역에서 다른 항공기의 움직임을 관찰하고 회피하는 것은 조종사의 책임(pilot′ responsibility)이다. 관제탑(control tower)이 운용되는 공역에 진입했다면 반드시 관제사의 지시에 따라야 한다. 그러나 대부분 경항공기는 비관제(non-control) 공역에서 운용되기 때문에 이들 국지 공항에 설정된 규정과 절차에 따라 운항해야 원활한 교통흐름(traffic flow)과 상호 항공안전을 보장받을 수 있다. 여기서는 경항공기 조종사로서 숙지해야 하는 항공교통절차와 FAA에서 규정하고 있는 교통절차를 소개함으로써 항공기 운용에 참고할 수 있도록 하였다.

3.2 공항/비행장

공항(airport or airfield)은 항공기가 이착륙할 수 있는 활주로(runway), 유도로(taxiway), 주기장(apron), 관제탑(control tower), 탑승장, 계류장(parking area)과 각종 등화시설 및 정비시설을 갖추고 있다. 일반적으로 공항이라고 명명할 수 있는 시설에서는 취항하는 항공기 성능에 적합한 길이의 활주로와 부대시설이 건설되는 반면 사유 공항(private airport) 또는 경항공기 운용 시설은 이들 공항과 비교할 수 없을 정도로 단순하다. 항공교통량이 증가하면서 다수의 항공기를 수용할 수 있도록 한 공항에 2개 혹은 3개의 활주로가 평행하게 건설되어 있다. 국제공항과 같이 복합한 공항에서는 중소형 항공기의 운용을 전담할 수 있는 소형 활주로가 함께 건설되어 있다. 이것은 대형 항공기와 소형 항공기의

【그림3-1】 경항공기는 운용 장소에 크게 제한을 받지 않는 것이 최고의 장점이다. 왼쪽 활주로는 목초지의 넓은 공간을 활용하고 있고 오른쪽 경비행기는 바닥이 거친 장소에 착륙을 시도하고 있다.

성능에 큰 차이가 있으므로 공항이 복잡할수록 운용의 융통성을 확보하는 데 필수적이다. 경항공기 조종사라 할지라도 공항/비행장 시설에 대한 지식은 기본적으로 갖추어야 한다.

3.2.1 관제 공항

관제 공항에서 모든 항공기는 관제사의 인가 및 지시(clearance and instruction)에 따라야 한다. 관제권에 있는 조종사는 관제사의 지시를 따라야 할 의무가 있으며 관제사와 교신할 수 있는 쌍방향 무선통신이 가능한 통신장비를 갖추어야 한다. 조종사는 관제사와 교신을 통해서 지상활주(taxiing), 이륙 및 착륙 인가 그리고 조종사가 원하는 특정 인가를 요청할 수 있다. 관제탑에서는 이착륙 인가와 순서뿐만 아니라 최근 기상 정보, 고도계 수정치(altimeter setting), 비행난기류(wake turbulence)의 영향 그리고 장주 또는 활주로에서의 안전 비행에 필수적인 정보들도 함께 제공된다.

3.2.2 비관제 공항

비관제 공항(non-controlled airport)은 정식(공인) 관제기관이 없이 비행장 운용자에 의해서 자율적으로 운용되는 공항이다. 비관제 공항에서는 해당 공항(비행장)의 운용절차를 준수하는 것은 조종사의 책임이다. 비관제 공항에서 비행하고자 하는 조종사는 기본 장주 절차에 완전히 익숙해 있어야 한다. 또한, 비관제 공항이나 인근에서 해당 공항의 지상 무선국(radio station)에 자신의 위치와 의도를 다른 조종사에게 알리기 위해서 무선통신을 하고 필요하다면 지상 무선국으로부터 비행장 운용에 대한 정보를 조언(advisory)받기도 한다. 만약 지상 무선국 기능조차도 갖추고 있지 않다면 적절한 주파수에 동조하여 맹목송신(blind transmission)을 실시한다. 이것은 자신의 위치를 다른 조종사에게 경고해 줌으로써 공중충돌(midair collision)의 가능성을 방지하는 절차이다.

3.3 장주 패턴

장주 패턴(traffic pattern)은 활주로에 이륙 및 착륙을 위해서 설정된 직사각형 모양의 비행경로(flight path)이다. 장주권 내에서 고도를 장주 고도(traffic altitude)라 하고 일반 경비행기는 지면으로부터 600~1,500피트 고도로 한정된다. 이륙 및 착륙은 항상 맞바람(headwind)으로 수행되기 때문에 장주는 [그림3-2]와 같이 이륙 방향 또는 착륙 방향을 기준으로 직사각형 모양이 된다. 장주는 그 지역의 특성에 맞게 이륙 및 착륙 방향, 구간별 선회 위치, 장주고도, 진입 및 이탈 절차 등을 고려해서 설정된다. 경항공기는 활주로보다는 넓은 초원 혹은 가용 공간을 이착륙 장소로 사용한다. 비록 불특정 장소라 할지라도 이착륙을 위해서는 공중의 가상 장주를 형성하면서 접근 및 착륙하는 훈련을 해야 한다.

장주권(traffic pattern)에서 선회 방향은 시각 표지 또는 관제사(지상 무선국 운용자)의 지시에 따라 우선회(우장주, right traffic pattern)를 지시하지 않는 한 모든 선회는 반드시 왼쪽으로 실시하는 좌장주(좌선회, left traffic pattern)를 사용한다. 전투기와 같은 항공기의 장주는 타원형 모양이 될 수 있고 항공기 속도에 따라 구간 길이가 연장될 수 있다. [그림3-2]는 전형적인 단일 활주로의 표준 좌장주이다.

3.3.1 장주 구간

장주는 사용 활주로를 기준으로 4개의 구간으로 이루어지고 구간과 구간 사이는 직각으로 이루어진다. 무풍 상태라면 지상 항적(ground track)과 항공기 기수가 일치한다. 그러나 바람이 존재할 때 실제 기수는 지상 항적을 유지하기 위해서 바람 부는 방향을 향하여 적절한 크래빙(crabbing)이 적용되어야 한다.

(1) 정풍 구간

정풍 경로(upwind leg)는 활주로로부터 직선으로 연장하여 측풍 경로(crosswind leg)가 시작되는 선회 지점까지이다. 통상 정풍 경로는 이륙 및 착륙하는 항공기의 성능을 증대시키기 위해서 맞바람(headwind)으로 지정된다. 조종사는 이륙 후 장주고도 300~500피트에 도달할 때까지 직진 상승한다. 만약 정풍 경로에서 장주를 이탈하고자 할 때는 직선 방향으로 이탈하거나 관제사의 지시에 따라 45° 선회하여 이탈 후 계획된 방향으로 향한다.

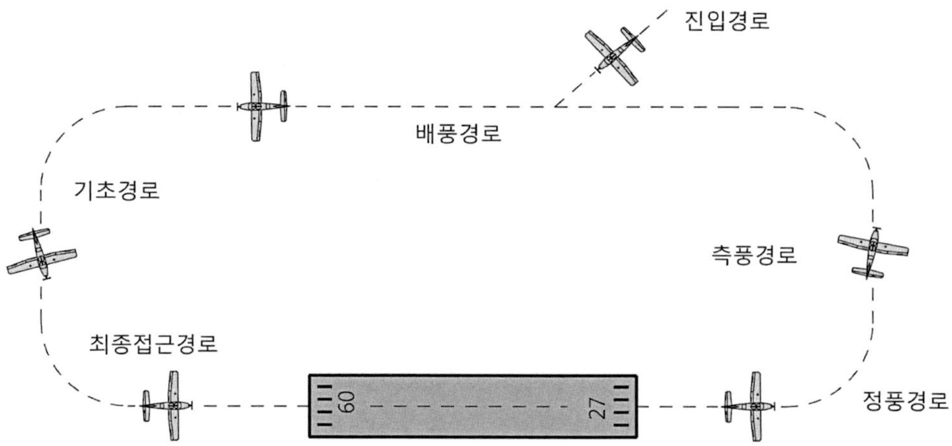

【그림3-2】 장주는 공중공간의 가상 비행경로이다. 선회 지점은 주변의 식별이 용이한 지형지물들을 이용할 수 있다. 장주 길이는 장주권에서 훈련하는 항공기의 수에 따라 연장될 수 있다. 특별하게 다르게 지정되지 않는 한 좌장주가 표준이다. 비록 초지와 같은 넓은 공간을 활용할지라도 바람 방향을 고려하여 장주를 그리면서 이착륙할 수 있도록 훈련되어야 한다.

(2) 측풍 구간

측풍 경로(crosswind leg)는 정풍 구간과 수직이고 배풍 구간이 시작되는 선회 지점까지이다. 맞바람을 받고 이륙하였다면 측풍 경로에서 우측풍의 영향을 받기 때문에 직선 항적을 유지하기 위해서는 적절한 편류 수정(drift correction)이 적용되어야 한다.

(3) 배풍 구간

배풍 경로(downwind leg)는 활주로와 평행이고 기초구간이 시작되는 선회 지점까지이다. 이 구간은 통상 활주로로부터 약 1/2~1마일 정도의 거리가 된다. 이 구간에서 규정된 장주 고도를 준수하고 착륙 전 점검을 한다. 맞바람으로 이륙했다면 이 구간에서 뒷바람을 받아 대지속도(ground speed)가 빨라진다.

(4) 베이스 구간

베이스 경로(base leg)는 배풍 경로의 선회 지점으로부터 최종접근구간이 시작되는 구간이다. 이 구간에서는 착륙을 위한 점진적인 고도 강하와 속도를 감소시키기 위한 충분한 거리를 제공한다. 이 구간에서도 항공기 기수는 바람에 의한 편류 수정 때문에 바람 부는 방향을 향할 수 있다. 최종접근구간으로 선회하기 전에 다른 항공기가 이미 이 구간에 진입하여 접근하고 있는지를 확인해야 한다.

(5) 최종접근 구간

최종접근경로(final approach leg)는 베이스 구간이 끝나는 지점에서부터 활주로 시단(threshold)까지 연장된 구간이다. 이 구간에서 착륙을 위한 강하 비행이 수행된다. 어느 구간보다 이 구간이 중요시되는 것은 계획된 착지점(touchdown zone)에 항공기를 착지시키기 위해서 속도 조절 및 적절한 활공경로(glidepath)를 유지하기 위한 조종사의 모든 판단력과 조종 기술이 총동원되기 때문이다.

⑹ 진입 구간

진입 구간(entry leg)은 배풍 경로에 45° 각을 이루는 구간이다. 공항에 접근 중일 때 직진 착륙을 인가받지 않는 한 먼저 해당 공항의 장주에 진입해야 한다. 도착하는 조종사는 장주에 진입하기 전에 장주 교통흐름을 완전히 파악한 후 진입할 것을 권장한다. 따라서 진입 구간은 전체 장주를 관찰할 수 있고 진입하려는 조종사에게 사용 중인 장주 방향과 착륙 접근을 위한 충분한 시간을 부여한다.

3.3.2 비관제 공항에서 장주 확인

소규모 공항이나 사유 공항(private airport)은 관제시설을 갖추고 있지 않기 때문에 비관제 공항의 장주에 진입하기 위해서는 공통교통조언주파수(common traffic advisory frequency; CTAF)에 동조하여 다른 항공기로부터 공항 정보를 얻거나 비행장에 설치된 장주 및 착륙 방향 지시기 등을 참고하여 장주 방향을 확실하게 확인한 후 장주에 진입한다. 만약 비행장에 설치된 장주 및 착륙 방향 지시기를 확인하고자 비행장 상공을 비행할 때는 해당 공항의 장주 고도보다 높은 고도로 통과하면서 확인한다. 이는 장주 고도에서 비행 중일 수도 있는 다른 항공기와 안전 문제가 따르기 때문이다.

⑴ 풍향 지시기

풍향 지시기(wind direction indicator)는 활주로 근처에 설치되어 활주로에 불어오는 바람 방향을 지시한다. 풍향 지시기는 [그림3-3]과 같이 바람 주머니(wind sock), T-형 풍향 지시기 그리고 사면체가 있다. 바람 주머니는 주변에서 흔히 볼 수 있는 풍향 지시기이다. 한쪽 끝의 지름은 크고 다른 끝의 지름이 상대적으로 작아 공기는 지름이 큰 쪽으로 들어가 작은 쪽으로 나온다. 무풍이나 미풍일 때 바람 주머니는 아래로 처져 있으나 바람이 강하게 불 때는 지면과 수평 상태가 된다. T-형 풍향 지시기는 [그림3-3]과 같이 마치 "T"자와 같은 모양이고 끝에 수직 패널이 설치되어 축을 중심으로 자유롭게 회전한다. T-형 풍향 지시기는 수평부를 비행기 날개, 수직부를 동체 그리고 수직 패널을 꼬리로 생각하면 쉽게 비행기 모형을 연상할 수 있다. 이것은 T-형 풍향 지시기의 지시가 바로 착륙 방향이 된다. 바람 주머니와 달리 사용 활주로를 알리기 위해서 인위적으로 T-형 풍향 지시기를 정렬시킬 수 있다.

⑵ 사면체

사면체(tetrahedral)는 통상 풍향 지시기와 함께 설치되어 착륙 방향을 지시한다. 사면체

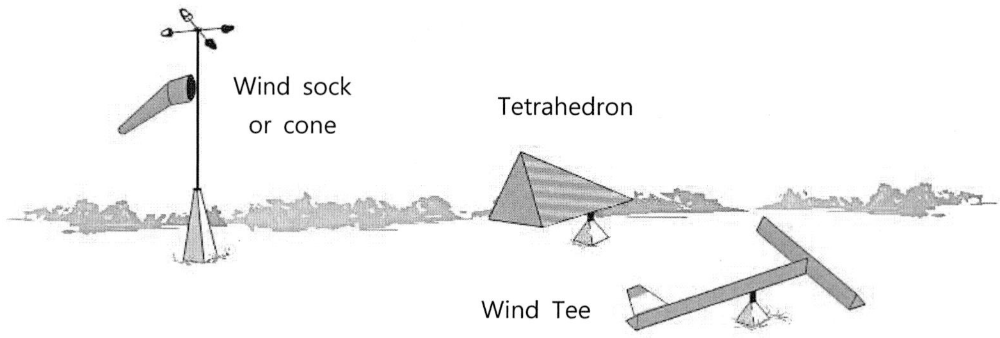

【그림3-3】 바람주머니는 대부분 공항에 설치되어 있다. 풍향 지시기를 이용해서 이착륙 방향을 결정할 수 있어야 한다. 사면체는 뾰쪽한 부분이 착륙 방향을 지시한다. 이외에도 T-형 지시기도 풍향과 착륙 방향을 지시한다. 이들 장치는 무풍 또는 바람이 약할 때 자체적으로 바람 방향을 지시하지 못하기 때문에 운용자가 인위적으로 착륙 방향을 정렬시킬 수 있다.

는 [그림3-3]에서 보는 것과 같이 한 쪽 끝은 뾰쪽하고 다른 끝은 삼각형 모형이다. 사면체의 뾰쪽한 끝이 바람 방향을 향하고 이 방향이 착륙 방향이 된다. 사면체 역시 축을 중심으로 바람에 따라 자유롭게 회전하고 무풍 또는 미풍(wind calm or light wind)에는 정확성을 기대할 수 없다. 사면체 역시 착륙 방향을 지시하기 위해서 인위적으로 정렬시킬 수 있다.

(3) 선분원과 장주방향 지시기

선분원(segmented circle)은 비관제 공항에서 착륙 방향 지시기 또는 풍향 지시기 등을 공중에서 쉽게 식별시키기 위한 일종의 표지(marking)이다. 따라서 선분원은 공중에서 식별이 쉬운 장소에 설치된다. 선분원 중앙에는 바람 주머니 또는 사면체와 함께 설치되어 풍향과 함께 장주 방향을 지시한다. 선분원 외측에는 활주로와 동일 방향의 막대선과 이 막대선의 양 끝에 장주 방향을 지시하는 "L"-자 모양의 막대선으로 구성된다. 예를 들어 [그림3-4]에서 지시하고 있는 선분원과 장주 방향 지시기(traffic pattern indicator)는 활주로 9 (RWY 9)에서 좌장주를 지시하고 있다.

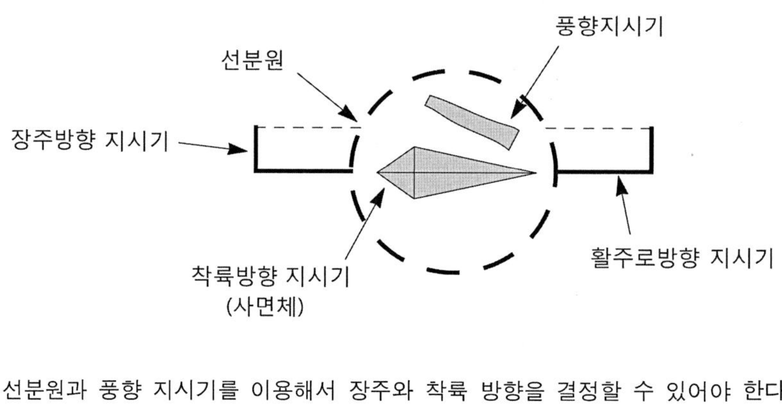

【그림3-4】 선분원과 풍향 지시기를 이용해서 장주와 착륙 방향을 결정할 수 있어야 한다.

3.4 활주로와 유도로

활주로(runway)는 항공기의 이륙 및 착륙을 위한 일정 길이와 폭을 갖춘 공간이다. 경항공기의 특성상 넓고 평평한 초지 혹은 불특정 장소에서 운용되지만, 기본 시계비행 활주로에 대해서도 충분한 지식을 갖추어야 한다. 활주로에는 다양한 부호와 문자로 활주로에 관한 정보를 제공한다. 활주로 정보를 제공하는 방식에는 2가지 유형이 있다. 하나는 활주로 노면에 페인트로 그려지는 것으로 이를 (노면)표지(markings)라 한다. 또 다른 유형은 양철판 등에 문자 또는 부호를 새겨 활주로 부근에 설치되는 것으로 이를 표지판(signs)으로

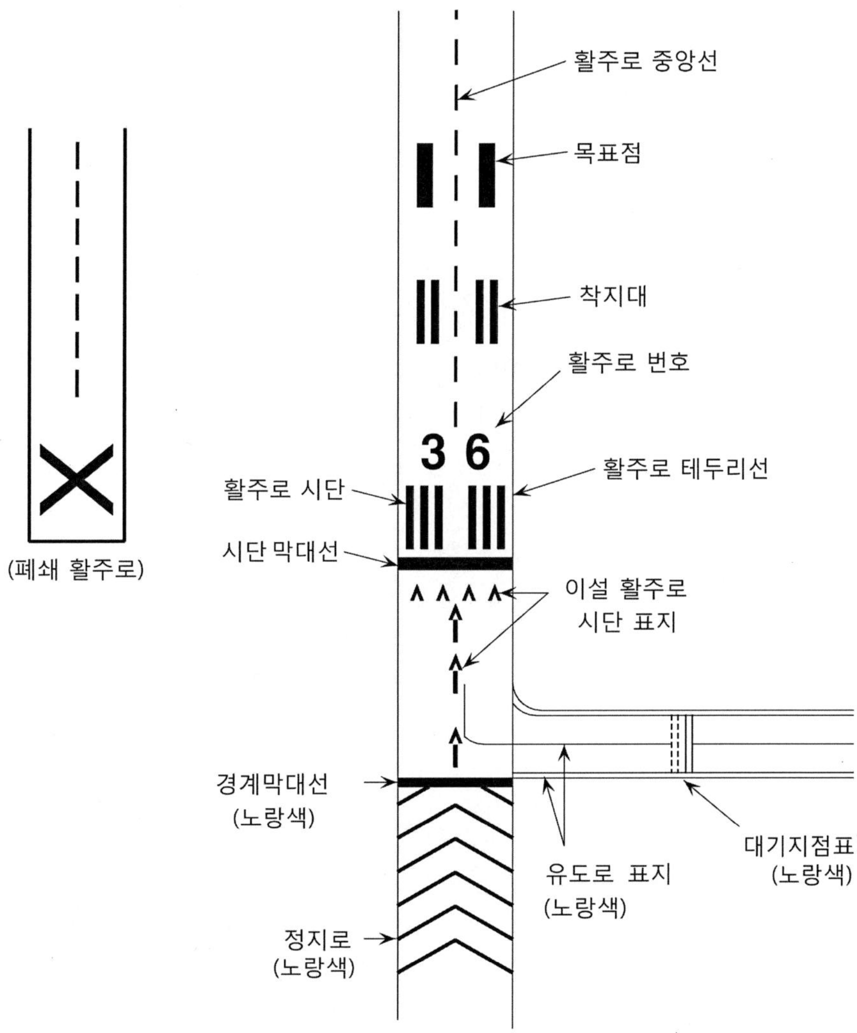

【그림3-5】 활주로 노면표지는 일부 표지 외에는 백색으로 그려진다. 활주로 표지 중 가장 길게 그리고 뚜렷하게 보이는 것이 활주로의 시작 부분을 의미하는 시단 노면표지이다. 노란색으로 그려지는 것은 대기지점표지와 갈매기 모양으로 그려지는 정지로이다. 이외에도 화살표로 그려진 것은 이설활주로와 시단을 나타낸다.

구분한다.

(1) 활주로 노면표지

시계 활주로(visual runway)는 [그림3-5]와 같이 활주로 노면에 시단(threshold), 활주로 번호, 활주로 중앙선(centerline) 그리고 테두리선 등이 그려진다.

① 활주로 시단은 이용 가능한 활주로의 시작 지점이다. 시단은 가용 활주로가 최대로 하중을 받기 시작하는 지점이기도 하다. 시단은 [그림3-5]와 같이 중앙선을 기준으로 좌우에 대칭으로 같은 수의 백색 막대선으로 그려진다. 시단이 시작되는 지점에 활주로를 가로질러 굵은 시단 막대선(threshold bar)이 그려진다.

② 활주로 번호(runway number)는 양 끝에 백색 페인트로 숫자를 그려 놓았다. 이들 숫자는 활주로의 자북(MN) 방위를 기준으로 결정되고 통상 2자리 숫자와 문자로 표기된다. 예를 들어 자북 방위를 기준으로 측정된 활주로 방위각이 094° 일 때 1자리 수는 반올림을 적용하여 생략된다. 따라서 활주로 09(RWY 09)로 지정되고 반대편은 활주로 27(RWY 27)이 된다.

③ 대기지점표지(hold position marking)는 유도로에서 활주로로 전환되는 지점이다. 이 표지는 [그림3-5]와 같이 노란색 2줄 점선과 2줄 실선으로 그려진다. 만약 지상 관제사가 별로로 운용되는 공항이라면 이 지점까지 지상 관제사(ground controller)가 유도하게 된다. 대기지점표지를 넘어 활주로에 진입할 수 있는 인가는 관제탑 관제사(tower controller)의 권한이다. 조종사는 관제탑 관제사의 지시가 없는 한 대기지점표지 밖에서 이륙 인가를 요청하고 대기(hold)해야 한다. 이 지점에서 대기하는 방법은 항공기의 모든 부분이 실선(solid line)을 완전히 벗어나 있어야 한다.

④ 목측점 표지(aiming point)는 최종접근경로에서 강하 중인 항공기가 착지점까지 목측을 판단할 수 있도록 시각적 참고를 제공한다. 목측점 표지는 [그림3-5]와 같이 2줄의 굵은 막대선으로 그려진다.

⑤ 착지점 표지(touchdown zone marking)는 항공기가 실제 착지할 수 있는 위치를 지정해 놓았다. 항공기는 가급적 이 구역 내에서 착지가 이루어져야 활주로 전체를 활용할 수 있다.

⑥ 활주로 테두리 선(runway side strip)은 가용 활주로의 전체 윤곽을 판단할 수 있도록 전체 활주로의 테두리를 백색 실선으로 그려진다.

⑦ 이설활주로 표지(displaced runway marking)는 [그림3-5]와 같이 화살표 모양으로 그려진다. 이 구역은 이륙활주와 착륙활주는 허용되지만, 착륙은 허용되지 않는다.

⑧ 정지로 표지(stopway marking)는 노란색으로 마치 갈매기 모양으로 그려진다. 이 구역에서 이착륙은 물론이고 지상활주 자체가 허용되지 않는다. 이 구역은 제트엔진 후류의 영향을 방지하기 위한 장소 혹은 활주로를 초과한 항공기의 안전을 위한 구역으로 지정된다.

⑨ 폐쇄 활주로 표지(closed runway marking)는 [그림3-5]와 활주로 양 끝에 노란색 "X"로 그려지고 사용되지 않는 활주로를 지시한다.

(2) 유도로 표지

유도로(taxiway)는 계류장에서 활주로까지 연결되는 도로이다. 유도로는 중앙에 노란색 실선으로 그려진다. 유도로는 활주로와 평행하고 활주로에 진입 또는 이탈하기 위한 진출입로를 식별하기 위해서 알파벳순으로 번호가 지정된다.

(3) 활주로 표지판

활주로 노면에 그려지는 표지와 달리 활주로 표지판(runway sighs)은 양철 또는 플라스틱판에 필요한 문자 혹은 부호를 새겨 활주로 주변에 설치된다. 주요 표지판은 빨간색 또는 노란색 바탕에 백색 문자 혹은 부호가 새겨진다.

(4) 시각접근 활공경로 지시기

비행기가 착지점(touchdown zone)에 정상적으로 착륙하기 위한 접근각은 3°이다. 최종 접근경로에 진입한 항공기 조종사가 정확한 접근각(approach angle)을 판단하기는 쉽지 않다. 특히 저시정 조건이라든지 넓은 초지와 같이 불특정 장소에서 접근각의 판단을 더욱 어렵게 한다. 이 같은 조건에서 조종사의 접근각 판단에 도움을 주려는 시설이 시각접근 활공경로 지시기(visual approach glideslope indicator)이다. 물론 이 시설은 계기비행 조종사가 최종적으로 시계비행으로 착륙을 보조하기 위한 시설이기는 하지만 많은 공항에 설치되어 운용되고 있으므로 시계비행 조종사도 유용하게 활용할 수 있어 소개한다.

다양한 종류의 시각접근 활공경로 지시기가 있지만 주로 사용되는 것이 2등열 시각접근 활공경로 지시기이다. 야간은 물론이고 주간 혹은 안개 등으로 시계가 제한된 비행조건에서 유용하다. 이 시설은 2개의 등열을 이용해서 활공경로를 지시한다. 정상 활공경로를 따라 접근 중이라면 [그림3-6]과 같이 후면등열(rear light bars)은 빨간색 그리고 전면등열(front light bars)은 백색으로 보여야 한다.

만약 정상 활공경로보다 낮은 고도로 접근 중에 있다면 전면등열과 후면등열 모두 빨간색으로 보인다. 이것은 고도가 매우 낮게 접근하고 있음을 의미한다. 고도가 너무 낮지 않은 한 강하율을 약간 감소시키고 기다리면 정상 활공경로에 진입할 수 있다. 정상 활공경로에 진입한 후에는 즉시 최초의 강하율보다 약간 적은 강하율을 적용하여 활공경로를 유지한다. 만약 너무 높은 고도로 접근 중이라면 즉시 강하율을 증가시켜 정상 활공경로에 진입해야 한다. 적절하게 조치할 수 있는 시기가 늦어지면 늦을수록 활주로에 다가와서 고도처리를 위해서 과조작이 유발될 수 있다. 이외에도 일부 소규모 활주로에는 등열에 의한 방식을 응용하여 판자를 [그림3-6]과 같이 배열하는 방식으로 활공경로를 지시한다. 이 시설은 정상 활공경로와 함께 접근경로 선상의 장애물로부터 안전을 보장받을 수 있도록 판

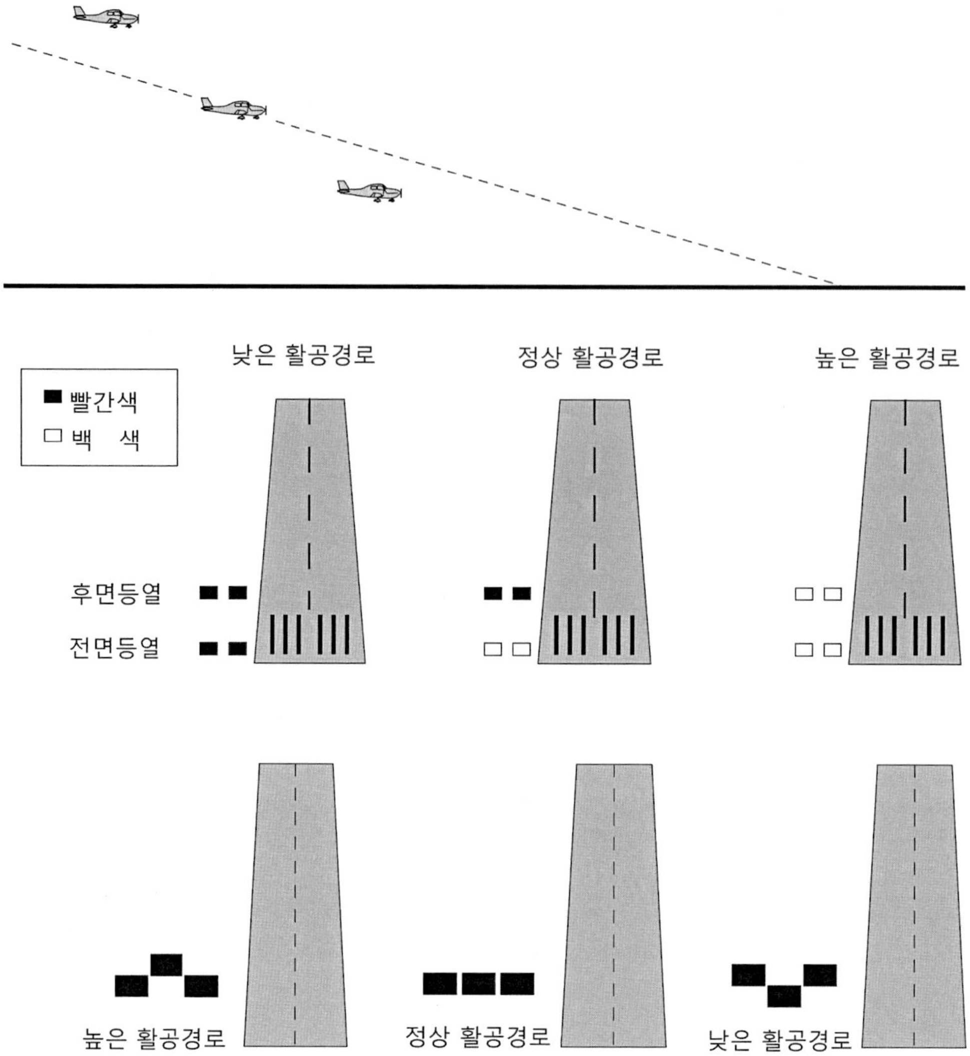

【그림3-6】 전형적인 시각 활공경로 지시기이다. 정상 활공경로는 3°이다. 정상 활공경로는 중간 그림과 같이 "적상백하"로 기억하면 된다. 주간에도 약 5마일(8km)까지 식별할 수 있다. 이외에도 일부 활주로에는 접근각(활공각)을 참고할 수 있도록 시각접근 경사지시기가 설치되어 있다. 이것은 주변에서 쉽게 구할 수 있는 합판에 형광 오렌지 색 등을 칠해 공중에서 식별이 쉽다. 정상 활공경로는 3개의 패널이 일렬로 보일 때이다.

자를 배열하여 시각접근 활공경로를 지시한다. 이 지시기는 합판에 흑백 또는 형광 주황색을 칠해 접근각을 지시하기 때문에 설치비용이 저렴한 장점이 있다. 이 시설은 주간 3/4마일에서 식별할 수 있고 접근각은 다음과 같이 판단한다.

- 높은 활공경로: 1개 위, 2개 아래
- 정상 활공경로: 3개 일렬
- 낮은 활공경로: 2개 위, 1개 아래

3.5 지상운용

지상운용(ground operation)이란 항공기가 지상에서 수행되는 제반 절차를 모두 포함한다. 경항공기 활동이 증가하면서 무의식적으로 혹은 부주의로 사고 가능성이 증가하고 있다. 경항공기는 자율적으로 운용된다는 점 때문에 때로는 철저한 통제가 어려운 것이 사실이다. 따라서 항공기 운용자는 물론이고 조종사 스스로 안전관리에 솔선해야 한다. 지상에서는 주로 비행 전 점검, 엔진 시동 그리고 활주로에 진입과 이탈을 위한 항공기의 이동이 수행된다.

(1) 항공기 접근 방법

엔진이 작동 중인 항공기에 탑승하거나 내릴 때 주의해야 한다. 조종사는 사전에 탑승객에게 항공기에 접근하는 요령을 간단하게 브리핑해야 한다. 특히 고속으로 회전하는 있는 프로펠러 또는 헬리콥터 꼬리 회전날개는 육안으로 식별하기 어려워 큰 사고로 이어질 수 있다. 항공기에 접근할 때는 허리를 약간 숙이되 고개는 반드시 전방을 주시하면서 이동할 수 있도록 강조해야 한다. 만약 모자, 스카프 또는 소지품 등이 프로펠러 후류 또는 주회전날개(main rotor blades) 하강풍(downwash)으로 날리지 않도록 단단히 여미고 항공기에 접근 및 이탈할 것을 주지시켜야 한다. 항공기 기종에 따라 프로펠러의 위치가 다를 수 있으므로 회전하고 있는 프로펠러 또는 꼬리 회전날개 근처로 접근은 절대적으로 금지할 수 있도록 강조되어야 한다.

(2) 항공기 외부 점검

비행 전에 점검표(checklist)를 이용하여 점검하겠지만 항공기에 도착해서 먼저 주변을 돌아보면서 외형상의 문제점은 없는지 점검한다. 특히 엔진 하부에 엔진 오일이 흘러 있는지를 확인한다. [그림3-7]과 같이 계류된 항공기는 바람에 움직이는 것을 방지하기 위해서 고정했다. 결박 끈(tie down)을 풀고 덮개가 있다면 모든 덮개를 제거한다. 결박 끈을 잘

【그림3-7】 비행기는 비행하지 않을 때 바람의 영향으로 움직이지 않도록 해야 한다. 계류장에는 바닥에 고정된 말뚝이 설치되어 있어 이를 이용하여 고정할 수 있으나 이 같은 시설을 갖추지 못한 장소에서는 간이 말뚝을 이용하여 견고하게 고정해야 한다.

【그림3-8】 이륙활주 중 부주의로 오른쪽 날개가 기울면서 지면에 부딪히면서 회전축이 된다. 높은 동력이 적용된 조건에서 비행기는 급격히 오른쪽으로 급회전하는 사고가 발생한다.

정리하고 덮개는 반드시 지정된 장소에 보관해야 한다. 이외에도 주변에 정비 공구, 소화기라든지 가방과 같은 수화물(baggage)이 놓여 있지 않은지 확인하는 것으로 최초 항공기 외부 점검을 마친 후 비행 전 점검을 시작한다.

(3) 지상이동과 바람

경항공기가 지상에서 이동할 때 승강타 그리고 도움날개와 같은 주조종면을 이용하여 바람 영향을 상쇄시킬 수 있어야 한다. 무게가 가벼울수록 그리고 측풍이 강할수록 바람의 영향을 크게 받아 때로는 조종성을 상실(loss of control)하여 [그림3-8]과 같이 지상루프(ground loop)에 들어가거나 앞으로 뒤집히는(upset) 사고가 발생할 수 있다. 비행기는 꼬리 부분이 가벼워서 승강타에 의한 영향이 더 크고 뒷바퀴조향 착륙장치는 바람의 영향에 더 취약하다. 지상활주 중 이에 대응하는 방법은 [그림3-9]와 같이 공기 힘으로 동체가 하향으로 향하도록 함으로써 조향장치(steering system)와 제동장치가 효과적으로 힘을 발휘할 수 있다. 뒷바람 조건에서 승강타를 아래로 내렸을 때 꼬리날개에 부가적인 하향 힘이 작용하지만, 반대로 올렸다고 가정했다면 꼬리날개는 지면으로부터 쉽게 들릴 수 있어 조

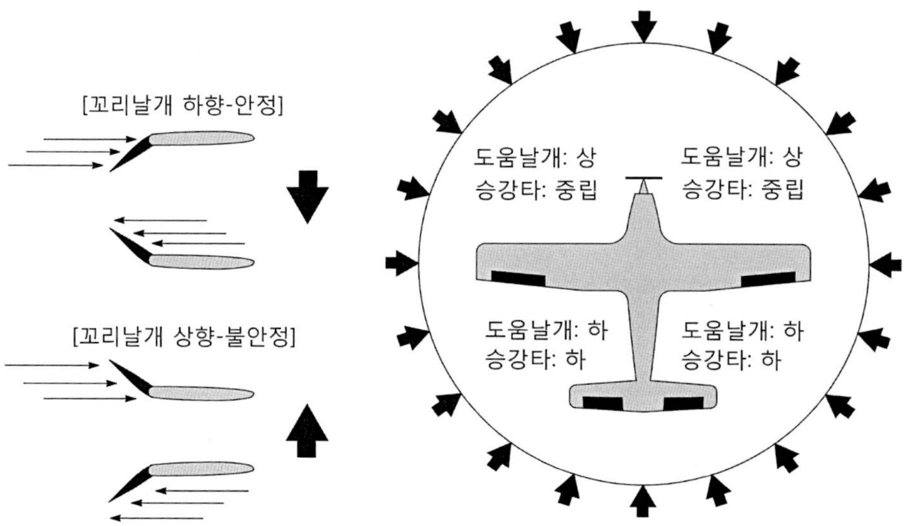

【그림3-9】 지상에서 이동할 때 바람의 영향을 고려하여 조종간(도움날개, 승강타)을 적절하게 활용할 수 있어야 한다. 기본은 동체가 하향 힘을 받을 수 있어야 한다. 왼쪽 그림은 바람 방향에 따라 안정된 상태와 불안정 상태를 잘 보여주고 있다. 특히 뒷바퀴조향 착륙장치는 회전 성향이 강하기 때문에 이동하면서 약간의 부주의라도 쉽게 활주로 또는 유도로를 벗어날 수 있다.

【그림3-10】 위치등(항행등)과 충돌방지등은 다른 항공기 조종사 또는 지상 인원들에게 경고하는 장치이다. 충돌방지등은 회전 경광등이 사용되기도 하지만 최근에는 백색 섬광등이 사용된다.

향 기능이 현저히 떨어진다. 만약 이 같은 상태에서 강한 돌풍이 불었을 때 순식간에 앞으로 뒤집힐 수 있다. 특히 뒷바퀴조향 착륙장치 비행기가 계류장에서 유도로를 따라 이동할 때는 필연적으로 뒷바람 혹은 후방 측풍에 노출될 수 있어 더욱 주의가 요구된다. 예를 들어 왼쪽 후방 측풍이 부는 상황이라면 왼쪽 도움날개는 숙여져야 하고 승강타 역시 숙여져야 바람의 영향을 최소화할 수 있다.

(4) 비행기 외부등화

항공기 위치등/항행등(position light or navigation light)과 충돌방지등(anti-collsiion light)은 [그림3-10]과 같이 항공기의 위치를 주변의 다른 항공기 또는 지상에서 근무하는 사람들에게 경고하기 위한 외부 등화장치이다. 충돌방지등은 엔진 작동과 함께 점등시켜야 한다. 그러나 기장의 판단으로 다른 항공기 또는 차량의 안전에 지장이 있을 것으로 예상할 때는 소등한다. 모든 항공기는 규정에 따라 위치등(항법등)을 갖추어야 한다. 위치등은 좌측 날개끝에 빨간색(red), 우측 날개끝에 녹색(green) 그리고 꼬리에 백색등(white light)이 설치된다. 장주권과 같이 항공교통이 집중되는 공역에서는 항공기 상호 간의 안전을 위해서 충돌방지등 외에 가용한 착륙등(landing light)을 켜고 운항할 것을 권장한다. 비행 중 착륙등을 켜고 운항할 것을 권장하는 비행조건은 다음과 같다.

- 이륙활주와 상승 비행경로
- 착륙 접근과 착륙활주 할 때
- 공항 주변 10마일 이내
- 시정 불량과 새떼의 출현이 예상되는 공역

3.6 시각관찰과 회피

모든 조종사는 공중충돌을 방지하기 위한 다른 항공기의 관찰과 적절한 회피 기동을 할 책임을 갖는다. 고성능 항공기들은 레이더 관제에 따라서 다른 항공기의 위치에 대한 교통 정보를 부여받을 수 있지만, 경항공기는 조종사 스스로 안전에 대한 경계를 게을리해서는 안 된다.

(1) 주의력 분배

주의력 분배(distribution of attention)란 비행 중 조종실 업무를 수행하면서 동시에 좌우 상하 전 구역을 관찰할 수 있도록 주의력을 적절하게 배분하는 기술이다. 비행 중 어느 한 방향에 출현한 다른 항공기에만 주의를 집중하거나 항공도를 확인하는 데 많은 시간을 할애할수록 공중충돌의 위험은 증가한다. 항공도 판독, 무선 주파수 조작 그리고 비행용 계기와 주변 항공기 관찰을 위해서 적절한 시분할 방식을 적용할 수 있는 기술을 개발해야 한다.

(2) 조종실 의사소통

단독으로 비행하는 경우를 제외하고 교관과 함께 타거나 승객과 함께 탑승하여 비행할 수 있다. 항공기의 조종실은 대부분 2명의 승무원이 탑승할 수 있다. 조종실에서는 기내통신 장비를 이용해서 필요한 대화를 할 수 있고 조종실 의사소통(communication)은 중요한 인적요인(human factor)의 하나이다. 기장(PIC) 또는 교관은 조종실에서 원활한 의사소통이 이루어지도록 분위기를 조성해야 하고 서로의 역할에 대해서 확실하게 분담해야 한다. 사소한 실수에 대해서 너무 민감하게 반응하는 것은 서로의 대화를 단절할 수 있다. 만약 교관과 함께 동승했거나 다른 조종사와 함께 동승했을 때 항공기 조종과 시각관찰에 대해서 명확한 역할 분담을 지정해야 한다. 이를 명확하게 분담하지 않았을 때 상대방이 해줄 것으로 오해할 수 있거나 당연히 스스로 해 줄 것으로 오해했을 때 사고 가능성은 증가한다. 예를 들어 조종간을 인계인수할 때 "조종간을 잡으세요, 조종간을 잡겠습니다. 또는 조종간을 놓으세요. 조종간을 놓겠습니다."와 같은 행위에 대한 선창과 복창은 오해의 소지를 없애는 데 도움이 될 것이다.

(3) 시각관찰 기술

눈의 구조상 매우 좁은 구역에만 초점을 맞출 수 있다는 점을 고려하여 주변시를 적절히 활용할 수 있어야 한다. 시각관찰(visual scanning)은 하늘을 몇 개 구역으로 구분하여 연속적으로 중심 시야에 포착될 수 있도록 계획한다. 각 구역에서 초점(focus)을 규칙적으로 이동시켜 관찰한다. 눈의 이동은 약 10° 정도로 제한하고 각 구간의 관찰은 최소한 1초 정도의 시간을 할애하는 방식이 적당하다. 일반적으로 시각관찰은 왼쪽에서 오른쪽으로 그리고 위에서부터 아래로 체계적인 경로를 통해서 행함으로써 어느 구역도 빠트리지 않고 시각 관찰하는 습관을 길러야 한다.

(4) 경계 기동

비행 중 공중충돌을 방지하기 위해서 다른 항공기의 움직임을 끊임없이 경계하는 것은 아무리 강조해도 지나치지 않다. 지상에서 혹은 공중에서 기동하는 중에 항공기의 특성을 활용하여 효과적으로 시각관찰을 할 수 있어야 한다. 날개의 장착 위치에 따라 조종사의 시계가 제한되는 점을 고려한다면 선회 중에 다음과 같은 방법으로 시계를 확보한다.

- 고익형 비행기: 선회방향 날개를 약간 들어서 관찰한다.
- 저익형 비행기: 선회방향 날개를 약간 낮추어서 관찰한다.

고익형이 저익형에 비해서 시각관찰을 위한 사각지대(blind spots)가 더 넓다. 만약 장주권에서 고익형 비행기의 상방 시계가 제한되고 저익형 비행기의 하방 시계가 제한되는 상황에서는 두 비행기의 사각지대가 겹치는 상황은 상대방을 관찰할 수 없는 치명적 상황으로 전개될 수 있다. 지상활주와 이륙할 때 유도로에서 활주로에 진입하기 전에 비록 관제사 혹은 무선국 관리자로부터 이륙 인가를 받았을지라도 접근경로 선상에 다른 항공기가 없는지 다시 한번 확인한 후 이륙 절차를 수행한다. 초기 상승 중에도 지속적인 시각관찰을 하고 필요하다면 완만한 경사 선회를 하면서 상승한다. 특히 장주권에서는 다수의 항공기가 이착륙 훈련 중에 있으므로 다른 항공기의 교신 내용을 주의 깊게 청취하여 항공기의 위치를 파악하는 것 역시 매우 중요하다. 이외에도 장주권에 진입하거나 이탈하는 항공기의 상황이라든지 각 구역에서 선회하고 있는 항공기와의 적절한 분리를 유지하고 있는지 수시로 확인해야 한다. 무단으로 관제권으로 진입하거나 진로권(right of way)을 무시한 행위는 자신뿐만 아니라 다른 항공기의 안전까지 위협하는 행위이다. 교관 감독하에 훈련하는 조종훈련생은 매 기동할 때마다 “Left clear, Right clear, Overhead clear”와 같은 경계 복창을 습관화해야 한다.

항공기 진로권의 최우선 순위는 화재 혹은 비상상황에 처한 재난(distress) 상황에 있는 항공기이다. 일반적으로 진로권은 [그림3-11]과 같은 순서로 지정된다.

- 재난 상황에 있는 항공기
- 기구
- 글라이더
- 공중 급유 항공기 및 견인 항공기

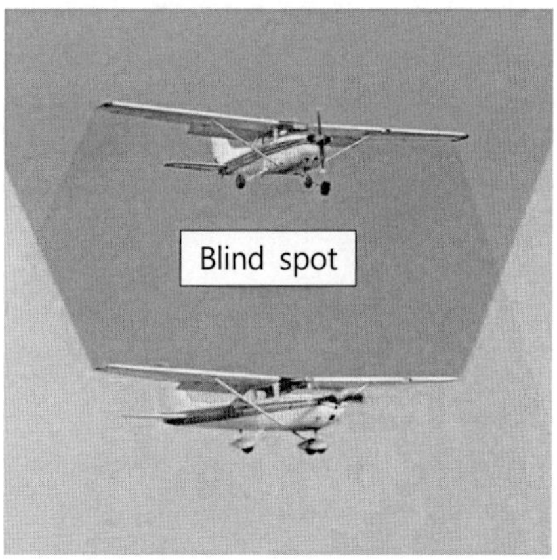

【그림3-11】 시각관찰 사각지대

• 비행선
• 모든 동력 항공기(비행기, 헬리콥터, 동력 패러글라이더)

모든 동력 항공기는 동일 진로권을 갖는다. 따라서 이들 항공기의 진로권은 정면으로 접근할 때 서로 오른쪽으로 회피 기동해야 한다. 2대의 항공기가 교차 항로 선상에 있다면 오른쪽에 있는 항공기가 진로권을 갖는다. 만약 2대의 항공기가 활주로에 접근 중일 때는 낮은 고도(low altitude)에 있는 항공기가 진로권을 갖는다. 또한, 추월(overtaking)하고자 한다면 선행 항공기 오른쪽으로 추월해야 한다. [그림3-12]

【그림3-12】 진로권

3.7 무선통신

무선통신(radio communication)은 조종사와 관제사 사이의 의사소통 수단이다. 모든 항공기는 지상시설과 교신을 위한 무선통신 장비를 갖추고 있다. 비록 경항공기가 관제권에서 운용이 제한되기는 하지만 무선통신 자체를 수행하지 않는 것은 아니다. 고성능 항공기는 통달거리가 긴 고출력의 통신장비를 사용하지만, 경항공기는 통달거리가 비교적 짧은 저출력 통신장비를 사용한다. 그러나 최신 경항공기들도 일반 경비행기와 동일 성능의 통신장비를 갖추고 있다. 국제적으로 무선통신은 영어를 기본으로 하고 있다. 그러나 국내에서 경항공기 조종사들에게 반드시 영어를 사용할 것을 요구하는 것은 아니다. 무선통신은 비행 상황에 따라 적절한 형식으로 구성되어 있다.

항공기 무선통신 장비는 초단파(VHF)가 사용된다. 무선통신에는 진폭변조(AM) 방식과 주파수변조(FM) 방식이 사용되고 있다. 진폭변조는 AM 방송 그리고 주파수변조는 FM 방송을 비교하면 쉽게 이해할 수 있다. AM 방식은 장거리 통신에 유리한 면이 있지만 강수 정전기(precipitation static)의 영향을 받아 잡음(noise)이 많고 신호가 간헐적으로 단절되는 단점이 있다. 이에 비해 주파수변조 방식은 직진 성향이 강하기 때문에 지상의 장애물에 부딪혔을 때 후사 면에서 신호의 수신이 어려울 수 있으나 잡음이 없고 신호의 단절이 없는 장점이 있어 고품질 음악 방송이라든지 항공통신에 사용된다. 항공무선통신과 항법 신호는 초단파(VHF)를 사용하고 군용 항공기의 무선통신은 극초단파(UHF)가 사용된다. 항공기에서 발생하는 소음은 무선교신 내용의 청취를 어렵게 하거나 지속적으로 소음에 노출되었을 때 청각에 문제가 발생할 수

【그림3-13】 관제탑은 육안으로 확인된 항공기를 기초로 관제한다. 관제탑은 활주로 전체를 관찰할 수 있어야 하고 주변으로 접근하는 항공기를 육안 또는 망원경을 이용하여 확인한 후 유도한다.

있다. 이를 보호하기 위한 헤드셋 또는 헬멧을 착용해야 한다. 이외에도 스펀지 귀마개는 청각을 보호하고 소음을 제거하여 교신 품질을 높여줄 수 있다.

3.7.1 관제기관의 구분

항공교통관제(air traffic control; ATC)란 원활한 항공교통을 위한 권한과 책임을 갖는 기관에서 제공되는 업무이다. 항공 교통량이 증가함에 따라 항공교통관제의 필요성이 증가하고 있으며 근본적으로 항공기 상호 간의 공중충돌 및 항공기와 지상 장애물의 충돌을 방지하고 지상 및 항공교통의 신속성과 질서를 유지하는 데 있다. 일반적으로 항공교통관제 시설이 관제탑만 있는 것으로 알려졌지만, 국제공항과 같이 복잡한 공항에서는 지상 관제소(ground control), 관제탑 관제소(tower control), 출발 관제소(departure control), 항로교통 관제소, 접근 관제소(approach control)가 상호 유기적으로 업무를 분담하여 출발 공항(departure airport)에서부터 도착지 공항까지 유도한다. 경항공기는 이 같은 시설이 필요하지 않고 간단한 송수신 장비만을 갖추고 있는 국지 무선국만으로 운용한다. 경항공기 조종사라 할지라도 때로는 관제공역에서 비행해야 할 상황이 있을 수 있으므로 조종사로서 관제시설의 종류와 절차를 알아야 하고 관제사와 교신할 수 있는 기본 능력을 갖추어야 한다.

(1) 비행업무사무소

비행업무사무소(flight service station; FSS)는 비행방식(VFR or IFR)에 관련된 모든 분야에서 조종사가 필요로 하는 비행 정보를 제공하는 시설이다. 비행업무사무소는 컴퓨터 통신망을 구축하여 언제 어디서나 조종사에게 필요한 정보를 유무선 통신망으로 제공한다. 국내에서 이 같은 기능은 각 지방항공청에서 수행하지만, 규모 및 제공되는 정보는 제한된다. 운항실 역시 비행과 관련된 업무를 처리할 목적으로 운영된다. 비행업무사무소는 해당 시설에 "...... RADIO(레디오)"를 붙여 호출한다.

(2) 지상 관제소

지상 관제소(ground control) 역시 항공 교통량이 복잡한 공항에서 사용 활주로 이외의 지역에서 수행되는 제반 업무를 수행한다. 예를 들어 항공기의 활주 지시, 항공기와 지상 차량 및 인원 통제, 비상 장비 출동, 활주로 상태 파악 등의 업무를 수행한다. 지상 관제사는 공항 명칭에 "...... GROUND(그라운드)"를 붙여 호출한다.

(3) 관제탑

관제탑(control tower)은 [그림3-13]과 같이 사용 활주로에서 운용되는 모든 항공기에 대한 운용 책임과 인가를 지시한다. 관제탑에서는 사용 활주로를 결정하여 이륙과 착륙 방향을 지시하고 최소한의 기상과 노탐(NOTAM) 정보를 전파한다. 관제탑은 최소한 D등급 공역 이상의 항공기를 관제하고 장주에서 운용되는 모든 항공기는 반드시 관제탑의 관제하에 운용되어야 한다. 관제탑은 해당 공항 명칭에 "....TOWER(타워)"를 붙여 호출한다.

(4) 출발 관제소

출발 관제소(departure control)는 계기비행으로 출발하는 항공기에 항공교통관제 업무를 제공한다. 만약 시계비행 항공기가 B, C등급 공역 내의 공항에서 출발한다면 관장하는 공역을 벗어날 때까지 출발 관제소의 레이더 유도(radar vector)를 받아야 한다. 출발관제사는 관제탑으로부터 인계받은 항공기를 안전하게 유도하여 계획된 순항항로(enroute)에 진입할 때까지 유도한 후 항로교통관제소(ARTCC)에 항공기를 인계하거나 조종사가 원하는 방향으로 비행할 수 있도록 승인한다. 출발 관제소는 공항 시설에 "....DEPARTURE(디파춰)"를 붙여서 호출한다.

(5) 항로교통 관제소

항로교통 관제소 또는 센터(air route traffic control center or center; ARTCC)는 저고도 및 고고도 순항항로 비행을 관제하는 기구이다. 항로교통 관제소의 호출은 시설 명칭에 "....CENTER(센터)"를 붙여 호출한다.

(6) 접근 관제소

접근 관제소(approach control)는 관제공역에 도착하는 항공기에 대한 레이더 관제 업무를 제공한다. 출발 관제소와 유사한 기능을 수행하지만, B, C등급 공역에 있는 공항으로 접근 착륙하기 위한 항공기를 유도하는 역할을 한다. 접근 관제소에서 해당 공항의 관제탑 관제권까지 유도한 후 관제탑에 인계한다. 이후의 절차는 출발의 역순으로 진행된다. 접근 관제소에서 관제탑으로 인계되고 안전하게 착륙한 항공기는 사용 활주로를 벗어나면서 지상 관제사에게 인계된다. 최종적으로 지상 관제사는 항공기를 유도하여 게이트 시설 또는 계류장(parking area)으로 유도하는 것으로 최종 마무리된다. 접근 관제소는 해당 시설 명칭에 "....APPROACH(어프로치)"를 붙여서 호출한다.

3.7.2 무선통신 기본

(1) 국제음성 알파벳

무선통신은 ICAO에서 규정한 음성 알파벳과 숫자의 표기 그리고 기타 주요 용어를 사용한다. 이들 용어를 반복 숙달함으로써 반사적으로 사용하고 이해할 수 있어야 한다.

문자	단어	발 음	
A	Alpha	AL FAH	알파
B	Bravo	BRAH VOH	브라보
C	Charlie	CHAR LEE	찰리
D	Delta	DELL TAH	델타
E	Echo	ECK OH	에코
F	Foxtrot	FOKS TROT	폭스트롯트
G	Golf	GOLF	골프
H	Hotel	HOH TELL	호텔
I	India	IN DEE AH	인디아
J	Juliett	JEW LEE ETT	줄리엣
K	Kilo	KEY LOH	킬로
L	Lima	LEE MAH	리마
M	Mike	MIKE	마이크
N	November	NO VEM BER	노벰버
O	Oscar	OSS CAR	오스카
P	Papa	PAH PAH	파파
Q	Quebec	KEH BECK	퀘벡
R	Romeo	ROW ME OH	로미오
S	Sierra	SEE AIR A	세라
T	Tango	TANG GO	탱고
U	Uniform	YOU NEE FORM	유니폼
V	Victor	VIK TAR	빅터
W	Whiskey	WISS KEY	위스키

X	X-ray	ECKS RAY	엑스레이
Y	Yankee	YANG KEY	양키
Z	Zulu	ZOO LOO	줄루

문자	단어	발 음	
0	Zero	ZEE-RO	지-로
1	One	WUN	원
2	Two	TOO	투
3	Three	TREE	스리
4	Four	FOW-er	훠-너
5	Five	FIFE	파이브
6	Six	SIX	식스
7	Seven	SEV-en	세븐
8	Eight	AIT	에잇트
9	Nine	NIN-er	나이-너

※ 굵게 표시된 음절을 약간 강하게 발음한다.

(2) 모든 무선통신은 간단명료하게 수행되어야 한다. 이를 위해서 숫자라든지 주파수 혹은 풍향풍속과 같이 사용 빈도가 높은 용어들에 대해서는 국제적으로 통일된 기준에 따를 것을 권장하고 있다.

① 일련번호는 숫자를 차례대로 읽는다.
- 12,345: one two three four five
- 35,960: three five niner six zero

② 고도는 숫자를 차례로 서술하고 백 단위와 천 단위를 붙인다.
- 500: five hundred
- 10,000: one zero thousand or ten thousand
- 4,500: four thousand five hundred
- 12,000: one two thousand or twelve thousand
- 12,500: one two thousand five hundred

③ 방위는 숫자를 차례로 서술한다.
- 005°: zero zero five
- 050°: zero five zero
- 360°: three six zero

④ 풍향은 접두어 "wind"를 사용하고 풍속은 "at"을 붙여 지시한다.
- 030°/25: wind zero three zero at two five
- 180°/10: wind one eight zero at one zero

⑤ 기수방위를 지시할 때는 접두어 "heading(헤딩)"을 사용한다. 선회를 지시할 때는 접두어 "turn(턴)"을 사용하여 암시하고 좌우방향 그리고 기수방위를 지시한다.

- 030° : heading zero three zero
- 360° : heading three six zero
- turn left heading two four zero: 좌로 기수방위 240°로 선회
- turn right heading one six zero: 우로 기수방위 160°로 선회

⑥ 활주로 번호를 지시할 때는 접두어 “runway(런웨이)”를 붙여 사용한다.

- runway three: 활주로 3
- runway two seven: 활주로 27

⑦ 속도는 접미사 노트를 붙여 숫자를 순서대로 읽는다.

- 250: two five zero knots
- 190: one niner zero knots

⑧ 거리는 “mile”을 숫자 뒤에 붙인다.

- 5: five miles
- 10: ten miles

⑨ 주파수의 소수점은 “point”를 붙인다.

- 133.7 MHz: one three three point seven
- 123.55 MHz: one two three point five five

⑩ 트랜스폰더 코드는 숫자를 차례로 서술한다.

- 1200 : one two zero zero
- 2335 : two three three five

⑪ 시간은 4숫자로 시간과 분을 순서대로 읽는다.

- 0920: zero niner two zero
- 1020: one zero two zero

⑫ 고도계 수정치는 접두어 “altimeter”를 붙인다.

- 29.92: altimeter two niner niner two
- 30.01: altimeter three zero zero one

(3) 무선통신 기법

① 송신하기 전에 ATIS 또는 다른 사람의 교신 내용 등을 청취한다.
② 송신하기 전에 무엇을 말할 것인지 생각한다.
③ 마이크를 입술 가깝게 대고 키를 누른 후 잠시 후에 송신한다.
④ 버튼을 놓은 후 다시 호출하기 전에 몇 초 동안 대기한다.
⑤ 소음 또는 수신기의 음량 부족에 주의하고 수신기의 볼륨을 조절한다.
⑥ 장비의 통달거리 내에 있는지 확인한다.

3.7.3 관제 공항과 비관제 공항

(1) 관제탑이 있는 공항

경항공기 조종사도 필요에 따라 관제탑이 운용되는 공항에 진입할 수 있다. 이 같은 상황에서 기본적인 관제 절차(ATC procedure)에 익숙해 있어야 가능하다. 관제탑이 있는 공항에서 운용하고자 할 때 관제사의 지시가 없는 한 반드시 관제사와 쌍방향 무선통신(two-way communication)을 유지해야 한다. 조종사는 관제사와의 교신을 통해서 활주, 이륙 및 착륙 인가 그리고 조종사가 원하는 특정 인가(clearance)를 요청할 수 있다. 관제사는 특별한 사유가 없는 한 조종사의 요청을 인가한다. 만약 착륙 접근 중에 관제사로부터 인가를 받지 못했을 때 조종사는 임의로 장주권에 진입해서는 안 되고 주변에서 선회하면서 교신을 시도하여 관제탑 인가를 받은 후 절차에 따라야 한다. 관제탑에서는 이착륙 인가와 순서뿐만 아니라 최근 기상 자료, 고도계 수정, 비행난기류(wake turbulence)의 영향 그리고 장주권이나 활주로에서의 안전비행에 필수적인 기타 요소에 대한 교통정보도 함께 제공된다.

관제탑이 운용되는 공항에서는 비필수 교통정보에 대해서는 특정 주파수로 방송하여 주변 공항을 공동으로 이용하는 모든 조종사가 활용할 수 있도록 하고 있다. 이를 공항정보자동방송업무(ATIS)라 한다. 경항공기 조종사라 할지라도 무선통신 장비를 갖추었다면 가용한 시설에서 제공하는 정보를 활용할 수 있어야 하므로 간단하게 소개한다. ATIS는 항공교통량이 복잡한 공항에서 필수 관제 정보가 아닌 비행 정보를 연속적으로 반복 방송하는 시설이다. 무선통신 통달 범위에 있는 항공기는 ATIS 주파수에 동조하여 필요한 비행 정보를 사전에 청취할 수 있고 관제탑에서는 필요한 비행 정보만 제공함으로써 관제의 효율성과 주파수 혼잡을 방지할 수 있다. ATIS는 시설로부터 최대 거리 60NM, 고도 25,000피트(AGL)까지 수신할 수 있다. 대부분의 ATIS는 지상에서도 수신할 수 있으나 지리적 여건으로 인하여 제한을 받을 수 있다.

(2) 관제탑이 없는 공항

경항공기가 운용되는 지역에서는 간이 무선장비 또는 휴대용 무선장비를 갖추고 있다. 관제탑이 없는 공항에서는 도착 및 출발할 때 다른 항공기의 철저한 경계와 교통정보의 교환이 요구된다. 공통교통조언주파수(CTAF) 중 유니컴(UNICOM)은 공항 운용자가 조종사의 편의를 위한 간이 지상 무선국이다. 공항에 접근하는 조종사는 공항으로부터 약 10NM 전에서부터 해당 공항의 주파수에 동조하여 교신 내용을 청취하거나 교통상황을 파악한 후 필요한 정보만을 요청한다. 출발하고자 하는 조종사 역시 활주로에 진입하기 전에 자신의 위치와 의도를 송신하여야 한다. 비관제 공항에서 맹목송신을 할 때는 교신 내용의 처음과 끝에 해당 공항의 명칭을 부여해 줌으로써 동일 "UNICOM" 주파수를 사용하는 비관제 공항을 쉽게 식별할 수 있다. 맹목송신은 어느 특정인을 대상으로 하기보다는 동일 지역에서 동일 주파수를 사용할 것으로 예상하는 불특정 조종사를 대상으로 방송하는 절차이다.

3.7.4 상황별 무선통신

경항공기 조종사가 관제 공항에 진입하거나 비관제 공항에서 이루어지는 일반 절차를 중심으로 구성하였다. 다시 한번 강조하지만, 국내에서 활약하는 조종사들에게 영어로 교신할 것을 요구하는 것은 아니지만 간단한 용어 정도는 혼용해서 사용함으로써 관제 용어와 형식에 한층 익숙해질 수 있을 것이다.

(1) 최초 교신

무선통신의 기본은 "**누구에게**(whom), **누가**(who), **어디서**(where), **무엇을**(what)"에 기초를 두고 구성된다. 이것은 최초 교신할 때 호출 시설명, 항공기 식별부호, 항공기 위치, 메시지 형태나 인가 요청 그리고 "교신끝(over)" 용어를 포함한다. 관제사의 특별한 지시가 없는 한 모든 호출에 응답하고 조종사의 응답을 요구하는 상황이라면 항공기 호출부호와 함께 다음 중 하나의 용어를 사용하여 응답한다.

"Wilco", "Roger", "Affirmative", "Negative"

상대방을 호출한 후 항공기의 식별부호 또는 호출부호를 다음과 같은 순서로 명확하게 송신할 수 있어야 한다. 항공기 기종(type), 형식(model), 국적부호 다음에 항공기 등록 숫자와 영문자 순으로 서술한다.

- Cessna 1234B: Cessna one two three four Bravo
- N1234R: November one two three four Romeo
- HL 2245: Hotel lima two two four five

[주] 대한민국 국적 항공기의 접두사는 "HL"이다. "N(november)"는 미국 국적 항공기의 국제부호 접두사이다.

(2) 무전기 감도 점검

최초 교신이 이루어진 후 필요에 따라 무전기 송수신의 감도를 점검할 때 주로 사용되는 용어와 주요 구절이다.

- Blocked: 끊기다.
- Broken and unreadable: 끊기고 알아들을 수 없다.
- Gabbled: 잡음이 많다.
- Loud and clear: 크게 잘 들린다.
- Loud and gabbled: 소리는 크나 잡음이 많다.
- Weak and gabbled: 약하고 잡음이 많다.

- Weak and unreadable: 약하고 알아들을 수 없다.

[Pilot]	Eagle tower, Cessna one two three Bravo, radio check, **How do you hear me?**
[Ground]	Cessna one two three Bravo, Eagle tower, your radio is **loud and clear.**

[Pilot]	Seoul, tower, Piper one two three Bravo, radio check, **How do you hear me?**
[Ground]	Piper one two three Bravo, Seoul tower, your radio is **loud and garble.**

(3) 지상활주 요청

사용 활주로를 제외한 모든 지역의 차량 및 항공기의 지상 이동과 활주는 지상 관제사(시설이 있을 때)가 통제한다. 그러나 D등급 공역에 있는 공항과 같은 규모가 작은 공항에서는 관제탑만 운용되고 지상활주에서부터 이착륙 모두를 전담한다. 지상활주는 관제탑, 항공기 호출 부호, 항공기 위치 그리고 요구사항을 순서대로 송신하면 된다.

[Pilot]	Korea Tower, Cessna one two three four Bravo at south ramp, taxi for takeoff(departure).
[Tower]	Cessna three four Bravo, Korea Tower, **taxi to runway one eight**, wind two two zero at one zero, altimeter three zero two zero.

[해 설]

[P] 코리아 타워, 세스나 1234B, 남쪽 계류장입니다. 이륙을 위한 활주를 요청합니다.

[G] 세스나 34B, 코리아 타워, 활주로 18까지 활주하십시오. 바람 220/10노트, 고도계 수정치는 3020입니다.

(4) 이륙 요청

관제탑에서는 활주로에서 이루어지는 모든 항공기의 활동을 관제한다. 이륙 요청도 관제탑 호출부호, 항공기 호출부호, 항공기 위치 그리고 요구사항을 송신하면 된다. 조종사로부터 이륙 요청을 받은 관제사는 통상 [그림3-14]와 같이 인가한다.

...Cleared for takeoff...

...Line up and wait...

...Hold short of runway 02...

① 이륙이 인가되었습니다.[...Cleared for takeoff...]
활주로에 다른 항공기가 없다면 즉시 이륙 인가가 지시된다.

[Pilot]	Seoul tower, Cessna two two six four Tango, **ready for takeoff.**
[Tower]	Cessna six four Tango, Seoul tower, wind one two zero at one zero, **cleared for takeoff.**
[Pilot]	Cessna six four Tango, **cleared for takeoff.**

[Tower]	Piper six four Tango, Seoul Tower, **cleared for takeoff.**
[Pilot]	Piper six four Tango, **cleared for takeoff.**

[해 설]
[P] 서울 관제탑, 세스나 2264T, 이륙준비가 되었습니다.
[T] 세스나 64T, 서울 관제탑, 바람이 120도에서 10노트 불고 있습니다. 이륙이 인가되었습니다.
[P] 세스나 64T, 이륙이 인가되었습니다.
[T] 파이퍼 64T, 서울 관제탑, 이륙이 인가되었습니다.
[P] 파이퍼 64T, 이륙이 인가되었습니다.

② 활주로 앞에서 대기하십시오[...Hold short of runway...]
항공기는 [그림3-14]와 같이 대기지점표지에서 대기할 것을 지시받았다. 최종접근경로 선상에 착륙하는 항공기를 위해서 대기하는 것이 보통이고 활주로에 진입해서는 안 된다. 활주로에 다른 항공기가 없다면 즉시 당신에게 이륙 인가를 지시하게 될 것이고, 그 순간부터 활주로는 당신에게 사용할 수 있도록 허용된다. 이륙 인가를 받은 후에 활주로에 진입하여 이륙하면 된다.

[Pilot]	Dragon Tower, Cessna six five Sierra, **ready for takeoff** at on two four, VFR eastbound.
[Tower]	Cessna six five Sierra, Dragon Tower, **hold short of runway two four.**

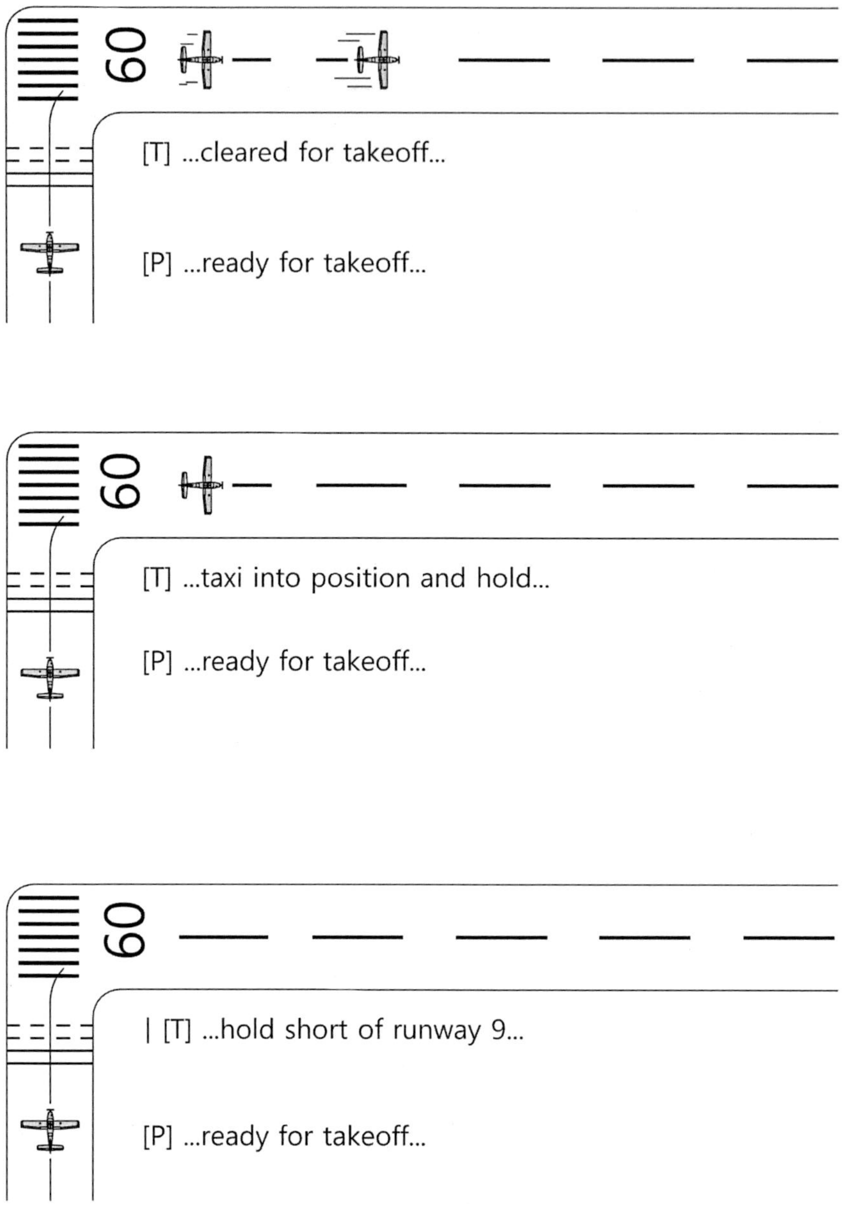

【그림3-14】 모든 항공기는 관제탑의 운용 여부와 관계없이 활주로 대기지점표지에서 일단 정지한 후 관제탑의 이륙 인가를 얻어야 한다. 만약 비관제 공항이라면 적절한 공통주파수에 맞추고 필요한 정보를 요청하거나 이 시설도 가용하지 않다면 맹목송신을 한 후 사용 활주로에 진입한다. 이륙 인가는 다른 항공기와 활주로 사용 여건에 따라 위와 같이 3가지 형태로 제공된다. 조종사는 관제사의 내용을 정확하게 판단하여 행동해야 한다.

[Pilot] Cessna six five Sierra, wilco.

[Tower] Cessna six five Sierra, **cleared for takeoff.**

[Pilot] Cessna six five Sierra, **cleared for takeoff.**

[해 설]

[P] 드래곤 관제탑, 세스나 65S, 활주로 24에서, VFR 동쪽으로 비행하기 위한 이륙준비가 되었습니다.

[T] 세스나 65S, 드래곤 관제탑, 활주로 24에서 대기하십시오.

[P] 세스나 65S, 지시대로 하겠습니다.

[T] 세스나 65S, 이륙이 인가되었습니다.

[P] 세스나 65S, 이륙이 인가되었습니다.

③ 활주로에 진입 후 대기하십시오[...Line up and wait..]

또 다른 형태의 이륙 인가는 일단 항공기를 활주로에 진입시킨 후 잠시 후에 이륙을 인가하는 경우이다. 이 같은 지시를 받은 조종사는 복창과 함께 활주로에 진입하여 대기한다. 관제탑에서 다른 항공기를 유도하는 과정을 청취할 수 있을 것이다. 활주로가 개방된 후에는 즉시 당신에게 이륙이 인가되리라는 것을 예측할 수 있어야 한다.

[Pilot] Puma tower, Tomahawk niner six three three Echo, **ready for takeoff** at Golf, VFR to south bound.

[Tower] Tomahawk three three Echo, Puma Tower, **line up and wait.** Piper short final.

[Pilot] Tomahawk three three Echo, **line up and wait.**

[Tower] Tomahawk three three Echo, **cleared for takeoff.**

[Pilot] Tomahawk three three Echo, **cleared for takeoff.**

[P] 푸마 관제탑, 토마호크 9633E, 유도로 G에서 VFR로 남쪽으로 비행을 위한 이륙준비가 되었습니다.

[T] 토마호크 33E, 푸마 관제탑, 활주로에 진입하고 대기하십시오. 파이퍼가 단거리 최종 접근경로에 있습니다.

[P] 토마호크 33E, 활주로에 진입한 후 대기하겠습니다.

[T] 토마호크 33E, 이륙이 인가되었습니다.

[P] 토마호크 33E, 이륙이 인가되었습니다.

(5) 출발 방법

관제탑에 이륙인가를 요청할 때 비행방식과 함께 이탈 방향을 요청하고 관제사의 인가를 받아야 한다. 조종사가 요청한 출발 방향은 소음 감소, 장애물, 항공기 분리 등을 판단하여 인가하고 부적절하다고 판단되면 관제사는 수정인가를 지시할 수 있다. 장주를 출발하는 방법은 [그림3-15]와 같이 방향에 따라 다음과 같이 지정된다.

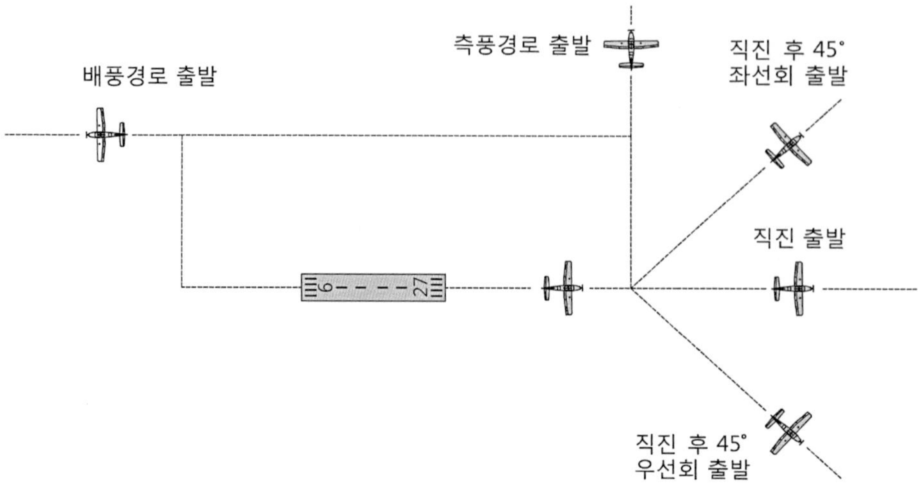

【그림3-15】 이륙한 항공기가 장주를 이탈하는 방법을 보여주고 있다. 만약 관제 공항이라면 관제사에게 통보하고 관제사의 승인하에 원하는 방향으로 비행하면 된다. 이륙 방향을 따라서 직진 방향으로 이탈하는 것이 가장 무난하지만 반대 방향 항로에 진입하기 위해서는 배풍 경로까지 진입한 후 이탈한다.

① 직진 출발
② 배풍경로 출발
③ 우측 측풍경로 출발
④ 좌측 측풍경로 출발
⑤ 45° 선회 출발

이외에도 활주로를 중심으로 동서남북 4방위로 승인하는 때도 있다. 헬리콥터는 어느 방향으로나 이착륙할 수 있다는 장점을 활용하여 고정날개 항공기와 분리해서 이착륙 방향이 지정된다.

[상 황]
항공기: Cessna 2634A
관제탑: Solar tower

[Pilot]	Solar tower, Cessna three four Alpha, ready for takeoff, VFR **downwind departure**.
[Tower]	Cessna three four Alpha, Solar tower, **downwind departure approved**, cleared for takeoff.
[Pilot]	Cessna three four Alpha, cleared for takeoff.
[Pilot]	Tower, Cessna three four Alpha, turning downwind.
[Tower]	Cessna three four Alpha, Solar tower, report downwind

	departure.
[Pilot]	Roger, three four Alpha.
[Pilot]	Tower, Cessna three four Alpha, downwind departure to southbound.
[Tower]	Cessna three four Alpha, Solar tower, roger.
[Pilot]	Solar tower, Cessna three four Alpha, request frequency change.
[Tower]	Cessna three four Alpha, Solar tower, frequency change approved, good day!
[Pilot]	Cessna three four Alpha, roger, good day!

[해 설]

[P] 솔라 관제탑, 세스나 34A(알파) 이륙 준비가 되었습니다. VFR로 배풍경로 출발을 요청합니다.

[T] 세스나 34알파, 배풍경로 출발을 인가합니다. 이륙이 인가되었습니다.

[P] 세스나 34알파, 이륙이 인가되었습니다.

[P] 관제탑, 세스나 34알파, 배풍경로로 선회합니다.

[T] 세스나 34알파, 솔라 관제탑, 배풍경로 출발에서 보고하십시오.

[P] 알았습니다. 34알파.

[P] 34알파, 배풍경로를 출발하여 북쪽으로 향합니다.

[T] 세스나 34알파, 알았습니다.

[P] 세스나 34알파, 주파수 변경을 요청합니다.

[A] 세스나 34알파, 주파수 변경을 승인합니다. good day!

[P] 세스나 34알파, 알았습니다. good day!

위의 예문은 전형적인 배풍경로 출발 과정을 구성한 내용이다. 당신은 관제탑이 운용되는 공항에서 정상적으로 활주 지시를 받아 이륙대기지점까지 이동한 후 관제탑과 교신하여 배풍경로 출발을 승인받고 이륙해도 좋다는 인가를 받았다. 이륙하여 배풍경로에 진입했고 관제사는 배풍경로를 출발할 때 보고할 것을 요구하고 있다. 위의 내용은 단지 하나의 예문에 불과한 것으로 얼마든지 다른 내용으로 지시될 수 있다. 그러나 분명한 것은 배풍경로 출발 절차에 관계된 내용으로 관제사가 어떠한 지시를 내리더라도 당신은 충분히 예측하고 이해할 수 있어야 한다. 주파수 변경은 조종사가 요청할 수도 있지만, 관제사가 먼저 ...change to advisory frequency approved...와 같이 지시할 수도 있다.

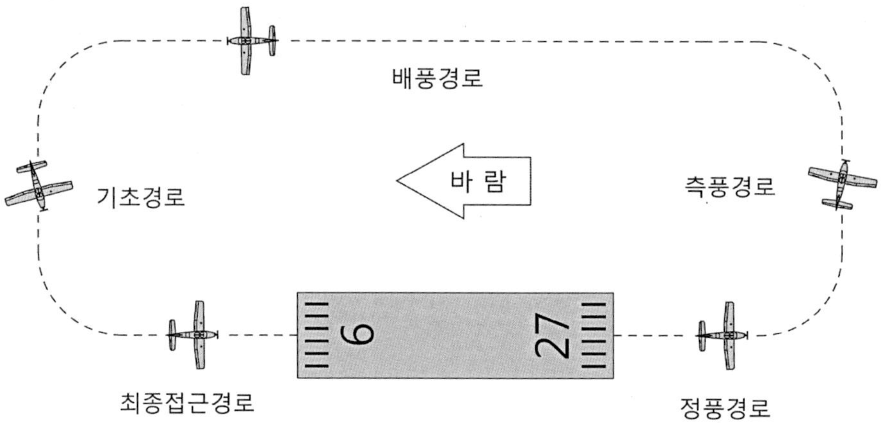

【그림3-16】 장주권에서 여러 대의 항공기들이 장주 이착륙 훈련이 수행되고 있으므로 반드시 관제사의 지시에 따르거나 비관제 공항이라면 관제사와 교신하는 것과 같이 맹목송신으로 항공기의 위치를 주기적으로 송신함으로써 공중충돌을 방지할 수 있다.

3.7.5 장주권 무선통신 사례

활주로를 중심으로 장주가 형성되어 있고 이 공역에서 훈련생의 이착륙 훈련이 수행되는 공역이기도 하다. 물론 관제 공항에서는 관제탑의 지시에 따라야 하지만 비관제 공항에서는 지상 운용자 또는 관리자가 간단하게 이착륙을 지시하고 때로는 항공기의 간격을 유지하기 위한 속도 조절 혹은 배풍경로(downwind leg) 연장과 같은 지시를 한다. 활주로가 교차하는 지점 또는 중간에서 이륙하고자 할 때는 항공기 위치를 명확하게 통보하고 인가를 요청한다. 장주권에서 이착륙 훈련은 관제탑 혹은 지상 무선국의 통제하에 수행되어야 하고 진입하거나 이탈할 때 반드시 조종사의 위치와 의도를 통보해야 한다.
베이스 경로 구간에서 위치보고를 하는 방법은 “Right(left) Base”와 같이 선회 방향과 조종사의 의도를 함께 보고하여야 한다. 통상 VFR 장주 훈련할 때 조종사의 의도는 완전정지(full stop), 저고도 접근(low approach), 복행(go around), 착지 후 이륙(touch and go), 정지 후 이륙(stop and go)을 할 것인지를 알려줌으로써 훈련의 연속성을 유지할 수 있다. 저고도 접근은 활주로 표면으로부터 500피트(AGL)에서 복행한다. 일반적으로 B등급, C등급 공항에서는 항공교통이 매우 복잡하므로 특별한 경우를 제외하고는 이착륙 훈련이 인가되지 않고 D등급 공역에서는 제한적으로 장주 이착륙이 허용된다.

[상 황]
항공기: Piper 26346
관제탑: Eagle Tower

[Pilot] Eagle Tower, Piper two six three four six, ready for takeoff, request **closed traffic.**

[Tower] Piper three four six, Eagle Tower, **closed traffic approved**, cleared for takeoff.

[Pilot] Piper three four six, cleared for takeoff.

[Pilot] Eagle Tower, Piper three four six, turning left crosswind for touch and go.

[Tower] Piper three four six, Eagle Tower, touch and go approved, report downwind.

[Pilot] Three four six.

[Pilot] Eagle Tower, Piper three four six, turning downwind.

[Tower] Roger, three four six.

[Tower] Piper three four six, check wheels down, report base.

[Pilot] Roger, three four six.

[Pilot] Tower, Piper three four six, landing check completed, turning left base.

[Tower] Piper three four six, continue approach, report final.

[Pilot] Roger, three four six.

[Pilot] Eagle Tower, Piper three four six, turning final, touch and go.

[Tower] Piper three four six, wind three one zero at one zero knots, altimeter three zero one zero, runway three six, cleared to land.

[해 설]

[P] 이글 관제탑, 파이퍼 26346, 이륙준비 완료, 장주 이착륙을 요청합니다.

[T] 파이퍼 346, 이글 관제탑, 장주 이착륙을 승인합니다. 이륙이 인가되었습니다.

[P] 파이퍼 346, 이륙이 인가되었습니다.

[P] 이글 관제탑, 파이퍼 346, 착지 후 이륙을 위해서 왼쪽 측풍경로로 선회 중입니다.

[T] 파이퍼 346, 이글 관제탑, 착지 후 이륙을 승인합니다. 배풍경로에서 보고하십시오.

[P] 346.

[P] 이글 관제탑, 파이퍼 346, 배풍경로로 선회 중입니다.

[T] 알았습니다. 346.

[T] 파이퍼 346, 착륙장치를 내렸는지 확인하시고, 기초경로에서 보고하십시오.

[P] 알았습니다. 346.

[P] 관제탑 346, 착륙 전 점검을 완료했고, 좌측 기초경로로 선회 중입니다.

[T] 파이퍼 346, 계속 접근하시고, 최종접근경로에서 보고하십시오.

[P] 알았습니다. 346.

[P] 이글 관제탑, 파이퍼 346 최종접근경로로 선회 중입니다.

[T] 파이퍼 346, 바람 310도 10노트, 고도계 수정치 3010, 활주로 36으로 착륙을 인가합니다.

위의 사례는 전형적인 관제 공항에서 장주 이착륙 교신 내용을 구성한 것이다. 관제권의 교통상황에 따라 얼마든지 달라질 수 있으며 배풍경로 연장, 교통정보가 추가로 지시되겠지만 내용은 크게 다르지 않다. 예를 들어 두 대의 비행기가 장주 이착륙 훈련을 하고 있다면 한 대는 배풍경로에서 착륙 준비 단계에 있을 것이고 또 다른 한 대는 활주로에서 이륙 대기를 하고 있을 것이다. 다수의 항공기가 장주권에 진입해 있을 때는 간격을 조절하기 위한 관제탑의 조치가 취해질 것이고 착륙 순서도 지정될 수 있다. 이때는 다른 항공기에 지시되는 내용을 잘 청취하여 상황을 판단할 수 있어야 한다.

3.7.6 비관제 공항

비관제 공항(non-cotrolled airport)은 전문적으로 훈련된 관제사가 배치되어 있지 않을 뿐더러 전문 장비와 시설이 갖추어져 있지 않기 때문에 조종사 스스로 규정을 준수하고 안전 조치를 해야 한다. 일반적으로 비관제 공항은 E등급과 G등급 공역에 있는 공항들로 볼 수 있고, 때로는 D등급 공역에 있는 공항 관제탑에서 업무를 종료했다면 비관제 공항이 된다. 이들 공역을 위해서 지정된 것이 공통교통조언주파수(CTAF)이다. CTAF도 운용 환경에 따라 "UNICOM"과 "MULTICOM"이 사용된다. UNICOM은 무선국 자격을 취득한 공항 운용자가 지상 무선국을 구매한 경우로 개인 무선국으로 볼 수 있으며, 공항 운용자가 직접 운용하거나 고용된 인원에 의해서 운용된다. 이들 공항 운용자는 관제 비전문가이기 때문에 항공기의 이착륙 인가를 발령할 수 없으며 조종사 역시 이들이 제공하는 정보를 참고만 할 뿐 전적인 책임은 조종사에게 있다.

활주로 사용 방향, 기상 정보를 포함하여 연료 보급, 숙식 시설과 같은 편의 시설에 대한 정보를 제공한다. 이에 비해 "MULTICOM(멀티컴)"은 지상에 무선국조차도 없는 공항에 122.9MHz의 주파수가 할당된다. 멀티컴은 지상 시설과 통신 목적보다는 공항 주변을 비행하는 다른 항공기에 경고하기 위한 맹목송신 목적으로 사용된다. 또는 공항 직 상공으로 비행하고자 할 때는 장주고도를 충분히 회피할 수 있는 고도로 통과하면서 활주로 부근에 설치된 선분원 내의 풍향 지시기, 장주 지시기, 착륙방향지시기 등을 이용하여 착륙 방향을 결정한다.

(1) 출 발

이륙하는 과정은 이미 앞에서 학습한 내용과 크게 다르지 않다. 단지 무선교신의 앞과 뒤에 해당 공항의 명칭을 지칭함으로써 공항을 식별하는 데 도움이 될 것이다.

[Pilot]　　　　　**Tiger traffic**, Piper two six four niner four Bravo,
taxi to runway two seven for takeoff, **Tiger**.
[Pilot]　　　　　Tiger traffic, Piper niner four Bravo, departing
runway two seven, downwind departure, Tiger.

[해 설]
[P] 타이거 트래픽, 파이퍼 26494B, 이륙하기 위해서 활주로 27로 활주 합니다. 타이거.
[P] 타이거 트래픽, 파이퍼 94B, 활주로 27에서 이륙합니다. 배풍경로에서 출발합니다. 타이거.

(2) 장주 이착륙 훈련

비관제 공항에서 이착륙 훈련시 UNICOM 주파수에 동조하고 다른 항공기의 맹목통신 내용을 청취하거나 맹목송신을 통하여 자신의 위치와 의도를 다른 항공기에게 알린다. 맹목송신의 처음과 마지막은 반드시 해당 공항의 명칭에 “traffic(트래픽)” 용어를 붙여 공항을 식별한다. 이 같은 이유는 제한된 주파수 범위에서 여러 비관제 공항이 같은 UNICOM 주파수를 사용하기 때문에 공항 명칭을 사용하지 않았을 때 항공기의 위치를 혼동할 수 있기 때문이다.

[Pilot]　　　　　Tiger traffic, Piper two six four niner four Bravo, taxi
to runway two seven, closed traffic, Tiger.
[Pilot]　　　　　Tiger traffic, Piper niner four Bravo, taking a active
runway two seven, Tiger.
[Pilot]　　　　　Tiger traffic, Piper niner four Bravo, turning
crosswind, Tiger.
[Pilot]　　　　　Tiger traffic, Piper niner four Bravo, turning
downwind, Tiger.
[Pilot]　　　　　Tiger traffic, Piper niner four Bravo, turning base,
(touch and go) Tiger.
[Pilot]　　　　　Tiger traffic, Piper niner four Bravo, turning final,
(touch and go) Tiger.
[Pilot]　　　　　Tiger traffic, Piper niner four Bravo, takeoff,
Tiger.

[해 설]

[P] 타이거 트래픽, 파이퍼 26494B, 장주 이착륙하기 위해서 활주로 27로 활주 합니다. 타이거.

[P] 타이거 트래픽, 파이퍼 94B, 활주로 27에 진입하여 이륙합니다. 타이거.

[P] 타이거 트래픽, 파이퍼 94B, 측풍경로 선회 중입니다.

[P] 타이거 트래픽, 파이퍼 94B, 배풍경로 선회 중입니다.

[P] 타이거 트래픽, 파이퍼 94B, 기초경로로 선회 중입니다. 착지 후 이륙하겠습니다.

[P] 타이거 트래픽, 파이퍼 94B, 최종접근경로로 선회 중입니다. 착지 후 이륙하겠습니다.

[P] 타이거 트래픽, 파이퍼 94B, 이륙합니다. 타이거.

(3) 도착 및 착륙

비관제 공항에 착륙하거나 훈련을 위해서 진입할 때 공항으로부터 약 10마일 전에서부터 UNICOM 주파수에 동조하고 다른 항공기와 UNICOM과의 교신 내용을 청취하거나 직접 UNICOM을 호출하여 조언을 요청하면 UNICOM에서는 사용 활주로, 훈련 중인 항공기 수, 낙하산 활동, 글라이더 비행 등의 정보를 받을 수 있다.

[Pilot]	Tiger UNICOM, Piper two six four niner four Bravo, ten miles east, two thousand five hundred, request airport advisory.
[UNICOM]	Piper two six four niner four Bravo, Tiger UNICOM, runway two seven in use. There are three in the pattern.
[Pilot]	Tiger traffic, Piper niner four Bravo, ten miles east, two thousand five hundred, landing, Tiger.
[Pilot]	Tiger traffic, Piper niner four Bravo, entering downwind, Tiger.
[Pilot]	Tiger traffic, Piper niner four Bravo, turning left base, Tiger.
[Pilot]	Tiger traffic, Piper niner four Bravo, on final, full stop, Tiger.
[Pilot]	Tiger traffic, Piper niner four Bravo, clear of active, Tiger.

[해 설]

[P] 타이거 유니컴, 파이퍼 26494B, 10마일 동쪽, 고도 2,500피트, 공항 조언을 요청합니다.

[U] 파이퍼 94B, 타이거 유니컴, 활주로 27이 활용 중이고, 장주에 3대가 훈련 중입니다.

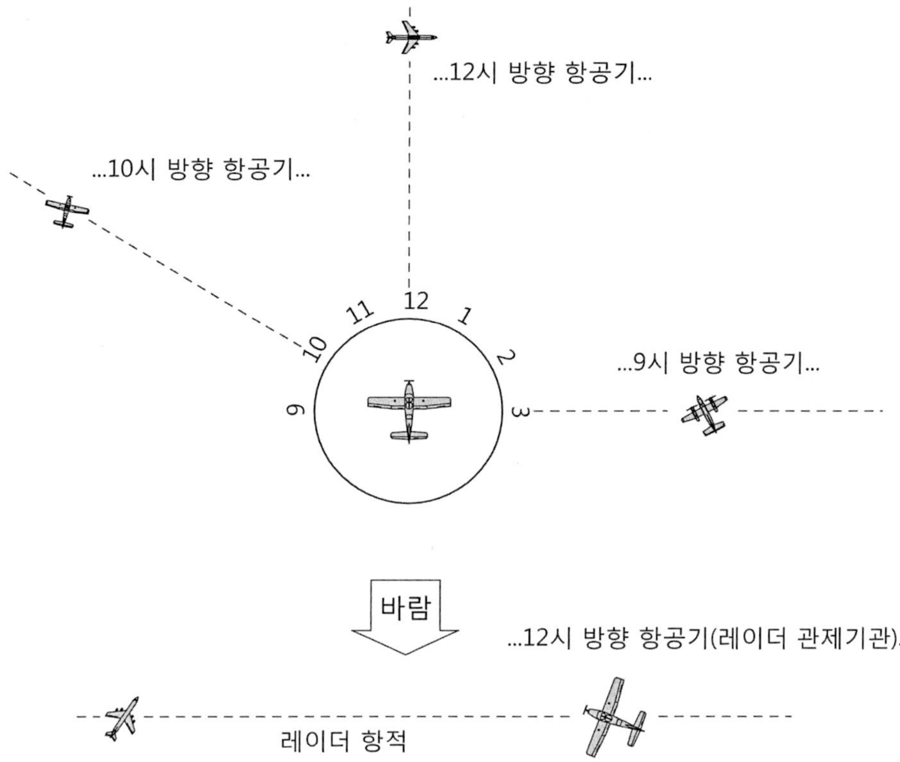

【그림3-17】 기수 방향이 12시 방향이 된다. 레이더에서 교통경고를 제공한다면 이를 수신한 조종사는 기수가 기준이 되는 것이 아니라 실제 항공기의 항적을 기준으로 다른 항공기의 위치를 식별해야 한다.

[P] 타이거 트래픽, 파이퍼 94B, 10마일 동쪽, 2,500피트, 착륙하겠습니다. 타이거.
[P] 타이거 트래픽, 파이퍼 94B, 배풍경로에 진입했습니다, 타이거.
[P] 타이거 트래픽, 파이퍼 94B, 기초경로에 진입했습니다, 타이거.
[P] 타이거 트래픽, 파이퍼 94B, 최종접근경로입니다. 비행을 종료하겠습니다. 타이거.
[P] 타이거 트래픽, 파이퍼 94B, 활주로에서 벗어났습니다. 타이거.

3.7.7 교통정보

일반적으로 교통정보(traffic information)는 [그림3-17]과 같이 레이더 시설을 갖춘 관제기관에서 다른 항공기의 위치에 대한 정보를 제공하는 절차이지만 동일 주파수에 동조해 있는 항공기 조종사는 모두 청취할 수 있고 시계비행(VFR) 조종사들에게도 다른 항공기의 위치에 대한 교통정보를 제공하는 방법으로 활용된다. 이외에도 기장과 부기장 혹은 탑승객 사이에 기내통신으로 교통정보를 교환하는 데 유용하게 활용된다. 다른 항공기에 대한 방향은 [그림3-17]과 같이 12시 방향으로부터 나침반의 주요 8방위를 사용하여 방향을 제공하고 항공기로부터 대략적인 거리(NM)를 제공한다. 아울러 상대방 항공기의 진행 방향과 고도 및 기종 등 가용한 교통정보를 제공한다. 예를 들어 1시간을 30°로 적용하여 관제사가 3시 방향을 지시했다면 현재 동쪽에서 비행 중인 항공기는 [그림3-17]과 같이 진행 방향으로부터 오른쪽을 지시하고 있다. 반대로 9시 방향은 왼쪽이 되고 12시 방향은 기수 방위가 된다. 이외에도 기내에서 비행 승무원 사이에 “좌에서 우로 상승 중인 비행기 혹은 헬리콥터”와 같은 방법으로 간단하게 다른 항공기의 이동에 관한 정보를 공유하는 방법으로 유용하다.

항공교통정보와 관련해서 레이더 관제사는 레이더 화면에 나타난 항적을 기준으로 시계 방향을 지시하기 때문에 아래 그림과 같이 바람에 의한 편류가 발생했을 때 편류 수정을 적용하고 있는 조종사는 이를 적용해야 한다. 그림에서 항공기의 기수방위(heading)는 280°이지만, 관제사의 화면에 나타난 항적(track)은 270°이기 때문에 관제사는 270°를 기준으로 교통정보를 발령한다. 예를 들어 12시 방향에 대한 교통정보가 지시되었을 때 조종사가 실제 보아야 할 방향은 11시 방향이 된다.

3.8 항공 관련 규정

3.8.1 항공기 범주와 등급

(1) 항공기 범주

항공기 범주(aircraft category)는 공중 근무자(airmen)의 자격, 등급, 권한 및 제한 사항에 관한 넓은 의미의 항공기 분류를 의미한다.

- 비행기
- 회전날개 항공기
- 활공기(글라이더)
- 기체 정역학 항공기

(2) 항공기 등급

항공기 등급(aircraft class)은 공중 근무자의 자격, 등급, 권한 및 제한 사항에 관하여 유사한 운용 특성에 따른 범주(category) 내의 항공기 분류를 의미한다.

① 비행기 등급
  - 단발 육상 또는 수상
  - 다발 육상 또는 수상

② 회전날개 항공기 등급
  - 헬리콥터
  - 자이로플레인

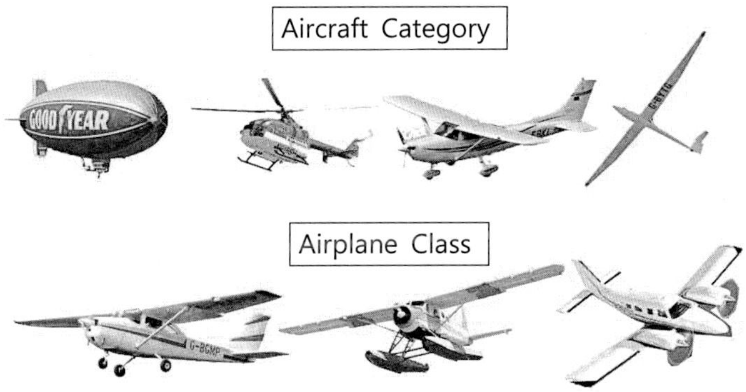

【그림3-18】
항공기 범주와 분류

③ 기체 정역학 항공기
- 비행선
- 기구

3.8.2 자격증 소지 의무

모든 항공기 조종사(PIC)는 항공기를 운항할 때 최근(유효) 조종사 면허증과 최근(유효) 신체검사 증명서를 비행 중 항상 소지하여야 하며 관련 기관에서 자격증 제시를 요구할 때 조종사 면허증과 신체검사 증명서를 제시하여야 한다.

3.8.3 최근 비행경력

모든 항공기 조종사(PIC)로 승무하기 위해서는 규정이 정한 일정 기간 내에 비행경력이 있어야 하고 이를 충족하지 못했을 경우는 규정에 따라 소정의 비행교육을 받은 후에 PIC로 활약할 수 있다. 모든 항공기의 PIC로 활약하고자 하는 사람은 24개월 이내에 자격유지 평가를 받아야 PIC로 활약할 수 있다. 자격유지평가는 최소한 1시간의 비행교육과 1시간의 지상 교육으로 편성된다. 이 평가는 해당 조종사에게 자격을 부여한 교관 조종사나 항공 당국에서 지정한 다른 교관에 의해서 평가를 받을 수 있으며 평가 후에는 반드시 비행기록부에 평가의 성취 여부를 기록하여야 한다. 만약 새로운 자격증이나 등급을 취득하기 위하여 비행자격평가를 받았을 경우는 자격유지평가를 대신할 수 있다.

3.8.4 PIC 책임과 권한

① 모든 항공기의 PIC는 항공기 안전 및 운항에 대한 직접적인 책임을 지며 최종 권한을 갖는다.

② 기장(PIC)은 비행 중 즉각적인 비상조치를 취해야 할 상황이 요구될 때는 어느 규정과 관계없이 비상상황에 따른 조치를 해야 한다.

③ 만약 관제공역에서 비상조치를 수행하는 과정에서 해당 규정을 위반한 PIC는 ATC 책임자의 서면보고 요청이 있을 때는 비상상황에 대해서 상세한 서면보고를 한다.

④ 조종사가 관제사로부터 규정 위반을 초래할 인가를 받았을 때는 관제사에게 문의하여 수정인가를 요청해야 한다.

3.8.5 물건 투하

민간 항공기 PIC는 비행 중 인명 피해가 예상되거나 시설물 파손을 초래할 수 있는 물건의 투하 행위가 허용되지 않지만, 지상의 인원이나 재산의 손상을 방지할 충분한 예방 조치가 취해진 상황에서만 물건 투하가 가능하다.

3.8.6 알코올 및 약물

아래와 같은 조건에 있는 사람은 조종사로서 임무를 수행할 수 없다.

① 알코올성 음료를 섭취 후 8시간이 지나지 않은 자

② 알코올에 취해 있는 자 또는 혈중알코올농도가 0.03%(FAA 0.04%) 이상인 자

③ 개인의 능력 즉 보고, 듣고, 말하고, 이해할 수 있는 능력에 영향을 주어 안전한 비행 임무를 수행할 수 없는 약물을 복용 중인 자

3.8.7 비행 전 점검 사항

비행 임무에 들어가기 전에 PIC는 비행에 관련된 제반 정보에 익숙해야 하며 아래 사항은 반드시 확인해야 한다.

① 사용 활주로 길이

② 항공기 성능 점검과 사용 활주로에 대한 이착륙 정보

③ 기상보고 및 예보

④ 예비 연료량은 예정된 첫 착륙 지점에서 정상 순항속도로 30분 이상 비행

⑤ 계획대로 비행이 수행되지 못했을 경우 가능한 예비 계획

3.8.8 비행 승무원 정위치

모든 항공기 비행 승무원은 이륙 및 착륙 그리고 순항항로에서의 비행을 포함한 모든 구간에서 승무원 자신의 의무와 관련된 이탈 혹은 생리적 요구를 제외하고 반드시 좌석 벨트를 착용하여야 한다. 또한, 어깨끈이 설치된 경우 이착륙할 때 반드시 어깨끈을 착용하여야 한다. PIC는 이륙 전 각 탑승객에게 좌석 벨트와 어깨끈의 사용 요령과 조임 및 풀림 방법에 대해서 간단히 브리핑해야 한다.

3.8.9 편대비행

편대비행(formation flight)이란 [그림3-19]와 같이 2대 또는 그 이상의 항공기가 편대장의 지휘하에 일정한 대형을 맞추어 비행하는 것이다. 편대비행은 군용 항공기들이 대형을 이루어 비행하는 것 외에도 일반항공에서는 지역의 주요 행사 혹은 에어쇼에 초청되어

【그림3-19】 경비행기도 지역 행사에 초대되어 편대비행을 하기도 한다. 편대비행 전에 모든 기장이 사전에 충분한 협의가 이루어져야 한다. 승객이 탑승한 상태에서 편대비행은 금지된다. 비행난기류의 영향을 벗어날 수 있을 정도로 충분한 간격을 유지해야 하고 후속하는 비행기는 선행하는 비행기보다 고도를 높게 유지해야 안전하다.

편대비행을 하는 사례가 많아졌다. 편대비행은 고도로 훈련된 조종사들로 편대를 구성하고 지상에서 모든 기장이 이륙에서부터 편대 구성 그리고 해산하는 방법까지 세부적으로 의견이 교환되어야 한다. 편대비행을 계획하는 조종사는 다음 절차를 반드시 준수해야 한다.

첫째, 다른 항공기와 충돌 위험을 일으킬 수 있는 근접비행을 해서는 안 된다.
둘째, 각 항공기 PIC 사이에 비행 전 충분한 협의가 필요하다.
셋째, 어느 경우든 승객이 탑승한 항공기는 편대비행을 할 수 없다.

3.8.10 진로권

기상 조건이 허락하는 한 모든 조종사는 다른 항공기를 관찰하고 회피하여 충돌 방지를 위한 철저한 경계가 필요하다. 항공기가 동일 지점으로 접근해 오거나 추월할 때는 [그림3-21]과 같이 진로 우선 규칙에 따라 진로를 양보하여야 하고, 전방의 시야가 충분히 확보되지 않은 상태에서 상대방 항공기의 위나 아래 또는 앞으로 추월해서는 안 된다. 모든 항공기는 다음과 같은 진로권을 준수해야 한다.

① 비상상황에 있는 항공기는 모든 다른 항공교통에 대해서 진로권을 갖는다.

② 동일 범주의 항공기가 동고도에서 서로 만나게 될 때는 [그림3-20]과 같이 오른쪽에 있는 항공기가 진로권을 갖는다. 그러나 정면으로 접근하거나 항공기가 너무 근접해 있을 때는 예외이다.

③ 견인 중인 항공기나 공중 연료 재보급 항공기는 범주와 관계없이 모든 동력 항공기에 진로권을 갖는다.

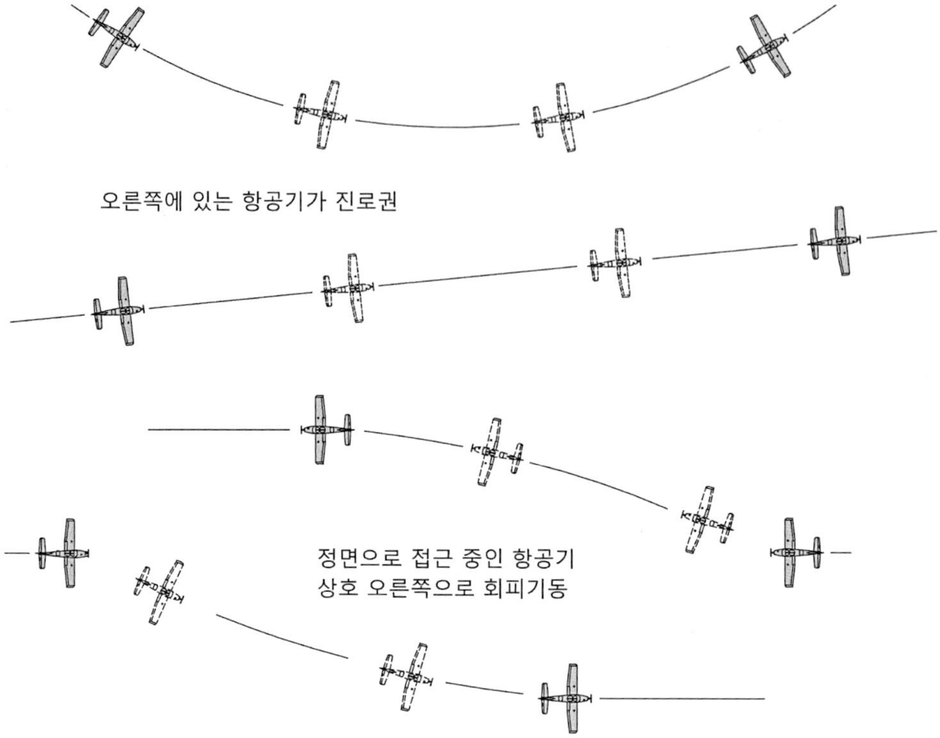

【그림3-20】 항공기의 증가는 비행 중 시각탐색을 소홀히 했을 때 공중충돌 사고의 가능성이 증가한다. 경항공기는 비관제권 그리고 다른 항공기와 의사소통을 위한 수단이 부족하다. 경항공기 조종사가 다른 항공기를 무시하고 독단적 운용으로 다른 항공기와 근접비행을 초래할 수 있다. 모든 항공기 조종사는 진로권에 따라 행동했을 때 근접비행의 위험을 방지할 수 있다.

④ 항공기 범주가 다를 경우 진로권은 다음과 같다.

- 기구는 다른 항공기 범주에 대해서 진로권을 갖는다.
- 활공기는 비행선, 비행기, 회전날개 항공기에 대해서 진로권을 갖는다.
- 비행선은 비행기나 회전날개 항공기보다 진로권을 갖는다.

⑤ 항공기 범주와 관계없이 두 대의 항공기가 정면으로 접근하거나 근접했을 때 각 항공기는 상호 오른쪽으로 항공기 진로를 변경하여야 한다.

⑥ 상대방 항공기를 추월할 때는 추월당하는 항공기에 진로권이 있으며 추월하는 항공기는 오른쪽으로 추월하여야 한다.

⑦ 두 대 이상의 항공기가 착륙하기 위해서 활주로에 접근 중일 때는 고도가 가장 낮은 항공기에 진로권이 있다. 그러나 이 규정이 다른 항공기 앞으로 끼어들거나 추월할 수 있는 권리가 있음을 의미하지 않는다.

3.8.11 최저안전고도

항공기 기장은 항공기 이착륙할 때를 제외한 비행 구간에서 [그림3-21]과 같이 최저안전고도를 준수하여 비행하여야 한다.

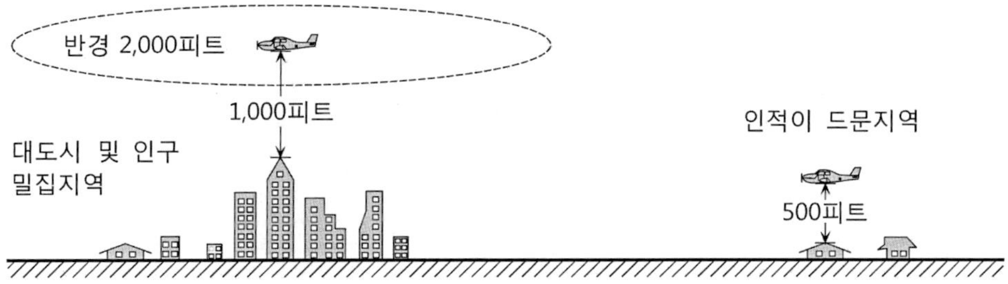

【그림3-21】 항공기의 운항은 대도시 혹은 인구밀집 지역 상공에서 저공비행이 금지된다. 항공기 소음은 지역 주민들에게 소음공해를 유발할 수 있고 만약 엔진고장과 같은 비상상황에 처했을 때 지상 인명 피해 및 시설물 파손을 입힐 수 있기 때문이다.

① 인적이 없는 지역: 인적이 없는 지역에서 비행할 때 정해진 고도는 없으나 항공기 엔진 고장이 발생했을 때 지상의 인명 피해와 시설물 파손 없이 비상착륙이 가능한 고도를 유지해야 한다.
② 인구 밀집지역 상공: 도시나 시내 상공, 주거 지역 상공 또는 많은 사람이 모여 있는 장소 상공에서는 항공기의 수평 반경 2,000피트 내에서 가장 높은 장애물로부터 1,000피트 이상의 고도를 유지해야 한다.
③ 인구 밀집이 드문 지역 상공: 이 지역에서는 넓은 수면 위나 외딴 주거 지역을 제외하고 지면으로부터 500피트 이상의 고도를 유지하여야 한다. 이 경우 항공기는 사람, 배, 차량 또는 기타 구조물로부터 500피트 이하의 고도로 비행해서는 안 된다.

3.8.12 고도계 수정

기압고도(pressure altitude)는 비행 지역의 대기의 조건에 따라 다르므로 조종사는 항상 최근의 고도계 수정치 값을 참고한 순항비행 고도를 유지하여야 한다. 고도계 수정 방법은 아래와 같다.

① 순항항로 선상의 관제기관이나 항공기로부터 100NM 이내의 관제기관에서 제공하는 최근 고도계 수정치 값에 조정한다.
② 고도계 수정치 값을 받을 수 있는 관제기관이 없거나 통신장비를 장착하지 않은 항공기의 경우는 출발지 공항의 표고에 조정한 후 운항한다.

3.8.13 VFR 예비 연료량

VFR 주간 비행할 때 첫 착륙 지점에 도착 후 정상 순항속도로 최소한 30분 이상을 비행할 수 있는 예비량을 적재해야 한다.

3.8.14 ATC 인가 및 지시 준수

만약 경항공기 조종사가 관제공역에 진입했다면 다음 절차에 따라야 한다. 비행인가는 관제공역 내의 특정 교통 조건에서 계속 비행할 수 있는 승인이다.

① PIC는 ATC의 인가를 받았을 때 비상상황을 제외하고 수정인가를 받지 않는 한 ATC 인가를 준수해야 한다.

② 비상상황에서 ATC 인가나 지시를 위반했을 때 가능한 한 신속히 위반한 사항에 대해서 ATC에 통보해야 한다.

③ 비상상황에서 ATC에 의해 항공교통의 우선권(priority)이 부여되었을 경우 관제사의 요청이 있을 때 PIC는 48시간 이내에 상세한 비상상황을 서면으로 ATC 책임자에게 제출해야 한다.

3.8.15 NOTAM

특성상 임시(temporary nature) 또는 항공도나 기타 운용 간행물을 발행하여 사전에 충분히 알릴 수 없었던 시급한(time-critical) 항공정보는 국가 NOTAM 시스템을 통해서 즉각 전파되어야 한다. NOTAM 정보는 비행을 계획하는 조종사의 결심(pilot's decision)에 영향을 미칠 수 있는 항공정보이다. 이는 공항 또는 주요 활주로 폐쇄(closed), 항법보조시설의 상태 변경(status), ILSs, 레이더 서비스의 가용성 그리고 계획된 순항항로, 터미널 또는 착륙 운용(landing operation)에 필수적인 기타 정보를 포함한다. 노탐(NOTAM)은 다음과 같은 종류가 있다.

① NOTAM(D) 또는 distant NOTAM

② FDC NOTAMs

③ Pointer NOTAMs

④ SAA(special activity airspace) NOTAMs

⑤ Military NOTAMs

NOTAM(D)에 포함된 이들 정보는 국가공역체계(national airspace system; NAS)의 일부로 모든 항법보조시설 그리고 Chart Supplement에 수록된 모든 공공공항, 수상공항(seaplane), 헬리포트에 전파된다. 이 정보의 범주는 A급-전통체계를 통해서 자동으로 전파된다. NOTAM(D) 정보는 유도로 폐쇄(closed taxiway), 활주로 근처 또는 횡단하는 인원이나 장비, 공항등대 정전시간(rotating beacon outage) 그리고 VASI와 같이 계기접근 기준에 영향을 미치지 않는 공항 등화시설과 같은 데이터를 포함한다.

3.8.16 VFR 순항고도

VFR 순항비행 중 고도 3,000피트(AGL) 이상 18,000피트(MSL) 이하의 고도에서 ATC로부터 특정 고도 유지를 지시받지 않는 한 조종사는 자항로(magnetic course)에 의한 순항고도를 결정하여 비행해야 한다.

① [그림3-22]에서와 같이 자항로가 0~179°에서는 홀수 천 단위 고도에 +500피트를 적

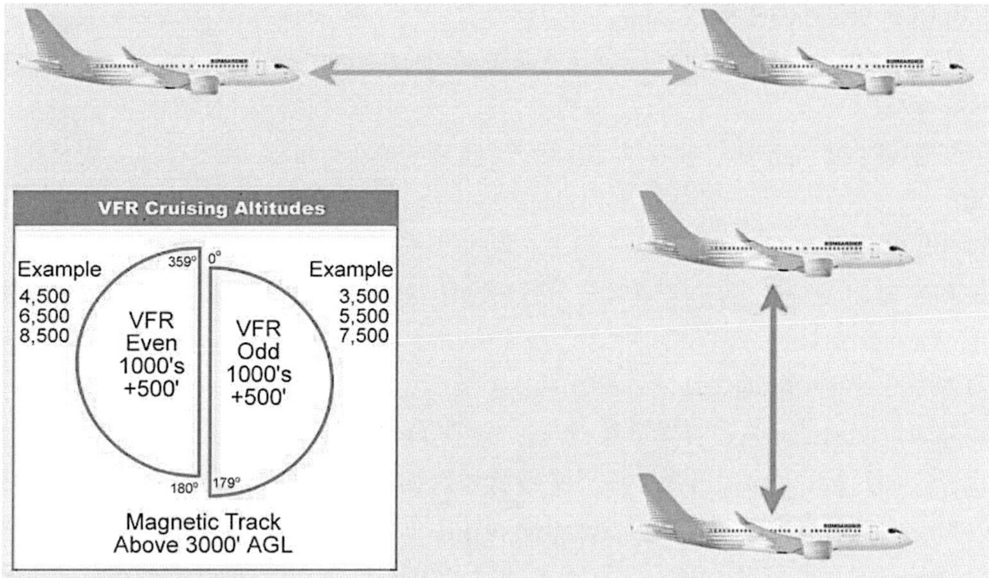

【그림3-22】 시계비행 항공기와 계기비행 항공기의 고도를 분리하는 것은 공중충돌을 방지하기 위한 중요한 요소이다. 이를 반구규칙이라 하고 고도 3,000피트(AGL)부터 적용한다.

용한 고도를 유지하여 비행한다. (예) 3,500, 5,500, 7,500피트

② [그림3-22]와 같이 자항로가 180~359°에서는 짝수 천 단위 고도에 +500피트를 적용한 고도를 유지하여 비행한다. (예) 4,500, 6,500, 8,500피트

3.8.17 VFR 기상 최저치

시계비행으로 비행하는 조종사는 [그림3-23]과 같이 공역별로 준수해야 할 최저 기상치를 준수해야 한다. 예를 들어 D등급 공역에서 운용하고자 하는 시계비행 조종사는 시정 3SM 이상이 되어야 하고 구름으로부터의 거리는 위로 500피트 아래로 1,000피트 그리고 수평거리로 2,000피트 이상 떨어져 운용할 수 있는 조건이 되어야 한다.

3.8.18 곡예비행

곡예비행(aerobatic flight)이란 조종사가 의도적으로 항공기 자세를 급격히 변경시키거나 비정상적인 자세 또는 비정상적인 가속 및 감속 조작을 하는 기동이다. 곡예비행은 아래 지역에서는 금지된다.

① 도시, 시내, 인구 밀집지역 상공

② 사람들이 많이 모여 있는 지역 상공

③ 공항 지역으로 계획된 B, C, D, E등급 공역의 측방 경계 지역 내

④ V-항로(벡터 항로)의 중심으로부터 4NM 이내 지역

⑤ 지표면으로부터 1,500피트(AGL) 이하의 고도

⑥ 비행시정 3SM 이하

3.8.19 항공기 증명서 및 서류

민간 항공기로 등록된 모든 항공기는 아래의 증빙서류를 항상 항공기에 보관하고 운항하여야 한다.

① 감항 증명서: 항공기 감항 증명서는 승객이나 승무원이 쉽게 볼 수 있는 장소에 비치하여야 한다.

② 항공기 등록 증명서

③ 무선 면장: 송수신기를 장착한 항공기는 반드시 해당 기관에서 발행한 무선통신 면허증을 보유해야 한다.

④ 항공기 운용제한: 항공기 운용제한 사항은 소유자 운용 지침서를 제외한 비행 지침서 및 각종 기기에 표시되는 부착물의 양식을 의미한다.

⑤ 무게와 균형표: 항공기의 자중과 암에 관한 자료이다. 무게중심(C.G.)을 계산할 수 있어야 하며, 항공기가 C.G. 범위 내에 있는지를 계산할 수 있어야 한다. 항공기 및 엔진 기록부는 항상 항공기에 비치할 필요는 없으나 PIC가 언제든지 확인할 수 있어야 한다.

3.8.20 항공기 감항증명

감항증명(airworthiness)은 해당 항공기가 안전비행에 적합하다는 것을 입증해 주는 인증서이다. 각 항공기는 법에 따라 감항 증명서가 발행되고 비행 중에는 항상 기내에 비치하여야 한다. 따라서 모든 항공기는 감항 조건에 있지 않은 한 운용될 수 없다. 항공기의 감항 상태를 유지하기 위해서는 규정된 정비와 검사를 수행해야 한다. 항공기 기장은 해당 항공기를 운용하고자 할 때 다음 사항을 반드시 확인해야 한다.

첫째, 감항 조건에 충족하지 못한 항공기는 운용할 수 없다.
둘째, 기장은 항공기가 감항 상태에 있는지 확인할 책임이 있다.
셋째, 기장은 기계, 전기 그리고 구조적으로 감항 조건을 충족하지 못한 것을 인지했을 때 비행해서는 안 된다.

3.8.21 감항지시

감항지시(airworthiness directives; AD)는 항공기와 그 부속품에 적용된다. 항공기가 운용상 기계적 문제점이 발견되면 항공기 제작자는 권고성 수정 방법을 포함한 서비스 편람을 발행하게 된다. 그러나 불안전한 요소가 계속 존재하거나 동일 부품 혹은 유사한 형태의 다른 부품으로 전이되거나 가능성이 있을 때 감항지시(ADs)를 발령하게 된다.

① 감항지시에 의해 불안전 항공기를 식별할 수 있으며 규정에 따라 검사나 수정을 할 수 있도록 기술되어 있다.

② 적절한 감항지시(ADs)에 따라 이를 이행하였을 때는 반드시 항공기 정비 기록부에 기록해야 하고 감항지시에 불이행하였을 때는 감항성이 없는 항공기로 간주한다.

<table>
<tr><th colspan="4">시계비행 기상 최저치</th></tr>
<tr><th colspan="2">공 역</th><th>비행시정</th><th>구름으로부터 거리</th></tr>
<tr><td colspan="2">A등급</td><td>적용되지 않음</td><td>적용되지 않음</td></tr>
<tr><td colspan="2">B등급</td><td>3SM</td><td>구름에서 떨어져 있어야 함</td></tr>
<tr><td colspan="2" rowspan="3">C등급</td><td rowspan="3">3SM</td><td>500피트 아래</td></tr>
<tr><td>1,000피트 위</td></tr>
<tr><td>2,000피트 수평</td></tr>
<tr><td colspan="2" rowspan="3">D등급</td><td rowspan="3">3SM</td><td>500피트 아래</td></tr>
<tr><td>1,000피트 위</td></tr>
<tr><td>2,000피트 수평</td></tr>
<tr><td rowspan="6">E (등급)</td><td rowspan="3">10,000피트(MSL) 이하</td><td rowspan="3">3SM</td><td>500피트 아래</td></tr>
<tr><td>1,000피트 위</td></tr>
<tr><td>2,000피트 수평</td></tr>
<tr><td rowspan="3">10,000피트(MSL) 이상</td><td rowspan="3">5SM</td><td>1,000피트 아래</td></tr>
<tr><td>1,000피트 위</td></tr>
<tr><td>1SM 수평</td></tr>
<tr><td rowspan="16">G (등급)</td><td colspan="3">지표면으로부터 1,200피트 이하(MSL 고도 무관)</td></tr>
<tr><td>주간</td><td>1SM</td><td>구름에서 떨어져 있어야 함</td></tr>
<tr><td rowspan="3">야간</td><td rowspan="3">3SM</td><td>500피트 아래</td></tr>
<tr><td>1,000피트 위</td></tr>
<tr><td>2,000피트 수평</td></tr>
<tr><td colspan="3">지표면 위 1,200피트 이상이지만 10,000피트(MSL) 이하</td></tr>
<tr><td rowspan="3">주간</td><td rowspan="3">1SM</td><td>500피트 아래</td></tr>
<tr><td>1,000피트 위</td></tr>
<tr><td>2,000피트 수평</td></tr>
<tr><td rowspan="3">야간</td><td rowspan="3">3SM</td><td>500피트 아래</td></tr>
<tr><td>1,000피트 위</td></tr>
<tr><td>2,000피트 수평</td></tr>
<tr><td colspan="3">지표면 위 1,200피트 이상과 10,000피트(MSL) 이상</td></tr>
<tr><td rowspan="3">주야</td><td rowspan="3">5SM</td><td>1,000피트 아래</td></tr>
<tr><td>1,000피트 위</td></tr>
<tr><td>1SM 수평</td></tr>
</table>

【그림3-23】 VFR 기상 최저치

3.8.22 하중계수 범주

항공기 하중계수 범주(load factor category)는 항공기 인증에 관한 용어로 항공기의 사용 목적과 운용제한을 기준으로 범주가 정해진다. 항공기 하중계수 범주는 아래와 같이 구분된다.

① 보통 범주(normal; N, 3.8)

② 다목적 범주(utility; U, 4.4)

③ 곡예 범주(acrobatic; A, 6.0)

④ 헬리콥터(helicopter; 3.5)

3.8.23 정비 책임

항공기 소유주와 운용자는 아래 사항에 대한 주요 책임을 갖는다.

① 항공기 감항 상태 유지

② 항공기 필수 검사 이행

③ 항공기 정비, 수리, 교환에 관한 모든 내용을 기록 유지 및 보관

항공기 정비, 재생 및 교환 후에는 아래 조건이 수행되지 않는 한 비행이 금지된다.

① 인가된 정비 요원에 의한 작업 완료 승인을 받아야 한다.

② 정비 기록부에 정비 내용이 반드시 기록되어야 한다.

추가로 항공기 비행 특성에 영향을 줄 수 있는 주요 부품의 교환이나 수리했을 때 승객을 탑승시키기 전에 반드시 시험비행을 해야 하며 시험비행 조종사는 적절한 자격을 갖추어야 하고 최소한 자가용 조종사 면허증을 소지해야 한다.

3.8.24 항공기 검사

각 항공기는 매년 정기적인 연간검사(annual inspection)를 받아야 하고 12개월 이내에 검사를 받지 않은 항공기는 운용될 수 없다. 검사를 완료한 후에는 항공기 및 엔진 기록부에 검사 여부를 반드시 기록한다. 검사 유효기간은 검사받은 날짜와 관계없이 검사만료 해당 월의 마지막 일이 된다. 검사만료 일자는 항공기 정비 기록부를 참고하면 된다. 예를 들어 지난해의 연간검사일이 2000. 6. 21이었다면 올해 연간검사일은 2001. 6. 31이 된다. 조종사를 고용하여 승객을 수송하거나 비행교육에 운용되는 항공기의 경우는 연간검사에 추가하여 100시간 검사를 받아야 한다. 100시간 검사와 연간검사 시기가 중복될 때 100시간 검사는 연간검사로 대치될 수 있으나 100시간 검사로 연간검사를 대치할 수는 없다. 예를 들어 항공기의 엔진 회전계 지시에 100시간 검사가 3,402.5시간일 때 실제 검사를 3,409.5시간에 완료하였다 하여도 다음 100시간 검사 시간은 3,502.5시간이 된다. 이는 검사 장소로 비행하는데 걸리는 시간이 10시간까지 허용되나 초과시간은 100시간 검사 시간에 포함되지 않는다.

3.8.25 고도계 및 트랜스폰더

고도계 및 피토-정압계통은 24개월 이내에 검사를 받아야 하고 고도계를 점검할 때 나타난 최대 고도를 항공기 기록부에 기록하여야 한다. 트랜스폰더도 계속 운용하기 위해서는 24개월 주기로 일정한 검사를 마쳐야 하고 해당 정비 기록부에 기록하여야 한다.

3.8.26 정비 기록

항공 규정에 따라 수행된 작업을 제외하고 그 작업이 계속되지 않는 한 또는 다른 작업으로 대치되거나 작업을 시작한 지 1년이 지나지 않는 한 아래 기록들은 보관되어야 한다.

① 정비 혹은 부품 교환 기록
② 100시간, 연간검사 혹은 기타 승인된 검사

항공기를 매각할 때는 아래와 같은 문서들이 함께 양도 및 이전되어야 한다.
① 항공기 기체 시간
② 기체, 엔진, 프로펠러, 로터 등 시간제한 품목의 최근 상태, 최근 검사 상태 및 감항 지시(AD)의 이행 상태
③ 최근에 교환한 주요 교환품목 목록

3.8.27 예방 정비

조종사 면허증을 소지한 자는 자신이 소유하거나 운용하는 항공기에 대해서 예방 정비(prevention maintenance)를 할 수 있다. 예방 정비는 일반적으로 무게, C.G, 조종계통 등 비행 특성에 영향을 미치는 부분을 제외한 안전철선 교환, 착륙장치 주유, 오일교환, 안전벨트 교환 등의 기본 부품의 정비를 의미한다. 세부 예방 정비 항목들은 항공기 운용자 지침서에 수록되어 있다. 예방 정비를 한 후에는 정비 기록부에 다음 사항을 기록해야 한다.
① 예방 정비를 수행한 일자
② 예방 정비 완료를 승인한 사람의 서명 및 자격 종류와 번호

3.8.28 부품 교환 후 시험비행

항공기가 정비, 예방 정비, 재생 혹은 주요 부품의 교환 후 담당 검사관의 승인이 없는 한 운용될 수 없다. 여객 운송 전문 항공기는 비행 중 비행 특성의 변화를 일으키거나 상당한 영향을 줄 수 있는 정비, 재생, 교환한 경우 최소한 자가용 조종사 면허증을 소지한 정비 자격등급을 갖춘 조종사가 시험비행을 하여 운항복귀 승인이 나지 않는 한 승객을 운송할 수 없다.

기출문제 및 예상문제

1. 항공기의 이착륙을 위해서 활주로를 중심으로 형성되는 육상 트랙 모양의 비행경로를 무엇이라 하는가?

① 선분원　　② 사면체

③ 공역　　④ 장주

2. 일반 항공기의 대략적인 권장 장주고도는 얼마인가?

① 600~1,500피트　　② 1,000~2,000피트

③ 500~2,000피트　　④ 1,500~2,500피트

3. 공항 장주권에 진입하는 방법으로 올바른 것은?

① 배풍경로에 90° 방향으로 진입한다.

② 측풍경로에 45° 방향으로 진입한다.

③ 기초경로에 90° 방향으로 진입한다.

④ 배풍경로에 45° 방향으로 진입한다.

4. 관제기관에서 제공하고 있는 비행인가의 주목적 중 하나는 무엇인가?

① 비행절차를 통제하고 감시한다.

② 항공기간의 이착륙 순서를 정한다.

③ 항공기간의 공중충돌을 방지한다.

④ 항공기상 및 비행 정보를 제공한다.

【해설】 ATC는 항공기간의 공중충돌(midair collision)을 방지하고 관제공역 내 특정 조건에서 비행하도록 유도한다.

5. 관제기관에서 발령하는 비행인가의 주목적 중 하나는 무엇인가?

① 비행절차를 통제하고 감시한다.

② 항공기간의 이착륙 순서를 정한다.

③ 관제공역 내의 특정 조건에서 비행하도록 한다.

④ 항공기상 및 비행 정보를 제공한다.

【해설】 ATC가 발령하는 인가(clearance)는 관제공역(controlled airspace)에서 규정된 조건에 따라 비행하도록 한다.

【정답】 1.④　2.①　3.④　4.③　5.③

6. 관제 공항에서의 절차에 대한 설명 중 틀린 것은?

① 조종사는 관제사의 지시에 따라야 한다.

② 쌍방향 무선통신 장비를 갖추어야 한다.

③ 트랜스폰더를 의무적으로 갖추어야 한다.

④ 필요하다면 조종사가 요청한 사항을 수정하여 인가될 수 있다.

7. 관제 공항에서의 절차를 올바르게 설명하고 있는 것은?

① 조종사는 필요할 때만 관제사의 지시에 따른다.

② 비상상황에 처했을 때는 관제사 지시에 위반될지라도 우선 조치한다.

③ 트랜스폰더를 의무적으로 갖추어야 한다.

④ 조종사가 일단 요청한 사항은 어느 경우도 수정하여 인가될 수 없다.

8. [그림3-24, 컬러] 사용 활주로를 벗어나는 동안 당신은 어느 표지를 통과했을 때 ILS 신호영향 구역을 벗어난 것이 되는가?

① B ② A

③ D ④ E

【해설】 B지점에 있는 노면표지(markings)는 ILS 신호영향구역(critical area)의 대기지점표지를 나타낸다. ILS 신호영향구역 표지는 인접해 있는 지상 항공기들로부터 ILS 신호에 영향을 줄 수 있는 간섭을 방지하는 데 있다.

9. [그림3-24, 컬러] 차량의 차로를 나타내는 것은 어느 표지인가?

① A ② C

③ E ④ F

【해설】 지퍼 모양(zipper style)으로 그려진 표지가 자동차 차로(vehicle lane)이다. 이 표지는 자동차 운행경로를 지정하거나 항공기도 함께 통과하는 지역을 구분할 필요가 있을 때 사용된다.

10. [그림3-24, 컬러] 유도로/유도로 교차로 대기지점표지를 나타내는 부호는?

① B ② D

③ C ④ E

【해설】 E지점에 있는 표지는 유도로/유도로 교차로 대기지점표지이다. 이 표지는 유도로를 가로지르는 노란색 단선 점선으로 그려지고, 통상 ATC는 유도로 교차로의 전방에서 항공기가 정지해야 하는 지점을 나타낸다.

11. 공항표지판에 관해서 설명하고 있는 간행물은?

① AIM ② 차트 보충간행물(Chart Supplement)

③ NOTAM ④ TPP

【해설】 항공정보지침서(aeronautical information manual; AIM)에는 공항 표지와 표지판

【정답】 6.③ 7.② 8.① 9.② 10.④ 11.①

(markings and signs)에 대해서 세부적으로 설명하고 있다.

12. 유도로에 있는 활주로 대기지점표지의 목적은?

① 항공기를 유도로 직전에서 대기하도록 하기 위함이다.

② 항공기를 활주로에 진입을 허용하도록 하기 위함이다.

③ 항공기 진입이 금지되는 지역을 식별하기 위함이다.

④ 항공기를 활주로 직전에서 대기하도록 하기 위함이다.

【해설】 *유도로에 있는 활주로 대기지점표지(runway holding position marking)는 관제탑이 운용되고 있는 공항에서 활주로에 진입하기 위한 ATC 인가를 받지 못했을 때 활주로 직전에 지정된 표지 앞에서 정지해야 하는 위치를 식별하기 위함이다. 관제탑이 운용되지 않는 공항에서는 적절한 항공기 분리(aircraft separation)를 유지해야 한다. 이들 표지는 유도로를 가로질러 2줄은 실선(solid line) 그리고 2줄은 점선(dashed line)으로 되어 있는 노란색 4줄이다. 실선이 유도로 측면이 되고 점선이 활주로 측면이다. 항공기가 활주로에 진입하기 전 대기해야 한다면 항상 실선 측면에서 대기해야 한다.*

13. [그림3-25] A지점에 표시된 활주로 구역에 활용할 수 있는 것은?

① 착륙　　② 활주와 이륙

③ 활주와 착륙　　④ 이륙과 착륙

【해설】 *A지점이 지시하고 있는 부호는 이설시단(displaced threshold)을 나타낸다. 공항에서 이설활주로(displaced runway)는 활주로 폭을 가로질러 화살표 머리로 정상 활주로와 구분한다. 이 구역에서 항공기는 오직 활주 또는 이륙을 위해서 활용할 수 있지만, 착륙은 허용되지 않는다.*

14. [그림3-25] 공항도형에 관해서 가장 올바르게 서술하고 있는 것은?

① RWY 30에 있는 E지점에 군용 항공기의 비상정지 수단을 제공하기 위한 강착장치를 갖추고 있다.

② RWY 12에 있는 A지점에서 이륙을 시작할 수 있지만, 이 활주로의 착륙은 B지점에서 시작해야 한다.

③ RWY 12에 있는 B지점만 이륙과 착륙 구간이다.

④ RWY 30에 있는 E지점은 착륙을 위한 착지점을 나타낸다.

【해설】 *RWY 12에 있는 A지점의 표지는 이설시단을 나타낸다. 따라서 RWY 12에 착륙하기 위해서는 화살표 머리 표지 부분을 넘어서 착륙해야 한다. 이 구역에서 지상활주, 이륙, 그리고 착륙활주(landing rollout)는 가능하다. RWY 30의 E지점 표지는 브레스트 패드/정지로(blast pad/stopway)를 나타낸다. 이 구역은 프로펠러 혹은 제트후류로 인한 위험을 방지하기 위한 목적으로 설정된다. 또한, 이륙중단 항공기를 위한 과주로(overrun)로 활용된다. 노란색 갈매기(yellow chevron) 모양으로 그려진 구역은 의도적 이륙, 착륙, 지상활주 모두 금지되고 오직 비상착륙 혹은 이륙중단(aborted takeoff) 항공기를 위한 공간을 제공한다.*

【정답】 12.④　13.②　14.②

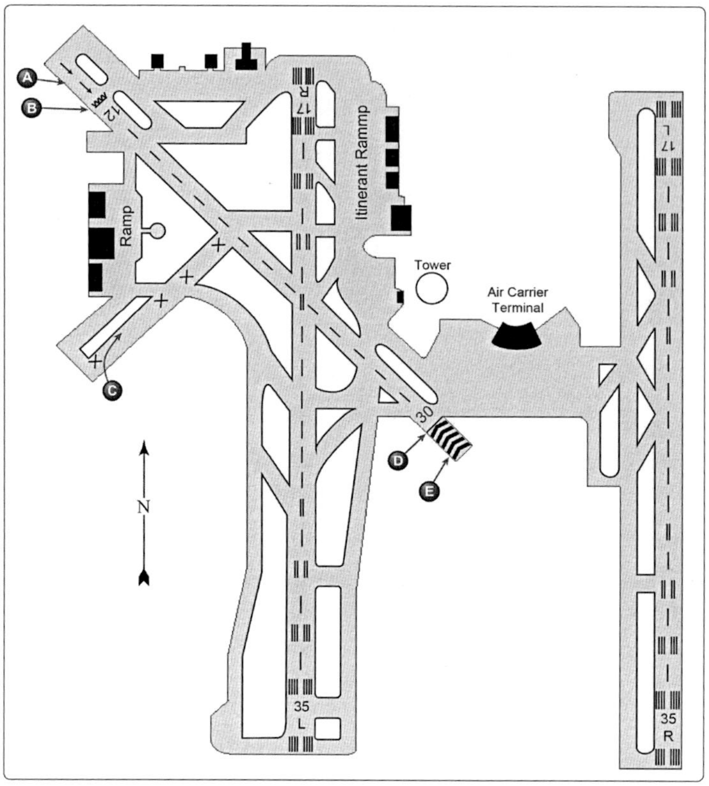

【그림3-25】

15. [그림3-25] 공항 활주로의 A구역과 E구역 표지는 어떠한 차이가 있는가?

① A구역은 활주와 이륙을 위해서 사용할 수 있고, E구역은 활주만으로 사용된다.

② A구역은 중형 항공기 착륙을 제외하고 모든 운용에 사용할 수 있고, E구역은 오직 오버런만 사용할 수 있다.

③ A구역은 오직 활주만을 위해서 사용할 수 있고, E구역은 착륙을 제외한 모든 운용에 사용할 수 있다.

④ A구역은 활주와 이륙을 위해서 사용할 수 있고, E구역은 오버런으로만 사용된다.

【해설】 A구역은 이설시단을 나타내는 표지로 오직 활주, 이륙, 혹은 착륙활주만을 위해서 사용할 수 있지만, 착륙에는 활용할 수 없다. E구역의 표지는 브레스트 패드/정지로/오버런(stopway/overrun)을 나타내는 구역으로 오직 비상정지할 때만 사용해야 한다.

16. [그림3-25] 공항 활주로의 C구역 표지를 나타내는 것은?

① 안정 구역 ② 다중 헬리포트

③ 폐쇄 활주로 ④ 유도로로 사용되는 활주로

【해설】 활주로 위에 그려진 "X" 표지는 폐쇄 활주로(closed runway)를 나타낸다. 안정화 구역(stabilized area)은 하중을 지지(load bearing)할 수 있도록 지정되지만, 비상시에만 사용할 수 있도록 제한된다.

【정답】 15.④ 16.③

17. 활주로에 있는 숫자 35와 17이 지시하는 대략적인 방위는?

① 035°와 017° 자방위 ② 350°와 170° 진방위

③ 035°와 170° 진방위 ④ 350°와 170° 자방위

【해설】 *활주로의 양 시단에 그려진 큰 숫자는 접근 방향(approach direction)으로부터 결정된다. 활주로 번호(runway number)는 활주로 중앙선 자방위(magnetic direction)에서 1/10의 근사치를 사용한다. 예를 들어 활주로 번호가 35와 17이라면 활주로의 자기수방위는 대략 350°와 170°가 된다.*

18. 다른 유도로로부터 유도로로 선회할 때 유도로 방향 표지판은 무엇을 지시하는가?

① 이륙 활주로의 방향

② 활주로로부터 출구 유도로의 지정자와 방향

③ 교차로에서 이어지는 유도로의 지정자와 방향

④ 교차로에서 이어지는 활주로의 지정자와 방향

【해설】 *유도로 방향 표지판(taxiway direction signs)은 노란색 배경에 검은색 문자로 그려진다. 이들 표지판은 교차로(intersection)에서 이어지는 유도로의 지정자와 방향(designation and direction)을 보여준다. 각 유도로 지정자(designator) 다음에 있는 화살표는 항공기가 그 유도로로 활주하기 위해서 선회해야 하는 방향을 지시한다.*

19. 활주로 대기지점표지판의 활용 목적 중 하나는?

① 교차하고 있는 활주로를 나타낸다.

② 이륙을 대기하고 있는 항공기를 위해서 확보된 구역을 나타낸다.

③ 활주로에 접근하고 있는 항공기를 보호하는 구역을 나타낸다.

④ 유도로에서 활주로 입구를 나타낸다.

【해설】 *활주로 대기지점 표지판(runway holding position signs)은 의무지시표지판이다. 이 표지판은 적색 바탕에 백색 숫자로 그려진다. 이 표지판은 유도로 혹은 활주로에 그려진 활주로 대기지점표지(runway holding position markings) 근처에 세워진다. 이들 표지와 표지판은 관제탑이 운용되는 공항에서 ATC로부터 활주로에 진입하라는 인가를 받지 못했을 때 항공기가 정지해야 하는 지점을 나타낸다. 따라서 활주로 대기지점 표지판은 유도로 혹은 교차 활주로(intersecting runway)로부터 활주로 입구를 나타낸다.*

20. 활주로 대기지점표지판의 활용 목적 중 하나는?

① 활주로에 접근 중이거나 출발 중인 항공기를 보호하는 구역을 나타낸다.

② 다른 활주로와 교차하는 활주로를 나타낸다.

③ 활주로로부터 유도로를 향한 입구를 나타낸다.

④ 유도로로 활주를 대기하고 있는 항공기를 위한 구역을 나타낸다.

【정답】 17.④ 18.③ 19.④ 20.②

21. [그림3-26, 컬러] 항공기가 위치한 활주로를 나타내고 있는 표지판은?

① E ② F

③ L ④ K

【해설】 *항공기가 있는 활주로를 나타내는 표지판(signs)은 검은색 바탕에 노란색 숫자로 표기된다. 유사한 의미에서 항공기가 위치한 유도로를 나타내는 표지판은 검은색 바탕에 노란색 영문자로 표기된다.*

22. [그림3-26, 컬러] 의무지시표지판을 나타내는 것은?

① L ② G

③ H ④ D

【해설】 *의무지시표지판(mandatory instruction signs)은 적색 바탕에 백색 숫자 혹은 문자로 그려진다. 이 표지판은 활주로의 입구, 중요구역, 그리고 항공기의 진입이 금지되는 구역을 나타내기 위해서 사용된다. 문제에서 "D"는 진입금지(No Entry)를 나타내는 표지판이다.*

23. 당신은 관제탑이 운용되고 있는 공항에 막 착륙했고 관제사는 활주로를 벗어났을 때 지상관제사와 교신할 것을 지시했다. 당신이 활주로에서 완전히 벗어난 것을 어떻게 판단해야 하는가?

① 항공기의 모든 부분이 대기선을 통과했을 때

② 항공기의 조종실이 대기선을 통과했을 때

③ 항공기의 꼬리 부분이 대기선을 통과했을 때

④ 항공기의 기수 부분이 대기선을 통과했을 때

【해설】 *활주로를 벗어난 것을 판단할 때 항공기의 모든 부분이 지정된 대기선을 완전히 통과한 상태가 되어야 한다.*

24. 대기지점표지판은 어떻게 그려지는가?

① 백색 바탕에 적색 숫자 혹은 문자

② 적색 바탕에 검은색 숫자 혹은 문자

③ 백색 바탕에 노란색 숫자 혹은 문자

④ 적색 바탕에 백색 숫자 혹은 문자

【해설】 *대기지점표지판은 의무지시표지판(mandatory instruction signs)이다. 이들 표지판은 적색 바탕에 백색 숫자 혹은 문자가 그려진다. 이 표지판은 활주로의 입구, 중요구역, 그리고 항공기의 진입이 금지되는 구역을 나타내기 위해서 사용된다.*

25. 유도로에 그려져 있는 대기지점표지의 목적은?

① 항공기가 잠시 대기해야 하는 지점을 식별하기 위함이다.

② 항공기 진입이 금지되는 지역을 식별하기 위함이다.

③ 유도로 위로 항공기 진입을 허용하기 위한 지점을 식별하기 위함이다.

④ 유도로가 계속되지 않는 지점을 식별하기 위함이다.

【정답】 21.② 22.④ 23.① 24.④ 25.①

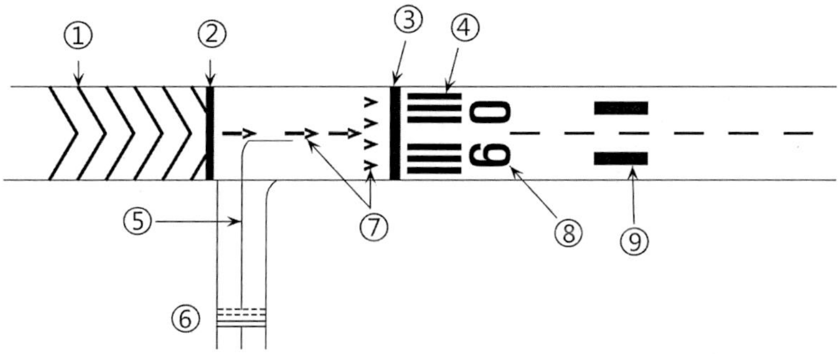

【그림3-27】

26. [그림3-27] 활주로 노면표지에서 ③번이 지시하는 것은?

① 활주로 시단 막대선 ② 활주로 시단
③ 이설 활주로 ④ 대기지점표지

27. [그림3-27] 활주로 노면표지에서 ④번이 지시하는 것은?

① 활주로 시단 막대선 ② 활주로 시단
③ 이설 활주로 ④ 대기지점표지

28. [그림3-27] 활주로 노면표지에서 ①번의 갈매기 모양이 지시하는 것은?

① 활주로 시단 막대선 ② 활주로 시단
③ 이설 활주로 ④ 정지로/과주로

29. 비행장 노면표지로 볼 수 없는 것은?

① 활주로 표지 ② 공항 위치 표지
③ 유도로 표지 ④ 대기지점 표지

30. 활주로 시단으로부터 약 1,000피트 지점 중앙선 좌우에 직사각형 모양의 백색 띠로 그려지는 표지는?

① 활주로 중앙선 표지 ② 활주로 목측점 표지
③ 활주로 착지대 표지 ④ 활주로 시단 표지

31. 활주로 중앙선을 기준으로 1개, 2개 또는 3개 그룹으로 직사각형 띠가 대칭으로 착지 지역을 표시하는 것은?

① 활주로 목표점 표지 ② 활주로 착지대 표지
③ 활주로 중앙선 표지 ④ 활주로 시단 표지

32. 활주로 테두리를 나타내는 노면표지는?

① 노란색 실선 ② 오렌지색 실선
③ 파란색 실선 ④ 백색 실선

【정답】 26.① 27.② 28.④ 29.② 30.② 31.② 32.④

33. 활주로 대기지점의 노면표지는 어떻게 나타내는가?

① 2줄의 노란색 실선

② 2줄의 노란색 점선

③ 2줄의 노란색 점선과 실선

④ 3줄의 노란색 점선과 실선

【해설】 활주로 대기지점 표지는 2줄의 노란색 실선 및 점선으로 그려지고 항공기는 실선 측면에서 대기한다.

34. 활주로 대기지점에서 대기하는 방법으로 올바른 방법은?

① 항공기 꼬리가 노란색 점선을 벗어나면 된다.

② 항공기 모든 부분이 노란색 실선을 벗어나야 한다.

③ 항공기 꼬리가 실선과 점선 중간이 위치하면 된다.

④ 항공기 기수가 노란색 실선에 접해 있으면 된다.

35. 활주로가 공사 등으로 다른 장소로 변경하여 지정될 때 시단은 무엇인가?

① 재배치 활주로 시단 ② 전용 활주로 시단

③ 지정 활주로 시단 ④ 임시 활주로 시단

36. 주간에 운용되고 있는 공항의 회전비컨(공항등대)이 지시하는 것은?

① 공항에 장애물이 있다.

② 지상시정이 3마일 미만이고 실링은 1,000피트 미만이다.

③ 항공교통 관제탑이 운용되고 있지 않다.

④ 비행시정이 3마일 미만이고 실링은 2,000피트 미만이다.

【해설】 주간임에도 불구하고 공항에 있는 회전비컨(rotating beacon)이 작동되고 있는 것은 지상지정(ground visibility)이 3마일 미만 그리고 실링(ceiling)이 1,000피트 미만임을 나타낸다. 주간에 공항의 회전비컨 운용을 위한 규정적 필수요건이 없다는 점에 유의해야 한다. 공항에 장애물이 있다는 정보는 NOTAMs 혹은 Chart Supplement에 제공된다.

37. 등화시설을 갖춘 헬리포트는 어떻게 식별되는가?

① 녹색, 황색, 그리고 백색 회전비컨

② 점멸 황색 등화

③ 사각 착륙지에 청색 등화

④ 적색, 황색, 그리고 백색 회전비컨

【해설】 등화시설을 갖춘 헬리포트(lighted heliport)는 녹색, 노란색, 그리고 백색 회전비컨으로 식별된다.

【정답】 33.③ 34.② 35.① 36.② 37.①

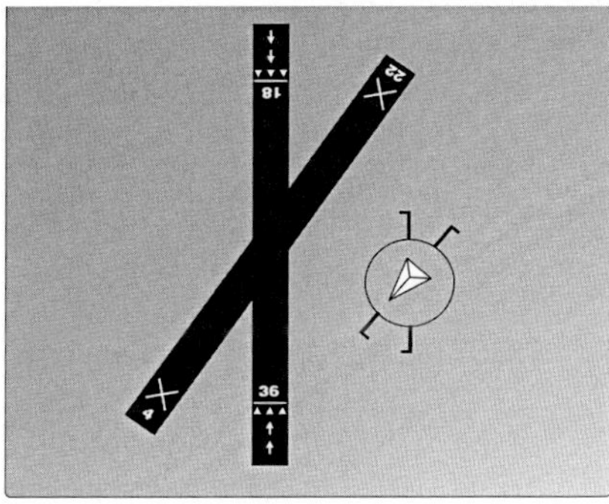

【그림3-28】

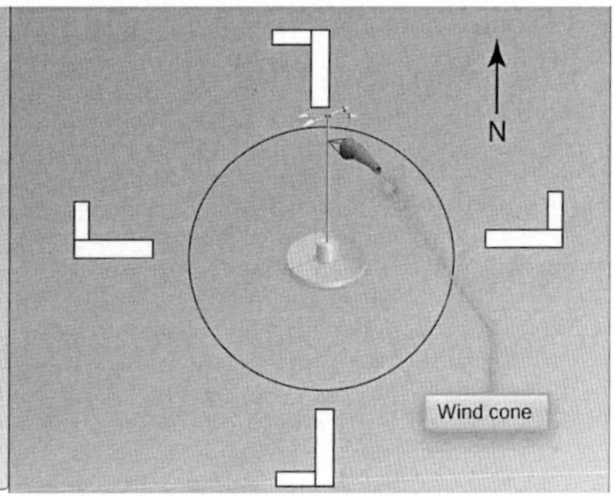

【그림3-29】

38. 군공항의 공항등대는 어떠한 등화 색으로 식별할 수 있는가?

① 교번 점멸의 백색과 녹색등화
② 녹색 점멸 사이에 2회의 백색 점멸
③ 녹색, 황색, 그리고 백색 점멸
④ 적색 점멸 사이에 2회의 녹색 점멸

【해설】 등화시설을 갖춘 육상 공항은 백색과 녹색 공항비컨(airport beacon)으로 식별된다. 군공항(military airport)을 식별하기 위해서 녹색등화 점멸 사이에 빠르게 2회의 백색등화로 구성된다.

39. [그림3-28] 만약 바람이 착륙방향지시기와 같이 불고 있다면 조종사는 어느 활주로에 착륙해야 하는가?

① RWY 18, 왼쪽에서 측풍을 예상해야 한다.
② RWY 22, 바람을 정면으로 받는다.
③ RWY 36, 오른쪽에서 측풍을 예상해야 한다.
④ RWY 18, 오른쪽에서 측풍을 예상해야 한다.

【해설】 RWY 22-4는 폐쇄되었다. 사면체(tetrahedron)의 뾰족한 부분이 바람이 불어오는 방향이 되고 착륙 방향이 된다. 이것을 기수로 연상하면 쉽다. 사면체 지시에 적합한 활주로는 RWY 18이 가장 적절하고 이때 바람은 오른쪽에 불어오게 될 것으로 예상해야 한다.

40. [그림3-28] RWY 18-36의 종단에 그려진 화살표가 그려진 구역이 지시하는 것은?

① 활주만을 위해서 사용될 수 있다.
② 활주, 이륙, 그리고 착륙을 위해서 사용할 수 있다.
③ 착륙에는 활용할 수 없지만, 활주와 이륙에 사용할 수 있다.
④ 착륙 방향을 지시한다.

【해설】 RWY 18-36의 종단에 그려진 화살표가 그려진 구역은 이설시단을 지시한다. 이 구역은 활주, 이륙에만 사용할 수 있고 착륙은 허용되지 않는다.

【정답】 38.② 39.④ 40.③

41. [그림3-28] 착륙을 위한 정확한 장주 패턴과 활주로에 대해서 가장 올바르게 서술하고 있는 것은?

① 좌장주와 RWY 18　　② 우장주와 RWY 18
③ 좌장주와 RWY 22　　④ 우장주와 RWY 36

【해설】 RWY 22-4는 폐쇄되었다. 사면체(tetrahedron)의 뾰족한 부분이 바람이 불어오는 방향이 되고 착륙 방향이 된다. 사면체 지시에 적합한 활주로는 RWY 18이 적절하고 이때 바람은 오른쪽에 불어오게 될 것으로 예상해야 한다. 착륙방향지시기의 "ㄱ" 모양이 장주 방향(traffic pattern)을 지시한다. 따라서 RWY 18에서 우선회를 하는 우장주(right traffic pattern)로 지시되었다.

42. [그림3-29] 선분원에 있는 바람주머니의 지시에 따라 사용할 수 있는 활주로와 장주 패턴은?

① RWY 9, 우장주　　② RWY 18, 우장주
③ RWY 36, 좌장주　　④ RWY 27, 좌장주

【해설】 바람주머니에 따른 바람 방향은 북서풍이다. 착륙방향지시기의 끝단 "ㄱ" 모양이 장주 방향을 지시한다.

43. [그림3-29] 선분원의 지시에 따라 이 공항의 장주는 어떻게 지시되고 있는가?

① RWY 36; 좌장주, RWY 18; 우장주
② RWY 18; 좌장주, RWY 36; 우장주
③ RWY 9; 우장주, RWY 27; 좌장주
④ RWY 27; 좌장주, RWY 9; 우장주

【해설】 선분원(segmented circle)은 비관제공항(uncontrolled airport)에서 장주 패턴 정보를 제공하기 위해서 설치된다. 착륙방향지시기(landing direction indicator)는 선분원 밖에 "ㄱ"-자 모양으로 그려지면서 점선 원 근처 직선은 활주로의 방향을 그리고 꺾어진 부분은 장주 방향을 지시한다.

44. [그림3-29] RWY 26에 착륙을 지시하고 있는 선분원에 따른 바람은?

① 왼쪽 45도 뒷바람　　② 왼쪽 45도 맞바람
③ 오른쪽 45도 뒷바람　　④ 오른쪽 45도 맞바람

【해설】 바람주머니(wind cone)에 따른 바람 방향은 북서풍이다. 선분원 중앙에 있는 바람주머니는 RWY 26으로 착륙할 때 오른쪽 45도 방향에서 맞바람(right-quartering headwind)을 예상할 수 있다.

45. [그림3-29] 선분원이 지시하고 있는 장주 비행은 어느 구역을 피하도록 정렬되어 있는가?

① 공항의 남쪽　　② 공항의 북쪽
③ 공항의 남동쪽　　④ 공항의 북동쪽

【해설】 착륙방향지시기에 따르면 공항의 남동쪽 구역 상공의 비행을 피하도록 지정되어 있다. 활주로로부터 모든 출발은 북쪽 또는 서쪽으로 향해야 한다. 공항을 향하고 있는 모든 접

【정답】 41.② 42.③ 43.① 44.④ 45.③

근은 180°부터 90°까지 도착패턴을 지시하고 있다.

46. 비관제 공항에서 설치된 선분원 내의 사면체는 이착륙 방향을 어떻게 지시하는가?

① 넓은 면이 이착륙 방향을 지시한다.

② 뾰쪽한 면은 착륙 방향을 넓은 면은 이륙 방향을 지시한다.

③ 뾰쪽한 면은 이륙 방향을 넓은 면은 착륙 방향을 지시한다.

④ 뾰쪽한 면이 이착륙 방향을 지시한다.

【해설】 사면체는 바람주머니와 달리 뾰쪽한 면이 이착륙 방향을 지시하고 무풍 또는 미풍시는 주의해야 한다.

47. 관제탑이 없는 공항에서 정확한 장주 패턴 출발 절차는?

① 공항 경계를 통과한 후 안전하게 어느 방향으로나 출발할 수 있다.

② 모든 선회는 왼쪽으로 수행해야 한다.

③ 공항을 위해서 설정된 장주 패턴에 따라야 한다.

④ 모든 선회는 오른쪽으로 수행해야 한다.

【해설】 관제탑이 없는 공항으로 착륙하고자 하는 항공기의 조종사는 모든 선회를 왼쪽으로 수행해야 한다. 그러나 등화신호 혹은 다른 시각지시기가 우선회(right traffic pattern)를 지시하고 있다면 이에 따라 우선회해야 한다. 또한, 출발하는 항공기 조종사는 공항을 위해서 설정된 장주 패턴에 따라야 한다.

48. 항공기가 강하하면서 장주 패턴에 진입하는 것이 권장되지 않는 이유로 가장 적절한 것은?

① 정상보다 더 빠르게 강하할 수 있기 때문이다.

② 저익 비행기 아래에 있는 항공기를 보지 못할 수 있기 때문이다.

③ 이것은 불법이기 때문이다.

④ 장주에서 분리간격이 길어질 수 있기 때문이다.

【해설】 항공기가 강하하면서 장주 패턴(traffic pattern)에 진입하는 것은 장주 패턴에 있는 다른 항공기와 충돌 위험이 있으므로 이 같은 기동은 피해야 한다. 만약 조종사가 장주 패턴으로 강하하고 있다면 고익 비행기(high-wing airplane)는 강하 중인 비행기를 볼 수 없다. 장주 패턴으로 강하하고 있는 저익 비행기(low-wing airplane)는 장주 패턴 안에서 아래에 있는 항공기를 보지 못할 수 있다. 항공기가 강하하면서 장주 패턴에 진입하는 것이 규정을 위반하는 것은 아니지만 다른 항공기와 공중충돌의 위험이 있기 때문에 피해야 한다.

49. 등화신호(빛총) 혹은 다른 시각표지를 갖추고 있지 않은 G등급 공역에 있는 공항에 착륙하기 위해서 접근 중일 때 조종사는

① 바람을 유리하게 활용할 수 있는 방향으로 선회한다.

② 모든 선회는 오른쪽으로 해야 한다.

③ 직진으로 접근해야 한다.

④ 모든 선회는 왼쪽으로 해야 한다.

【정답】 46.④ 47.③ 48.② 49.④

【해설】 관제탑이 없는 공항으로 착륙하기 위해서 접근 중 다르게 지시되지 않는 한 모든 선회는 왼쪽으로 수행해야 한다.

50. 펄스접근경사지시기로부터 낮은 활공경사를 지시하는 것은?

① 펄스 백색등화 ② 지속 백색등화
③ 펄스 적색등화 ④ 지속 적색등화

【해설】 펄스 VASI는 한 개의 광원으로부터 적색과 백색등화로 활공경사를 지시한다. PVASI의 유효 가시거리는 주간 약 4마일, 야간 약 10마일 정도이다.

- *높은 활공경로-펄스 백색*
- *정상 활공경로-지속 백색*
- *낮은 활공경로-펄스 적색*

51. [그림3-30, 컬러] 표준 2-등렬 VASI가 설치된 최종접근경로에서 D와 같이 보였다. 이것은 항공기가 어떠한 위치에 있음을 의미하는가?

① 활공경사 위에 있다. ② 활주로 접근이 불가하다.
③ 활공경사 선상에 있다. ④ 활공경사 아래에 있다.

【해설】 표준 2-등렬 VASI는 전면등렬(near bar)과 후면등렬(far bar)로 구성된다. 두 등렬 모두 적색으로 보였다면 항공기는 정상 활공경사(on glide path) 아래에 있음을 의미한다.

- *높은 활공경사; 두 등렬 모두 백색*
- *정상 활공경로; 전면등렬 백색, 후면등렬 적색*
- *낮은 활공경로; 두 등렬 모두 적색*

52. [그림3-30, 컬러] VASI가 C와 같이 지시하고 있다. 이때 비행기는 어떠한 상태에 있는가?

① 왼쪽으로 벗어났다. ② 활공경사 위에 있다.
③ 활공경사 아래에 있다. ④ 활공경사가 낮아졌다 높아지고 있다.

53. [그림3-30, 컬러] VASI가 A와 같이 지시하고 있을 때 항공기는 어떠한 상태에 있는가?

① 활공경사 아래에 있다. ② 활공경사가 높아졌다 낮아지고 있다.
③ 활공경사 위에 있다. ④ 활공경사 선상에 있다.

54. VASI가 운용되고 있는 활주로에 접근 중일 때 조종사의 적절한 행동은?

① 활주로 시단으로부터 최소한 2마일 다운윈드에서 활공경사에 진입할 수 있도록 고도를 유지해야 한다.
② 활공경사 또는 약간 높은 고도를 유지한다.
③ 활공경사를 유지하고 두 등렬 사이에 착륙해야 한다.
④ 활주로 시단으로부터 최소한 10마일 다운윈드에서 활공경사에 진입할 수 있도록 고도를 유지해야 한다.

【해설】 VASI가 운용되고 있는 활주로에 접근 중일 때 조종사는 더 낮은 고도가 안전하게

【정답】 50.③ 51.④ 52.② 53.④ 54.②

착륙하는데 필수적일 때까지 정확한 활공경사를 유지하거나 약간 높은 고도를 유지하고 접근한다.

55. 정밀접근경로지시기로부터 약간 높은 활공경사 지시는 어떻게 보이는가?

① 4개의 백색등화
② 3개의 백색등화와 1개의 적색등화
③ 2개의 백색등화와 2개의 적색등화
④ 1개의 백색등화와 3개의 적색등화

【해설】 *정밀접근경로지시기(precision approach path indicator; PAPI)는 4개의 등화가 활주로와 수직 방향으로 설치되어 있다. PAPI는 4개의 활공경로를 제공한다.*

- *높은 활공경사-4개의 백색 등화(3.5°)*
- *약간 높은 활공경사-3개의 백색 등화와 1개의 적색 등화(3.2°)*
- *정상 활공경사-2개의 백색 등화와 2개의 적색 등화(3°)*
- *약간 낮은 활공경사-1개의 백색 등화와 3개의 적색 등화(2.8°)*
- *낮은 활공경사-4개의 적색 등화(2.5°)*

56. VASI가 운용되고 있는 활주로에 착륙하기 위해서 접근할 때 조종사의 가장 적절한 행동은?

① 활주로까지 3° 활공각을 유지해야 한다.
② 활공경사 혹은 약간 낮은 고도를 유지해야 한다.
③ 무동력 착륙으로 활주로에 도착할 때까지 높게 유지해야 한다.
④ 활공경사 혹은 약간 높은 고도를 유지해야 한다.

57. 날개끝 와류가 발생하기 시작하는 항공기 상태에 관해서 가장 잘 설명하고 있는 것은?

① 높은 대기속도에서 운용할 때
② 많은 하중을 적재했을 때
③ 지상에서 높은 동력으로 활주할 때
④ 양력이 발생하기 시작할 때

【해설】 *날개끝 와류(wingtip vortices)는 날개에서 양력이 발생하기 시작할 때 날개 상하부 사이의 압력차(pressure differential)로 인한 결과이다. 따라서 비행기가 활주하고 있을 때는 와류가 발생하지 않는다.*

58. 중형 항공기가 운용되는 공항에서 이륙과 착륙할 때 경항공기 조종사는 특히 날개끝 와류의 위험에 관해서 주의해야 한다. 그 이유는 무엇인가?

① 활주로를 가로질러 이륙 또는 착륙경로 속으로 상승하기 때문이다.
② 공항을 둘러싸고 있는 장주 패턴 구역으로 상승하기 때문이다.
③ 난기류를 발생하고 있는 항공기 아래에서 운용하고 있는 항공기의 비행경로 속으로 침하하기 때문이다.
④ 난기류를 발생하고 있는 항공기 위에서 운용하고 있는 항공기의 비행경로 속으로 침하하기 때문이다.

【해설】 *대형, 중형(large, heavy) 항공기가 많이 운용되는 공항에서 이륙 또는 착륙할 때 경*

【정답】 55.② 56.④ 57.④ 58.③

항공기 조종사는 날개끝 와류의 위험에 관해서 특별히 주의해야 한다. 이것은 비행난기류를 발생하고 있는 항공기 아래에서 운용하고 있는 항공기의 비행경로 속으로 침하(sink)하기 때문이다.

59. 대형 항공기에서 발생하는 날개끝 와류는 어떠한 경향이 있는가?

① 비행난기류를 발생시키고 있는 항공기 아래로 침하하는 경향이 있다.

② 장주 패턴으로 상승하는 경향이 있다.

③ 활주로를 가로질러 이륙 또는 착륙경로 속으로 상승하는 경향이 있다.

④ 활주로에서 즉시 분산되어 착륙경로에 영향을 줄 수 있다.

【해설】 *날개끝 와류는 날개에서 양력이 발생하기 시작할 때 날개 상하부 사이의 압력차로 인해서 발생하고 항공기 뒤쪽으로 한 쌍의 원통형 와류를 형성한다.*

60. 최강의 날개끝 와류는 항공기가 어떠한 상태일 때인가?

① 경량, 표면이 거칠 때, 그리고 고속일 때

② 중량, 표면이 거칠 때, 그리고 고속일 때

③ 경량, 표면이 매끈할 때, 그리고 고속일 때

④ 중량, 표면이 매끈할 때, 그리고 저속일 때

【해설】 *날개끝 와류는 높은 받음각에서 가장 강력하게 발생한다. 따라서 이 조건은 항공기의 총중량이 무겁고, 플랩과 착륙장치를 올린 상태(clean), 그리고 낮은 대기속도일 때이다. 여기서 표면이 매끈함 혹은 거칠음(clean or dirty)이란 플랩, 착륙장치, 혹은 스포일러 등을 올린 상태와 내린 상태를 의미한다. 플랩, 착륙장치, 스포일러 등을 내린 형상일 때 와류 발생은 감소한다.*

61. 착륙 활주로 위에 가장 오랜 시간 위험한 비행난기류가 남아 있는 바람 상태는?

① 직선 맞바람　　② 직선 뒷바람

③ 약한 45도 뒷바람　　④ 약한 45도 맞바람

【해설】 *활주로에 약한 45도 뒷바람(light quartering tailwind)이 불 때 특별히 주의해야 한다. 이전 항공기에서 발생한 비행난기류를 착지대(touchdown zone)로 이동하게 하고 장시간 활주로에 정풍 와류(upwind vortex)로 남아 있도록 하기 때문이다.*

62. 활주로에 남아 있는 비행난기류를 회피할 때 최대의 주의가 요구되는 바람 상태는?

① 약한 45도 맞바람　　② 강한 뒷바람

③ 강한 맞바람　　④ 약한 45도 뒷바람

【해설】 *직선으로 부는 맞바람이나 뒷바람은 비행난기류를 활주로에서 앞으로 혹은 뒤로 밀어내기 때문에 착지점에 큰 영향을 주지 않는다. 또한, 측풍 혹은 강풍 역시 이들 비행난기류를 빠르게 분산시킬 것이다.*

【정답】 59.① 60.④ 61.③ 62.④

63. 중형 항공기 뒤에서 출발할 때 조종사는 항공기를 어떻게 기동시켜 비행난기류를 회피해야 하는가?

① 중형 항공기로부터 아래 그리고 다운윈드
② 중형 항공기로부터 위 그리고 업윈드
③ 중형 항공기로부터 아래 그리고 업윈드
④ 중형 항공기로부터 위 그리고 다운윈드

【해설】 중형 항공기 뒤에서 출발할 때 경항공기 조종사는 선행 항공기의 로테이션(rotation) 지점 전에서 부양을 시도하고 중형 항공기 상승 경로의 위 그리고 업윈드(upwind) 측면을 유지해야 한다. 이것은 비행난기류는 침하하고 다운윈드(downwind)로 흘러가기 때문에 항공기는 선행 항공기의 비행난기류로부터 안전하게 벗어날 수 있다.

64. 대형 항공기 뒤에서 착륙할 때 조종사는 어떠한 방법으로 비행난기류를 회피해야 하는가?

① 대형 항공기의 최종접근경로 측방 그리고 대형 항공기의 착지점 전에 착륙한다.
② 대형 항공기의 최종접근경로 아래 그리고 대형 항공기의 착지점 전에 착륙한다.
③ 대형 항공기의 최종접근경로 위 그리고 대형 항공기의 착지점 전에 착륙한다.
④ 대형 항공기의 최종접근경로 위 그리고 대형 항공기의 착지점을 넘어서 착륙한다.

【해설】 대형 항공기 뒤에서 착륙할 때 경항공기 조종사는 대형 항공기의 최종접근경로 위 그리고 대형 항공기의 착지점을 넘어서 착륙함으로써 선행 항공기의 비행난기류 영향을 벗어날 수 있다.

65. [그림3-25] 공항에 바람은 300°에서 4노트로 보고되었다. 당신은 출발을 위해서 RWY 30까지 활주하라는 지시를 받았고 RWY 35L에서 출발하고 있는 운송용 항공기가 출발한 후 이륙을 예상해야 한다. 당신은 운송용 항공기에서 발생하는 와류로부터 어떠한 영향을 예상해야 하는가?

① 바람은 와류를 당신의 이륙경로로 밀어낼 것이다.
② 측풍은 와류의 측방 이동을 방해할 것이다.
③ 다운윈드 와류는 빠르게 분산될 것이다.
④ 측풍은 와류를 당신의 이륙경로 앞으로 밀어낼 것이다.

【해설】 약 1~5노트의 약한 바람은 활주로 위에 남아 있는 업윈드 와류(upwind vortex)가 될 수 있고 다운윈드 와류(downwind vortex)의 흐름은 출발하고자 하는 당신의 활주로를 향해서 밀어낼 것이다. RWY 35L을 위한 약한 측풍은 운송용 항공기의 업윈드 와류를 RWY 35L에 남아 있게 할 것이고, 다운윈드 와류는 RWY 30으로 이동을 촉진하게 될 것이다.

66. 주간에 다른 항공기와 충돌을 방지하기 위해서 가장 효과적인 관찰 방법은?

① 3, 9, 그리고 12시 위치에서 규칙적인 간격으로 관찰한다.
② 하늘이 흐른 구역을 중심으로 좌우를 관찰한다.
③ 주변시와 오프센터 방식으로 좁은 섹터를 관찰한다.
④ 하늘을 10도 간격으로 나누고 일련의 짧고 규칙적인 간격의 눈 움직임으로 관찰한다.

【정답】 63.② 64.④ 65.① 66.④

【해설】 주간에 다른 항공기와 충돌을 방지하기 위한 가장 효과적인 관찰 방법은 하늘을 약 10도 간격으로 나누고 일련의 짧고 규칙적인 간격의 눈 움직임으로 연속 구역을 당신의 중심 시야(central visual field) 속으로 가져오도록 하는 것이다. 각 섹터에서 움직임은 10도를 초과하지 않아야 하고, 각 구역은 최소한 1초 동안 관찰한다. 눈은 매우 좁은 중심 구역만 물체를 뚜렷하게 볼 수 있으므로 예리하게 관찰된 메시지만 두뇌에 전달되고 다른 구역은 흐리게 보인다. 공중충돌 준사고는 맑은 하늘에서 가장 많이 발생한다는 점에 유의하라.

67. 다른 항공기가 당신의 항공기와 충돌코스에 있다는 것을 가장 잘 설명하고 있는 것은?

① 다른 항공기는 빠르게 더 커지고 더 가까워질 것이다.
② 항공기의 기수가 공간에서 동일 지점을 향하게 된다.
③ 당신의 항공기와 다른 항공기 사이에 상대적인 움직임이 없다.
④ 상대방 항공기와 동일 공간에서 점점 더 커지고 있다.

【해설】 비행 중 다른 항공기와 충돌코스(collision course) 선상에 있는 것을 판단하는 방법은 다른 항공기의 상대적 움직임(no relative motion)이 없을 때이다. 아울러 상대방 항공기는 옆으로 혹은 수직으로 움직임이 없고 크기는 점점 커지게 보일 것이다. 이때는 즉시 회피기동을 해야 한다. 공중에서 다른 항공기가 지향하고 있는 방향을 정확하게 판단할 수 없다. 비록 다른 항공기의 진행 방향을 정확하게 판단할 수 있다 할지라도 당신의 항공기와 정확하게 합류할 수 있다는 것을 판단한다는 것은 매우 어렵다.

68. 사고조사에 따르면 대부분의 공중충돌 사고가 발생하는 시기는?

① 맑은 날　　② 연무가 낀 날
③ 구름이 낀 날　　④ 야간

【해설】 사고조사를 분석한 결과 대부분의 공중충돌 사고와 준사고는 맑은 날(clear days) 발생하는 것으로 조사되었다.

69. 조종사는 공중충돌을 방지하기 위해서 매 기동을 시작하기 전 행해야 하는 것은?

① 고도, 대기속도, 그리고 기수방위를 확인한다.
② 레이더 관제사가 다른 항공기에 제공하는 교통정보를 주의해서 청취한다.
③ 가장 가까이 있는 CTAF에서 의도를 방송한다.
④ 충돌방지를 위해서 시각적으로 전 구역을 경계 관찰한다.

【해설】 조종사는 각 기동을 시작하기 전 공중충돌 방지를 위해서 시각적으로 경계 관찰을 수행해야 한다. CTAF에서 조종사 의도는 방송하는 것은 비관제공항에서 운용할 때이다.

70. 장주 패턴에서 충돌방지를 위한 가장 효과적인 방법은?

① 강하하면서 장주에 진입한다.
② 정확한 장주고도를 유지하고 지속적으로 기동 구역을 경계 관찰한다.
③ 장주 패턴에서 운용하고 있는 다른 항공기로부터 무선보고에 의존한다.
④ 항상 날개를 약간 낮추어 아래에 있는 항공기를 확인한다.

【정답】 67.③ 68.① 69.④ 70.②

【해설】 *장주 패턴에서 충돌방지를 위한 효과적인 방법은 정확한 장주고도(traffic pattern altitude)를 유지하고 지속적으로 기동 구역을 경계 관찰하는 것이다. 항공기가 강하하면서 장주 패턴(traffic pattern)에 진입하는 것은 장주 패턴에 있는 다른 항공기와 충돌 위험이 있기 때문에 이 같은 기동은 피해야 한다. 만약 조종사가 장주 패턴으로 강하하고 있다면 고익 비행기(high-wing airplane)는 강하 중인 비행기를 볼 수 없다. 장주 패턴으로 강하하고 있는 저익 비행기(low-wing airplane)는 장주 패턴 안에서 아래에 있는 항공기를 보지 못할 수 있다. 항공기가 강하하면서 장주 패턴에 진입하는 것이 규정을 위반하는 것은 아니지만 다른 항공기와 공중충돌의 위험이 있으므로 피해야 한다.*

71. 경계구역에서 충돌방지에 대한 책임은 누구에게 있는가?

① 공역을 관장하고 있는 기관 ② 모든 조종사
③ ATC ④ 레이더 관제사

【해설】 *경계구역(alert area)은 많은 조종사 훈련과 비정상적인 공중 활동이 이루어지는 구역에 지정된다. 따라서 이 구역에서 훈련하거나 통과 비행하는 모든 조종사에게 공중충돌을 방지하기 위한 책임이 있다.*

72. 항공로에서 상승 혹은 강하 중일 때 권장되는 절차는?

① 지정된 상승 경로 중앙에서 약간 벗어나 상승한다.
② 고도의 변화를 가장 가까운 FSS에 통보한다.
③ 고도를 변경하기 전에 항공로 중앙선에서 벗어났다.
④ 공역을 지속적으로 관찰할 수 있도록 좌우로 완만한 경사 선회를 한다.

【해설】 *VFR 비행 중 항공로(airway)에서 상승하거나 혹은 강하할 때 다른 항공기의 움직임을 쉽게 관찰하기 위해서 좌우로 약간의 경사를 주어 경계 선회를 한다. 비행 중 충돌방지는 가장 중요한 과업이고 특히 항공로에서 상승 또는 강하 중 다른 항공기의 움직임에 주의해야 한다.*

73. 항공정보지침서(AIM)에 따르면 항공기가 주야 10,000피트 아래, 그리고 특히 어떠한 상태에서 운용 중일 때 착륙등을 켜고 운항할 것을 권장하는가?

① B등급 공역 안에서
② 저시정 상태에서
③ 관제탑이 있는 공항으로부터 15마일 안에서
④ 실링이 1,000피트 이하일 때

【해설】 *항공정보지침서(aeronautical information manual)에 따르면 모든 조종사는 관찰과 회피(see and avoid) 개념을 향상시키기 위해서 착륙등(landing lights)을 켜고 운항할 것을 권장하고 있다. 조종사는 주야 10,000피트 아래, 특히 공항으로부터 10마일 안에서 또는 저시정(reduced visibility) 상태에서 착륙등을 켜고 운항할 것을 권장한다. 이 같은 지침이 특정 공역을 지정하고 있지 않다.*

【정답】 71.② 72.④ 73.②

74. 강한 45도 맞바람에서 활주할 때 도움날개를 어떻게 위치시켜야 하는가?

① 바람이 불어오고 있는 측면 도움날개를 올림과 내림의 반복

② 바람이 불어오고 있는 측면 도움날개를 내림

③ 바람이 불어오고 있는 측면 도움날개를 중립

④ 바람이 불어오고 있는 측면 도움날개를 올림

【해설】 *강한 바람 속에서 활주할 때 도움날개(ailerons)와 승강타(elevators)를 적절히 활용해서 비행기가 들리는 현상이 발생하지 않도록 주의해야 한다. 이를 위한 기본은 바람이 불어오는 쪽 도움날개 혹은 승강타는 올리거나 낮추어 날개 혹은 동체가 아래로 힘을 받도록 조작하는 것이다. 이 문제에서 45도 방향 맞바람(quartering headwind)의 경우 바람이 불어오는 쪽 도움날개를 위로 올려주면 바람의 힘으로 날개는 하향 힘을 받아 활주에 도움이 될 수 있다. 반대의 경우라면 날개가 들리는 현상이 발생할 수 있다.*

75. 비행기가 강한 45도 뒷바람 조건에서 활주할 때 적절한 도움날개의 위치는?

① 배풍 측면 도움날개 내림

② 바람이 불어오고 있는 측면 도움날개 중립

③ 바람이 불어오고 있는 측면 도움날개 내림

④ 바람이 불어오고 있는 측면 도움날개 올림

【해설】 *바람은 45도 방향에서 불고 있다. 바람이 불어오고 있는 쪽 도움날개가 내려가도록 조작함으로써 날개는 하향 힘을 받아 안정되게 활주할 수 있다.*

76. 유도로에 강한 45도 뒷바람에서 불고 있다. 이 상황에서 적절한 도움날개의 위치는?

① 중립

② 뒷바람은 어떠한 영향을 주지 않음으로 현재 활주 상태를 유지함

③ 바람이 불어오고 있는 측면 도움날개 올림

④ 바람이 불어오고 있는 측면 도움날개 내림

77. [그림3-31, A구역] 앞바퀴조향 비행기가 왼쪽 45도 방향 맞바람 속에서 활주하는 동안 조종면을 어떻게 조작해야 하는가?

① 왼쪽 도움날개 올림, 승강타 중립 ② 왼쪽 도움날개 내림, 승강타 중립

③ 왼쪽 도움날개 올림, 승강타 내림 ④ 왼쪽 도움날개 내림, 승강타 올림

【해설】 *왼쪽 도움날개를 올려야 바람의 힘으로 날개가 하향 힘을 받을 수 있다. 승강타는 중립에 놓아야 앞바퀴에 너무 큰 무게 혹은 너무 작은 무게가 실리는 것을 방지할 수 있다.*

78. [그림3-31, B구역] 뒷바퀴조향 비행기가 오른쪽 45도 방향 맞바람으로 활주하는 동안 적절한 조종간 위치는?

① 오른쪽 도움날개 내림, 승강타 중립 ② 오른쪽 도움날개 내림, 승강타 중립

③ 오른쪽 도움날개 올림, 승강타 내림 ④ 오른쪽 도움날개 올림, 승강타 올림

【해설】 *뒷바퀴조향 비행기(tailwheel airplane)의 후방이 비교적 가볍기 때문에 승강타의*

【정답】 74.④ 75.③ 76.④ 77.① 78.④

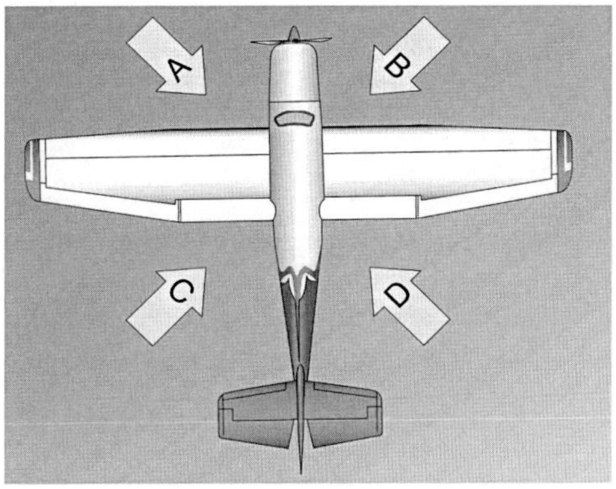

【그림3-31】

위치가 중요시된다. 만약 강한 뒷바람 속에서 승강타를 올렸다면 꼬리가 들려 방향 조향이 어려울 수 있기 때문이다. 따라서 승강타가 바람에 들리지 않는 쪽으로 조작해야 한다.

79. [그림3-31, C구역] 앞바퀴조향 비행기가 왼쪽 45도 방향 바람에서 활주하는 동안 적절한 조종간의 위치는?

① 왼쪽 도움날개 올림, 승강타 중립　② 왼쪽 도움날개 내림, 승강타 내림

③ 왼쪽 도움날개 올림, 승강타 내림　④ 왼쪽 도움날개 내림, 승강타 올림

【해설】 이 경우 왼쪽 도움날개 내림과 함께 승강타도 내려 주어야 꼬리 부분이 하향 힘을 받을 수 있다.

80. [그림3-31, C구역] 뒷바퀴조향 비행기가 왼쪽 45도 방향 바람에서 활주하는 동안 적절한 조종간의 위치는?

① 왼쪽 도움날개 올림, 승강타 중립　② 왼쪽 도움날개 내림, 승강타 중립

③ 왼쪽 도움날개 올림, 승강타 올림　④ 왼쪽 도움날개 내림, 승강타 내림

81. 앞바퀴조향 고익 비행기가 활주하는 동안 가장 위험한 바람 상태는?

① 45도 뒷바람　② 90도 측풍

③ 45도 맞바람　④ 90도 뒷바람

【해설】 앞바퀴조향 고익(high-wing) 비행기가 활주하는 동안 가장 위험한 바람은 강한 45도 뒷바람(strong quartering tailwind)이다. 이 바람은 고익을 들리게 해서 뒤집어지게 할 수 있다. 이를 방지하기 위해서 바람이 불어오는 쪽 승강타를 내리고(조종간 전방), 도움날개 역시 내려가도록 조작해야 한다.

82. 관제탑이 있는 공항에 착륙한 후 조종사가 지상관제사와 교신해야 하는 시기는?

① 관제탑의 지시가 있을 때

② 활주로를 벗어나기 전

③ 계류장으로 이어지는 유도로에 도착한 후

④ 이륙 위치에 다른 항공기가 진입했을 때

【정답】 79.② 80.④ 81.① 82.①

【해설】 관제탑(tower controller)이 있는 공항에 착륙한 후 조종사가 관제탑으로부터 지상 관제사(ground controller)와 교신하라는 지시를 받지 않는 한 임의로 주파수를 변경해서는 안 된다.

83. 지상관제사가 RWY 9까지 활주를 지시했다면 당신은 어떻게 진행해야 하는가?

① 유도로를 경유하고 활주로를 통과할 수 있지만, RWY 9에 진입하면 안 된다.
② 중간의 모든 교차 유도로와 활주로를 통과하여 RWY 9 직전까지 활주한다.
③ 유도로를 경유하고 활주로를 통과하여 즉시 이륙이 수행될 수 있는 RWY 9에 진입한다.
④ 추가 인가가 필요로 하는 다음 교차 활주로까지 활주한다.

【해설】 ATC로부터 활주 인가(taxi clearance)는 조종사에게 활주 경로 선상의 유도로를 사용할 것을 승인하는 것이지 활주경로 선상에 있는 모든 활주로를 통과할 것을 의미하는 것은 아니다. ATC의 활주 지시는 결코 사용 활주로에 진입하는 것을 승인하는 것이 아니라는 것을 확실하게 인식해야 한다.

84. 이륙을 위해서 관제탑을 호출할 때 조종사가 자신의 위치를 통보해 주어야 하는 상황은?

① 계기비행 상황에서 활주로 교차로로부터 이륙할 때
② 활주로 교차로 또는 활주로의 종단에서 이륙할 때
③ 오직 야간에 활주로 교차로로부터 이륙할 때
④ 모든 이륙은 반드시 자신의 위치를 통보해 주어야 한다.

【해설】 비행안전을 향상시키기 위해서 조종사는 활주로 교차로(runway intersection) 혹은 활주로의 종단(end of runway)에서 이륙을 위해서 관제탑을 호출할 때 자신의 위치를 통보해 주어야 한다.

85. 비관제공역에 대해서 가장 잘 서술하고 있는 것은?

① A, B, C, D, 그리고 E등급 공역을 포함한 공역이다.
② A, B, C, D등급 공역으로 분류되지 않은 공역이다.
③ 경항공기는 특별 훈련과 교관 배서가 필요한 공역이다.
④ A, B, C, D, 그리고 E등급 공역으로 분류되지 않은 공역이다.

【해설】 비관제공역(uncontrolled airspace)은 A, B, C, D, 그리고 E등급 공역 외의 다른 모든 공역으로 구성되는 G등급 공역이다. 관제공역과 비관제공역 최저 VFR 비행 필수요건에 영향을 준다.

86. 구역 항공도에 파란색 점선 원은 어느 공역을 나타내는가?

① B등급 공역　　② C등급 공역
③ D등급 공역　　④ E등급 공역

【해설】 구역 항공도(Sectional Chart)에서 D등급 공역은 파란색 점선 원으로 그려진다.

【정답】 83.④ 84.② 85.④ 86.③

87. 시간제로 운용되는 관제탑이 있는 공항에서 공역이 D등급 공역으로 분류되는 시기는?

① 우시정이 3마일 미만일 때

② 해당 관제탑이 운용 중일 때

③ 해당 FSS가 운용 중일 때

④ 실링이 1,000피트 미만일 때

【해설】 *D등급 공역은 기상, 레이더 서비스의 가용성(availability), 그리고 주야 관계없이 해당 시간제 관제탑(part-time control tower)이 운용 중일 때 자동으로 유효하다. 시간제 운용 관제탑이 있는 공항만이 시간제(part-time) D등급 공역으로 지정된다.*

88. 공항에 있는 관제탑이 업무를 종료했을 때 무효화되는 것과 관련되어 지정되는 공역은?

① D등급, 다음 G등급으로 변경된다.

② D등급, 다음 E등급으로 변경된다.

③ D등급, 다음 C등급으로 변경된다.

④ D등급, 다음 A등급으로 변경된다.

【해설】 *B등급 또는 C등급 공역과 관련되어 있지 않은 관제탑이 운용되는 공항에 있는 D등급 공역은 관제탑이 운용 중일 때는 D등급 공역이 되고 관제탑이 운용되지 않을 때는 E등급 공역으로 전환된다.*

89. 주공항으로서 동일 D등급 공역 안에 있는 관제탑이 없는 위성공항으로부터 출발은 어느 시설과 무선통신이 이루어져야 하고 유지되어야 하는가?

① 위성공항의 UNICOM ② 비행업무사무소(FSS)

③ 위성공항의 MULTICOM ④ 주공항의 관제탑

【해설】 *D등급 공역 안에 있는 관제탑이 없는 위성공항(satellite airport)에서 출발하는 조종사는 출발 후 가급적 빠른 시기에 주공항(primary airport)의 관제탑과 쌍방향무선통신이 이루어져야 하고 유지해야 한다.*

90. D등급 공역 안에 있는 관제탑이 없는 공항에서 출발할 때 적절한 절차는?

① 당신은 무선교신이 필요하지 않다.

② 당신이 순항고도에 도달한 후 가능한 한 빨리 주공항의 관제탑과 쌍방향무선통신이 이루어져야 하고 유지해야 한다.

③ 당신은 출발 후 가급적 빨리 주공항의 관제탑과 쌍방향무선통신이 이루어져야 하고 유지해야 한다.

④ 당신이 순항고도에 도달한 후 가능한 한 빨리 가장 가까운 출발관제소와 쌍방향 무선통신이 이루어져야 하고 유지해야 한다.

91. 구역 항공도에서 D등급 공역은 어떻게 그려지는가?

① 자홍색 실선 원 ② 파란색 점선 원

③ 파란색 실선 원 ④ 자홍색 점선 원

【정답】 87.② 88.② 89.④ 90.③ 91.②

92. 다르게 승인되지 않는 한 ATC와 쌍방향무선통신을 필요로 하는 상황에 대해서 가장 잘 설명하고 있는 것은?

① 기상상태와 관계없이 이루어져야 한다.

② 기상상태가 VFR 미만일 때만 이루어져야 한다.

③ 기상상태가 VFR 미만일 때 D등급 공역 안에서만 이루어져야 한다.

④ 기상상태가 VFR 미만일 때 E등급 공역 안에서만 이루어져야 한다.

【해설】 모든 관제탑이 운용되는 공항에서는 ATC와 이륙 또는 착륙을 위한 쌍방향무선통신(two-way radio communication)은 기상상태와 관계없이 반드시 이루어져야 한다. 다만, 무선통신두절 상황에서는 등화신호(light signals; 빛총)가 사용될 수 있다.

93. 주공항 상공 C등급 공역의 수직한계?

① 1,200피트(AGL) ② 3,000피트(AGL)

③ 1,500피트(AGL) ④ 4,000피트(AGL)

【해설】 일반적으로 주공항(primary airport) 상공 C등급 공역의 수직한계(vertical limit)는 4,000피트(AGL)이다.

94. C등급 공역의 외부지역의 반경은?

① 5 NM ② 15 NM

③ 20 NM ④ 25 NM

【해설】 C등급 공역은 내부반경(inner radius; 5 NM), 외부반경(outer radius; 10 NM), 그리고 외부구역(outer area; 20 NM)으로 나누어져 있다. 여기서 외부반경을 선반구역(shelf area)이라고도 한다. 내부반경과 선반구역(외부반경)에서 ATC와 쌍방향무선통신은 의무적이지만 외부구역(outer area; 20 NM)에서 쌍방향무선통신은 의무적이 아닌 권장 사항이다.

95. C등급 안에서의 운용에 관해서 가장 올바르게 서술하고 있는 것은?

① 계기비행규칙에 따라야 한다.

② ATC 인가와 지시에 따라야 한다.

③ 쌍방향무선장비만 갖추면 운용할 수 있다.

④ Mode C 인코딩 성능을 갖춘 4096-코드 트랜스폰더를 갖추어야 한다.

【해설】 C등급 공역 안에서 운용하는 모든 항공기는 쌍방향무선통신과 함께 Mode C 인코딩 성능(encoding capability; 자동고도보고성능)을 갖춘 4096-코드 트랜스폰더를 갖추어야 한다. C등급 안에서 IFR 운용을 위한 장비요건을 필수적으로 요구하지 않으며 최저 조종사 자격증명도 요구하고 있지 않다. 따라서 조종훈련생도 C등급 공역에서 비행할 수 있다. C등급 공역 안에서는 비행인가가 필요치 않지만, IFR 운용을 위해서는 인가를 받아야 한다.

96. 트랜스폰더 코드를 변경할 때 부주의하게 선택되지 않도록 주의해야 하는 코드는?

① 7200 ② 7000

③ 7500 ④ 1200

【정답】 92.① 93.④ 94.③ 95.④ 96.③

【해설】 트랜스폰더의 일부 코드는 비상상황을 위해서 할당되었기 때문에 코드를 변경할 때 VFR 비행 중 부주의하게 이들 비상코드가 선택되지 않도록 주의해야 한다. 주요 비상코드는 다음과 같다.

- *7500-피랍*
- *7600-무선통신두절*
- *7700-일반적인 비상상황*
- *7777-군의 요격작전 코드*

97. C등급 공역 안에 있는 위성공항으로부터 항공기를 운용할 수 있는 조건은?

① 조종사는 출발 전 비행계획서를 제출해야 한다.
② 조종사는 C등급 공역을 벗어날 때까지 ATC를 모니터해야 한다.
③ 조종사는 이륙 후 가급적 빨리 ATC와 교신해야 한다.
④ 조종사는 시각관찰 외에 어떠한 행동이 필요치 않다.

【해설】 관제탑이 운용되고 있는 C등급 공역 안에 있는 위성공항으로부터 출발하는 항공기 조종사는 관제탑과 쌍방향무선통신을 확립하고 유지한 다음 ATC의 지시에 따라야 한다. 관제탑이 없는 위성공항에서 출발하는 항공기 조종사는 이륙한 후 가급적 빨리 ATC와 쌍방향 무선통신을 확립하고 유지해야 한다.

98. 다르게 승인되지 않는 한 고도 18,000피트(MSL) 아래의 VFR 하에서 운용 중일 때 트랜스폰더 코드는 얼마에 맞추어야 하는가?

① 1200　　② 7600
③ 7700　　④ 7500

【해설】 표준 VFR 트랜스폰더 코드는 1200이다. 고도 18,000피트(MSL) 이상의 모든 비행은 IFR이기 때문에 이 고도 이상에서 코드 1200은 사용되지 않는다.

99. 재난 혹은 비상상황에 처했을 때 지상 레이더 시설에 경고하고자 하는 코드화 레이더 비컨 트랜스폰더를 갖춘 항공기의 조종사가 맞추어야 하는 트랜스폰더 코드?

① 7700　　② 7600
③ 7500　　④ 7300

【해설】 트랜스폰더를 장착한 항공기 조종가가 재난 혹은 비상상황(distress or urgency conditions)에 처했을 때 트랜스폰더 코드를 7700에 맞추어야 한다. 코드 7700은 지상기반 레이더 시설에 경고 혹은 특별 표시(경고)가 나타나도록 한다.

100. 트랜스폰더 코드 1200은 언제 사용해야 하는가?

① 오직 관제공항에서 운용 중일 때　　② 무선통신두절이 발생했을 때
③ ATC의 지시에 의해서만　　④ 표준 VFR 운용 중일 때

【해설】 트랜스폰더 코드 1200은 표준 VFR 코드이다. 조종사는 ATC가 다르게 지시하지 않는 한 항상 이 코드에 맞추고 비행해야 한다.

【정답】 97.③　98.①　99.①　100.④

101. 조종사가 트랜스폰더 코드 7700을 사용해야 하는 시기는?

① 피랍상황　　② 비상상황

③ ADIZ 통과비행　　④ VFR 비행을 지시받았을 때

【해설】 *코드 7700은 엔진고장을 포함한 비상상황이 발생했을 때 이를 지상기반 레이더 시설에 경고하기 위한 코드이다. 트랜스폰더를 장착한 항공기 조종가가 재난 혹은 비상상황(distress or urgency conditions)에 처했을 때 트랜스폰더 코드를 7700에 맞추어야 한다.*

102. ATC에게 고도가 1,500피트(MSL)라는 것을 통보할 때 어떻게 서술해 주어야 하는가?

① "FIFTEEN HUNDRED FEET"

② "ONE FIVE ZERO ZERO FEET"

③ "ONE THOUSAND FIVE HUNDRED"

④ "ONE FIVE ZEOR ZERO FEET"

【해설】 *고도 18,000피트까지(포함하지 않음) 천 단위 숫자는 각각 분리해서 서술하고, 적절한 백 단위를 서술한다.*

103. ATC에게 4,500피트 MSL을 올바르게 서술한 것은?

① "FOUR FIVE ZERO ZERO FEET"

② "FOUR POINT FIVE"

③ "FORTY-FIVE HUNDRED FEET MSL"

④ "FOUR THOUSAND FIVE HUNDRED"

【해설】 *고도 18,000피트까지(포함하지 않음) 천 단위 숫자는 각각 분리해서 서술하고, 적절한 백 단위를 서술한다.*

104. HAWK N666CB로 비행할 때 McAlester AFSS와 교신할 때 정확한 어법은?

① "MC ALESTER RADIO, HAWK SIX SIX SIX CHARLIE BRAVO, RECEIVING ARDMORE VORTAC, OVER."

② "MC ALESTER RADIO, HAWK SIX SIX SIX CEE BEE, RECEIVING ARDMORE VORTAC, OVER."

③ "MC ALESTER FLIGHT SERVICE STATION, HAWK NOVEMBER SIX CHARLIE BRAVO, RECEIVING ARDMORE VORTAC, OVER."

④ "MC ALESTER RADIO, HAWK TRIPLE SIX CHARLIE BRAVO, RECEIVING ARDMORE VORTAC, OVER."

【해설】 *첫 무선교신(initial radio contact or initial callup)은 ATC 시설과 첫 교신을 의미하고 통상 다음과 같은 형식으로 이루어진다.*

(1) 호출하고자 하는 시설의 명칭

(2) 비행계획서에 제출된 항공기의 전체 식별문자

(3) 요청하고자 하는 메시지의 종류

(4) 필요에 따라 "over"를 사용하지만, 송신의 종료를 확인시켜 줄 필요가 있을 때 또는 원격

【정답】 101.② 102.③ 103.④ 104.①

통신소를 경유한 통신을 제외하고 통상 생략한다.
항공기 제작가의 명칭 혹은 모델을 서술해 줄 때 접두사 "N(국가기호)"은 생략한다. 만약 ATC가 당신의 항공기 식별문자에서 마지막 세 문자 혹은 숫자를 이용해서 호출했을 때만 호출부호(call sign)의 첫 두 문자 혹은 숫자는 생략할 수 있다. 지상시설을 호출할 때 시설의 명칭과 시설의 종류를 함께 붙여 호출하고, FSS의 경우는 "Radio"를 앞에 붙여 호출한다. 또한, 주파수가 다르게 송신하고 수신할 때 VOR의 명칭 혹은 주파수를 함께 서술해 주어야 한다.

105. 비행 중 인근 비행업무시설과 교신을 시도하고자 할 때 호출 명칭은?
① (시설명) ...radio... ② (시설명) ...center...
③ (시설명) ...approach... ④ (시설명) ...tower...

106. 모든 관제시설이 가용한 공항 계류장에서 활주로로 이동할 때 어느 관제소에 요청해야 하는가?
① tower ② approach control
③ ground control ④ departure control

107. 관제탑이 없는 공항에서 공항조언업무를 수행할 목적으로 지정되는 주파수는?
① FCC ② MULTICOM
③ UNICO ④ CTAF

108. 관제탑이 운용되고 있는 공항에 착륙을 위해 진입할 때 최초호출은 공항으로부터 몇 마일 밖에서 이루어져야 하는가?
① 10마일 ② 15마일
③ 20마일 ④ 25마일
【해설】 관제탑이 운용되는 공항에서 최초교신은 15마일 전에서 실시하고, 관제탑이 운용되지 않는 공항에서 교통조언은 10마일 전에서 실시할 것을 권장한다.

109. 관제탑이 없는 공항 주변에서 조종사의 의도와 위치를 방송하는 절차는?
① UNICOM과 교신 ② 가장 가까운 공항 관제탑에 통보
③ 맹목송신 ④ FSS에 통보

110. 맹목송신을 위한 MULTICOM 주파수는?
① 122.3MHz ② 122.9MHz
③ 123.0MHz ④ 121.5MHz

【정답】 105.① 106.③ 107.④ 108.② 109.③ 110.②

111. 관제탑이 없는 공항에서 공항정보를 제공하는 비정부기관 공지통신망은?

① ATIS ② TWEB

③ NOTAM ④ UNICOM

112. 관제 용어에서 사용하는 "HAVE NUMBER"라는 것은 무엇을 뜻하는가?

① ATIS 방송수신

② 풍향풍속, 활주로 정보 및 기압수정치 수정치 정보만 수신

③ 공항의 운고 및 시정수신

④ 해당 관제탑 주파수 수신

【해설】 "HAVE NUMBER"는 바람, 활주로, 고도계 정보만을 수신했음을 의미하고 관제사는 이 정보를 반복하지 않는다. 이는 ATIS의 수신을 의미하지 않으며 이 목적으로 활용해서도 안 된다.

113. 무선으로 고도를 보고할 때 13,500피트를 정확하게 서술하고 있는 것은?

① one three thousand five hundred feet

② thirteen thousand five hundred feet

③ one three five hundred feet

④ one three five zero zero feet

【해설】 9,900피트 이상의 숫자는 숫자를 분리하여 표기하고 다음에 "thousand"를 붙인다.

114. 무선통신으로 주파수 122.1을 통보하고자 할 때 정확하게 서술하고 있는 것은?

① one hundred twenty two point one

② one two two point one

③ one twenty two point one

④ one hundred twenty two one

115. 조종사가 관제사에게 내용을 무선으로 송신할 때 잘못 서술한 것은?

① 고도 10,000피트; ten thousand

② 기수방위 360; heading three six zero

③ 고도계 수정치 29.90; altimeter two niner point niner zero

④ 주파수 122.3; one two two point three

116. 조종사가 관제사에게 내용을 무선으로 송신할 때 잘못 서술한 것은?

① 속도 110노트; one one zero knots

② 기수방위 180; heading one eight zero

③ 트랜스폰더 코드 1200; one thousand two hundred

④ 주파수 122.3; one two two point three

【정답】 111.④ 112.② 113.① 114.② 115.③ 116.③

117. 조종사가 관제사에게 내용을 무선으로 송신할 때 잘못 서술한 것은?

① 고도 5,500피트; five thousand five zero zero

② 고도계 수정치 31.02; altimeter three one zero two

③ 트랜스폰더 코드 1200; one two zero zero

④ 기수방위 170°로 우선회; turn right heading one seven zero

118. 조종사가 관제사에게 내용을 무선으로 송신할 때 잘못 서술한 것은?

① 활주로 18; runway one eight

② 풍향풍속 120/14; wind one two zero at one four

③ 주파수 121.4; frequency one two one four

④ 기수방위 260°로 좌선회; turn left heading two six zero

119. 조종사가 관제사와 최초 교신할 때 기본적으로 포함되어야 하는 내용과 순서는?

① 누가-누구에게-어디서-무엇을

② 누가-누구에게-무엇을-어디서

③ 어디서-누구에게-무엇을-누가

④ 누구에게-누가-어디서-무엇을

120. 조종사가 관제사에게 ...지시대로 따르겠습니다....라는 의미는 무엇인가?

① roger ② wilco

③ yes ④ negative

121. 항공관제 용어에서 "yes"와 같은 의미로 사용되는 것은?

① wilco ② affirmative

③ roger ④ negative

122. 대한민국 국적 항공기의 접두사는 무엇인가?

① N ② H

③ HL ④ LH

123. 항공기 식별부호 HL256M을 가장 적합하게 서술하고 있는 것은?

① Hotel Lima two five six Mike

② Hotel Lima two hundred fifty six M

③ H L two five six Mike

④ Hotel L two five six Mike

【정답】 117.① 118.③ 119.④ 120.② 121.② 122.③ 123.①

124. 항공기 식별부호 HL943OP를 가장 적합하게 서술하고 있는 것은?

① Hotel Lima niner four three OP

② HL niner four three Oscar Papa

③ Hotel Lima niner four three Oscar Papa

④ HL niner four three OP

125. 무전기의 감도를 점검하는 용어에서 "크게 잘 들린다."를 의미하는 것은?

① loud and weak ② loud and clear

③ loud and gabbled ④ weak and gabbled

126. 무전기의 감도를 점검하는 용어에서 "끊기고 알아들을 수 없다."를 의미하는 것은?

① broken and unreadable ② loud and gabbled

③ weak and gabbled ④ broken and readable

127. 다음과 같은 이륙 지시를 받았다. 무엇을 의미하는가?

...line up and wait...

① 활주로 대기지점표지에서 대기한다.

② 즉시 활주로에 진입하여 이륙한다.

③ 활주로에 진입 후 대기한다.

④ 활주로에 진입 후 최종접근경로에 항공기가 없으면 이륙한다.

128. 다음과 같은 이륙 지시를 받았다. 무엇을 의미하는가?

...hold short of runway 24...

① 활주로 24에 진입 후 대기한다.

② 활주로 24 대기지점표지에서 대기한다.

③ 즉시 활주로 24에 진입하여 이륙한다.

④ 활주로 24에 진입 후 최종접근경로에 항공기가 없으면 이륙한다.

129. 조종사가 장주 훈련의 연속성을 위해서 착지 후 즉시 이륙할 것을 요청할 때 가장 적절한 구절은 무엇인가?

① touch and go ② stop and go

③ touch and stop ④ go around

130. 조종사가 장주 훈련의 연속성을 위해서 정지 후 즉시 이륙할 것을 요청할 때 가장 적절한 구절은 무엇인가?

① touch and go ② stop and go

③ touch and stop ④ go around

【정답】 124.③ 125.② 126.① 127.③ 128.② 129.① 130.②

131. 조종사가 장주 훈련 중 복행하고자 할 때 적절한 구절은 무엇인가?

① touch and go ② stop and go

③ touch and stop ④ go around

132. 조종사가 장주 훈련을 마치고자 할 때 사용하는 적절한 구절은?

① low approach ② full stop

③ touch and stop ④ go around

133. 조종사가 연속성을 위해서 저고도 접근을 요청할 때 적절한 구절과 활주로 표면으로부터 고도는 얼마를 준수해야 하는가?

① low approach; 500피트 ② low approach; 800피트

③ go around; 500피트 ④ go around; 800피트

134. 무선통신 용어 중 "송신한 내용을 수신했으면 응답 바란다."는 용어는?

① affirmative ② confirm

③ clear ④ acknowledge

135. 무선통신 용어 중 "배풍경로를 연장하시오"라는 용어는?

① long downwind ② report clear

③ extend downwind ④ entering downwind

136. 무선통신 용어 중 "메시지를 송신하시오"라는 용어는?

① go around ② go ahead

③ continue approach ④ readback

137. 무선통신 용어 중 "계속 접근하시오"라는 용어는?

① negative contact ② fly runway heading

③ continue approach ④ approved

138. 무선통신 용어 중 "교신이 되지 않습니다."라는 용어는?

① cleared to land ② check your altitude

③ expedite takeoff ④ negative contact

139. 무선통신 용어 중 "신속하게 이륙하십시오."라는 용어는?

① traffic in sight ② immediately takeoff

③ return to base ④ expedite takeoff

【정답】 131.④ 132.② 133.① 134.④ 135.③ 136.② 137.③ 138.④ 139.④

140. 무선통신 용어 중 "활주로로부터 1마일 이내에 있습니다."라는 용어는?

① short final ② say heading
③ landing assured ④ disregard

141. 관제사로부터 "...report base..."라는 지시를 받았다. 무엇을 의미하는가?

① 기초경로에서 보고하시오. ② 기본 장비를 보고하시오.
③ 최저 고도를 보고하시오. ④ 최저 속도를 보고하시오.

142. 관제사로부터 "...say altitude..."라는 지시를 받았다. 무엇을 의미하는가?

① 현재 자세를 말해주시오. ② 속도를 말해주시오.
③ 고도를 말해주시오. ④ 기수방위를 말해주시오.

143. 관제사로부터 "...fly runway heading..."라는 지시를 받았다. 무엇을 의미하는가?

① 활주로 위로 비행하시오. ② 활주로 기수방위로 비행하시오.
③ 활주로 기수방위를 말해주시오. ④ 활주로가 개방되었습니다.

144. 관제사로부터 "...standby..."라는 지시를 받았다. 무엇을 의미하는가?

① 즉시 실행 ② 이해할 수 없음
③ 잠시 대기 ④ 불가함

145. ATC 레이더 시설이 기수방위 090°로 비행 중인 항공기 조종사에게 다음과 같은 교통정보를 제공했다. 조종사가 이 항공기를 관찰하기 위해서 보아야 하는 방향은?

"TRAFFIC 3 O'CLOCK, 2 MILES, WESTBOUND..."

① 동쪽 ② 남쪽
③ 서쪽 ④ 북쪽

【해설】 다른 항공기의 움직임을 관찰하기 위한 교통정보는 12-시계방향으로부터 방위로 발령된다. 따라서 매 시는 30° 각도가 된다. 예를 들어 12시 방향은 정면, 3시 방향은 오른쪽, 그리고 9시 방향은 왼쪽이 된다. 만약 항공기가 기수방위 090°(동쪽)로 진행하고 있다면 3시 방향에 있는 항공기는 기수의 90°가 될 것이고 당신의 남쪽이 된다.

146. ATC 레이더 시설이 기수방위 360°로 비행 중인 항공기 조종사에게 다음과 같은 교통정보를 제공했다. 조종사가 이 항공기를 관찰하기 위해서 보아야 하는 방향은?

"TRAFFIC 10 O'CLOCK, 2 MILES, SOUTHBOUND..."

① 남동쪽 ② 북동쪽
③ 남서쪽 ④ 북서쪽

【해설】 항공기 기수는 360°(북쪽)를 향하고 있다. 이 상태에서 10시 방향은 북서쪽이 된다.

【정답】 140.① 141.① 142.③ 143.② 144.③ 145.② 146.④

147. ATC 레이더 시설이 국지 비행 중인 항공기 조종사에게 다음과 같은 교통정보를 제공했다. 조종사가 이 항공기를 관찰하기 위해서 보아야 하는 방향은?

"TRAFFIC 2 O'CLOCK, 5 MILES, NORTHBOUND..."

① 직전방과 왼쪽 90° 사이
② 직후방과 오른쪽 90° 사이
③ 직전방과 오른쪽 90° 사이
④ 직후방과 왼쪽 90° 사이

【해설】 다른 항공기의 움직임을 관찰하기 위한 교통정보는 12-시계방향으로부터 방위로 발령된다. 따라서 매 시는 30° 각도가 된다. 예를 들어 12시 방향은 정면, 3시 방향은 오른쪽, 그리고 9시 방향은 왼쪽이 된다.

148. ATC 레이더 시설이 무풍에서 북쪽으로 비행 중인 항공기 조종사에게 다음과 같은 교통정보를 제공했다. 조종사가 이 항공기를 관찰하기 위해서 보아야 하는 방향은?

"TRAFFIC 9 O'CLOCK, 2 MILES, SOUTHBOUND..."

① 남쪽 ② 북쪽
③ 서쪽 ④ 동쪽

【해설】 항공기 기수는 360°(북쪽)를 향하고 있다. 이 상태에서 9시 방향은 서쪽이 된다.

149. ATC 레이더 시설이 기수방위 270°로 비행 중인 항공기 조종사에게 다음과 같은 교통정보를 제공했다. 조종사가 이 항공기를 관찰하기 위해서 보아야 하는 방향은?

"TRAFFIC 3 O'CLOCK, 2 MILES, SOUTHBOUND..."

① 동쪽 ② 남쪽
③ 서쪽 ④ 북쪽

【해설】 항공기 기수는 270°(서쪽)를 향하고 있다. 이 상태에서 3시 방향은 북쪽이 된다.

150. 만약 ATC 레이더 시설이 기수방위 180°로 비행 중인 항공기 조종사에게 북서쪽에 있는 항공기를 조언하고자 할 때

① "TRAFFIC 4 O'CLOCK, FIVE MILES, SOUTHBOUND."
② "TRAFFIC 8 O'CLOCK, FIVE MILES, SOUTHBOUND."
③ "TRAFFIC 6 O'CLOCK, FIVE MILES, SOUTHBOUND."
④ "TRAFFIC 2 O'CLOCK, FIVE MILES, SOUTHBOUND."

【해설】 현재 남쪽으로 향하고 있는 항공기의 북서쪽에 있는 항공기는 약간 후방에 있고 3시 방향에서 6시 방향 사이가 된다.

【정답】 147.③ 148.③ 149.④ 150.①

151. VFR 항공기가 항공교통관제 시설을 갖추고 있는 레이더로부터 레이더 조력을 받을 수 있는 조건은?

① 시설과 무선통신이 이루어지고 레이더 통달범위 내에 있을 때
② VFR 비행계획서를 제출했을 때
③ 정확한 트랜스폰더 코드에 맞추었을 때
④ 구름으로 덮여 있는 공역을 우회하고자 할 때

【해설】 VFR 항공기는 항공교통관제 시설과 교신이 이루어지고 레이더 통달범위에 있을 때 레이더 조력(radar assistance)을 받을 수 있다. 이 같은 레이더 조력은 VFR 비행계획서의 제출 여부와 관계없이 받을 수 있다.

152. 출발 중 ATC에 의한 시각 분리가 유지되고 있다면 더 이상 교통요소가 되지 않는 시기는?

① 다른 항공기에 진로권을 갖는 위치에 있을 때
② 다른 항공기와 시각접촉을 상실했을 때
③ 다른 항공기를 추월할 때
④ 다른 항공기가 선회해서 멀어지고 분리되는 코스에 있을 때

【해설】 ATC는 터미널 구역과 국가공역체계의 순항항로 공역에서 항공기 분리를 위해서 시각 분리(visual separation)를 활용한다. 조종사가 시각 분리를 유지하기 위한 책임을 수용했다면 이들은 일정한 시각 감시(visual surveillance)를 활용하고 더 이상 교통요소가 되지 않을 때까지 다른 항공기를 추월해서는 안 된다. 출발 또는 순항항로 중 다른 항공기가 선회해서 멀어지거나 혹은 분기 코스(diverging course)일 때 더 이상 교통요소가 되지 않는다.

153. 관제탑으로부터 활주하고 있는 항공기를 향해서 점멸 백색 등화신호는

① 더 빠른 속도로 활주하라.
② 유도로에서만 활주하고 활주로를 횡단하지 마라.
③ 공항의 출발점으로 되돌아가라.
④ 정지하라.

【해설】 관제탑으로부터 활주하고 있는 항공기를 향해서 점멸 백색 등화신호(flashing white light signals)는 공항의 출발점(starting point)으로 되돌아가라는 의미이다.

154. 착륙을 위해서 최종접근경로에 있는 동안 관제탑으로부터 점멸 적색 등화신호 다음에 교번 녹색과 적색 등화신호를 보았다. 이 같은 상황에서 조종사의 적절한 조치는?

① 접근을 중단하고, 동일 장주에서 비행하고 다시 접근하여 착륙한다.
② 공항은 착륙에 불안전하다. 특별히 주의하면서 접근을 포기하라.
③ 접근을 포기하고, 공항을 오른쪽으로 선회한다. 공항이 착륙에 안전할 때 점멸 백색 등화신호를 예상해야 한다.
④ 다음 차례 접근을 위한 선회 위치로 복귀하라.

【해설】 최종접근경로 선상에 있는 항공기에 관제탑으로부터 교번(alternating) 녹색과 적색 등화신호를 비추었다면 "특별히 주의할 것(exercise extreme caution)"을 의미한다. 이것은

【정답】 151.① 152.④ 153.③ 154.②

공항이 착륙에 불안전하다는 것을 의미하기 때문에 조종사는 착륙해서는 안 된다.

155. 관제탑으로부터 비행 중인 항공기에 지속 녹색 등화신호를 비추고 있다면 조종사는 어떻게 행동해야 하는가?

① 착륙 접근을 중단하라.
② 다른 항공기에 양보하고 계속 선회하라.
③ 착륙을 위한 위치로 복귀하라.
④ 착륙이 인가되었다.

【해설】 *비행 중인 항공기에 관제탑으로부터 지속 녹색 등화신호/빛총(steady green light signals)은 착륙이 인가되었음을 의미한다. 다른 항공기에 양보하고 계속 선회할 것을 의미하는 등화신호는 지속 적색 등화신호(steady red light signals)이다.*

156. 지상에 있는 항공기에 관제탑으로부터 지속 적색 등화신호가 의미하는 것은?

① 다른 항공기에 양보하고 출발점으로 되돌아가라.
② 정지하라.
③ 사용 활주로에서 벗어나 활주하라.
④ 공항의 출발지점을 되돌아가라.

【해설】 *지상에 있는 항공기에 관제탑으로부터 지속 적색 등화신호/빛총(steady red light signals)은 정지(stop)할 것을 의미한다. 지상에 있는 항공기에 점멸 적색 등화신호(flashing red light signals)는 사용 활주로에서 벗어나 활주할 것을 의미한다.*

157. 만약 관제탑에서 조종사에게 다른 항공기에 양보하고 계속 선회할 것을 지시하기 위한 등화신호를 사용하고자 한다면 어떤 등화가 사용되어야 하는가?

① 점멸 적색　　② 지속 백색
③ 교번 적색과 녹색　　④ 지속 적색

【해설】 *다른 항공기에 양보하고 계속 선회할 것을 의미하는 등화신호는 지속 적색 등화신호(steady red light signals)이다.*

158. 만약 항공기 무선장비가 고장 났다면 관제공항에 착륙할 때 권장되는 절차에 대해서 가장 잘 서술하고 있는 것은?

① 교통 흐름을 관찰하고, 장주에 진입, 그리고 관제탑으로부터 등화신호를 주시한다.
② 측풍 구간으로 진입하여 날개를 흔든다.
③ 공항을 선회하는 동안 착륙등을 깜박이고 착륙장치를 올렸다 내렸다를 반복한다.
④ 교통 흐름을 관찰한 후 배풍경로에 진입하여 날개를 좌우로 흔든다.

【해설】 *무선통신장비가 고장 났고 관제공항(controlled airspace)에 착륙하고자 한다면 장주의 흐름과 방향이 결정될 때까지 공항의 장주권 외부와 더 높은 고도에서 비행하고 있어야 한다. 다음 공항 장주에 합류한 후 등화신호(빛총; light gun)를 받을 수 있도록 관제탑과 시각접촉을 유지해야 한다.*

【정답】 155.④　156.②　157.④　158.①

159. 관제탑에서 조종사에게 활주하도록 인가를 지시하는 등화신호(빛총)는?

① 점멸 녹색　　② 지속 녹색

③ 점멸 백색　　④ 지속 적색

【해설】 관제탑에서 조종사에게 활주 인가(taxi clearance)를 지시하는 등화신호는 점멸 녹색(flashing green)이다.

160. 관제탑으로부터 비행 중인 항공기에 교번 적색과 녹색 등화신호를 비추었다. 이것은 무엇을 의미하는가?

① 직진 비행하라.

② 차후 지시가 있을 때까지 선회를 계속하라.

③ 착륙하지마라; 공항이 불안전하다.

④ 극도의 주의가 요구된다.

【해설】 교번 적색과 녹색 등화신호는 극도의 주의가 요구된다는 것을 의미한다. 활주할 때 지속 적색은 정지할 것을 의미한다. 점멸 적색 등화신호는 착륙하지 마라, 공항이 불안전하다는 것을 의미한다.

161. 비상위치발신기(ELT)에서 송출되는 주파수는?

① 118.0 그리고 118.8 MHz　　② 121.5 그리고 243.0 MHz

③ 123.0 그리고 119.0 MHz　　④ 121.5 그리고 234.0 MHz

【해설】 비상위치발신기(emergency locator transmitter; ELT)는 국제 재난 주파수 121.5, 243.0 MHz, 그리고 406.0 MHz에서 동시에 송출된다.

162. 비상위치발신기(ELT)가 작동하지 않는다는 것을 확인하기 위한 권장 절차는?

① 착륙 후 항공기 ELT를 꺼라.

② 만약 ELT 신호를 수신했다면 공항 관제탑에 문의하라.

③ 엔진을 정지하기 전에 121.5 MHz를 청취하라.

④ 관제탑 주파수에 동조하고 청취하라.

【해설】 비상위치발신기(ELT)가 작동하지 않는다는 것을 확인하기 위해서 공중에서 수신기가 가용하거나 지상에 있다면 매 비행을 종료한 후 엔진을 끄기 전에 관련 주파수를 청취해서 신호가 수신되는지 확인할 수 있다.

163. 만약 ATC 조력이 필요하고 아직 교신이 이루어지지 않은 상태에서 비상상황에 처했다면 무선통신을 위해서 어느 주파수를 사용해야 하는가?

① 121.5 MHz　　② 122.5 MHz

③ 128.725 MHz　　④ 123.6 MHz

【해설】 재난(distress)과 비상상황을 위해서 보호된 주파수는 121.5 MHz이다. 만약 비행 중 비상상황에 처했다면 주파수를 121.5에 맞추고 항공기 식별부호, 위치, 그리고 조종사의 의도를 방송한다.

【정답】 159.① 160.④ 161.② 162.③ 163.①

164. 엔진을 정지하기 전 무선 주파수 121.5 MHz를 청취할 것을 권장하는 것은 무엇 때문인가?

① 당신의 비행을 안전하게 종료했다는 것을 ATC에게 지시할 것이다.

② ELT가 작동하지 않는지 확인할 수 있도록 한다.

③ 당신의 ELT 작동을 확실하게 해 준다.

④ ELT 신호의 감도를 확인하기 위함이다.

【해설】 공중에서 수신기가 가용하거나 지상에 있다면 매 비행을 종료한 후 엔진을 끄기 전에 관련 주파수(121.5, 243.0 MHz)를 청취하는 것은 당신의 ELT가 부주의하게 작동되고 있지 않은지를 확인하게 해 준다.

165. 비상위치발신기(ELT)를 시험해 볼 수 있는 시기는?

① 언제든지 가능하다.

② 매 시 15분과 45분에 시험할 수 있다.

③ 매 시 첫 55분 동안 시험이 가능하다.

④ 매 시 첫 5분 동안 시험이 가능하다.

【해설】 비상위치발신기는 지상에서 매 시 첫 5분 동안만 시험할 수 있다. 이외의 시간에 시험하고자 한다면 가까운 관제탑 혹은 FSS로부터 사전 승인(prior permission)을 받은 후에만 가능하다. ELT의 공중 시험은 승인되지 않는다.

166. 항공기 위치등(항행등)의 좌측의 색은?

① 녹색　② 빨간색

③ 노란색　④ 백색

167. 착륙등의 점등에 관해서 틀린 것은?

① 상승 중일 때　② 지상활주 및 착륙활주할 때

③ 착륙등은 야간에만 점등시켜야 한다.　④ 새떼의 출현이 예상될 때

168. 비행 중 조종실 업무를 수행하는 조종사 행위가 부적절한 것은?

① 항공기 조종과 기타 업무를 적절히 분배한다.

② 항공도를 완전히 이해할 때까지 주의를 집중한다.

③ 조종 행위를 복창하면서 행함으로써 업무 분담을 확실히 할 수 있다.

④ 계기 판독과 다른 항공기의 시각관찰을 적절히 분배한다.

169. 고익형 비행기가 다른 항공기를 관찰하기 위한 적절한 방식은?

① 선회방향 날개를 약간 들어 경계한다.

② 선회방향 날개를 더욱 숙여 경계한다.

③ 선회방향으로 크래빙 자세를 만들어 경계한다.

④ 선회 반대 방향으로 크래빙 자세를 만들어 경계한다.

【정답】 164.② 165.④ 166.② 167.③ 168.② 169.①

170. 비행 중 경계 기동을 하는 방법으로 부적절한 것은?
① 상승 중 완경사 선회하여 경계한다.
② 고익형 비행기는 상방 시계가 제한되는 점을 고려하여 날개를 숙여 경계한다.
③ 조종간의 인계와 인수는 선창과 복창으로 업무 분담을 확실히 한다.
④ 저익형 비행기는 하방 시계가 제한되는 점을 고려하여 날개를 숙여 경계한다.

171. 항공교통관제의 목적으로 적합하지 않은 것은?
① 공중충돌 방지 ② 원활한 교통흐름
③ 무선중계 ④ 교통흐름의 신속성과 질서 유지

172. 항공무선통신에 사용되는 주파수 변조 방식(FM)의 단점은?
① 통달거리가 길다.
② 강수에 의한 잡음이 발생할 수 있다.
③ 고도가 높을수록 수신 성능은 떨어진다.
④ 가시선의 영향을 받을 수 있어 지상에서 수신이 제한될 수 있다.

173. 진폭 변조 방식(AM)과 비교하여 주파수 변조 방식의 장점은?
① 가시선의 영향을 받는다.
② 직진 성향이 높다.
③ 저고도에서도 수신 성능이 양호하다.
④ 대기 현상에 의한 잡음이 수신될 수 있다.

174. 주파수 변조 방식과 비교해서 진폭 변조 방식의 장점은?
① 직진 성향이 높다.
② 가시선의 영향을 받는다.
③ 장거리 수신 성능이 양호하다.
④ 대기 현상의 영향이 비교적 작다.

175. ATIS의 최대 수신거리는?
① 거리 60NM, 고도 25,000피트 ② 거리 50NM, 고도 25,000피트
③ 거리 50NM, 고도 20,000피트 ④ 거리 60NM, 고도 20,000피트

176. 항공 교통량이 많은 공항에서 관제 효율을 높이고 주파수 혼잡을 피하고자 제공되는 비필수 항공정보는?
① ATIS ② TWEB
③ NOTAM ④ UNICOM

【정답】 170.② 171.③ 172.④ 173.② 174.③ 175.① 176.①

177. ATIS를 청취하던 중 운고 및 시정에 대한 정보가 생략되었다면 조종사가 판단할 수 있는 운고와 시정은 대략 얼마인가?

① CAVOK
② 운고 3,000피트, 시정 3마일 이상
③ 운고 5,000피트, 시정 5마일 이상
④ 운고 5,000피트, 시정 3마일 이상

【해설】 ATIS의 정보 내용은 다음과 같다.

- *최신 기상보고 시간*
- *운고, 시정, 시정 장애물*
- *기온, 노점기온*
- *풍향풍속*
- *고도계 수정치, 계기접근절차*
- *사용 활주로*

** 운고 5,000피트, 시정 5마일 이상일 때 시정, 운고, 시정 장애물은 생략된다.*

178. ATIS 방송에서 운고가 얼마 이상일 때 방송 내용에 포함되는가?

① 5,000피트
② 6,000피트
③ 7,000피트
④ 10,000피트

179. ATIS 방송 내용에 시정이 포함되지 않았다. 그 이유는?

① 1마일 이상
② 2마일 이상
③ 3마일 이상
④ 5마일 이상

180. 항공기의 기장(PIC)에 대해서 가장 잘 설명하고 있는 것은?

① 항공기 운항의 직접적 책임은 소유자이고 기장은 도덕적 책임을 갖는다.
② 항공기 운항의 직접적 책임은 운항관리사이고 기장은 도덕적 책임을 갖는다.
③ 기장은 항공기 운용에 대한 어떠한 책임을 갖지 않는 자유를 갖는다.
④ 항공기 운항의 직접적이고 최종 책임을 갖는다.

181. 비행 중 비상상황에 처했을 때 기장이 조치할 수 있는 적절한 행동은?

① 관제기관에 통보한 후 승인을 받아 조치한다.
② 항공기 진로권에 따라 행동을 취해야 한다.
③ 어떠한 규정에 상관없이 우선 조치를 한다.
④ 어느 경우라도 규정된 절차를 위반해서는 안 된다.

182. 기장이 승객에게 비행 전 브리핑해야 하는 내용 중 가장 잘 설명하고 있는 것은?

① 기장은 승객에게 좌석벨트 또는 어깨끈의 착용과 해제 요령을 설명한다.
② 기장의 보이는 시범만으로 충분하니 어떠한 브리핑도 필요하지 않다.
③ 기장은 좌석벨트의 위치만을 간단히 설명한다.
④ 기장은 승객에게 어떠한 브리핑을 하지 않아도 된다.

【정답】 177.③ 178.① 179.④ 180.④ 181.③ 182.①

183. 시계비행 경비행기의 주간 예비 연료량은 얼마를 확보하여야 하는가?

① 순항비행 30분　　② 순항비행 45분

③ 순항비행 50분　　④ 순항비행 60분

184. 비행장의 유도로, 작업, 활주로 폐쇄 등에 관한 정보들을 다루고 있는 항공 간행물은?

① 노탐　　② 항공도

③ 터미널 정보　　④ 항공교통조언 정보

185. 비행장의 유도로, 작업, 활주로 폐쇄 등에 관한 정보들을 다루고 있는 NOTAM은?

① NOTAM(D)　　② NOTAM(H)

③ NOTAM(FDC)　　④ NOTAM(T)

186. 트랜스폰더를 이용한 항공기를 식별시키기 위해서 어떻게 해야 하는가?

① 모든 트랜스폰더는 자동으로 식별된다.

② ATC의 요청에 의해서만 "Ident"를 작동시킨다.

③ 코드 1200에서만 자동 식별된다.

④ ATC의 요청이 없더라도 수시로 "Ident"를 작동시켜야 한다.

187. 무선통신이 불량하여 지상시설에서 송신한 내용이나 신호 발사기 등화신호를 수신했음을 알리는 응답 방법으로 부적절한 것은?

① 주간-날개를 좌우로 흔듦

② 착륙등 또는 항법등을 깜박거림

③ 제자리비행 헬리콥터-관제탑을 향하여 선회하고 착륙등을 깜박거림

④ 지시 방향으로 얕은각 선회

188. 항공기 운용 지침서에 하중계수 범주가 "N"으로 표기되었다. 이것이 의미하는 것은 무엇인가?

① 보통 범주, 3.8G　　② 곡예 범주, 4.5G

③ 다목적 범주, 4.5G　　④ 실험 범주, 3.8G

189. 항공기 운용 지침서에 하중계수 범주가 "A"로 표기되었다. 이것이 의미하는 것은 무엇인가?

① 보통 범주, 3.8G　　② 곡예 범주, 6.0G

③ 다목적 범주, 4.5G　　④ 실험 범주, 3.8G

【정답】 183.① 184.① 185.① 186.② 187.④ 188.① 189.②

[주] 국내 항공안전법과 다를 수 있음

190. 경량 스포츠 항공기의 종류는 어느 것인가?

① 체중이동조종 항공기
② 다발엔진 비행기
③ 터보제트 동력 자가제작 항공기
④ 고성능 단발엔진 비행기

【해설】 경량 스포츠 항공기(light sport aircraft; LSA)는 소형, 단순, 저성능, 저에너지 항공기이고 다음과 같은 종류가 있다. [FAA]

- *체중이동조종(weight-shift-control aircraft) 항공기*
- *동력패러슈트(powered parachutes)*
- *ASEL(Airplane, Single Engine, Land, 최대중량 1,320파운드; 육상)와 ASES(Airplane, Single Engine, Sea, 최대중량 1,430파운드; 수상)*
- *자이로플레인(gyroplane)*

191. 육상 경량 스포츠 항공기의 최대중량은 얼마인가?

① 600파운드　　② 1,320파운드
③ 1,230파운드　　④ 1,500파운드

【해설】 LSA의 최대중량(maximum weight)은 1,320파운드 또는 600kg이다. [FAA]

192. 경량 스포츠 항공기의 최대속도는 얼마인가?

① 120노트　　② 145노트
③ 100노트　　④ 87노트

【해설】 LSA의 최대속도는 수평비행 최대동력으로 120노트로 제한된다. [FAA]

193. 공중근무자의 자격증명에 관해서 항공기의 범주는?

① 자이로플레인, 헬리콥터, 비행선, 자유기구
② 비행기, 단발과 다발엔진 육상과 수상
③ 단발엔진 육상과 수상, 다발엔진 육상과 수상
④ 비행기, 회전날개 항공기, 글라이더, 공기보다 가벼운 항공기

【해설】 공중근무자(airmen)의 자격증명, 한정증명(rating), 권리, 그리고 제한에 관해서 항공기의 범주(category)는 항공기의 광의 분류(broad classification)이다. 이에 따른 분류는 다음과 같다.

- *비행기(airplane)*
- *회전날개 항공기(rotorcraft),*
- *글라이더(glider)*
- *공기보다 가벼운 항공기(lighter-than-air)*

【정답】 190.① 191.② 192.① 193.④

194. 공중근무자의 자격증명에 관해서 항공기의 등급은?

① 비행기, 회전날개 항공기, 글라이더, 공기보다 가벼운 항공기
② 단발엔진 육상과 수상, 다발엔진 육상과 수상
③ 공기보다 가벼운 항공기, 비행선, 열기구, 가스기구
④ 비행기, 글라이더, 단발과 다발엔진 항공기

【해설】 공중근무자(airmen)의 자격증명, 한정증명(rating), 권리, 그리고 제한에 관해서 항공기의 등급(class)은 유사한 운용상의 특성을 갖는 범주 내에서 항공기의 분류이다. 이에 따른 분류는 다음과 같다.

- *단발엔진/다발엔진*
- *육상/수상*
- *자이로플레인/헬리콥터*
- *비행선/열기구*

195. 야간에 대한 가장 올바른 정의는?

① 일몰에서 일출까지이다.
② 일몰 후 1시간부터 일출 전 1시간 전까지이다.
③ 민간박명종부터 민간박명초 사이의 시간이다.
④ 일몰 후 30분부터 일출 전 30분 전까지이다.

【해설】 야간(nighttime)에 대한 정의는 민간박명종(the end of evening civil twilight)부터 민간박명초(the beginning of morning civil twilight) 사이의 시간이다.

196. 항공기 인증과 관련한 항공기의 범주는?

① 비행기, 보통, 수상기
② 비행기, 회전날개 항공기, 글라이더
③ 육상기, 수상기
④ 보통, 다목적, 곡예

【해설】 항공기 인증(certification of aircraft)과 관련한 항공기의 범주는 항공기가 수행하는 주요 임무 또는 운용상의 제한을 바탕으로 항공기를 그룹으로 분류하는 것이다.

- *운송용(transport)*
- *보통(normal)*
- *다목적(utility)*
- *곡예(acrobatic)*
- *제한(limited)*
- *한정(restricted)*
- *임시(provisional)*

197. 항공기 인증과 관련한 항공기의 등급은?

① 비행기, 회전날개항공기, 글라이더, 기구
② 보통, 다목적, 곡예, 제한
③ 운송, 한정, 제한, 임시
④ 운송, 비행기, 회전날개항공기, 기구

【해설】 항공기 인증(certification of aircraft)과 관련한 항공기의 등급(class)은 추진방식, 비행, 또는 착륙과 같이 유사한 특성을 갖는 항공기를 그룹으로 분류한 것이다. 이에 따라 비

【정답】 194.② 195.③ 196.④ 197.①

행기, 회전날개항공기, 글라이더, 기구, 육상기(landplane), 그리고 수상기(seaplane) 등으로 분류한다.

198. 만약 일몰이 2021이고 민간박명종이 2043이라면 경량 스포츠 항공기 조종사가 비행을 종료해야 하는 시간은?

① 2021　　② 2043
③ 2121　　④ 2000

【해설】 *경량 스포츠 항공기 조종사는 야간에 항공기를 운용할 수 없다. 규정에 따른 야간(nighttime)은 일몰이 아닌 민간박명종(the end of evening civil twilight)부터 민간박명초(the beginning of morning civil twilight) 사이의 시간이다.*

199. ATC 인가는 항공기를 특정 조건에서 어느 구역에서 진행하도록 한 승인인가?

① 관제 및 비관제공역 안에서　　② 비관제공역 안에서
③ 발행된 VFR 비행로 안에서　　④ 관제공역 안에서

【해설】 *ATC 인가는 관제공역(controlled airspace) 안에서 인가의 특정 조건에서 항공기를 진행하도록 하기 위한 ATC 승인을 의미한다.*

200. 항공기의 감항증명은 얼마 동안 유효한가?

① 항공기가 최신 등록증명을 유지하는 한 유효하다.
② 항공기가 대파되지 않는 한 무한으로 유효하다.
③ 항공기가 FAR의 요구에 따라 정비하고 운용되는 한 유효하다.
④ 연간검사를 받는 한 유효하다.

【해설】 *항공기의 감항증명(airworthiness certification)은 항공기가 FAR에서 요구하는 것을 정비하고 운용되는 한 유효하다. 등록증명서는 소유자임을 증명하는 서류이다. [FAA]*

201. 항공기 소유주 또는 운용자가 알아야 하는 감항지시는 무엇인가?

① 정보를 제공할 목적이다.　　② 의무적이다.
③ 자발적이다.　　④ 정비에 참고할 수 있는 자료이다.

【해설】 *감항지시(airworthiness directive; AD)는 관련 규정에 따라 발행되고 항공기, 항공기 엔진, 프로펠러, 또는 전장품(appliance)에서 발견된 불안전 상태의 수리를 요구하는 것이다. 따라서 감항지시는 규정적(regulatory)이기 때문에 특정 면제가 허용되지 않는 한 의무적으로 따라야 한다.*

202. 조종사가 감항지시에 따르지 않은 항공기를 운용할 수 있는 조건은?

① VFR에서만 비행이 가능하다.
② AD는 자발적이기 때문에 가능하다.
③ 시정과 실링이 기본 VFR 기상 최저치 이상일 때만 가능하다.
④ AD에서 허용한다면 비행이 가능하다.

【정답】 198.② 199.④ 200.③ 201.② 202.④

【해설】 감항지시(AD)는 항공기의 소유주, 운용자 또는 다른 관련자들에게 그 상태에서 계속 운용된다면 불안전할 수 있음을 통보하기 위해서 사용된다. 따라서 AD는 접수하자마자 즉시 따라야 하는 비상속성과 비교적 긴 기간에 따라야 하는 일반 AD가 있다. 만약 이 같은 운용이 AD에서 허용한다면 AD에 따르지 않고 항공기를 운용할 수 있다.

203. 항공기에서 예방정비를 수행했다. 이때 필요로 하는 서류작업은 무엇이 있는가?

① 수행한 작업에 대해서 완전하고 세부적인 기술은 기체 기록부에 기입해야 한다.
② 날짜, 성명, 그리고 작업을 수행한 사람의 서명만을 항공기 정비 기록부에 기입해야 한다.
③ 작업을 승인한 사람이 보유한 자격증명의 종류, 번호, 그리고 서명 그리고 작업 내용을 항공기 정비기록부에 기록해야 한다.
④ 작업한 사람이 보유한 자격증명의 종류, 서명 그리고 작업 내용을 항공기 정비기록부에 기록해야 한다.

【해설】 예방정비(preventive maintenance) 후 작업을 승인한 사람의 서명, 자격증명 번호, 그리고 자격증명의 종류와 함께 작업 내용을 항공기 정비기록부에 기록해야 한다.

204. 예방정비라고 할 수 있는 작업은?

① 착륙장치 바퀴 베어링의 손질
② 메인 좌석 지지대 브래킷의 교환
③ 자동차용 연료를 사용하기 위한 엔진 조절
④ 오일과 연료필터의 교환 및 냉각기의 교환

【해설】 예방정비란 단순하고 최소한의 예방 차원의 작업 그리고 복잡한 조립하지 않는 작은 표준부품 등을 교환하는 작업이다. 착륙장치 바퀴 베어링을 손질하거나 그리스를 주입하는 (cleaning and greasing) 것 등은 예방정비에 속한다.

205. 예방정비에 속하는 작업은?

① 착륙장치 브레이스 스트럿의 수리
② 조종간 트림 탭의 위치 수정 작업
③ 추가 접합으로 판금의 부분 수리
④ 유압액의 보충

206. 최근 조종사 자격증명을 조종사 개인 소지품 혹은 항공기 내에 쉽게 접근할 수 있는 장소에 보관하고 있어야 하는 시기는?

① 론치와 리커버리 중 기장으로 활약할 때
② 승객이 탑승했을 때만
③ PIC 또는 필수 승무원으로 활약할 때
④ 선임 PIC로 승무했을 때만

【해설】 조종사가 PIC 또는 필수 승무원으로 활약할 때 최근 조종사 자격증명과 신체검사 증명서는 조종사 개인 소지품(personal possession) 혹은 항공기 내에 쉽게 접근할 수 있는

【정답】 203.③ 204.① 205.④ 206.③

장소에 보관하고 있어야 한다.

207. 항공기의 PIC로써 활약할 때 최근 조종사 자격증명을 조종사 개인 소지품 혹은 항공기 내에 쉽게 접근할 수 있는 장소에 보관하고 있어야 하는 서류는?

① 항공기에서 점검했음을 보여주는 증명서와 최근 2년 주기 자격유지비행

② 연간 자격유지비행을 수행했음을 보여주는 배서가 있는 조종사 자격증명과 최근 경력을 보여주고 있는 조종사 비행기록부

③ 조종사 자격증명과 적절한 신체검사 증명서(필요하다면 자동차 운전 면허증)

④ 자격유지비행 경력증명, 조종사 자격증명, 조종사 비행기록부

【해설】 *조종사가 PIC 또는 필수 승무원(required crew)으로 활약할 때 최근 조종사 자격증명과 신체검사 증명서(필요하다면 자동차 운전면허증)는 조종사 개인 소지품(personal possession) 혹은 항공기 내에서 쉽게 접근할 수 있는 장소에 보관하고 있어야 한다.*

208. 조종사 자격증명 또는 자동차 운전면허증 혹은 신체검사 증명서를 소지하고 있는 사람은 행정관, NTSB 직원 외에 누구의 요청이 있을 때 이를 제시해야 하는가?

① 공항의 대표자　　② 승인권자

③ 법 집행관　　④ 승객

【해설】 *조종사 자격증명, 교관 자격증명 또는 자동차 운전면허증 혹은 신체검사 증명서, 또는 FAR에 다른 발급된 증명서 등을 소지한 사람은 항공청 행정관, NTSB 직원 또는 연방이나 해당 지방 법 집행관(local law enforcement officer, 경찰)의 요청이 있을 때 관련 서류 및 증명서를 제시해야 한다.*

209. 승객을 운송하는 항공기의 기장으로 활약하기 위해서 기장은 몇 개월 이내에 자격유지비행 또는 조종사숙련평가를 만족하게 마쳤다는 비행기록부 배서가 있어야 하는가?

① 6개월　　② 12개월

③ 24개월　　④ 36개월

【해설】 *승객을 운송하는 항공기의 기장으로 활약하기 위해서 기장은 24개월 이내에 자격유지비행(flight review) 또는 조종사숙련평가(pilot proficiency check)를 만족하게 마쳤다는 비행기록부 배서(pilot logbook)가 있어야 한다.*

210. 승객을 운송하는 항공기의 기장으로 승무하기 위해서 기장은 이전 얼마의 기간 이내에 동일 범주, 등급, 그리고 기종한정이 요구된다면 동일기종의 항공기에서 최소한 3회의 이륙과 3회의 착륙이 필요한가?

① 90일　　② 12개월

③ 24개월　　④ 36개월

【해설】 *승객이 탑승하는 항공기의 기장으로 승무하기 위해서 기장은 이전 90일 이내에 동일 범주, 등급, 그리고 기종한정이 요구된다면 동일기종(type rating)의 항공기에서 최소한 3회의 이륙과 3회의 착륙을 수행한 경력을 갖추어야 한다.*

【정답】 207.③　208.③　209.③　210.①

211. 승객이 탑승하는 항공기의 기장으로 승무하기 위해서 기장은 이전 90일 이내에 어느 항공기에서 최소한 3회의 이륙과 3회의 착륙을 수행한 경력을 갖추어야 하는가?

① 동일 연식과 형식

② 동일 범주와 등급, 그러나 기종은 해당 없음

③ 동일 연식과 형식, 그리고 기종한정이 요구된다면 기종한정

④ 동일 범주, 등급, 그리고 기종한정이 요구된다면 기종한정

【해설】 *승객을 운송하는 항공기의 기장으로 승무하기 위해서 기장은 이전 90일 이내에 동일 범주, 등급, 그리고 기종한정(type rating)이 요구된다면 동일기종의 항공기에서 최소한 3회의 이륙과 3회의 착륙을 수행한 경력을 갖추어야 한다.*

212. 뒷바퀴조향 비행기에서 승객 운송에 필요한 최근 경력을 충족하는데 필요한 이륙과 착륙은 어떻게 수행되어야 하는가?

① 정지 후 이륙, 또는 완전정지로 수행해야 한다.

② 착지 후 이륙으로 수행해야 한다.

③ 완전정지로 수행해야 한다.

④ 저고도 접근, 착지 후 이륙, 그리고 정지 후 이륙으로 수행해야 한다.

【해설】 *뒷바퀴조향 비행기(tailwheel steering airplane)에서 승객 운송에 필요한 최근 경력을 충족하는데 필요한 이륙과 착륙은 90일 이내에 완전정지(full stop)로 수행한 경력을 갖추어야 한다. 조종사가 최종접근경로(final approach path)에서 훈련의 의도에 따라 다음과 같은 선택을 할 수 있다.*

- *저고도 접근(low approach)*
- *착지 후 이륙(touch and go)*
- *정지 후 이륙(stop and go)*
- *완전정지(full stop); 사용 활주로를 완전히 벗어나거나 비행을 종료하기 위한 착륙*

213. LSA는 몇 명의 승객 탑승이 허용되는가?

① 1명 ② 2명

③ 3명 ④ 4명

【해설】 *경량 스포츠 항공기(LAS) 조종사는 1인 이상 승객을 탑승시킬 수 없다.*

214. 경량 스포츠 항공기 조종사의 권리와 제한 규정에 대해서 올바르게 서술하고 있는 것은?

① 만약 최소한 3회의 이륙과 3회의 착륙이 이전 90일 이내에 수행되었다면 비행운용을 위한 비용을 청구할 수 있다.

② 연료, 오일, 공항 사용료, 또는 임대료를 포함한 비행운용을 위한 비용에서 승객과 분담할 수 있지만, 절반 이상을 청구할 수 없다.

③ 비행운용을 위한 어느 방법으로도 비용을 청구할 수 없다.

④ 비행하는 데 소요된 연료비용을 제외하고 비용에서 승객과 분담할 수 있지만, 절반 이상을 청구할 수 없다.

【정답】 211.④ 212.③ 213.① 214.②

【해설】 경량 스포츠 항공기 조종사는 승객과 연료, 오일, 공항 사용료, 또는 임대료(rental fees)를 포함한 비행운용을 균등(pro rata=equal share)하게 분담할 수 있지만, 절반 이상을 청구해서는 안 된다. [FAA]

215. 경량 스포츠 항공기 조종사로서 당신은 몇 명 이상의 승객을 탑승시킬 수 없는가?

① 1명의 승객　　② 2명의 승객
③ 3명의 승객　　④ 4명의 승객

216. 경량 스포츠 항공기의 조종사가 최대로 운용할 수 있는 고도는?

① 7,500피트(MSL), 또는 2,000피트(AGL) 중 더 높은 고도
② 5,000피트(MSL), 또는 2,000피트(AGL) 중 더 높은 고도
③ 9,000피트(MSL), 또는 2,000피트(AGL) 중 더 높은 고도
④ 10,000피트(MSL), 또는 2,000피트(AGL) 중 더 높은 고도

【해설】 경량 스포츠 항공기는 10,000피트(MSL), 또는 2,000피트(AGL) 중 더 높은 고도가 최대 한계이다.

217. 경량 스포츠 항공기의 운용을 위한 최저 비행시정은?

① 1 SM　　② 3 SM
③ 5 SM　　④ 2 SM

【해설】 경량 스포츠 항공기의 PIC는 비행시정 또는 지상시정이 3 SM 미만일 때 경량 스포츠 항공기를 운용할 수 없다.

218. C등급 공역 안에 있는 관제탑이 없는 위성공항에 대한 비행운용에 관해서 가장 잘 서술하고 있는 것은?

① 해당 공역에 진입하기 전 조종사는 FSS와 교신해야 한다.
② 해당 공역에 진입하기 전 조종사는 주공항 관제탑과 교신해야 한다.
③ 해당 공역에 진입하기 전 조종사는 적절한 지상교육을 받아야 한다.
④ 해당 공역에 진입하기 전 조종사는 적절한 비행기록부 배서를 받아야 한다.

【해설】 B, C, D등급 공역 또는 관제탑이 운용되고 있는 다른 공역 안에서 경량 스포츠 항공기를 운용하기 위해서는 유자격 비행교관으로부터 비행기록부(pilot logbook)에 지상 및 비행훈련을 받았다는 배서(endorsement)를 받아야 한다. 이 같은 적절한 배서를 받은 조종사는 해당 공역에 진입하기 전 스포츠 항공기 조종사는 주공항(primary airport) 관제탑과 교신해야 한다.

219. 항공로의 중심선으로부터 좌우의 폭은?

① 4 NM　　② 6 NM
③ 8 NM　　④ 10 NM

【해설】 항공로(airway)의 중심선으로부터 좌우의 폭은 4 NM이다.

【정답】 215.① 216.④ 217.② 218.④ 219.①

220. B, C, D등급 공역 또는 그 안에서 경량 스포츠 항공기를 운용하기 위한 조종사의 요건에 관해서 가장 잘 서술하고 있는 것은?

① 다른 추가 필수요건의 충족이 필요하지 않다.

② B, C, D등급 공역 또는 그 안에서 운용하기 위한 지상 및 비행훈련을 받아야 한다.

③ B, C, D등급 공역 또는 그 안에서 운용하기 위한 지상 및 비행훈련을 받고 비행기록부 배서를 받아야 한다.

④ 비행교관의 배서만 있다면 비행이 허용된다.

221. 다르게 지시되지 않는 한 항공로 선상에 지정되는 E등급 공역은?

① 지표면 상공 700피트부터 17,999피트(MSL)까지(포함)

② 지표면부터 17,999피트(MSL)까지(포함)

③ 지표면부터 18,000피트(MSL)까지(포함)

④ 지표면 상공 1,200피트부터 17,999피트(MSL)까지(포함)

【해설】 *다르게 지시되지 않는 한 항공로는 지표면 상공 1,200피트부터 17,999피트(포함)까지 확장된 E등급 공역을 포함한다.*

222. 항공기 운용에 관한 최종 권한은 누구에게 있는가?

① 항공청 ② PIC

③ 항공기 제작자 ④ 항공기 소유주

【해설】 *항공기 운용에 대한 최종 권한(authority)은 기장(pilot in command)에게 있다.*

223. 조종사가 비상상황에서 규정을 위반했을 때 언제까지 위반 사실을 행정관에게 서면보고서를 제출해야 하는가?

① 7일 이내 ② 10일 이내

③ 요청이 있을 때 ④ 즉시

【해설】 *비상상황에서 규정을 위반(deviation)한 조종사는 요청이 있을 때(upon request) 위반 사실을 FAA 행정관에게 서면보고서(written report)를 제출해야 한다.*

224. 조종사가 ATC 인가를 위반하는 비상상황에 대한 세부 보고서의 제출이 필요한 시기는?

① ATC의 요청이 있을 때 ② 즉시

③ 7일 이내에 ④ 10일 이내

225. 항공기가 안전비행 상태에 있는지 결정하는 책임은 누구에게 있는가?

① 유자격 항공기 정비사 ② 기장(PIC)

③ 소유주 또는 운용자 ④ 운항관리사

【해설】 *항공기의 기장(PIC)은 항공기가 안전비행 상태(in condition for safe flight)에 있는지 결정해야 하는 책임을 갖는다.*

【정답】 220.③ 221.④ 222.② 223.③ 224.① 225.②

226. 비행 중 비상상황에 대해 즉각 조치가 필요하다면 기장은 어떻게 해야 하는가?

① 비상상황에 대처하는데 필요한 범위까지 규정을 위반할 수 있지만 24시간 이내에 행정관에게 서면보고서를 제출해야 한다.

② 해당 비상상황에 대처하는데 필요한 범위까지 규정을 위반할 수 있지만, 착륙 즉시 세부 보고서를 제출해야 한다.

③ 행정관으로부터 위반승인을 받지 않는 한 규정을 위반할 수 없다.

④ 해당 비상상황에 대처하는데 필요한 범위까지 규정을 위반할 수 있다.

【해설】 *만약 비행 중 비상상황의 즉각적인 조치가 필요하다면 기장은 해당 비상상황에 대처하는데 필요한 범위까지 관련 규정을 위반할 수 있고, ATC의 요청이 있을 때 세부 서면보고서를 제출해야 한다.*

227. 항공기 운용제한에 관한 정보는 어디에서 찾아볼 수 있는가?

① 감항증명서

② 최신 항공청-인증 비행 매뉴얼, 매뉴얼 자료, 각종 표지

③ 항공기 기체와 엔진 기록부

④ 항공기 운용자 지침서

【해설】 *항공기 운용제한(operation limitations)에 관한 정보는 최신 항공청-인증 비행 매뉴얼, 매뉴얼 자료, 각종 표지와 플래카드(placards) 등에서 찾아볼 수 있다.*

228. 항공기의 기장은 어떠한 조건에서 물건을 떨어뜨릴 수 있는가?

① 오직 비상시에만 가능하다.

② 어느 경우도 물건을 떨어뜨릴 수 없다.

③ 관계 기관으로부터 사전승인을 받았다면 가능하다.

④ 지상에 있는 인원과 자산의 파손을 방지할 수 있는 예방조치를 취했다면 가능하다.

【해설】 *민간 항공기의 기장은 지상에 있는 인원과 자산(persons or property)의 파손을 방지할 수 있는 예방조치(precautions)를 취하지 않는 한 비행 중 물건을 떨어뜨릴 수 없다.*

229. 공항으로 멀리 벗어나는 모든 비행에서 비행 전 점검이 포함되어야 하는 것으로 가장 적절한 것은?

① 대체공항의 목적지

② 사용하고자 하는 공항에서 도착절차의 연구

③ 순항항로 시간

④ 비행이 계획대로 수행되지 못했을 경우의 대체방책

【해설】 *만약 국지 공항(local airport)을 벗어나 장거리 비행을 계획할 때 조종사는 비행 전 점검을 수행할 때 최소한 다음 사항들을 포함해야 한다.*

- *기상보고와 예보(weather report and forecast)*
- *연료량(fuel requirement)*
- *교통 지연(traffic delay)*
- *비행이 계획대로 수행되지 못했을 경우의 대체방책(alternate course of action)*

【정답】 226.④ 227.② 228.④ 229.④

230. 출발공항 주변으로부터 장거리 VFR 비행을 위한 다른 비행 전 점검 외에 특히 규정에서 기장에게 요구하고 있는 것은?

① 교통관제 등화신호 절차를 확인해야 한다.

② 항법 장비의 정밀도와 비상위치발신기를 확인해야 한다.

③ 사용 공항에서 활주로 길이 그리고 이륙과 착륙거리 데이터를 결정해야 한다.

④ 목적지 공항 주변 장애물의 위치와 높이를 확인해야 한다.

【해설】 출발공항 주변으로부터 장거리 VFR 비행을 위한 비행 전 점검 외에 특별히 규정에서는 기장은 사용하고자 하는 공항에서 활주로 길이 그리고 이륙과 착륙거리 데이터(takeoff and landing distance data)를 결정해야 한다.

231. 매 비행 전 특별히 조종사에게 요구되는 비행 전 점검에 관해서 가장 적절한 것은?

① 항공기 기록부에 정확하게 기입되었는지 확인한다.

② 비행경로 주변의 항공교통 정보에 익숙해 있어야 한다.

③ 비행난기류 회피 절차를 확인해야 한다.

④ 비행과 관련된 가용한 모든 정보에 익숙해 있어야 한다.

【해설】 모든 PIC는 매 비행 전 비행과 관련된 가용한 모든 정보에 익숙해 있어야 한다.

232. 조종사가 특별히 자신의 어깨끈과 안전벨트를 견고하게 착용해야 하는 비행 상태에 관해서 가장 잘 서술하고 있는 것은?

① 이륙과 착륙 중 안전벨트, 그리고 어깨끈은 이륙과 착륙 중 착용해야 한다.

② 이륙과 착륙 중 안전벨트, 그리고 어깨끈은 이륙과 착륙 그리고 순항비행 중 착용한다.

③ 이륙과 착륙, 그리고 순항비행 중 안전벨트, 그리고 어깨끈은 이륙과 착륙 중 착용한다.

④ 이륙과 착륙, 중 안전벨트, 그리고 어깨끈은 착륙 중만 착용해야 한다.

【해설】 안전벨트(safety belt)와 어깨끈(shoulder harness)의 착용 시기에 관해서 조종사는 이륙과 착륙, 그리고 순항비행 중 안전벨트, 그리고 어깨끈은 이륙과 착륙 중 착용해야 한다.

233. 비행 승무원이 자신의 안전벨트와 어깨끈을 견고하게 착용해야 하는 시기는?

① 이륙과 착륙　　② 모든 비행에서

③ 난기류 속에서 비행할 때　　④ 착륙할 때만

234. 승객의 안전벨트 착용에 관한 기장의 의무에 관해서 가장 잘 서술하고 있는 것은?

① 기장은 전체 비행에 관해서 안전벨트의 착용에 관해서 승객에게 지시해야 한다.

② 기장은 승객에게 활주, 이륙, 그리고 착륙 중 안전벨트의 착용을 방송해야 한다.

③ 기장은 승객의 안전벨트의 사용에 관한 의무를 갖지 않는다.

④ 기장은 승객에게 안전벨트의 사용에 관해서 브리핑하고 활주, 이륙, 그리고 착륙 중 안전벨트의 착용을 방송해야 한다.

【해설】 승객의 안전벨트 착용에 관해서 기장은 승객에게 안전벨트의 사용에 관해서 브리핑하고 활주, 이륙, 그리고 착륙 중 안전벨트의 착용을 방송해야 한다.

【정답】 230.③　231.④　232.③　233.①　234.④

235. 항공기에 있는 안전벨트는 항공기에 있는 누구에게 그리고 언제 확실하게 착용할 것이 요구되는가?

① 이륙과 활주 중 조종사만

② 활주, 이륙, 그리고 착륙 중 승객

③ 활주시를 제외한 전체 비행 중 항공기에 탑승한 모든 사람

④ 착륙과 난기류 속에서 비행 중에만

【해설】 *규정에 따르면 항공기에 있는 안전벨트는 활주, 이륙, 그리고 착륙 중 모든 승객이 확실하게 착용할 것을 요구하고 있다.*

236. 특정 예외와 함께 승객이 안전벨트를 확실하게 착용해야 하는 시기는?

① 난기류 속에서 착륙 중에만 ② 모든 비행

③ 난기류 속에서 비행할 때만 ④ 활주, 이륙, 그리고 착륙

【해설】 *규정에 따르면 항공기에 있는 안전벨트는 활주, 이륙, 그리고 착륙 중 모든 승객이 정확하게 착용할 것을 요구하고 있다.*

237. 기장은 항공기에 탑승한 모든 승객에게 안전벨트의 사용에 관한 어떠한 책임을 갖는가?

① 안전벨트와 어깨끈의 착용과 해제 방법을 브리핑해야 한다.

② 안전벨트를 조절하는 방법을 브리핑해야 한다.

③ 출구가 어디에 있는지 브리핑해야 한다.

④ 안전벨트는 착륙 중 그리고 난기류 속에서 비행이 예상될 때 착용할 것을 방송한다.

【해설】 *기장은 승객들이 안전벨트를 착용하는 방법을 브리핑하고 활주, 이륙, 그리고 착륙 중 안전벨트를 정확하게 착용하고 해제(fasten and unfasten)하는 방법을 방송해야 한다.*

238. 안전벨트의 사용에 관해서 승객에게 이륙 전 브리핑은 누구의 책임인가?

① 모든 승객 ② 기장

③ 승무원 ④ 선임 객실승무원

【해설】 *매 비행 전 항공기의 기장은 모든 승객에게 금연, 안전벨트와 어깨끈의 사용, 비상출구(emergency exit)의 수단으로 승객 출입구의 수단과 위치, 생존장비의 위치, 비상착수 절차와 플로팅 사용, 산소 장비(oxygen equipment)의 정상 혹은 비상사용에 대해서 구두로 브리핑해야 할 책임을 갖는다.*

239. 항공기를 편대비행으로 운용할 수 없는 경우에 관한 설명이다. 이 중 맞는 것은?

① 인구 밀집 지역 상공에서 금지된다.

② D등급 공역 안에서 금지된다.

③ 관제공역 안에서 금지된다.

④ 각 항공기의 기장과 함께 사전 협력이 되었다면 예외이다.

【해설】 *각 항공기의 기장과 함께 사전 협력(by prior arrangement)이 이루어진 경우를 제외하고 편대비행(formation flight)을 할 수 없다. 인구 밀집 지역 상공 혹은 D등급 공역 등에*

【정답】 235.② 236.④ 237.① 238.② 239.④

서 편대비행이 제한되는 것은 아니다.

240. 편대비행에 관해서 올바르게 서술하고 있는 것은?

① 편대비행은 각 항공기의 기장과 함께 사전 협력이 이루어진 경우를 예외로 하고 승인되지 않는다.

② 각 항공기의 기장이 편대비행을 훈련하고 숙련되어 있지 않은 한 승인되지 않는다.

③ 편대비행하는 각 항공기의 기장과 함께 사전 협력과 함께 임대하여 승객을 운송할 때 승인된다.

④ 관제공역에서는 어느 경우도 편대비행이 승인되지 않는다.

【해설】 *편대비행은 각 항공기의 기장과 함께 사전 협력이 이루어진 경우를 예외로 하고 승인되지 않는다. 승객이 탑승한 항공기의 편대비행은 승인되지 않는다.*

241. 비행기와 비행선이 서로 합류하는 코스에 있다. 비행선이 비행기의 왼쪽에 있다면 진로권을 갖는 항공기는?

① 속도가 빠른 항공기

② 비행기

③ 각 항공기 조종사는 오른쪽으로 코스를 변경해야 한다.

④ 비행선

【해설】 *범주가 다른 항공기가 합류하는 코스(converging course)에 있을 때 기동성이 떨어지는 항공기가 진로권(right-of-way)을 갖는다. 이 문제에서 비행선(airship)은 비행기보다 기동성(maneuverability)이 떨어지고 비행선이 진로권을 갖기 때문에 비행기가 진로를 양보해야 한다.*

242. 2대 이상의 항공기가 착륙하기 위해서 공항에 접근 중일 때 진로권을 갖는 항공기는?

① 다른 항공기의 오른쪽에 있는 항공기

② 최저 기동성을 갖는 항공기

③ 낮은 고도에 있는 항공기, 그러나 이것이 전방에 있는 다른 항공기의 추월을 할 수 있는 권리를 갖는 것은 아니다.

④ 선착순 개념에 따라 최종접근경로에 먼저 도착한 항공기

【해설】 *공항에 착륙을 목적으로 2대 이상의 항공기가 접근 중일 때 낮은 고도에 있는 항공기가 진로권을 갖지만, 이것이 전방에 있는 다른 항공기의 추월을 할 수 있는 권리를 갖는 것은 아니다.*

243. 다음 항공기 중 진로권을 갖는 항공기는?

① 글라이더　　② 비행선

③ 다른 항공기에 공중급유 중인 항공기　　④ 다른 항공기를 견인하고 있는 항공기

【해설】 *범주가 다른 항공기가 합류하는 코스(converging course)에 있을 때 기동성이 떨어지는 항공기가 진로권(right-of-way)을 갖는다. 이 문제에서 글라이더는 비행선, 비행기 또*

【정답】 240.① 241.④ 242.③ 243.①

는 회전날개항공기에 대해서 진로권을 갖는다. 공중급유 중인 항공기(aircraft refueling other aircraft)는 다른 모든 동력 항공기(powered aircraft)에 대해서 진로권을 갖는다. 글라이더는 무동력 항공기이다.

244. 글라이더와 비행기 조종사가 서로 정면 충돌코스에 있다면 어떻게 행동해야 하는가?

① 비행기 조종사가 왼쪽으로 양보해야 한다.
② 글라이더 조종사가 오른쪽으로 양보해야 한다.
③ 두 조종사 모두 왼쪽으로 양보해야 한다.
④ 두 조종사 모두 오른쪽으로 양보해야 한다.

【해설】 두 대의 항공기가 정면 충돌코스(head-on collision course)에 있다면 각 항공기 조종사는 오른쪽으로 코스를 변경해야 한다.

245. 동일 범주의 두 항공기가 정면이 아닌 서로 합류되는 코스에 있다면 어떻게 행동해야 하는가?

① 빠른 항공기가 양보해야 한다.
② 왼쪽에 있는 항공기가 양보해야 한다.
③ 각 항공기가 오른쪽으로 양보해야 한다.
④ 오른쪽에 있는 항공기가 양보해야 한다.

【해설】 동일 범주의 두 항공기가 정면이 아닌 서로 합류되는 진로(course)에 있다면 다른 항공기의 오른쪽에 있는 항공기가 진로권을 갖는다. 따라서 왼쪽에 있는 항공기가 진로를 양보해야 한다.

246. 아래 항공기 중 진로권을 갖는 항공기는?

① 비행선　　② 회전날개 항공기
③ 자이로플레인　　④ 다른 항공기를 견인하고 있는 항공기

【해설】 다른 항공기를 견인하고 있는 항공기(aircraft towing) 또는 다른 항공기에 공중급유 중인 항공기는 다른 모든 동력 항공기에 대해서 진로권은 갖는다. 비행선은 엔진 구동 항공기이고 공기보다 가벼운 항공기이다. 자이로플레인(gyroplane)은 회전날개항공기의 한 종류로 비행선과 다른 항공기를 견인하고 있는 항공기에 진로를 양보해야 한다.

247. 다른 모든 항공교통에 대해서 우선 진로권을 갖는 항공기는?

① 기구　　② 재난 상태에 있는 항공기
③ 최종접근경로에 있는 항공기　　④ 공중급유 중인 항공기

【해설】 재난 상태(an aircraft in distress)에 있는 항공기는 다른 모든 항공교통에 대해서 진로권을 갖는다.

【정답】 244.④　245.②　246.④　247.②

248. 수상기와 모터보트가 교차하는 코스에 있다. 모터보트가 수상기의 왼쪽에 있다면 진로권은?

① 모터보트

② 모터보트와 수상기 모두 왼쪽으로 코스를 변경해야 한다.

③ 모터보트와 수상기 모두 오른쪽으로 코스를 변경해야 한다.

④ 수상기

【해설】 수상기(seaplane)와 모터보트(motorboat)가 교차하는 코스(crossing course)에 있을 때 오른쪽에 있는 항공기 또는 선박이 진로권을 갖는다. 이 문제에서 수상기가 모터보트의 오른쪽에 있으므로 수상기가 진로권을 갖는다.

249. 이륙과 착륙을 제외하고 항공기는 사람, 선박, 차량, 혹은 구조물로부터 얼마나 근접해서 운용할 수 없는가?

① 500피트 ② 700피트

③ 1,000피트 ④ 1,500피트

【해설】 인구밀집 지역 외의 지역 상공에서는 지표면으로부터 500피트 이상의 고도를 유지해야 한다. 넓은 수면과 인적이 드문 지역 상공에서는 사람, 선박, 차량, 혹은 구조물로부터 500피트 거리를 유지해야 한다.

250. 이륙 또는 착륙할 때를 예외로 하고 기타 지역에서 운용하기 위한 최저안전고도는?

① 동력장치의 고장이 발생했을 때 지상의 인원 또는 자산에 위험을 초래하지 않고 비상착륙이 가능한 고도

② 지표면 상공 500피트 고도와 사람, 선박, 차량, 또는 구조물에 500피트 이상의 거리

③ 수평반경 1,000피트 이내의 가장 높은 장애물 상공 500피트 고도

④ 수평반경 2,000피트 이내의 가장 높은 장애물 상공 1,000피트 고도

【해설】 이륙 또는 착륙(takeoff and landing)을 예외로 하고 기타 지역에서 운용하기 위한 최저안전고도(minimum safe altitude)는 동력장치(powerplant)의 고장이 발생했을 때 지상의 인원 또는 자산에 위험을 초래하지 않고 비상착륙(emergency landing)이 가능한 고도를 유지해야 한다.

251. 이륙 또는 착륙을 예외로 하고 인구 밀집 지역 상공에서 운용하기 위한 최저안전고도는 얼마인가?

① 사람, 선박, 차량, 또는 구조물 상공 1,000피트 고도

② 수평반경 1,000피트 이내의 가장 높은 장애물 상공 500피트 고도

③ 수평반경 1,000피트 이내의 가장 높은 장애물 상공 500피트 고도

④ 수평반경 2,000피트 이내의 가장 높은 장애물 상공 1,000피트 고도

【해설】 이륙 또는 착륙을 예외로 하고 인구 밀집 지역 상공에서 운용하기 위한 최저안전고도는 수평반경 2,000피트 이내의 가장 높은 장애물 상공 1,000피트 고도를 유지해야 한다.

【정답】 248.④ 249.① 250.① 251.④

252. 이륙 또는 착륙을 예외로 하고 인구 밀집 지역 상공 외의 상공에서 운용하기 위한 최저안전 고도는 얼마인가?

① 동력장치의 고장이 발생했을 때 지상의 인원 또는 자산에 위험을 초래하지 않고 비상착륙이 가능한 고도

② 넓은 수면 또는 인적이 드문 지역 상공을 제외하고 사람, 선박, 차량, 또는 구조물로부터 500피트를 필요로 하는 500피트(AGL)의 고도

③ 수평반경 1,000피트 이내의 가장 높은 장애물 상공 500피트 고도

④ 수평반경 2,000피트 이내의 가장 높은 장애물 상공 500피트 고도

【해설】 이륙 또는 착륙을 예외로 하고 인구밀집 지역 상공 외의 상공에서 운용하기 위한 최저안전고도는 지표면으로부터 500피트 고도를 유지해야 한다. 넓은 수면 또는 인적이 드문 지역 상공에서는 사람, 선박, 차량, 또는 구조물로부터 500피트 거리를 유지해야 한다.

(1) 인구밀집 지역(over congested areas); 대도시, 소도시, 주거지, 또는 많은 사람이 모여 있는 장소

(2) 인구밀집 지역 외의 지역(over unpopulated areas)

(3) 기타 지역(anywhere); 사람이 거의 살지 않는 지역

253. 이륙 전 고도 또는 고도계를 어떻게 맞추어야 하는가?

① 최근 고도계 수정치 또는 출발공항의 표고에 맞추고 이륙한다.

② 출발공항을 위해서 수정된 밀도고도에 맞추고 이륙한다.

③ 출발공항을 위해서 수정된 기압고도에 맞추고 이륙한다.

④ 표준기온조건에 맞추고 이륙한다.

【해설】 이륙 전 고도계 수정치가 가용하지 않다면 고도 또는 고도계는 국지 고도계 수정치(local altimeter setting) 혹은 출발공항의 표고(departure airport elevation)에 맞추고 이륙한다.

254. 이륙 전 고도계 수정치가 가용하지 않다면 조종사는 고도계를 어떻게 맞추어야 하는가?

① 해수면을 위해서 수정된 가장 가까운 공항의 표고

② 표준기온에 해당하는 해수면 고도

③ 비표준 기온을 위해서 수정한 기압고도

④ 출발공항의 표고

【해설】 이륙 전 고도계 수정치가 가용하지 않다면 고도 또는 고도계는 국지 고도계 수정치(local altimeter setting) 혹은 출발공항의 표고(departure airport elevation)에 맞추고 이륙한다.

255. ATC 인가를 받았을 때 기장은 수정인가를 받지 않는 한 해당 인가를 위반해서는 안 된다. 이 규정에서 예외가 될 수 있는 경우는?

① 인가에 조종사의 재량이 승인되었을 때 ② 비상시

③ 만약 인가에 제한이 포함되었다면 ④ 최종접근경로에서 접근 중일 때

【정답】 252.② 253.① 254.④ 255.②

【해설】 ATC 인가를 받았을 때 기장은 비상시(in emergency)를 제외하고 수정인가를 받지 않는 한 해당 인가를 위반(deviates)해서는 안 된다.

256. 만약 조종사가 비상상황으로 인해서 인가를 위반했고 우선권이 주어졌다면 조종사의 적절한 행동은?

① 당신은 기장이기 때문에 특별한 행동이 필요하지 않다.
② 착륙하자마자 세부 보고서를 제출해야 한다.
③ 가능한 한 빨리 항공청 행정관에게 보고서를 제출해야 한다.
④ 해당 ATC의 요청이 있다면 48시간 이내에 세부 보고서를 제출해야 한다.

【해설】 만약 조종사가 비상상황으로 인해서 인가를 위반했고 우선권(priority)이 주어졌다면 조종사는 해당 ATC의 요청이 있을 때 48시간 이내에 세부 보고서를 제출해야 한다.

257. G등급 공역에서 관제탑이 운용되고 있지 않은 공항에 착륙을 위해서 접근 중일 때 조종사의 가장 적절한 행동은?

① 고도 800피트(AGL)로 장주에서 진입하고 비행해야 한다.
② 다르게 지시하지 않는 한 모든 선회는 왼쪽으로 해야 한다.
③ 고도 800피트(AGL)에서 오른쪽 장주로 비행해야 한다.
④ 장주 고도에서 모든 선회는 오른쪽으로 해야 한다.

【해설】 G등급 공역에서 관제탑이 운용되고 있지 않은 공항에 착륙을 위해서 접근 중일 때 각 항공기의 조종사는 공항에 있는 등화신호(light gun, 빛총) 혹은 시각표지가 우선회할 것을 지시하지 않는 한 모든 선회는 왼쪽으로 수행해야 한다.

258. C등급 공역에 진입하기 전 조종사의 초기 행동에 관해서 가장 올바른 것은?

① 해당 주파수를 이용해서 접근관제소와 교신한다.
② 관제탑과 교신하여 진입 승인을 요청한다.
③ 교통조언을 위해서 FSS와 교신한다.
④ 해당 공역에 진입하기 전 트랜스폰더를 작동시킨다.

【해설】 C등급 공역에 진입하기 전 조종사는 그 공역을 관장하고 있는 ATC 시설과 쌍방향 무선통신(two-way communication)이 이루어지지 않는 한 진입해서는 안 된다.

259. B등급 공역에서 비행운용에 관해서 가장 올바르게 서술하고 있는 것은?

① 기장은 계기한정과 함께 최소한 자가용 조종사 자격증명을 갖추어야 한다.
② 기장은 최소한 조종훈련생 자격증명을 갖추어야 한다.
③ 쌍방향무선통신만 이루어질 수 있다면 가능하다.
④ 항공기는 ATC 트랜스폰더와 자동고도보고 성능을 갖추어야 한다.

【해설】 B등급 공역에서 항공기를 운용하기 위해서 항공기는 자동고도보고 성능(Mode C; 인코딩)을 갖춘 트랜스폰더를 갖추어야 한다. B등급에서 운용하기 위한 조종사 자격증명은 최소한 자가용 조종사(private pilot certificate) 자격증명을 소지해야 하고, 조종훈련생

【정답】 256.④ 257.② 258.① 259.④

(student pilot) 혹은 스포츠 조종사라면 유자격 교관으로부터 배서(endorsement)를 받은 후 비행이 가능하다.

260. B등급 공역에서 비행운용에 관해서 가장 올바르게 서술하고 있는 것은?
① 항공기는 ATC 트랜스폰더만 갖추면 된다.
② VFR 하에서 비행은 기장이 계기한정을 갖추지 않는 한 승인되지 않는다.
③ 단독 조종훈련생 운용은 승인되지 않는다.
④ 조종사는 해당 공역에서 운용하기 전 ATC 인가를 받아야 한다.
【해설】 B등급 공역에서 운용하기 위해서 기장은 해당 공역에 진입하기 전 그 공역을 관장하고 있는 ATC 시설로부터 ATC 인가(clearance)를 받아야 한다.

261. 고도 1,200피트(AGL) 이상 그리고 10,000피트(MSL) 아래의 관제공역에서 VFR 비행하기 위해서 최저시정과 구름으로부터의 수직거리는?
① 관제공역에서 3마일, 구름 아래 500피트, 위로 1,000피트
② 전체 고도에서 5마일, 구름 아래 1,000피트, 위로 1,000피트
③ A등급 공역에서만, 시정 5마일, 구름 아래 1,000피트, 위로 1,000피트
④ 관제공역에서 5마일, 구름 아래 500피트, 위로 1,000피트
【해설】 A, B, C, D, 그리고 E등급 공역은 관제공역(controlled airspace)이다. C, D등급, 또는 E등급 공역에 있는 10,000피트(MSL) 아래에서 VFR을 위한 최저시정은 3마일 그리고 구름으로부터 수직거리는 아래로 500피트, 그리고 위로 1,000피트 거리를 유지해야 한다.

262. E등급 공역을 위한 고도 10,000피트(MSL) 미만에서 기본 주간 VFR을 위한 최저 비행시정은?
① 수평 2,000피트 ② 3 SM
③ 3 NM ④ 5 SM
【해설】 E등급 공역에서 고도 10,000피트(MSL) 미만일 때 기본 주간 VFR을 위한 최저 비행시정은 3 SM이다.

263. LSA 조종사가 고도 10,000피트(MSL) 미만 E등급 공역에서 비행하기 위한 최저 비행시정은?
① 수평 2,000피트 ② 3 SM
③ 3 NM ④ 5 SM
【해설】 LSA 조종사가 고도 10,000피트(MSL) 미만 E등급 공역에서 비행하기 위한 최저 비행시정은 3 SM이다. 스포츠 조종사는 모든 공역에서 3 SM의 최저시정 필수요건과 함께 지표면에 대한 시각적 참고(visual reference)를 유지해야 한다.

【정답】 260.④ 261.① 262.② 263.②

264. 고도 10,000피트(MSL) 아래 항공로 선상에서 VFR 운용을 위해서 필요로 하는 구름으로부터 최저거리는?

① 구름에서 벗어나 있어야 한다.

② 아래 1,000피트, 위로 500피트, 그리고 수평으로 2,000피트

③ 위로 500피트, 아래 1,000피트, 그리고 수평으로 2,000피트

④ 아래 500피트, 위로 1,000피트, 그리고 수평으로 2,000피트

【해설】 *항공로(airway)에 있는 E등급 공역은 지표면 상공 1,200피트(AGL)로부터 18,000피트(MSL; 포함하지 않음)까지 확장된다. 고도 10,000피트(MSL) 미만 E등급 공역에서 비행하기 위한 최저 비행시정은 3 SM이다. E등급 공역에서 비행하기 위한 구름으로부터 최저거리는 아래 500피트, 위로 1,000피트, 그리고 수평으로 2,000피트이다.*

265. 주간 고도 700피트(AGL) 또는 아래 G등급 공역에서 VFR 운용을 위해서 필요로 하는 최저 시정과 구름으로부터 최저거리는?

① 시정 1마일과 구름에서 벗어나 있어야 한다.

② 시정 1마일과 아래 500피트, 위로 1,000피트, 그리고 수평으로 2,000피트

③ 시정 3마일과 구름에서 벗어나 있어야 한다.

④ 시정 5마일과 구름에서 벗어나 있어야 한다.

【해설】 *LSA 조종사는 모든 공역에서 3 SM의 최저시정 필수요건과 함께 지표면에 대한 시각적 참고(visual reference)를 유지해야 한다.*

266. D등급 공역 안에서 항공기를 운용하기 위한 기본 최저 VFR 기상 최저치는?

① 실링 500피트와 시정 1마일　　② 실링 1,000피트와 시정 3마일

③ 구름에서 벗어나 있고 시정 2마일　　④ 실링 1,000피트와 시정 5마일

【해설】 *D등급 공역 안에서 항공기를 운용하기 위한 기본 최저 VFR 기상 최저치는 실링 1,000피트 그리고 시정 3마일이다.*

267. 고도 10,000피트 아래 항공로에서 VFR 비행에 필요한 최저 비행시정은?

① 1마일　　② 3마일

③ 5마일　　④ 6마일

【해설】 *항공로(airway)에 있는 E등급 공역은 지표면 상공 1,200피트(AGL)로부터 18,000피트(MSL; 포함하지 않음)까지 확장된다. 고도 10,000피트(MSL) 미만 E등급 공역에서 비행하기 위한 최저 비행시정은 3 SM이다.*

268. 고도 1,200피트(AGL) 이상, 10,000피트(MSL) 미만의 관제공역 외부에서 주간 VFR 비행을 위해서 필요로 하는 최저 비행시정은?

① 1마일　　② 3마일

③ 5마일　　④ 6마일

【해설】 *고도 1,200피트(AGL) 이상, 10,000피트(MSL) 미만의 G등급 공역에서 주간 VFR*

【정답】 264.④　265.③　266.②　267.②　268.①

비행을 위해서 필요로 하는 최저 비행시정은 1마일이다.

269. 고도 1,200피트(AGL) 미만의 고도, E등급 공역 안에서 VFR 비행을 위한 구름으로부터 최저 수평거리는?

① 1,000피트 ② 1,500피트
③ 2,000피트 ④ 2,500피트

【해설】 *A, B, C, D, 그리고 E등급 공역은 관제공역(controlled airspace)이다. C, D등급, 또는 E등급 공역에 있는 10,000피트(MSL) 아래에서 VFR을 위한 최저시정은 3마일 그리고 구름으로부터 수직거리는 아래 500피트, 위로 1,000피트, 그리고 2,000피트 수평거리를 유지해야 한다.*

270. [그림4-13, 컬러, 2번] BRYN(Pvt) Airstrip에서 비행하여 접근하기 위한 기상 최저치는?

① 시정 1 SM
② 모든 공역에서 5 SM
③ 시정요건이 없고, 구름에서 벗어나 있어야 함
④ 모든 공역에서 3 SM

【해설】 *이 공역은 G등급 공역에 속해 있으므로 LSA 조종사가 이 공역에서 비행하기 위해서는 시정 3 SM 조건을 갖추어야 한다.*

271. 자방위가 175°인 V-항로에서 비행하기 위해서 허용될 수 있는 VFR 순항고도는?

① 4,500피트 ② 5,000피트
③ 5,500피트 ④ 3,000피트

【해설】 *지표면 상공 3,000피트(AGL) 이상에서 VFR 비행을 위한 고도는 반구규칙에 따라 다음과 같이 결정된다.*

- *자방위 0~179°; 홀수 천 단위 고도+500*
- *자방위 180~359°; 짝수 천 단위 고도+500*

272. 자방위 135°에서 VFR 비행에 적절한 순항고도는?

① 짝수 천 단위 고도 ② 짝수 천 단위 고도 +500
③ 홀수 천 단위 고도 +500 ④ 홀수 천 단위 고도

【해설】 *지표면 상공 3,000피트(AGL) 이상에서 VFR 비행을 위한 고도(altitude)는 반구규칙(hemispherical rule)에 따라 다음과 같이 결정된다.*

- *자방위 0~179°; 홀수 천 단위 고도+500*
- *자방위 180~359°; 짝수 천 단위 고도+500*

273. 고도 3,000피트(AGL) 이상에서 자방위 185°로 VFR 비행에 적절한 순항고도는?

① 4,000피트 ② 5,500피트
③ 5,000피트 ④ 4,500피트

【정답】 269.③ 270.④ 271.③ 272.③ 273.④

274. VFR 순항고도에서 항공기를 운용 중인 각 조종사가 홀수 천 단위 고도 +500피트를 유지해야 하는 비행 코스는?

① 자기수방위 0~179°　　② 자방위 0~179°
③ 진방위 0~179°　　④ 진기수방위 0~179°

275. 감항증명서 외에 비행 중 항공기에 탑재해야 하는 서류 혹은 기록부는 무엇인가?

① 항공기 엔진과 기체 기록부 그리고 소유주의 매뉴얼
② 무선운용자 허가서, 그리고 수리와 교환 양식
③ 정비기록부와 운용자 지침서
④ 운용제한과 등록증명서

【해설】 *규정에 따르면 비행 중 항공기에 감항증명서(airworthiness certificate)와 등록증명서(registration certificate)를 항상 탑재하고 운항할 것을 요구하고 있다. 이외에도 운용제한(operating limitations)은 항공기에 탑재해야 한다. 이들 운용제한은 비행기 비행 매뉴얼, 매뉴얼 자료, 각종 표지, 그리고 플래카드 등에 포함되어 있다.*

276. 만약 배터리가 재충전용이라면 비상위치발신기(ELT) 배터리를 교환 혹은 충전해야 하는 시기는?

① ELT의 부주의한 작동 후
② ELT의 사용시간이 누적 1시간 이상이 되었을 때
③ ELT가 항공기 무선통신 수신기에서 더 이상 청취할 수 없을 때
④ ELT의 사용시간이 누적 2시간 이상이 되었을 때

【해설】 *만약 배터리가 재충전용(rechargeable)이라면 비상위치발신기(ELT) 배터리는 발신기의 사용이 누적 1시간 이상이 되었을 때 또는 사용수명의 50%가 되었을 때 교환 혹은 충전해야 한다.*

277. 만약 ELT 배터리를 충전할 수 없다면 언제 교환해야 하는가?

① 매 24개월
② 사용수명의 50%가 되었을 때
③ 매 100시간 또는 연간검사 시간에
④ 사용수명의 80%가 되었을 때

【해설】 *ELT 배터리가 충전용이 아니라면 사용수명(useful life)의 50%가 되었을 때 교환해야 한다.*

278. ELT 배터리를 교환 혹은 충전(재충전용이라면)해야 하는 시기는?

① 매 12개월
② 매 100시간과 연간검사 시간에
③ 매 24개월
④ 배터리 사용수명의 절반이 지난 후

【정답】 274.② 275.④ 276.② 277.② 278.④

279. 조종사가 충돌방지등을 켜야 하는 시기는?

① 야간 또는 날씨가 좋지 않을 때

② 야간 또는 시정이 3마일 미만이고 B등급 공역에서 비행 중일 때

③ 주간이나 야간, 그러나 기장의 판단이 안전에 위험을 줄 수 있을 때는 예외이다.

④ 야간 관제공역에서 기상이 좋지 않을 때

【해설】 충돌방지등(anti-collision lights)은 주야 언제든지 켜고 운항해야 하지만 기장의 판단에 충돌방지등으로 인해서 안전에 위험을 줄 수 있을 때는 예외이다.

280. 곡예비행이 금지되는 공역?

① 고도 1,500피트(AGL) 이상 연방 항공로로 지정되지 않는 G등급 공역

② 고도 1,500피트(AGL) 아래 E등급 공역

③ 고도 1,500피트(AGL) 아래 G등급 공역

④ 고도 1,500피트(MSL) 아래 E등급 공역

【해설】 고도 1,500피트(AGL) 아래에서 곡예비행(aerobatic flight)을 할 수 없다.

281. 곡예비행을 수행할 수 없는 비행시정은?

① 3마일 미만 ② 5마일 미만

③ 7마일 미만 ④ 10마일 미만

【해설】 곡예비행을 하기 위한 기본요건은 고도 1,500피트(AGL) 이상 그리고 시정 3마일 이상이 되어야 한다.

282. 곡예비행이 허용되는 가장 낮은 고도는?

① 1,000피트(AGL) ② 2,500피트(AGL)

③ 2,000피트(AGL) ④ 1,500피트(AGL)

283. 곡예비행을 할 수 없는 조건은?

① 비행시정이 5마일 미만일 때

② 대도시, 소도시 혹은 거주지의 인구밀집 지역 상공

③ 고도 2,500피트(AGL) 미만

④ 시정 3마일, 그리고 고도는 지표면으로부터 2,500피트 이상일 때

【해설】 대도시, 소도시 혹은 거주지의 인구밀집 지역 상공에서 곡예비행은 금지된다.

284. 일부를 예외로 하고 항공기의 각 탑승객이 낙하산을 착용해야 하는 시기는?

① 낙하하는 사람을 위해서 항공기 출입문을 떼어냈을 때

② 의도적으로 항공기의 피칭을 30° 또는 그 이상 올리고 내릴 때

③ 의도적으로 경사가 30°를 초과할 때

④ 의도적으로 항공기의 피칭을 45° 또는 그 이상 올리고 내릴 때

【해설】 항공기가 의도적(intentionally)으로 피칭을 30° 또는 그 이상 올리고 내릴 때 또는

【정답】 279.③ 280.② 281.① 282.④ 283.② 284.②

60°를 초과하는 경사로 기동할 때 비행기의 각 탑승객은 공인 낙하산(approved parachutes)을 착용해야 한다.

285. 나일론, 레이온, 또는 다른 합성섬유로 제작된 낙하산은 유자격 낙하산 정비사가 며칠 이내에 포장되어야 하는가?

① 60일 ② 90일

③ 180일 ④ 210일

【해설】 *나일론(nylon), 레이온(rayon), 또는 다른 합성섬유로 제작된 낙하산은 적절한 유자격 낙하산 정비사가 180일 이내에 포장되어야 한다.*

286. 자연섬유로 제작된 낙하산은 유자격 낙하산 정비사가 며칠 이내에 포장되어야 하는가?

① 60일 ② 90일

③ 180일 ④ 210일

【해설】 *자연섬유(natural fibers)로 제작된 낙하산은 적절한 유자격 낙하산 정비사가 60일 이내에 포장되어야 한다.*

287. 일반적으로 제한범주 민간 항공기의 운용이 금지되는 것은?

① IFR 하에서 비행 ② C등급 공역에서 비행

③ D등급 공역에서 비행 ④ 인구밀집 지역 상공에서 비행

【해설】 *일반적으로 제한범주 민간 항공기는 인구밀집 지역 상공에서 비행이 금지된다.*

288. 특별하게 다르게 승인되지 않는 한 실험인증을 보유하고 있는 항공기가 운용할 수 없는 조건은?

① B등급 공역의 하한고도 아래

② C등급 공역에서 비행

③ D등급 공역 안에 있는 주공항으로부터

④ 인구밀집 지역 또는 혼잡한 항공로 상공

【해설】 *특별하게 다르게 승인되지 않는 한 실험인증(experimental certificate category)을 보유하고 있는 항공기는 인구밀집 지역 또는 혼잡한 항공로 상공에서 운항이 금지된다.*

289. 항공기의 감항성을 유지해야 하는 책임은 누구에게 있는가?

① 기장 ② 소유주 또는 운용자

③ 작업을 수행한 정비사 ④ 운항관리사

【해설】 *소유주 또는 운용자(owner or operator)는 해당 항공기가 감항성(airworthiness)을 유지하도록 하는 책임을 갖는다.*

【정답】 285.③ 286.① 287.④ 288.④ 289.②

290. 감항지시(AD)를 확실하게 준수해야 하는 책임은 누구에게 있는가?

① 소유주 또는 운용자　② 수리업소
③ 검사관 자격을 갖는 정비사　④ 운항관리사

【해설】 *감항지시(Airworthiness Directives; AD)는 규정적이고 특별 예외가 허가되지 않는 한 반드시 준수해야 한다. 항공기 소유주 또는 운용자는 순환 또는 연속 행동(recurrent or continuing action)이 필요한 AD를 포함하여 모든 해당 AD를 준수해야 할 책임을 갖는다.*

291. 항공기의 운항복귀 승인을 지시하고 있는 항공기 정비기록부에 정비사가 적절하게 기입되었는지 확인해야 하는 책임은 누구에게 있는가?

① 운항관리사　② 기장(PIC)
③ 작업을 수행한 정비사　④ 소유주 또는 운용자

【해설】 *항공기의 소유주 또는 운용자는 항공기의 운항복귀(return to service) 승인을 지시하고 있는 항공기 정비 기록부(maintenance records)에 정비사가 적절하게 기입되었는지 확인해야 하는 책임을 갖는다.*

292. 항공기의 운항복귀 승인을 지시하고 있는 항공기 정비기록부에 정비사가 적절하게 기입되었는지 확인해야 하는 책임은?

① 소유주 또는 운용자　② 유자격 정비사
③ 수리업소 대표　④ 기장

293. 만약 수리 혹은 교환이 비행 중인 항공기 성능에 심각하게 영향을 준다면 그 항공기는 유자격 조종사로부터 운항복귀 승인을 위해서 시험비행이 필요할 때는 언제인가?

① 스포츠 조종사가 탑승할 때　② 출고 후 첫 비행할 때
③ 운임 혹은 임대할 때　④ 승객이 탑승할 때

【해설】 *만약 수리 혹은 교환(repair or alternation)이 비행 중인 항공기 성능에 심각하게 영향을 준다면 그 항공기는 승객을 탑승시키기 전에 적절한 한정자격 조종사(appropriately rated pilot)로부터 운항복귀 승인을 위해서 시험비행을 마쳐야 한다. 시험비행 조종사(test pilot)는 최소한 스포츠 조종사 자격증명과 시험비행 하고자 하는 비행기에 대한 적절한 한정증명을 갖추어야 하고, 수리 혹은 교환한 것에 대한 운용상의 점검, 그리고 항공기 기록부에 관련 내용을 정확하게 기입해야 한다.*

294. 항공기의 연간검사는 올해 7월 12일 실시했다. 다음 연간검사의 유효기간은 언제인가?

① 1년 후, 7월 1일　② 1년 후, 7월 13일
③ 1년 후, 7월 31일　④ 2년 후, 7월 31일

【해설】 *다음 연간검사(annual inspection) 유효기간은 이전 연간검사 후 12개월의 마지막 날 자정(midnight)까지이다.*

【정답】 290.① 291.④ 292.① 293.④ 294.③

295. 마지막 연간검사의 만료날짜를 결정하기 위해서 조종사가 참고해야 하는 것은?

① 감항증명서 ② 등록증명서

③ 계기판에 표기된 연간검사 날짜 ④ 항공기 정비기록부

【해설】 *항공기의 정비 검사를 마친 후 해당 정비사는 정비 기록 혹은 다른 관련 기록부에 적절한 내용을 기록해야 한다. 이들 기록부에서 연간검사 날짜를 확인할 수 있다.*

296. 항공기의 연간검사를 마쳤고 운항복귀가 승인되었음을 지시하고 있는 것은?

① 등록증명서의 재발급 날짜

② 항공기 정비기록부의 관련 기록

③ 연간검사를 받은 날짜가 표기된 계기판에 있는 검사 스티커

④ 감항증명서와 재발급 등록 증명서

【해설】 *항공기의 연간검사(annual inspection)를 마쳤고 운항복귀가 승인되었을 때 관련 내용은 항공기 정비기록부에 기록해야 한다.*

297. 항공기의 소유주 혹은 운용자가 해당 AD를 준수하고 있음을 보여주는 기록부 혹은 서류는 어느 것인가?

① 항공기 정비기록부

② 감항증명서와 조종사 운용 핸드북

③ 감항증명서와 등록증명서

④ 소유자 운용 지침서

【해설】 *항공기 정비 기록부(maintenance records)에는 AD 번호, 준수한 방식, 그리고 개정 날짜를 포함하여 해당하는 AD의 최근 상태가 기록되어 있어야 한다.*

298. 비행 전 점검 중 항공기의 감항성을 결정하는 방법은?

① 항공기가 감항성이 있는지 소유주 또는 운용자로부터 서술에 의존한다.

② 비행교관으로부터 일지 배서를 확인한다.

③ 정비기록부를 검토한다.

④ 소유자에게 문의하여 날짜를 확인한다.

【해설】 *기장은 매 비행 전 항공기가 비행에 안전 상태에 있는지를 결정할 책임을 갖는다. 비행 전 점검을 수행하고 정비기록부를 검토하는 것만으로도 항공기가 필수 정비를 수행했는지를 확인할 수 있으므로 이는 항공기가 감항성을 유지하고 있는 것으로 볼 수 있다.*

299. 만약 항공기가 크게 파손된 사고가 발생했다면 NTSB 현지 사무소에 언제까지 통보해야 하는가?

① 24시간 이내 ② 48시간 이내

③ 7일 이내 ④ 즉시

【해설】 *항공기 사고(accidents) 혹은 규정에 정한 준사고(incidents)가 발생했을 때 또는 사고가 났을 것으로 믿어지는 미도착 항공기가 발생했을 때 가용한 신속한 수단을 이용해서 가*

【정답】 295.④ 296.② 297.① 298.③ 299.④

까운 NTSB 현지 사무소에 관련 내용을 즉시 통보해야 한다.

300. NTSB(또는 항공사고조사 위원회) 현지 사무소에 즉시 통보해야 하는 준사고는?

① 사고가 났을 것으로 믿어지는 미도착 항공기
② 비행 중 무선통신이 고장 난 항공기
③ 비행 중 발전기 혹은 교류발전기 고장 항공기
④ 비행 중 VOR 수신기가 고장 난 항공기

【해설】 항공기 사고(accidents) 혹은 규정에 정한 준사고(incidents)가 발생했을 때 또는 사고가 났을 것으로 믿어지는 미도착 항공기(overdue aircraft)가 발생했을 때 가용한 신속한 수단을 이용해서 가까운 NTSB(또는 항공사고조사 위원회) 현지 사무소(field office)에 관련 내용을 즉시 통보해야 한다.

301. NTSB(또는 항공사고조사 위원회) 현지 사무소에 즉시 통보해야 하는 준사고는 무엇인가?

① 비행 중 발전기 혹은 교류발전기의 고장　　② 비행 중 통신장비의 고장
③ 비행 중 VOR 수신기 성능의 상실　　④ 비행 중 화재

【해설】 항공기 사고(accidents) 혹은 규정에 정한 준사고(incidents)가 발생했을 때 또는 사고가 났을 것으로 믿어지는 미도착 항공기(overdue aircraft)가 발생했을 때 가용한 신속한 수단을 이용해서 가까운 NTSB 현지 사무소(field office)에 관련 내용을 즉시 통보해야 한다. 이 경우 준사고는 다음과 같다.

- *조종계통의 기능고장 또는 고장*
- *필수 비행승무원이 부상 혹은 질병으로 인해서 정상적인 비행 임무를 수행할 수 없을 때*
- *압축기와 터빈 블레이드와 베인을 제외한 터빈엔진의 구조적 구성품의 파손*
- *비행 중 화재*
- *비행 중 공중충돌*

302. NTSB(또는 항공사고조사 위원회) 현지 사무소에 즉시 통보해야 하는 준사고는 무엇인가?

① 엔진고장으로 인한 비상착륙
② 경착륙으로 인한 착륙장치의 파손
③ 조종계통의 기능고장 또는 고장
④ 압축기 블레이드의 파손

303. NTSB에서 사고현장을 관리하기 전에 항공기 잔해를 옮길 수 있는가?

① 있다, 그러나 오직 연방, 주, 그리고 지방 법 집행관만이 옮길 수 있다.
② 없다, 소유자의 승인을 받아야 한다.
③ 없다, 어느 경우도 옮겨서는 안 된다.
④ 있다, 오직 잔해의 추가 파손을 보호하고자 할 때만 가능하다.

【해설】 항공기 사고가 발생했을 때 사고현장에서 잔해, 우편물, 또는 화물 등과 같은 항공기 잔해는 NTSB(또는 항공사고조사 위원회)에서 관리하기 전에 이들을 흩트려 놓거나 옮겨서

【정답】 300.① 301.④ 302.③ 303.④

는 안 된다. 그러나 다음의 경우는 예외이다.
- *부상자 혹은 갇혀 있는 사람을 구하기 위해서 옮기는 행위*
- *잔해의 추가 파손을 방지하기 위해서 옮기는 행위*
- *다른 사람의 부상을 방지하기 위해서 옮기는 행위*

304. 사고와 관련이 있는 항공기의 운용자는 NTSB(또는 항공사고조사 위원회)에 보고서를 언제까지 제출해야 하는가?

① 5일 이내　② 7일 이내
③ 10일 이내　④ 즉시

【해설】 *항공기의 운용자는 항공기 사고가 발생한 날로부터 10일 이내에 그리고 미도착 항공기가 여전히 행방불명이라면 7일 이내에 가까운 NTSB(또는 항공사고조사 위원회) 현지 사무소에 양식을 작성하여 보고해야 한다. 준사고에 대한 보고서는 요청이 있을 때 제출해야 한다.*

305. 준사고와 관련이 있는 항공기의 운용자는 NTSB(또는 항공사고조사 위원회)에 보고서를 언제 제출해야 하는가?

① 7일 이내　② 10일 이내
③ 요청이 있을 때　④ 즉시

306. NTSB(또는 항공사고조사 위원회) 현지 사무소에 사고 보고서는 언제까지 제출해야 하는가?

① 2일 이내　② 7일 이내
③ 10일 이내　④ 즉시

【정답】 304.③　305.③　306.③

Chapter 4 공중항법

4.1 개 요

자동차는 도로를 따라 이동하지만 공중에는 도로와 같이 지정된 경로가 없으므로 조종사가 결정한 비행로를 따라 비행한다. 항공기의 성능(performance)이 증대하면서 비록 소형 항공기라 할지라도 속도도 그만큼 빨라졌고 항속거리는 점차 길어지고 있다. 현대의 항공기 항법(navigation)은 매우 정밀한 무선항법이 발달하여 일반항공에서도 대부분 무선항법(radio navigation)에 의존하고 있다. 그러나 경항공기는 정밀 무선항법에 의존하기보다 지형지물을 이용한 지문항법(pilotage)을 적용하고 있다. 여기서는 조종사로서 기본적으로 알아야 할 기본 항법 절차에 대해서 학습한다. 아울러 항공도와 공역(airspace)을 간단히 소개한다.

4.2 항공도

항공용으로 제작된 지도를 항공도(aeronautical chart)라 한다. 항공도는 [그림4-2]와 같이 일반 지도에 표기된 항복에 항법보조시설, 항로, 공역, 장애물, 공항 등이 추가되어 있다. 항공도는 축적에 따라 1:25만, 1:50만, 1:100만 단위로 발행된다. 일반항공에서는 1:50만 지도가 가장 많이 사용된다. 1:50만 항공도에서 특정 공역의 시설을 2배로 확대한 1:25만 항공도가 발행되기도 한다. 국내에서 시계비행(VFR) 항공도가 특정 기관에서 발행하기는 하지만 일반에 보급되지는 않는다. FAA에서 발행한 항공도가 국제적으로 인증된 항공도 부호와 내용을 갖추고 있어 이를 근거로 설명한다.

① 구역 항공도: 축척이 1:500,000이고 시계비행 조종사가 가장 많이 사용한다.

② 터미널 지역 항공도: 축척이 1:250,000이기 때문에 항공 교통량이 많은 지역에서 더욱

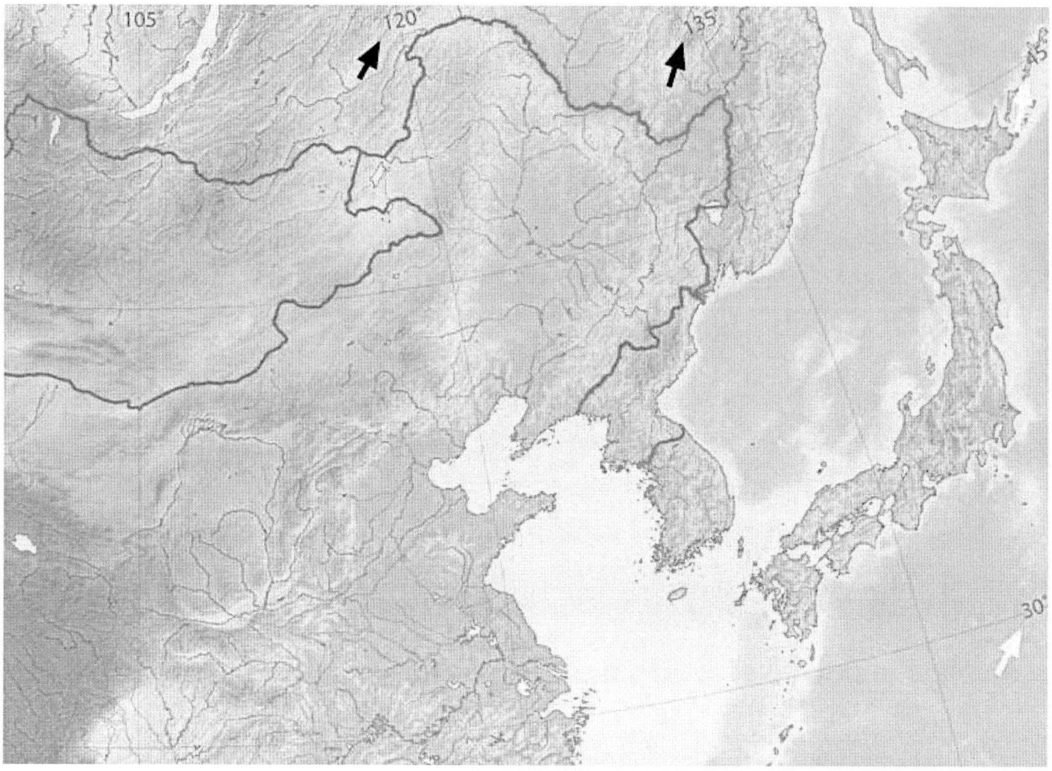

【그림4-1】 일반 지도에서 좌표는 위도 그리고 경도 순으로 판독한다. 대한민국은 북위 30°와 45°(백색 화살표) 그리고 동경 120°와 135°(검정 화살표) 사이에 있다. 1°는 다시 60분으로 나누어 판독한다.

세밀한 항공정보를 제공한다.

(1) 지리좌표

항공도를 포함한 모든 지도에서 좌표(coordinate)의 판독이 가장 기본이다. 항공도 상에서 위치는 [그림4-1]과 같이 위도(latitude) 먼저 그리고 경도(longitude)를 판독한다.

① 위 도

적도(equator)는 북극(north pole)과 남극(south pole)에서 지구 중심으로 동일 거리에 위치 지점들을 연결한 가상원이다. 적도를 기준으로 일정한 간격으로 평행하게 그려진 원을 평행 위도(parallel latitude)라 한다. 지리좌표로 표기할 때는 적도를 기준으로 0°에서 90°까지 측정된 거리를 "N00°,00', 00""와 같이 표기되고 북위(남위) 00도 00분 00초로 판독한다. 지리좌표는 통상 분까지 표기되나 현대에 개발되는 더욱 정밀한 항법 장비는 초 단위까지 입력할 수 있도록 항법 정밀도가 향상되었다.

② 경 도

자오선(maiden)은 적도를 수직으로 통과하는 선으로 북극과 남극을 연결하는 가상선이다. 북극과 남극을 잇는 자오선 중 어느 하나의 자오선을 중심으로 거리를 측정하는데 이 중심이 되는 자오선을 본초 자오선이라 한다. 본초 자오선은 영국의 그리니치 천문대를 통과하는 자오선이다. 본초 자오선을 0°로 하여 이 선으로부터 좌우의 거리를 측정하는 기준이 된다. 본초 자오선(prime meridian)으로부터 동서로 0°에서 180°까지 측정된 거리를 경도라 한다. 지리좌표로 표시할 때는 "E000°00' 00"" 와 같이 표기하고 동경(서경) 000도 00분 00초로 판독한다.

③ 자기편각

편각(variation; VAR)은 자북(MN)과 진북(TN)의 차이이다. 항공도에 점선으로 편각이 표기된다. 자기 나침반 지시침이 진북의 동쪽을 지시할 때 이를 동편각이라 하고 진북의 서쪽을 지시할 때 서편각이라 한다. 편각이 "0"이 되는 지역을 연결한 선을 무편각선이라 한다. VFR 항공도를 이용하여 비행계획을 수립하는 단계에서 목적지까지의 항로는 진항로(TC)가 된다. 진항로(TC)는 진북을 기준으로 한 항로이기 때문에 실제 비행할 수 있는 기수방위로 활용할 수 없다. 따라서 해당 지역의 편각(Var)을 적용하여 자항로(MC)를 산출해야 한다. 예를 들어 진항로(TC)가 190°이고, 편각(Var)이 "10°E"일 때 자항로(MC)는 180°가 된다. 항공기가 목적지 공항까지 비행하기 위한 항로는 180° (190-10)로 비행해야 한다. 반대로 편각(Var)이 "10°W"일 때 자항로(MC)는 200°가 된다. 이 사례는 비행계획 수립 단계에서 진항로(TC)에서 자항로(MC)를 결정하는데 주로 적용하는 방법으로 "동편각은 감하고 서편각은 더하라!"와 같이 기억하면 된다.

(2) 거 리

항법에서 표준거리 단위는 해리(NM)를 사용한다.

① 육상마일(SM): 법정마일(1SM=1,760 yards=5,280feet), 육상 또는 소형 항공기 속도계에 활용된다.

② 해상마일(NM): 평균 해상마일, 미터법 표시(1NM=1,852m=6,076.1피트)

(3) 속도 및 방위

속도(speed)는 비행한 거리를 시간으로 나누어 산출할 수 있으며 속도의 단위는 시간에 대한 마일이다. 측정 단위가 NM이면 노트이고, SM 또는 km이면 SM/h(KPH)로 표기한다. 항법에 활용되는 방위(azimuth)는 진방위(TB), 자방위(MB), 나방위(CB)가 있다. 이것은 거리와 관계없이 어느 한 지점에서부터 다른 지점에 대한 수평면상의 방향이다.

① 진방위(TB): 진북(TN)을 기준으로 시계방향으로 360°까지 측정된다.

② 자방위(MB): 자북(MN)을 기준으로 표시하는 방위이다.

③ 나방위(CB): 나침반이 지시하는 방위이다.

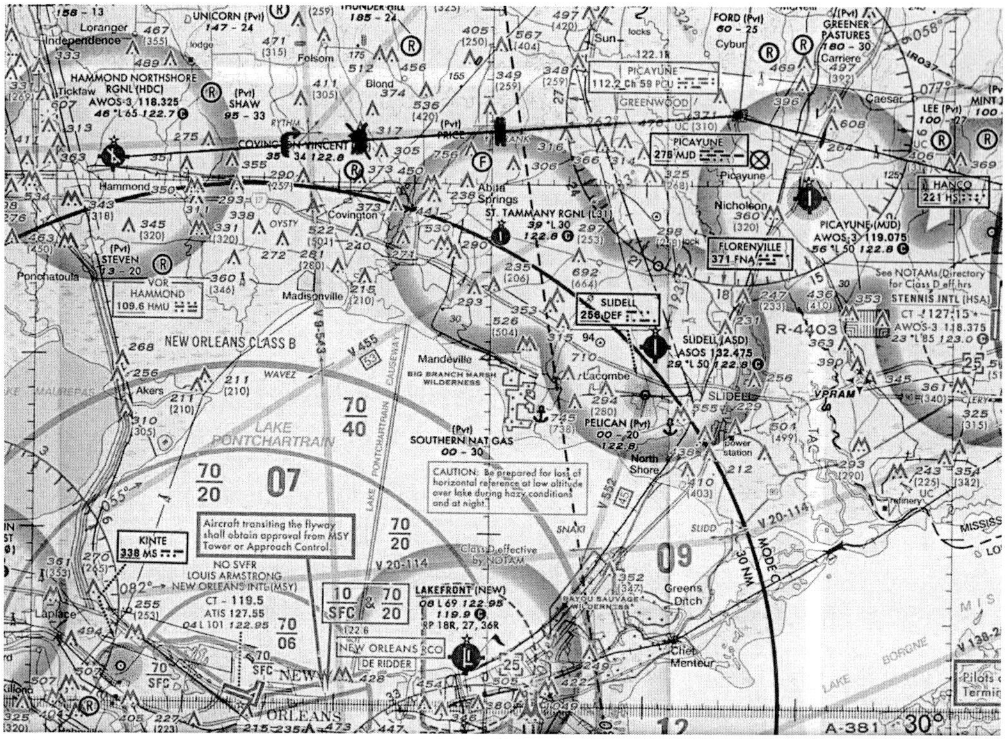

【그림4-2】 시계비행 항공도이다. 기본 지형도 바탕에 항공기 운항에 관한 정보와 부호들이 추가된다. 공역은 다양한 색과 원을 조합하여 측방 경계와 고도 한계가 지정된다. 항공도만으로 해당 공항정보를 알 수 있도록 별도의 박스에 공항정보가 제공된다. 경항공기 조종사라 할지라도 지도 판독 지문항법이 일반화되었기 때문에 시계비행 항공도를 판독할 수 있어야 한다. 이외에도 공항 주변의 각종 장애물의 위치와 높이를 확인할 수 있고 특별사용공역을 확인할 수 있다.

(4) 항 로

조종사가 비행하고자 하는 수평면상의 예정 비행경로(flight path)이다. 이것이 실질적으로 항공도에서 출발지에서부터 목적지 공항까지의 방위이다.

① 진항로(TC)

② 자항로(MC)

③ 나항로(CC)

항공기의 기수가 향하고 있는 방위를 기수방위 또는 헤딩(heading)이라 한다.

① 진기수방위(TH)는 항공도에서 결정한 기수방위이다.

② 자기수방위(MH)는 진북과 자북의 편각을 적용했을 때 얻어지는 기수방위이다.

③ 나기수방위(CH)는 나침반 자차를 적용하여 얻은 기수방위이다.

이외에도 지상에서 항공기의 실제 이동 방위를 항적(TR)이라 한다.

(5) 지형 및 장애물

① 등고선

등고선(contour)은 지표면의 평균 해수면(mean sea level; MSL) 높이를 나타낸다. 등고선은 500피트 간격으로 그려지고 등고선 사이에 중간 등고선이 250피트 간격으로 그려진다. 등고선 간격이 조밀하게 그려진 곳은 급경사 지역을 나타내고, 등고선이 넓게 형성된 곳은 경사가 매우 완만한 지역을 나타낸다.

② 기 복

그림자 기법을 이용한 지형의 기복은 공중에서 보았을 때 지형의 윤곽을 쉽게 식별할 수 있다. 지도 제작자가 항공도의 북서쪽에서 빛을 비추어 그림자 진 지역으로 그려졌다.

③ 색 조

항공도의 컬러의 색조는 고도대를 나타낸다. 진한 황토색은 5,000피트 이상의 고도대이고, 해수면 고도에 근접할수록 엷은 파란색으로 표시한다.

④ 장애물

지상에는 항공기 운항에 지장을 초래하거나 안전을 위협할 수 있는 수많은 장애물이 산재해 있다. 이들 장애물 중 지표면으로부터 200피트(AGL) 이상의 장애물에 대해서만 항공도에 표기되고 그 이하의 장애물은 단지 고려 대상이 된다. 이들 장애물은 단일 개체로 존재하기도 하지만 공항 또는 도시 주변에 건설된 각종 통신 안테나, 유류고, 공장 및 굴뚝, 고층 건물의 전망대, 수직 케이블 등과 같이 집단으로 형성되어 있는 인공 장애물들은 장애물군으로 표기한다. 공중에서 식별이 쉬운 인공 장애물은 검은색으로 표기되고 높이는 해당 장애물 하단에 평균 해수면(MSL) 높이와 지표면으로부터의 높이/표고(AGL)가 함께 표기된다. 이외에도 다음과 같은 유형의 장애물이 표기된다.

- 1,000피트(AGL) 이상 장애물
- 1,000피트(AGL) 이하 장애물
- 고광도 장애물등이 설치된 장애물
- 고압 송전선

⑤ 시각확인점

주요 공항으로 접근하는 시계비행 항공기의 신속한 위치 식별을 위해서 공항을 중심으로 공중에서 잘 보이는 다리, 저수지, 인근 공항, 교차로 등이 시각확인점(visual check point)으로 지정된다. 시각확인점은 자홍색 깃발 모양으로 위치를 식별한다.

⑥ 최대표고숫자(MEF)

항공도의 각 방안에는 가장 높은 장애물의 높이를 쉽게 식별할 수 있도록 각 방안에 굵은 숫자와 위첨자로 표기된다. 최대표고숫자(maximum elevation figure; MEF)에서 굵은 숫자는 천 단위 그리고 작은 숫자는 백 단위이다. 예를 들어 "4^6"로 표기되어 있을 때 지정 방안에서 가장 높은 장애물의 표고는 4,600피트이다.

(6) 공항정보

① 공항부호

항공도에는 공항의 위치뿐만 아니라 공항의 대략적인 윤곽 그리고 공항에 대한 기본적인 정보를 제공한다. 관제탑 시설을 갖춘 공항은 파란색으로 표기되고 관제탑 시설을 갖추지 않은 공항은 자홍색으로 구분한다. 활주로 표면이 잔디와 같이 단단하지 않은 육상 공항은 원으로 그리고 해상 공항은 닻으로 구분한다.

② 공항 식별박스

공항을 나타내는 부호 근처에 해당 공항에는 대한 간단한 정보가 제공된다. 공항정보는 공항부호와 같은 색으로 표기된다. 일반적으로 공항 명칭(식별 문자)-관제탑 주파수-ATIS 주파수-공항표고-등화시설-UNICOM 등이 제공된다.

4.3 공 역

항공교통(air traffic)이 발달하면서 무한 공중공간 역시 효율적으로 관리되지 않으면 안 될 정도로 항공 교통량이 많이 증가하였다. 항공교통관제는 항공기 간의 공중충돌을 방지하고 원활한 교통 흐름(traffic flow)을 제공하기 위함이다. 공역은 항공기의 운용 성능과 공중 교통량에 따라 [그림4-3]과 같이 여섯 개의 공역으로 분류된다.

① A등급 공역　　④ D등급 공역
② B등급 공역　　⑤ E등급 공역
③ C등급 공역　　⑥ G등급 공역

이들 공역 중 A, B, C, D, E등급 공역은 관제기관에서 관제가 이루어지는 관제 공역이고, G등급 공역은 관제시설에서 관제가 이루어지지 않는 비관제 공역이다.

(1) A등급 공역

A등급 공역(class A)에서는 운상시계비행(VFR-ON-TOP)을 포함한 시계비행 자체가 인가되지 않기 때문에 계기비행(IFR)으로만 항행할 수 있다.

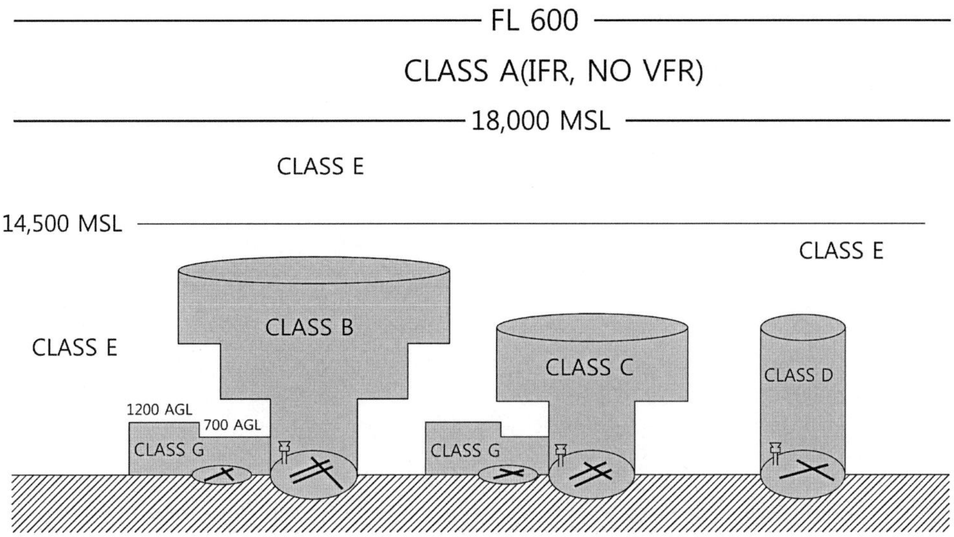

【그림4-3】 측면에서 관찰했을 때 공역의 특징을 명확하게 구분할 수 있다. A등급 공역은 시계비행이 허용되지 않는 공역이다. B등급 공역은 여러 층의 역계단식으로 이루어져 있다. 제일 하단이 주요 공항의 지표면으로부터 위로 올라갈수록 공역이 확장되고 있다. 주요 관제공역 주변의 비관제 공역이 어떻게 설정되어 있는지 확인할 수 있다.

(2) B등급 공역

국제공항과 같이 대형 항공기들이 운용되는 주요 공항을 중심으로 설정된다. B등급 공역(class B)은 지표면으로부터 고도 10,000피트(MSL)까지의 고도 한계가 설정되고 역계단식의 고도 층으로 구성된다. B등급 공역은 주요 공항을 중심으로 엷은 파란색 원으로 그려진다. 파란색 원은 다시 여러 개의 층으로 분리되고 각 층의 고도 한계가 표기된다. 주요 공항을 중심으로 반경 30NM 구역에는 트랜스폰더 의무 작동 구역을 나타내는 파란색 선이 그려져 있다.

(3) C등급 공역

C등급 공역(class C)은 주요 공항(primary airport)을 중심으로 지표면으로부터 고도 4,000피트(AGL)까지 설정된다. C등급 공역은 두 개의 원으로 된 층으로 분류된다. 하나는 주요 공항을 중심으로 반경 5NM 구역에 지표면으로부터 고도 4,000피트(AGL)까지이고 이를 내부 원(inner circle)이라 한다. 또 다른 하나는 반경 10NM 구역에서 고도 1,200피트에서 4,000피트(AGL)까지의 구역이고 이를 외부 원(outer circle)이라 한다. 구역 항공도에서 C등급 공역은 엷은 자홍색 띠로 그려지고 내부 원과 외부 원의 고도 한계가 명시된다. 이외에도 공항 중심으로부터 반경 20NM 지역까지를 외부 구역으로 분류한다. C등급 공역의 고도 한계 역시 분수의 형태로 구역별로 하단과 상단의 한계가 제공된다.

(4) D등급 공역

관제탑이 운용되는 공항을 중심으로 반경 4NM, 고도 2,500피트(AGL) 범위에 설정된다. D등급 공역(class D airspace)은 [그림4-3]과 같이 하나의 원통과 같이 그려지고 계기접근 경로를 위해서 2NM까지 부분적으로 확장된다. 구역 항공도(sectional chart)에 D등급 공역은 파란색 점선으로 구분되고 해당 고도가 백 단위(MSL)로 표기된다. 이 공역을 항행하기 위한 특별한 조종사 자격은 제한되어 있지 않고 항공기는 쌍방향 무선통신이 가능한 장비만 갖출 것을 요구하고 있다. D등급 공역에 진입하기 전 관제사(ATC)와 무선통신이 이루어져야 하고 D등급 공역에서 운용하는 동안에는 계속해서 관제사와 교신이 이루어져야 한다.

(5) E등급 공역

E등급 공역은 A, B, C, D등급 공역으로 분류되지 않은 기타의 관제공역이다. E등급 공역은 관제탑이 운용되지 않는 공항 주변을 포함한다. E등급 공역의 상부 한계는 A등급 공역이 시작되는 18,000피트까지이고 하부한계는 다음과 같이 구분된다. B, C, D등급 공역으로 분류된 지역에서는 이들 공역 상단부터 18,000피트까지 E등급 공역이 된다.

① 구역 항공도에 자홍색 점선으로 표기된 공항 주변은 지표면으로부터
② 자홍색 띠로 표시된 지역에서는 700피트(AGL)부터
③ 파란색 띠로 표시된 지역에서는 1,200피트(AGL)부터
④ 주요 순항항로 상에 파란색 대각선 띠는 표기된 고도부터
⑤ 기타 지역에서는 14,500피트(MSL)부터

E등급 공역에서 운용하기 위해 특별한 조종사 자격 및 항공기 장비 제한은 없다. E등급 공역은 관제탑이 없는 공항에도 설정되고, E등급 공역 내의 공항에서 이륙 및 착륙할 때는 운항 규정에서 명시된 절차에 따른다.

(6) G등급 공역-비관제 공역

비관제 공역은 A, B, C, D, E등급 공역 외의 공역으로 관제기관의 권한도 책임도 따르지 않기 때문에 이 공역을 운항하는 항공기 조종사는 스스로 절차를 준수하여 비행해야 한다. 비관제 공역은 G등급 공역으로 분류하고 [그림4-3]에서 보는 것과 같이 지표면으로부터 상부 한계는 14,500피트까지이다.

(7) 특별사용공역

특별사용공역(special use airspace; SUA)은 군조종사 훈련 또는 미사일 발사와 같은 운용 특성상 고도 및 지역을 제한할 필요가 있을 때 설정된다. 경항공기 조종사는 이들 구역에 무의식적으로 진입하지 않도록 특별히 주의해야 한다.

① 금지구역

금지구역(prohibited area)은 지표면으로부터 무한 고도로 설정되며 국가 안보와 복지에 중대한 영향을 줄 수 있는 지역 주변에 설정된다. 일반적으로 국가 원수가 국정을 수행하는 지역 상공은 금지공역으로 지정된다. 이 구역은 항공기 접근을 방지하고 탐지하기 위한 방공 레이더 시설과 대공 화기가 배치되어 있으므로 경고를 무시하고 접근할 때는 대공 화기로부터 사격을 받을 수 있다. 구역 항공도에서 금지구역은 파란색 빗금 띠로 구역을 표시하고 금지구역의 명칭은 "P-56"과 같이 "P" 문자와 번호가 부여된다. 국내의 대표적인 금지구역은 청와대를 중심으로 "P-73" 구역이 설정되어 있다.

② 제한구역

제한구역(restricted area) 역시 지표면으로부터 지정되고 이 구역을 관장하고 있는 기관으로부터 승인을 받지 않고 통과할 때는 상당한 위험을 초래할 수 있다. 이 구역은 포병사격, 항공사격, 유도 미사일 발사 등이 수행되는 구역이다. 이 구역은 파란색 빗금 띠로 표시하고 제한구역의 명칭은 "R-5001"과 같이 "R" 문자와 번호가 부여된다.

③ 경고구역

경고구역(warning area) 역시 관장기관의 승인 없이 통과할 때는 제한구역과 유사한 위험이 따를 수 있으며 다른 점이 있다면 공해상에 설정된 국제공역이다. 경고구역 역시 파란색 빗금 띠로 구역을 표시하고 명칭은 "W-104"와 같이 "W" 문자와 번호가 부여된다.

④ 경계구역

경계구역(alert area)은 많은 비행훈련이 수행되는 공역과 비정상적인 공중 기동이 이루어지는 곳에 설정된다. 이 구역에서 항공기를 운항할 때 상호 충돌방지를 위한 책임은 그 지역에서 훈련 중인 조종사나 그 지역을 통과하는 조종사 모두에게 있다. 구역 항공도에서 경계구역은 파란색 박스로 구분되고 "A-220"과 같이 "A" 문자와 함께 번호가 부여된다.

⑤ 군작전구역

군작전구역(military operation area; MOA)은 곡예비행 또는 급기동이 수행되는 군용기 비행훈련 항공기와 민간 계기비행(IFR) 항공기를 분리하여 수직과 수평으로 군 훈련공역을 확보하고 항공안전을 도모하는 데 있다. MOA 공역에서는 고속의 군용기가 다양한 형태의 기동이 수행되고 있어 이 공역을 통과하는 VFR 항공기 조종사는 극도의 주의가 요망된다.

⑥ 사격통제구역

사격통제구역(controlled firing area; CFA)은 수시로 포병 또는 항공사격이 수행되는 구역으로 적절한 사격 통제가 되지 않는다면 이를 모르고 접근하는 항공기에 위험을 줄 수 있는 공역이다. CFA가 다른 특별사용공역과 다른 점이 있다면 관측된 항공기, 레이더 또는 지상 관측소에서 이 공역으로 항공기가 접근하고 있다고 보고될 때 사격은 즉시 중지된다. CFA는 항공도에 표시되지 않는다.

4.4 항 법

항법(navigation)이란 출발지 공항으로부터 목적지 공항까지 항로를 계획하고 항행기록부(navigation log)를 따라 비행하는 기술이다. 모든 항법의 기본은 자신의 위치로부터 시작된다. 지표면 혹은 항공도에서 자신의 위치를 정확하게 알 수 있다면 현재의 위치로부터 목적지 방향을 어렵지 않게 결정할 수 있기 때문이다. 여기서는 경항공기 조종사에게 필요로 하는 지문항법과 추측항법(dead reckoning; DR)에 대해서 다룬다. 이외에도 최근에는 위성항법장치(GNSS)가 보급되어 소형 항공기에서부터 대륙을 횡단하는 초대형 운송용 항공기에 이르기까지 광범위하게 활용되는 추세에 있다. GPS는 일반 차량용 항법장치로 널리 애용되고 있듯이 경항공기 조종실도 재래식 무선항법 장치와 GNSS를 통합하여 정밀한 항법이 가능해졌다. 장거리 항법에는 최소한 두 항법 시스템을 사용함으로써 한 항법 장비의 고장을 대비해서 예비로 사용할 수 있도록 하고 있다.

4.4.1 지문항법

지문항법(pilotage)은 가장 초보적인 항법술로 공중에서 지형지물을 이용하여 항행하는 방식이다. 지문항법은 단거리 그리고 비교적 익숙한 지역에서나 가능하지만, 시정이 좋지 않거나 익숙하지 않은 장거리 항법에는 한계가 있다. 비록 초보적인 항법술이기는 하지만 아직도 경항공기의 항법에 많이 활용되고 있다. 지문항법은 공중에서 식별이 양호한 도로, 강, 철도 또는 도시 등을 확인점(check point)으로 선정하여 목적지까지 비행한다. 경항공기 조종사도 항공도를 이용한 지도판독-지문항법이 일반화되었기 때문에 시계비행 항공도를 충분히 활용할 수 있어야 한다. 경항공기의 조종사 지문항법은 항공도와 지상의 확인점을 비교하면서 자신의 위치를 확인할 수 있고 특별한 항법 계기의 사용이 요구되지 않기 때문에 초보자 또는 레크리에이션 조종사에게 권장되는 항법이지만 다음과 같은 점에 유의해야 한다.

① 확인점은 공중에서 식별이 뚜렷한 지형지물을 선정한다.
② 뚜렷한 지상 참조점이 없는 지역에서는 확인점 선정이 어려울 수 있다.
③ 지형의 형태가 유사한 지역에서도 확인점 선정이 어렵다.
④ 안개, 연무, 연기 등으로 인한 저시정 조건에서 지문항법을 더욱 어렵게 한다.
⑤ 지형을 식별하는 데 집중하여 비행하는데 주의가 산만해질 수 있다.

【그림4-4】 경비행기 조종사는 항공도와 지형지물을 참조해서 원하는 목적지까지 비행한다.

⑥ 저고도 비행은 지상 장애물에 충돌할 수 있는 근접비행을 할 수 있다.
⑦ 고도가 낮으면 전체 윤곽 파악이 어렵고 너무 높은 고도는 세부 지형을 판단하기 어렵다.
⑧ 약간의 지형 혼동은 조종사의 심리적 부담이 가중될 수 있다.

(1) 항로 선정

목적지 공항(destination airport)이 선정되었다면 그 공항까지 어떻게 비행해 갈 것인가를 항공도를 이용하여 항로를 결정한다. 항로는 출발지 공항과 목적지 공항을 직선으로 연결하는 것이 이상적이지만 관제공역, 특별사용공역 또는 장애물을 우회해야 할 때는 주요 지상 참조점(reference point)을 따라 비행한다. 항로 선상의 주요 지형지물을 선정하여 이들을 확인점으로 활용한다. 직선 항로는 비행시간을 단축할 수 있고 도착예정시간, 속도 및 거리 등을 산출하기가 쉽다. 그러나 도로, 강, 철도와 같은 주요 지형지물을 따라 비행할 때는 항로의 변경이 필수적이므로 비행시간이 길어질 수 있다.

(2) 확인점 선정

확인점은 순항항로 선상에서 항공기 위치를 확인하는 데 활용된다. 확인점의 선정은 공중에서 식별이 용이한 지형지물을 선정한다. 확인점을 선정하는 특별한 기준은 없으나 전체적인 윤곽을 확인할 수 있고 흔히 볼 수 있는 물체는 혼동의 우려가 있으므로 피하는 것이 좋다. 고속도로, 철로와 같이 길게 뻗은 도로는 매우 양호한 항로 시각 참조점으로 활용될 수 있고 도로상의 교차로나 역전 역시 양호한 확인점이다. 그러나 지방도로나 소로길은 변경될 가능성이 있고 항공도에 표시되지 않을 수도 있으므로 주의해야 한다. 항로 선상의 중소도시 혹은 소규모 마을 역시 매우 양호한 확인점으로 활용될 수 있다. 이외에도 강, 호수, 공항, 고압 송전선, 산 정상에 있는 중계탑 등은 양호한 확인점으로 활용될 수 있다. 확인점을 선정할 때는 가능한 한 최신 항공도를 이용하고 전체적인 윤곽을 확인할 수 있도록 반드시 주변 지형과 확실하게 대조하여 결정한다. 비행 전에 확인점의 종류, 형태 그리고 항로에 대비한 위치 등을 면밀하게 연구하고 항공도 또는 항행기록부에 기록한다. 항행 중에는 이들 항공도상의 확인점과 실제 지형이 일치하는지 대조하면서 비행한다. 항로상에 확인점을 많이 선정하는 것도 권장하지 않지만, 지형이 뚜렷한 특징이 없는 지역에서 단일 확인점을 선정하기보다 주변의 지형과 대조할 수 있는 여러 개의 확인점을 선정할 것을 권장한다. 비록 익숙한 지형이라 할지라도 악시정 조건이나 어둠이 임박하여 주변이 어슴푸레할 때 자칫 혼동의 우려가 있기 때문이다.

4.4.2 추측항법

추측항법(dead reckoning; DR)은 비행하기 전에 목적지까지의 진항로, 진대기속도, 바람수정각(wind correction angle; WCA) 등을 고려하여 출발 공항에서부터 목적지 공항까지의 자항로, 예상비행시간, 연료 소모량, 구간별 도착시간, 도착예정시간(ETA) 등을 산출하여 항행기록부를 작성하고 이를 바탕으로 항행하는 방법이다. 일반적으로 항행기록부는 [그림4-6]과 같은 양식이 많이 사용된다. 주요 기록 사항은 확인점, 진항로(TC), 진기수방위(TH), 자기수방위(MH), 나기수 방위(CH), 거리, 대지속도(GS) 그리고 연료 소모량 등을 산출하여 기록한다. 이것은 초임 시계비행 조종사의 논리적 사고를 향상하기 위한 과정이다. 비행계획을 수립하는 과정에서 다음과 같은 항목에 대해서 주의함으로써 항행 중 항로 이탈을 방지할 수 있다.

첫째, 나침반에 영향을 줄 수 있는 물체로 인한 영향을 정확하게 고려한다.
둘째, 편각과 바람수정각의 적용이 정확해야 한다.
셋째, 항행기록부에 기록된 항로와 항공도상의 항로가 일치하는지 확인한다.

(1) 확인점

추측항법(DR)에서 출발지 공항에서 목적지 공항까지는 가능한 한 직선 항로를 선정한다. 그러나 항로 중간에 관제공역, 특별사용공역 그리고 장애물 등을 우회하거나 회피할 수 있도록 항로를 선정한다.

(2) 항 로

항공도에서 항로를 결정하기 위해서는 출발지 공항과 목적지 공항 혹은 확인점을 경유하는 지점들을 연결하는 직선을 긋는다. 이를 위해서 사용되는 도구가 축척에 따라 거리를 측정할 수 있는 자와 각도를 측정할 수 있는 각도기가 부착된 작도기(plotter)가 활용된다. 두 지점 사이의 항로를 긋고 진항로가 얼마인지 결정한다. 각도기를 사용할 때는 각도기의 북쪽을 항공도의 수직 자오선(경도)과 일치시킨 상태에서 출발지 공항에서 목적지 공항으로의 방위각을 측정한다. 진항로(TC)는 진북을 기준으로 한 항로이고 자항로(MC)는 자북을 기준으로 한 항로이다. 이들 진북과 자북의 차이를 적용해야 한다. 진항로(TC)로 계획된 항로를 자항로(MC)로 전환해 주어야 한다. 최종적으로 조종사가 필요로 하는 항로는 바람 분력을 적용한 자기수방위(MH)가 된다. 이를 다음과 같이 정리할 수 있다.

TC ± Var = MC, MC ± WCA = MH, MH ± Dev = CH
TC ± WCA = TH, TH ± Var = MH, MH ± Dev = CH

위의 공식에서 편각(Var)과 자차(Dev)는 항공도와 나침반 수정카드에서 제공되는 요소이기 때문에 쉽게 결정할 수 있다. 바람수정각(WCA)은 계산반을 이용하여 산출해야 한다. 예를 들어 목적지 공항까지의 진항로(TC)는 342°, 바람은 230° 방향에 17노트, 진대기속도 118노트, 편각 6°E, 자차 +5°가 주어졌다. 계산반을 이용하여 바람수정각이 -8°이므로 진기수방위(TH)는 334°이다. 동편각(Var)이 6°이므로 진기수방위(TH)에서 -6°를 하면 자기수방위(MH)는 328°이고, 자차(Dev) +5°를 적용하면 최종적으로 나기수방위(CH)는 333°가 된다.

(3) 속 도

진대기속도(TAS)는 항공기가 공기 속을 통과하는 실제 속도이다. 진대기속도는 기압고도와 기온을 이용하여 산출한다. 속도의 단위는 노트(knot)를 사용하고 1노트는 1해리(NM)와 동등하다. 계산반 혹은 계산기를 이용하여 지시속도(IAS)에서 산출하거나 운용 지침서(POH)의 속도표에서 얻을 수 있다.

(4) 방위와 속도 벡터

항공기가 비행하는 방위는 기수방위(heading)이고 속도는 진대기속도(TAS)이다. 이들 두 요소를 함께 고려했을 때 방향과 크기 값을 갖게 되므로 하나의 벡터를 형성한다. 이를 기수방위/진대기속도(HDG/TAS) 벡터라 한다. 기수방위/진대기속도(HDG/TAS) 벡터는 [그림4-5]와 같이 단일 화살표로 표기한다.

(5) 바람 벡터

항공기는 대기 중에 떠 있으므로 어느 형태의 항행이든지 바람의 영향을 받는다. 바람 벡터는 풍향풍속을 동시에 나타낸다. 바람 벡터(W/V)는 [그림4-5]와 같이 세줄 화살표로 나타낸다. 순항비행 중인 항공기는 풍향에 따라 맞바람은 속도가 감소하고 뒷바람은 속도가 증가한다.

(6) 편 류

공기 중에 떠 있는 항공기는 바람의 영향을 받으면 전후좌우 어느 방향으로나 밀려간다. 이것을 편류(drift)라 한다. 항공기의 기수방위와 실제 항공기가 비행한 항적 사이의 각도를

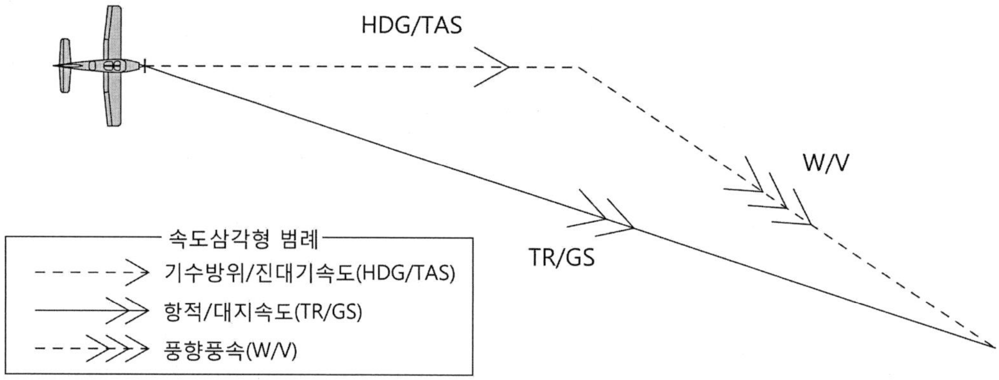

【그림4-5】 측풍 조건이라면 비행은 바람의 영향을 반드시 고려해야 한다. 항공기는 일정한 **기수방위**로 비행하고 있지만 바람에 의해 어느 한쪽으로 밀려간다. 실제 항공기의 항적은 **기수방위/진대기속도** 벡터와 풍향풍속 벡터의 합력 벡터이다.

[그림4-5]와 같이 편류각(drift angle)이라 한다. 비행기는 뒷바람 또는 맞바람을 받고 있을 때 대지속도의 변화는 발생하나 편류는 발생하지 않는다. 그러나 바람이 옆에서 불고 있다면 비행기는 바람의 영향을 받아 직선으로 비행하지 못하고 좌우로 흘러간다. 이 같은 편류는 비행기의 기수를 바람 부는 쪽으로 향하거나 한쪽 날개를 의도적으로 기울여 수정하는 방법으로 직선 항적을 유지할 수 있다.

(7) 항적과 대지속도

항공기가 바람의 영향을 받아 실제로 비행하고 있는 이동 경로를 항적(track; TR)이라 하고 이때의 속도를 대지속도(ground speed; GS)라 한다. 이들 두 요소가 또 하나의 벡터(vector)를 형성하고 이를 항적/대지속도 벡터(TR/GS)라 한다. 항적/대지속도(TR/GS) 벡터는 [그림4-5]와 같이 두 개의 화살표로 표기한다. 위에서 언급한 내용을 벡터로 그려보았을 때 기수방위/진대기속도(HDG/TAS) 벡터와 바람(W/V) 벡터의 합력이 항적/대지속도(TR/GS) 벡터가 된다. 대지속도와 바람 벡터에 따라 맞바람은 대지속도를 감소시키고 뒷바람은 대지속도를 증가시킨다. 이들 세 요소를 속도 삼각형이라 한다. 여기서 기수방위(HDG)와 실제 지상항적(TR) 사이의 각도를 편류각이라 한다.

(8) 시간과 연료 소모량

구간별 거리를 대지속도로 나누어 예상비행시간을 산출한다. 연료 소모량은 조종사 운용지침서(POH) 또는 순항성능 자료표를 참고하여 시간당 연료 소모율에 따른 구간별 연료 소모량을 산출한다. 항행기록부 작성에 필요한 요소들을 산출하는데 계산반 또는 계산기를 이용할 수 있어야 하지만 비행시간과 연료 소모량 등은 간단한 계산법으로 산출할 수 있다. 전체 연료량은 시동에서부터 지상활주 그리고 상승 및 강하하는 동안에 소모되는 연료가 모두 포함되어야 한다.

[Date:] [Aircraft No:]	FLIGHT LOG									Radio Contact		Frequency		
FROM:	VOR	Route	Altitude	Wind	TAS	TC	TH	MH	CH	Dist.	GS	Time Off		GPH
TO:	Ident			Dir./Vel.		WCA	Var	Dev		Leg.	Est.	ETE	ETA	Fuel
To Check Points:	Freq			Tem.						Rem.	Act.	ATE	ATA	Rem.
TOTAL														

【그림4-6】 항행기록부

4.4.3 비행계획서

비행계획서를 작성할 때 다음 사항에 유의하여 작성한다.

① 기입은 첫 번째 공란부터 시작하고 남는 공란은 비워 둔다.

② 모든 시간은 4자리 세계표준시(UTC)로 기입한다.

③ 모든 예상 경과 시간은 4자리 수(시간과 분)로 기입한다.

④ 항목3부터 시작되는 명암 처리된 공간은 ATC 기관에서 기입한다.

⑤ 조종사는 항목7부터 18까지 기입한다.

⑥ 항목19는 ATC 기관의 요구가 있거나 필요할 때 기입한다.

[항목7] 항공기 식별(최대 7개 문자)

항공기 식별(AIRCRAFT IDENTIFICATION)은 등록 기호(marking)를 기입한다. (EIAKO, 4XBCD, N123B, KE002)

[항목8] 비행규칙과 비행방식(1~2개 문자)

① 비행 규칙(FLIGHT RULES): 조종사가 의도하는 다음 문자 중 하나를 기입한다.

- I --- IFR
- V --- VFR

② 비행방식(TYPE OF FLIGHT): ATC에서 요구할 때 다음 문자 중 하나를 기입한다.

- S --- 정기 운송용 항공기
- M --- 군용기
- N --- 부정기 운송용 항공기
- X --- 상기 이외의 항공기
- G --- 일반 항공기

[항목9] 항공기 수와 형식, 및 비행난기류 범주

① 항공기의 수(NUMBER; 1~2개 문자): 한 대 이상이라면 항공기 수를 기입한다.

② 항공기 기종(TYPE OF AIRCRAFT; 2~4개 문자): ICAO 지정 기호(DESIGNATOR)가 가용하다면 항공기 형식 지정 기호를 기입한다. 이 같은 지정 기호가 부여되지 않았거나 한 형식 이상의 항공기가 편대 비행할 때는 "ZZZZ"를 기입하고 항목18에 "TYP/...."로 시작하여 항공기 수와 형식들을 기입한다.

③ 비행난기류 범주(WAKE TURBULENCE CAT; 1개 문자): 빗금 "/" 다음에 항공기의 비행난기류 범주를 나타내는 다음 문자 중 하나를 기입한다.

- H(HEAVY) - 최대이륙중량 136,000kg 이상 항공기
- M(MEDIUM) - 최대이륙중량 136,000kg 이하 7,000kg 이상 항공기
- L(LIGHT) - 최대이륙중량 7,000kg 또는 그 이하 항공기

[항목10] 장비(EQUIPMENT)-[별표1] [별표2] 참고

[항목13] 출발 공항과 시간(8개 문자)

① 출발 공항(DEPARTURE AERODROME)의 ICAO 네 문자 위치 식별문자를 기입한다. ICAO 식별문자가 없다면 "ZZZZ"를 기입하고 항목18에 "DEP/ "로 시작하여 공항 명칭을 기입한다.

② 시간(TIME)은 출발 전 제출되는 비행계획서의 예상출발시간을 기입하고 비행 중 제출하는 비행계획서의 시간은 비행계획서가 적용되는 첫 구간 상공에 도달하는 예상 시간을 기입한다.

[항목15] 순항속도, 비행고도, 항로

① 순항속도(CRUISING SPEED; 최대 5개 문자): 순항 구간의 첫 번째 또는 전체의 TAS를 기입한다.

- 단위가 킬로미터(kilometer)일 때는 K자 뒤에 4자리 수. (예) K0850
- 단위가 노트(knot)일 때는 N자 뒤에 4자리 수. (예) N0450
- 단위가 마하(Mach)일 때는 M자 뒤에 3자리 수. (예) M082

② 고도(LEVEL; 최대 5문자): 순항 구간의 첫 번째 또는 전체의 순항고도를 기입한다.

- 비행고도(FL)일 때는 F자 다음에 3자리 수(F080, F330)
- 표준 미터 층을 10미터 단위로 나타낼 때는 S자 다음에 4자리 수 (S1130)
- 고도를 100피트 단위로 나타낼 때는 A자 다음에 3자리 수(A045, A200)
- 고도를 10미터 단위로 나타낼 때는 M자 다음에 4자리 수(M0850)
- 비관제 공역 VFR 비행은 문자 VFR

③ 항로(ROUTE, 속도, 고도 및 비행규칙 변경 포함)

ⓐ 지정된 ATS 항로(2~7개 문자): 표준 출발 또는 도착 항로에 할당된 코드 지정번호를 포함하여 항로 또는 항로 구간에 할당된 코드 지정번호를 기입한다.(BCN1, B1, R14)

ⓑ 중요 지점(2~11개 문자): 그 지점에 지정번호 코드(2~5개 문자)를 기입하고 (LN, MAY, HADDY) 지정번호 코드가 없다면 다음 중 하나를 기입한다.

- 좌표에서 도(DEGREES)만 표시(7개 문자): 위도의 도를 2자리 수로 나타내고 다음에 북위(N), 남위(S)를 표시하고, 3자리 수로 경도의 도를 표시하고 동경(E), 서경(W)을 표시한다. 7개 문자를 구성하기 위해서 0을 삽입한다. (47N088W)
- 좌표의 도(DEGREES)와 분(MINUTES)을 표시(11개 문자): 위도와 10분 단위 분을 4자리 수로 기입하고 이어서 북쪽(N), 남쪽(S)을 표시한다. 경도와 10분 단위 분을 5자리 수로 기입하고 동쪽(E), 서쪽(W)을 표시한다. 11개 문자를 구성하는 데 필요할 때 0을 삽입한다. (4630N08705W)

ⓒ 항법시설로부터 방위와 거리: 항법시설의 식별(일반적으로 VOR)을 2개 문자 또는 3개 문자로 표시하고, 방위각은 3자리 수 자북으로 표시한다. 항법시설로부터 거리는 3자리 수 NM로 표시하고 6자리 수를 구성하는 데 필요할 때 0을 삽입한다. (SEL180050)

④ 속도와 고도 변경: 진대기속도(TAS) 5% 또는 마하 0.01 또는 그 이상 변화되는 지점 또는 곧 변화가 계획된 지점을 기입한다. 위치는 중요 지점에서 표기하는 방법과 동일하게 적용하고 "/"을 긋고 순항속도와 고도를 표기하는 방법과 같이 여백 없이 표기한다.

(예) LN/N0284A045, MAY/N0305F180
HADDY/N0420F330

4602N07805W/M082F330
46N078W/M082F330

⑤ 비행규칙 변경(최대 3개 문자): 비행계획 변경이 계획된 지점은 중요 지점 표기와 속도 또는 고도의 변경을 표기하는 방법과 동일하게 나타내고 여백을 두고 다음 중 하나를 기입한다.

- VFR --- IFR에서 VFR로 전환
- IFR --- VFR에서 IFR로 전환

(예) LN VFR, LN/N0284A050 IFR

⑥ 순항 상승(최대 28개 문자): 문자 "C" 다음에 "/"로 시작하여 지점은 중요 지점을 표기하는 방법과 동일하게 적용하고 "/" 한 다음 순항 상승 중에 유지할 속도는 순항속도를 표기하는 방법과 동일하게 적용한다. 순항 상승 중 차지하게 될 두 고도를 순항고도를 기입하는 방법으로 기입하거나 계획된 순항고도 이상은 간격 없이 "PLUS"를 기입한다.

(예) C/48N060W/M082F280F320,
C/48N060W/M082F280PLUS

[항목16] 목적지 공항, 총예정 비행시간, 대체공항, 제2의 대체공항

① 목적지 공항(DESTINATION AERODROME)과 총예정 비행시간(8개 문자): 목적지 공항의 ICAO 4개 지정 문자를 기입한다. ICAO 지정 문자가 없을 때는 "ZZZZ"를 기입하고 항목18에 "DEST/ "로 시작하여 공항 명칭을 기입한다.

② 총예정 비행시간(TOTAL EET): 총예정 비행시간을 시간과 분으로 나누어 기입한다.

③ 대체공항(ALTN AERODROME; 4개 문자): 대체공항의 ICAO 식별문자를 기입한다. ICAO 지정 문자가 없을 때는 "ZZZZ"를 기입하고 항목18에 "ALTN/ "으로 시작하여 공항 명칭을 기입한다.

④ 제2의 대체공항(2ND ALTN AERODROME; 4개 문자): 대체공항에도 착륙할 수 없을 때를 대비하여 제2의 대체공항을 선정하여 ICAO 식별문자를 기입한다.

[항목18] 기타 정보

기타 정보(OTHER INFORMATION)가 없을 때는 "0"을 기입하고 아래에 열거된 기타 필수 정보가 있을 때는 해당 지시 문자 다음에 필요 정보를 기입한다.

EEF/ 중요 지점들 또는 FIR 경계선과 그들 지점까지 총예상 경과 시간

(예) EEF/CAP0745 XYZ0830
EEF/EINN0204

RIF/ 수정된 목적지 공항에 대한 세부 항로를 기입하고 그 공항의 ICAO 4문자 위치 지정자를 기입한다.

(예) RIF/DTA HEC KLAX
RIF/ESP G49 CLA APPH

REG/ 항목7의 항공기 식별이 다르다면 항공기의 등록 표식을 기입한다.

SEL/ATC 기관이 지정한 특별 코드

OPR/항목7의 항공기 식별과 불분명하다면 운용자 성명

STS/ATC 기관에 의해서 특별히 취급되어야 하는 이유. 예를 들어 병원 항공기 또는 한 엔진 고장에서 한쪽 엔진으로 운용되는 항공기
(STS/HOSP, STS/ONE ENG INOP)

TYP/항목9에 "ZZZZ"를 기입했다면 항공기 형식을 기입한다.

PER/항공기 성능을 기입한다.

COM/ATC 기관에서 요구하는 통신장비에 관한 중요 데이터
(예) COM/UHF only

DAT/데이터 연결 성능에 관한 중요 데이터를 S, H, V, M 중 하나 또는 그 이상 문자를 같이 기입한다.
(예) DAT/S --- 위성 데이터 링크
DAT/H --- HF 데이터 링크
DAT/V --- VHF 데이터 링크
DAT/M --- SSR Mode S 데이터 링크

NAV/ ATC 기관이 요구하는 항법장비에 관한 중요 데이터

DEP/항목13에 "ZZZZ"를 기입했다면 출발 공항의 명칭

DEST/항목16에 "ZZZZ"를 기입했다면 목적지 공항의 명칭

ALTN/항목16에 "ZZZZ"를 기입했다면 목적지 대체공항의 명칭

RALT/항로 대체공항의 명칭.

RMK/ATC 기관의 요구가 있거나 필요한 기타 정보를 기술한다.

[항목19] 보충 정보(SUPPLEMENTARY INFORMATION)

① 항속시간(ENDURANCE): E/항속시간을 시간과 분으로 기입한다.

② 탑승 인원(PERSON ON BOARD): P/관제기관의 요구가 있을 때 모든 탑승인원수를 기입한다. 비행계획서를 접수하는 시기에 탑승 인원을 모를 때는 "TBN"을 기입한다.

③ 비상 장비 및 생존 장비

R/(RADIO)

- UHF 243.0MHz가 가용하지 않으면 U자를 지워라.
- VHF 121.5MHz가 가용하지 않으면 V자를 지워라.
- 비상위치비컨 항공기(ELBA or ELT)가 아니면 E자를 지워라.

S/(SURVIVAL EQUIPMENT): 생존 장비를 적재하지 않았다면 모든 부호 지움
(POLAR; P); 극지방 생존 장비를 적재하지 않았다면 P자를 지워라.
(DESERT; D); 사막 지역 생존 장비를 적재하지 않았다면 D자를 지워라.
(MARITIME; M); 해상 생존 장비를 적재하지 않았다면 M자를 지워라.
(JUNGLE; J); 정글 생존 장비를 적재하지 않았다면 J자를 지워라.

J/(JACKETS; 구명조끼); 구명조끼를 적재하지 않았다면 모든 지정 부호를 지워라.
(LIGHTS; L); 구명조끼에 등화 장비가 없으면 L자를 지워라.
(FLUORES; F); 구명조끼에 형광물질이 없으면 F자를 지워라.
(UHF; U) (VHF; V); 구명조끼의 무선 장비와 같이 U, V자 또는 모두 지움
D/(DINGHIES; 구명보트); 구명보트를 적재하지 않았다면 D와 C자를 지워라.
(NUMBER) 구명보트를 적재했다면 대수를 기입한다.
(CAPACITY): 적재된 구명보트에 탑승할 수 있는 총인원을 기입한다.
(COVER): 구명보트가 포장되어 있지 않다면 C자를 지워라.
(COLOUR): 적재된 구명보트의 색을 기입한다.
A/(AIRCRAFT COLOUR AND MARKINGS): 항공기 색을 기입한다.
REMARKS
N/ • 비고 사항이 없다면 N자를 지워라.
• 탑재된 기타의 생존장비와 기타 비고 사항이 있다면 기입한다.
C/(PILOT-IN-COMMAND): PIC의 이름을 기입한다.
FILED BY
비행계획서를 접수하는 회사, 대리인 또는 사람의 이름을 기입한다.

[별표1]

Aircraft COM, NAV, and Approach Equipment Qualifier

다음 문자 중 하나를 기입한다.

- N-비행경로를 위한 COM/NAV/접근보조장비를 탑재하지 않았거나 장비를 사용할 수 없을 때
- S-비행경로를 위한 표준 COM/NAV/접근보조장비를 탑재하였고 사용 가능할 때
- AND/OR-작동 가능한 COM/NAV/접근보조장비를 표시하려면 다음 문자 중 하나 이상을 기입한다. [별표1]

[별표2]

Surveillance Equipment Codes(Transponder, ADS-B, ADS-C)

- N-비행경로를 위한 감시 장비를 탑재하지 않았거나 장비를 사용할 수 없을 때
- S-비행경로를 위한 표준 COM/NAV/접근보조장비를 탑재하였고 사용 가능할 때
- AND/OR-사용 가능한 감시 장비 또는 성능을 기술하기 위해서 다음 서술자 (descriptor) 중 하나 이상을 기입한다. 최대 20개의 문자를 기입할 수 있다. [별표2]

[별표1]

A	GBAS landing system	J6	CPDLC FANS 1/A SATCOM (MTSAT)
B	LPV (APV with SBAS)	J7	CPDLC FANS 1/A SATCOM (Iridium)
C	LORAN C	L	ILS
D	DME	M1	ATC RTF SATCOM (INMARSAT)
E1	FMC WPR ACARS	M2	ATC RTF (MTSAT)
E2	D-FIS ACARS	M3	ATC RTF (Iridium)
E3	PDC ACARS	O	VOR
F	ADF	P1-P9	Reserved for RCP
G	GNSS	R	PBN
H	HF RTF (HF RadioTelephone)	T	TACAN
I	INS	U	UHF RTF
J1	CPDLC ATN VDL Mode 2	V	VHF RTF
J2	CPDLC FANS 1/A HFDL	W	RVSM approved
J3	CPDLC FANS 1/A VDL Mode A/0	X	MNPS approved
J4	CPDLC FANS 1/A VDL Mode 2	Y	VHF 8.33 kHz channel spacing capability
J5	CPDLC FANS 1/A SATCOM (INMARSAT)	Z	Other equipment carried or other capabilities

1. G(GNSS)-문자 G를 기입했다면 어떠한 외부 GNSS 증강 종류는 Item 18에 지시자 NAV/ 공백으로 분리한 다음 지정되어야 한다.
2. N-COM/NAV 장비를 탑재하지 않았거나 사용할 수 없을 때
3. Q (Not allocated)
4. R-문자 R을 기입했다면 성능에 충족하는 성능 기반 항법 수준은 Item 18에 지시자 PBN/ 에 지정해야 한다.
5. S-해당 ATS 당국이 다른 결합을 규정하지 않는 한 VHF RTF, VOR, ILS로 구성된 표준 장비.
6. Z-문자 Z를 기입했다면 Item 18에 COM/, DAT/, or NAV 다음에 탑재한 다른 장비를 지정해야 한다.

[별표2]

SSR Modes A and C	
A	Transponder-Mode A (4 digits - 4,096 codes)
C	Transponder-Mode A (4 digits - 4,096 codes) and Mode C
SSR Modes S	
E	Transponder-Mode S, including aircraft identification, pressure-altitude and extended squitter (ADS-B) capability
H	Transponder-Mode S, including aircraft identification, pressure-altitude and enhanced surveillance capability
I	Transponder-Mode S, including aircraft identification, but no pressure-altitude capability
L	Transponder-Mode S, including aircraft identification, pressure-altitude, extended squitter (ADS-B) and enhanced surveillance capability
P	Transponder-Mode S, including pressure-altitude, but no aircraft identification capability
S	Transponder-Mode S, including both pressure altitude and aircraft identification capability
X	Transponder-Mode S with neither aircraft identification nor pressure-altitude capability
ADS-B capability	
B1	ADS-B with dedicated 1090 MHz ADS-B "out" capability
B2	ADS-B with dedicated 1090 MHz ADS-B "out" and "in" capability
U1	ADS-B "out" capability using UAT
U2	ADS-B "out" and "in" capability using UAT
V1	ADS-B "out" capability using VDL Mode 4
V2	ADS-B "out" and "in" capability using VDL Mode 4
ADS-C capability	
D1	ADS-C with FANS 1/A capabilities
G1	ADS-C with ATN capabilities

FLIGHT PLAN

PRIORITY ADDRESSESS(S)

≪≡ FF →

≪≡

FILING TIME ORIGINATOR

≪≡

SPECIFIC IDENTIFICATION OF ADDRESSEE(S) AND/OR ORIGINATOR

3 MESSAGE TYPE 7 AIRCRAFT IDENTIFICATION 8 FLIGHT RULES TYPE OF FLIGHT

≪≡ (FPL G D I X Y V G ≪≡

9 NUMBER TYPE OF AIRCRAFT WAKE TURBULENCE CAT 10 EQUIPMENT

P 2 8 A / L S /S ≪≡

13 DEPARTURE AERODROME TIME

E G M A 0 8 3 0 ≪≡

15 CRUISING SPEED LEVEL

N 0 1 1 0 V F R → DCT BPK DCT DVR DCT

EET/LFFF0055

RMK/+337723321654

≪≡

TOTAL EET

16 DESTINATION AERODROME HR. MIN ALTN AERODROME 2ND ALTN AERODROME

L F A T 0 1 1 0 → L F A C → E G M C ≪≡

18 OTHER INFORMATION

≪≡

SUPPLEMENTARY INFORMATION(NOT TO BE TRANSMITTED IN FPL MESSAGES)

19 ENDURANCE

HR. MIN PERSONS ON BOARD UHF VHF ELBA

E/ 0 5 0 0 → P/ 0 0 3 → R/ ~~U~~ V E

SURVIVAL EQUIPMENT JACKETS

POLAR DESERT MARITIME JUNGLE LIGHTS FLUORES UHF VHF

→ ~~S~~ / ~~P~~ ~~D~~ ~~M~~ ~~J~~ → J / L ~~F~~ ~~U~~ ~~V~~

DINGHIES

NUMBER CAPACITY COVER COLOUR

→ D / 0 1 → 0 0 6 → C → RED ≪≡

AIRCRAFT COLOUR AND MARKINGS

A / WHITE/BLUE

REMARKS

~~N~~ / ≪≡

PILOT-IN-COMMAND

C / Kim woo joo ≪≡

FILED BY

SPACE RESERVED FOR ADDITIONAL REQUIREMENTS

4.5 긴급착륙과 항로이탈

4.5.1 긴급착륙전환

비행 전 항법계획을 수립하는 것은 최종 목적지까지 안전하게 도착하기 위함이다. 그러나 비행 도중에 발생할 수 있는 제반 변수에 따라서 중간에서 목적지를 변경하여 대체공항(alternate airport) 또는 인근 공항에 착륙해야 하는 상황이 발생할 수 있다. 이처럼 긴급하게 목적지를 변경하여 착륙하는 절차를 긴급착륙전환(diversion)이라 한다. 긴급착륙전환을 결심해야 할 주요 상황은 다음과 같다.

- 기상악화
- 엔진고장 및 각종 장치의 고장
- 연료 부족
- 어둠이 임박했을 때
- 비행 중 긴급환자 발생

긴급착륙전환을 결심해야 할 가장 큰 요인은 역시 기상악화이다. 기상변화 요인은 다양하다. 특히 계절적 요인에 따라 수시로 악기상에 조우할 수 있다. 또한, 여름에 자주 발생하는 뇌우는 단시간에 최대로 발생한 후 소멸하는 것과 같이 예측이 매우 어렵다. 어떠한 원인에 의해서든지 긴급착륙전환을 결심했다면 긴급착륙 이후에 수반하는 여타의 행위에 대해서는 생각하지 말고 안전하게 착륙하는 데 주의를 집중해야 한다. 긴급착륙전환을 결심한 후 다행히도 항로 인근에 공항이 있다면 시계비행을 유지하면서 즉시 항로를 변경하여 안전하게 착륙하면 된다. 무선교신이 가능하다면 인근 관제기관에 상황을 간단히 통보하고 필요한 도움을 받는다. 만약 무선통신이 가용하지 않은 비관제 공항이라면 주변 항공교통을 시각 탐색하면서 안전하게 접근하여 착륙한다. 다음은 긴급착륙 상황에 조우했을 때 조종사가 취할 수 있는 절차들이다. 모든 절차를 순서대로 실행하라는 것은 아니고 상황에 따라 적절하게 대응하면 된다. 다시 한번 강조하지만 비행안전을 최우선으로 고려되어야 하고 위급상황을 접수한 모든 관제기관 또는 공항에서는 우선 당신을 보호하게 될 것이다.

① 긴급착륙전환의 결심은 빠를수록 좋다.
② 현재의 고도와 기수방위 그리고 속도를 유지한다.
③ 가장 가까운 공항을 선정한다.
④ 식별하기 쉬운 지형지물을 이용하여 항로변경 지점을 결정한다.
⑤ 착륙 공항까지 원거리일 때는 중간에 확인점을 선정한다.
⑥ 항로를 변경한 후 대지속도를 산출하고 도착예정시간을 판단한다.
⑦ 착륙 공항에는 예비 연료량 범위 내에서 도착할 수 있어야 한다.

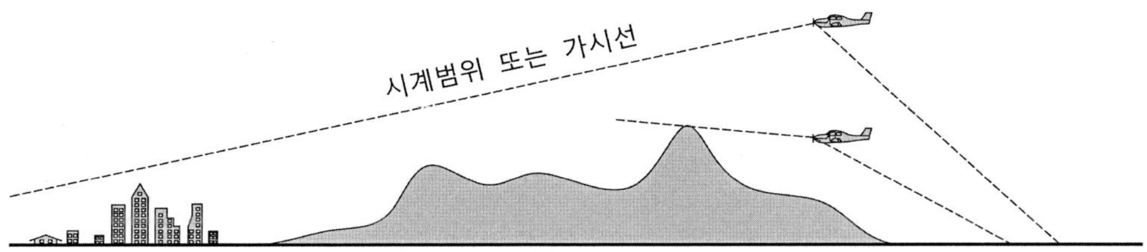

【그림4-7】 비행 중 주변의 유사한 지형이라든지 관제공역 회피 또는 예기치 않은 악기상이 예상되는 상황에서 계획된 항로를 벗어날 수 있다. 특히 익숙하지 않은 지형에서 항로에서 벗어났다고 판단될 때는 가용한 비행조건에서 더 높은 고도로 상승했을 때 가시 범위가 크게 확장될 수 있어 주변 지형을 판단하는 데 유리하다.

⑧ 인근 관제기관 혹은 무선국에 항로변경 사실과 조종사의 의도를 통보한다.
⑨ 착륙한 후 최초 목적지 또는 모기지(home base)에 통보한다.

4.5.2 항로 상실

장거리 비행 중에도 실수로 언제든지 항로를 잃어버릴 수 있다. 비행 전 철저한 연구와 도상 훈련을 통해서만이 항로 상실을 방지할 수 있다. 항로를 잃었다면 누구든 당황하게 되겠지만 비행기 안정을 최우선으로 한 다음 최저속도를 유지하면서 신속하게 상황을 판단할 수 있어야 한다. 다행히 항로 상실을 조기에 인지했다면 즉시 속도를 줄이면서 주변의 현저한 지형지물을 중심으로 최종 확인점을 확인하고 원래의 위치로 되돌아가 다시 항로를 유지하거나 재진입 절차를 이용하여 항로에 진입한다. 문제는 항로 상실을 상당한 시간이 지난 후에 인지했을 경우이다. 이 경우는 신속하게 자신의 위치를 결정할 수 있도록 해야 한다. 이는 연료량에 한계가 있기 때문이다. 만약 항로를 찾지 못했거나 인근 공항도 찾지 못할 것으로 예상한다면 예방착륙을 위해서 최소한 두세 차례의 저고도 정찰을 할 수 있는 양의 연료를 확보해 두어야 한다는 것을 염두에 두고 다음 절차에 따른다.

첫째, 도착예정시간(ETA)에 지정된 확인점 또는 목적지 공항이 나타나지 않았을 때 최종 확인점으로부터 비행한 시간의 약 ±10% 정도를 더 비행한다. 이 같은 이유는 바람의 영향을 잘못 판단하여 목적지 공항 또는 지정된 확인점에 아직 도달하지 못했을 수도 있기 때문이다.

둘째, 위의 방법으로 목적지를 찾지 못했다면 최종 확인점으로 되돌아갈 수 있도록 시도하라.

셋째, 고도를 높여서 시계 범위를 확대하라. [그림4-7]에서 보는 것과 같이 고도가 낮은 비행기에 비해서 높은 고도에 있는 비행기는 시계 범위가 크게 확장되고 있음을 알 수 있다. 이때 주의할 것은 구름과 충분한 거리를 유지한 상태에서 비행해야 한다. 이는 부가적으로 무선통신 통달범위를 증가시킬 수 있다.

넷째, 항로를 잃었다는 것이 확실하다면 주변의 높은 산, 강, 호수, 고속도로, 철로 등 현저한 지형지물의 위치로 비행하라. 이 같은 이유는 현저한 지형지물은 시계비행 항공도에서 쉽게 식별할 수 있고 비행기의 위치도 쉽게 판단할 수 있기 때문이다. 가능하다면 고속도로, 철로 등을 따라 비행하라. 어느 도시든 도착하게 될 것이다.

다섯째, 무선통신이 가능하다면 인근 관제기관 또는 어느 항공기라도 교신이 되는 항공기로부터 최종 확인점을 통과한 시간과 위치 그리고 기수방위와 비행시간 등 가용한 정보를 모두 제공하여 상황을 통보하고 도움을 요청한다.

여섯째, 어느 방법으로도 주변 공항이나 목적지를 찾을 수 없다면 최종적으로 예방착륙을 결심하라. 예방착륙을 결심했다면 가용한 무선통신 혹은 비상주파수를 이용하여 사실을 계속해서 맹목송신하고 안전한 지역을 공중 정찰한다.

기출문제 및 예상문제

1. 위도와 경도에 대해서 맞게 설명한 것은?

① 경도선은 적도와 평행하다.

② 경도선은 적도와 직각으로 통과한다.

③ 위도의 0° 선은 영국의 그리니치를 관통한다.

④ 위도선은 0°에서부터 동서로 각도를 나타낸다.

2. 본초 자오선으로부터 동서 방향으로 0°~180°까지 측정되는 자오선은?

① 위도 ② 자오선

③ 적도 ④ 경도

【해설】 *위도(latitude)는 적도를 중심으로 남북으로 90°까지 측정한 거리이다. 경도는 본초 자오선(prime meridian)으로부터 동서로 180°까지 측정된다.*

3. 항공도를 적용하는 데 있어서 진북(TN)과 자북(MN) 사이의 각도 차는?

① 무편각 ② 자차

③ 편각 ④ 컴퍼스 가속 오차

【해설】 *편각(magnetic variation)은 자북(magnetic north)과 진북(true north) 사이 수평면에서의 차이다.*

4. 당신이 비행하려는 지역의 편각이 7°W이다. 이것을 어떻게 적용해야 하는가?

① 진기수방위(TH)에 편각을 감해준다.

② 진기수방위(TH)에 편각을 더해준다.

③ 진항로(TC)에 편각을 감해준다.

④ 진항로(TC)에 편각을 더해준다.

【해설】 *서편각(west variation)은 더하고 동편각(east variation)은 감해준다.*

5. 항공도에서 동편각은 무엇을 의미하는가?

① 자북이 진북의 서쪽에 있다. ② 자북이 나북의 동쪽에 있다.

③ 자북이 진북의 동쪽에 있다. ④ 자북이 나북의 서쪽에 있다.

【해설】 *동편각(east variation)은 자북이 진북의 동쪽에 있음을 의미한다.*

【정답】 1.② 2.④ 3.③ 4.④ 5.③

6. 항공기 항법을 위한 진방위(TB)는 무엇인가?

① 자북을 기준으로 측정한 방위　　② 나침반에서 판독한 방위
③ 자항로(MC)에 편각을 가감한 방위　　④ 진북을 기준으로 측정한 방위

7. 자방위(MB)는 무엇인가?

① 진북을 기준으로 측정된 방위　　② 자북을 기준으로 측정된 방위
③ 나침반에서 판독한 방위　　④ 자항로(MC)에 편각을 가감한 방위

【해설】 진북을 기준으로 측정한 방위는 진방위(true bearing), 자북을 기준으로 측정한 방위는 자방위(magnetic bearing)이다.

8. 항공기 나침반이 지시하는 방위는 무엇인가?

① 나방위(CB)　　② 진방위(TB)
③ 자방위(MB)　　④ 나항로(CC)

9. 당신이 항공도에서 출발 공항과 목적지 공항까지 방위는 무엇인가?

① 자항로(MC)　　② 나항로(CC)
③ 진방위(TB)　　④ 진항로(TC)

【해설】 항공도를 이용해서 측정한 코스(course)는 진항로(true course)이다.

10. 항공기의 기수가 지시하는 자기수방위(MH)는 무엇인가?

① 자항로(MC)에 편각을 가감한 방위이다.
② 자항로(MC)에 자차를 가감한 방위이다.
③ 자항로(MC)에 바람수정각(WCA)을 가감한 방위이다.
④ 진기수방위(TH)에 바람수정각(WCA)을 가감한 방위이다.

【해설】 MH(magnetic heading)은 자항로(MC)에서 바람수정각(WCA)을 가감한 방위이다.

11. 자항로(MC)에 대해서 바르게 설명하고 있는 것은?

① 진항로(TC)에서 편각을 가감한 방위이다.
② 진항로(TC)에서 바람수정각(WCA)을 가감한 방위이다.
③ 진기수방위(TH)에서 편각을 가감한 방위이다.
④ 진기수방위(TH)에서 바람수정각(WCA)을 가감한 방위이다.

12. 항공기의 항적(track)에 대해서 바르게 설명하고 있는 것은?

① 항공기가 실제로 향하고 있는 수면상의 방위
② 항공기가 지표면 위를 이동하는 실제 방위
③ 항공기의 기수로부터의 방위
④ 이동하려고 계획된 수평면상의 예정 방위

【정답】 6.④　7.②　8.①　9.④　10.③　11.①　12.②

13. 조종사가 VFR 비행 중 MOA에서 운용할 때 취해야 하는 조치는?

① MOA에 진입하기 전 관장기관으로부터 인가를 받아야 한다.
② MOA를 횡단하고 있는 항공로에서만 운용해야 한다.
③ MOA에 진입하기 전 가장 가까이 있는 공항 관제탑으로부터 승인을 받아야 한다.
④ 군항공기 활동이 수행되고 있을 때 극도로 주의해야 한다.

【해설】 *군작전구역(military operations area; MOA)은 IFR 항공기로부터 군작전활동을 분리하기 위해서 설정된다. 따라서 VFR 항공기가 MOA를 통과하고자 할 때 인가를 필요로 하는 것은 아니지만 각별히 주의해서 통과해야 한다.*

14. 군작전구역(MOA)에서 충돌회피에 대한 책임은 누구에게 있는가?

① 각 조종사 ② ATC 관제사
③ 군 관제사 ④ 레이더 관제사

【해설】 *MOA를 VFR로 운용하고 있는 각 조종사는 MOA 내에서 비행하는 동안 각별히 주의해야 하고 다른 항공기의 관찰, 그리고 상황인식을 유지하면서 충돌방지를 위한 경계에 더욱 주의해야 한다.*

15. 국립야생보호구역 상공을 비행하고 있는 조종사는 몇 피트 이하로 비행해서는 안 되는가?

① 1,000피트(AGL) ② 2,000피트(AGL)
③ 3,000피트(AGL) ④ 4,000피트(AGL)

【해설】 *국립야생보호구역(national wildlife refuge) 상공을 비행하고 있는 조종사는 최저 2,000피트 이상의 고도를 유지하고 비행해야 한다.*

16. 관제탑이 운용되고 있지 않지만, FSS가 운용되고 있는 공항에 인바운드할 때 조종사는 어느 위치에서부터 CTAF를 이용해서 FSS와 교신해야 하는가?

① 20마일 ② 3마일
③ 5마일 ④ 10마일

【해설】 *관제탑이 운용되고 있지 않지만, FSS가 운용되고 있는 공항에 인바운드할 때 조종사는 공항으로부터 10마일 전에서 CTAF를 이용해 항공기 식별부호와 기종, 고도, 그리고 공항으로부터 상대적인 위치, 그리고 조종사의 의도를 FSS와 교신하여 서술해 주어야 한다.*

17. 관제탑 혹은 FSS가 운용되고 있지 않고 CTAF로 발행된 UNICOM이 있는 공항으로부터 아웃바운드할 때 조종사는 CTAF에 있는 UNICOM과 교신하거나 맹목송신 절차를 수행해야 하는 시기는?

① 엔진 시동을 걸기 전
② 모든 선회를 수행해야 하는 위치
③ 비행 전 점검하기 전
④ 활주 전 그리고 활주로에서 활주하기 전

【해설】 *CTAF에서 UNICOM 사무소가 있는 공항에서 아웃바운드 할 때 조종사는 활주 전*

【정답】 13.④ 14.① 15.② 16.④ 17.④

그리고 활주로에서 활주하기 전에 다시 한번 맹목송신(self-announcement)해야 한다.

18. FSS, 또는 UNICOM이 없는 공항에서 아웃바운드 할 때 조종사는 어느 주파수를 이용해서 맹목송신을 해야 하는가?

① 122.7 MHz ② 122.9 MHz
③ 122.8 MHz ④ 122.2 MHz

【해설】 *관제탑, FSS, 또는 UNICOM이 없는 공항에서 아웃바운드 할 때 MULTICOM 주파수 122.9 MHz를 이용해서 활주 전 그리고 활주로에서 활주를 시작하기 전 다시 한번 맹목송신(self-announcement)해 주어야 한다.*

19. 안테나 탑을 지지하고 있는 지지 철선은 수평으로 확장되어 설치될 수 있다. 따라서 이들 지지 철선을 수평으로 최소한 얼마의 거리에 있을 때 피할 수 있는가?

① 2,000피트 ② 300피트
③ 1,000피트 ④ 1,500피트

【해설】 *대부분의 고층 안테나 탑은 여러 개의 지지 철선(guy wire)으로 지지되고 있고, 야간은 물론이지만 황혼 혹은 저시정 상태에서 식별이 매우 어려울 수 있다. 이들 대부분의 지지 철선은 수평으로 약 1,500피트까지 확장될 수 있으므로 이들 철탑을 회피하기 위해서 수평으로 최소한 2,000피트 떨어져 비행할 것을 권장한다.*

20. 항공도에 VFR 군훈련항로(VR) 그리고 IFR 군훈련항로(IR)와 같은 군훈련항로의 목적은 모든 비행운용을 위한 최대의 안전수준을 보장하며 어떠한 형태의 군 훈련을 허용하는가?

① 공중견인 훈련 ② 레이더 계기비행훈련
③ 공중급유 훈련 ④ 저고도, 고속훈련

【해설】 *군훈련항로(military training route; MTR)는 저고도, 고속훈련을 수행하기 위한 목적으로 군 항공기를 사용할 수 있도록 지정하였다.*

21. [그림4-8, 컬러] Minot(1번 구역)와 Audubon Lake(2번 구역) 사이의 엷은 황갈색 지역의 지형 표고는?

① 해수면에서 2,000피트(MSL)
② 2,000피트에서 2,500피트(MSL)
③ 2,000피트에서 2,700피트(MSL)
④ 해수면에서 2,500피트(MSL)

【해설】 *오른쪽 하단의 색에 따른 고도를 참고. 황갈색(tan)은 2,000피트에서 3,000피트의 표고를 나타낸다. 구역 항공도의 등고선은 500피트 간격으로 그려진다. 표고 2,000피트 등고선(contour line)은 색이 녹색에서 엷은 황갈색(light tan)으로 변하는 지점이다. 엷은 황갈색 지역에서 다른 등고선이 없으므로 지형 표고는 2,000피트에서 2,500피트라고 판단해야 한다. 또한, 1번 구역과 2번 구역 사이의 Poleschook Airport의 표고는 2,245피트라는 것도 함께 참고해 볼 수 있다.*

【정답】 18.② 19.① 20.④ 21.②

22. [그림4-9, 컬러 1번] 스포츠 조종사가 고도 700피트(AGL) 미만, Sandpoint Airport 상공에서 운용하는데 필요한 시정과 구름으로부터 거리요건은?

① 1마일 그리고 구름에서 벗어나 있어야 한다.

② 3마일 그리고 아래로 500피트, 위로 1,000피트, 그리고 수평으로 2,000피트

③ 1마일 그리고 아래로 500피트, 위로 1,000피트, 그리고 수평으로 2,000피트

④ 3마일 그리고 구름에서 벗어나 있어야 한다.

【해설】 해당 공항 주변의 공역은 지표면으로부터 2,827피트(MSL; 700피트 AGL)까지 G등급 공역이다. 스포츠 조종사가 700피트(AGL) 미만에서 운용하기 위한 시정과 구름으로부터 거리 필수요건은 3마일 그리고 구름에서 벗어나(clear of clouds) 있어야 한다. 스포츠 조종사는 모든 공역에서 비행시정이 3마일 미만에서 기장(PIC)으로 활약할 수 없다.

23. [그림4-9, 컬러 3번] Magee Airport 상공 항공로로 지정된 E등급 공역 구간에서 수직한계는?

① 1,200피트(AGL)에서 17,999피트(MSL)

② 700피트(MSL)에서 12,500피트(MSL)

③ 7,500피트(MSL)에서 17,999피트(MSL)

④ 700피트(AGL)에서 17,999피트(MSL)

【해설】 이 공항 상공의 E등급 공역의 수직한계는 18,000피트(MSL, 포함하지 않음)까지이다. 항공로로 지정된 E등급 공역의 하한고도(floor)는 다르게 지시되지 않는 한 1,200피트(AGL)가 된다. 참고로 공항 상공의 경우 하한고도(floor)는 다르게 지시되지 않는 한 700피트(AGL)가 된다.

24. [그림4-9, 컬러 3번] Magee Airport 상공의 항공로로 지정된 E등급 공역 구간의 하한고도는?

① 1,200피트(AGL)　　② 700피트(AGL)

③ 7,500피트(AGL)　　④ 지표면

25. [그림4-10, 컬러, 3번] Ridgeland Airport에서 글라이더를 운용하기 위한 정보는 어디를 참고해야 하는가?

① 항공도의 테두리에 있는 주석　　② Chart Supplement

③ NOTAM　　④ 해당 공항안내서

【해설】 Ridgeland Airport 근처에 표시된 글라이더 부호는 글라이더 운용 구역을 나타낸다. Chart Supplement는 이 구역에서 글라이더 운용에 관한 정보를 제공하고 있다.

26. 구역 항공도에 있는 공항을 묘사하는데 사용된 색에 관해서 올바르게 서술하고 있는 것은?

① D등급과 E등급 공역 아래에 있는 관제탑이 있는 공항은 자홍색이다.

② 관제탑이 있는 공항은 자홍색이다.

③ 모든 공항은 검은색으로 그려진다.

④ 관제탑이 있는 공항은 파란색이다.

【해설】 구역 항공도에서 관제탑이 있는 공항은 파란색으로 그려진다.

【정답】 22.④　23.①　24.①　25.②　26.④

27. 관제공역 중 시계비행 자체가 인가되지 않는 공역?

① A등급 공역　　② B등급 공역
③ C등급 공역　　④ D등급 공역

28. 국제공항과 같이 항공 교통량이 복잡한 주요 공항을 중심으로 설정되는 공역은?

① A등급 공역　　② B등급 공역
③ C등급 공역　　④ D등급 공역

29. 구역 항공도에서 공항을 묘사하는데 사용된 파란색과 자홍색에 관해서 올바르게 서술하고 있는 것은?

① A, B, C등급 공역 아래에 있는 관제탑이 있는 공항은 파란색이다. D, E등급 공역은 자홍색이다.
② C, D, E등급 공역 아래 관제탑이 있는 공항은 자홍색이다.
③ B, C, D, E등급 공역 아래 관제탑이 있는 공항은 파란색이다.
④ B, C, D등급 공역 아래 관제탑이 있는 공항은 파란색이다.

【해설】 구역 항공도에서 B, C, D, E등급 공역 아래 관제탑이 있는 공항은 파란색이다.

30. C등급 공역 안에 있는 관제탑이 없는 위성공항으로 운항에 관해서 올바르게 서술하고 있는 것은?

① 그 공역으로 진입하기 전 조종사는 FSS와 교신해야 한다.
② 그 공역으로 진입하기 전 조종사는 관제탑과 교신해야 한다.
③ 그 공역으로 진입하기 전 조종사는 ATC 업무를 제공하고 있는 시설과 교신이 이루어지고 유지되어야 한다.
④ 그 공역에 일단 진입한 후 ATC 업무를 제공하고 있는 시설과 교신이 이루어져야 한다.

【해설】 C등급 공역 안에 있는 관제탑이 없는 위성공항으로 진입하기 위해서 조종사는 그 공역으로 진입하기 전 ATC 업무를 제공하고 있는 시설과 교신이 이루어져야 하고 유지되어야 한다.

31. C등급 공역 안에서 운용하는데 필요한 최저 무선통신장비는?

① 쌍방향 무선통신장비, 4096-코드 트랜스폰더
② 쌍방향 무선통신장비, 4096-코드 트랜스폰더, 그리고 DME
③ 쌍방향 무선통신장비, 4096-코드 트랜스폰더, 그리고 VOR
④ 쌍방향 무선통신장비, 4096-코드 트랜스폰더, 그리고 인코딩 고도계

【해설】 C등급 공역에서 운용하기 위해서 항공기는 다음과 같은 장비를 갖추어야 한다.

- *쌍방향 무선통신장비*
- *4096-코드 트랜스폰더*
- *인코딩 고도계(encoding altimeter)*

※ encoding altimeter; 인코딩 고도계는 ATC에 자동으로 전송하기 위한 트랜스폰더에 디지

【정답】 27.① 28.② 29.③ 30.③ 31.④

털화된 출력을 송출할 수 있는 추가 성능을 갖춘 고도계이다. 트랜스폰더와 관련한 인코딩 고도계는 항공기의 고도를 백 피트 단위로 ATC 레이더 비컨 시스템의 레이더에 자동으로 송출한다.

32. B등급 공역에서 VFR 운용을 하는데 필요한 최소한의 무선장비는?

① 쌍방향 무선통신장비 그리고 4096-코드 트랜스폰더
② 쌍방향 무선통신장비 그리고 4096-코드 트랜스폰더, 인코딩 고도계
③ 쌍방향 무선통신장비 그리고 4096-코드 트랜스폰더, 인코딩 고도계, 그리고 VOR 또는 TACAN 수신기
④ 쌍방향 무선통신장비, 4096-코드 트랜스폰더, 그리고 VOR 또는 TACAN 수신기

【해설】 *B등급 공역에서 운용하기 위해 항공기는 다음과 같은 장비를 갖추어야 한다.*

- *쌍방향 무선통신장비*
- *4096-코드 트랜스폰더*
- *인코딩 고도계(encoding altimeter)*

33. [그림4-10, 컬러, 3번] 선반구역(외부반경)에서 Savannah C등급 공역의 하한고도는?

① 1,200피트(MSL) ② 1,300피트(AGL)
③ 1,700피트(MSL) ④ 1,300피트(MSL)

【해설】 *C등급 공역은 지표면 구역/내부반경(surface area; inner circle)과 선반 구역(shelf area; outer circle)으로 이루어져 있다. 선반 구역의 하한고도는 공항표고 상공 1,200피트이다. 해당 C등급 공역은 굵은 자홍색 원으로 그려져 있고, 각 원에는 하한고도와 상한고도가 백 피트 단위(지표면의 경우는 SFC)로 $\frac{41}{13}$ 과 같이 표기되어 있다. Savannah C등급 공역의 하한고도는 "13"으로 표기되어 있고 이것은 1,300피트(AGL)를 의미한다.*

34. [그림4-10, 컬러, 3번] Savannah International의 약 6 NM 남서쪽에 있는 등화시설을 갖춘 장애물의 높이는?

① 1,500피트(MSL) ② 1,531피트(AGL)
③ 1,549피트(MSL) ④ 1,549피트(AGL)

【해설】 *해당 장애물은 C등급 공역의 외부 반경 안에 있고 상단에 번개 부호가 그려져 있다. 이 장애물의 위쪽에 두 개의 숫자가 있다. 위에 있는 숫자 1,549피트(MSL)는 해수면으로부터 높이이고, 아래 괄호 속에 있는 숫자(1534)는 지표면(AGL)으로부터 높이이다.*

35. [그림4-11, 컬러, 1번] Airpark East 공항의 북동쪽에 있는 장애물을 500피트로 통과하는데 필요한 최저고도는?

① 1,283피트(AGL) ② 1,273피트(AGL)
③ 1,283피트(MSL) ④ 1,273피트(MSL)

【해설】 *이 공항 인근 북동쪽에 있는 장애물의 최고 높이는 굵은 숫자로 773으로 표기되어*

【정답】 32.② 33.② 34.③ 35.④

있다. 이 장애물을 수직 500피트로 통과하기 위한 최저고도는 1,273피트(MSL)이다.

36. [그림4-11, 컬러, 2번] Winnsboro Airport의 남동쪽에 있는 장애물을 500피트로 통과하는데 필요한 최저고도는?

① 823피트(MSL) ② 1,013피트(MSL)
③ 1,403피트(MSL) ④ 1,503피트(MSL)

【해설】 *이 공항 인근 남동쪽에 있는 장애물의 최고 높이는 굵은 숫자로 903으로 표기되어 있다. 이 장애물을 수직 500피트로 통과하기 위한 최저고도는 1,403피트(MSL)이다.*

37. [그림4-11, 컬러, 6번] Commerce 마을 상공에 있는 E등급 공역의 하한고도는?

① 1,200피트(MSL) ② 700피트(AGL)
③ 1,200피트(AGL) ④ 700피트(MSL)

【해설】 *해당 공역은 음영 자홍색 원으로 그려져 있다. 이것은 E등급 공역이 700피트(AGL)에서부터 시작된다는 것을 의미한다.*

38. [그림4-12, 컬러, 2번] Addison Airport에 있는 B등급 공역의 하한고도는?

① 지표면 ② 11,000피트(MSL)
③ 3,100피트(MSL) ④ 3,000피트(MSL)

【해설】 *구역 항공도에서 B등급 공역은 굵은 파란색 원으로 그려지고 운용 여건에 따라 여러 섹터로 구분된다. 각 섹터는 하한고도와 상한고도가 분수 형식으로* $\frac{110}{30}$ *과 같이 표기되고 아래 숫자가 하한고도 그리고 위 숫자가 상한고도이다. Addison Airport에 있는 B등급 공역의 하한고도는 3,000피트(MSL)이다.*

39. [그림4-12, 컬러, 2번] Lakeview Airport에 있는 B등급 공역의 하한고도는?

① 4,000피트 ② 3,000피트
③ 1,700피트 ④ 11,000피트

【해설】 *해당 공항 상공의 B등급 공역은* $\frac{110}{30}$ *과 같이 표기되어 있고 하한고도가 30 그리고 상한고도는 110이다. 따라서 이 공항 상공의 B등급 공역의 하한고도는 3,000피트(MSL)이다.*

40. [그림4-12, 컬러, 4번] Fort Worth Meacham Field의 북-북서에 있는 Hicks Airport(T67) 위의 B등급 하한고도는?

① 지표면 ② 3,200피트(MSL)
③ 3,000피트(MSL) ④ 4,000피트(MSL)

【정답】 36.③ 37.② 38.④ 39.② 40.④

41. [그림4-12, 컬러, 4번] Fort Worth Meacham 직 상공에 있는 공역은?

① 10,000피트(MSL)까지 B등급 공역 ② 5,000피트(MSL)까지 C등급 공역

③ 3,200피트(MSL)까지 D등급 공역 ④ 3,000피트(MSL)까지 B등급 공역

【해설】 Fort Worth Meacham 상공의 공역은 파란색 점선 원으로 그려져 있고 D등급 공역이다. 점선 원 내부 사각 점선 안에 "32"로 표기되어 있고 이것이 D등급 공역의 상한고도이다.

42. [그림4-12, 컬러, 7번] McKinney(TKI) 상공의 공역은 지표면으로부터 얼마까지 관제가 이루어지고 있는가?

① 700피트(AGL) ② 2,900피트(AGL)

③ 2,500피트(MSL) ④ 2,900피트(MSL)

【해설】 McKinney(TKI) 상공의 공역은 파란색 점선 원으로 그려져 있고 D등급 공역이다. 점선 원 내부 사각 점선 안에 "29"로 표기되어 있고 이것이 D등급 공역의 상한고도이다.

43. [그림4-12, 컬러, 8번] NAS Dallas의 남쪽 인구밀집지역에 있는 Cedar Hill TV 타워 상공을 비행하기 위한 최저고도는?

① 2,555피트(MSL) ② 3,549피트(MSL)

③ 3,449피트(MSL) ④ 4,549피트(MSL)

【해설】 Cedar Hill TV tower의 표고는 2,549피트(MSL)이다. 인구밀집지역에서 최저안전고도는 반경 2,000피트 안에서 가장 높은 장애물로부터 1,000피트이다. 따라서 TV 안테나 탑을 수직으로 안전하게 통과하기 위한 최저고도는 3,549피트(2,549+1,000)이다.

44. [그림4-13, 컬러, 4번] Jamestown 공항 상공의 E등급 공역 하한고도는?

① 700피트(AGL) ② 1,200피트(AGL)

③ 지표면 ④ 1,200피트(MSL)

【해설】 자홍색 점선은 지표면에서 E등급 공역이 시작되는 것을 지시한다.

45. [그림4-13, 컬러, 1번] Devil Lake East MOA는 무엇인가?

① 기상관측구역 ② 군관측구역

③ 제한구역 ④ 군작전구역

【해설】 구역 항공도의 군작전구역(military operations area; MOA)은 자홍색 짧은 선으로 표시된 구역이다. 이 항공도의 상단 부분 대부분이 MOA로 지정되어 있다.

46. [그림4-13, 컬러, 2번] Devils Lake East MOA 지역에서 항공기 운용에 위험요소는?

① 포병사격, 공중사격, 또는 유도 미사일과 같은 비정상적이고 때로는 보이지 않는 위험이 있다.

② 군 항공기의 계기비행훈련이 진행되고 있다.

③ 많은 조종사 비행훈련 또는 비정상적인 형태의 항공 활동이 수행되고 있다.

④ 곡예비행 혹은 급격한 비행기동이 수행되고 있는 군훈련활동이 수행되고 있다.

【정답】 41.③ 42.④ 43.② 44.③ 45.④ 46.④

【해설】 군작전구역(military operations area; MOA)은 IFR 항공기와 군훈련 활동을 분리하기 위한 목적으로 가로와 수직한계로 지정된 구역이다. MOA에서 수행되고 있는 훈련은 곡예비행 혹은 급격한 비행기동(abrupt flight maneuvers)이 수행되고 있다. VFR 항공기가 MOA 구역을 통과할 수 있지만, 군용 항공기의 활동을 관찰하고 회피(see and avoid)하기 위해서 특별히 주의해야 한다.

47. [그림4-13, 컬러, 2번] Bryn Airport 상공의 공역은?

① G등급 공역; 지표면 위로 그리고 1,200피트(AGL)를 포함하지 않음, E등급 공역, 1,200피트(AGL) 위로 그러나 18,000피트(MSL)를 포함하지 않음
② G등급 공역, 지표면 위로 그리고 18,000피트(MSL)는 포함하지 않음
③ G등급 공역, 지표면 위로 그리고 700피트(AGL)는 포함하지 않음; E등급 공역 700피트부터 14,500피트(MSL)까지
④ G등급 공역; 지표면 위로 그리고 700피트(AGL)를 포함하지 않음, E등급 공역, 700피트(AGL) 위로 18,000피트(MSL)까지 포함

【해설】 Bryn Airport는 파란색 음영 원(shaded ring)의 부분이다. 차트 범례에 따르면 이것은 이 원 안의 1,200피트(AGL)에서 시작되는 E등급 공역이다. 따라서 G등급 공역은 지표면으로부터 1,200피트(AGL; 포함하지 않음)까지 확장된다. E등급 공역은 1,200피트(AGL)부터 시작되어 18,000피트(MSL; 포함하지 않음)까지 확장된다.

48. [그림4-13, 컬러, 2번] Cooperstown의 소도시 상공에서 주간 1,200피트(AGL)와 10,000피트(MSL) 사이에서 비행하는데 필요한 시정과 구름으로부터 거리 필수요건은?

① 1마일 그리고 구름에서 벗어나 있어야 함
② 1마일 그리고 아래로 500피트, 위로 1,000피트, 그리고 수평으로 2,000피트
③ 3마일 그리고 아래로 500피트, 위로 1,000피트, 그리고 수평으로 2,000피트
④ 5마일 그리고 아래로 500피트, 위로 1,000피트, 그리고 수평으로 1,000피트

【해설】 Cooperstown의 소도시 상공 공역은 700피트(AGL)까지 G등급 공역 그리고 18,000피트(MSL; 포함하지 않음)까지 E등급 공역이다. 따라서 Cooperstown의 소도시 상공에서 주간 VFR 비행을 위한 시정과 구름으로부터 거리 필수요건은 3마일 그리고 아래로 500피트, 위로 1,000피트, 그리고 수평으로 2,000피트이다.

49. [그림4-13, 컬러, 3번] Arrowwood National Wildlife Refuge 상공을 비행할 때 조종사는 몇 피트 이하로 비행해서는 안 되는가?

① 3,500피트(AGL) ② 2,500피트(AGL)
③ 3,000피트(AGL) ④ 2,000피트(AGL)

【해설】 모든 항공기는 국립야생보호구역(national wildlife refuge) 상공에서는 지표면으로부터 2,000피트의 최저고도를 유지해야 한다. 그러나 다음의 경우는 예외이다.

- *비상상황으로 인해서 비상착륙*
- *지정된 장소에 착륙*

【정답】 47.① 48.③ 49.④

- *국가의 공적 사업*

50. [그림4-13, 컬러, 3번] Sprague Airport 상공의 공역은?

① G등급 공역, 지표면 위로 그러나 1,200피트(AGL)를 포함하지 않음; E등급 공역, 1,200피트(AGL) 위로 그러나 18,000피트(MSL)를 포함하지 않음

② G등급 공역, 지표면 위로 그러나 18,000피트(MSL)를 포함하지 않음

③ G등급 공역, 지표면 위로 그러나 700피트(AGL)를 포함하지 않음, E등급 공역, 700피트에서 14,500피트(MSL)까지

④ G등급 공역, 지표면 위로 그러나 700피트(AGL)를 포함하지 않음; E등급 공역, 700피트(AGL) 위로 그러나 18,000피트(MSL)를 포함하지 않음

【해설】 Sprague Airport는 파란색 음영 원(shaded ring)의 부분이다. 차트 범례에 따르면 이것은 이 원 안의 1,200피트(AGL)에서 시작되는 E등급 공역이다. 따라서 G등급 공역은 지표면으로부터 1,200피트(AGL; 포함하지 않음)까지 확장된다. E등급 공역은 1,200피트(AGL)부터 시작되어 18,000피트(MSL; 포함하지 않음)까지 확장된다.

51. [그림4-13, 컬러, 5번] Barnes County Airport의 5마일 이내 그리고 위에 있는 공역은?

① D등급 공역, 지표면부터 E등급 공역 위의 하한고도까지

② E등급 공역, 지표면부터 1,200피트(MSL)까지

③ G등급 공역, 지표면부터 700피트(AGL)까지

④ E등급 공역, 지표면부터 700피트(MSL)까지

【해설】 Barnes County Airport 주변을 둘러싸고 있는 자홍색 띠(5 SM 원)는 지표면부터 700피트까지 G등급 공역을 나타낸다.

52. [그림4-14, 컬러, 1번] NALF Fentress(NFE) Airport 상공의 공역은?

① C등급 공역　　② E등급 공역

③ G등급 공역　　④ B등급 공역

【해설】 NALF Fentress(NFE) Airport는 자홍색 점선 원으로 그려져 있고 이는 NFE를 위한 E등급 공역을 나타낸다.

53. [그림4-14, 컬러, 2번] Chesapeake Regional Airport의 표고는?

① 19피트　　② 36피트

③ 360피트　　④ 190피트

*【해설】 Chesapeake Regional Airport의 공항정보는 "19 *L 55 123.075"라고 표기되어 있다. 첫 굵은 숫자 "19"는 해수면으로부터 공항의 높이이다. 다음 "L"은 등화시설 그리고 "55"는 최장 활주로 길이 5,500피트, 그리고 CTAF 주파수 123.075가 표기되어 있다.*

【정답】 50.① 51.③ 52.② 53.①

54. [그림4-14, 컬러, 4번] R-5302A와 같은 제한구역에 있을 수 있는 위험요소는 무엇인가?
① 군용 항공기의 계기비행훈련으로 인한 공중충돌 위험
② 많은 조종사 훈련 또는 비정상적인 종류의 공중 활동
③ 곡예비행 또는 급격한 비행기동이 수행되고 있는 군용기의 활동
④ 공중사격, 또는 유도 미사일과 같은 비정상적이고 보이지 않는 위험
【해설】 *R-5302A와 같은 제한공역(restricted area)에는 포병사격, 공중사격, 또는 유도 미사일과 같은 비정상적이고 보이지 않는 위험이 존재할 수 있다.*

55. [그림4-14, 컬러, 2번] Lake Drummond에 있는 깃발 부호는 무엇을 나타내는가?
① Norfolk C등급 공역을 위한 필수보고지점
② Hampton Roads 공항을 위한 필수보고지점
③ Norfolk 접근관제소를 최초 호출하고 위치를 식별해 주기 위해서 사용되는 시각확인점
④ Norfolk 접근관제소를 위한 필수보고지점
【해설】 *Lake Drummond에 있는 깃발 부호는 Norfolk 접근관제소를 최초 호출하고 위치를 식별해 주기 위해서 사용되는 시각확인점(visual check point)이다.*

56. [그림4-14, 컬러, 5번] "CAUTION" 박스에 지시되고 있는 항공기에 위험이 되는 요소는?
① 높이 308피트(MSL)에서 미표시 비행선 격납고가 있다.
② 3,008피트(AGL)까지 미표시 기구가 있다.
③ 높이 308피트(AGL)까지 미표시 기구가 있다.
④ 3,008피트(MSL)까지 미표시 기구가 있다.
【해설】 *5번의 왼쪽 상단의 박스에 "CAUTION: UNMARKED BALLOON ON CABLE TO 3,008 MSL"과 같이 표기되어 있다. 이것은 3,008피트(MSL)까지 미표시 기구가 있음을 나타낸다.*

57. [그림4-8, 컬러] 급유를 받을 수 있는 공공 공항을 지시하고 있는 곳은?
① Minot Int'l (1번)
② Garrison(2번)
③ Mercer county Regional Airport(3번)
④ Flyings(1번)
【해설】 *공항에 급유시설(refueling)을 갖추고 있는 공항은 공항부호의 사면에 작은 사각형이 그려져 있다.*

58. [그림4-11, 컬러] 급유를 받을 수 있는 공공 공항을 지시하고 있는 곳은?
① Commerce(6번) 그리고 Rockwall(1번)
② Commerce(6번) 그리고 Hidden Springs(5번)
③ Commerce(6번) 그리고 Sulphur Springs(5번)
④ Rockwall(1번) 그리고 Sulphur Springs(5번)

【정답】 54.④ 55.③ 56.④ 57.① 58.④

59. [그림4-10, 컬러, 2, 3번] Statesboro Bullock County Airport, Claxton-Evans County Airport 그리고 Ridgeland Airport에 있는 깃발 부호는 무엇인가?

① Savannah C등급 공역의 외부 경계

② 특별 장주를 갖는 공항

③ Savannah C등급 공역에 진입하기 전 호출을 위해서 위치 식별을 하기 위한 시각확인점

④ 접근관제소에 위치를 보고하기 위한 필수보고지점

【해설】 이들 공항에 있는 자홍색 깃발 부호(flag symbol)는 Savannah C등급 공역에 진입하기 전 호출을 위해서 위치 식별을 하기 위한 시각확인점(visual check point)이다.

60. [그림4-9, 컬러, 2번] Coeur d'Alene(COE) 공항에서 가용한 기상정보는 무엇인가?

① 현장에 있는 FSS에서 얻을 수 있다.

② AWOS 3 135.075로부터 얻을 수 있다.

③ UNICOM 122.8로부터 얻을 수 있다.

④ CTAF 122.8로부터 얻을 수 있다.

【해설】 해당 공항정보에서 "AWOS 135.075"와 같이 표기되어 있다. 이것은 자동기상관측체계(automated weather observation system; AWOS)를 의미한다.

61. [그림4-9, 컬러, 2번, 그림4-20] Coeur d'Alene(COE) 공항에서 항공기의 위치와 의도를 맹목방송하기 위해서 사용되는 CTAF 주파수는?

① 122.05 MHz　　② 122.5/108.8 MHz

③ 122.2 MHz　　④ 122.8 MHz

【해설】 [그림13]의 차트 보충간행물에서 Coeur d'Alene(COE) 공항을 위한 정보를 확인할 수 있다. 통신란을 보면 CTAF(UNICOM) 주파수가 122.8MHz라고 표기되어 있다. [그림 4-9] 공항정보에도 122.8 Ⓒ로 표기되어 있다.

62. [그림4-9, 컬러, 2번, 그림4-20] Coeur d'Alene(COE) 공항에서 사용되는 UNICOM 주파수는?

① 135.075 MHz　　② 122.1/108.8 MHz

③ 122.8 MHz　0　　④ 122.6 MHz

【해설】 Coeur d'Alene(COE) 공항에서 사용할 수 있는 UNICOM 주파수는 122.8 MHz이다. [그림4-9] 공항정보에도 122.8 Ⓒ로 표기되어 있다.

63. [그림4-9, 컬러, 2번, 그림4-20] Coeur d'Alene(COE) 공항에서 사용되는 CTAF 주파수는?

① 122.05 MHz　　② 135.075 MHz

③ 122.8 MHz　　④ 122.2 MHz

【해설】 [그림4-20]의 차트 보충간행물에서 Coeur d'Alene(COE) 공항을 위한 정보를 확인할 수 있다. 통신란을 보면 CTAF(UNICOM) 주파수가 122.8MHz라고 표기되어 있다. [그림 4-9] 공항정보에도 122.8 Ⓒ로 표기되어 있다.

【정답】 59.③　60.②　61.④　62.③　63.③

64. [그림4-12, 컬러, 3번] 만약 Dallas Executive Tower가 운용되고 있지 않는다면 공항교통을 모니터하기 위해서 CTAF로 사용되는 주파수는?

① 122.2 MHz ② 122.95 MHz

③ 126.35 MHz ④ 127.25 MHz

【해설】 Dallas Executive Tower가 운용되지 않을 때 CTAF는 127.25이다. CTAF로 사용되는 주파수는 ⓒ로 표기되어 있다.

65. 관제탑 또는 UNICOM이 운용되고 있지 않은 공항에 인바운드 중 조종사가 MULTICOM 주파수로 맹목송신을 시도해야 하는 적절한 위치는?

① 20마일 밖에서

② 공항이 육안으로 보이기 시작할 때부터

③ 5마일 밖에서

④ 10마일 밖에서

【해설】 관제탑 또는 UNICOM이 운용되고 있지 않은 공항에 인바운드 중 조종사가 10마일 전에서 MULTICOM 주파수 122.9 MHz를 이용해서 맹목송신(self-announcement)을 해야 한다.

66. 관제탑 또는 UNICOM이 운용되고 있지 않은 공항에 인바운드 중 조종사가 맹목송신해야 하는 MULTICOM 주파수는?

① 123.0 MHz ② 122.9 MHz 0

③ 122.7 MHz ④ 122.2 MHz

67. [그림4-14, 컬러, 3번] Currituck County Airport에 출발하기 위해 권장되는 통신절차는?

① 활주 전 그리고 출발 활주로에서 다시 한번 의도를 방송한다.

② Elizabeth 관제탑과 120.5MHz로 교신한다.

③ 무선통신이 필요하지 않다.

④ 지상 및 공중에서 모든 선회 중 맹목 송신한다.

【해설】 Currituck County Airport는 CTAF 122.9MHz로 지정된 관제탑이 없는 공항이다. 관제탑이 없는 공항에서 적절한 출발절차는 CTAF 주파수를 이용해서 활주로 전 그리고 활주로에서 다시 한번 조종사의 의도를 방송한다.

68. [그림4-14, 컬러, 3번] Currituck County Airport에 착륙을 위해서 권장되는 통신절차는?

① 주파수 122.9 MHz를 이용해서 10마일 전에서부터 의도를 방송하고 장주에서 위치보고를 한다.

② 공항조언업무를 위해서 Elizabeth City FSS와 교신한다.

③ New Bern FSS와 지역교통정보를 위해서 교신한다.

④ 공항이 육안으로 보이기 시작한 지점부터 122.9 MHz를 이용해서 의도를 방송하고 장주에서 위치보고를 한다.

【정답】 64.④ 65.④ 66.② 67.① 68.①

【해설】 이 공항에 인바운드하기 위해서 MULTICOM 주파수 122.9 MHz를 이용해야 한다. 이들 유형의 공항에 인바운드하기 위한 권장절차는 10마일 전에서 의도를 방송하고 장주에서 위치보고를 한다.

69. [그림4-8, 컬러] 1번 지역 근처에서 조종사가 비행중기상조언정보(HIWAS)를 수신하기 위해서 사용해야 하는 주파수는?

① 118.2 MHz ② 118.0 MHz

③ 122.2 MHz ④ 117.1 MHz

【해설】 비행중기상조언정보(hazardous in flight weather advisory; HIWAS)가 가용하다는 표시는 VOR 혹은 VORTAC 정보 박스의 우측 상단에 Ⓗ로 표기된 것으로 알 수 있다. 이 지역에서 HIWAS가 가용한 주파수는 117.1 MHz이다.

70. [그림4-8, 컬러, 2번] Garrison Airport에서 사용되는 CTAF/MULTICOM 주파수는?

① 122.8 MHz ② 122.9 MHz 0

③ 123.0 MHz ④ 123.6 MHz

【해설】 Garrison Airport에서 사용되는 CTAF/MULTICOM 주파수는 122.9 MHz이다.

71. [그림4-13, 컬러, 2번] Cooperstown Airport에 착륙하기 위해서 인바운드할 때 권장되는 통신절차는?

① CTAF/MULTICOM 주파수 122.9 MHz를 이용해서 10마일 전에서 의도를 방송한다.

② 10마일 전에서부터 UNICOM 122.8 MHz로 교신한다.

③ 장주에 진입하기 전 좌선회로 공항을 선회한다.

④ 20마일 전에서부터 UNICOM 122.9 MHz로 교신을 시도한다.

【해설】 이 공항에 인바운드하기 위해서 CTAF/MULTICOM 주파수 122.9 MHz를 이용해야 한다. 이들 유형의 공항에 인바운드하기 위한 권장절차는 10마일 전에서 의도를 방송하고 장주에서 위치보고를 한다.

72. [그림4-13, 컬러, 4번] Jamestown Airport에서 CTAF/MULTICOM 주파수는?

① 122.2 MHz ② 118.75 MHz

③ 123.6 MHz ④ 123.0 MHz

【해설】 UNICOM 주파수는 Ⓒ 부호와 함께 이탤릭체(italics)로 표기된다.

73. [그림4-13, 컬러, 5번] Barnes County Airport에서 CTAF/MULTICOM 주파수는?

① 122.2 MHz ② 122.8 MHz

③ 123.6 MHz ④ 118.05 MHz

【해설】 UNICOM 주파수는 Ⓒ 부호와 함께 이탤릭체(italics)로 표기된다.

【정답】 69.④ 70.② 71.① 72.④ 73.②

74. [그림4-13, 컬러, 2번] Cooperstown Airport의 대략적인 위도와 경도 좌표는?

① 46°55′N-99°06′W　② 47°25′N-99°54′W
③ 47°55′N-98°06′W　④ 47°25′N-98°06′W

【해설】 *경도는 북극에서 남극을 잇는 선이고 모든 경도는 적도를 직각으로 통과한다. 구역 항공도에 있는 격자선(graticules)은 각 위도 30분과 경도 30분 선으로 그려져 있다. 각각의 짧은 선은 1분을 나타낸다. 위도(latitude)는 북쪽으로 갈수록 증가하고, 서경은 서쪽으로 갈수록 증가한다. 이 공항은 대략 47°25′N-98°06′W에 위치한다.*

75. [그림4-14, 컬러, 3번] Currituck County Airport의 대략적인 위도와 경도 좌표는?

① 36°24′N-76°01′W　② 36°48′N-76°01′W
③ 47°24′N-75°58′W　④ 37°48′N-77°59′W

【해설】 *경도는 북극에서 남극을 잇는 선이고 모든 경도는 적도를 직각으로 통과한다. 구역 항공도에 있는 격자선(graticules)은 각 위도 30분과 경도 30분 선으로 그려져 있다. 각각의 짧은 선은 1분을 나타낸다. 위도(latitude)는 북쪽으로 갈수록 증가하고, 서경은 서쪽으로 갈수록 증가한다. 이 공항은 대략 36°24′N-76°01′W에 위치한다.*

76. [그림4-8, 컬러, 2번] 대략 북위 47°41′00″ 그리고 서경 101°36′00″(47°41′00″N-101°36′00″W)에 위치한 공항은?

① Fischer　② Crooked Lake
③ Johnson　④ Flyings

【해설】 *구역 항공도에 있는 격자선(graticules)은 각 위도 30분과 경도 30분 선으로 그려져 있다. 각각의 짧은 선은 1분을 나타낸다. 위도(latitude)는 북쪽으로 갈수록 증가하고, 서경은 서쪽으로 갈수록 증가한다. 47°41′00″N-101°36′00″에 위치한 공항은 Fischer Airfield이다.*

77. [그림4-8, 컬러, 2번] 대략 47°34′30″N-100°43′00″W에 위치한 공항은?

① Linrud　② Garrison
③ Johnson　④ Makeeff

78. [그림4-8, 컬러, 3번] 대략 북위 47°21 그리고 서경 101°01′에 있는 공항은?

① Underwood　② Pietsch
③ Washburn　④ Garrison

79. [그림4-9, 컬러, 3번] Shoshone County airport의 대략적인 위도와 경도 좌표는?

① 47°02′N-116°11′W　② 46°33′N-117°11′W
③ 47°32′N-116°41′W　④ 47°33′N-116°11′W

【해설】 *경도는 북극에서 남극을 잇는 선이고 모든 경도는 적도를 직각으로 통과한다. 구역 항공도에 있는 격자선(graticules)은 각 위도 30분과 경도 30분 선으로 그려져 있다. 각각의 짧은 선은 1분을 나타낸다. 위도(latitude)는 북쪽으로 갈수록 증가하고, 서경은 서쪽으로 갈*

【정답】 74.④　75.①　76.①　77.④　78.③　79.④

수록 증가한다. 이 공항은 대략 47°33′N-116°11′W에 있다.

80. 해수면에서 표준대기압과 기온은?

① 15℃, 29.92″Hg　　② 59℃, 1013.2 millibars

③ 59°F, 29.92 millibars　　④ 15°F, 29.92″Hg

【해설】 *해수면(sea level)에서 표준기온과 대기압은 15℃, 29.92″Hg 혹은 59°F, 1013.2 millibars이다.*

81. 비표준기온을 수정한 고도는?

① 기압고도　　② 밀도고도

③ 지시고도　　④ 진고도

【해설】 *비표준기온(nonstandard temperature)을 수정한 고도는 밀도고도(density altitude)이다. 기압고도(pressure altitude)는 표준 기지면(standard datum plane)으로부터의 높이이다.*

82. 항공기 착륙 성능에 영향을 주는 밀도고도는 무엇에 의해서 결정되는가?

① 공기밀도와 대기압　　② 맞바람과 착륙중량

③ 습도와 제동마찰 힘　　④ 기압고도와 주변 기온

【해설】 *밀도고도(density altitude)는 비표준기온을 수정해서 얻은 기압고도라고 할 수 있다. 밀도고도가 증가한다면 항공기의 착륙속도는 증가할 것이다. 항공기는 해수면에서 동일한 지시속도(indicated altitude)에서 착륙하게 될 것이지만 밀도(density)가 감소되었기 때문에 진대기속도(true altitude; TAS)는 증가하게 될 것이다.*

83. 항공기의 성능에 높은 습도가 미치는 영향은 무엇인가?

① 성능이 증가할 것이다.

② 성능이 감소할 것이다.

③ 성능에 영향을 주지 않을 것이다.

④ 고도가 증가함에 따라 성능은 증가한다.

【해설】 *공기에 더 많은 습기(humid)가 함유되어 있을수록 밀도는 더 낮아진다. 이것은 주어진 습한 공기무게의 양이 동일한 건조 공기무게의 양에 비해 낮기 때문이다. 밀도가 낮아지면 항공기 성능도 떨어진다.*

84. 특정 공항에서 밀도고도를 증가시키는 경향이 있는 요소는?

① 대기압 증가　　② 기온 증가

③ 상대습도 감소　　④ 기온 감소

【해설】 *기온이 높을수록 공기밀도가 더 낮아지기 때문에 밀도고도는 증가한다. 대기압이 증가함에 따라 밀도고도는 감소한다. 상대습도(relative humidity)가 감소하면 밀도고도는 감소한다.*

【정답】 80.① 81.② 82.④ 83.② 84.②

85. 낮은 밀도고도에 비교해서 높은 밀도고도가 프로펠러에 미치는 영향은 무엇이고 그 이유는?

① 프로펠러 블레이드에 마찰이 낮아지기 때문에 효율이 증가한다.
② 프로펠러 블레이드에 더 밀도가 높은 공기를 취하게 되면서 효율이 증가할 것이다.
③ 더 엷은 공기에서 프로펠러의 힘이 증가하였기 때문에 효율이 감소할 것이다.
④ 프로펠러는 낮은 밀도고도보다 높은 밀도고도에서 더 작은 힘을 발휘하기 때문에 효율이 감소할 것이다.

【해설】 *프로펠러는 회전하고 있는 블레이드를 통해서 가속되는 대량의 공기에 비례해서 추력을 생산한다. 따라서 공기밀도가 낮다면 프로펠러 효율(efficiency)은 그만큼 감소할 것이다. 밀도와 밀도고도(density and density altitude)의 상관관계에서 밀도가 높다면 밀도고도는 낮아지는 반비례 관계에 있다는 것을 기억하라.*

86. 고밀도고도가 항공기 성능에 미치는 영향은?

① 엔진 성능이 증가할 것이다.
② 프로펠러 성능이 증가할 것이다.
③ 이륙 성능이 증가할 것이다.
④ 상승 성능이 감소할 것이다.

【해설】 *고밀도고도(high density altitude)는 항공기의 이륙과 상승 성능을 포함하여 전반적인 성능을 감소시킬 것이다.*

87. 항공기의 이륙과 상승 성능을 떨어뜨릴 수 있는 대기 조건의 조화는?

① 낮은 기온, 낮은 상대습도, 그리고 낮은 밀도고도
② 높은 기온, 낮은 상대습도, 그리고 낮은 밀도고도
③ 높은 기온, 높은 상대습도, 그리고 높은 밀도고도
④ 낮은 기온, 높은 상대습도, 그리고 높은 밀도고도

【해설】 *이륙과 상승 성능은 고밀도고도에 의해서 감소할 것이다. 고밀도고도는 고온과 높은 상대습도가 주요 원인이다.*

88. 특정 고도에서 외기기온(OAT)이 표준보다 높다면 밀도고도는?

① 기압고도와 동등할 것이다. ② 기압고도보다 더 낮다.
③ 기압고도보다 더 높다. ④ 변함이 없다.

【해설】 *기본적으로 기온이 높아지면 공기는 팽창(expands)한다. 따라서 공기의 밀도는 더 낮아진다. 이것은 밀도는 낮아지고 밀도고도는 높아진다는 것을 의미한다. 기압고도의 기본은 표준기온(standard temperature)이다. 따라서 기온이 표준보다 온난(높다면)하다면 밀도고도는 기압고도를 초과한다. 이를 기반으로 했을 때 밀도고도와 기압고도는 오직 표준기온일 때만 동등하다.*

【정답】 85.④ 86.④ 87.③ 88.③

89. 공항에서 시간적으로 중요한 정보 그리고 국가공역체계에 영향을 줄 수 있는 변화에 대한 정보를 제공하는 것은?

① NOTAM　　② 차트 보충간행물(Chart Supplement)

③ 조언회보　　④ 구역 항공도

【해설】 노탐(notice to airmen; NOTAM)은 공항과 국가공역체계에 영향을 줄 수 있는 시간적으로 중요한 정보(time-critical information)를 전파하는 시스템이다. Chart Supplement는 8주마다(FAA) 발행되고 특정 공항에 대한 정보가 수록된 소책자이다. 조언회보(Advisory Circulars; ACs)는 항공사회의 비규정적 주요 관심 사항에 대해서 발행되는 회보이다.

90. 국가비행자료센터에서 발행되는 FDC NOTAM에 포함된 규정적 정보는?

① 공항 활주로 상태에 관한 정보　② 공항에 사용되는 표지와 표지판

③ 표준통신　　④ 임시비행제한(TFR)

【해설】 비행자료센터(Flight Data Center; FDC)에서 발행하는 NOTAMs은 규정적이고 기존에 발행된 IAPs와 최근 항공도의 수정과 같은 정보들이 포함된다. 또한, 자연재난이나 대규모 공공행사와 같이 많은 항공기가 집중될 수 있는 지역에 임시비행제한(temporary flight restrictions) 지역을 공표하기 위해서 사용되기도 한다.

91. 어느 한 지방공항을 넘어선 다른 지역까지 전파되는 NOTAM은?

① NOTAM(L)　　② NOTAM(D)

③ NOTAM(U)　　④ NOTAM(T)

【해설】 NOTAM(D)은 어느 한 지방공항을 넘어선 다른 지역까지 전파되는 NOTAM이다. NOTAM(D)의 D는 "distance"로 기억하기 쉽고, NOTAM(U), NOTAM(O)와 같이 두 그룹이 있다. NOTAM(L)은 민간항공에 사용되지 않지만 군 조종사를 위해서 여전히 사용되고 있다.

92. NOTAMs이 노탐간행물(NTAP)에 발행되었을 때 NOTAM은 어떻게 처리되는가?

① 여전히 표준기상 브리핑의 한 부분이다.

② 취소되지만 조종사의 요청에 따라 제공된다.

③ 취소되고 더 이상 유효하지 않다.

④ 조종사가 발행된 NOTAMs을 요청한다면 표준기상 브리핑에서 제공될 것이다.

【해설】 일단 NOTAM이 노탐간행물(notice to airmen publication; NTAP)에 발행되었다면 조종사가 특별히 요청하지 않는 한 조종사 기상 브리핑에서 더 이상 제공하지 않는다.

93. 노탐간행물에 포함된 정보에 관해서 가장 잘 서술하고 있는 것은?

① 최근 NOTAM(D), FDC NOTAMs이 수록된다.

② 모든 최근 NOTAMs만 수록된다.

③ 최근 Chart Supplement 정보와 FDC NOTAMs이 수록된다.

④ 최근 NOTAM(D), NOTAM(L)이 수록된다.

【해설】 노탐간행물(NTAP)에는 연장된 기간 유효한 것으로 예상하는 NOTAM(D) 그리고

【정답】 89.① 90.④ 91.② 92.④ 93.①

발행한 시기에 최신이 되는 FDC NOTAMs이 포함된다. 군 조종사를 위한 NOTAMs은 NTAP에 포함되지 않는다.

94. 구역 항공도에서 자오선을 참고하여 측정된 코스는 무엇인가?

① 진코스(진방위) ② 자코스(자방위)

③ 진기수방위 ④ 자기수방위

【해설】 *진방위(true course)는 항공도의 자오선(meridian)을 참고해서 결정한다.*

95. 구역 항공도에서 진코스의 측정은 코스의 중간 근처에 있는 자오선을 참고해야 하는 이유는?

① 등편각선의 값이 지점에 따라 다르기 때문이다.

② 등편각선으로 형성된 각도와 위도선이 지점에 따라 다르기 때문이다.

③ 전 구역에서 등편각선과 경도선이 다르기 때문이다.

④ 경도선으로 형성된 각도와 코스선이 지점에 따라 다르기 때문이다.

【해설】 *자오선(meridian; 경도선)은 위도선(lines of latitude)과 달리 극(pole)을 향해서 합류하기 때문에 등편각선(isogonic line)으로 형성된 각도와 위도선이 지점에 따라 다르다. 따라서 진코스(true course)를 측정할 때 출발점보다 코스의 중간(midpoint) 근처에 있는 자오선을 반드시 참고해야 한다.*

96. 비행한 거리를 계산하기 위해서 어떻게 해야 하는가?

① 시간과 대기속도를 곱한다. ② 시간과 지시속도를 곱한다.

③ 시간과 등가속도를 곱한다. ④ 시간과 대지속도를 곱한다.

【해설】 *주어진 시간 동안 비행한 거리(distance)를 구하기 위해서는 비행한 시간과 대지속도(ground speed)를 곱해야 한다. [시간×대지속도=비행거리]*

97. 항공기가 순항고도 500피트 그리고 대지속도 45 mph에서 비행하고, 연료는 시간당 3갤런 소모한다면 총 75 SM을 비행하는데 얼마의 연료가 필요한가?

① 6갤런 ② 5갤런

③ 3갤런 ④ 8갤런

【해설】 *원하는 거리를 비행하는데 소모되는 연료량을 구하기 위해서 먼저 비행시간을 구해야 한다. 이를 위해서 총 비행거리를 대지속도(ground speed)로 나누면 된다. 다음 비행시간에 시간 당 연료소모율(fuel consumption rate)을 곱해주면 된다.*

- *75÷45=1.67시간*
- *1.67×3=5갤런*

98. 조종사가 비행업무사무소(FSS)에서 얻을 수 있는 정보는?

① 항로를 잃었을 때 조력 ② 활주 지시

③ 공항 연료가격 ④ 착륙 인가

【해설】 *비행업무사무소(Flight Service Station; FSS)는 비행 중 항로를 잃은(lost aircraft)*

【정답】 94.① 95.④ 96.④ 97.② 98.①

항공기를 돕는 역할을 한다. 구역 항공도에는 이들 시설과 교신할 수 있는 지시와 원격통신소(remote communication outlets; RCO)가 있다. 따라서 국지공항(local airport)을 벗어나 원거리 비행을 계획할 때 FSS와 더 쉽게 교신이 가능한 것이 어느 FSS 주파수 인지를 확인하는 것은 비행 중 어려움에 부닥쳤을 때 도움을 요청하는데 유용할 수 있음을 기억하라.

99. 비행 중 조종간을 확실하게 인계하기 위한 3단계 절차 중 세 번째 올바른 절차는?

(1) You have the flight controls.(당신이 조종간을 잡으시오.)

(2) I have the flight controls.(내가 조종간을 잡았습니다.)

(3)

① You have the flight controls.

② I have the aircraft.

③ I have the flight controls.

【해설】 일반적으로 확실한 조종간을 인계하고 인수하는 절차는 다음과 같이 3단계로 수행할 것을 권장한다.

(1) You have the flight controls.(당신이 조종간을 잡으시오.)

(2) I have the flight controls.(내가 조종간을 잡았습니다.)

(3) You have the flight controls.(당신이 조종간을 잡았습니다.)

100. [그림4-8, 컬러] Mercer County Regional Airport(3번)에서 Minot International(1번)까지 예상순항비행시간은 얼마인가? 바람은 330°에서 25노트 그리고 진대기속도는 100노트이다. 또한 출발과 상승에 필요한 3-1/2분을 더하라.

① 45분 ② 48 1/2분

③ 52분 ④ 55분

【해설】 [그림4-8]을 이용해서 두 지점 사이의 거리는 60 NM이고, 대지속도를 구해야 비행시간을 구할 수 있다. 계산반 혹은 비행컴퓨터를 이용해서 주어진 바람 정보와 진대기속도를 기초로 대지속도를 구한다. 대지속도는 80노트이다. 총비행거리 60 NM을 대지속도 80노트로 나누면 45분이 된다. 여기에 출발과 상승에 소요된 시간을 더하면 48.5분이 된다.

※ 계산반 및 비행컴퓨터 사용방법은 공중항법 문제집 참고

101. 항공기가 과적했을 때 초래될 수 있는 문제는?

① 상승률 감소, 기동성 증가, 그리고 구조적 하중 감소

② 실용상승한도 증가, 상승각 증가, 순항속도 증가

③ 이륙속도 감소, 기동성 증가, 그리고 이륙활주거리 감소

④ 상승률 감소, 과도한 구조적 하중, 그리고 순항 항속거리 감소

【해설】 항공기가 과적했을(overloading) 때 상승률이 떨어지고, 항공기 구조에 과도한 하중, 그리고 순항 항속거리(cruising range)가 짧아지는 원인이 될 수 있다. 과도한 무게로 인해서 항공기는 비행을 지지하는데 더 큰 양력의 양(amount of lift)을 발생시켜야 한다. 이것

【정답】 99.① 100.② 101.④

은 하중계수(load factor)가 증가하기 때문에 항공기에 더 큰 구조적 응력(structural tension)과 상승률을 낮추는 결과를 초래하고 또한 날개의 더 높은 받음각으로 인해서 항력을 증가시키고 이로 인해서 항속거리는 더 짧아진다.

102. 만약 비상상황에 처했다면 항공기의 효율과 가용한 안전 마진에 관해서 올바르게 서술하고 있는 것은?

① 불충분한 무게로 인해서 감소한다.

② 과도한 무게로 인해서 감소한다.

③ 무게의 영향을 받지 않는다.

④ 무게가 무거울수록 더 큰 양력이 필요하지만, 항력이 감소하여 상쇄된다.

【해설】 *과도한 항공기의 무게는 대부분의 측면에서 항공기 성능을 떨어뜨린다. 무게가 무거울수록 더 큰 양력이 필요하고 부가적인 항력(additional drag)이 증가하면서 더 많은 연료가 필요하다. 만약 비상상황에 처했다면 성능이 떨어졌기 때문에 더 치명적일 수 있고 안전 마진(safety margin)은 감소하게 될 것이다.*

103. [그림4-8, 컬러, 2번] Garrison Airport의 표고는 얼마인가?

① 122.9피트 ② 37피트

③ 1,937피트 ④ 2,295피트

【해설】 *Garrison Airport의 공항정보는 "1937 *L 122.9 Ⓒ"와 같이 표기되어 있다. 첫 숫자가 공항표고(elevation)이다.*

104. 무선항법계기 없이 VFR 항법 중 추측항법으로 계산한 기수방위와 대지속도는 지속적으로 모니터해야 하고 무엇으로 수정되어야 하는가?

① 지문항법과 바람삼각형

② 바람삼각형

③ 액체 컴퍼스와 대지속도 지시기

④ 확인점으로부터 관찰된 것과 같은 지문항법

【해설】 *비행 전에 계산한 기수방위(heading)와 대지속도는 지속적으로 확인해야 하고 확인점(checkpoints)으로부터 관찰된 것과 같은 지문항법(pilotage)으로 업데이트해야 한다.*

※ Pilotage(지문항법); 시계비행을 할 때 지형지물을 확인하면서 비행하는 항법

※ Dead reckoning(추측항법); 바람의 방향과 속도를 측정하고, 항로 및 항공기의 지면에 대한 속도(대지속도)를 산출하여 추정 위치를 산출하면서 항행하는 항법

105. 지방횡단비행을 무선항법계기 없이 수행되는 항법은 통상 추측항법과 어떠한 방법으로 수행해야 하는가?

① 지문항법 ② 바람삼각형

③ 나침반 기수방위 ④ 지역항법

【해설】 *무선항법계기 없이 수행되는 지방횡단비행의 항법은 추측항법과 지문항법으로 수행*

【정답】 102.② 103.③ 104.④ 105.①

되어야 한다. 바람삼각형(wind triangle)은 항공기 움직임과 바람 사이의 상관관계를 그래픽으로 보여주는 것이다. 이것은 공중벡터(air vector), 대지벡터(ground vector), 그리고 바람벡터(wind vector)를 이용해서 원하는 값을 구할 수 있다.

106. 당신은 지방횡단비행을 하고 있고 바람 방향을 수정했다면 당신이 따라야 하는 것은?

① 당신이 원하는 일반 코스　② 자기수방위
③ 나침반 기수방위　④ 진기수방위

【해설】 *진기수방위(true heading; TH)는 바람을 수정한 진코스(true course; TC)이다. 기수방위 또는 코스(heading or course)는 마그네틱 컴퍼스를 참고해서 비행하는 것이기 때문에 자기수방위(magnetic heading)에서 비행하는 것이다. 자기수방위는 바람 방향과 편각(variation; VAR)을 수정해서 작도한 코스(plotted course)이다. 이 문제에서 자기수방위(magnetic heading)도 맞을 수 있지만 바람 방향만을 위해서 수정한 것으로 요구하고 있으므로 진기수방위(true heading)가 되어야 한다.*

107. 구역 항공도에 있는 도로에 대해서 올바르게 서술하고 있는 것은?

① 모든 도로는 2차로 또는 그 이상 도로만 그려진다.
② 교통량이 많은 도로 또는 공중에서 보았을 때 뚜렷하게 보이는 도로만 그려진다.
③ 오직 포장도로만 그려진다.
④ 공항과 연결된 도로만 그려진다.

【해설】 *구역 항공도에 공중항법을 위해서 사용될 수 있는 주요 특징의 도로들이 그려진다. 이들 도로는 교통량이 많은 도로 또는 공중에서 보았을 때 뚜렷하게 보이는 도로만 그려진다.*

108. GPS에 관해서 올바르게 서술하고 있는 것은?

① 지상기반 항법이다.　② 위성기반 항법이다.
③ 안테나 기반 항법이다.　④ 전자항법의 하나이다.

【해설】 *GPS(Global Positioning System)는 위성기반(satellite-based navigation system) 항법 시스템이다.*

109. 비행 중 RAIM 기능의 상실에 관해서 올바르게 서술하고 있는 것은?

① 조종사는 여전히 GPS에서 지시하는 수직 고도를 신뢰할 수 있다.
② RAIM 기능이 상실되었을 때 최소한 30분 동안 정상적인 위치 정보를 제공한다.
③ GPS 위치 정보는 최소한 3개의 위성이 가용할 때 신뢰할 수 있다.
④ 조종사는 GPS 위치 정보의 정밀도를 보장받을 수 없다.

【해설】 *만약 수신기자율보전감시(Receiver Autonomous Integrity Monitoring; RAIM) 기능이 있다면 이 기능의 정상작동 여부를 항상 확인해야 한다. 비행 중 RAIM 기능이 상실되었다면 항공기의 위치 정보를 신뢰할 수 없으므로 다른 무선항법장비 혹은 지문항법이나 추측항법으로 이용해서 확인해야 한다. GPS 항법을 위해서 최소한 4개의 위성이 필요하고 RAIM 기능을 위한 한 개의 위성(총 5개의 위성) 혹은 기압고도계가 필요하다.*

【정답】 106.④　107.②　108.②　109.④

110. 공기의 이동이 항공기가 어디에서 이동하고 있는 속도에 영향을 주는가?

① 지표면 위에서 이동하는 항공기
② 편류를 수정하기 위해 동남쪽으로 이동하고 있는 항공기
③ 토크를 수정하기 위한 남쪽으로 이동하는 항공기
④ 바람을 따라 이동하고 있는 항공기

【해설】 *공기의 이동(motion of air)은 항공기가 지표면 위를 이동하고 있는 속도(대지속도)에 영향을 준다. 이것은 항공기의 대기속도(airspeed) 또는 공기 속을 통과해서 이동하는 속도에는 영향을 주지 않는다.*

111. 북동쪽에서 불어오는 바람을 받으면서 항공기가 동쪽 코스로 비행하고 있다면 항공기 기수가 지향해야 하는 방향은?

① 편류를 수정하기 위해서 기수를 약간 동북쪽으로 향해야 한다.
② 편류를 수정하기 위해서 기수를 동남쪽으로 향해야 한다.
③ 토크를 수정하기 위해서 기수를 북쪽으로 향해야 한다.
④ 편류를 수정하기 위해서 기수를 약간 남동쪽으로 향해야 한다.

【해설】 *간단하게 그림을 그려 판단하면 쉽게 결정할 수 있다. 이 항공기는 편류(to counteract drift)를 수정하기 위해서 기수를 약간 동북쪽으로 향해야 한다.*

112. 불안전 착륙 접근으로부터 복행에 관해서 가장 잘 서술하고 있는 것은?

① 그 순간의 환경이 절대적으로 필요하지 않은 한 실행해서는 안 된다.
② 복행은 지표면으로부터 100피트 이상의 고도에서만 실행되어야 한다.
③ 대기속도와 관계없이 착륙 플레어가 시작된 후 시도해서는 안 된다.
④ 불안전 착륙을 방지하기 위한 마지막 시도에 복행하는 것이 바람직할 수 있다.

【해설】 *지상으로부터 높이와 관계없이 복행을 조기에 결심했고, 양호한 계획에 따를 수 있으며, 적절한 절차로 수행할 수 있다면 안전한 복행(safe go-around)이 실행되어야 한다. 착륙 접근 중 위험 상황을 조기에 발견할수록 결심이 더 빨라질 수 있고 조기에 복행을 실행함으로써 더욱 안전하게 절차를 수행할 수 있다. 따라서 불안전 착륙을 방지하기 위한 복행의 결심이 빠를수록 마지막 순간까지 기다리는 것보다 더 현명할 수 있다.*

113. 다음과 같이 주어진 조건에서 풍향풍속을 결정하시오.

- 진코스(true course) 050°
- 진기수방위(true heading) 040°
- 진대기속도(true airspeed) 75노트
- 대지속도(ground speed) 65노트

① 105° 그리고 16노트　② 355° 그리고 16노트
③ 355° 그리고 10노트　④ 105° 그리고 10노트

【해설】 *"공중항법 문제집" 참고*

【정답】 110.① 111.① 112.④ 113.②

114. 관제공항에서 비행을 종료했을 때 VFR 비행계획서를 어떻게 종결시켜야 하는가?

① 항공기가 활주로에서 벗어났을 때 관제탑에서 자동으로 종결시킨다.

② 조종사는 착륙하자마자 가까운 FSS 또는 다른 관제시설에 비행계획서를 종결시켜야 한다.

③ 항공기가 착륙을 위해서 관제탑과 교신했을 때 관제탑이 가까운 FSS에 지시를 중계한다.

④ 항공기가 목적지 공항 관제탑과 교신했을 때 자동으로 종결된다.

【해설】 *관제공항에서 비행을 종료했을 때 조종사는 착륙하자마자 DVFR 혹은 VFR 비행계획서를 가까운 비행업무사무소(운항실) 또는 다른 지방항공청 시설에 비행계획서를 종결시켜야 한다.*

115. 국가공역체계에서 기본 비행정보와 항공교통관제절차를 항공사회에 제공하는 간행물은?

① AIM(항공정보지침서) ② Chart Supplement

③ 조언회보 ④ 구역 항공도

【해설】 *AIM(Aeronautical Information Manual)은 국가공역체계에서 기본 비행정보와 항공교통관제절차를 항공사회에 제공하는 간행물(publication)이다.*

116. [그림4-15] 하나 이상의 순항고도가 있다면 비행계획서의 항목 15에 기입해야 하는 것은?

① 첫 순항고도 ② 가장 높은 순항고도

③ 가장 낮은 순항고도 ④ 평균 순항고도

【해설】 *기상과 바람 정보를 제공하는 기상 브리퍼(weather briefer)를 돕기 위해서 당신의 비행계획서에는 오직 첫 번째 순항고도(initial cruising altitude)만 기입해야 한다.*

117. [그림4-15] VFR 주간 비행을 위한 비행계획서의 항목 19 "Endurance"에 기입해야 하는 것은?

① 예상순항항로시간 +30분을 기입한다.

② 예상순항항로시간 +45분을 기입한다.

③ 항공기의 최대 적재 양을 시간으로 기입한다.

④ 적재한 가용연료의 양을 시간과 분으로 기입한다.

【해설】 *비행계획서의 항목 19에 있는 "Endurance"에는 출발시각에 항공기에 가용한 연료의 양(amount of usable fuel)을 기입해야 한다. 이 항목은 비행시간의 시간과 분(hours and minutes)으로 계산하여 기입한다.*

118. [그림4-15] VFR 주간 비행을 위한 항목 16 "Destination Aerodrome"에 기입해야 하는 정보는 무엇인가?

① 목적지 공항 식별부호와 항공기가 계류하게 될 FBO의 명칭을 기입한다.

② 목적지 공항 식별부호와 도시명을 기입한다.

③ 목적지 도시와 주(지방)를 기입한다.

④ 목적지 공항이 속해 있는 주요 도시명만 기입한다.

【해설】 *비행계획서의 항목 16 "Destination Aerodrome"에는 그 비행을 위해서 마지막으*

【정답】 114.② 115.① 116.① 117.④ 118.②

로 착륙하고자 하는 공항 식별부호(airport identifier) 또는 공항명칭(name of airport)을 기입한다. 만약 공항명칭이 가용하지 않다면 도시명(city name)을 기입한다. 이 경우 중간기착(stopover)이 필요하다면 1시간 이내가 되어야 하고 1시간 이상의 중간기착이 요구된다면 비행계획서를 다시 제출해야 한다.

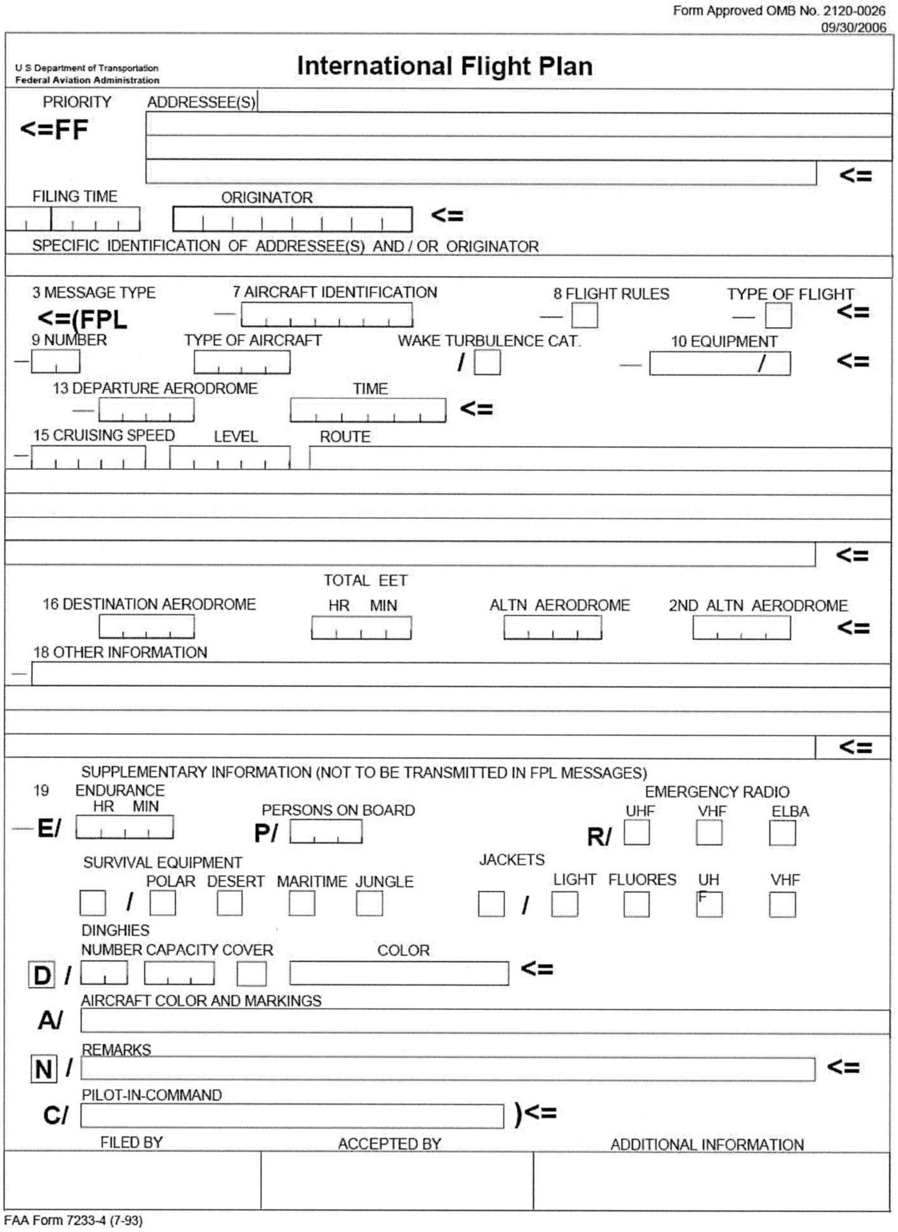

Form Approved OMB No. 2120-0026
09/30/2006

U S Department of Transportation
Federal Aviation Administration

International Flight Plan

PRIORITY ADDRESSEE(S)
<=FF
<=

FILING TIME ORIGINATOR
<=

SPECIFIC IDENTIFICATION OF ADDRESSEE(S) AND / OR ORIGINATOR

3 MESSAGE TYPE 7 AIRCRAFT IDENTIFICATION 8 FLIGHT RULES TYPE OF FLIGHT
<=(FPL — — — <=

9 NUMBER TYPE OF AIRCRAFT WAKE TURBULENCE CAT. 10 EQUIPMENT
— / — / <=

13 DEPARTURE AERODROME TIME
— <=

15 CRUISING SPEED LEVEL ROUTE
—
<=

TOTAL EET
16 DESTINATION AERODROME HR MIN ALTN AERODROME 2ND ALTN AERODROME
<=

18 OTHER INFORMATION
—
<=

SUPPLEMENTARY INFORMATION (NOT TO BE TRANSMITTED IN FPL MESSAGES)

19 ENDURANCE HR MIN PERSONS ON BOARD EMERGENCY RADIO UHF VHF ELBA
—E/ P/ R/

SURVIVAL EQUIPMENT POLAR DESERT MARITIME JUNGLE JACKETS LIGHT FLUORES UH VHF
/ /

DINGHIES
NUMBER CAPACITY COVER COLOR
D / <=

AIRCRAFT COLOR AND MARKINGS
A/

REMARKS
N / <=

PILOT-IN-COMMAND
C/)<=

FILED BY ACCEPTED BY ADDITIONAL INFORMATION

FAA Form 7233-4 (7-93)

【그림4-15】

119. 비행 전 점검 중 항공기가 비행에 안전한 상태에 있는지를 결정하는 책임은?
① 기장(PIC) ② 소유주 또는 운용자
③ 연간정비를 수행한 정비사 ④ 운항관리사
【해설】 *비행 전 점검(preflight inspection) 중 항공기가 비행에 안전한 상태에 있는지를 결정하는 책임은 기장(pilot in command)에게 있다.*

120. 항공기의 감항 상태를 유지해야 하는 책임은 누구에게 있는가?
① 기장 ② 소유주 또는 운용자
③ 정비사 ④ 운항관리사
【해설】 *항공기의 감항(airworthiness) 상태를 유지해야 하는 책임은 소유주 또는 운용자(owner or operator)에게 있다.*

121. 그 날의 첫 비행을 위한 항공기 비행 전 점검에 관해서 가장 올바르게 서술하고 있는 것은?
① 주변에 오일 혹은 그리스가 떨어져 있지 않은지 신속하게 점검한다.
② 문제가 있다고 지적된 부분을 중점적으로 점검한다.
③ 기장의 판단에 따라 순서로 점검한다.
④ 제작자의 권고에 따라 철저하고 체계적인 수단으로 점검한다.
【해설】 *그 날의 첫 비행을 위한 항공기 비행 전 점검은 제작자의 권고에 따라 철저하고 체계적인 수단(thorough and systematic means)으로 점검한다.*

122. 특별히 항공교통과 일반운용규칙에 관한 주제가 포함된 조언회보의 주제번호는?
① 60 ② 70
③ 90 ④ 120
【해설】 *조언회보는 주제별로 구분하기 위해서 다음과 같이 세 개의 숫자체계로 발행된다.*
- *60-공중근무자(airmen)*
- *70-공역(airspace)*
- *90-항공교통과 일반운용절차(air traffic and general operating rules)*

123. 참조에 의해서 규정에 통합되지 않는 한 조언회보는 비규정적 공공 자료를 알리기 위해서 발행되며 어떻게 처리되는가?
① 바인딩되지 않는다. ② 바인딩된다.
③ 1년 후 자체적으로 취소된다. ④ 6개월 후 자체적으로 취소된다.
【해설】 *조언회보(ACs)는 항공사회에 관심이 있는 대한 비규정적 정보(non regulatory)를 전파하고자 발행된다. 참조에 의해서(by reference) 규정(regulation)에 통합되지 않는 한 조언회보의 내용은 바인딩(binding)되지 않는다.*

【정답】 119.① 120.② 121.④ 122.③ 123.①

124. 차트 보충간행물에서 제공하고 있는 전체 정보의 항목과 이들 정보를 어떻게 읽는지를 참고해야 하는 것은?

① 각 차트 보충간행물의 앞장에 있는 "Directory Legend Sample"을 참고한다.

② AIM을 참고한다.

③ 구역, 터미널, 그리고 세계 항공기에 있는 범례를 참고한다.

④ 구역 항공도의 여백에 제공되는 범례를 참고한다.

【해설】 각 차트 보충간행물의 앞장에 있는 "Directory Legend Sample"은 Chart Supplement 안에 있는 전체 정보의 목록이 포함되어 있으며 또한 Chart Supplement 안에 있는 내용을 어떻게 읽어야 하는지에 대한 정보를 제공한다.

125. [그림4-16] 착륙하기 위해서 정오에 서쪽으로부터 Lincoln Municipal에 접근 중일 때 최초 교신을 위한 주파수는?

① Lincoln Approach Control, 128.75 MHz

② Minneapolis Center, 128.75 MHz

③ Lincoln Tower, 118.8 MHz

④ Lincoln Approach Control, 124.0 MHz

【해설】 차트 보충간행물에는 이 공항에 대한 주요 정보들이 포함되어 있다.

-AIRSPACE; CLASS C sve 1130-0600 ‡

-APP/DEP CON; 124.0(180-359) 124.8(360-179)

이 공항의 현지시각은 0530-0000(UTC-6)이다. 따라서 조종사는 이 시간대에 진입하기 전 접근관제소와 교신해야 한다. APP/DEP CON은 접근하고 있는 방향에 따라 2개가 지정되어 있다. 이 항공기는 서쪽에서 접근하고 있으므로 124.0 MHz로 Lincoln Approach Control과 교신해야 한다.

126. [그림4-16] Lincoln Municipal에서 적용되고 있는 장주는?

① RWY 14와 32는 우장주, RWY 18과 35는 좌장주

② RWY 14와 32는 좌장주, RWY 18과 35는 우장주

③ RWY 14-32는 우장주

④ RWY 18과 35는 좌장주

【해설】 각 활주로에 대한 정보를 참고한다. 기본적으로 모든 선회는 특별히 우장주(right pattern; Rgt tfc)를 지시하지 않는 한 좌장주이다. RWY 18과 35는 우장주로 지시되어 있다.

127. [그림4-16] Loup City Municipal은 도시와 관련해서 어디에 위치하는가?

① 북서쪽, 대략 5마일　　② 북동쪽, 대략 5마일

③ 동쪽, 대략 7마일　　④ 북서쪽, 대략 1마일

【해설】 첫 번째 줄의 "1 NW"는 해당 공항이 도시의 북서(northwest; NW)쪽 1마일 지점에 있음을 의미한다.

【정답】 124.① 125.④ 126.② 127.④

NEBRASKA 271

LINCOLN (LNK) 4 NW UTC−6(−5DT) N40°51.05′ W96°45.55′ **OMAHA**
1219 B S4 **FUEL** 100LL, JET A TPA—See Remarks ARFF Index—See Remarks **H-5C, L-10I**
NOTAM FILE LNK **IAP, AD**

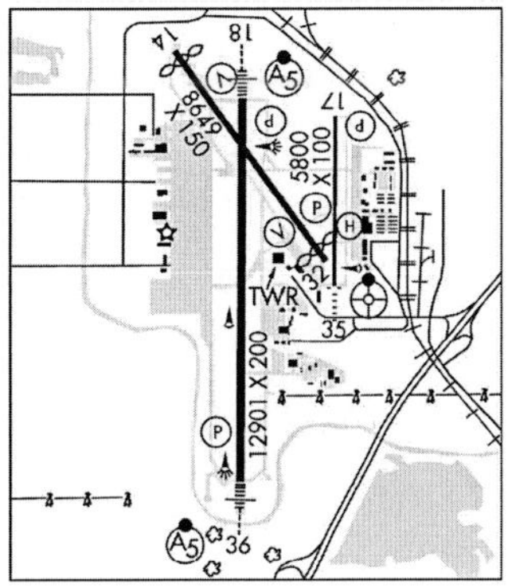

RWY 18–36: H12901X200 (ASPH-CONC-GRVD) S-100, D-200, 2S-175, 2D-400 HIRL
RWY 18: MALSR. PAPI(P4L)—GA 3.0° TCH 55′. Rgt tfc. 0.4% down.
RWY 36: MALSR. PAPI(P4L)—GA 3.0° TCH 57′.
RWY 14–32: H8649X150 (ASPH-CONC-GRVD) S-80, D-170, 2S-175, 2D-280 MIRL
RWY 14: REIL. VASI(V4L)—GA 3.0° TCH 48′. Thld dsplcd 363′.
RWY 32: VASI(V4L)—GA 3.0° TCH 50′. Thld dsplcd 470′. Pole. 0.3% up.
RWY 17–35: H5800X100 (ASPH-CONC-AFSC) S-49, D-60 HIRL 0.8% up S
RWY 17: REIL. PAPI(P4L)—GA 3.0° TCH 44′.
RWY 35: ODALS. PAPI(P4L)—GA 3.0° TCH 30′. Rgt tfc.
RUNWAY DECLARED DISTANCE INFORMATION
RWY 14: TORA-8649 TODA-8649 ASDA-8649 LDA-8286
RWY 17: TORA-5800 TODA-5800 ASDA-5400 LDA-5400
RWY 18: TORA-12901 TODA-12901 ASDA-12901 LDA-12901
RWY 32: TORA-8649 TODA-8649 ASDA-8286 LDA-7816
RWY 35: TORA-5800 TODA-5800 ASDA-5800 LDA-5800
RWY 36: TORA-12901 TODA-12901 ASDA-12901 LDA-12901
AIRPORT REMARKS: Attended continuously. Birds invof arpt. Rwy 18 designated calm wind rwy. Rwy 32 apch holdline on South A twy. TPA–2219 (1000), heavy military jet 3000 (1781). Class I, ARFF Index B. ARFF Index C level equipment provided. Rwy 18–36 touchdown and rollout rwy visual range avbl. When twr clsd MIRL Rwy 14–32 preset on low ints, HIRL Rwy 18–36 and Rwy 17–35 preset on med ints. ODALS Rwy 35 operate continuously on med ints, MALSR Rwy 18 and Rwy 36 operate continuously and REIL Rwy 14 and Rwy 17 operate continuously on low ints. VASI Rwy 14 and Rwy 32, PAPI Rwy 17, Rwy 35, Rwy 18 and Rwy 36 on continuously.
WEATHER DATA SOURCES: ASOS (402) 474–9214. LLWAS
COMMUNICATIONS: CTAF 118.5 **ATIS** 118.05 **UNICOM** 122.95
RCO 122.65 (COLUMBUS RADIO)
Ⓡ **APP/DEP CON** 124.0 (180°–359°) 124.8 (360°–179°)
TOWER 118.5 125.7 (1130–0600Z‡) **GND CON** 121.9 **CLNC DEL** 120.7
AIRSPACE: CLASS C svc 1130–0600Z‡ ctc **APP CON** other times CLASS E.
RADIO AIDS TO NAVIGATION: NOTAM FILE LNK.
(H) VORTACW 116.1 LNK Chan 108 N40°55.43′ W96°44.52′ 181° 4.4 NM to fld. 1370/9E
POTTS NDB (MHW/LOM) 385 LN N40°44.83′ W96°45.75′ 355° 6.2 NM to fld. Unmonitored when twr clsd.
ILS 111.1 I-OCZ Rwy 18. Class IB OM unmonitored.
ILS 109.9 I-LNK Rwy 36 Class IA LOM POTTS NDB. MM unmonitored. LOM unmonitored when twr clsd.
COMM/NAV/WEATHER REMARKS: Emerg frequency 121.5 not available at twr.

LOUP CITY MUNI (ØF4) 1 NW UTC−6(−5DT) N41°17.20′ W98°59.41′ **OMAHA**
2071 B **FUEL** 100LL NOTAM FILE OLU **L-10H, 12H**
RWY 16–34: H3200X60 (CONC) S-12.5 MIRL
RWY 34: Trees.
RWY 04–22: 2040X100 (TURF)
RWY 04: Tree. **RWY 22:** Road.
AIRPORT REMARKS: Unattended. For svc call 308–745–1344/1244/0664.
COMMUNICATIONS: CTAF 122.9
RADIO AIDS TO NAVIGATION: NOTAM FILE OLU.
WOLBACH (H) VORTAC 114.8 OBH Chan 95 N41°22.54′ W98°21.22′ 253° 29.3 NM to fld. 2010/7E.

MARTIN FLD (See SO SIOUX CITY)

【그림4-16】

128. [그림4-16] 관제탑이 운용되지 않는 시간에 Lincoln Municipal에 착륙하기 위해서 권장되는 무선통신절차는?

① 118.5 MHz로 공항교통을 모니터하고 당신의 위치와 의도를 방송한다.

② 교통조언을 위해서 122.95 MHz로 UNICOM과 교신한다.

③ 공항상태를 위해서 ATIS를 청취하고 122.95 MHz로 당신의 위치를 방송한다.

④ 122.9 MHz로 공항교통을 모니터하고 당신의 위치와 의도를 방송한다.

【정답】 128.①

【해설】 공항 관제탑이 업무를 종료했을 때 당신은 공항교통을 모니터하고 당신의 위치와 의도를 방송하기 위해서 CTAF를 청취해야 한다. COMMUNICATION 섹션에 CTAF 118.5로 지정되어 있다.

129. [그림4-16] Chart Supplement에는 공항표고, 활주로 시설, 그리고 관제탑 주파수에 관한 최신 정보가 포함된다. 만약 이들 내용이 다르다면 어느 것에 우선해서 사용해야 하는가?

① 일반 공항안내서　　② 조종사 핸드북의 항공지식

③ AIM　　④ 구역 항공도

【해설】 일반적으로 차트 보충간행물에는 공항표고, 활주로 시설, 그리고 관제탑 주파수에 관한 최신 정보가 포함된다. 또한, 간행물 주기 사이에 구역 항공도의 업데이트에 관한 정보를 제공한다. Chart Supplement는 매 56일 주기로 발행되지만, 구역 항공도는 6개월마다 발행된다.

130. [그림4-17] 마이크로폰 클릭으로 자동메뉴로부터 선택된 자동기상, 무선점검능력, 그리고 공항조언정보를 제공하는 컴퓨터화된 명령반응체계를 위한 약어는?

① GCA　　② AUNICOM

③ UNICOM　　④ MUNICOM

【해설】 AUNICOM은 마이크로폰 클릭(microphone clicks)으로 자동메뉴로부터 선택된 자동기상, 무선점검능력, 그리고 공항조언정보를 제공하는 컴퓨터화된(computerized) 명령반응체계(command response system)이다.

131. [그림4-18] 고도 700피트(AGL)에서 시작되는 E등급 공역은 어떻게 묘사되는가?

① 공항 주변 이중 점선 원　　② 공항 주변 자홍색 실선 원

③ 공항 주변 자홍색 엷은 띠　　④ 공항 주변 파란색 점선 원

【해설】 범례의 아래 부분 "NOTE" 섹션에 고도 700피트(AGL)에서 시작되는 E등급 공역은 자홍색 엷은 띠(magenta vignette)로 그려진다고 표기되어 있다.

132. 공항에 대해서 가장 포괄적 정보를 제공하는 것은?

① 구역 항공도　　② 항공정보지침서(AIM)

③ 세계항공도(WACs)　　④ 차트 보충간행물(Chart Supplement)

【해설】 Chart Supplement(차트 보충간행물)는 공항에 대한 전반적인 정보를 포함하고 있는 민간 비행정보 간행물이다. Chart Supplement는 매 8주(56일) 주기로 발행된다.

【정답】 129.④　130.②　131.③　132.④

16 **DIRECTORY LEGEND**

See AIM, Basic Flight Information and ATC Procedures for detailed description of Weather Data Sources.

AWOS-4—reports same as AWOS-3 system, plus precipitation occurence, type and accumulation, freezing rain, thunderstorm, and runway surface sensors.

HIWAS—See RADIO AIDS TO NAVIGATION

LAWRS—Limited Aviation Weather Reporting Station where observers report cloud height, weather, obstructions to vision, temperature and dewpoint (in most cases), surface wind, altimeter and pertinent remarks.

LLWAS—indicates a Low Level Wind Shear Alert System consisting of a center field and several field perimeter anemometers.

SAWRS—identifies airports that have a Supplemental Aviation Weather Reporting Station available to pilots for current weather information.

SWSL—Supplemental Weather Service Location providing current local weather information via radio and telephone.

TDWR—indicates airports that have Terminal Doppler Weather Radar.

WSP—indicates airports that have Weather System Processor.

When the automated weather source is broadcast over an associated airport NAVAID frequency (see NAVAID line), it shall be indicated by a bold ASOS, AWOS, or HIWAS followed by the frequency, identifier and phone number, if available.

32 COMMUNICATIONS

Airport terminal control facilities and radio communications associated with the airport shall be shown. When the call sign is not the same as the airport name the call sign will be shown. Frequencies shall normally be shown in descending order with the primary frequency listed first. Frequencies will be listed, together with sectorization indicated by outbound radials, and hours of operation. Communications will be listed in sequence as follows:

Single Frequency Approach (SFA), Common Traffic Advisory Frequency (CTAF), Automatic Terminal Information Service (ATIS) and Aeronautical Advisory Stations (UNICOM) or (AUNICOM) along with their frequency is shown, where available, on the line following the heading "COMMUNICATIONS." When the CTAF and UNICOM frequencies are the same, the frequency will be shown as CTAF/UNICOM 122.8.

The FSS telephone nationwide is toll free 1-800-WX-BRIEF (1-800-992-7433). When the FSS is located on the field it will be indicated as "on arpt". Frequencies available at the FSS will follow in descending order. Remote Communications Outlet (RCO) providing service to the airport followed by the frequency and FSS RADIO name will be shown when available.

FSS's provide information on airport conditions, radio aids and other facilities, and process flight plans. Airport Advisory Service (AAS) is provided on the CTAF by FSS's for select non-tower airports or airports where the tower is not in operation.

(See AIM, Para 4-1-9 Traffic Advisory Practices at Airports Without Operating Control Towers or AC 90-42C.)

Aviation weather briefing service is provided by FSS specialists. Flight and weather briefing services are also available by calling the telephone numbers listed.

Remote Communications Outlet (RCO)—An unmanned air/ground communications facility that is remotely controlled and provides UHF or VHF communications capability to extend the service range of an FSS.

Civil Communications Frequencies-Civil communications frequencies used in the FSS air/ground system are operated on 122.0, 122.2, 123.6; emergency 121.5; plus receive-only on 122.1.

a. 122.0 is assigned as the Enroute Flight Advisory Service frequency at selected FSS RADIO outlets.
b. 122.2 is assigned as a common enroute frequency.
c. 123.6 is assigned as the airport advisory frequency at select non-tower locations. At airports with a tower, FSS may provide airport advisories on the tower frequency when tower is closed.
d. 122.1 is the primary receive-only frequency at VOR's.
e. Some FSS's are assigned 50 kHz frequencies in the 122-126 MHz band (eg. 122.45). Pilots using the FSS A/G system should refer to this directory or appropriate charts to determine frequencies available at the FSS or remoted facility through which they wish to communicate.

Emergency frequency 121.5 and 243.0 are available at all Flight Service Stations, most Towers, Approach Control and RADAR facilities.

Frequencies published followed by the letter "T" or "R", indicate that the facility will only transmit or receive respectively on that frequency. All radio aids to navigation (NAVAID) frequencies are transmit only.

TERMINAL SERVICES

SFA—Single Frequency Approach.

CTAF—A program designed to get all vehicles and aircraft at airports without an operating control tower on a common frequency.

ATIS—A continuous broadcast of recorded non-control information in selected terminal areas.

D-ATIS—Digital ATIS provides ATIS information in text form outside the standard reception range of conventional ATIS via landline & data link communications and voice message within range of existing transmitters.

AUNICOM—Automated UNICOM is a computerized, command response system that provides automated weather, radio check capability and airport advisory information selected from an automated menu by microphone clicks.

UNICOM—A non-government air/ground radio communications facility which may provide airport information.

PTD—Pilot to Dispatcher.

APP CON—Approach Control. The symbol Ⓡ indicates radar approach control.

TOWER—Control tower.

GCA—Ground Control Approach System.

GND CON—Ground Control.

GCO—Ground Communication Outlet—An unstaffed, remotely controlled, ground/ground communications facility. Pilots at

NE, 09 FEB 20XX to 05 APR 20XX

【그림4-17】

DIRECTORY LEGEND 17

uncontrolled airports may contact ATC and FSS via VHF to a telephone connection to obtain an instrument clearance or close a VFR or IFR flight plan. They may also get an updated weather briefing prior to takeoff. Pilots will use four "key clicks" on the VHF radio to contact the appropriate ATC facility or six "key clicks" to contact the FSS. The GCO system is intended to be used only on the ground.
DEP CON—Departure Control. The symbol Ⓡ indicates radar departure control.
CLNC DEL—Clearance Delivery.
PRE TAXI CLNC—Pre taxi clearance.

VFR ADVSY SVC—VFR Advisory Service. Service provided by Non-Radar Approach Control.
Advisory Service for VFR aircraft (upon a workload basis) ctc APP CON.
COMD POST—Command Post followed by the operator call sign in parenthesis.
PMSV—Pilot-to-Metro Service call sign, frequency and hours of operation, when full service is other than continuous. PMSV installations at which weather observation service is available shall be indicated, following the frequency and/or hours of operation as "Wx obsn svc 1900–0000Z‡" or "other times" may be used when no specific time is given. PMSV facilities manned by forecasters are considered "Full Service". PMSV facilities manned by weather observers are listed as "Limited Service".
OPS—Operations followed by the operator call sign in parenthesis.
CON
RANGE
FLT FLW—Flight Following
MEDIVAC
NOTE: Communication frequencies followed by the letter "X" indicate frequency available on request.

33 AIRSPACE

Information concerning Class B, C, and part-time D and E surface area airspace shall be published with effective times. Class D and E surface area airspace that is continuous as established by Rulemaking Docket will not be shown.
CLASS B—Radar Sequencing and Separation Service for all aircraft in CLASS B airspace.
CLASS C—Separation between IFR and VFR aircraft and sequencing of VFR arrivals to the primary airport.
TRSA—Radar Sequencing and Separation Service for participating VFR Aircraft within a Terminal Radar Service Area.
Class C, D, and E airspace described in this publication is that airspace usually consisting of a 5 NM radius core surface area that begins at the surface and extends upward to an altitude above the airport elevation (charted in MSL for Class C and Class D). Class E surface airspace normally extends from the surface up to but not including the overlying controlled airspace.
When part-time Class C or Class D airspace defaults to Class E, the core surface area becomes Class E. This will be formatted as:
AIRSPACE: CLASS C svc "times" ctc **APP CON** other times CLASS E:
or
AIRSPACE: CLASS D svc "times" other times CLASS E.
When a part-time Class C, Class D or Class E surface area defaults to Class G, the core surface area becomes Class G up to, but not including, the overlying controlled airspace. Normally, the overlying controlled airspace is Class E airspace beginning at either 700′ or 1200′ AGL and may be determined by consulting the relevant VFR Sectional or Terminal Area Charts. This will be formatted as:
AIRSPACE: CLASS C svc "times" ctc **APP CON** other times CLASS G, with CLASS E 700′ (or 1200′) AGL & abv:
or
AIRSPACE: CLASS D svc "times" other times CLASS G with CLASS E 700′ (or 1200′) AGL & abv:
or
AIRSPACE: CLASS E svc "times" other times CLASS G with CLASS E 700′ (or 1200′) AGL & abv.
NOTE: AIRSPACE SVC "TIMES" INCLUDE ALL ASSOCIATED ARRIVAL EXTENSIONS. Surface area arrival extensions for instrument approach procedures become part of the primary core surface area. These extensions may be either Class D or Class E airspace and are effective concurrent with the times of the primary core surface area. For example, when a part-time Class C, Class D or Class E surface area defaults to Class G, the associated arrival extensions will default to Class G at the same time. When a part-time Class C or Class D surface area defaults to Class E, the arrival extensions will remain in effect as Class E airspace.
NOTE: CLASS E AIRSPACE EXTENDING UPWARD FROM 700 FEET OR MORE ABOVE THE SURFACE, DESIGNATED IN CONJUNCTION WITH AN AIRPORT WITH AN APPROVED INSTRUMENT PROCEDURE.
Class E 700′ AGL (shown as magenta vignette on sectional charts) and 1200′ AGL (blue vignette) areas are designated when necessary to provide controlled airspace for transitioning to/from the terminal and enroute environments. Unless otherwise specified, these 700′/1200′ AGL Class E airspace areas remain in effect continuously, regardless of airport operating hours or surface area status. These transition areas should not be confused with surface areas or arrival extensions.
(See Chapter 3, AIRSPACE, in the Aeronautical Information Manual for further details)

NE, 09 FEB 20XX to 05 APR 20XX

【그림4-18】

133. 관제기관의 권한도 책임도 따르지 않기 때문에 조종사 스스로 운용 절차를 준수해야 하는 공역은?

① C등급 공역　　② D등급 공역
③ E등급 공역　　④ G등급 공역

134. G등급 공역의 고도 한계는 얼마인가?

① 10,000피트　　② 14,500피트
③ 18,000피트　　④ 20,000피트

135. 항공도에 파란색 빗금 띠 모양으로 표시되고 "P-000"과 같이 지정되는 공역은?

① 금지구역　　② 제한구역
③ 경계구역　　④ 경고구역

【해설】 금지구역(prohibited area)은 지표면으로부터 고도는 무한으로 적용된다. 이 구역은 국가 안보와 직결되는 공역에 설정되는 공역이다.

136. 이 구역을 승인 없이 통과할 때 상당한 위험이 발생할 수 있는 공역으로 "R-000"으로 지정되는 공역은?

① 금지구역　　② 제한구역
③ 한정구역　　④ 경고구역

【해설】 제한구역(restricted area)은 항공도에서 파란색 빗금 띠 모양으로 표시되는 구역으로 포병 및 항공사격과 미사일 사격이 이루어지는 구역에 지정되는 구역이다.

137. 특별사용공역으로 "A-0000"과 같이 지정되는 공역은?

① 경고구역　　② 제한구역
③ 경계구역　　④ 군작전구역

【해설】 경계구역(alert area)은 항공기 훈련이 많이 수행되는 공역으로 훈련하는 항공기 조종사나 이 구역을 통과하는 항공기 조종사 모두에게 책임이 있는 구역이다.

138. 특별사용공역으로 "W-0000"과 같이 지정되는 공역은?

① 경계구역　　② 경고구역
③ 제한구역　　④ 군작전구역

139. 군용 항공기의 급기동이 수행되는 공역으로 이 공역을 통과하는 VFR 항공기는 특별히 주의해야 하는 특별사용공역은?

① 제한구역　　② 금지구역
③ 사격통제구역　　④ 군작전구역

【해설】 군작전구역(military operation area; MOA)군용 항공기의 훈련 공역을 확보하기 위한 공역으로 민간 항공기의 진입이 제한되는 공역이다.

【정답】 133.④　134.②　135.①　136.②　137.③　138.②　139.④

140. 사격통제구역에 관한 내용으로 올바르게 설명한 것은?
① 24시간 전에 관계기관에 통보
② 12시간 전에 관계기관에 통보
③ 항공도에 표시된 구역을 회피하여 통과
④ 항공기 접근이 보고될 때 사격이 중지된다.

141. 항공도 상의 등고선이 조밀하게 그려진 곳의 특징은?
① 급경사 지형이다. ② 완만한 지형이다.
③ 능선을 나타낸다. ④ 산 정상을 잇는 지형이다.

142. 항공도의 등고선 간격이 넓게 그려진 지형의 특징은?
① 급경사 지형이다.
② 완만한 경사로 이루어진 지형이다.
③ 깊은 계곡 또는 절벽 지형이다.
④ 함몰 지형이다.

143. 경항공기 조종사가 지상의 현저한 지형지물을 이용하여 항공기의 위치와 방향 결정을 하여 항행하는 것은?
① 시계항법 ② 추측항법
③ 지문항법 ④ 천측항법

144. 추측항법은 지문항법보다 더 정밀한 항법에 활용된다. 추측항법에서 오차가 가장 크게 발생할 수 있는 요소는 무엇인가?
① 조종사의 과실 ② 항공기의 속도 변화
③ 계기의 고유오차 ④ 풍향풍속의 변화

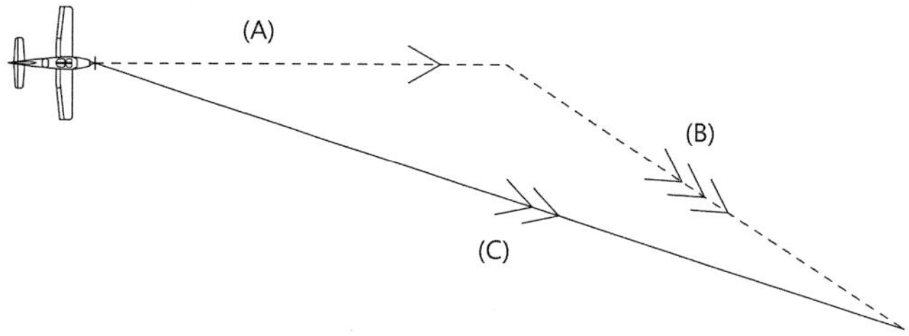

【그림4-19】 바람 삼각형

145. [그림4-19] 바람 삼각형의 (A) 선은 무엇을 나타내는가?
① 진기수방위(TH)와 속도 ② 진항로(TC)와 대지속도
③ 대지속도와 진기수방위(TH) ④ 자기수방위(MH)와 속도

【해설】 (A)는 진기수방위(TH)와 진대기속도(TAS), (B)는 풍향풍속, (C)는 대지속도(GS)와 항적(TR)을 나타낸다.

【정답】 140.④ 141.① 142.② 143.③ 144.④ 145.①

146. 방위각을 결정하는 과정에서 진항로(TC)와 진기수방위(TH)를 적용할 때 주의해야 할 사항은?

① 동편각과 오른쪽 바람수정각은 감해준다.

② 서편각은 더해주고 왼쪽 바람수정각은 감해준다.

③ 서편각은 감해주고 오른쪽 바람수정각은 더해준다.

④ 서편각은 왼쪽 바람수정각은 더해준다.

【해설】 *편각(variation)의 적용은 서편각은 더해주고 동편각은 감해준다. 바람수정각(wind correction angle; WCA)은 왼쪽은 감해주고 오른쪽은 더해준다.*

147. 방위각을 결정할 때 바람수정각(WCA)을 어떻게 적용하는가?

① 남쪽은 더한다. ② 왼쪽은 더한다.

③ 북쪽은 더한다. ④ 오른쪽은 더한다.

148. 방위각을 결정하는 과정에서 진기수방위(TH)에서 진항로(TC)를 산출할 때 적용하는 방식은?

① 오른쪽 바람수정각은 더해준다.

② 남쪽 바람수정각을 더해준다.

③ 오른쪽 바람수정각을 감해준다.

④ 북쪽 바람수정각은 감해준다.

【해설】 *진기수방위(true heading)에서 진항로(true course)로 바꿀 때를 요구하고 있으므로 반대로 적용한다.*

149. 자항로(MC)에서 진항로(TC)로 바꿀 때 조종사는 어떻게 해야 하는가?

① 기수방위와 관계없이 동편각은 더한다.

② 기수방위와 관계없이 서편각은 더한다.

③ 기수방위가 360도에서 동편각은 감한다.

④ 기수방위가 180도에서 서편각은 감한다.

【해설】 *진기수방위에서 진항로로 바꿀 때를 요구하고 있으므로 반대로 적용한다.*

150. 항법에서 진항로(TC)가 320°이다. 자항로(MC)는 얼마인가? (Var 10°W)

① 320° ② 330°

③ 340° ④ 312°

【해설】 *진항로(TC)는 편각을 고려하지 않은 항로이기 때문에 자항로(MC)를 구하기 위해서는 편각을 가감해 주어야 한다. 편각은 "동편각은 감하고 서편각은 더하라"를 적용하고 다음과 같은 공식이 성립된다.* $MC = TC \pm Var$, $MC = 320 + 10 = 330$

【정답】 146.② 147.④ 148.③ 149.① 150.②

151. 자항로(MC)가 253°였다면 진항로(TC)는 얼마인가? (Var 6°E)

① 253° ② 259°

③ 247° ④ 250°

【해설】 진항로(TC)에서 자항로(MC)로 전환은 "동편각은 감하고 서편각은 더해준다". 반대로 자항로(MC)에서 진항로(TC)로 전환은 반대로 적용해 주어야 한다.

152. 목적지 공항까지 거리가 약 50NM이다. 이 구간을 비행하는 데 30분이 소요되었다면 대지속도는 얼마인가?

① 100노트 ② 110노트

③ 90노트 ④ 80노트

【해설】 대지속도는 비행거리를 시간으로 나눈 값(대지속도 $= 50 \div 0.5 = 100$)*이다.*

153. 목적지까지 거리가 77NM이고 비행하는 데 35분이 소요되었다면 이 항공기의 대지속도(GS)는 얼마인가?

① 112노트 ② 122노트

③ 132노트 ④ 142노트

154. 시간당 연료소모율이 45파운드이고 대지속도가 120노트인 비행기가 150NM을 비행하는데 얼마의 연료가 요구되는가?

① 56파운드 ② 65파운드

③ 70파운드 ④ 85파운드

【해설】 비행시간을 먼저 구하고 총연료량은 비행시간에 연료 소모율을 곱한다. 사례에서 비행시간($150 \div 120 = 1.25$)*은 1.3시간이다. 시간당 연료 소모율이 45파운드이므로 1.3시간 동안 총연료량은 59파운드이다.*

155. 순항고도 3,500피트에서 시간당 연료소모율이 12.5갤런이고 대지속도(GS)가 145노트인 비행기가 435NM을 비행하는데 얼마의 연료가 요구되는가?

① 25갤런 ② 27갤런

③ 34갤런 ④ 38갤런

156. 순항고도 6,000피트에서 시간당 연료 소모율이 9.5갤런이고 대지속도(GS)가 120노트인 비행기가 250NM을 비행하는데 얼마의 연료가 소요되는가?

① 12갤런 ② 15갤런

③ 20갤런 ④ 28갤런

【해설】 비행시간을 먼저 구하고 총연료량은 비행시간에 연료 소모율을 곱한다. 사례에서 비행시간($250 \div 120 = 2.0$)*은 2.0시간이다. 시간당 연료소모율이 9.5갤런이므로 2.0시간 동안 총연료량은 19.7갤런이다.*

【정답】 151.② 152.① 153.③ 154.① 155.④ 156.③

157. 비행계획 수립 중 대지속도(GS) 80노트로 200NM을 비행하는데 250파운드의 연료가 소요될 것으로 판단된다면 시간당 연료 소모량은 얼마인가?

① 100파운드 ② 120파운드

③ 126파운드 ④ 130파운드

【해설】 비행거리와 대지속도를 이용해서 비행시간을 구하고 총사용 연료량을 비행시간으로 나누면 시간당 연료 소모량을 구할 수 있다. 사례에서 비행시간은 2.5시간($200 \div 80 = 2.5$)*이다. 총소모 연료량이 250파운드이고 시간당 연료량은 100파운드*($250 \div 2.5 = 100$)*이다.*

158. 비행계획 수립 중 대지속도(GS) 150노트로 350NM을 비행하는데 210파운드의 연료가 소요될 것으로 판단된다면 시간당 연료 소모량은 얼마인가?

① 75파운드 ② 80파운드

③ 85파운드 ④ 90파운드

159. 시간당 연료소모율을 결정하기 위해서 410파운드의 연료를 적재하고 대지속도(GS) 160노트로 280NM을 비행했다면 시간당 연료소모율은 얼마인가?

① 180파운드 ② 210파운드

③ 220파운드 ④ 234파운드

160. 시간당 연료소모율을 결정하기 위해서 340파운드의 연료를 적재하고 대지속도(GS) 140노트로 330NM을 비행했다면 시간당 연료소모율은 얼마인가?

① 140파운드 ② 142파운드

③ 144파운드 ④ 146파운드

161. 고도 3,500피트에서 대지속도(GS) 110노트로 150NM을 비행하는데 50갤런의 연료가 소모되었다면 시간당 연료소모율은 얼마인가?

① 30갤런 ② 36갤런

③ 40갤런 ④ 45갤런

【정답】 157.① 158.④ 159.④ 160.③ 161.②

IDAHO **31**

COEUR D'ALENE–PAPPY BOYINGTON FLD (COE) 9 NW UTC–8(–7DT) **GREAT FALLS**

N47°46.46′ W116°49.18′ **H–1C, L–13B**

2320 B S4 **FUEL** 100, JET A OX 1, 2, 3, 4 Class IV, ARFF Index A NOTAM FILE COE **IAP**

RWY 05–23: H7400X100 (ASPH–GRVD) S–57, D–95, 2S–121, 2D–165 HIRL 0.6% up NE

RWY 05: MALSR (NSTD). PAPI(P4R)—GA 3.0° TCH 56′.

RWY 23: REIL. PAPI(P4R)—GA 3.0° TCH 50′.

RWY 01–19: H5400X75 (ASPH) S–50, D–83, 2S–105, 2D–150

MIRL 0.3% up N

RWY 01: REIL. PAPI(P2L)—GA 3.0° TCH 39′. Rgt tfc.

RWY 19: PAPI(P2L)—GA 3.0° TCH 41′.

RUNWAY DECLARED DISTANCE INFORMATION

RWY 01:	TORA–5400	TODA–5400	ASDA–5400	LDA–5400
RWY 05:	TORA–7400	TODA–7400	ASDA–7400	LDA–7400
RWY 19:	TORA–5400	TODA–5400	ASDA–5400	LDA–5400
RWY 23:	TORA–7400	TODA–7400	ASDA–7400	LDA–7400

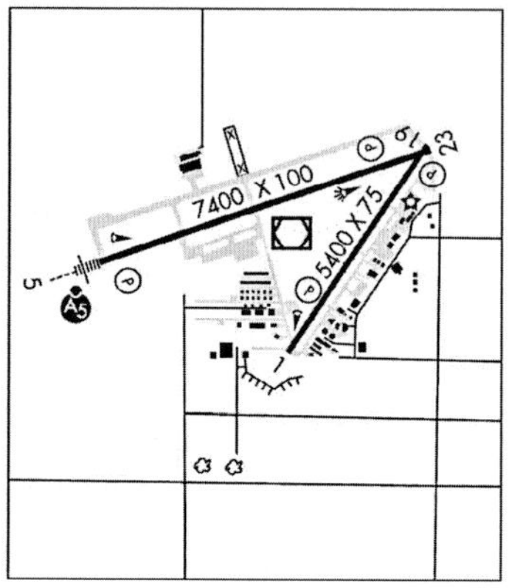

AIRPORT REMARKS: Attended Mon–Fri 1500–0100Z‡. For after hrs fuel-self svc avbl or call 208–772–6404, 208–661–4174, 208–661–7449, 208–699–5433. Self svc fuel avbl with credit card. 48 hr PPR for unscheduled ops with more than 30 passenger seats call arpt manager 208–446–1860. Migratory birds on and invof arpt Oct–Nov. Remote cntl airstrip is 2.3 miles west AER 05. Arpt conditions avbl on AWOS. Rwy 05 NSTD MALSR, thld bar extends 5′ byd rwy edge lgts each side. ACTIVATE MIRL Rwy 01–19, HIRL Rwy 05–23, REIL Rwy 01 and Rwy 23, MALSR Rwy 05—CTAF. PAPI Rwy 01, Rwy 19, Rwy 05, and Rwy 23 opr continuously.

WEATHER DATA SOURCES: AWOS–3 135.075 (208) 772–8215.

HIWAS 108.8 COE.

COMMUNICATIONS: CTAF/UNICOM 122.8

RCO 122.05 (BOISE RADIO)

Ⓡ **SPOKANE APP/DEP CON** 132.1

AIRSPACE: CLASS E svc continuous.

RADIO AIDS TO NAVIGATION: NOTAM FILE COE.

(T) VORW/DME 108.8 COE Chan 25 N47°46.42′ W116°49.24′ at fld. 2320/19E. **HIWAS.**

DME portion unusable:

220°–240° byd 15 NM 280°–315° byd 15 NM blo 11,000′.

POST FALLS NDB (MHW) 347 LEN N47°44.57′ W116°57.66′ 053° 6.0 NM to fld.

ILS 110.7 I–COE Rwy 05 Class ID. Localizer unusable 25° left and right of course.

【그림4-20】

Chapter 5 | 성능, 무게와 균형

5.1 개 요

모든 항공기는 대기 조건의 영향을 받을 수 있으므로 경항공기 조종사도 자신이 운용하는 항공기 성능에 어떠한 영향을 받을 수 있는지에 대한 지식을 갖추어야 한다. 계절적 요인은 항공기 성능에 확실한 영향 요소이다. 예를 들어 한여름과 한겨울의 대기 조건은 뚜렷한 차이가 있다. 한여름의 습하고 높은 기온은 공기밀도가 현저히 떨어지는 반면 한겨울의 건조하고 낮은 기온은 공기밀도가 높아진다. 운송용 항공기와 같이 초대형 항공기라 할지라도 공기밀도(air density)의 변화는 이륙활주 거리와 상승률에 상당한 영향을 줄 수 있고 이것은 유상하중(payload)에 직접적인 영향을 줄 수 있어 항공사의 이익과 직결되는 문제이기도 하다. 경항공기 조종사도 다양한 운용 조건에 따라 항공기 운용에 미치는 영향을 분석할 수 있어야 한다. 자가용 이상의 항공기 성능은 고차원적 분석이 요구되지만, 경항공기의 운용은 매우 제한적이기 때문에 관련 내용만 간단히 소개한다.

5.1.1 항공기 성능 영향 요소

경항공기의 특성상 무게가 가벼워서 대기 조건에 매우 취약할 수 있다. 항공기는 무게와 균형(weight and balance), 공기밀도, 바람, 활주로 경사도(runway slope) 및 표면 상태 등에 따라 성능이 달라질 수 있다. 항공기 성능은 해수면 표준대기 조건을 가정하여 제시되었다. 그러나 실제 표준대기가 존재하기는 매우 드물어 비표준 대기 조건을 수정하여 항공기의 성능을 결정할 수 있어야 한다.

(1) 밀도고도

공기밀도는 단위 체적 당 공기 분자의 양이고 대기의 기온과 기압에 따라 변한다. 일정한 부피의 공기밀도는 기온이 상승하면 공기는 팽창하여 밀도는 희박해지고 반대로 표준기온보다 낮아질 경우 공기는 압축되어 밀도는 증가한다. 밀도고도(density altitude)는 기압고도를 비표준 기온을 위해서 수정한 고도이다. 밀도고도와 기압고도는 표준기온 조건에서만 일치한다. 기온이 상승하면 공기밀도는 감소하지만, 밀도고도는 증가한다. 반대로 기온이 떨어지면 공기밀도는 증가하지만, 밀도고도는 감소한다. 이 때문에 밀도고도가 높은 지역에서 엔진 출력, 프로펠러 효율 그리고 공기역학적 양력이 감소한다.

(2) 무 게

항공기 무게(weight)는 공기역학적 힘인 양력(lift)에 직접적인 영향을 미친다. 동일 속도에서 무게가 증가하면 동고도(same altitude)를 유지할 수 있는 양력이 증가해야 한다. 동일 받음각을 유지하고 있다면 동고도를 유지하기 위해서 속도가 증가해야 한다. 이륙할 때 과적한(overweight) 비행기는 충분한 부양력을 얻기 위해서 정상보다 더 가속되어야 하고 이는 더 긴 이륙활주거리(takeoff roll distance)가 필요하다. 상승할 때 과도한 동력은 동력 제한 한계에 도달할 수 있다. 착륙 중에는 착륙 속도를 증가시키고 이로 인하여 착륙활주거리(landing roll distance)를 증가시킨다. 따라서 항공기 운항 전에 무게와 균형 범위 내에 있는지를 확인해야 한다.

(3) 활주로 표면과 경사도

일반적으로 활주로 표면(runway surface)은 아스팔트 또는 콘크리트로 포장된 단단한 표면을 연상할 수 있으나 경비행기가 운용되는 지역의 국지 공항의 활주로 표면은 포장되지 않은 흙으로 다져진 표면이거나 잔디밭(soft field)으로 조성된 지역을 활주로로 사용한다. 이 같은 활주로 표면에서는 비행기 타이어가 흙 또는 잔디 속에 빠질 수 있으므로 이륙활주거리를 증가시키는 주요인이다. 활주로 경사도(runway slope)는 매 100피트의 활주로 길이 당 활주로 높이의 변화를 나타낸다. 예를 들어 활주로 경사도가 3%인 경우 100피트 당 활주로 높이가 3피트 증가 또는 감소하였다는 것을 의미한다. 활주로 경사도가 증가한 경우는 언덕을 오르는 것과 같아서 이륙 성능을 감소시키는 반면 착륙할 때는 착륙활주거리를 감소시킬 수 있다. 활주로의 표면 상태에 따라서 브레이크 효율에 큰 영향을 줄 수 있다. 브레이크의 효율은 표면과 타이어 사이의 마찰력에 달려 있다. 건조한 상태에서 활주로 표면과 타이어 사이에는 정상적인 마찰력이 작용하기 때문에 제동력이 양호하다. 그러나 활주로 표면이 젖어 있다면 제동 효과는 현저히 감소한다. 또한, 활주로에 형성된 단단하고 엷은 얼음 역시 조종성을 완전히 상실할 수 있는 비행안전 저해 요인이다.

(4) 바람과 측풍분력

이착륙하는 항공기는 항상 바람을 안고 수행함으로써 이륙 및 착륙거리를 감소시킬 수 있다. 그러나 순항비행 중에 맞바람(headwind)은 대지속도(ground speed)를 감소시켜 비행시간과 연료 소모량을 증가시킨다. 따라서 순항 비행할 때 최대한 뒷바람(tailwind)을 받

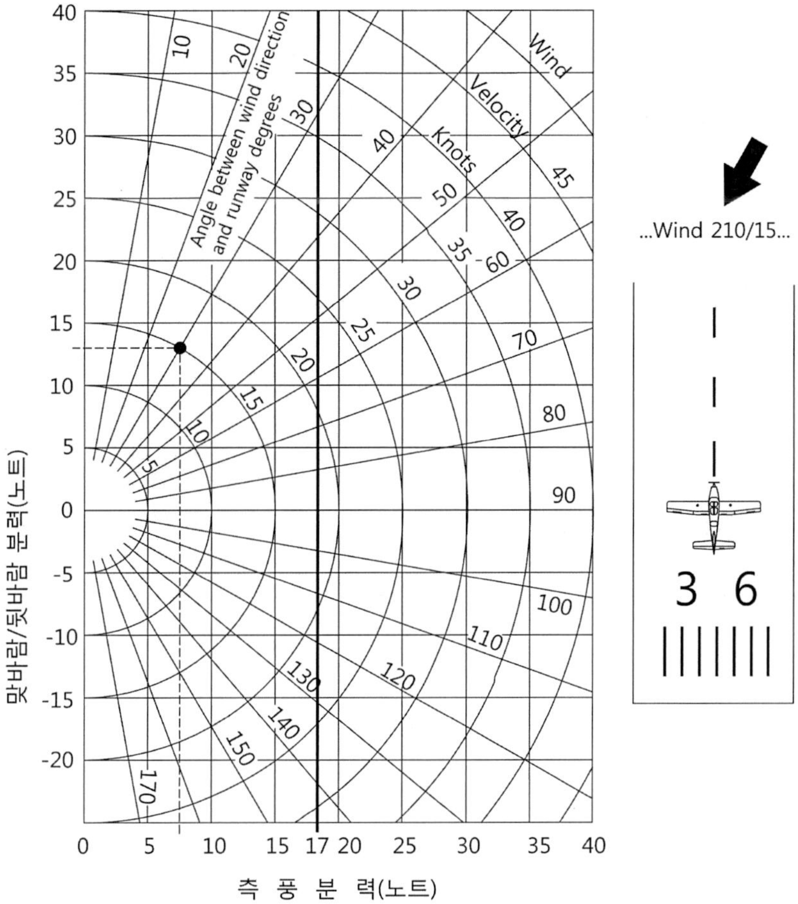

【그림5-1】 활주로 방향은 변함이 없지만, 풍향은 수시로 변화될 수 있다. 비행기가 측풍을 받으면서 이륙 또는 착륙할 때 한쪽 날개를 기울여 상쇄시켜야 하므로 측풍 한계를 초과할 때 위험에 처할 수 있다.

는 상태로 계획한다면 상당한 비행시간의 단축과 연료를 절약할 수 있을 것이다. 이착륙할 때 조종사는 최대한 바람의 영향을 활용할 수 있어야 한다. 측풍은 항공기 또는 활주로에 수직 또는 비스듬하게 부는 바람이다. 측풍은 비행기 이착륙에 큰 영향을 줄 수 있으므로 운용 지침서에는 최대측풍분력(maximum crosswind component)이 명시되어 있다. 이 한계를 초과했을 때 비행안전을 보장받을 수 없다. [그림5-1]

5.1.2 무게와 균형

항공기의 총무게(gross weight)는 자중(empty weight), 연료, 조종사와 승객 그리고 화물 등을 모두 포함한 무게이다. 정상비행을 위해서는 정확한 무게와 균형(weight and balance)을 갖추지 않으면 사실상 비행이 불가능하다. 예를 들어 무게가 항공기 앞쪽으로 치우쳐 있다면 항공기 기수는 계속 숙여지려는(nose-down) 현상이 발생한다. 반대로 뒤쪽이 무겁다면 기수들림(nose-up) 현상이 발생하여 이를 적절히 수정하지 않으면 안전사고의 원인이 될 수 있다. 항공기의 운용 지침서(POH)에는 무게와 성능에 따른 운용범위가 지정된다. 항공기가 이 운용범위를 초과했을 때 다음과 같은 현상들이 발생할 수 있다.

- 이륙속도 및 이륙거리 증가
- 상승률 및 상승각 감소
- 항속거리 감소
- 순항속도 감소
- 실속속도 증가
- 착륙속도 및 착륙거리 증가

항공기 무게를 초과하지 않는 범위 내에서도 화물의 위치에 따라 항공기의 세로 및 가로 안정에 영향을 준다. 비행기 날개는 연료통으로도 사용되는데 연료의 소모가 한쪽 연료통으로 치우쳤을 때 비행기의 세로축을 중심으로 무게중심 범위에서 좌우로 벗어나므로 가로 안정에 영향을 줄 수 있다.

① 앞쪽이 무거울 때
- 세로 안정성이 증가한다.
- 순항속도는 낮아진다.
- 실속속도가 높다.

② 뒤쪽이 무거울 때
- 세로 안정성이 감소한다.
- 순항속도는 높아진다.
- 실속속도가 낮다.
- 실속이 발생했을 때 회복이 어렵다.

(1) 기준선

기준선 또는 데이텀(datum)이란 무게중심의 위치를 결정하기 위한 기준이다. 기준선은 [그림5-2]와 같이 항공기 제작자 임의로 설정되기 때문에 항공기 세로축 선상의 기수, 방화벽 또는 항공기 기수 앞쪽에 선정될 수 있다. 기준선은 항공기 무게와 균형의 모든 제원의 기준이 되는 가상 수직선이고 무게중심은 기준선으로부터 측정된다.

(2) 암과 측점

암(arm)은 항공기의 기준선으로부터 측정한 수평 거리이다. 기준선으로부터 기수 또는 앞쪽으로는 음성(-) 암으로, 기준선으로부터 꼬리 또는 뒤쪽으로는 양성(+) 암으로 부여하고 단위는 인치를 사용한다. 측점(station)은 암과 유사한 개념이고 항공기의 부분별 위치를 기준선으로부터 측정한 길이(인치)이다. 기준선의 측점을 “0”(STA 0)으로 부여한다. 암

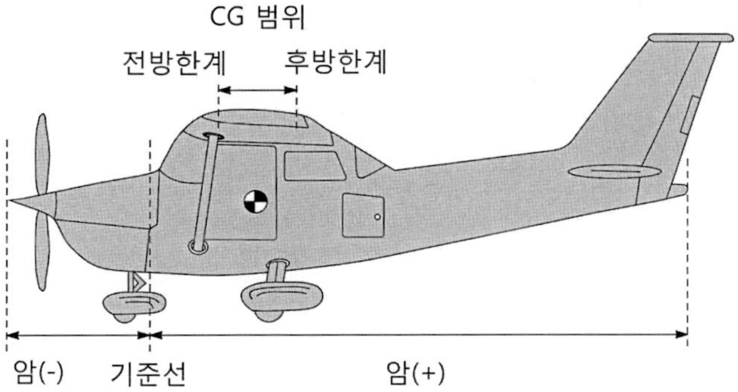

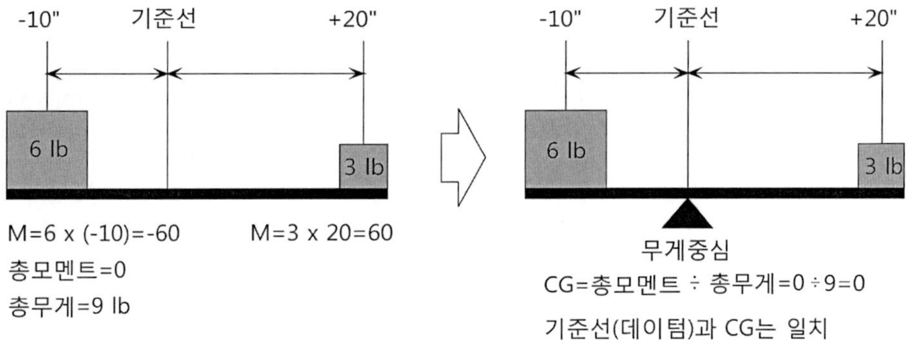

【그림5-2】 항공기의 가로, 세로 그리고 방향 운동은 무게중심을 중심으로 수행된다. 무게중심은 전방 한계와 후방 한계가 지정된다. 경항공기는 무게중심 범위가 좁고 대부분 2인승이기 때문에 무게중심의 변화가 거의 없지만 무게중심을 산출하는 방법을 간단히 소개한다.

과 측점의 길이는 동일하지만, 암과 달리 양성 및 음성 값으로 나누어지지 않고 단지 길이만 표기된다.

(3) 모멘트

모멘트(moment)는 수평 선상에 놓여 있는 한 물체가 기준점(받침점)으로부터의 일정 거리 선상에서 받는 무게이고 또한 축을 중심으로 물체의 회전 성향으로도 볼 수 있다. 모멘트값은 물체가 있는 암과 물체의 무게를 곱해서(모멘트=무게×암) 얻은 값이다.

(4) 무게중심

항공기의 무게중심(center of gravity; C.G.)은 항공기에 작용하는 세 개의 축이 만나는 점이다. 이 점을 중심으로 항공기는 균형을 이룬다. 무게중심은 기준선으로부터 측정되고 인치로 표기한다. 무게중심은 항공기의 총모멘트를 총무게로 나누어 얻은 값이다.

[무게중심 = 총모멘트 ÷ 총무게]

[그림5-2]는 데이텀으로부터 무게가 서로 다른 두 물체가 평판에 놓여 있고 어느 한 지점에 받침점(fulcrum)을 놓았을 때 두 물체 사이에 균형을 이루는 점이 무게중심(CG)이다. 예를 들어 6파운드의 물체는 기준선으로부터 (-10)"에 놓여 있고 다른 물체는 기준선으로부터 20"에 놓여 있다. 무게중심을 구하기 위해서는 물체의 총무게와 총모멘트를 구해야 한다. 따라서 왼쪽 물체의 모멘트는 (-60)파운드-인치이고, 오른쪽 물체의 모멘트는 60파운드-인치이다. 총모멘트는 두 모멘트의 합인 0파운드-인치이다. 무게중심은 총모멘트를 총무게로 나눈 값이므로 0(0÷9)인치가 된다. 무게중심은 어느 한 점이지만, 전후방 무게중심 한계, 좌우 무게중심 한계 허용치가 주어진다.

(5) 자중과 가용하중

자중(empty weight)은 기체, 동력장치, 기본 장비, 불용연료 및 오일의 무게를 포함하여 유압과 같은 모든 잔류 유체를 포함한 무게이다. 이것을 기본자중(basic empty weight; BEW)이라 한다. 항공기 자중은 해당 항공기의 운용 지침서에 제시된 무게와 균형 지침서에 명시되어 있다. 가용하중(usable weight)은 조종사와 승객, 수화물 그리고 연료를 포함한 무게이다.

(6) 이륙/착륙 무게

이륙무게는 항공기 기본자중(BEW)에 가용하중을 더한 무게이다. 착륙 무게는 목적지 공항에 도착하여 착륙할 때의 항공기 무게이다. 이것은 통상 비행 중 연료 소모량을 제외한 무게이다.

기출문제 및 예상문제

1. 공기밀도란 무엇인가?

① 단위 부피에 존재하는 공기분자의 수

② 단위 부피에 존재하는 공기분자의 무게

③ 단위 부피에 존재하는 공기분자의 크기

④ 단위 부피에 존재하는 공기분자의 결속력

【해설】 공기밀도(air density)는 단위 부피에 존재하는 공기분자의 수이다.

2. 기온이 표준보다 높을 때 공기밀도의 변화는?

① 증가한다. ② 감소한다.

③ 변함이 없다. ④ 증가 후 감소한다.

【해설】 공기밀도(air density)를 결정하는 주요소는 기온(온도)이다. 밀도와 온도는 반비례 한다.

3. 밀도고도에 관한 설명 중 맞는 것은?

① 해수면으로부터의 고도이다. ② 표준대기에서의 고도이다.

③ 지표면으로부터의 고도이다. ④ 항공기 성능에서 활용된다.

【해설】 항공에서 밀도고도는 특정 기상 조건에서 항공기의 공기역학적 성능을 평가하는 데 사용된다.

4. 밀도고도를 어떻게 산출할 수 있는가?

① 비표준기온을 위해서 수정한 기압고도

② 해수면 고도를 수정한 기압고도

③ 진고도를 수정한 기압고도

④ 지시고도를 수정한 기압고도

5. 공기밀도와 밀도고도의 관계를 올바르게 설명한 것은?

① 공기밀도가 증가하면 밀도고도는 증가한다.

② 공기밀도가 감소하면 밀도고도는 증가한다.

③ 공기밀도가 감소하면 밀도고도는 감소한다.

④ 공기밀도와 밀도고도는 독립적으로 변한다.

【정답】 1.① 2.② 3.④ 4.① 5.②

【해설】 밀도고도는 비표준 기온을 위해서 수정한 기압고도이다. 기온의 상승과 기압의 감소, 그리고 훨씬 적은 정도로 습도의 증가는 밀도고도를 증가시키는 원인이다. 고온 다습한 조건에서 특정 위치의 밀도고도는 실제 고도보다 훨씬 높을 수 있다. 밀도고도는 에어포일의 양력 발생 능력뿐만 아니라 엔진 성능에도 영향을 줄 수 있다.

6. 기온이 높아져 공기밀도가 감소하였다면 밀도고도의 변화는?
① 감소한다. ② 증가한다.
③ 변화 없다. ④ 증가 후 감소한다.

7. 현지 공항의 밀도고도가 높다는 것은 무엇을 의미하는가?
① 성능이 크게 향상될 수 있다. ② 성능의 감소가 예상된다.
③ 상승률이 증가한다. ④ 이륙활주 거리가 감소할 수 있다.

8. 기온이 표준보다 높은 대기 조건에서 비행기 이륙 성능에 어떠한 영향을 줄 수 있는가?
① 이륙 성능이 저하될 수 있다.
② 상승 성능은 향상될 수 있다.
③ 성능에 어떠한 영향을 주지 않는다.
④ 이륙 성능이 향상될 수 있다.

9. 하경사 활주로라면 이륙활주에 미치는 영향은 어떻게 예상할 수 있는가?
① 이륙 속도가 증가할 수 있다.
② 상승률이 증가할 수 있다.
③ 상승각이 증가할 수 있다.
④ 이륙활주 거리가 감소할 수 있다.

10. 활주로가 약간 위로 경사져 있을 때 예상할 수 있는 비행조건은?
① 이륙 속도가 증가할 수 있다. ② 상승률이 증가할 수 있다.
③ 착륙활주 거리가 감소할 수 있다. ④ 상승각이 증가할 수 있다.

11. 잔디 혹은 흙으로 다져진 활주로에서 예상할 수 있는 이륙 성능에 대해서 옳게 설명하고 있는 것은 어느 것인가?
① 이륙 속도가 증가할 수 있다. ② 이륙활주 거리가 증가할 수 있다.
③ 상승률이 증가할 수 있다. ④ 상승각이 증가할 수 있다.

12. 잔디 또는 흙으로 다져진 활주로에서 이착륙 성능을 올바르게 설명한 것은?
① 이륙거리; 증가, 착륙거리; 감소 ② 이륙거리; 증가, 착륙거리; 증가
③ 이륙거리; 감소, 착륙거리; 증가 ④ 이륙거리; 감소, 착륙거리; 감소

【정답】 6.② 7.② 8.① 9.④ 10.③ 11.② 12.①

13. 맞바람이 항공기 이착륙 성능에 어떠한 영향을 예측할 수 있는가?
① 이륙거리가 증가할 수 있다.
② 착륙거리가 증가할 수 있다.
③ 이륙거리가 단축될 수 있다.
④ 이착륙 거리에 어떠한 영향도 주지 못한다.

14. 뒷바람이 순항비행하고 있는 항공기 성능에 어떠한 영향을 줄 수 있는가?
① 순항속도 증가 ② 지시속도 증가
③ 진대기속도 증가 ④ 대지속도 증가

15. 비행계획을 수립할 때 연료 소모를 최소화하는 방법은?
① 맞바람으로 계획한다.
② 측풍으로 계획한다.
③ 뒷바람으로 계획한다.
④ 바람 방향은 연료소모에 영향을 주지 못한다.

16. 기온이 높고 무더운 날은 기온이 낮고 건조한 날에 비해서 공기밀도의 변화를 어떻게 예측할 수 있는가?
① 밀도가 낮아진다. 진대기속도는 더 낮아야 한다.
② 밀도가 낮아진다. 진대기속도는 더 높아야 한다.
③ 밀도가 높아진다. 진대기속도는 더 낮아야 한다.
④ 밀도가 높아진다. 진대기속도는 더 높아야 한다.

17. 일반적으로 해수면 조건에서 한여름과 한겨울의 공기밀도 변화는 어떻게 예측할 수 있는가?
① 여름; 낮고, 겨울; 높다.
② 여름; 높고, 겨울; 낮다.
③ 계절의 영향을 받지 않는다.
④ 저고도에서 낮고 고도가 높아짐에 따라 증가한다.

18. 한여름 낮아진 공기밀도의 변화를 보상하는 방법은 무엇인가?
① 진대기속도에 변화가 없다.
② 진대기속도는 고도에만 영향을 받는다.
③ 진대기속도가 빨라야 한다.
④ 진대기속도는 상대적으로 낮다.

【정답】 13.③ 14.④ 15.③ 16.② 17.① 18.③

19. [그림5-3] 만약 기압고도가 3,000피트(MSL)를 유지하고 있다면 기온이 30°F에서 50°F로 상승했을 때 밀도고도에 어떠한 영향을 주는가?

① 1,000피트 증가 ② 1,100피트 감소
③ 1,300피트 증가 ④ 1,500피트 증가

【해설】 밀도고도(density altitude); 그래프 아래에 기온이 제시되어 있고 왼쪽 수직선은 대략적인 밀도고도, 그리고 그래프 안의 사선은 기압고도(pressure altitude)를 나타낸다. 하단 기온 30°F에서 위로 올라가 기압고도 3,000피트 선과 만나는 점을 표시한다. 다음 왼쪽으로 수평 이동해서 만나는 점이 대략적인 밀도고도이다. 밀도고도는 대략 1,650피트이다. 다음, 기온 50°F에서 위로 올라가 기압고도 3,000피트 선과 만나는 점을 표시한다. 다음 왼쪽으로 수평 이동해서 만나는 점이 대략적인 밀도고도이다. 밀도고도는 대략 2,950피트이다. 따라서 밀도고도는 대략 1,300피트 증가한 것을 알 수 있다.

20. [그림5-3] 다음과 같은 조건에서 밀도고도는 얼마인가?

- 고도계 수정치 30.35
- 활주로 기온 +25°F
- 공항표고 3,894피트(MSL)

① 2,000피트(MSL) ② 2,900피트(MSL)
③ 3,500피트(MSL) ④ 4,000피트(MSL)

【해설】 오른쪽 도표에서 고도계 수정치 30.35"Hg의 기압고도 환산계수는 -394피트(30.3과 30.4 사이의 중간 값)이다. 현지 표고 3,894피트를 빼주면 기압고도는 3,500피트가 된다. 여기서 고도계 수정치 30.35보다 더 높은 값은 기압고도(pressure altitude)는 진고도(true altitude)보다 더 낮다는 것을 의미한다는 점에 유의하라. 일단 기압고도를 구한 후 왼쪽 그래프를 이용해서 밀도고도를 구한다. 기온 25°F에서 위로 올라가 기압고도 3,500피트 선과 만나는 점을 찾아 왼쪽으로 이동해서 지시하는 점이 대략적인 밀도고도 2,000피트이다. 여기서 주의해야 할 것은 기온이 표준보다 더 낮기 때문에 밀도고도(density altitude)는 기압고도(pressure altitude)보다 더 낮다.

21. [그림5-3] 기압고도는 5,000피트로 유지되고 있고 기온이 25°F에서 50°F로 변화되었다면 밀도고도에 어떠한 영향을 줄 수 있는가?

① 1,200피트 증가 ② 1,400피트 증가
③ 1,650피트 증가 ④ 1,850피트 증가

【해설】 하단 기온 25°F에서 위로 올라가 기압고도 5,000피트 선과 만나는 점을 표시한다. 다음 왼쪽으로 수평 이동해서 만나는 점이 대략적인 밀도고도이다. 밀도고도는 대략 3,850피트이다. 다음, 기온 50°F에서 위로 올라가 기압고도 5,000피트 선과 만나는 점을 표시한다. 다음 왼쪽으로 수평 이동해서 만나는 점이 대략적인 밀도고도이다. 밀도고도는 대략 5,500피트이다. 따라서 밀도고도는 대략 1,650피트 증가한 것을 알 수 있다. 기온이 높아졌기 때문에 공기밀도가 더 낮아지고 밀도고도는 증가한다.

【정답】 19.③ 20.① 21.③

22. [그림5-3] 고도계 수정치 29.96에서 3,563피트(MSL)가 되는 공항에서 기압고도는?

① 3,727피트(MSL) ② 3,556피트(MSL)

③ 3,639피트(MSL) ④ 3,527피트(MSL)

【해설】 기압고도는 고도계 수정치를 29.92에 맞추었을 때 지시하는 고도이다. 이것은 기압고도 환산계수(최근 고도계 수정치를 기준)를 더하거나 빼준 진고도이다. 오른쪽 도표에서 고도계 수정치 29.96의 기압고도 환산계수는 29.92(0)와 30.0(-73) 사이의 중간 값 약 36이다. 기압고도를 결정하기 위해서 3,563피트(MSL)에서 36을 빼주면 대략적인 기압고도는 3,527피트가 된다. 표준대기압보다 높은 것은 기압고도는 진고도보다 낮다는 것을 의미한다.

23. [그림5-3] 표준기온에서 고도계 수정치 28.22와 함께 지시고도 1,380피트(MSL)에서 기압고도는 얼마인가?

① 3,010피트(MSL) ② 2,991피트(MSL)

③ 2,913피트(MSL) ④ 3,991피트(MSL)

【해설】 오른쪽 도표에서 고도계 수정치 28.20에서 기압고도 환산계수는 1,630피트 그리고 고도계 수정치 28.30에서 기압고도 환산계수는 1,533피트이다. 이들 두 값 사이의 차이에 20%를 곱해주어야(1,630-1,533=97×0.2=19) 한다. 1,630에서 19를 빼주면 1,611피트가 된다. 지시고도 1,380피트에 이를 더해주면 기압고도 2,991피트를 구할 수 있다.

24. [그림5-3] 다음과 같은 조건에서 밀도고도를 결정하시오.

- 고도계 수정치 29.25
- 활주로 기온 +81°F
- 공항표고 5,250피트(MSL)

① 4,600피트(MSL) ② 5,877피트(MSL)

③ 7,300피트(MSL) ④ 8,500피트(MSL)

【해설】 오른쪽 도표에서 고도계 수정치 29.25"Hg의 기압고도 환산계수는 626피트(29.2와 29.3 사이의 중간 값 94에 579를 더한 값)이다. 공항표고 5,250피트를 더해주면 기압고도는 5,876피트가 된다. 대기압이 표준보다 낮으면 기압고도는 진고도보다 크다는 것을 유의하라. 일단 기압고도를 구한 후 왼쪽 그래프를 이용해서 밀도고도를 구한다. 기온 81°F에서 위로 올라가 기압고도 5,876피트 선과 만나는 점을 찾아 왼쪽으로 이동해서 지시하는 점이 대략적인 밀도고도 8,000피트 중간이 되고 근사치 8,500피트가 된다. 기온이 표준보다 더 높기 때문에 밀도고도(density altitude)는 기압고도(pressure altitude)보다 더 높다는 것에 유의하라.

25. [그림5-3] 고도계 수정치 29.97에서 1,386피트(MSL)를 지시하고 있는 공항에서 기압고도를 결정하시오.

① 1,341피트(MSL) ② 1,451피트(MSL)

③ 1,562피트(MSL) ④ 1,580피트(MSL)

【정답】 22.④ 23.② 24.④ 25.①

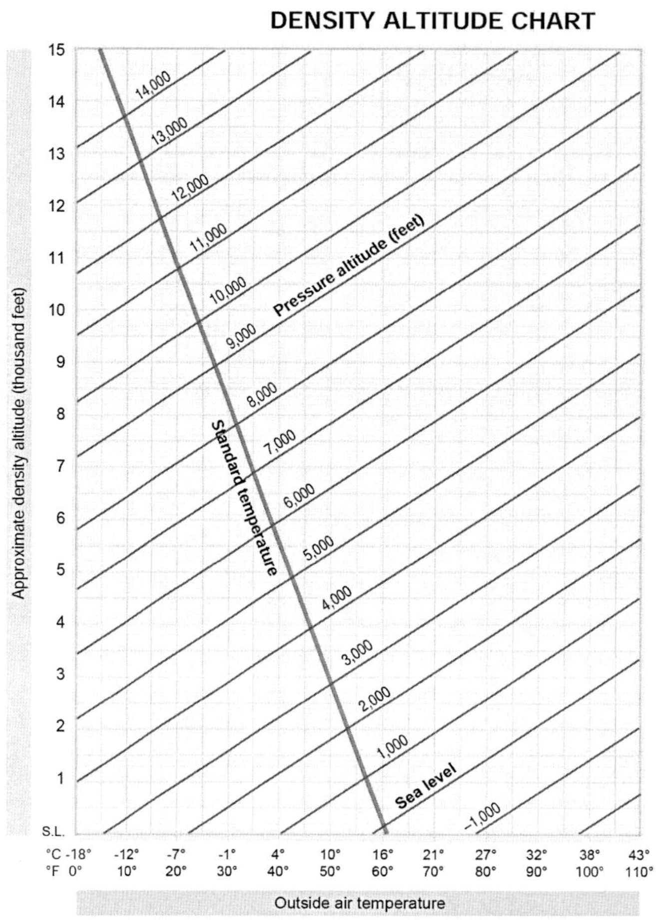

Altimeter setting ("Hg)	Pressure altitude conversion factor
28.0	1,824
28.1	1,727
28.2	1,630
28.3	1,533
28.4	1,436
28.5	1,340
28.6	1,244
28.7	1,148
28.8	1,053
28.9	957
29.0	863
29.1	768
29.2	673
29.3	579
29.4	485
29.5	392
29.6	298
29.7	205
29.8	112
29.9	20
29.92	0
30.0	-73
30.1	-165
30.2	-257
30.3	-348
30.4	-440
30.5	-531
30.6	-622
30.7	-712
30.8	-803
30.9	-893
31.0	-983

【그림5-3】

【해설】 기압고도는 고도계 수정치를 29.92에 맞추었을 때 지시하는 고도이다. 이것은 기압고도 환산계수(최근 고도계 수정치를 기준)를 더하거나 빼준 진고도이다. 오른쪽 도표에서 고도계 수정치 29.97의 기압고도 환산계수는 29.92(0)와 30.0(-73) 사이에 적절하게 보간해서 구해야 한다. -73의 5/8를 계산하면 45이다. 지시고도 1,386피트(MSL)에서 45피트를 빼면 기압고도 1,341피트가 된다. 만약 고도계 수정치가 표준보다 높다면(29.97) 기압고도는 진고도보다 낮아질 것이다.

26. [그림5-3] 기온 90°F와 기압고도 1,250피트에서 기온 55°F와 기압고도 1,750피트로 변했을 때 밀도고도에서 기온감소와 기압고도 증가의 영향은 무엇인가?

① 1,700피트 증가　　② 1,300피트 감소

③ 1,700피트 감소　　④ 1,500피트 증가

【해설】 기온 90°F와 기압고도 1,250피트에서 밀도고도는 대략 3,600피트이다. 다음, 기온 55°F와 기압고도 1,750피트에서 밀도고도는 대략 1,900피트이다. 이들 두 값의 차이는 1,700피트(3,600-1,900)이다. 따라서 밀도고도는 1,700피트 감소한 것을 알 수 있다.

【정답】 26.③

27. [그림5-4] 다음과 같은 조건에서 50피트 장애물을 통과해서 이륙하는데 필요한 총거리는?

- OAT 표준
- 기압고도 4,000피트
- 이륙무게 2,800파운드
- 맞바람 분력 무풍

① 1,500피트 ② 2,500피트
③ 2,000피트 ④ 1,750피트

【해설】 그래프의 하단 OAT의 표준기온(15℃)에서 위로 이동하여 기압고도 선 4,000피트와 만나는 점에서 오른쪽으로 수평 이동하여 첫 참고선(reference line)과 만나는 점을 표시한다. 그 지점에서 무게 유도선(guideline)과 평행선을 긋고 무게 2,800파운드와 만나는 점을 찾아 오른쪽으로 세 번째 참고선까지 이동한다.(두 번째 참고선은 바람이고 주어진 조건은 무풍이기 때문이다.) 이 점에서 가까운 유도선과 평행하게 이동하여 만나는 점을 표시한다. 이 지점은 대략 1,750피트가 되고 이것이 50피트 장애물을 넘어 이륙할 수 있는 총 거리이다.

28. [그림5-4] 다음과 같은 조건에서 이륙하는데 필요한 대략적인 활주거리는?

- OAT 100°F
- Pressure altitude(기압고도) 2,000 ft
- Takeoff weight(이륙중량) 2,750 lb
- Headwind component(맞바람 분력) Calm(무풍)

① 1,150피트 ② 1,300피트
③ 1,800피트 ④ 1,550피트

【해설】 그래프의 하단 OAT의 기온(100°F)에서 위로 이동하여 기압고도 선 2,000피트와 만나는 점에서 오른쪽으로 수평 이동하여 첫 참고선(reference line)과 만나는 점을 표시한다. 그 지점에서 무게 유도선(guideline)과 평행선을 긋고 무게 2,750파운드와 만나는 점을 찾아 오른쪽으로 끝까지 이동한다.(두 번째 참고선은 바람이고 주어진 조건은 무풍이고, 세 번째 참고선은 장애물이 없기 때문이다.) 이 지점은 대략 1,150피트가 되고 이것이 이륙에 필요한 이륙활주거리이다.

29. [그림5-4] 다음과 같은 조건에서 이륙하는데 필요한 대략적인 활주거리는?

- OAT 90°F
- Pressure altitude(기압고도) 2,000 ft
- Takeoff weight(이륙중량) 2,500 lb
- Headwind component(맞바람 분력) 20 kt

① 650피트 ② 850피트
③ 1,000피트 ④ 1,500피트

【정답】 27.④ 28.① 29.①

【해설】 그래프의 하단 OAT의 기온(90°F)에서 위로 이동하여 기압고도 선 2,000피트와 만나는 점에서 오른쪽으로 수평 이동하여 첫 참고선(reference line)과 만나는 점을 표시한다. 그 지점에서 무게 유도선(guideline)과 평행선을 긋고 무게 2,500파운드와 만나는 점을 표시한다. 두 번째 참고선에서 맞바람 분력은 아래로 향한 사선이고 가까운 유도선과 10노트가 만나는 점을 찾아 수평으로 끝까지 이동한다. 이 점이 대략 650피트이고 이것이 이륙에 필요한 이륙활주거리(ground roll distance)이다.

30. [그림5-4] 다음과 같은 조건에서 50피트 장애물을 통과해서 이륙하는데 필요한 총 거리는 얼마인가?

- OAT　Std(표준)
- Pressure altitude(기압고도)　Sea level(해수면)
- Takeoff weight(이륙중량)　2,700 lb
- Headwind component(맞바람 분력)　Calm(무풍)

① 1,000피트　② 1,550피트
③ 1,700피트　④ 1,400피트

【해설】 그래프의 하단 OAT의 표준기온(59°F)에서 위로 이동하여 기압고도 선 해수면과 만나는 점에서 오른쪽으로 수평 이동하여 첫 참고선과 만나는 점을 표시한다. 그 지점에서 무게 유도선(guideline)과 평행선을 긋고 무게 2,700파운드와 만나는 점을 표시한다. 다음 오른쪽으로 세 번째 참고선까지 이동한다.(두 번째 참고선은 바람이고 주어진 조건은 무풍이기 때문이다.) 이 점에서 가까운 유도선과 평행하게 이동하여 만나는 점을 표시한다. 이 지점은 대략 1,400피트가 되고 이것이 50피트 장애물을 넘어 이륙할 수 있는 총 거리이다.

31. 위로 경사진 활주로는 이륙성능에 어떠한 영향을 주는가?

① 이륙속도를 감소시킨다.　② 영향을 주지 않는다.
③ 이륙거리가 감소한다.　④ 이륙거리가 증가한다.

【해설】 활주로의 경사(runway gradient)는 활주로 길이와 이륙거리가 이륙에 중요한 요소가 될 때 매우 중요하다. 상경사(upslope) 활주로는 엔진이 표면 마찰과 항력 외에 중력을 극복해야 하기 때문에 가속을 지연시키는 저지 힘(retarding force)을 제공하여 활주거리 혹은 이륙거리는 더 길어진다.

32. 이륙성능의 가장 결정적인 조건은 높은 총중량, 높은 표고, 고온, 그리고 무엇이 결합되었을 때라고 볼 수 있는가?

① 불리한 바람　② 활주로 주변 장애물
③ 동력장치　④ 공기밀도

【해설】 이륙 중 바람의 요소는 특히 중요하게 고려해야 하는 요소이고 필수 이륙거리에 중요한 영향을 미칠 수 있다. 예를 들어 이륙속도의 10%가 되는 뒷바람(tailwind)은 이륙거리를 약 19%까지 증가시킬 수 있다.

【정답】 30.④　31.④　32.①

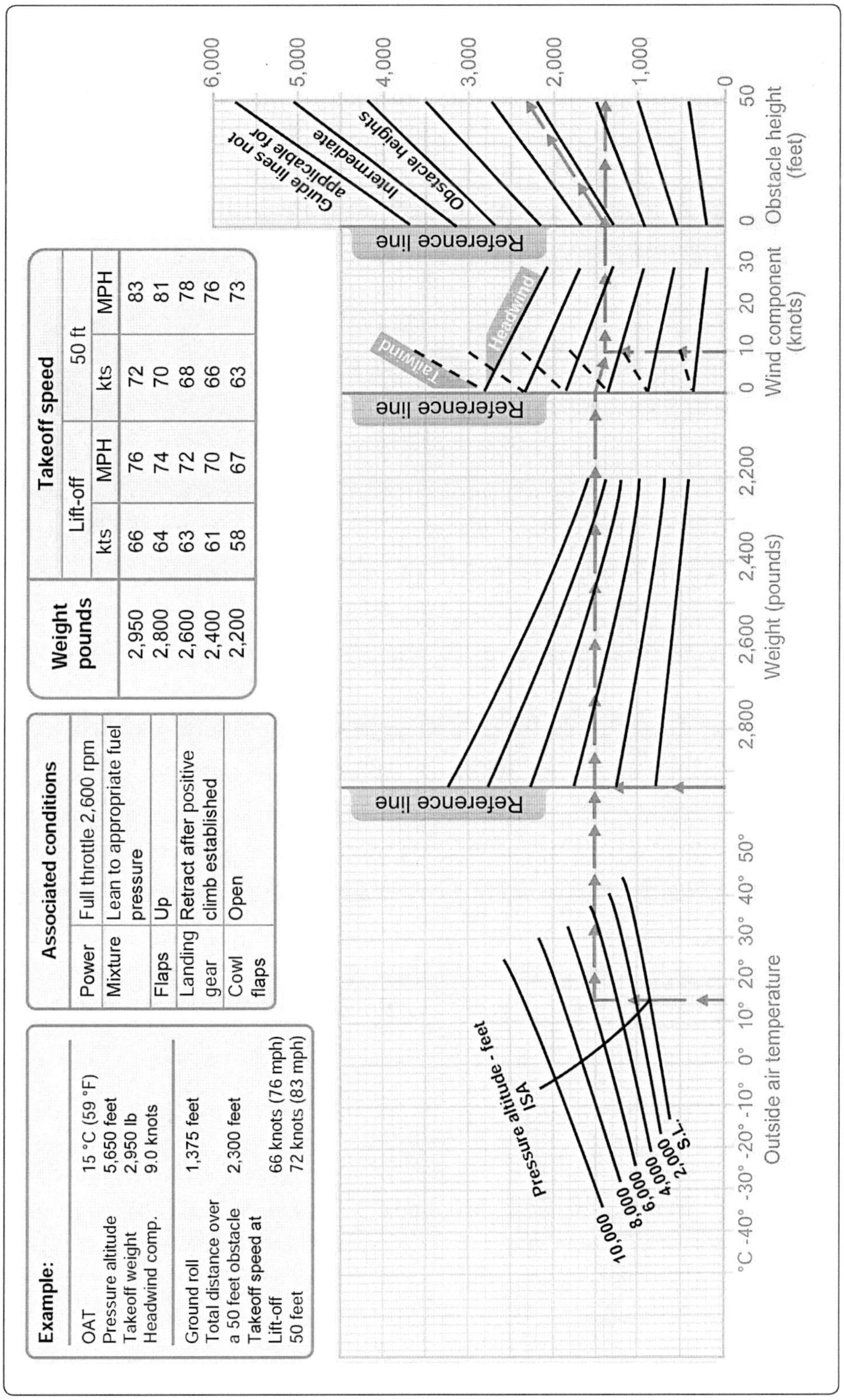
Example:
OAT 15 °C (59 °F)
Pressure altitude 5,650 feet
Takeoff weight 2,950 lb
Headwind comp. 9.0 knots
Ground roll 1,375 feet
Total distance over a 50 feet obstacle 2,300 feet
Takeoff speed at
Lift-off 66 knots (76 mph)
50 feet 72 knots (83 mph)
Associated conditions
Power Full throttle 2,600 rpm
Mixture Lean to appropriate fuel pressure
Flaps Up
Landing gear Retract after positive climb established
Cowl flaps Open
Takeoff speed
Weight pounds
Lift-off
50 ft
kts MPH kts MPH
2,950 66 76 72 83
2,800 64 74 70 81
2,600 63 72 68 78
2,400 61 70 66 76
2,200 58 67 63 73
Pressure altitude - feet
ISA
10,000
8,000
6,000
4,000
2,000
S.L.
Reference line
Reference line
Reference line
Tailwind
Headwind
Guide lines not applicable for intermediate obstacle heights
°C -40° -30° -20° -10° 0° 10° 20° 30° 40° 50°
Outside air temperature
2,800 2,600 2,400 2,200
Weight (pounds)
0 10 20 30
Wind component (knots)
0 50
Obstacle height (feet)
6,000
5,000
4,000
3,000
2,000
1,000
0

【그림5-4】

33. 상승 성능을 결정하는 것은?

① 예비동력 또는 추력 ② 최대양항비
③ 순항동력 세팅 ④ 공기밀도

【해설】 *예비 동력(reserve power) 또는 추력은 주어진 속도에서 수평비행을 유지하는데 필요한 것보다 이상의 가용초과동력(excess available power)을 의미한다. 따라서 상승 성능은 초과동력 혹은 예비동력에 달려 있다. 따라서 초과동력이 가용하지 않다면 항공기는 상승할 수 없다. 최대양항비는 최저항력을 위한 속도를 제공한다.*

34. 항속거리와 경제적 운용이 주요 목표가 될 때 조종사는 비행기가 어떠한 상태에서 운용할 수 있도록 해야 하는가?

① 비항속시간 ② 장거리 순항성능
③ 등가대기속도 ④ 공기밀도

【해설】 *권장 장거리 순항성능(recommended long-range cruise performance)은 항공기의 최대 설계 운용 반경, 또는 항속거리를 제공할 것이다. 또한, 이 상태는 항공기에 최대 연료 예비량으로 더 짧은 거리를 비행하도록 허용한다. 비항속시간(specific endurance)은 공중 효율에 시간의 계산을 참고하는데 사용되는 단순 용어로 비행거리가 아닌 비행시간에 관한 것이다. 등가대기속도(equivalent airspeed)는 설치와 위치오차를 수정한 대기속도이다.*

35. 최대항속시간은 비행기가 어떠한 상태의 최저동력지점에서 얻을 수 있는가?

① 맞바람 활공비행에서 ② 장거리 강하비행에서
③ 최저 가능한 지시속도에서 ④ 지속적인 수평비행에서

【해설】 *최대항속시간(maximum endurance)은 비행기가 최장시간을 비행할 수 있도록 한다. 이것은 지속적인 수평비행(steady, level flight)을 유지하는데 필요한 최저동력세팅을 적용함으로써 달성할 수 있다.*

36. [그림5-5] 표준 일 최대지속동력 65%, 고도 11,000피트에서 비행할 때 예상할 수 있는 연료 흐름은 얼마인가?

① 10.6 GPH ② 11.2 GPH
③ 11.8 GPH ④ 12.5 GPH

【해설】 *표준 일(standard day)의 조건이 제시되었으므로 도표의 중간 칸을 적용한다. 기압고도 11,000피트에서 엔진 당 연료흐름(fuel flow per engine)은 10,000피트(11.5 GPH)와 12,000피트(10.9 GPH) 사이의 값을 적절하게 보간해서 구하면 된다. 따라서 11,000피트에서 연료흐름(fuel flow)은 11.2 GPH이다.*

37. [그림5-5] 기온이 표준보다 36°F 낮고, 9,500피트에서 최대지속동력 65%일 때 조종사가 예상할 수 있는 대략적인 진대기속도는 얼마인가?

① 163 KTS ② 161 KTS
③ 158 KTS ④ 168 KTS

【정답】 33.① 34.② 35.④ 36.② 37.③

【해설】 문제에서 제시된 조건에 따르면 왼쪽 칸 데이터를 적용해야 한다. 고도 9,500피트에 관한 데이터가 없으므로 8,000피트(157 KTS)와 10,000피트(160 KTS) 사이에서 적절하게 보간하면 대략 159.25가 되고 이에 근사한 값은 158 KTS이다.

38. [그림5-5] 다음과 같은 조건에서 1,000마일 비행하는데 예상되는 연료량은?

- Pressure altitude(기압고도) 8,000 ft
- Temperature(기온) 22℃
- Manifold pressure(매니폴드압) 20.8″Hg
- Wind(바람) Calm(무풍)

① 60.2갤런 ② 75.2갤런
③ 73.2갤런 ④ 70.1갤런

【해설】 차트는 기온을 기준으로 3개의 칸으로 나누어져 있다. 제시된 조건에서 기온 22℃이므로 오른쪽 칸 데이터를 적용해야 한다. 기압고도 8,000피트 매니폴드압 20.8″Hg, 그리고 기온 22℃에서 연료흐름은 11.5 GPH이고 진대기속도는 164노트이다. 1,000마일을 164노트로 비행하는데 소요되는 시간은 6.09시간(1,000÷164)이다. 이것을 시간 당 연료소모율로 곱하면 총 소모된 연료량이 된다. 6.09×11.5=70.1 GPH

39. [그림5-5] 다음과 같은 조건에서 500마일 비행하는데 예상되는 연료량은?

- Pressure altitude(기압고도) 4,000 ft
- Temperature(기온) 29℃
- Manifold pressure(매니폴드압) 21.3″Hg
- Wind(바람) Calm(무풍)

① 31.4갤런 ② 36.1갤런
③ 40.1갤런 ④ 46.1갤런

【해설】 차트의 오른쪽 칸 데이터를 적용해야 한다. 기압고도 4,000피트 매니폴드압 21.3″Hg, 그리고 기온 29℃에서 연료흐름은 11.5 GPH이고 진대기속도는 159노트이다. 500마일을 159노트를 비행하는데 소요되는 시간은 3.14시간(500÷159)이다. 이것을 시간 당 연료소모율로 곱하면 총 소모된 연료량이 된다. 3.14×11.5=36.1 GPH

40. [그림5-5] 표준보다 36°F 높은 기온, 6,500피트에서 65% 최대지속동력을 얻기 위해서 2,450 RPM과 함께 대략적인 매니폴드압은 얼마인가?

① 19.8″ Hg ② 20.8″ Hg
③ 21.0″ Hg ④ 22.0″ Hg

【해설】 표준보다 36°F가 높기 때문에 오른쪽 칸 데이터를 적용한다. 6,500피트에 관한 데이터가 없으므로 6,000피트(21.0)와 8,000피트(20.8) 사이의 매니폴드압을 적절하게 보간해서 구해야 한다.

【정답】 38.④ 39.② 40.③

Cruise power settings
65% Maximum continuous power (or full throttle 2,800 pounds)

Press ALT.	ISA −20 °C (−36 °F)								Standard day (ISA)								ISA +20 °C (+36 °F)							
	IOAT		Engine speed	MAN. press	Fuel flow per engine		TAS		IOAT		Engine speed	MAN. press	Fuel flow per engine		TAS		IOAT		Engine speed	MAN. press	Fuel flow per engine		TAS	
Feet	°F	°C	RPM	IN HG	PSI	GPH	KTS	MPH	°F	°C	RPM	IN HG	PSI	GPH	KTS	MPH	°F	°C	RPM	IN HG	PSI	GPH	KTS	MPH
SL	27	−3	2,450	20.7	6.6	11.5	147	169	63	17	2,450	21.2	6.6	11.5	150	173	99	37	2,450	21.8	6.6	11.5	153	176
2,000	19	−7	2,450	20.4	6.6	11.5	149	171	55	13	2,450	21.0	6.6	11.5	153	176	91	33	2,450	21.5	6.6	11.5	156	180
4,000	12	−11	2,450	20.1	6.6	11.5	152	175	48	9	2,450	20.7	6.6	11.5	156	180	84	29	2,450	21.3	6.6	11.5	159	183
6,000	5	−15	2,450	19.8	6.6	11.5	155	178	41	5	2,450	20.4	6.6	11.5	158	182	79	26	2,450	21.0	6.6	11.5	161	185
8,000	−2	−19	2,450	19.5	6.6	11.5	157	181	36	2	2,450	20.2	6.6	11.5	161	185	72	22	2,450	20.8	6.6	11.5	164	189
10,000	−8	−22	2,450	19.2	6.6	11.5	160	184	28	−2	2,450	19.9	6.6	11.5	163	188	64	18	2,450	20.3	6.5	11.4	166	191
12,000	−15	−26	2,450	18.8	6.4	11.5	162	186	21	−6	2,450	18.8	6.1	10.9	163	188	57	14	2,450	18.8	5.9	10.6	163	188
14,000	−22	−30	2,450	17.4	5.8	10.5	159	183	14	−10	2,450	17.4	5.6	10.1	160	184	50	10	2,450	17.4	5.4	9.8	160	184
16,000	−29	−34	2,450	16.1	5.3	9.7	156	180	7	−14	2,450	16.1	5.1	9.4	156	180	43	6	2,450	16.1	4.9	9.1	155	178

Note: 1. Full throttle manifold pressure settings are approximate.
2. Shaded area represents operation with full throttle.

【그림5-5】

41. [그림5-6] 관제탑에서 바람을 220°/30으로 보고했을 때 RWY 18에 착륙하기 위한 측풍분력은 얼마인가?

① 25노트 ② 23노트

③ 30노트 ④ 19노트

【해설】 그래프의 하단이 측풍분력(crosswind component)이고 왼쪽 수직선이 맞바람 분력(headwind component)이다. 측풍분력과 맞바람 분력을 연결하는 곡선은 풍속(wind velocity)이고 원점(origin)으로부터 직선은 바람과 활주로 사이의 각도이다. 먼저 풍향과 활주로 사이의 각도를 구한다. 이 문제에서 220-180=40이다. 다음, 40도 선과 30노트 곡선이 만나는 점을 표시한다. 다음 이 점에서 아래로 이동해서 지시하는 값이 측풍분력 19노트이다.

42. [그림5-6] 비행기의 최대측풍분력이 25노트이다. 이때 45° 측풍을 위한 최대 풍속은 얼마인가?

① 25노트 ② 29노트

③ 35노트 ④ 20노트

【해설】 그래프의 수평선 25노트에서 위로 이동하여 45° 각도와 만나는 점을 표시한다. 이 지점은 대략 35노트이다. 이것이 측풍 45°를 위한 최대 풍속이 35노트라는 것을 의미한다.

43. [그림5-6] 관제탑에서 바람을 220°/30으로 보고했을 때 RWY 18에 착륙하기 위한 맞바람 분력은 얼마인가?

① 19노트 ② 23노트

③ 26노트 ④ 39노트

【해설】 그래프의 하단이 측풍분력(crosswind component)이고 왼쪽 수직선이 맞바람 분력(headwind component)이다. 측풍분력과 맞바람 분력을 연결하는 곡선은 풍속(wind velocity)이고 원점(origin)으로부터 직선은 바람과 활주로 사이의 각도이다. 먼저 풍향과 활주로 사이의 각도를 구한다. 이 문제에서 220-180=40이다. 다음, 40도 선과 30노트 곡선이 만나는 점을 표시한다. 이 점에서 수평으로 이동해서 지시하는 값이 맞바람 분력 23노트이다.

44. [그림5-6] 관제탑에서 보고된 바람이 북풍 20노트이다. 비행기의 최대측풍분력이 13노트일 때 사용할 수 있는 활주로(6, 29, 32)는?

① RWY 6 ② RWY 29

③ RWY 29와 RWY 32 ④ RWY 32

【해설】 각 활주로와 바람 방향 사이의 상대풍을 결정한다.

- *RWY 32; 360-320=40*
- *RWY 29; 360-290=70*
- *RWY 06; 360-060=60*

이 중 RWY 32일 때 측풍분력은 13노트이다.

【정답】 41.④ 42.③ 43.② 44.④

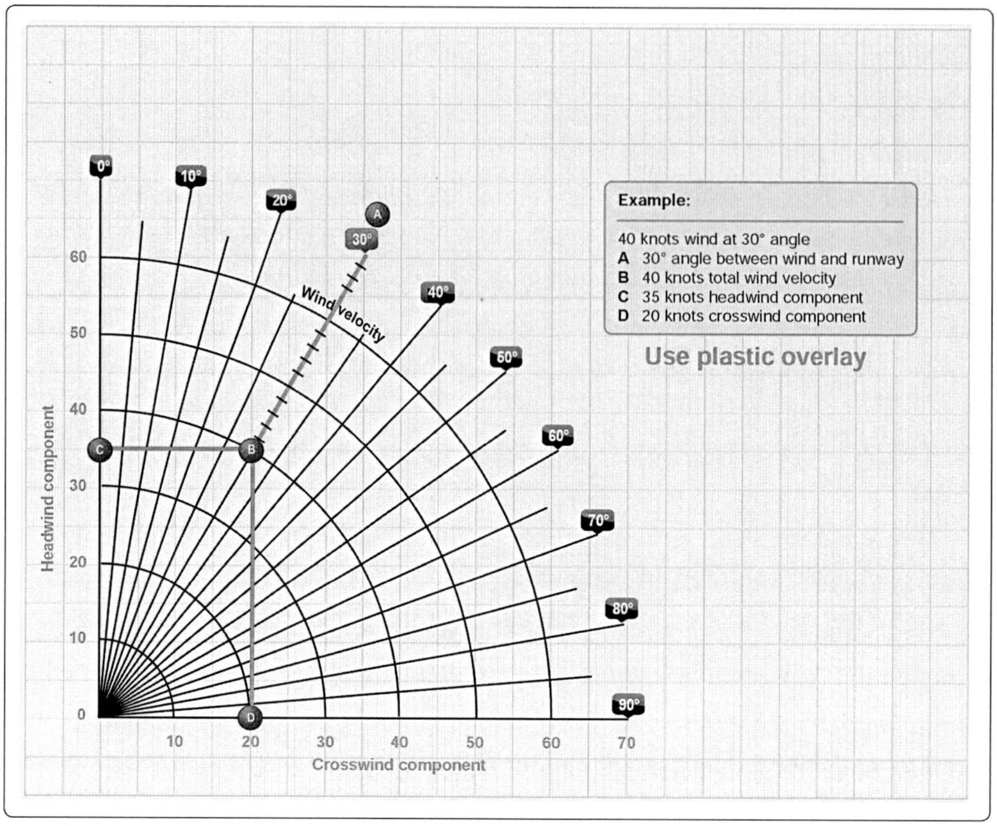

【그림5-6】

45. [그림5-6] 비행기의 최대측풍분력이 12노트에서 측풍 30°를 위한 최대풍속은 얼마인가?

① 16노트　　② 20노트

③ 24노트　　④ 18노트

【해설】 하단의 측풍분력 12노트에서 위로 이동하여 바람방향과 비행경로 선 사이의 30°와 만나는 점을 표시한다. 이 점의 바람속도를 판단했을 때 대략 24노트가 된다.

46. [그림5-6] 관제탑에서 보고된 바람이 남풍 20노트이다. 비행기의 최대측풍분력이 13노트일 때 사용할 수 있는 활주로(10, 14, 24)는?

① RWY 10　　② RWY 14와 RWY 24

③ RWY 24　　④ RWY 14

【해설】 각 활주로와 바람방향 사이의 상대풍을 결정한다.

- *RWY 10; 180-100=80*
- *RWY 14; 180-140=40*
- *RWY 24; 180-240=60*

이 중 RWY 14일 때 측풍분력은 13노트이다.

【정답】 45.③　46.④

47. 활공을 위해서 사용할 수 있는 최대속도는 어느 것에 대비해서 가장 멀리 활공할 수 있는 거리인가?

① 고도　② 연료
③ 항력　④ 바람

【해설】 *최대 활공속도(best glide speed)의 목적은 주어진 고도에 대비해서 최대로 활공할 수 있는 거리이다.*

48. 활공 중 강하율은 무엇으로 조종되는가?

① 풍향풍속　② 비행기의 피치
③ 비행기의 활공률　④ 비행기의 상대적인 바람방향

【해설】 *비행기의 활공 중 강하율(descent rate)은 비행기의 피치로 조종되어야 한다. 풍향풍속은 활공률(glide ratio)에 영향을 준다. 활공률은 고도 상실에 대비해서 수평으로 이동한 거리의 비율이다.*

49. 착륙 접근 단계 중 너무 빠르게 활공하고 있다면 어떤 결과가 초래될 수 있는가?

① 활주로에 미도착할 수 있다.
② 활공속도는 어떠한 영향을 주지 않는다.
③ 경착륙할 수 있다.
④ 활주로를 초과할 수 있다.

【해설】 *착륙 접근 단계 중 너무 빠르게 활공하고 있다면 지표면 위에서 플로팅(floating)하거나 혹은 활주로를 초과(overshooting)할 수 있다.*

50. 활공률은 무엇인가?

① 고도 상실에 대비해서 이동할 수 있는 비행기의 수평거리의 비율이다.
② 상대풍에 대비해서 상실할 수 있는 비행기의 수직거리의 비율이다.
③ 비행기가 주어진 고도 상실에 대비해서 가장 멀리 이동할 수 있는 대기속도의 비율이다.
④ 비행기가 이동할 수 있는 수평거리에 대한 대기속도의 비율이다.

【해설】 *활공률(glide ratio)은 고도 상실에 대비해서 이동할 수 있는 비행기의 수평거리이다.*

51. [그림5-7] 다음과 같은 조건에서 착륙을 위한 총 거리는 얼마인가?

- OAT(외기기온)　Std(표준)
- Pressure altitude(기압고도)　10,000 ft
- Weight(무게)　2,400 lb
- Wind component(바람 분력)　Calm(무풍)
- Obstacle(장애물)　50 ft

① 750피트　② 1,925피트
③ 1,450피트　④ 1,225피트

【정답】 47.①　48.②　49.④　50.①　51.②

【해설】 앞에서 소개한 이륙거리를 구하는 방법과 동일하다.
(1) 표준기온(15℃)과 기압고도 10,000피트가 만나는 점을 표시한다.
(2) 오른쪽으로 수평 이동하여 참고선과 만나는 점을 표시한다.
(3) 가까운 유도선을 따라 평행하게 선을 긋고 무게(2,400)와 만나는 점을 표시한다.
(4) 오른쪽으로 수평 이동하여 세 번째 참고선과 만나는 점을 표시한다.(무풍이기 때문에 두 번째 참고선은 무시한다.)
(5) 가까운 유도선과 평행하게 선을 긋고 끝까지 이동한다.
(6) 50피트 장애물을 통과해서 착륙할 수 있는 총거리는 대략 1,950피트이다.

52. [그림5-7] 다음과 같은 조건에서 착륙을 위한 총 거리는 얼마인가?

- OAT 90°F
- Pressure altitude(기압고도) 4,000 ft
- Weight(무게) 2,800 lb
- Headwind component(바람 분력) 10 kts

① 1,525피트 ② 1,775피트
③ 1,950피트 ④ 2,175피트

【해설】 다음과 같은 방법으로 총 착륙거리를 구한다.
(1) 기온(90°F)과 기압고도 4,000피트가 만나는 점을 표시한다.
(2) 오른쪽으로 수평 이동하여 참고선과 만나는 점을 표시한다.
(3) 가까운 유도선을 따라 평행하게 선을 긋고 무게(2,800)와 만나는 점을 표시한다.
(4) 오른쪽으로 수평 이동하여 두 번째 참고선과 만나는 점을 표시한다.
(5) 맞바람 유도선과 평행하게 선을 긋고 10노트와 만나는 점을 표시한다.
(6) 오른쪽으로 수평 이동하여 세 번째 참고선과 만나는 점을 표시한다.
(7) 가까운 유도선과 평행하게 선을 긋고 끝까지 이동한다.
(8) 50피트 장애물을 통과해서 착륙할 수 있는 총 거리는 대략 1,775피트이다.

53. [그림5-7] 착륙에 필요한 총거리를 구하시오.

- OAT 90°F
- Pressure altitude(기압고도) 3,000 ft
- Weight(무게) 2,900 lb
- Headwind component(바람 분력) 10 kts
- Obstacle(장애물) 50 ft

① 1,450피트 ② 1,550피트
③ 1,950피트 ④ 1,725피트

【해설】 다음과 같은 방법으로 총 착륙거리를 구한다.
(1) 기온(90°F)과 기압고도 3,000피트가 만나는 점을 표시한다.

【정답】 52.② 53.④

(2) 오른쪽으로 수평 이동하여 참고선과 만나는 점을 표시한다.
(3) 가까운 유도선을 따라 평행하게 선을 긋고 무게(2,900)와 만나는 점을 표시한다.
(4) 오른쪽으로 수평 이동하여 두 번째 참고선과 만나는 점을 표시한다.
(5) 맞바람 유도선과 평행하게 선을 긋고 10노트와 만나는 점을 표시한다.
(6) 오른쪽으로 수평 이동하여 세 번째 참고선과 만나는 점을 표시한다.
(7) 가까운 유도선과 평행하게 선을 긋고 끝까지 이동한다.
(8) 50피트 장애물을 통과해서 착륙할 수 있는 총 거리는 대략 1,725피트이다.

54. [그림5-7] 착륙에 필요한 총거리를 구하시오.

- OAT 32°F
- Pressure altitude 8,000 ft
- Weight 2,600 lb
- Headwind component 20 kts
- Obstacle 50 ft

① 850피트 ② 1,400피트
③ 1,750피트 ④ 1,950피트

55. [그림5-8] 다음과 같은 조건에서 대략적인 착륙활주거리는 얼마인가?

- Pressure altitude(기압고도) Sea level(해수면)
- Headwind(맞바람) 4 kts
- Temperature(기온) Std(표준)

① 356피트 ② 401피트
③ 490피트 ④ 521피트

【해설】 *도표의 해수면과 59°F 칸을 적용한다. 착륙활주거리(ground landing roll)는 445피트이다. 다음은 아래 [주1]을 참고해서 적절하게 수정해야 한다. 맞바람 4노트 당 10%를 감소시켜야 하기 때문에 4노트의 맞바람은 착륙활주거리가 약 10% 감소한다는 것을 의미한다. 따라서 445×0.90=401피트이다.*

56. [그림5-8] 다음과 같은 조건에서 50피트 장애물을 통과해서 착륙하는데 필요한 총거리는?

- Pressure altitude 3,750 ft
- Headwind 12 kts
- Temperature Std

① 794피트 ② 836피트
③ 816피트 ④ 925피트

【해설】 *기압고도 3,750피트는 2,500피트와 5,000피트 사이에 있다. 2,500피트에서 50피트 장애물을 통과해서 착륙하는 데 필요한 총거리는 1,135피트 그리고 기압고도 5,000피트에서*

【정답】 54.② 55.② 56.③

는 1,195피트이다. 이들 두 값을 적절하게 보간하면 1,165피트이다. 맞바람이 12노트이기 때문에 총거리는 30%를 감해야 한다. 1,165×70%=816

57. [그림5-8] 다음과 같은 조건에서 대략적인 착륙활주거리는 얼마인가?

- Pressure altitude 5,000피트
- Headwind Calm
- Temperature 101°F

① 495피트 ② 658피트
③ 445피트 ④ 545피트

【해설】 *기압고도 5,000피트에서 착륙활주거리는 495피트이다. [주2]에 따라 기온은 표준보다 60°F가 더 높다. 따라서 거리는 10% 더 증가시켜야 한다. 495×110%=545*

58. [그림5-8] 다음과 같은 조건에서 대략적인 착륙활주거리는 얼마인가?

- Pressure altitude 1,250피트
- Headwind 8 kts
- Temperature Std

① 275피트 ② 546피트
③ 470피트 ④ 366피트

【해설】 *기압고도 1,250피트는 해수면과 2,500피트 사이의 값이다. 기압고도 1,250피트에서 착륙활주거리는 445피트이고, 2,500피트는 470피트이다. 이들 두 값을 적절하게 보간하면 457피트이다. 기온은 표준이기 때문에 수정할 필요가 없다. 맞바람이 8노트이기 때문에 거리는 20% 감소시켜야 하며 다음과 같다. 457×80%=366*

59. [그림5-8] 다음과 같은 조건에서 50피트 장애물을 통과해서 착륙하는데 필요한 총거리는?

- Pressure altitude(기압고도) 7,500 ft
- Headwind(맞바람) 8 kts
- Temperature(기온) 32°F
- Runway(활주로) Hard surface(견고표면)

① 1,004피트 ② 1,205피트
③ 1,506피트 ④ 1,340피트

【해설】 *기압고도 7,500피트에서 50피트 장애물을 통과하여 착륙하기 위한 총착륙거리는 1,255피트이다. 기온은 표준이기 때문에 수정할 필요가 없다. 맞바람이 8노트이기 때문에 20%를 감소시키면 다음과 같다. 1,255×80%=1004*

【정답】 57.④ 58.④ 59.①

60. [그림5-8] 다음과 같은 조건에서 50피트 장애물을 통과해서 착륙하는데 필요한 총거리는?

• Pressure altitude(기압고도)	5,000 ft
• Headwind(맞바람)	8 kts
• Temperature(기온)	41°F
• Runway(활주로)	Hard surface(견고표면)

① 837피트　　② 956피트
③ 1,076피트　　④ 1,260피트

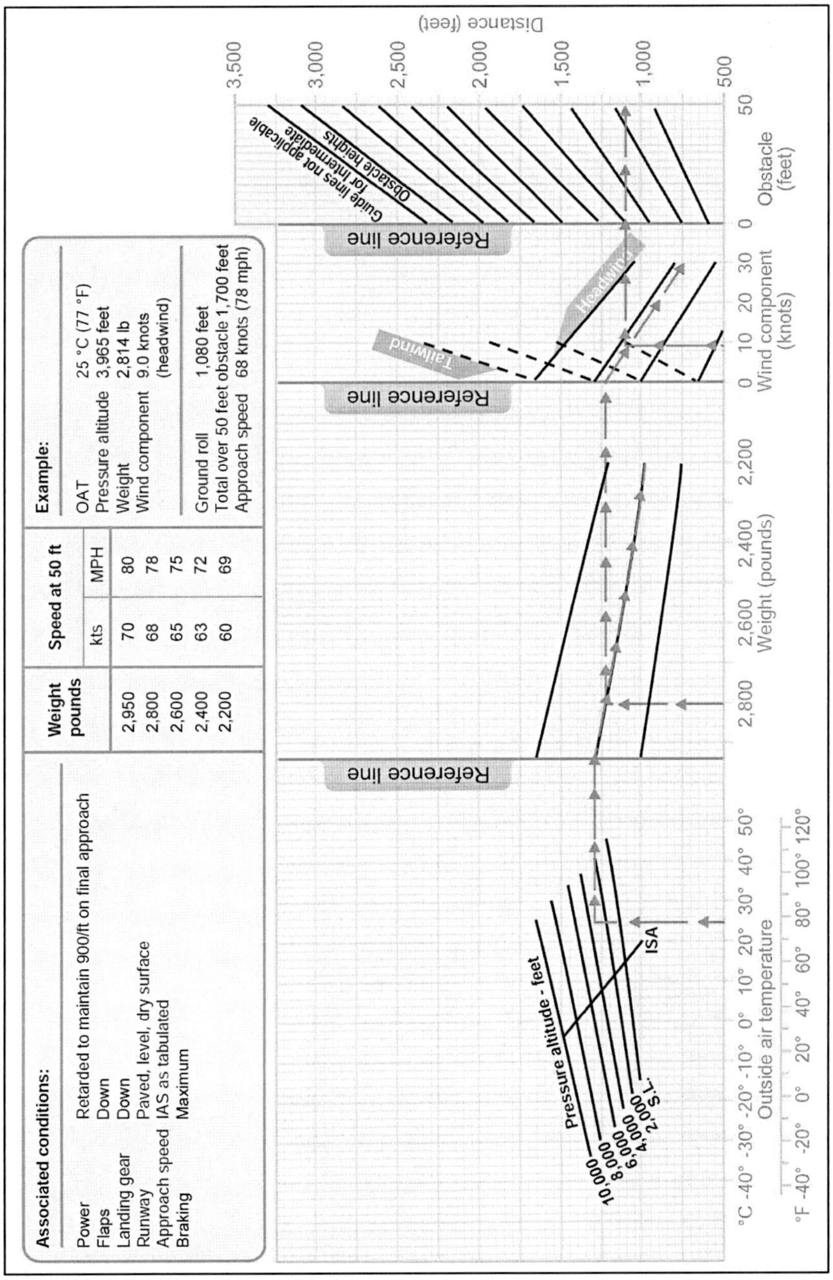

【그림5-7】

【정답】 60.②

Landing distance

Flaps lowered to 40° – Power off
Hard surface runway – Zero wind

Gross weight lb	Approach speed, IAS, MPH	At sea level & 59 °F		At 2,500 feet & 50 °F		At 5,000 feet & 41 °F		At 7,500 feet & 32 °F	
		Ground roll	Total to clear 50 feet OBS	Ground roll	Total to clear 50 feet OBS	Ground roll	Total to clear 50 feet OBS	Ground roll	Total to clear 50 feet OBS
1,600	60	445	1,075	470	1,135	495	1,195	520	1,255

NOTE:
1. Decrease the distances shown by 10% for each 4 knots of headwind.
2. Increase the distance by 10% for each 60 °F temperature increase above standard.
3. For operation on a dry, grass runway, increase distance (both "ground roll" and "total to clear 50 feet obstacle") by 20% of the "total to clear 50 feet obstacle" figure.

【그림5-8】

61. 무게와 균형에서 데이텀(datum)이란 무엇인가?

① 무게와 균형에서 제원의 기준이 되는 선이다.
② 날개 장착의 위치를 결정하는 선이다.
③ 동체의 세로축으로 연하는 선이다.
④ 날개의 가로축을 연하는 선이다.

【해설】 *데이텀(datum line)은 항공기 균형을 목적으로 모든 수평 암(arms)을 측정하는데 사용되는 가상 수직 평면이나 선(imaginary vertical plane or line)이다.*

62. 무게와 균형에서 모멘트는 무엇인가?

① 모멘트는 물체의 회전 운동을 유발하는 힘으로 두 물체의 암의 제곱과 같다.
② 모멘트는 물체의 회전을 일으키게 하는 힘이다.
③ 모멘트는 물체의 직선 운동만을 유발하는 힘이다.
④ 모멘트는 물체의 직전 운동을 유발하는 힘으로 무게와 중력을 곱한 값이다.

【해설】 *모멘트(moment)는 물체의 회전을 유발하거나 일으키려고 하는 힘이다. 모멘트는 무게중심(CG)을 계산하는 데 사용되며, 품목의 무게를 암(arm)으로 곱한 값이다.*

63. 비행기 표준자중에 대해서 올바르게 설명하고 있는 것은?

① 기체, 동력장치, 기본 장비만을 포함한 무게이다.
② 순수한 기체의 무게만을 의미한다.
③ 기체와 동력장치의 무게만을 의미한다.
④ 기체, 동력장치, 기본 장비 그리고 계통 잔류 연료와 오일의 무게를 포함한다.

【해설】 *표준자중(standard empty weight; SEW)은 기체, 엔진, 그리고 고정 위치에 있거나 영구적으로 설치된 모든 작동 부품들이 포함된다. 이외에도 특별 장비, 고정 무게추, 유압액, 불용연료(unusable fuel)와 불배유 오일(undrainable oil) 등이 포함된다.*

64. 일반 비행기의 이륙무게에 대해서 가장 잘 설명하고 있는 것은?

① 기본자중+가용하중(연료+조종사 및 승객의 무게+수화물)
② 기본자중+연료
③ 기본자중+기본장비+연료
④ 기본자중+동력장치+연료

【해설】 *기본자중(basic empty weight; BEW)은 표준자중에 옵션 장비가 포함된다.*

65. 항공기 총중량(gross weight)의 정의가 가장 올바른 것은?

① 항공기가 정상 순항 비행할 때의 무게이다.
② 항공기가 착륙할 때의 무게이다.
③ 비행이나 지상 운용 중 어느 순간에 항공기의 총무게이다.
④ 항공기가 이륙 준비 중일 때의 무게이다.

【해설】 *항공기의 총무게(gross weight)는 비행이나 지상 운용 중 어느 순간에 측정된 항공*

【정답】 61.① 62.② 63.④ 64.① 65.③

기의 총무게(total weight)이다.

66. 일반적으로 페이로드(payload)에 포함되는 않는 것은?

① 연료 무게 ② 승객 무게

③ 화물 무게 ④ 승객의 수화물 무게

【해설】 *항공기 유상하중(payload)은 수화물이나 화물처럼 중량으로 직접 수익을 가져오는 하중이다. 통상 승객, 승객의 수화물, 그리고 화물이 포함된다.*

67. 항공기가 뒤쪽이 무거웠을 때 예상할 수 있는 현상은?

① 전체 속도 구간에서 안정성 증대

② 전체 속도 구간에서 안정성 감소

③ 고속에서 안정성 감소, 저속에서 안정성 증대

④ 저속에서 안정성 감소, 고속에서 안정성 증대

68. 항공기 자중에 포함되는 것은?

① 불용연료와 불배유 오일 ② 오직 기체, 동력장치, 그리고 옵션 장비

③ 연료탱크에 주유된 연료 ④ 엔진오일

69. 만약 항공기가 최대승인 총중량을 90파운드 초과하였고 무게한계 이내로 적재하기 위해서 연료를 빼내야 한다면 얼마의 연료를 빼내야 하는가?

① 10갤런 ② 12갤런

③ 15갤런 ④ 19갤런

【해설】 *최대 승인 총중량의 90파운드를 초과했음으로 90파운드의 연료를 빼내야 한다. 문제에서는 갤런으로 요구하고 있으므로 1갤런은 6파운드로 환산하면(90÷6=15) 된다.*

70. 만약 항공기가 최대승인 총중량을 110파운드 초과하였고 무게한계 이내로 적재하기 위해서 연료를 빼내야 한다면 얼마의 연료를 빼내야 하는가?

① 15.7갤런 ② 16.2갤런

③ 18.4갤런 ④ 19.8갤런

【해설】 *문제에서는 갤런(gallon)으로 요구하고 있으므로 1갤런은 6파운드(pound)로 환산하면(100÷6=18.4) 된다.*

【정답】 66.① 67.④ 68.① 69.③ 70.③

71. 다음과 같이 주어진 조건에서 CG는 데이텀 후방으로 얼마나 멀리 위치하는가?

	WEIGHT(LB)	ARM(IN)	MOMENT(LB-IN)
• Empty weight	1,495.0	101.4	151,593.0
• Pilot and passenger	380.0	64.0	-
• Fuel(30 gal usable no reserve)	-	96.0	-

① CG 92.44　　② CG 93.02
③ CG 119.8　　④ CG 94.01

【해설】 *CG를 계산하기 위해서 총무게와 총모멘트 값을 먼저 구해야 한다. 다음과 같이 표를 작성하면 이해하기 쉽다. [모멘트=무게×암], [CG=총모멘트÷총무게]*

	WEIGHT(LB)	*ARM(IN)*	*MOMENT(LB-IN)*
• *Empty weight*	*1,495.0*	*101.4*	*151,593.0*
• *Pilot and passenger*	*380.0*	*64.0*	*(24,320.0)*
• *Fuel(30×6)*	*(180.0)*	*96.0*	*(17,280.0)*
	2,055.0		*193,193.0*

CG=193,193.0÷2,055.0=94.01이다.

72. [그림5-9] 비행기가 다음 적재 조건에서 이륙을 위해서 적재할 수 있는 최대 연료량은?

	WEIGHT(LB)	MOMENT(LB-IN)
• Empty weight	1,350	51.5
• Pilot and front passenger	340	-
• Rear passenger	310	-
• Baggage	45	-
• Oil, 8 qt	-	-

① 24갤런　　② 32갤런
③ 40갤런　　④ 50갤런

【해설】 *이 비행기가 최대로 적재할 수 있는 연료량을 구하기 위해서 조종사, 승객, 수화물, 그리고 오일(15파운드)의 무게를 모두 더하면 2,060파운드가 된다. [그림5-9]의 아래 그래프에는 최대승인무게 2,300파운드이다. 따라서 이 비행기는 240파운드의 연료를 적재할 수 있다. 이를 갤런으로 환산하면 40갤런이 된다. 다음은 연료를 적재한 상태에서 [그림5-9]의 위 그래프를 이용해서 총무게와 총모멘트를 구한 후 이들이 무게중심 영역선도 안에 있는지 판단해야 한다. 표(다음 쪽)를 작성하면 쉽다.*

【정답】 71.④　72.③

	WEIGHT(LB)	*MOMENT(LB-IN)*
• *Empty weight*	*1,350*	*51.5*
• *Pilot and front passenger*	*340*	*(12.5)*
• *Rear passenger*	*310*	*(22.5)*
• *Baggage*	*45*	*(4.0)*
• *Fuel*	*240*	*(11.5)*
• *Oil, 8 qt*	*15*	*(-0.2)*
	2,300	*101.8*

최종적으로 [그림5-9]의 아래 그래프에서 총무게(2,300)와 총모멘트(101.8)가 만나는 점을 표시한다. 이 점은 보통범주(normal category) 영역선도(envelope) 안에 있다. 따라서 연료 240파운드를 적재할 수 있다.

73. 조종사가 새로 출고된 항공기에 최대 연료량, 최대 승객 하중, 그리고 최대 수화물을 적재한 상태에 관해서 가장 잘 서술하고 있는 것은?

① 항공기는 최대 총중량을 초과해서 적재될 것이다.
② 항공기는 설계한계 내에 있을 것이다.
③ 항공기는 운용한계 내에 있을 것이다.
④ 항공기의 감항성은 오직 무게와 균형 계산에 의해서만 결정되어야 한다.

【해설】 *비행 전 해당 항공기 제작자가 제공하는 데이터를 바탕으로 무게와 균형 계산을 해야 한다. 항공기의 자중은 물론이고 조종사, 승객, 화물 혹은 수화물, 그리고 연료 등을 포함하여 항공기에 적재된 모든 품목이 계산에 포함되어야 한다. 항공기에 가용한 최대무게를 적재했을 때 비록 최대무게를 초과하지는 않지만, 무게와 균형에 문제가 있을 수 있다.*

74. [그림5-9] 아래와 같은 적재된 비행기에서 CG가 모멘트 영역선도 안에 있도록 적재할 수 있는 최대 수화물 무게는 얼마인가?

	WEIGHT(LB)	MOMENT(LB-IN)
• Empty weight(자중)	1,350	51.5
• Pilot and front passenger (조종사/전방석 승객)	250	-
• Rear passenger(후방석 승객)	400	-
• Baggage(수화물)	-	-
• Fuel, 30 gal	-	-
• Oil, 8 qt	-	-0.2

① 105파운드　　② 110파운드
③ 120파운드　　④ 130파운드

【정답】 73.④ 74.①

	WEIGHT(LB)	*MOMENT(LB-IN)*
• *Empty weight*	*1,350*	*51.5*
• *Pilot and front passenger*	*250*	*(9.2)*
• *Rear passenger*	*400*	*(29.0)*
• *Baggage*	*-*	*-*
• *Fuel(30 gal ×6 lb)*	*180*	*(8.7)*
• *Oil, 8 qt*	*15*	*-0.2*
	2,195	*98.2*

【해설】 [그림5-9]의 위 그래프를 이용해서 각 항목의 모멘트를 구한다. 예를 들어 조종사와 전방석 승객(pilot & front seat passenger)의 모멘트는 왼쪽 250파운드에서 오른쪽으로 수평 이동하여 "pilot & front seat passenger" 대각선과 만나는 점을 표시한다. 다음, 수직으로 내려와 만나는 점이 조종사와 전방석 승객의 모멘트 9.2가 된다는 것을 알 수 있다. 다른 항목에 대해서도 동일한 방법으로 모멘트를 구하고 아래와 같이 표를 작성하면 이해하기 쉽다. 이들의 총무게는 2,195파운드이다. [그림5-9] 아래 그래프에 따르면 총무게는 2,300파운드이다. 따라서 수화물 105파운드를 더 적재할 수 있다. 다음 105파운드에 대한 모멘트를 계산하고 이를 총모멘트에 더한 후 [그림5-9] 아래 그래프의 영역선도 안에 있는지 판단해야 한다. 105파운드의 모멘트는 약 10이다. 따라서 총모멘트는 108.2가 된다. 총무게 2,300파운드와 총모멘트 108.2는 이 비행기의 총모멘트 109 안에 있다. 결론적으로 수화물 105파운드를 적재할 수 있다.

75. [그림5-9] 비행기의 모멘트를 구하고 어느 범주에 속하는지 결정하시오.

	WEIGHT(LB)	MOMENT(LB-IN)
• Empty weight	1,350	51.5
• Pilot and front passenger	310	-
• Rear passenger	69	-
• Fuel, 38 gal	-	-
• Oil, 8 qt	-	-0.2

① 79.2, 다용도 범주　　② 80.8, 다용도 범주
③ 81.2, 보통 범주　　④ 82.8, 보통 범주

【해설】 [그림5-9]의 위 그래프를 이용해서 각 항목의 모멘트를 구한다. 총무게와 총무멘트를 [그림5-9] 아래 그래프에 적용해서 한계 내에 있는지 한계 내에 있다면 어느 범주(category)에 속하는지 판단한다. 이를 위해서 아래와 같이 표를 작성하면 이해하기 쉽다.

	WEIGHT(LB)	*MOMENT(LB-IN)*
• *Empty weight*	*1,350*	*51.5*
• *Pilot and front passenger*	*310*	*(11.5)*
• *Rear passenger*	*96*	*(6.7)*

【정답】 75.②

• Fuel(38 gal ×6 lb)	*228*	*(11.3)*
• Oil, 8 qt	*15*	*-0.2*
	1,999	*80.8*

[그림5-9]의 아래 그래프에서 총무게 1,999파운드와 총모멘트 80.8이 만나는 점을 찾는다. 이 점은 다용도 범주(utility category)에 속해 있음을 알 수 있다.

76. [그림5-9] 다음과 같은 조건에서 모멘트는 얼마인가?

	WEIGHT(LB)	MOMENT(LB-IN)
• Empty weight	1,350	51.5
• Pilot and front passenger	340	-
• Fuel(std tanks)	Capacity	-
• Oil, 8 qt	-	-0.2

① 69.9파운드-인치　② 75.4파운드-인치
③ 77.6파운드-인치　④ 76.8파운드-인치

【해설】 [그림5-9]의 위 그래프를 이용해서 각 항목의 모멘트를 구한다. 다음과 같이 표를 작성하면 이해하기 쉽다. 연료의 경우 표준탱크 용량을 적용하고 있으므로 그래프의 [주]에 따라 38갤런이다.

	WEIGHT(LB)	*MOMENT(LB-IN)*
• Empty weight	*1,350*	*51.5*
• Pilot and front passenger	*340*	*(12.8)*
• Fuel(38 gal ×6 lb)	*228*	*(11.3)*
• Oil, 8 qt	*15*	*-0.2*
	1,933	*75.4*

77. [그림5-9] 다음과 같이 적재된 항공기의 모멘트와 항공기 범주를 결정하시오.

	WEIGHT(LB)	MOMENT(LB-IN)
• Empty weight	1,350	51.5
• Pilot and front passenger	380	-
• Fuel, 48 gal	288	-
• Oil, 8 qt	-	-0.2

① 78.2, 보통 범주
② 70.2, 다용도 범주
③ 80.4, 다용도 범주
④ 79.2, 보통 범주

【정답】 76.② 77.④

78. [그림5-10, 11] 비행기의 무게와 균형이 한계 내에 있는지 결정하시오.

• Front seat occupants	340 lb
• Rear seat occupants	295 lb
• Fuel(main tanks)	44 gal
• Baggage	56 lb

① 20파운드 초과, CG는 후방한계의 후방
② 무게와 CG는 변함이 없음
③ 20파운드 초과, CG는 전방한계의 전방
④ 20파운드 초과, CG는 한계 내에 있음

【해설】 *[그림5-10]의 표에는 모든 항목에 대한 무게와 모멘트가 제시되어 있다. 총무게와 총 모멘트를 구한 후 이들을 [그림5-11]에 비교해서 한계 내에 있는지 결정한다. 다음과 같이 표를 작성하면 이해하기 쉽다.*

	WEIGHT(LB)	*MOMENT/100(LB-IN)*
• *Empty weight with oil*	*2,015*	*1,554*
• *Front seat*	*340*	*(289)*
• *Rear seat*	*295*	*(357)*
• *Fuel(44 gal ×6)*	*264*	*(198)*
• *Baggage*	*56*	*(78)*
	2,970	*2,476*

[그림5-11]에 따르면 이 비행기의 총무게는 2,950파운드이다 따라서 20파운드가 초과했음을 알 수 있다. 총모멘트 2,476은 총무게 2,950파운드에서 2,422와 2,499 사이에 있음으로 CG한계 내에 있음을 알 수 있다.

79. [그림5-10, 11] 비행기가 아래와 같이 적재되었을 때 운반할 수 있는 최대 수화물의 무게는 얼마인가?

• Front seat occupants	387 lb
• Rear seat occupants	293 lb
• Fuel(main tanks)	35 gal

① 45파운드　　② 63파운드
③ 80파운드　　④ 95파운드

【해설】 *[그림5-10]을 이용해서 각 항목의 총무게와 총모멘트를 구한 후 가용한 수화물의 무게를 결정한다. 다음과 같이 표를 작성한다.*

	WEIGHT(LB)	*MOMENT/100(LB-IN)*
• *Empty weight with oil*	*2,015*	*1,554*

【정답】 78.④ 79.①

• Front seat	*387*	*(329)*
• Rear seat	*293*	*(355)*
• Fuel, main(35 gal ×6)	*210*	*(158)*
• Baggage	*(45)*	*(63)*
	2,950	*2,459*

[그림5-11]에 따르면 이 비행기의 총무게는 2,950파운드이다. 따라서 수화물은 45파운드를 적재할 수 있다. 수화물 45파운드에 대한 MOM/100은 63(45×140)이고 총모멘트는 2,459이다. 총모멘트 2,459는 총무게 2,950파운드에서 2,422와 2,499 사이에 있음을 알 수 있다.

80. [그림5-10, 11] 아래의 조건에서 이륙을 위한 총중량과 CG 한계 내에 있도록 비행기의 무게를 어떻게 조절해야 하는가?

• Front seat occupants(전방석 탑승객)	425 lb
• Rear seat occupants(후방석 탑승객)	300 lb
• Fuel(main tanks)	44 gal

① 연료 12갤런을 빼내야 한다.
② 연료 4갤런을 빼내야 한다.
③ 메인 연료탱크에서 보조 연료탱크로 12갤런을 옮겨야 한다.
④ 연료 9갤런을 빼내야 한다.

81. [그림5-10, 11] 비행기가 아래와 같이 적재되었다. 비행기 균형을 위해서 조종사가 취할 수 있는 적절한 조치는?

• Front seat occupants	411 lb
• Rear seat occupants	100 lb
• Main wing tanks	44 gal

① 보조 탱크를 채운다.
② 100파운드의 무게를 수화물 칸에 더 적재한다.
③ 연료 10갤런을 메인 탱크에서 보조 탱크로 옮긴다.
④ 50파운드의 무게를 수화물 칸에 더 적재한다.

【해설】 주어진 데이터를 이용해서 무게와 모멘트를 구한다.

【정답】 80.④ 81.②

	WEIGHT(LB)	MOMENT/100(LB-IN)
• Empty weight	2,015	1,554.00
• Front seat	411	(349.35)
• Rear seat	100	(121.00)
• Fuel	264	(198.00)
	2,790	2,222.35

총무게 2,790파운드에 따른 모멘트/100 한계 2,243과 2,374 사이이고, 총모멘트 2,222.35는 허용 모멘트의 전방에 있음을 알 수 있다. 이를 바탕으로 각각의 사례를 비교해서 판단한다. 예를 들어 수화물 칸에 100파운드 무게를 추가했을 때 다음과 같다.

	WEIGHT(LB)	MOMENT/100(LB-IN)
• Loaded airplane(적재된 비행기)	2,790	2,222.35
• Baggage(수화물)	100	(140.00)
• New loaded airplane(새로 적재된 비행기)	2,890	2,362.35

이 경우 총무게 2,890파운드는 총모멘트 한계 2,354와 2,452 사이에 있음을 알 수 있다. 다음은 보조연료탱크를 채웠을 때 연료량은 114파운드가 되고 모멘트는 107.00이 된다.

	WEIGHT(LB)	MOMENT/100(LB-IN)
• Loaded airplane	2,790	2,222.35
• Baggage	114	(107.00)
• New loaded airplane	2,904	2,329.35

이 경우 총무게 2,904파운드는 총모멘트 한계 2,370과 2,463 사이의 전방에 있음을 알 수 있다. 다음 연료 10갤런을 메인 탱크에서 보조 탱크로 옮겼을 때 무게의 변화는 없지만, 모멘트는 +11이 되었다.

	WEIGHT(LB)	MOMENT/100(LB-IN)
• Loaded airplane	2,790	2,222.35
• Baggage	0	(11.00)
• New loaded airplane	2,790	2,233.35

이 경우 총무게 2,790파운드는 총모멘트 한계 2,243과 2,374 사이의 전방에 있음을 알 수 있다.

82. [그림5-10, 11] 비행기의 CG와 무게가 한계 내에 있는지 무게와 균형을 결정하시오.

• Front seat occupants(전방석 탑승객)	350 lb
• Rear seat occupants(후방석 탑승객)	325 lb
• Baggage(수화물)	27 lb
• Fuel(연료)	35 gal

① CG 81.7, 전방한계를 벗어났다.
② CG 83.4, 한계 내에 있다.
③ CG 84.1, 한계 내에 있다.
④ CG 81.5, 한계 내에 있다.

【해설】 [그림5-10]을 이용해서 총무게와 총모멘트를 구한 후 CG와 모멘트 한계를 결정한다.

	WEIGHT(LB)	*MOMENT/100(LB-IN)*
• *Empty weight*	*2,015*	*1,554.00*
• *Front seat*	*350*	*(298)*
• *Rear seat*	*325*	*(393)*
• *Fuel*	*210*	*(158)*
• *Baggage*	*27*	*(38)*
	2,927	*2,441*

이처럼 적재된 비행기의 총무게 2,927파운드는 무게한계 내에 있고, 모멘트 한계 역시 대략 한계(2,399와 2,483) 내에 있다. CG=244,100÷2,927=83.4

83. [그림5-10, 11] 비행기의 무게와 균형이 한계 내에 있는지 결정하시오.

• Front seat occupants(전방석 탑승객)	415 lb
• Rear seat occupants(후방석 탑승객)	110 lb
• Fuel, main tanks(연료, 메인탱크)	44 gal
• Fuel, aux tanks(연료, 보조탱크)	19 gal
• Baggage(수화물)	32 lb

① 19파운드 초과, CG 한계 내에 있음
② 19파운드 초과, CG 한계를 벗어남
③ 무게한계 내에 있음, CG 한계 내에 있음
④ 무게한계 내에 있음, CG 한계를 벗어남

【정답】 82.② 83.④

84. [그림5-10, 11] 착륙하자마자 전방석 승객(180파운드)이 비행기에서 내렸고 후방석 승객(204파운드)이 전방석 승객 위치로 이동했다. 승객이 이동하기 전에 비행기의 무게가 2,690파운드이고 MOM/100이 2,260이라면 CG에 미치는 영향은?

① CG는 후방으로 약 0.3인치 이동했다.
② 무게는 변했으나 CG는 영향이 없다.
③ CG는 전방으로 약 0.1인치 이동했다.
④ CG는 전방으로 약 3인치 이동했다.

【해설】 *전방석 승객이 내리면서 180파운드가 감소하였고, MOM/100은 153이 감소하였다. 동시에 후방석 승객이 전방석 위치로 이동했기 때문에 이로 인한 무게의 변화는 없지만, 모멘트는 74(247-173)가 변화되었다. 따라서 총 모멘트 감소는 약 227(153+74)이다. 이를 바탕으로 승객 이동 전 그리고 후의 CG를 계산해서 비교한다.*

$$\text{이동 전 } CG = \frac{226,000}{2,690} = 84.01$$

$$\text{이동 후 } CG = \frac{203,300}{2,510} = 81.00$$

따라서 CG는 84.01에서 81.00으로 이동했음을 알 수 있다.

85. [그림5-10, 11] 비행기가 이륙할 때 무게가 2,890파운드이고 MOM/100이 2,452라면 35갤런(메인 탱크)의 연료를 소모한 후 예상할 수 있는 현상은?

① 무게가 210파운드 감소하였고 CG는 후방한계이다.
② 무게가 210파운드 감소하였고 CG는 영향이 없다.
③ 무게가 2,680파운드 감소하였고 CG는 앞으로 이동했다.
④ 무게가 2,100파운드 감소하였고 CG는 앞으로 이동했다.

【해설】 *연료 35갤런을 소모했을 때 무게와 균형에 어떠한 영향을 주는지 요구하고 있다. 35갤런의 연료 소모는 210파운드의 무게와 모멘트는 158이 감소하였다. 따라서 [그림5-11]의 표에 따라 무게는 2,680파운드(2,890-210)에서 MOM/100 2,294(2,452-158)는 한계(2,123과 2,287 사이)를 초과했음을 알 수 있다. 이 사례는 비행계획을 수립하는 단계에서 비행 전 그리고 후의 무게와 균형(weight and balance)을 계산해야 한다는 것을 보여주고 있다.*

【정답】 84.④ 85.①

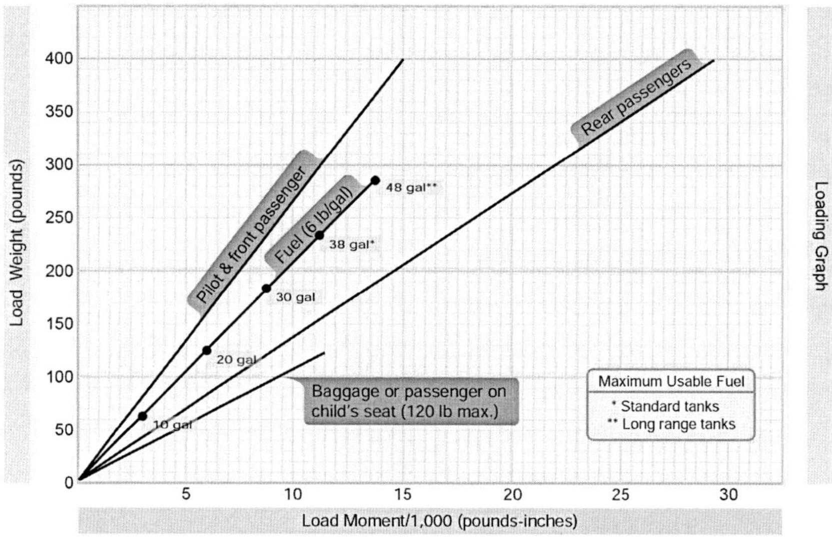

Notes: 1. Lines representing adjustable seats show the pilot or passenger center of gravity on adjustable seats positioned for an average occupant. Refer to the Loading Arrangements diagram for forward and aft limits of occupant CG range.

2. Engine Oil: 8 qt = 15 lb at −0.2 Moment/1,000

Note: The empty weight of this airplane *__does not include__* *the weight of the oil.*

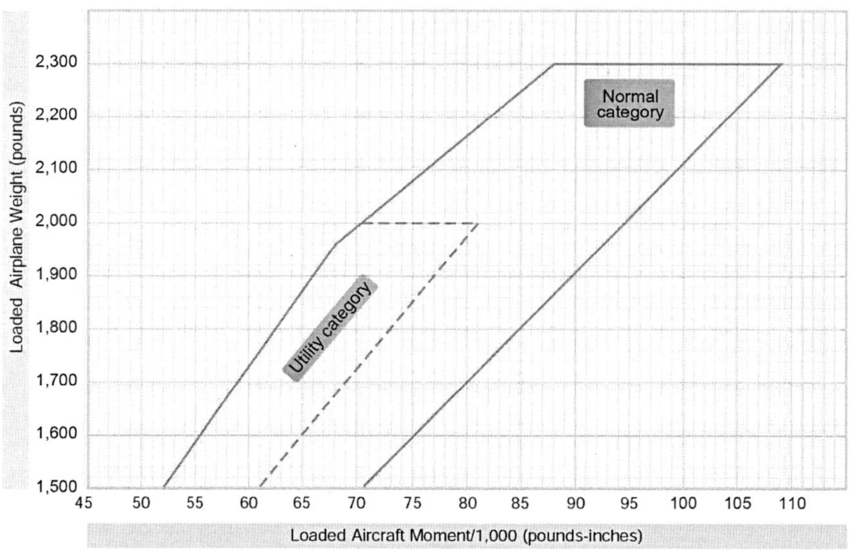

【그림5-9】

Useful load weights and moments

Baggage or 5th seat occupant

ARM 140	
Weight	Moment/100
10	14
20	28
30	42
40	56
50	70
60	84
70	98
80	112
90	126
100	140
110	154
120	168
130	182
140	196
150	210
160	224
170	238
180	252
190	266
200	280
210	294
220	308
230	322
240	336
250	350
260	364
270	378

Occupants

Front seats ARM 85		Rear seats ARM 121	
Weight	Moment/100	Weight	Moment/100
120	102	120	145
130	110	130	157
140	119	140	169
150	128	150	182
160	136	160	194
170	144	170	206
180	153	180	218
190	162	190	230
200	170	200	242

Usable fuel

Main wing tanks ARM 75		
Gallons	Weight	Moment/100
5	30	22
10	60	45
15	90	68
20	120	90
25	150	112
30	180	135
35	210	158
40	240	180
44	264	198

Auxiliary wing tanks ARM 94		
Gallons	Weight	Moment/100
5	30	28
10	60	56
15	90	85
19	114	107

*Oil		
Quarts	Weight	Moment/100
10	19	5

*Included in basic empty weight.

Empty weight~2,015
MOM/100~1,554

Moment limits vs weight

Moment limits are based on the following weight and center of gravity limit data (landing gear down).

Weight condition	Forward CG limit	AFT CG limit
2,950 lb (takeoff or landing)	82.1	84.7
2,525 lb	77.5	85.7
2,475 lb or less	77.0	85.7

【그림5-10】

Moment limits vs weight (continued)

Weight	Minimum Moment / 100	Maximum Moment / 100
2,100	1,617	1,800
2,110	1,625	1,808
2,120	1,632	1,817
2,130	1,640	1,825
2,140	1,648	1,834
2,150	1,656	1,843
2,160	1,663	1,851
2,170	1,671	1,860
2,180	1,679	1,868
2,190	1,686	1,877
2,200	1,694	1,885
2,210	1,702	1,894
2,220	1,709	1,903
2,230	1,717	1,911
2,240	1,725	1,920
2,250	1,733	1,928
2,260	1,740	1,937
2,270	1,748	1,945
2,280	1,756	1,954
2,290	1,763	1,963
2,300	1,771	1,971
2,310	1,779	1,980
2,320	1,786	1,988
2,330	1,794	1,997
2,340	1,802	2,005
2,350	1,810	2,014
2,360	1,817	2,023
2,370	1,825	2,031
2,380	1,833	2,040
2,390	1,840	2,048
2,400	1,848	2,057
2,410	1,856	2,065
2,420	1,863	2,074
2,430	1,871	2,083
2,440	1,879	2,091
2,450	1,887	2,100
2,460	1,894	2,108
2,470	1,902	2,117
2,480	1,911	2,125
2,490	1,921	2,134

Weight	Minimum Moment / 100	Maximum Moment / 100
2,500	1,932	2,143
2,510	1,942	2,151
2,520	1,953	2,160
2,530	1,963	2,168
2,540	1,974	2,176
2,550	1,984	2,184
2,560	1,995	2,192
2,570	2,005	2,200
2,580	2,016	2,208
2,590	2,026	2,216
2,600	2,037	2,224
2,610	2,048	2,232
2,620	2,058	2,239
2,630	2,069	2,247
2,640	2,080	2,255
2,650	2,090	2,263
2,660	2,101	2,271
2,670	2,112	2,279
2,680	2,123	2,287
2,690	2,133	2,295
2,700	2,144	2,303
2,710	2,155	2,311
2,720	2,166	2,319
2,730	2,177	2,326
2,740	2,188	2,334
2,750	2,199	2,342
2,760	2,210	2,350
2,770	2,221	2,358
2,780	2,232	2,366
2,790	2,243	2,374
2,800	2,254	2,381
2,810	2,265	2,389
2,820	2,276	2,397
2,830	2,287	2,405
2,840	2,298	2,413
2,850	2,309	2,421
2,860	2,320	2,428
2,870	2,332	2,436
2,880	2,343	2,444
2,890	2,354	2,452
2,900	2,365	2,460
2,910	2,377	2,468
2,920	2,388	2,475
2,930	2,399	2,483
2,940	2,411	2,491
2,950	2,422	2,499

【그림5-11】

Chapter 6 항공기상

6.1 개 요

기상(weather)은 현대인의 일상생활에서부터 경제활동 분야까지 광범위하게 영향을 미치고 있다. 과학기술의 발달로 지구 상공에는 수많은 기상위성이 대기권에서 발생하고 있는 기상현상을 실시간으로 중계하고 이를 바탕으로 기상예보(forecasts)를 생산하는 데 활용되고 있다. 항공기상(aviation weather)은 기상학의 한 응용 분야이지만 항공기 운항에 직접 영향을 줄 수 있으므로 어느 산업 분야보다도 심도 있게 잘 정리되어 있다. 경항공기는 자체의 구조뿐만 아니라 운용자 또는 조종사도 악기상에 대처할 수 있을 정도로 충분히 훈련되지 않았기 때문에 양호한 기상조건에서만 운용되어야 한다. 조종사는 기상에 관한 지식을 바탕으로 비행 가능성을 결정할 수 있어야 한다.

6.2 태 양

지구(earth)는 태양계의 한 행성으로 공전(revolution)하면서 지축을 중심으로 자전운동(rotation)을 한다. 지구기상의 주요 에너지원은 태양(sun)이다. 태양은 적외선, 자외선, 광선, 무선파 형태의 전자기 에너지를 방사한다. 태양에서 방사된 에너지가 지구에 전달되고 이들 에너지가 주요 기상현상이 근원이다. 태양으로부터 열에너지(thermal energy)는 방사, 전도, 그리고 대류 현상으로 지구까지 전달되어 대기에서 재분배된다.

(1) 방 사

태양 방사(solar radiation)로 전달된 에너지는 공전과 자전, 태양과 지표면의 각도, 지리상의 위치(위도 및 경도) 등 여러 가지 요인에 따라 달라질 수 있다. 태양 에너지가 지구의

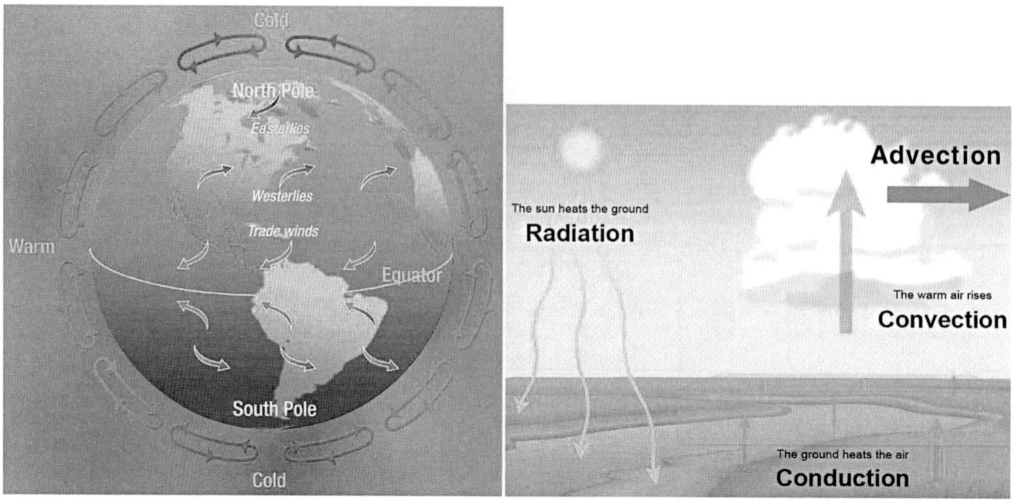

【그림6-1】 전체적으로 관찰했을 때 적도지방에서 가열된 공기는 상승하고 극지방의 찬공기는 하강하는 대순환을 형성하지만, 중간에 수많은 소순환이 발생하여 국지 기상은 불규칙하고 예측이 어려운 기상현상이 발생한다. [wikipedia]

대기에 진입하면 약 51% 정도의 에너지만 지구에 흡수되고 나머지는 대기에서 흡수, 반사 및 산란(scattered)한다. 대기 중의 가스나 구름이 약 19% 정도의 에너지를 흡수하고 약 6% 정도의 에너지는 산란한다. 그리고 약 4% 정도의 에너지가 지표면에서 반사되고 나머지 20%의 에너지는 구름과 다른 입자들에 의해서 반사 또는 산란한다. [그림6-1]

(2) 전 도

전도(conduction)란 물체의 직접 접촉으로 열에너지가 전달되는 과정이다. 대부분 주요 에너지는 공기의 전도로 전달된다. 태양 방사로 가열된 지표면은 즉시 지표면 상공의 공기 입자들 사이에 전도되어 가열시킨다. 반대로 야간에 냉각된 지표면은 주변의 가열된 공기로부터 열을 흡수하여 냉각시킨다. 이 같은 과정은 바람, 안개, 구름 등과 같은 주요 기상현상을 발생시키는 요인이다.

(3) 대류와 이류

가열된 공기는 팽창하고 밀도가 낮아져 상승하고 반대로 냉각된 공기는 수축하고 밀도가 높아져 밑으로 가라앉는 경향이 있다. 가열된 공기와 냉각된 공기의 수직 순환(vertical circulation) 형태를 대류(convection)라 한다. 기상학에서 대기의 수직적 이동을 대류라 하고 수평적 이동을 이류(advection)로 구분한다.

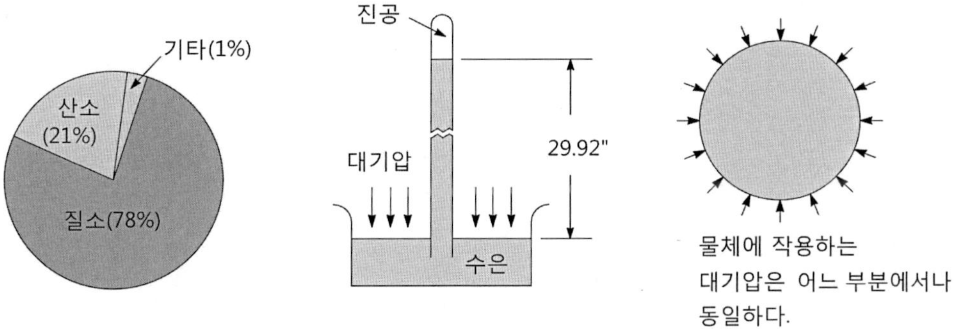

【그림6-2】 대류권의 공기는 질소, 산소 그리고 미량의 기타 기체 성분으로 구성된다. 대류권에서 이 성분의 비율은 일정하다. 그러나 공기밀도는 지표면에서 높고 고도가 높아질수록 감소한다. 공기는 그 자체로 무게를 갖는다. 중간 그림은 수은을 이용하여 대기압을 측정하는 방법을 보여주고 있다. 대기압 역시 지표면에서는 높고 고도가 높아짐에 따라 감소한다. 대류권에서 기온은 일정 비율로 감소하는 경향이 있다.

6.3 대 기

대기는 지구를 둘러싸고 있는 각종 가스 혼합물로 구성되어 있다. 공기(air)는 [그림6-2]와 같이 질소 78%, 산소 21%, 그리고 1%의 기타 가스로 구성되어 있으며 이 중 산소(O_2)는 조종사는 물론 엔진 연소에도 큰 영향을 주는 요소이다. 이외에도 수증기(water vapor)는 응축되어 안개, 비, 구름, 얼음, 우박 등과 같은 상태로 존재할 수 있으므로 비록 적은 비중을 차지하지만, 기상현상에 중요한 요소이다. 대기는 여러 층(layers)으로 이루어져 있고 지표면에 접해 있는 층을 대류권이라 한다. 대류권은 구름, 비, 안개, 강수, 바람 등과 같은 기상현상이 이 층에서 발생한다. 비행 역시 대부분 대류권에서 수행되기 때문에 이 층에 대해서 집중적으로 다룬다. 대류권에서 공기의 성분은 균등하게 분포된 것으로 가정하고 이를 균질권이라 한다. 대류권의 높이는 기온에 따라 극지방은 낮고 적도지방은 상대적으로 높다.

6.3.1 대기의 순환

지구를 둘러싸고 있는 대기의 기류는 일정 지역에 정체되어 있기보다는 특정한 형태를 갖추고 [그림6-1]과 같이 지구 주위를 끊임없이 순환(circulation)하고 있다. 대기의 순환 원인은 태양으로부터 받아들이는 태양 에너지(solar energy)에 의한 지표면의 불규칙한 가열이다. 적도지방은 극지방에 비해 많은 태양 에너지를 받아들이기 때문에 공기 온도는 높다. 반면 극지방의 기온은 낮다. 적도지방에서 가열된 공기는 상승하여 극지방으로 흐르고 극지방의 찬 공기는 적도지방으로 흐르면서 대기의 순환 형태가 형성된다. 더운 지방과 추

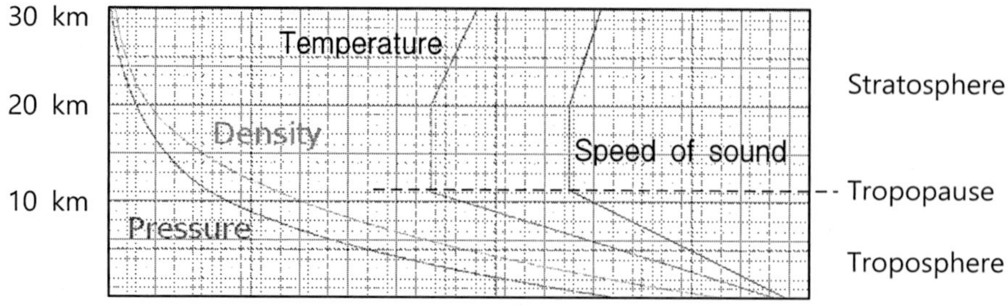

【그림6-3】 고도에 따른 기압, 밀도, 기온 그리고 음속의 변화

운 지방 사이에 기압차가 형성되며 더운 지방은 주로 저기압을 형성하여 상승기류를 이루고, 반대로 추운 지방에서는 고기압이 발달하여 하강기류가 되어 더운 공기를 밀어내면서 기단(air mass)의 대순환(great circulation)을 형성한다. [그림6-3]은 고도에 따른 밀도, 기압, 음속, 그리고 기온의 대략적인 변화이다. 음속과 기온 그리고 밀도와 기압은 거의 유사한 변화 패턴으로 나타난다. 항공기의 주요 운항 공역이 포함되고 있는 대류권계면 이하에서 4대 요소들은 모두 고도와 함께 감소한다. 이들 요소 중 밀도의 변화는 저고도에서는 그리 중요시되지 않지만, 고고도 초음속 비행에서는 압축성 효과에 상당한 영향을 미치는 중요한 요소로 작용한다.

6.3.2 대기압

대기압(atmospheric pressure)이란 단위 면적에 작용하는 대기의 무게를 힘으로 나타낸 것이다. 공기는 기체 상태로 존재하기 때문에 재래식 무게 측정 장치로 측정할 수 없으나 1643년 이탈리아의 토리첼리는 수은(mercury)을 이용하여 대기압을 측정했다. 공기를 단일 수직 높이로 가정하고 측정했을 때 표준대기의 1제곱인치에 14.7파운드의 무게가 작용한다. 기압을 측정할 수 있는 계기를 기압계(barometer)라 하며 수은 기압계와 아네로이드 기압계(aneroid barometer)가 있다.

(1) 수은 기압계

수은 기압계(mercury barometer)는 [그림6-2]의 중간 그림과 같이 용기에 수은을 반쯤 채우고 유리관의 입구를 용기 속에 넣으면 수은은 주변 대기압에 의해서 유리관을 따라 올라간다. 해수면 표준대기에서 수은 상승이 정지되고 이때 수은이 지시하는 눈금은 29.92"Hg 또는 760밀리미터이다. 이 높이는 14.7파운드의 표준대기압 무게가 수은을 누르는 힘이다.

(2) 아네로이드 기압계

이 기압계는 아네로이드라는 연성 금속 물질로 된 셀과 기록장치로 구성되어 있으며, 셀은 부분적으로 공간을 형성하여 아네로이드 물질이 기압의 변화에 따라 수축 및 팽창할 수 있게 되어 있다. 아네로이드 기압계는 수은 기압계와 비교하면 정확성은 떨어지지만 크기가 작고 질긴 연성 물질이기 때문에 급격한 기압 변화에 강한 장점이 있다. 항공기에 사용되는 기압계는 이 유형의 기압계이다.

(3) 표준대기

표준대기(standard atmosphere)는 국제적으로 합의된 특정 기압, 기온, 밀도에 대한 기준을 제공한다. 표준대기는 평균 중위도의 해수면에서 대류권의 대기를 기준으로 측정된다. 그러나 표준대기 값은 거의 존재하지 못하기 때문에 이를 기준으로 다른 지역의 기압, 기온 그리고 밀도 등을 수정하는 데 사용된다. 표준대기 조건에서 고도가 1,000피트 상승함에 따라 기압은 약 1" Hg(약34mb)씩 감소한다. 표준대기와 대비되는 용어로 실제 항공기 주변의 대기 조건을 주변대기(ambient atmosphere)라 한다.

- P(pressure) = 14.696 psi = 1013.25 hPa = 29.92 inHg (기압)
- T(temperature) = 59 °F = 518.67 °R = 15 °C = 288.15 K (기온)
- ρ(density) = 0.0764734 lb/(cu ft) = 1.2250 kg/m^3 (밀도)
- g(acceleration of gravity) = 32.1741 ft/s^2 = 9.80665 m/s^2 (중력 가속)
- a(speed of sound) = 340.294 m/sec (음속)

6.3.4 기압 변화

(1) 고 도

고도가 높아짐에 따라 공기 무게는 점차 가벼워진다. 이에 따라 대류권 내에서의 기압은 고도가 높아짐에 따라 감소한다. 항공기의 고도계는 기압고도계(pressure altimeter)이다.

(2) 기 온

공기도 다른 물질과 마찬가지로 기온에 따라 수축 및 팽창한다. [그림6-4]와 같이 표준기온 지역, 표준기온보다 낮은 지역 그리고 표준기온보다 높은 지역에서 기온에 따라 공기가 수축 및 팽창하여 실제 고도의 차이가 발생한다. 표준기온 조건에서는 기압계 지시에 의한 고도와 실제 고도는 일치한다. 그러나 기온이 낮은 곳에서는 공기가 수축하므로 표준기온보다 기압고도(PA)는 낮아진다. 반대로 기온이 높은 지역에서는 공기의 팽창으로 기압고도는 표준기온 지역보다 높아진다. 항공기에 사용되는 고도계는 기압고도를 이용하므로 기온에 따라 지시고도와 실제 고도(진고도)는 차이가 발생할 수 있다.

6.3.5 일기도

기상의 영향력이 높아지면서 TV 또는 인터넷과 같은 매체에서 기상예보를 수시로 접할 수 있다. 전문 조종사에게 제공되는 기상정보는 종류도 다양할 뿐만 아니라 판독하는 데

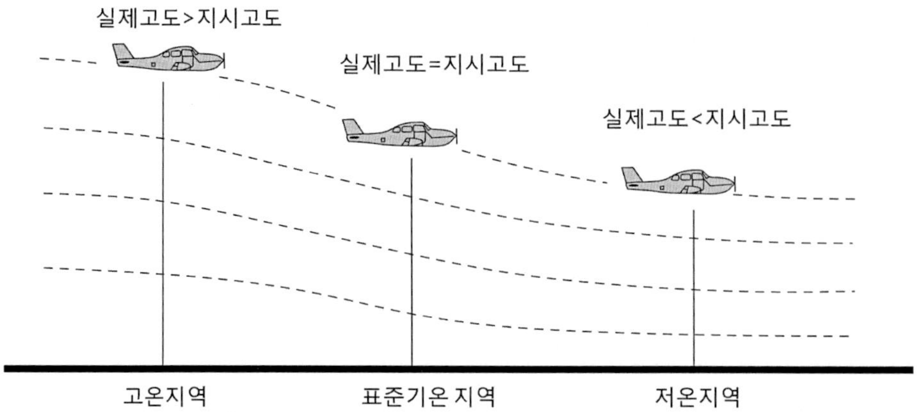

【그림6-4】 더운 공기는 팽창하고 찬 공기는 수축하는 성질은 기압고도의 변화를 명백하게 보여주고 있다. 기압고도계가 지시하는 지시고도와 실제고도(진고도)는 차이가 있을 수 있다. 만약 고도계가 500피트를 지시하고 있다면 고온지역에서는 실제고도가 높고 반대로 저온지역에서 실제고도는 지시고도보다 낮은 고도에 있다. 이 같은 오차 때문에 고도계 수정이 필요한 이유이다.

전문지식이 필요하다. 그러나 경항공기 운용자에게는 일상적으로 제공되는 일기도 수준의 기상도를 판독할 수 있는 수준으로 한정한다. [그림6-5]는 전형적인 일기도의 한 종류이고 다음과 같은 요소들로 이루어져 있다.

(1) 저기압과 고기압

일기도에 저기압(low pressure)은 "L" 문자로 그리고 고기압(high pressure)은 "H" 문자로 표기된다. 저기압은 고기압으로 둘러싸여 있으며 사이클론(cyclone)이라고도 한다. 사이클론의 곡선은 시계반대방향(counterclockwise)으로 회전하는 특성을 갖는다. 고기압은 중심 기압이 저기압으로 둘러싸여 있으며 안티-사이클론(ant-cyclone)이라 한다. 안티-사이클론 곡선은 시계방향(clockwise)으로 회전한다.

(2) 기압골과 기압마루

기압골(trough)은 저기압이 길게 연장된 지역으로 사이클론 곡선이 최대를 이루는 지점을 따라 형성된 지역을 나타낸다. 기압마루(ridge)는 기압골과 반대로 고기압이 길게 연장된 지역으로 반사이클론 곡선이 최대를 이루는 지점을 따라 형성된 지역이다.

(3) 안장부

안장부(saddle)는 두 개의 고기압과 두 개의 저기압 사이에 형성되는 중립지역을 의미하며 기압골과 기압마루가 만나는 지역이기도 하다.

(4) 등압선과 기압경도

등압선(isobar)은 해수면 또는 동일 기압대를 형성하는 지역을 연결하여 그려진 선이다.

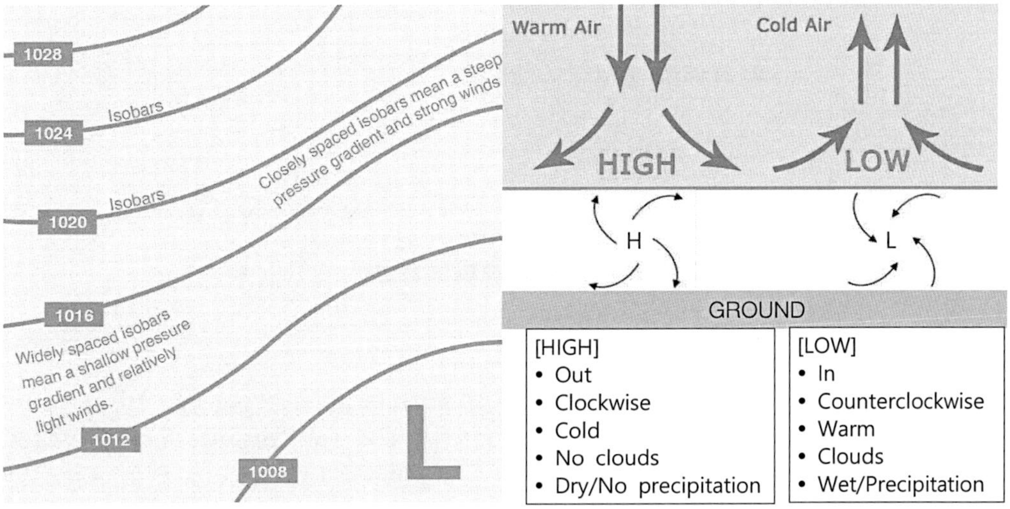

【그림6-5】 고기압과 저기압의 기준은 상대적인 기압차에 따라 결정된다. 오른쪽은 고기압과 저기압에서의 흐름 패턴을 보여주고 있다. [FAA, pilot knowledge handbook]

등압선은 기압 분포에 따라 다양하게 그려진다. 기압경도(pressure gradient)란 주어진 거리에서 기압의 차를 의미한다. 일기도에 그려진 등압선으로 기압경도를 판단할 수 있다. 예를 들어 등압선의 간격이 상대적으로 조밀한 지역은 매우 강한 기압경도가 존재하고 있음을 나타내고 등압선 간격이 넓게 그려져 있는 지역은 기압 경도력이 작은 지역을 나타낸다.

6.4 바 람

태양 에너지에 의한 지표면의 불규칙 가열(uneven heating)은 기온차를 형성하고 기온차는 기압차의 원인이 된다. 기압은 항상 높은 곳에서 낮은 곳으로 이동하여 평형을 이루려고 하는데 이 과정에서 자전과 공전, 기단, 기표면 상태 등 수많은 요인이 조화되어 복잡한 형태의 바람이 형성된다. 바람은 수증기, 안개, 구름 등을 함께 이동시켜 끊임없는 기상 변화를 유발한다. 공항이나 기상 관측소에서 지상풍은 풍향풍속계로 측정된다. [그림6-6]은 모형비행기 모양의 풍향풍속계(aerovane)이며 프로펠러 회전 속도는 풍속 그리고 모형비행기가 지향하고 있는 방향은 풍향이다. 관측소에서 예보되는 바람의 기준은 진북(true north; TN)이지만 관제사가 제공하는 바람은 자북(magnetic north; MN)으로 제공된다는 점에 유의해야 한다.

【그림6-6】 풍향풍속계

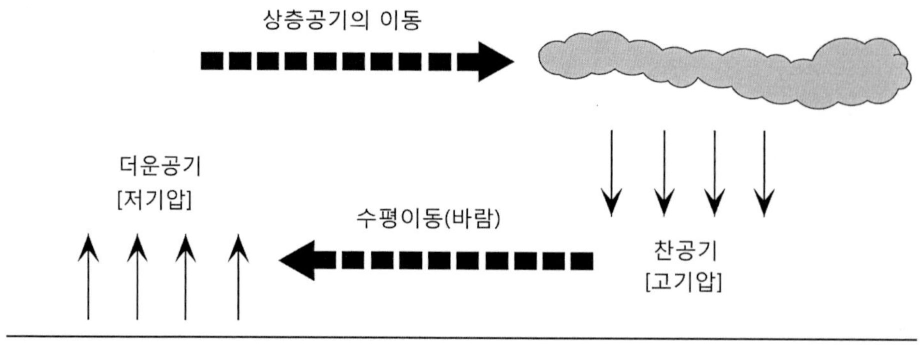

【그림6-7】 지형의 불균형 가열로 고기압 지역에서 찬 공기는 침하하는 경향이 있고 상대적으로 저기압 지역의 더운 공기는 상승하는 경향이 있다. 지표면에서 수평으로 이동하는 바람이다. 상층에서 공기는 지상과 반대로 저기압에서 고기압 쪽으로 이동한다. 이외에도 기단의 순환이라든지 기압경도 등이 바람을 일으키는 주원인이다.

6.4.1 바람 원인

(1) 대 류

지표면이 서로 다르게 가열되었을 때 지표면 상층부의 공기 또한 다르게 가열되고 가열된 공기는 팽창되어 가벼워지면서 찬 공기보다 밀도가 적어진다. 찬 공기는 지면에 깔리면서 더운 공기를 상층부로 밀어 올린다. 상승한 공기는 흩어지면서 냉각되어 다시 밀도가 높아지고 밀도가 높아진 공기는 다시 침하하여 일련의 대류성 기류(convective current)를 형성한다. [그림6-7]은 대류 현상에 의한 공기의 이동을 보여주고 있다. 지표면에서는 상층부와 반대 방향으로 공기가 흐르고 있다. 이 같은 수평적 공기의 이동을 이류 또는 수평류라 한다.

(2) 기단의 순환

지면의 불균형적 가열로 발생한 거대한 기단(air mass)은 기압에 따라 이동하면서 방향과 형태가 달라질 수 있다. 조종사는 비행계획을 수립할 때 기압의 종류에 따라 기류의 방향과 형태를 예측할 수 있어야 한다. 고기압 지역에서 기류(current)는 [그림6-8]과 같이 시계방향, 하향 그리고 외측으로 순환하는 경향이 있다. 반대로 저기압 지역에서의 기류는 시계반대방향, 상향 그리고 내측으로 순환하는 경향이 있다. 일반적으로 고기압과 마루 지역에서 양호한 시정, 무풍 또는 미풍 그리고 구름이 드물게 존재하고, 저기압과 기압골 지역에서는 많은 구름과 강수(precipitation) 그리고 시정(visibility)이 나쁘며 돌풍성 바람과 난기류(turbulence)가 존재한다.

(3) 기압경도

기압경도(pressure gradient)를 일으키는 주원인은 지표면의 불규칙 가열이다. 기압의

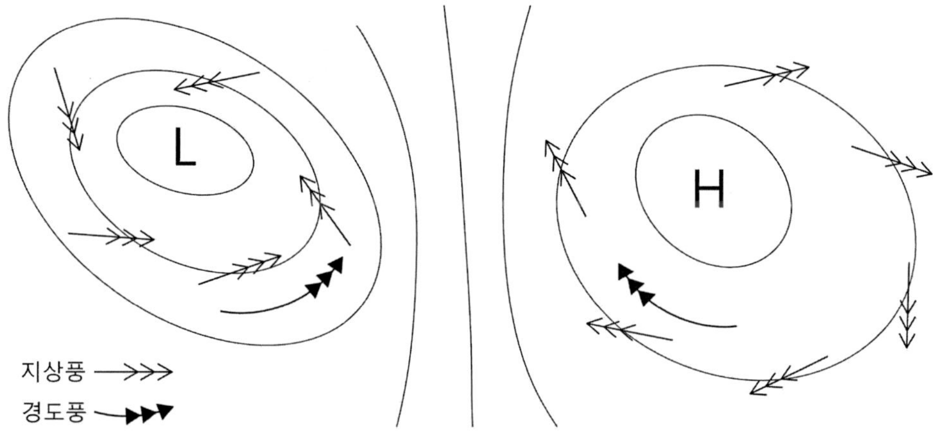

【그림6-8】 지상풍은 기압에 따라 흐르는 방향이 다르다. 고기압 지역에서는 시계방향 그리고 외측으로 흐르는 경향이 우세하고 저기압 지역에서는 시계반대방향 그리고 내측으로 흐르려는 경향이 우세하다. 반면 경도풍은 등압선을 따라 흐르는 경향이 강하다.

변화는 바람을 일으키는 힘을 형성하는 데 이 힘을 기압 경도력(pressure gradient force)이라 한다. 기압은 높은 곳에서 낮은 곳으로 이동하면서 등압선과 수직으로 작용한다. 특정 지역에서 기압차가 형성되면 이를 이동시킬 수 있는 힘이 발달하고 공기는 등압선을 따라서 이동한다. 기상도에서 등압선의 간격이 좁게 그려진 곳은 강한 기압 경도력이 형성되어 강한 바람이 형성됨을 의미하고, 반대로 등압선 간격이 넓게 그려진 곳은 약한 바람이 형성됨을 의미한다.

6.4.2 지상풍

일반적으로 지상풍(surface wind)은 개활지의 약 30피트(9m) 아래에서 측정된 바람이다. 지상풍은 항공기의 이착륙에 직접 영향을 미치는 요소이다. 지표면에 의한 마찰은 약 2,000피트까지 영향을 줄 수 있으며 이 높이를 경계층이라 한다. 그 이하의 고도에서는 지표면과의 마찰로 바람 속도가 감소할 수 있다. 지상풍은 고기압 지역에서는 [그림6-8]과 같이 시계방향으로 회전하면서 외측으로 흐르려는 경향이 있고, 저기압에서는 시계반대방향으로 회전하면서 내측으로 흐르려는 경향이 우세하다. 지형이 거칠수록 마찰의 영향이 크기 때문에 바람 속도의 감소 역시 크다. 이 같은 이유로 사막 지역과 같이 평평한 지역에서 마찰력은 약하고 산악 지형이나 대형 건물이 많은 도심지역에서 마찰력은 강하다.

6.4.3 국지풍

지구의 불균형 가열은 적도지방과 극지방으로 형성되는 대순환을 형성하는 반면 국지적으로 규모가 작은 소순환(small circulation)에 의해 발생하는 바람을 국지풍(local wind)이라 한다.

【그림6-9】 국지풍은 경항공기 운용자와 조종사에게 직접 영향을 미치는 바람이다. 산악 지역 또는 해안지역에서 바람은 국지적으로 지형적 가열이 다르고 이로 인해서 형성되는 바람도 수시로 달라질 수 있음을 예측할 수 있어야 한다.

(1) 산바람과 골바람

산악 지역에서는 산봉우리를 중심으로 태양 에너지를 많이 받는 경사면과 상대적으로 적게 받는 경사면이 형성되면서 두 표면은 서로 다르게 가열되고 수평적 기압경도가 발생한다. 주간에는 태양 에너지를 많이 받는 경사면의 공기는 동일 고도의 평균 공기보다 가벼워져 [그림6-9]와 같이 경사면을 따라 상승한다. 이 과정에서 발생한 바람을 골바람(valley wind)이라 한다. 반대로 야간에는 경사면의 복사냉각 차이로 인하여 산정에서 불어 내리는데 이 바람을 산바람 또는 활강풍이라 한다. 이들 바람은 계곡의 깊이, 크기, 방향 그리고 경사도에 따라 세기가 결정된다. 일반적으로 산바람(mountain wind)은 일출 전에 약 5~15노트가 보통이지만 때로는 계곡 입구에서 25노트를 초과하기도 하므로 상당히 주의해야 한다.

(2) 해륙풍

해륙풍은 육지와 바다가 접해 있는 해안지역에서 육지와 수면의 복사열로 인하여 발생한 기압차가 바람을 일으킨다. 주간에는 육지가 바다보다 쉽게 가열되면서 두 표면의 기온차로 기압차가 발생하고 기압차는 공기의 이동을 유발한다. [그림6-9]에서 보는 것과 같이 바다에서 육지로 불어오는 바람을 해풍(sea breeze)이라 하고 풍속은 10~20노트까지 도달한다. 야간에는 육지가 바다보다 빠르게 냉각되므로 바람은 주간과 반대로 육지에서 바다로 부는데 이를 육풍(land breeze)이라 한다. 야간에는 주간보다 기온감률이 느려 육풍은 해풍에 비해서 약하다.

6.5 기 온

지표면 기온(temperature)은 지상으로부터 약 1.5m(5feet) 높이에 설치된 백엽상에서 측정된다. 백엽상은 직사광선을 피하고 통풍이 양호한 장소에 설치되어야 한다. 항공에서 활용되고 있는 상층기온은 [그림6-10]과 같이 기상관측 기구를 띄워 직접 측정하거나 기상관측 기구에 라디오미터를 탑재하여 원격조종으로 측정한다. 국내에서도 기상관측 항공기를 도입하여 더욱 정확한 기상예보가 가능해졌고 조종사는 실시간으로 기상청에서 제공하는 기상자료를 판독하고 활용할 수 있어야 한다.

6.5.1 기온 변화 요인

(1) 일일 변화

일일 변화란 밤낮의 기온차이다. 지구의 자전운동으로 낮에는 태양열을 많이 받아 기온이 상승하고 밤이 되면 태양열을 받지 못하므로 기온이 떨어진다. 지구는 주간에 태양 방사로부터 열을 받지만, 한편으로는 지형복사로 계속해서 열을 상실한다. 따라서 지표면의 가열과 냉각은 태양 방사와 지형복사의 불균형에 달려 있다. 주간에는 태양 방사가 지형복사를 초과하기 때문에 지구는 가열되고 반대로 야간에는 태양 방사는 중지되나 지형복사는 계속되기 때문에 지구는 냉각된다. 냉각은 일출 후에도 계속되어 태양 방사가 다시 지형복사를 초과할 때까지 계속되기 때문에 최저 기온은 일출 직후 때로는 한 시간 후에 발생한다.

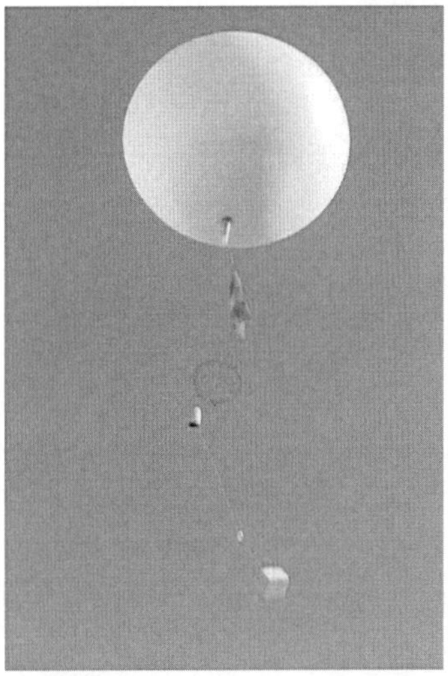

【그림6-10】 상층기상 관측기구

(2) 계절적 변화

지구는 1년 주기로 태양 주위를 돌면서 태양으로부터 받아들이는 태양 방사열의 변화에 따라 기온이 다르다. 지구의 축은 궤도 판에 기울어져 있어 태양 방사를 받아들이는 각이 계절에 따라 변한다. 지구의 표면이 태양에 더 많이 노출될 수 있는 각도에 있을 때 더 많은 태양 방사를 받아들이고 이것이 사계절을 형성하는 요인이 된다. 태양으로부터 직사광선을 받는 여름철 기온은 높고 태양각이 비스듬하게 되었을 때 방사열은 낮아 기온이 낮고 이 시기는 겨울이다.

(3) 지형에 따른 변화

지표면의 형태에 따라 태양 방사를 반사 및 흡수할 수 있는 차이가 있다. 물은 육지보다 적은 기온변화로 에너지를 흡수하거나 반사한다. 이 같은 이유로 깊고 넓은 수면은 육지와 비교하면 기온변화가 크지 않다. 또한, 늪지와 같이 습한 지역이나 나무와 같은 식물로 우거진 지역 역시 수분을 함유하고 있어 기온변화가 비교적 적다. 반면에 불모지나 사막 지역에서는 기온을 조절해 줄 수 있는 최소한의 수분이 부족하여 낮과 밤의 기온차가 크다. 이 같은 지형적 영향으로 인하여 거대한 호수 지역이나 해안지역에서 급격한 기온변화가 발생할 수 있고 기온변화는 기압변화의 요인이 되어 국지풍의 한 원인이다.

(4) 고도에 따른 변화

무더운 여름날 산에 오르면 시원함을 느낄 수 있듯이 고도가 상승함에 따라 일정 비율로 기온이 감소한다. 표준대기 조건에서 기온은 1,000피트당 평균 2℃씩 감소한다. 이를 기온감률(temperature lapse rate)이라 한다.

6.5.2 기온역전

기온은 고도가 증가함에 따라 일정 비율로 떨어지지만 모든 지역이나 일정하게 기온이 감소하는 것은 아니다. 어느 지역에서는 고도의 상승에 따라 기온이 반대로 상승하는 현상이 발생한다. 이처럼 고도의 증가에 따라 기온이 상승하는 현상을 기온역전(temperature inversion)이라 한다. 기온역전 현상은 지표면 근처에서 미풍이 있는 맑고 서늘한 밤에 자주 형성된다. 기온역전 현상이 [그림6-11]과 지표면 근처에서 형성되는 지표면 기온역전과 때로는 상층부의 따뜻한 공기가 찬 공기 위로 상승함으로써 지표면 근처에서는 정상적인 기온감률이 적용되나 일정 고도에 도달하여 기온역전이 발생하는 현상을 상층 기온역전이라 한다.

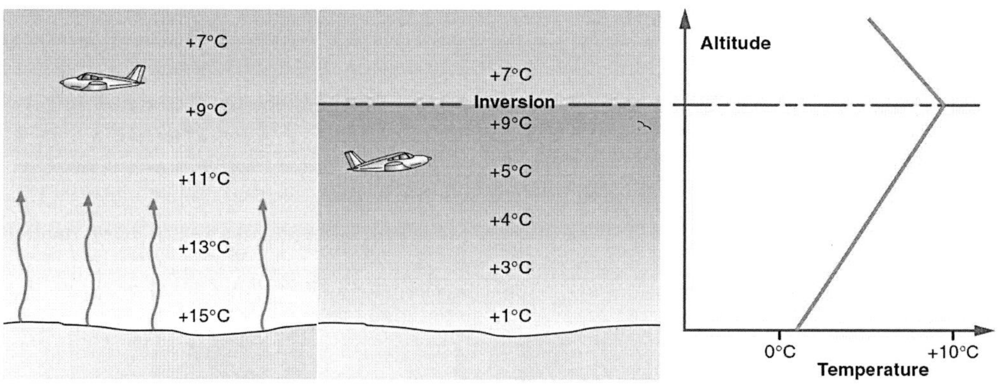

【그림6-11】 기온역전 [wikipedia]

6.6 습 도

지구를 둘러싸고 있는 공기는 눈에 보이지 않는 수증기(water vapor)를 포함하고 있으며 공기 중에 수증기량이 많으면 끈적끈적하여 습도(humidity)가 높다 하고 수증기가 적으면 건조하여 습도가 낮다고 한다. 습도는 공기 중의 수증기량을 나타내는 척도이고 상대습도와 노점 형태로 사용된다.

6.6.1 상대습도와 노점기온

(1) 상대습도

상대습도(relative humidity)는 현재의 기온에서 최대 가용 수증기량에 대비해서 실제 공기 중에 존재하는 수증기량을 백분율로 나타낸 것이다. 기온은 공기가 수증기를 함유할 수 있는 최대치를 결정해 주는 주요인이다. [그림6-12]의 위 그림은 특정 기온에 존재하는 수증기량을 나타내는 것으로 기온이 높을수록 더 많은 양의 수증기를 함유할 수 있다. 상대습도가 100%가 되었을 때를 포화상태(saturated)라 하고 100% 이하의 상태를 불포화 상태라 한다. 아래 그림에서 대기 중의 수증기량은 일정하다. 그러나 기온에 따라 최대 가용 수증기량이 달라진다. 최대 가용 수증기량과 실제 수증기량이 일치할 때 상대습도를 100%라 하며 이때 노점기온(dew point temperature)과 일치한다. 이 점의 기온에 따라 수증기는 안개, 비, 또는 빙정과 같은 가시적 상태로 변하게 된다.

(2) 노점기온

노점기온이란 불포화(unsaturated) 상태의 공기가 냉각되어 포화상태가 되는 기온이다. 이것은 상대습도가 100%에 도달하는 기온이고 과도한 수증기가 이슬과 같이 응축(condensation)되는 기온이다. 기온과 노점기온의 차이를 기온과 노점기온 분포(spread)라 한다. 이 분포가 작아질수록 상대습도는 점차 높아져 100%가 되었을 때 기온과 노점기온은 일치한다. 노점기온에서 공기는 포화상태가 되며 상대습도는 100%가 된다. 만약 기온이 노점기온보다 더 냉각되었을 때 가시적 물방울로 응축된다. 이때 기온이 결빙기온보다 높은 노점기온까지 냉각된다면 수증기는 액체 상태의 물방울로 응축되어 구름, 안개 또는 이슬과 같은 상태로 변한다. 반면에 기온이 결빙기온보다 낮은 노점기온까지 냉각된다면 수증기는 서리와 같은 빙정으로 변한다. 기온과 노점기온 분포가 5°F(2.7℃) 이하일 때 안개의 형성을 예측할 수 있다.

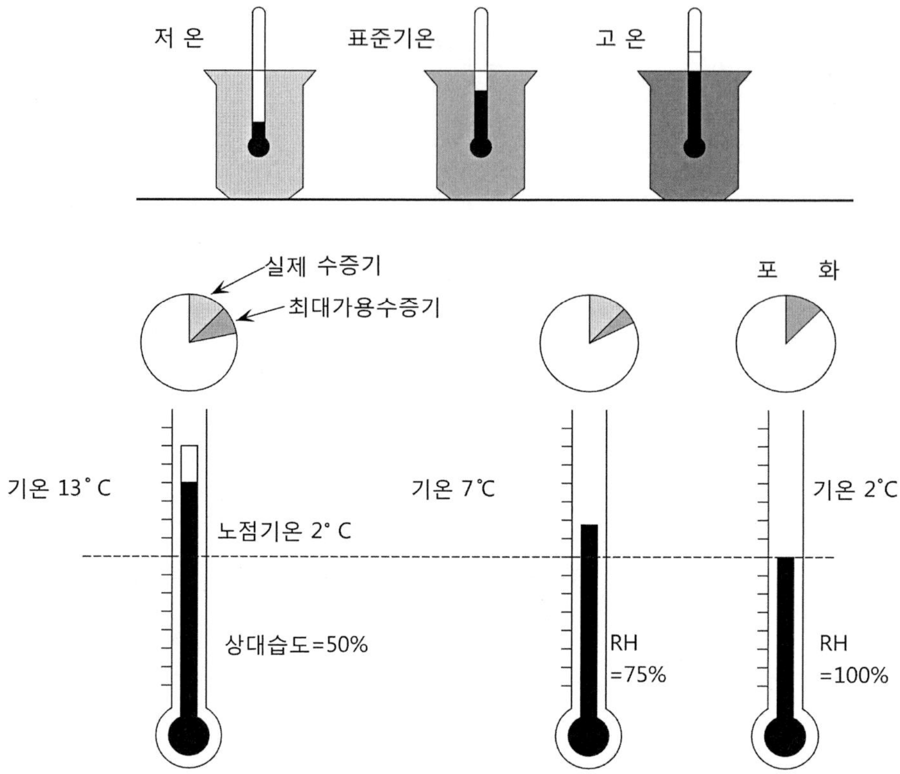

【그림6-12】 대기에는 눈에 보이지 않는 일정량의 수증기를 함유하고 있다. 공기 속의 수증기의 양은 기온에 달려 있다. 대기의 수증기는 조건이 형성되면 응축되어 이슬과 같은 가시적 상태로 변한다. 이 상태가 기온과 노점기온이 일치되었을 때이고 이때의 상태를 포화상태라 한다. 포화상태일 때 상대습도는 100%가 된다.

6.6.2 수증기의 상태 변화

대기 중의 수증기는 기온의 변화에 따라 고체(solid), 액체(liquid), 기체(gas)의 상태로 변한다. 액체 상태(liquid state)에서 기체 상태로 변할 때는 [그림6-13]과 같이 액체의 증발(evaporation) 과정을 거친다. 반대로 기체 상태(gas state)에서 액체로 변하기 위해서는 응축(condensation) 과정이 필요하다. 액체 상태에서 고체 상태로 변하기 위해서는 액체의 응결(freezing) 과정이 필요하고 고체가 액체 상태로 변하기 위해서는 용해의 과정이 필요하다. 또한, 고체나 기체의 상태가 중간 과정인 액체 상태를 거치지 않고 직접 기체나 고체의 상태로 변하는 과정을 승화(sublimation)라 한다.

6.6.3 응축 핵

대기는 가스의 혼합물과 함께 소금(salt), 먼지(dust), 연소 부산물과 같은 미세한 입자들로 구성된다. 이들 미세 입자를 응축 핵(condensation nuclei)이라 한다. 일부 응축 핵은 물과 친화력을 갖고 공기가 거의 포화하였다 할지라도 응축 또는 승화를 촉진할 수 있다.

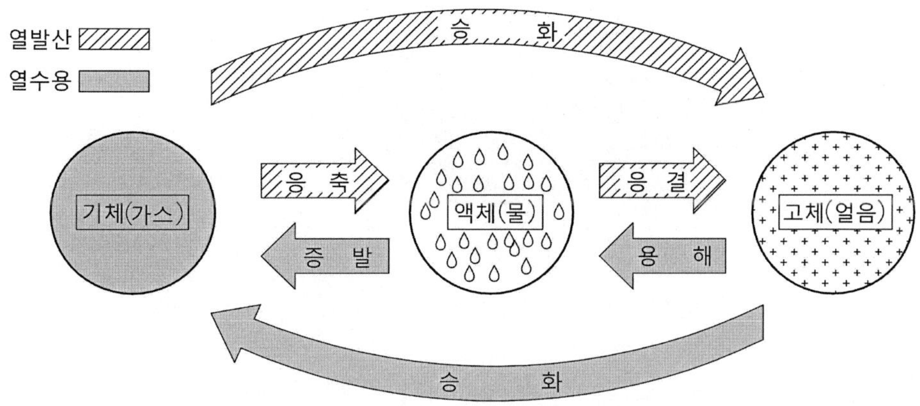

【그림6-13】 물질은 기체, 액체 그리고 고체 상태로 존재하고 이들은 온도에 따라 상태가 변할 수 있다. 이 과정에서 열을 수렴하거나 발산한다. 때로는 기체에서 고체로 또는 고체에서 기체로 직접 상태 변화가 발생하고 이를 승화라 한다. 이 과정에서 열의 발산은 수증기가 갖는 잠열로 고려된다. 뇌우의 발달에서 잠열은 뇌우를 최대로 성장시키는 원동력으로 작용한다.

수증기가 응축 핵과 응축 또는 승화될 때 액체 또는 얼음 입자의 크기는 커지기 시작한다. 이때 입자는 액체 또는 얼음과 관계없이 전적으로 기온에 달려 있다. 예를 들어 결빙점보다 낮은 기온에서도 액체 상태로 존재할 수 있다. 이를 과냉각수(supercooled water)라 한다. 과냉각수란 액체 물방울이 섭씨 0℃ 이하의 기온에서 응축되거나 액체 상태로 남아 있는 상태이다. 과냉각수가 노출된 표면에 부딪힐 때 충격으로 인하여 결빙될 수 있다. 이 같은 과냉각수는 항공기 착빙 현상을 초래하는 한 원인이다. 과냉각수는 0~ -15℃ 사이 기온에서 구름 속에 풍부하게 존재한다. 일반적으로 공장이 산재해 있는 산업 지역에서 안개가 잘 발달할 수 있는 것은 이 지역에서 안개를 생성할 수 있는 풍부한 응축 핵이 다량으로 존재하기 때문이다.

6.6.4 이슬과 서리

이슬(dew)은 바람이 없거나 미풍(light wind)이 존재하는 안정된 대기 속에서 맑은 야간에 복사냉각(radiative cooling)으로 기온이 주변 공기의 노점 또는 그 이하까지 냉각되어 생성된다. 이때 [그림6-14]와 같이 식물 잎사귀에 이슬이 형성된다. 이것은 찬물을 담은 주전자를 따스한 곳에 놓았을 때 주전자 표면에 맺히는 습기와 같다. 서리(frost)도 이슬과 같은 현상으로 형성되지만 다른 점은 주변 공기의 노점이 결빙기온보다 낮아야 한다. 이때 수증기는 이슬처럼 응축되기보다 빙정(ice crystal) 또는 서리로 직접 승화된다. 때로는 이슬이 형성된 후 결빙되는 때도 있으나 서리와는 확실히 구분된다. 결빙된 이슬은 맑고 단단하지만 서리는 하얗고 표면이 거칠다. 항공기 표면에 형성된 서리는 비행 위험 요인으로 고려되기 때문에 반드시 비행 전에 제거되어야 한다. 서리는 날개의 형태를 변형시키지는 않지만, 표면을 거칠게 하여 날개 위를 흐르는 공기흐름을 조기에 분리시켜 날개의 양력

【그림6-14】 노점기온과 주변 공기의 기온에 따라 이슬 혹은 서리가 형성된다. 이슬은 노점기온이 영상의 기온일 때이고 서리는 노점기온이 영하의 기온일 때 형성된다. 일단 이슬이 형성된 후 기온이 영하로 떨어져 얼어버리는 것과 서리는 다르다. 이슬이 얼은 결정체는 투명하지만 서리는 그림에서 보는 것과 같이 하얗고 모양이 불규칙하다. [wikipedia]

발생 능력을 감소시킨다.

6.7 강 수

강수(precipitation)란 지표면에 떨어지는 비, 눈, 가랑비, 우박, 그리고 빙정 등을 모두 포함하는 용어이다. 공중에 떠 있는 미세한 수증기가 상승작용으로 크기와 무게가 증가하여 더 이상 대기 중에 떠 있을 수 없을 때 지상으로 떨어진다. 강수가 존재하기 위한 필요충분 조건은 구름이다.

6.7.1 강수의 형성

공기 중의 미세한 구름 입자들이 합쳐졌을 때 구름 입자(cloud particles)의 크기가 증가하고 주변 기온에 따라 비 혹은 눈 형태의 강수로 발달한다. 이 같은 미세한 구름 입자들이 구름 속에서 충돌과 병합 그리고 빙정 과정을 거쳐서 강수를 형성한다. 일반적으로 지름이 0.5 mm 이상일 때 빗방울 그리고 그 이하의 크기일 때 이슬비(drizzle)로 정의한다.

(1) 충돌-병합 과정

기온이 비교적 온난할 때 구름 입자들이 충돌하면서 빗방울로 성장한다. 구름 입자들 크기가 다르고 밀도가 높은 구름은 상대적으로 구름 입자 간의 충돌 가능성이 크다. 구름방울이 크면 클수록 떨어지는 속도는 빠르고 주변의 작은 구름방울을 흡수할 수 있다. 이 과정

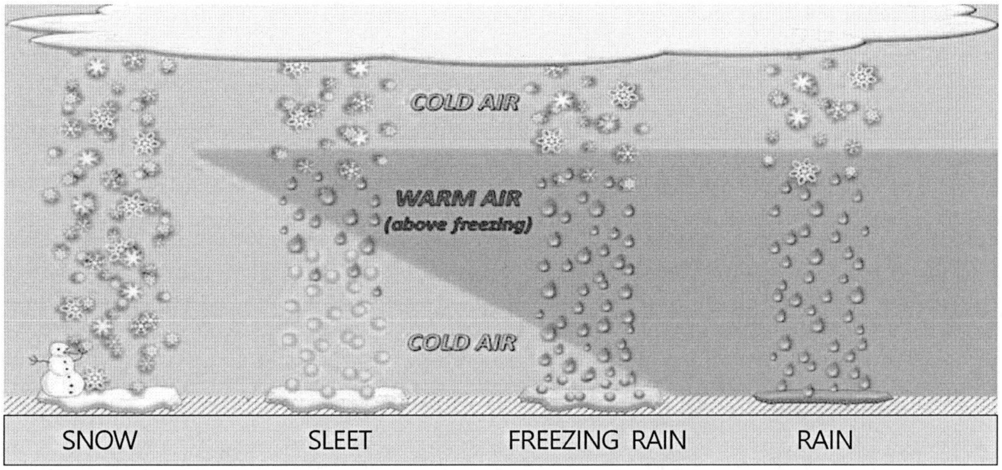

【그림6-15】 눈은 고체, 비는 액체 상태이다. 어는 비는 눈이 녹으면서 내리지만, 지상에 부딪히면서 과냉각되어 어는 상태의 강수이다. 진눈깨비는 눈이 녹으면서 내리지만, 싸라기눈으로 다시 어는 강수이다. [FAA, pilot knowledge handbook]

을 병합(collision)이라 한다. 공중에서 서서히 떨어지는 작은 빗방울은 주변의 작은 구름방울을 흡수하면서 점점 크기가 커져 지상에 도달했을 때는 굵은 빗방울이 된다. 빗방울 크기의 한계는 지름이 5mm 이상일 때 지상으로 떨어지면서 서로 충돌하면서 분해되어 주변 물방울과 합쳐(coalescence)진다. 비교적 완만한 상승기류가 존재하는 층운에서는 빗방울이 충분히 성장하지 못하기 때문에 지상에서는 가랑비와 같은 중간 정도의 강수가 내리지만, 상대적으로 강한 상승기류(updraft)가 존재하는 두꺼운 적운에서는 폭우나 폭설 또는 우박을 형성한다. [그림6-15]

⑵ 빙정 과정

빙정과 액체 구름방울이 존재할 때 두 상태의 포화수증기압의 차이에 의해서 액체 구름방울에서 빙정으로 수증기의 이동을 가속시켜 빙정의 크기를 급속도로 증가시킨다. 적절한 크기로 성장한 빙정들이 주변의 과냉각수와 충돌하면서 급속 결빙되는 현상이 발생하고 이를 결착이라 한다. 구름 상층부의 대부분을 차지하고 있는 빙정의 서로 충돌하면서 강수의 형태가 결정된다. 빙정이 떨어지면서 과냉각수와 결착되어 보다 큰 얼음 입자로 성장하거나 고체 입자 사이의 충돌로 인하여 산산이 부서지면서 더 작은 얼음 입자들로 분산되어 떨어진다.

6.7.2 강수의 구분

① 액체 강수: 비, 가랑비

② 어는 강수: 어는 비/우빙, 어는 가랑비

③ 언 강수: 눈, 싸라기눈, 쌀알 눈, 얼음 싸라기, 우박, 빙정

6.7.3 액체 강수(비)

지상에 내리는 액체 상태의 물방울이 비(rain)이다. 지름이 0.5mm 이상이어야 하고 그 이하의 액체 물방울을 가랑비 또는 이슬비로 구분한다. 비가 내릴 수 있는 조건은 지상의 기온이 반드시 결빙점(freezing point) 이상의 기온을 유지해야 한다. 구름의 깊이가 비교적 얇고 대기의 불안정성이 약할 때 상승기류가 약하기 때문에 이 구름에서 발생할 수 있는 강수는 이슬비가 되거나 중간에 증발하는 현상이 발생할 수 있다. 뇌우 또는 폭풍이 존재하는 적운(cumulus cloud) 구름 속에서는 구름의 깊이가 두껍고 대기의 불안정성이 크게 존재하여 강력한 상승기류가 존재한다. 이 같은 상황에서 강수는 구름 속에서 오르내림을 반복하여 급작스러운 소나기성 비와 때로는 폭우가 내리기도 한다. 폭풍우(storm)가 지나간 후 시정이 매우 좋아지는 데 이는 강수의 발달 과정에서 공중으로 수렴되는 상승기류가 지표면의 각종 시정 장애물들을 휩쓸고 분산시켰기 때문이다.

(1) 지형성 비

풍부한 습기를 지닌 바람이 산과 같은 장애물을 만났을 때 자연적으로 상승하면서 냉각과 증발 과정을 거쳐 풍상 쪽에 형성된 비구름으로 인하여 내리는 비이다.

(2) 대류성 비

주로 열대지방이나 한여름 오후의 뜨거운 날에 발생할 수 있는 비이다. 한여름에 해양이나 습한 지역에 내리쬐는 강한 태양 복사열은 강한 증발을 일으키고 대기의 불안정성과 조화되어 고온다습한 공기는 급격한 상승작용을 일으킨다. 상승 중인 공기는 기압의 감소로 급격히 팽창되고 기온의 감소로 인하여 상대습도가 증가하면서 급속히 응축되어 큰 빗방울을 형성한다.

(3) 전선성 또는 사이클론 비

전선(front)이 형성되는 곳에서 발생하는 비이지만 전선의 특성에 따른 비가 내린다. 한랭전선(cold front)에서는 밀도가 높고 찬 공기가 습한 온난공기를 위로 밀어 올리면서 발생하는 냉각과 응축으로 구름과 강수가 형성된다. 한랭전선은 비교적 경사도가 높기 때문에 활발한 상승작용이 발생하고 이로 인하여 소나기성 비가 발달하고 때때로 강력한 뇌우를 발생하기도 한다. 온난전선(warm front)에서는 밀도가 낮은 온난공기가 찬 공기 위로 상승하면서 냉각과 응축으로 구름과 강수가 형성된다. 온난전선은 경사가 비교적 완만하기 때문에 전선보다 훨씬 앞쪽에 지속성 비 또는 눈이 내린다.

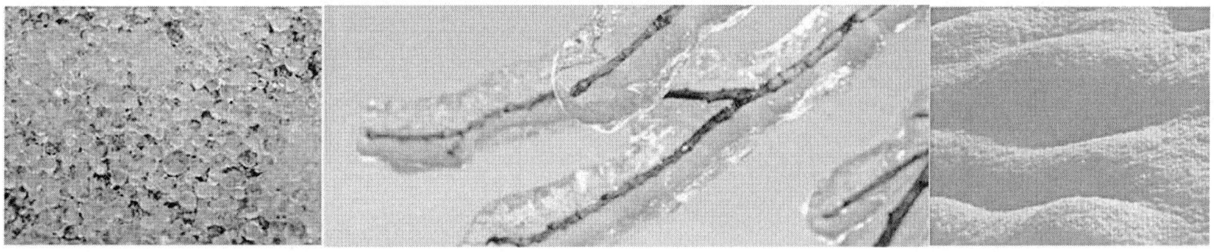

【그림6-16】 왼쪽부터 진눈깨비, 어는 비, 눈의 언 강수이다. [wikipedia]

6.7.4 언 강수

(1) 눈

지상에 내리는 눈(snow)은 이미 얼어버린 강수의 한 종류이다. 눈이 내리기 위해서는 구름 하단에서 발달한 강수가 눈의 상태여야 하고 눈이 지표면에 도달할 때까지의 대기 기온 역시 0℃ 이하여야 한다. 눈이 내리는 대기의 기온이 0℃ 이상이라면 눈은 중간에 녹아 비가 되어 내리게 될 것이다. 눈은 비와 달리 육안 시정을 극도로 악화시키는 기상 요소이다. 눈의 특성상 반사율이 95% 이상이 되기 때문에 조종사에게 눈부심이 발생할 수 있고 눈의 피로를 증가시킨다.

(2) 어는비/우빙

구름 하단에서 눈이 내릴 때 대기의 어느 층에 0℃ 이상의 기온이 존재한다면 이 눈은 중간에 녹아버려 액체 강수로 변한다. 눈이 완전히 녹았다면 비가 되어 떨어지게 될 것이나 반쯤 녹은 상태의 강수가 되어 내릴 수 있다. 이를 어는비(freezing rain)로 정의하고 이들 어는비가 찬 물체에 부딪혀 발생하는 착빙을 우빙이라 한다. 항공기 운항에서도 이 같은 어는비는 항공기 표면에 형성되는 급속 착빙(icing)의 한 형태이기 때문에 이로 인하여 항공기 무게의 증가, 날개 및 회전 블레이드의 양력 발생 성능의 저하를 초래한다. 통상 어는비는 지표면 기온이 결빙 또는 약간 낮을 때 형성되는 온난기온의 한랭 층에 존재하는 좁은 층에서 형성된다.

(3) 진눈깨비

진눈깨비(sleet)는 언 빗방울이고 어는비(freezing rain)와 달리 지표면에 떨어질 때 튀어 오르고 지상 물체에 부딪혔을 때 급속 결빙되는 점도 다르다. 진눈깨비는 지표면을 매우 미끄럽게 한다는 점에서는 어는비와 유사한 점도 있지만, 시각적으로 쉽게 관측할 수 있다는 점에서 다르다. 진눈깨비는 매우 한정된 대기 조건에서만 형성되기 때문에 예측하기가 더욱 어렵다. 진눈깨비는 상층부에는 눈으로 내리다가 중간의 엷은 온난 층(warm layer)을 통과하면서 부분적으로 녹은 상태의 눈송이로 변한다. 반쯤 녹은 상태의 눈송이가 더 찬 공기층을 통과하면서 언 빗방울로 변한다.

6.7.5 수막현상

수막현상(hydroplaning)은 비가 내려 지표면 또는 활주로가 젖어 있는 상태에서 일정 속도 이상으로 이동할 때 타이어가 지표면과 타이어 사이에 형성된 수막 위로 이동하는 현상이다. 활주로 위에 형성된 수막 위로 이동할 때는 조향과 제동 성능 모두를 현저히 감소시키거나 불능 상태가 될 수 있다. 활주로가 젖어 있거나 살짝 얼음이 얼어 있다고 판단될 때 조종사는 다음과 같은 방법을 적용하여 수막현상으로 인한 사고를 방지한다.

첫째, 좌우 2개의 주착륙 바퀴가 정밀하게 동시에 착지해야 한다. 만약 어느 한쪽 바퀴가 먼저 활주로 표면에 닿아 수막현상을 일으킨다면 좌우 불균형으로 인하여 급격한 지상루프 또는 급회전 현상으로 착륙 사고의 원인이 된다. 이는 착륙 중인 비행기가 측풍에 노출되었다면 주착륙 바퀴를 동시에 착지시키는 데 더욱 어려움이 있다.

둘째, 엔진 동력의 활용이 불가능하다. 비행기는 착륙을 위한 최저의 속도를 지속해서 유지하여 착지해야 한다는 점을 고려할 때 동력은 이미 최저의 상태이거나 착륙 복행을 위해서 최소한의 동력으로 착지하고 있는 상태가 된다.

셋째, 착륙 중에 제동장치의 사용이 매우 제한되기 때문에 착륙활주거리가 상당히 증가한다는 점을 고려해야 한다.

수막현상을 예방하기 위한 권장 절차는 다음과 같다.

① 플랩을 최대한 활용한다.

② 착지하는 순간 모든 스포일러를 사용한다.

③ 착지하자마자 가능한 한 빨리 앞바퀴를 지면에 착지시킨다. 이는 조향 성능을 부여할 뿐만 아니라 3개의 바퀴 축은 더욱 안정된 방향 조종에 도움이 된다.

⑤ 자세변경 조작 단계에서 플로팅을 최소화할 수 있도록 한다. 플로팅이 길어질수록 착륙 활주 거리는 증가한다.

⑥ 활주로 표면에 일련의 홈이 파이도록 깎아내 빗물이 흐르도록 한다. (공항 당국)

⑦ 타이어의 표면에 형성된 홈 역시 타이어가 고속으로 이동할 때 표면의 물이 통과할 수 있도록 설계된 것으로 수막현상을 최소화할 수 있다. (항공기 제작자)

최저동적 수막속도

$9 \times \sqrt{tire\ pressure(psi)}$

【그림6-17】 수막 현상과 최저동적 수막 속도 [wikipedia]

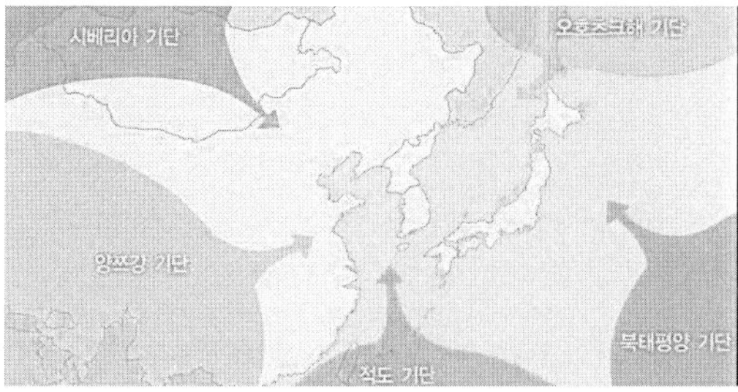

Air Mass	Symbol	Formed Over	Weather
Continental Tropical	cT	Warm land	Warm and dry
Continental Polar	cP	Cold land	Cold and dry
Maritime Tropical	mT	Warm water	Warm and wet
Maritime Polar	mP	Cold water	Cold and wet

【그림6-18】 우리나라에 영향을 주는 기단은 발원지의 특성이 있는 5개의 기단이다.

6.8 기단과 전선

6.8.1 기 단

기단(air mass)이란 발원 지역의 특성이 있는 거대한 공기군이다. 기단은 일정 지역에 정체되어 있거나 이동하면서 기단 고유의 특성을 갖는다. 예를 들어 적도와 극지방 또는 대륙과 해양과 같이 특정 발원지는 그 지역의 기온 및 습도의 분포에 따라 달라질 수 있고 이들 특성을 근원 지역이라 한다. 한반도 주변에서는 [그림6-18]과 같이 뚜렷한 지역적 특성이 있는 5개의 기단이 형성된다. 이들 기단은 계절에 따라 한반도에 세력을 확장하고 이들의 특성에 따라 기상현상이 달라진다. 대륙을 발원지로 하는 기단은 상대적으로 건조하고 찬 성질이 있지만, 적도와 북태평양에서 발원한 기단은 기온이 높고 습한 공기이다. 이 기단이 여름철 한반도에 세력을 확장할 때 습도가 높고 많은 비가 내린다. 겨울철에는 주로 차고 건조한 대륙성 기단의 한 종류인 시베리아 기단과 오호츠크해 기단이 한반도에 세력을 확장하여 한파와 많은 눈을 내린다.

(1) 한랭기단

기단이 근원 지역으로부터 이동하면서 기단 기온이 이동지역 지표면의 기온보다 낮을 때 한랭기단이라 한다. 한랭기단이 저위도로 이동할 때 아래에서부터 가열되기 때문에 그 지역 공기는 불안정하다.

(2) 온난기단

기단 기온이 이동지역 지표면의 기온보다 높을 때는 온난기단이라 한다. 이 기단이 고위도로 이동할 때 공기는 아래로부터 냉각되기 때문에 공기는 안정된다.

(3) 해양성 기단

해수면으로부터 불어오는 공기를 해양성 기단이라 한다. 이들 공기는 많은 수증기를 함유하고 있으므로 저고도에서 포화되는 경향이 있다.

(4) 대륙성 기단

육지로부터 불어오는 공기를 대륙성 기단이라 한다. 이들 공기는 수증기량이 적기 때문에 비교적 건조한 상태로 존재한다.

6.8.2 기단 변질

어느 한 지역에 머물고 있던 기단이 주위를 둘러싸고 있는 외부 기상의 영향을 받아 서서히 이동하면서 최초에 지녔던 특성이 사라지고 새로 이동한 지역의 기상 특성에 맞게 변질된다. 기단 변질은 기단의 이동 속도, 새로운 지역의 기상 특성 및 기온에 달려 있으며 기단이 변형되는 주요인은 다음과 같다.

① 기단 하부의 가열은 찬 공기가 더운 공기를 위로 밀어 올리면서 대기는 불안정하게 된다. 이 같은 기단 하부의 가열은 소나기성 강수를 예측할 수 있다.
② 기단 하부의 냉각은 찬 지표면에 더운 공기가 유입되었을 때 찬 공기는 하층부에 그리고 더운 공기는 상층부에 자리 잡아 대기는 안정된다. 이때 공기가 노점기온까지 냉각되면 층운 구름과 안개가 형성되는 조건이 된다.
③ 수증기량의 증가 및 감소한다. 수면에서의 증발 현상이나 강수는 공기 중에 수증기를 더해준다. 수증기가 공기보다 더울 때 증발은 공기를 포화시키기에 충분한 노점까지 상승시킬 수 있고 안개나 층운형 구름이 형성된다. 수증기는 응축이나 강수로 인해서 감소한다.

6.8.3 전 선

기단(air mass)이 이동하면서 서로 다른 기상 특성이 있는 기단과 접촉하면 두 기단 사이에 하나의 완충지대가 형성되는데 이것을 전선(front)이라 한다. 전선은 수백 마일 길이와 수명을 갖는다. 기단의 특성에 따라 한랭전선, 온난전선, 정체전선, 폐색전선으로 구분한다. 기단 사이에서는 한 기단이 다른 기단으로 대치되는 것과 같은 현상이 발생할 수 있고 이를 전선성 활동이라 한다. 전선의 영향을 받는 지역을 전선지대(frontal zone)라 한다.

(1) 전선의 식별

서로 다른 기상 특성이 있는 두 기단이 인접했을 때 두 기단은 쉽게 흡수되거나 소멸하지 않고 고유의 특성을 갖는다. 두 전선은 다른 기상 특성이 있으므로 전선을 통과하는 지역에서는 뚜렷한 기상 변화가 발생한다.

첫째, 기온이 급변한다. 기온의 변화 정도는 한 기단 내에서도 있을 수 있으나 전선 통과에 따른 기온의 변화는 더욱 뚜렷하다.

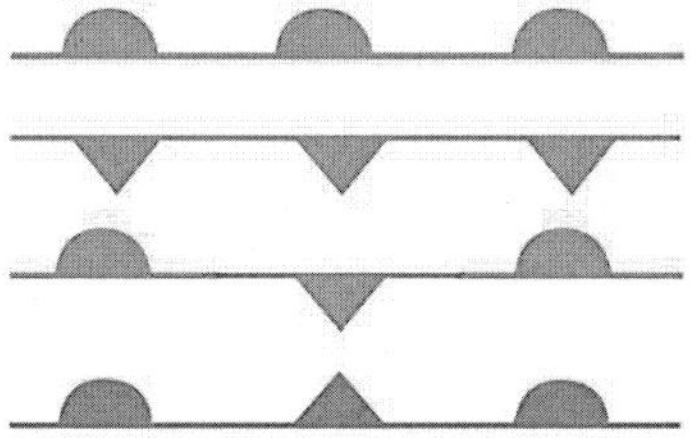

【그림6-19】 전선부호

둘째, 기온과 노점기온 분포가 달라질 수 있다. 이 분포의 변화로 구름과 안개의 형태가 달라질 수 있다.

셋째, 풍향이 급격히 변한다. 전선 지역을 비행하는 조종사는 급격한 바람의 변화에 주의하여야 하며 이 지역에서는 윈드시어가 발생할 가능성이 있다.

넷째, 대기압의 급격한 변화를 예측할 수 있다. 전선 지역에서 찬 공기 지역으로 직접 횡단 비행할 때 기압은 급격히 상승하고, 더운 공기 지역으로 비행할 때 기압은 전선을 통과할 때까지 감소한 후 일정 기압을 유지하거나 약간 감소한다.

(3) 전선의 종류

① 한랭전선

한랭전선(cold front)은 이동하는 찬 기단의 전방 부분이다. 지표면에서 찬 공기가 더운 공기를 흡수하거나 찬 공기로 대치된다. [그림6-20]은 한랭전선의 수직 횡단 부분이다. 한랭전선의 경사는 비교적 둥글게 형성되고 전선은 오른쪽에서 왼쪽으로 이동 중인 상태이다. 일기도에 한랭전선은 파란색의 삼각형 모양으로 그려지고 삼각형이 지시하는 방향이 전선의 이동 방향이다. 한랭전선은 찬 공기가 더운 공기를 상층부로 밀어 올려 대기는 불안정하다. 이로 인하여 한랭전선의 통과는 적운 또는 적란운과 같이 수직으로 발달한 구름이 형성되고 뇌우, 스콜라인, 심한 난기류와 윈드시어 등의 악기상을 동반한다. 일반적으로 한랭전선의 특징은 다음과 같다.

【그림6-20】 전선 지역에서 두 기단의 기상 특성이 서로 충돌하므로 기온, 기압, 습도 그리고 바람이 급격하게 변할 수 있다. 한랭전선에서는 찬 공기가 온난 공기 속으로 진행하면서 온난 공기가 찬 공기 위로 올라가면서 둥그런 모양을 형성한다. [FAA, pilot knowledge handbook]

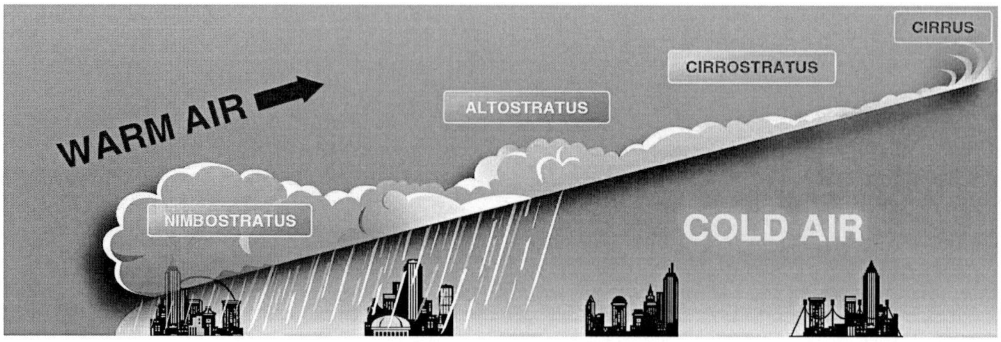

【그림6-21】 온난전선은 찬 공기 속으로 진행하면서 찬 공기가 아래로 깔리는 현상이 발생하기 때문에 쐐기 모양으로 형성된다. 이것은 경사가 얕다는 것을 의미한다. [FAA, pilot knowledge handbook]

- 적운형 구름을 형성한다.
- 급격한 기온의 감소와 낮은 이슬점 기온을 형성된다.
- 전선 통과 직전 또는 직후 저고도 윈드시어의 가능성이 존재한다.

② 온난전선

온난전선(warm front)은 진행하는 온난기단의 전방 부분이다. 온난전선이 이동하면서 찬 공기를 흡수하거나 대치한다. 찬 공기는 더운 공기보다 밀도가 높아 찬 공기는 지면에 깔리는 경향이 있고, 더운 공기를 상승시킬 충분한 세력이 없으므로 [그림6-21]과 같이 전선은 쐐기 모양이다. 온난전선의 경사는 한랭전선과 비교하면 매우 얇게 형성되고 전선은 오른쪽에서 왼쪽으로 이동 중인 상태이다. 일기도에 온난전선은 빨간색의 반원형 모양으로 그려지고 반원형이 지시하는 방향이 전선의 이동 방향이다. 온난전선은 찬 공기가 더운 공기 밑으로 깔려 대기는 안정된다. 온난전선은 상층부의 더운 기단으로 인하여 형성된 구름으로부터 비가 내릴 때 전선 하층부의 찬 기단 속을 통과하면서 강수안개가 형성된다. 만약 하층부의 기온이 결빙기온 이하일 때는 어는비(우빙)가 내리게 될 것이고, 이는 항공기 표면에 심한 착빙을 초래할 수 있다. 온난전선의 특징은 다음과 같다.

- 저층의 층운형 구름을 형성한다.
- 시정이 불량하고 안개의 가능성과 함께 비가 증가한다.
- 전선 통과 직전 저고도 윈드시어의 가능성이 존재한다.

③ 정체전선

정체전선(stationary front)은 두 기단이 인접했을 때 상호 간섭 없이 본래의 특성을 그대로 지니고 움직임이 거의 없는 전선이다. 이 지역에서는 온난전선과 한랭전선의 기상이 혼합되어 나타난다. 정체전선은 두 개의 전선 부호가 교차해서 표기된다. 정체전선에서 바람은 전선지대를 따라 평행하게 부는 경향이 있다. 우리나라에서 여름철 장마는 전형적인 정체전선의 한 종류이다.

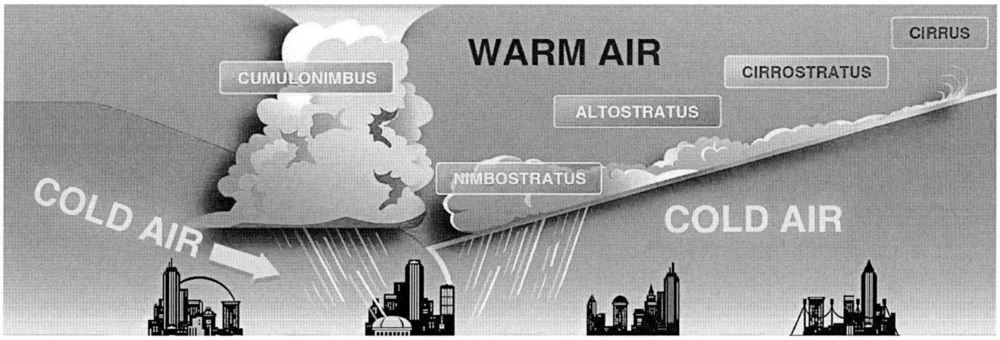

【그림6-22】 폐색전선 [FAA, pilot knowledge handbook]

④ 폐색전선

일반적으로 한랭전선은 온난전선보다 빠르게 이동하는 경향이 있어 가끔 한랭전선이 온난전선을 덮치는 경우가 있다. 이 과정에서 형성된 전선을 폐색전선(occluded front)이라 한다. 일기도에 폐색전선은 두 개의 전선 부호가 전선의 이동 방향을 향하여 한쪽으로 교차해서 그려진다.

6.9 구 름

6.9.1 대기 안정과 구름

대기의 안정과 불안정(이란 기류의 상승 및 하강운동의 정도를 나타내는 것으로 안정된 대기는 기류의 상승 및 하강운동을 억제하고 불안정 대기는 기류의 수직 및 대류 현상이 활발하다. 지표면에서의 가열이나 상층부에서의 냉각은 대기를 불안정하게 만들고 반대로 지표면의 냉각이나 상층부 가열은 대기가 안정된다. 일반적으로 안정된 공기에서는 수평으로 발달하는 층운형 구름이 형성되고 시정이 나쁘지만, 불안정 공기는 수직으로 발달하는 적운형 구름이 발달하고 시정은 비교적 양호하다. 대기 중에 떠 있는 구름은 수많은 미세한 물방울과 입자들로 구성되어 있다. 조종사에게 구름의 상태는 기상상태를 예측할 수 있는 지표가 될 수 있다. 대기 중에 구름이 발생하기 위해서는 수증기, 응축 핵 그리고 냉각작용이 상호 조화되어야 한다. 대기 중의 풍부한 수증기는 냉각작용으로 수증기에서 미세한 물방울 또는 빙정으로 변화를 유도한다. 대기 중의 먼지, 산업 부산물, 소금 등은 수증기와 친화력을 갖고 있으므로 응축을 촉진하는 역할을 한다. 공기가 아직 불포화 상태라면 이들 공기가 포화상태에 도달하기 위해서는 수분이 더해지거나 냉각되어야 포화상태에 도달할 수 있다.

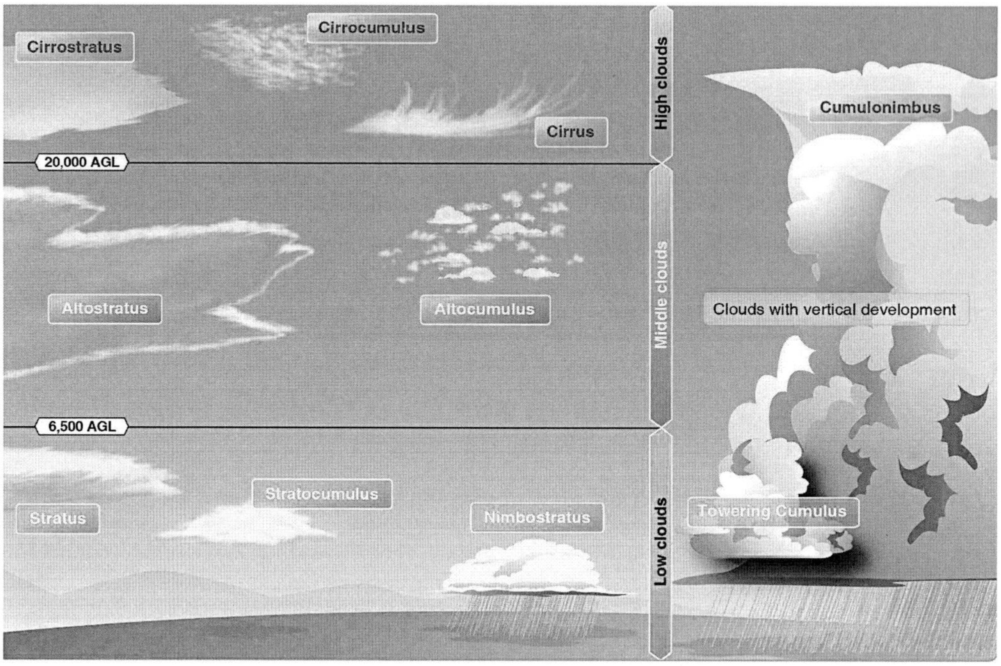

【그림6-23】 구름의 유형을 결정하는 것은 대기의 안정성이다. 안정된 대기에서는 평평한 모양의 층운형 구름이 발달하고 불안정 대기에서는 수직으로 발달한 적운형 구름이 우세하다. 구름은 높이에 따라 분류하고 국제적으로 10종류의 구름이 지정되어 있다. [FAA, pilot knowledge handbook]

6.9.2 구름 종류

구름은 높이와 특성에 따라 [그림6-23]과 같이 상층운, 중층운, 하층운 그리고 수직운으로 분류한다. 국제적으로 통일된 구름의 분류와 10개의 구름의 종류는 다음과 같다.

(1) 상층운

상층운(high clouds)은 대략 고도 20,000피트(AGL) 이상에서 형성되고 대부분 빙정으로 이루어져 있으며 음영이 없고 일반적으로 흰색 또는 밝은 재색을 띠고 있다.

① 권운(cirrus; Ci)은 고도 30,000피트 이상에서 형성되고 층이 얇으며 새털 같은 빙정으로 구성된다. 때로는 하얀 조각이나 좁은 띠의 형태로 발달한다.

② 권적운(cirrocumulus; Cc)은 얇고 하얀 모직 조각과 같은 형태로 형성된다. 이들 구름은 가루 또는 물결이 합쳐지거나 분리되는 모양이다. 권적운은 고고도에서 얇은 층의 대류성 기류로 인하여 형성되기 때문에 약한 난기류를 동반한다.

③ 권층운(cirrostratus; Cs) 역시 얇고 하얀색으로 부드러운 외형으로 발달한다. 때로는 긴 띠 모양으로 형성되기도 한다. 비록 이들 구름이 수천 피트의 두께로 형성되었다 할지라도 습기를 많이 포함하고 있지 않기 때문에 착빙의 위험은 없다.

(2) 중층운

중층운(middle clouds)은 대부분 수분과 빙정 그리고 과냉각 물방울로 구성되어 있으며 회색 또는 흰색의 줄무늬 형태로 발달한다. 대략적인 형성 고도는 6,500~20,000피트이다. 이들 구름은 중간 난기류와 심한 잠재적 착빙을 포함하고 있다.

④ 고층운(altostratus; As)은 재색 또는 밝은 재색을 띠고 있고 광범위한 지역으로 형성된다. 고층운은 비교적 평평하고 밀도 있는 구름으로 약한 난기류와 중간 정도의 착빙이 발달할 수 있다.

⑤ 고적운(altocumulus; Ac)은 재색과 흰색이 조화된 색을 띠고 고기 비늘과 같이 일정한 외형을 갖는 조각구름이다. 이들 구름은 약한 난기류와 착빙이 발생할 수 있다.

(3) 하층운

하층운(low clouds)은 대부분 물방울로 구성되어 있고 때로는 과냉각된 미세한 물방울로 이루어져 있다. 하층운은 지표면으로부터 약 6,500피트(AGL)에서 발달한다. 하층운이 50피트 이내에 형성될 때 안개로 분류하고 강수와 같이 발달했을 때는 시계비행에 상당한 지장을 초래할 수 있다.

⑥ 층운(stratus; St)은 전체적으로 재색을 띠고 독특한 하층부를 형성한다. 하부로부터의 냉각으로 인하여 지표면 근처에서 수평으로 형성된다. 층운은 가랑비, 싸락눈과 같은 강수를 포함한다.

⑦ 층적운(stratocumulus; Sc)은 재색 또는 밝은 재색을 띠고, 모자이크와 같은 무늬에 어느 한 면은 어두운 부분이 존재한다. 둥근 형태나 말린 모양의 구름 집단이 합쳐있거나 간격을 두고 형성된다.

⑧ 난층운(nimbostratus; Ns)은 일반적으로 재색으로 나타나지만 때로는 어두운 재색을 띤다. 난층운은 수천 피트의 두께로 형성되고 많은 수분을 내포하고 있어 지속적인 비나 눈이 내린다.

(4) 수직운

수직으로 발달한 구름(clouds with vertical development)은 통상 결빙층(freezing level) 이상에서 과냉각 물방울을 포함하고 있다. 대기의 불안정 때문에 구름은 수직으로 발달하고 많은 강수를 포함하고 있다. 이 구름 주위에는 윈드시어, 난기류와 같은 기상 변화 요인이 많아 수직운 주위를 비행할 때에는 기상의 영향을 충분히 고려해야 한다. 수직운의 높이는 통상 1,000피트에서 10,000피트(MSL)까지 형성되고, 최대 상층부의 구름은 60,000피트(MSL)까지 발달할 수 있다.

⑨ 적운(cumulus; Cu)은 마치 돔 모양과 같고 구름 하단은 비교적 평평하며 상층부는 둥그런 형태의 집단으로 형성된다. 태양 빛을 받는 면은 매우 밝고 하단은 상대적으로 어둡다. 타워링 적운은 적운과 유사하지만, 이들 구름은 더욱 수직으로 발달한 형태이다. 타워

링 적운은 불안정 공기가 매우 깊이 발달하고 있음을 나타내고 착빙을 동반한 강한 대류성 난기류를 포함하고 있다.

⑩ 적란운(cumulonimbus; Cb)은 재색과 어두운 재색을 띠고 불안정 공기와 많은 수분을 함유하고 있다. 이 구름은 많은 강수, 난기류(turbulence), 착빙, 우박(hail) 그리고 번개를 동반한다. 적란운의 상층부는 마치 모루(anvil)와 같이 비교적 평평하고 유연한 기류가 형성된다. 뇌우는 적란운으로부터 발생한다. 모루 하단으로부터 내리는 비가 중간에 증발하는 현상을 꼬리구름(virga)이라 한다.

6.9.3 구름 관측

(1) 운 고

구름층은 관측자가 측정한 동일 층의 구름 높이이다. 이를 운고라 한다. 적운형 구름 하단까지의 높이는 기온과 노점기온 분포로 결정할 수 있다. 구름이 50피트(AGL) 또는 그 이하에서 발생했을 때는 안개로 분류한다. 운고가 매우 낮거나 안개가 발생했을 때 구름 높이는 수직시정(vertical visibility)으로 보고된다.

(2) 운 량

운량은 각 구름층이 하늘을 덮고 있는 정도이다. 운량은 [그림6-24]와 같이 관측자가 하늘을 10등분하거나 8등분하여 관측할 수 있는 구름층이다.

① 클리어(clear; CLR): 운량이 1/10(1/8) 이하일 때
② 스캐터(scattered; SCT): 운량이 1/10~5/10(1/8~5/8)일 때
③ 브로큰(broken; BKN): 운량이 5/10~9/10(5/8~8/8)일 때(※ 실링 보고)
④ 오버캐스트(overcast; OVC): 운량이 10/10(8/8) 이상일 때(※ 실링 보고)

관측자가 관측할 수 있는 구름층은 여러 층으로 관측될 수 있다. [그림6-24]는 관측자가 하늘에 떠 있는 구름을 보았을 때 스캐터, 브로큰의 운량을 판단하는 사례이다. 제일 위 그림은 명백한 스캐터의 상태로 판단할 수 있다. 두 번째 그림은 하늘이 동일 층에서 분산되어 있을 때 관측자로부터 대략 30° 정도가 뚫려 있다고 판단될 때 역시 스캐터로 보고된다. 세 번째 그림은 2개의 층으로 구름이 형성되었고 위층의 구름이 거의 덮여 있는 사례이다. 이때는 "3,000피트에 스캐터 그리고 5,000피트에 브로큰"으로 보고된다. 관측자가 보았을 때 하늘이 완전히 덮인 상태가 되었을 때 오버캐스트로 보고된다.

(3) 시 정

시정(visibility)은 지상의 특정 지점에서 시정 측정기 또는 관측자가 수평으로 최대로 물체를 식별할 수 있는 가시거리이다. 수직시정은 관측자로부터 수직으로 측정된 시정이다. 때로는 우시정(prevailing visibility)으로 보고되기도 한다. 우시정이란 [그림6-25]와 같이

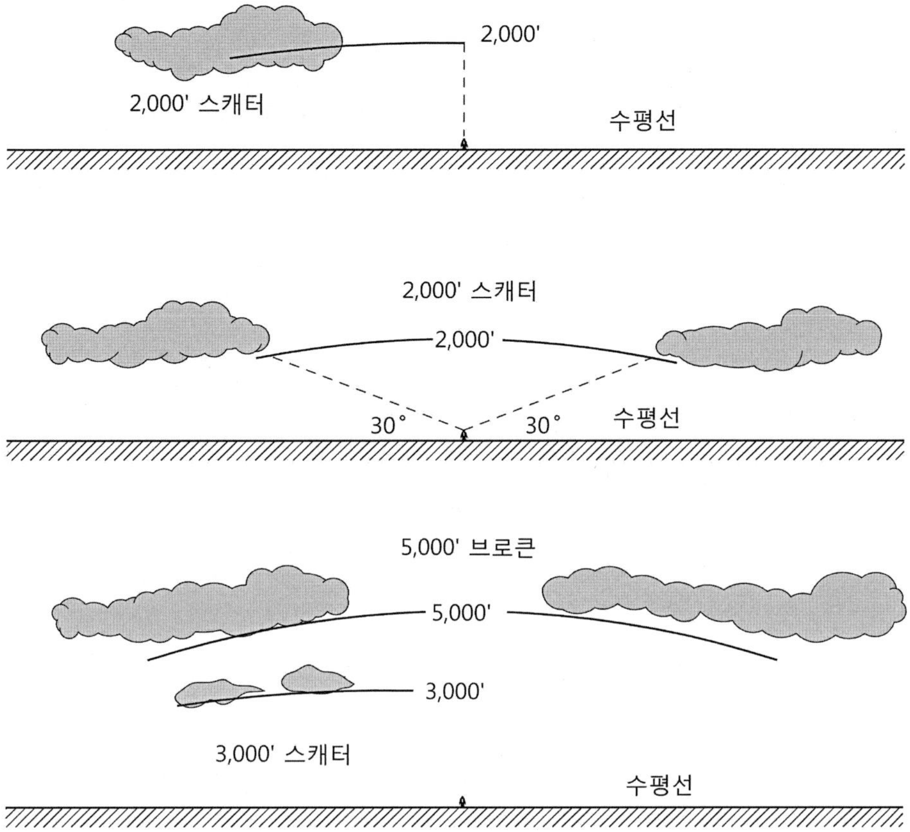

【그림6-24】 실링이 예보된다면 운량은 최소한 브로큰 이상이라는 것을 예측해야 한다. 관측자 위치에서는 단일 층으로 보일지라도 고도에 따라 여러 개의 층이 덮여 있을 수 있다.

관측자가 서 있는 360° 주변으로부터 최소한 180° 이상의 수평 반원에서 가장 멀리 볼 수 있는 수평거리이다. 우시정이 보고될 때는 어느 한 방향의 시정이 제한될 수 있다는 것을 유의해야 한다. 이것은 수평 원이 반드시 연속되어야 한다는 것을 의미하는 것이 아니기 때문이다.

(4) 차폐와 실링

차폐란 우시정이 7마일 이하의 조건에서 안개, 연기, 먼지 또는 강수 등으로 하늘이 가려진 상태이다. 하늘이 부분적으로 가려졌을(9/10 또는 그 이하) 때 부분 차폐라 하고, 그 이상의 현상을 완전 차폐라 한다. 운량이 최소한 브로큰 또는 오버캐스트(6/10 이상)로 형성된 가장 낮은 구름층을 실링이라 한다. [그림6-24]의 사례에서 세 번째 사례는 5,000피트에 브로큰으로 예보된 상태이기 때문에 실링이 존재한다.

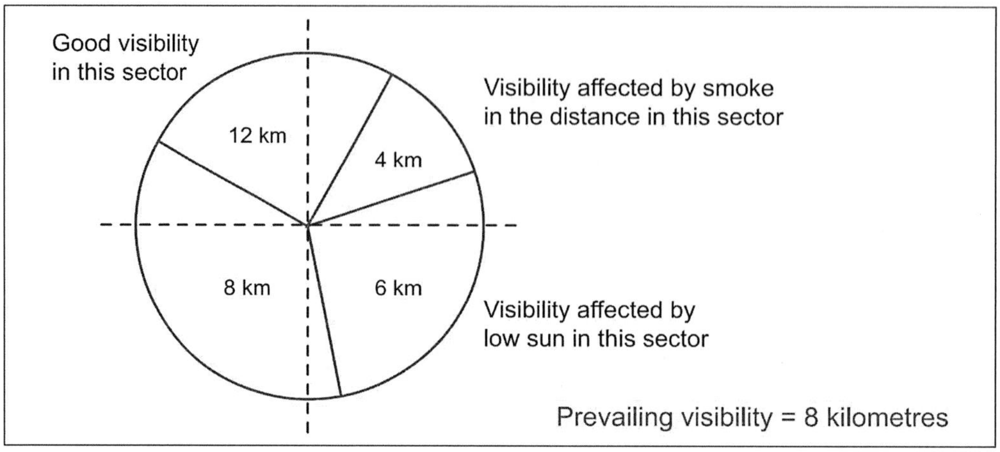

【그림6-25】 수평 원에서 시정이 좋은 구역은 8km와 12km이다. 다른 구역은 시정 장애물로 인해 시정이 제한된다. 따라서 이 사례에서 전체 수평 원에서 가장 멀리 볼 수 있는 시정은 8km이다. 우시정이 8km이지만 오른쪽 구역은 4km 또는 6km로 시정이 제한된다.

6.10 난기류

난기류(turbulence)는 불규칙적으로 일어나는 기류의 거친 파동에 의해서 발달하고 비행 중인 조종사는 시간과 장소와 관계없이 난기류에 휘말릴 수 있다. 난기류는 주로 대기의 불안정 상태에서 대류성 기류(convective current)에 의해 형성된다. 따라서 적운형 구름의 하단이나 타워링 구름의 경우는 심한 난기류가 존재한다는 것을 예상할 수 있고 가장 강력한 난기류는 적란운 내부에서 발생한다. 비행 중 심한 난기류를 만났을 때 우선 항공기 속도를 운용자 지침서에 명시된 기동속도(V_A) 또는 그 이하의 속도로 감소시켜 항공기 날개에 작용하는 공기하중(air load)을 감소시켜야 한다. 난기류는 뇌우, 폭풍우, 전선지대와 같이 불규칙한 바람이 존재할 수 있는 조건이라면 난기류의 존재를 예측할 수 있어야 한다.

6.10.1 난기류의 원인

(1) 대류성 난기류

대류성 난기류(convective turbulence)는 통상 저고도에서 지표면의 상태에 따라 불규칙 하부 가열에 의한 공기의 이동이 수직으로 형성되는 대류로 인하여 발달하고 이를 열적 난기류(thermal turbulence)라고도 한다. 대류의 강도는 지표면이 가열된 정도에 따라 달라진다. 예를 들어 모래땅이나 불모지의 경우는 수면이나 식물로 덮인 지형보다 빠르게 가열된다. 따라서 불모지는 일반적인 지형보다 더 강한 대류가 형성된다. 대류성 난기류는 무더운 여름날 오후에 약한 바람을 타고 쉽게 형성되며 대류가 일어난 곳에는 대기가 불안정해지고 대류 작용은 불안정 대기에 의해 계속되거나 가속된다.

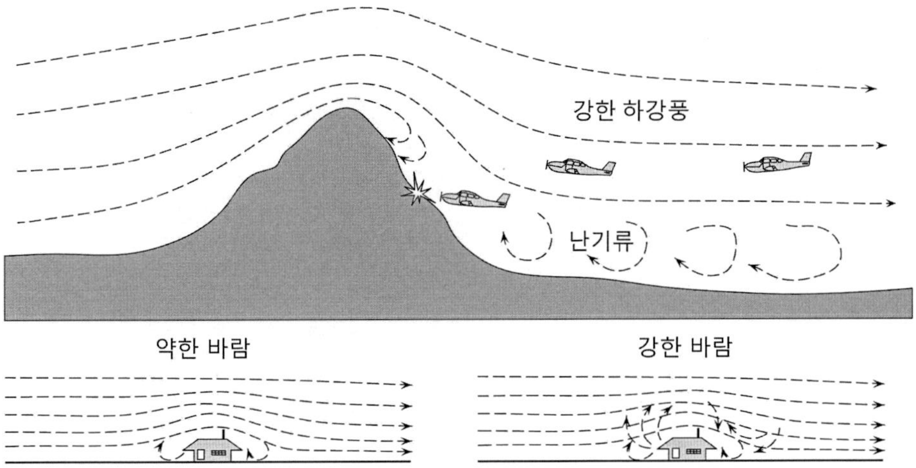

【그림6-26】 지표면에서 바람은 주변의 인공 및 자연장애물의 영향을 받기 때문에 불규칙하다. 특히 크고 작은 산 혹은 능선으로 접근할 때 산후사면에서는 강한 하강풍과 난기류가 존재할 수 있으므로 특별히 주의해야 한다.

⑵ 지형성 난기류

지표면에 가까이 있는 공기흐름이 건물, 나무, 언덕, 산과 같은 지형을 통과할 때 정상적인 수평 기류의 흐름이 흩어져 장애물 뒤쪽에 소용돌이나 불규칙한 기류를 형성한다. 난기류의 강도는 바람의 속도와 지형의 불규칙 정도에 따라 달라진다. 바람의 속도가 빠르거나 지형이 거칠수록 난기류의 강도는 더욱 심하다. 또한, 바람의 강도가 강할수록 더 높은 고도까지 영향을 줄 수도 있다. 특히 공항 지역에서 지표면의 바람이 돌풍 상태이면 기류는 공항 지역의 각종 시설물에 의해 더욱 불규칙적으로 형성되어 위험을 초래할 수 있다. 이 같은 현상은 항공기가 저고도 접근이나 상승할 때 돌풍에 의해 속도가 급속히 감소하여 실속을 유발할 수 있으므로 정상 접근 속도보다 빠른 속도를 유지하여야 돌풍의 영향을 최소화할 수 있다. [그림6-26]

⑶ 산후사면 난기류

대기가 불안정 상태에서 35노트 이상의 강풍이 산 정상이나 산마루로 불 때 바람은 산후사면에서 하강하면서 급격히 분산된다. 산악 지형에서 난기류의 강도는 산의 경사도에 달려 있다. 산후사면의 경사가 클수록 발생하는 소용돌이 역시 크게 발생한다. [그림6-26]은 산후사면의 하강풍 속도가 항공기 최대 상승률을 초과할 때 산후사면으로 접근하는 비행기는 상당한 위험에 처할 수 있다.

⑷ 기온역전과 난기류

기온역전이 존재하는 기상조건에서도 난기류가 발생한다. 기온역전 조건에서 하층부는 안정되어 있으나 상층부는 기온 상승으로 인하여 불안정 상태가 되어 역전층 상층부의 바

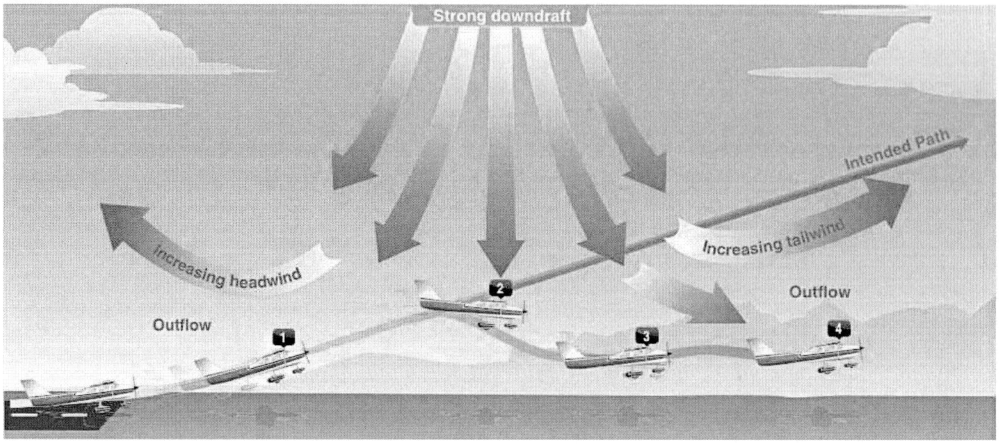

【그림6-27】 ①번 맞바람으로 성능 향상, ②번 강한 하강풍, ③번 하강풍의 영향으로 고도 상실, ④번 강한 뒷바람의 영향을 받을 수 있다. [FAA, pilot knowledge handbook]

람은 강하고 하층부의 바람은 잔잔한 상태에서 두 바람 층 사이에 윈드시어가 형성된다. 따라서 이착륙할 때 저고도 역전층을 통과하는 항공기는 심한 속도의 변화를 경험하게 될 것이다. 예를 들어 무풍 상태에서 상승 중인 항공기가 기온 역전층을 통과할 때 갑자기 뒷바람을 만났다면 항공기 속도는 그만큼 상실하게 될 것이고 실속속도 근처에서 상승 중인 비행기는 실속될 수 있다. 반대로 착륙 중인 비행기가 역전층을 통과하면서 맞바람을 상실하게 될 때도 역시 속도를 상실하게 될 것이고 실속 위험에 직면하게 된다. 특히 맑고 무풍 상태에서 일출이나 일몰 직후 몇 시간 이내에 이륙 및 착륙을 할 때 지표면 근처에서 기온 역전에 의한 난기류와 윈드시어의 영향을 고려해야 한다.

(5) 전선지대와 난기류

전선은 뚜렷하게 특성이 다른 두 기단이 대치하고 있으므로 이 구역에서 불규칙한 바람이 형성될 수 있다. 전선지대를 통과할 때 풍향풍속의 변화가 심하게 나타나고 윈드시어과 함께 난기류의 존재를 예측할 수 있어야 한다. 전선성 바람 경계지대는 한랭전선보다 온난전선이 더 강하게 발생한다. 일반적으로 평지에서 30노트 또는 그 이상으로 이동하는 모든 전선은 중간 또는 그 이상의 저고도 난기류를 동반하고 산악 지형에서의 모든 전선은 이동속도와 관계없이 중간 또는 그 이상의 난기류를 동반한다.

6.10.2 윈드시어

윈드시어(windshear)는 [그림6-27]과 같이 매우 짧은 거리 내에서 풍향풍속이 급격히 변화는 바람이다. 윈드시어는 항공기의 비행경로와 속도에 영향을 줄 수 있고 불안정 대기 조건에서는 언제든지 발생할 수 있다. 윈드시어가 존재하는 지역을 비행할 때 항공기는 급격한 상승기류나 하강기류 또는 극심한 수평 바람 분력의 변화에 직면할 수 있다. 윈드시어는 뇌우, 대류성 강수, 전선지대 그리고 기온역전이 존재하는 상층부에서 주로 발생할 수 있다. 윈드시어는 상층과 하층의 공기 이동이 반대로 흐르는 국지풍에서도 예측할 수 있어야 한다. 특히 적란운은 거대한 상승기류와 하강기류가 존재하기 때문에 이로 인한 윈드시어는 구름으로부터 10~20마일 떨어진 곳에서도 만날 수 있으며 이들 하강기류는 매우 강하다.

6.11 뇌 우

6.11.1 뇌우의 원인

뇌우(thunderstorm)는 적란운 구름에서 발달하는 격렬하고 거대한 폭풍우이다. 뇌우는 적운형 구름이 대기의 변화에 따라 폭풍으로 변한 것으로 통상 악기상 요소인 비, 우박, 번개, 눈, 천둥 등을 동반한다. 뇌우는 조종사가 직면하는 가장 위험한 요소 중 하나이기 때문에 회피하는 것이 최선이다. 뇌우의 크기는 대략 5마일 이내의 것에서부터 지름이 30마일 이상의 뇌우도 탐지된다. 구름 높이는 수백 피트에서 10,000피트까지 확장된다. 뇌우가 형성되기 위한 조건은 다음과 같다.

① 불안정한 기온감률은 일단 공기가 상승하기 시작하면 계속해서 상승할 수 있도록 한다.
② 대기에 풍부한 수증기는 쉽게 구름을 형성할 수 있게 한다.
③ 최초 상승작용이 공기를 상승하게 하고 주요 원인은 다음과 같다.

- 전선에 의한 상승
- 지형에 의한 상승
- 지표면 가열에 의한 대류
- 야간 복사냉각으로 인한 거대한 운정의 냉각

6.11.2 뇌우의 발생과 소멸 과정

(1) 적운 단계

적운 단계(cumulus stage)에서는 지표면의 가열로 지속적인 상승기류(updraft)를 형성하는 것이 특징이다. 습한 공기가 상승하여 노점기온에 도달할 때 수증기는 냉각되어 작은 물방울이나 빙정으로 응축된 구름을 생성한다. 응축 과정에서 거대한 잠열(latent heat)이 발생하고, 이 잠열로 인한 구름 내부의 기온은 주변 기온보다 높기 때문에 구름 내부의 냉각이 지연되면서 구름은 계속해서 수직으로 발달할 수 있는 에너지를 공급받는다. 이 과정에서 강수(작은 물방울)는 강력한 상승기류에 의해서 지상으로 떨어지지 않고 더 높은 고도로 상승 및 하강을 거듭하면서 강수의 크기가 증가한다. 적운 단계에서 강력한 상승기류는 분당 3,000피트를 초과하고 지표면에서부터 운정(top of cloud) 상공까지 확장된다. 적운

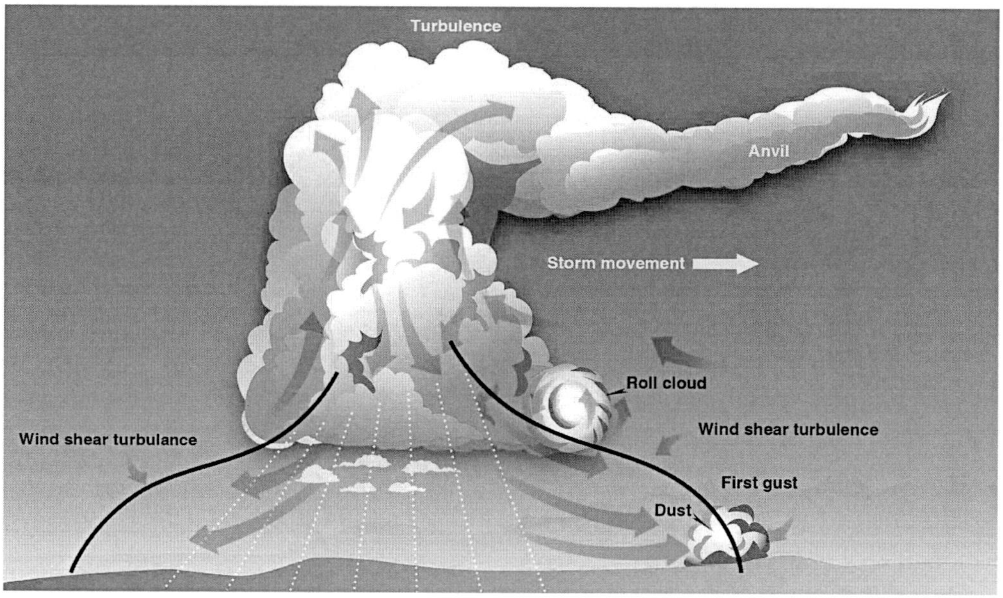

【그림6-28】 뇌우가 최대로 발달한 상태에서 뇌우 속에서 상승 및 하강기류의 활동을 보여주고 있다. 뇌우는 초기 적운형 구름으로부터 발달하기 때문에 기본적으로 많은 수증기를 내포하고 있다. 뇌우 속에서 수증기는 서로 충돌하거나 병합되면서 크기가 점점 커진다. 강력한 상승기류는 매우 큰 물방울을 지속해서 끌어 올린다. 상승기류를 공급할 수 있는 세력이 약화하면서 하강기류로 전환되어 강수는 지상으로 떨어진다. 이 과정에서 지표면에 부딪힌 기류들이 윈드시어, 난기류, 돌풍 등을 만들어 낸다. [FAA, pilot knowledge handbook]

단계는 통상 10~20분 정도 지속된 후 성숙 단계로 접어든다.

(2) 성숙 단계

적운 단계의 강한 상승기류(updraft)에 의해서 커진 물방울은 상승기류가 계속 증가하여 분당 6,000피트를 초과할지라도 너무 크고 무겁기 때문에 지상으로 떨어지기 시작한다. 이 과정에서 구름 속의 수많은 강수가 하강하면서 공기흐름을 바꾸어 강력한 하강기류를 발생시킨다. 강수가 시작되는 시기를 뇌우의 성숙 단계(mature stage)로 판단하고 뇌우는 최대 강도에 도달할 수 있다. 하강기류(downdraft)는 분당 2,500피트를 초과하며 지면에 부딪쳐 분산되면서 강한 돌풍, 급격한 기온 강하, 기압의 급상승 그리고 난기류를 발생한다. 성숙 단계에서 강력한 상승기류와 하강기류가 인접해 있을 때 매우 강한 윈드시어와 난기류를 형성한다. 난기류의 강도는 이들 두 기류의 차에 달려 있고 뇌우 구름 속에서 가장 강력한 난기류가 발생한다. 구름 하단으로부터 찬 하강풍이 하강하여 지표면에 접근해서는 방향이 바뀌어 수평으로 분산되면서 [그림6-28]과 같이 하강기류와 주변 공기 사이에 윈드시어 지대를 형성한다. 윈드시어 지대에서는 돌풍과 난기류가 발생하는 것은 물론이고 이 같은 난기류가 뇌우 자체 지역만으로 한정되지 않고 수 마일 지역까지 확장된다. 하강기류의 앞부분에서는 스콜이나 돌풍이 존재하는 돌풍 전선(gust front)이 형성된다. 저고도에서 뇌우가 진행하면서 구름 전방부에 회전하면서 난기류를 내포한 원형 형태의 구름을 형성하는데 이를 두루마리 구름(roll cloud)이라 한다. 윈드시어 지역은 뇌우의 바로 아래뿐만 아니라 전 방향에서 발생한다. 성숙 단계의 뇌우는 약 20~40분 정도 지속한다.

(3) 소멸 단계

하강기류가 지속될수록 상층부의 더 많은 공기가 하강기류에 합류하게 되고 결국 뇌우의 내부에서는 뚜렷한 하강기류가 발달하고 상승기류는 상대적으로 약화한다. 뇌우가 계속 존재하기 위해서는 상승기류에 의한 지속적인 응축과 잠열의 발생이 요구되지만, 상승기류의 약화는 뇌우 자체를 약화하는 결과가 된다. 때로는 이 과정에서 상층부의 바람이 구름의 반대편으로 불어 모루 형태를 형성하기도 한다. 소멸 단계(dissipation stage)의 특징은 강한 하강기류가 발생하고 강수가 그치면서 하강기류도 감소하고 뇌우도 점차로 소멸한다.

6.12 착 빙

착빙(icing)은 물체의 표면에 얼음이 달라붙는 현상이다. 항공기 구조물에 형성된 착빙은 양력과 추력을 감소시키고 무게와 항력을 증가시킨다. 날개에 거친 사포 같은 정도의 착빙은 앞전과 윗면에서 양력을 30% 정도까지 감소시키고 항력을 40% 정도 증가시킨다. 이외에도 프로펠러에 형성된 착빙은 추력을 감소시킬 수 있다. 구조적 착빙은 무게와 균형에 영향을 줄 수 있고 비행 계기, 무선통신 장비, 조종계통, 제동장치 그리고 착륙장치에도 심각한 영향을 줄 수 있다.

6.12.1 구조적 착빙

구조적 착빙(structural icing)은 비나 구름 물방울 등과 같은 가시적 물방울 속을 비행할 때 항공기에 부딪히는 공기가 결빙점 또는 그 이하일 때 가장 잘 발생한다. 과냉각 물방울은 착빙을 더욱 증가시키고 과냉각 물방울이 항공기 표면에 부딪히면서 물방울은 순간적으로 얼어 구조적 착빙을 형성한다. 결빙층 근처에서는 우빙이 내릴 수 있으며 이 상태에서 가장 많은 얼음이 항공기 구조에 축적되어 비행안전에 치명적인 영향을 줄 수 있다. 결빙층 이상에서 강수는 이미 얼어버린 상태가 되기 때문에 착빙 가능성이 낮다. 적운형 구름에서 상승기류는 이들 물방울을 더 높은 고도까지 상승시켜 과냉각 물방울로 존재하기 때문에 고고도에서도 착빙 가능성이 있다. 특히 피토관이나 정압관(static port)의 착빙은 비행 계기(flight instruments)의 작동에 즉각적인 영향을 줄 수 있다. 피토관 착빙을 예방하기 위해서는 피토관 가열기(pilot heat)를 작동시켜야 한다.

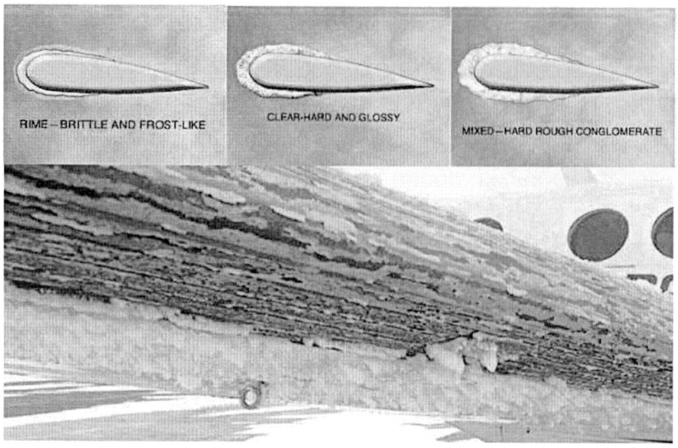

【그림6-29】 날개 표면에 거칠게 형성된 착빙은 그 자체만으로 무게와 양력 발생에 심각한 영향을 줄 수 있어 비행 전 반드시 제거해야 한다.
[wikipedia]

6.12.2 착빙의 종류

(1) 맑은 착빙

맑은 착빙(clear icing)은 [그림6-29]와 같이 구조적 착빙 중에서 가장 위험한 착빙이다. 어는비(우빙) 속으로 비행할 때 주로 발생한다. 물방울이 항공기 표면에 부딪힌 후 액체 상태의 물방울이 표면에 흐르면서 부드러운 고체 얼음장같이 점진적으로 결빙된다. 이 착빙은 단단하고 무거우며 표면에 강하게 접착되었기 때문에 제빙장비(de-icing equipment)로도 제거하기가 어렵다. 맑은 착빙은 기온이 0℃~-15℃ 조건에서 커다란 물방울 또는 적운 구름에서 주로 형성된다. 맑은 착빙은 에어포일의 공기역학적 모양을 변화시킬 수 있고 이들 양력 발생 표면의 효율성을 크게 감소시킨다. 또한, 무게 증가는 무게중심에도 영향을 줄 수 있다.

(2) 거친 착빙

거친 착빙(rime icing)은 주로 층운형 구름이나 가랑비 같은 작은 물방울이 항공기 표면에 부딪힐 때 형성되며 미세한 물방울은 항공기 표면에 퍼지기 전에 급속히 결빙된다. 거친 착빙이 형성될 때 착빙 사이에 공기가 들어가 우윳빛을 띤다. 이 착빙은 맑은 착빙에 비하여 가볍고 응결력은 약하나 표면이 거칠기 때문에 에어포일의 공기역학적 효율이 더 감소한다.

(3) 혼합 착빙

혼합 착빙(mixed icing)은 물방울의 크기가 다양하거나 눈 혹은 얼음 조각과 혼합되었을 때 급속히 형성된다. 이 착빙은 매우 거칠게 축적되며 항공기 날개의 앞전에 버섯 모양으로 형성되기도 한다. [그림6-29]

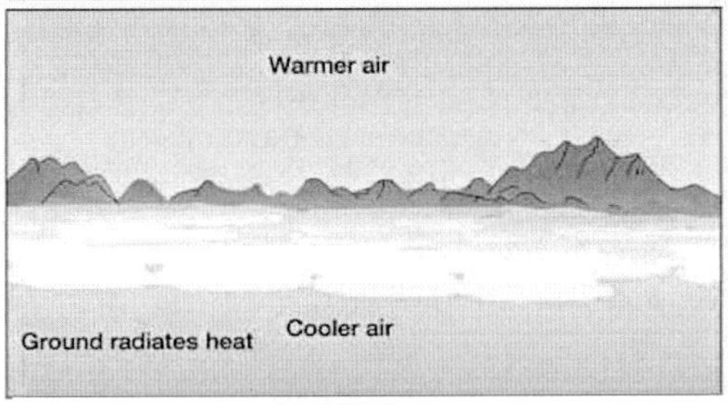

[복사안개]

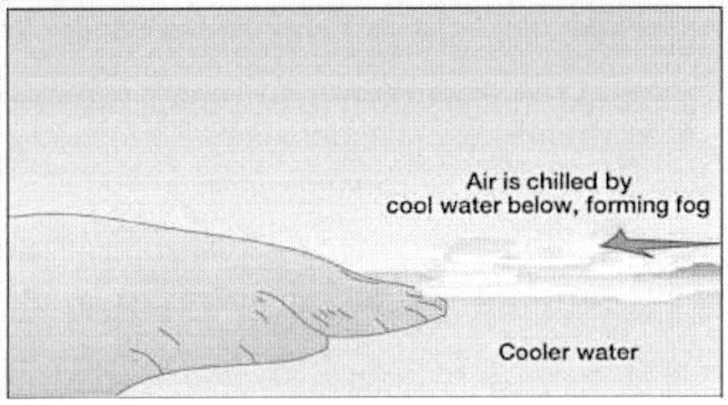

[이류안개]

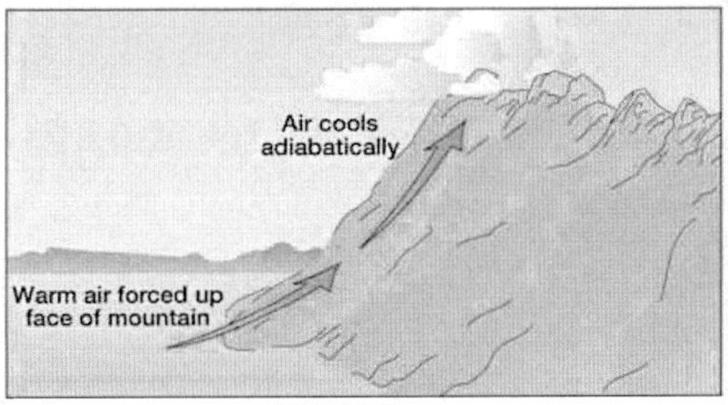

[활승안개]

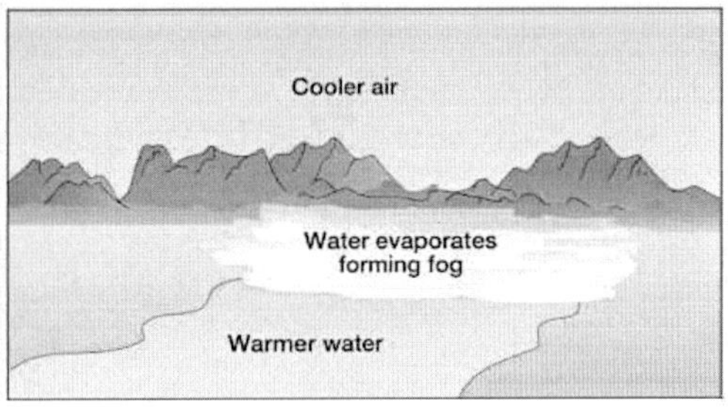

[증발안개]

【그림6-30】 복사안개는 일상생활에서 자주 접할 수 있는 시정 장애물이다. 복사안개는 내륙 지역의 평지에서 고요한 야간이나 새벽에 주로 발생한다. 복사안개는 동이 트면서 햇빛으로 공기가 가열되면서 없어진다. [wikipedia]

6.13 안 개

안개(fog)는 미세한 물방울이나 빙정으로 구성된 일종의 구름이다. 안개는 주로 지표면 근처에서 형성되어 지표면 시정을 3마일 이하로 제한하는 시정 장애물이다. 기온과 노점기온 분포가 5°F(2.7℃) 이내의 상태에서 노점 상태의 대기가 냉각되었을 때 또는 지표면 근처의 공기에 습한 공기가 유입되었을 때 쉽게 형성된다.

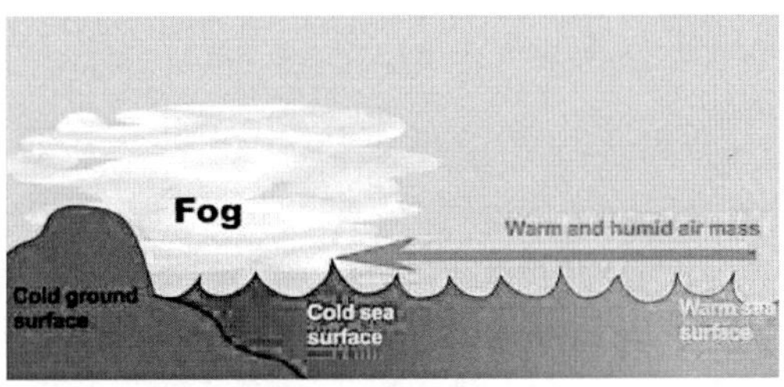

【그림6-31】 복사안개 [wikipedia]

6.13.1 안개의 종류

(1) 복사안개

복사안개(radiation fog)는 [그림6-30, 31]과 같이 상대적으로 엷고 하늘 전체 혹은 일부를 가리기에 충분하고 지면안개(ground fog)라고도 한다. 이 안개는 공중에서 보았을 때 지표면의 일부 혹은 전부를 가리고 일부 지역은 엷게 형성된 지역을 통하여 지면을 볼 수 있다. 복사안개는 야간에 지형적 복사가 지형을 냉각시키고 냉각된 지형은 지면 위의 공기를 냉각시키며 그 공기가 노점까지 냉각되었을 때 안개가 형성된다. 복사안개는 바람이 없거나 미풍, 맑은 하늘, 상대습도가 높을 때, 기온과 노점기온 분포가 작을 때 그리고 평평한 저지대에서 쉽게 형성된다. 이 같은 복사안개는 주로 야간 혹은 새벽에 형성된다. 복사안개는 공기의 가열로 소멸한다. 일출 후부터 지표면이 가열되기 시작하면 지표면에 접촉된 공기도 가열되고 안개는 서서히 소멸한다. 때로는 안개가 상승하여 낮은 층운형 구름을 형성하기도 한다. 야간에 두껍게 형성된 복사안개는 마치 담요와 같이 태양을 차단할 수 있다. 안개 속에 덮여 있는 공기는 가열이 느려 복사안개는 온종일 계속될 수 있다.

(2) 이류안개

이류안개(advection fog)는 [그림6-32]와 같이 통상 해안지역에서 발생하며 공기흐름이 수평으로 이동하는 경향이 있다. 이류안개는 주야 어느 때든지 조건이 형성되면 빠르게 형성된다. 습하고 더운 공기가 상대적으로 찬 지표면으로 이동할 때 하부로부터 냉각된다. 이때 기온이 노점기온까지 떨어질 때 안개가 생성된다. 이류안개는 복사안개보다 오래간다. 이류안개는 찬 지표면에 불어오는 습하고 더운 공기를 포함한 바람에 달려 있다. 복사안개와 달리 이류안개는 바람이 약 15노트 정도 불어올 때 더욱 짙어지며 그 이상의 풍속에서는 낮은 층운 층을 따라 상승하여 구름으로 변한다. 전형적인 이류안개는 해안지역에서 주로 발생하고 이를 해무라 한다.

(3) 활승안개

활승안개(upslope fog)는 습한 공기가 산 경사면을 따라 상승할 때 단열(adiabatic) 냉각되고 상승 공기가 노점까지 냉각되었을 때 형성된다. 활승안개는 구름의 존재와 관계없이 형성되고 공기를 상승시키는 바람이 없어지면 안개도 소멸한다.

(4) 강수안개

강수안개(precipitation fog)는 한랭한 공기 속에 상대적으로 온난한 비나 가랑비가 내릴 때 증발로 인하여 냉각된 공기가 포화하면서 형성된다. 이 안개는 통상 온난전선에서 주로 발생하며 서서히 이동 중인 한랭전선이나 정체전선에서도 발생한다. 강수안개는 강수 지역에서 다른 위험 요소인 착빙, 난기류, 뇌우 등과 같이 발생하기 때문에 상당한 위험을 초래할 수 있다.

【그림6-32】 해안가에서는 수면의 습하고 온난한 공기가 상대적으로 찬 육지로 이동하면서 냉각되어 안개가 형성된다. 이를 해무라 한다. 이 안개는 항상 바람과 함께 존재하고 복사안개에 비해서 진하지만 바람이 없어지면 안개로 함께 소멸한다. 오른쪽은 도심지역에서 대기오염 물질과 혼합되어 발생하는 시정 장애물이다. [wikipedia]

6.13.2 기타 시정 장애물

(1) 실안개

실안개(haze)는 안정된 공기 속에 산재한 미세한 소금 입자 또는 기타 건조한 입자들이 제한된 층에 집중된 시정 장애물이다. 실안개는 한정된 높이가 있으며 이 높이 이상의 수평 시정은 양호하나 하향시정은 불량하고 경사 시정은 더욱 불량하다. 실안개 상태에서 시정은 조종사가 태양과의 어느 위치에 있느냐에 따라 달라지며 특히 태양을 정면으로 향하여 착륙할 때는 시정 장애로 인하여 위험을 초래할 수 있다. 실안개 속에서 어두운 물체는 파란색으로 보일 수 있고, 태양이나 멀리 떨어져 있는 밝은 물체는 어두운 노란 색이나 붉은 색으로 보일 수 있다. 착륙 접근 중 실안개는 실제 활주로 거리보다 멀리 있는 듯한 착각을 일으켜 저고도 접근을 유발한다.

(2) 연기

연기(smoke)는 공기가 안정되었을 때 주로 공장지대에서 집중적으로 발생한다. 연기는 기온역전 조건에서 야간이나 아침에 주로 발생한다. 구름이 없고 하늘이 맑은 상태에서 지표면에 형성된 연무나 연기에 의한 시정은 통상 주간에 호전되나 안개의 걷힘보다는 느리게 호전된다. 안개는 증발하지만, 연무나 연기는 미세한 입자들로 구성되어 있어 공기흐름에 따라 흩어진다. 야간이나 이른 새벽에 복사안개 및 층운형 구름은 연무나 연기와 혼합되어 형성되기도 한다. 주간이 되면서 복사안개나 층운형 구름은 쉽게 걷히지만 연기나 연무는 더 남아 있다.

(3) 연무

연무(smog)는 연기와 안개가 혼합된 시정 장애물로 광범위한 지역에 발생해서 시정은 매우 불량하다. 안개가 형성된 조건에서 이들 지역을 둘러싸고 있는 지리적 또는 지형적

【그림6-33】 시정 장애물 [wikipedia]

장애물로 인하여 안정된 공기가 대기 오염물질과 혼합되었을 때 연무 현상이 뚜렷하게 나타나고 시정을 더욱 감소시킨다.

(4) 황사

황사(Asia dust)는 공기 속에 떠 있는 미세한 흙 입자들이다. 먼지는 태양을 흐릿하게 보이게 하거나 노란색 색조를 띠고 멀리 있는 물체는 황갈색 또는 재색으로 보일 수 있다. 황사는 몽골의 사막 지역에서 강력한 저기압이 강풍과 함께 미세한 모래 입자들을 상공으로 끌어 올려 강한 편서풍을 타고 한반도로 유입된다. 이들 황사가 우리나라까지 날아오기 위해서는 최소한 5.5km 이상의 상공까지 상승해야 가능하다. 황사는 시정을 감소시키는 시정 장애물이지만 황사에 포함된 오염물질과 미세한 모래 입자들은 항공기 엔진에 유입되어 엔진 작동에도 영향을 줄 수 있다. 이외에도 먼지와 모래 강풍(dust storm)은 불안정한 대기에서 흙 입자가 분산되고 바람이 강할 때 수백 마일까지 불어 간다. 모래 강풍은 시정을 7마일 이하로 감소시키는 현상이고, 먼지 폭풍(sand storm) 역시 정도에 따라 시계비행을 위협할 정도의 심각한 시정 장애물이다.

6.14 항공기상보고

6.14.1 정기항공기상보고(METAR)

METAR(Aviation Routine Weather Report) 보고의 본문에 있는 요소는 공백(space)으로 분리되지만 RVR, 기온과 이슬점만이 "/"로 구분된다. 본문 요소가 발생하지 않았거나 관측할 수 없을 때 이전 공백(preceding space)과 그 요소는 보고에서 생략된다.

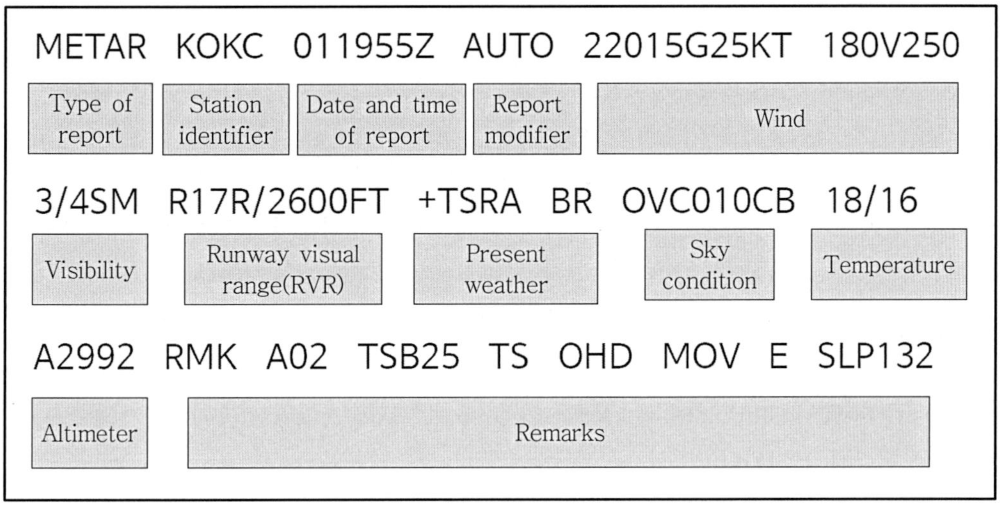

[a] METAR 보고는 다음과 같은 순서의 요소를 포함한다.

1. Type of report(보고 종류)
2. ICAO Station Identifier(ICAO 관측소 식별부호)
3. Date and time of report(보고 날짜와 시간)
4. Modifier (as required)(변경자; 필요할 때)
5. Wind(바람)
6. Visibility(시정)
7. Runway Visual Range(RVR)
8. Weather phenomena(기상현상)
9. Sky conditions(하늘 상태)
10. Temperature/dew point group(기온/이슬점 그룹)
11. Altimeter(고도계)
12. Remarks(비고; RMK)

[b] 다음 항목은 METAR에서 각 요소를 서술하고 있다.

1. 보고의 종류.
(a) 정기항공기상보고(METAR)
(b) 특별(비정기)항공기상보고(SPECI)

2. ICAO 관측소 식별부호: METAR 코드는 ICAO 4문자 관측소 식별부호를 사용한다.

3. 보고 날짜와 시간. 관측된 보고 날짜와 시간은 세계표준시(UTC)를 나타내기 위해서 (z) 문자를 붙여 6-개의 숫자로 전송한다. 첫 두 숫자는 보고 날짜를 그리고 두 숫자는 시간과 나머지 두 숫자는 분을 나타낸다.

4. 변경자(modifier, 필요할 때). "AUTO"는 기상관측자가 어떠한 개입도 하지 않은 자동 기상보고로서 METAR/SPECI를 나타낸다.

5. 바람. 바람은 5개의 숫자로 보고된다. (풍속 99노트를 초과하면 6개 숫자) 첫 세자리 숫자는 풍향(진북-true north), 바람방향이 가변일 때 "VRB"로 표기된다.
(a) **순간최대풍속(peak wind).** 순간최대풍속은 25노트를 초과할 때마다 비고란에 "PK WND"가 표기되어야 한다.
(b) **바람급변(wind shift).** 바람의 급변이 있을 때 비고란에는 "WSHFT"로 표기하고, 다음에 발생 시간이 표기된다.

6. 시정. 우시정이 육상마일(SM)로 보고된다.

7. 활주로가시거리(RVR-보고되었을 때). "R" 문자 다음에 활주로 번호(기수방위)를 식별하고, (평행활주로 지정자-필요할 때) "/" 다음에 가시거리(피트-일부 국가는 미터) 다음에 "FT"(feet는 발음되지 않음)를 붙여 표기한다.

8. 기상현상. METAR 코드에서 보고된 기상은 최근에 보고된 기상에 상당한 변화가 있음을 나타낸다. METAR에서 기상은 다음과 같은 형식으로 보고된다.
강수/근접도/서술자/강도/시정장애물/기타
(a) **강도(intensity).** 강도는 오직 첫 번째 강수의 종류에만 보고된다.
• Light(약함): "-"
• Moderate(보통/중간, 부호 없음):
• Heavy(강함): "+"
(b) **근접도(proximity).** 기상이 공항 근처에서 발생했을 때만 보고되고 적용된다.(공항으로부터 5~10마일) 근접도는 "VC"로 표기된다.(강도와 "VC"는 기상그룹에서 함께 사용되지

않는다.)

(c) **서술자(descriptor).** 강수와 시정장애물에 대한 8개의 서술자가 사용된다.

- TS: 뇌우(thunderstorm)
- DR: 낮게 날림(low drifting)
- SH: 소나기(showers)
- MI: 얕음(shallow)
- FZ: 결빙(freezing)
- BC: 부스러기, 조각, 파편(patches)
- BL: 날림(blowing)
- PR: 부분적임(partial)

(d) **강수(precipitation).** METAR 코드에서 9개의 강수 종류가 사용된다.

- RA: 비(rain)
- DZ: 가랑비/이슬비(drizzle)
- SU: 눈(snow)
- GR: 우박(1/4 인치 이상)(hail)
- GS: 작은 우박/눈싸라기(small hail/snow pellets)
- PL: 얼음싸라기(ice pellets)
- SG: 싸락눈(snow grains)
- IC: 빙정(ice crystals)
- UP: 미확인 강수(자동관측소에만 해당)(unknown precipitation)

(e) **시정장애물(obstructions to visibility).** METAR 코드에서 8개의 시정장애물 현상이 사용된다.(시정장애물이란 강수를 제외하고 수평 시정을 감소시키는 대기 현상들이다.)

- FG: 안개(시정 5/8 마일 미만)(fog)
- HZ: 연무(haze)
- FU: 연기(smoke)
- PY: 물보라(spray)
- BR: 박무(시정 5/8~6마일)(mist)
- SA: 모래(sand)
- DU: 먼지(dust)
- VA: 화산재(volcanic ash)

(f) 기타. 기타 발생할 수 있는 기상현상은 5개의 범주가 있다.

- SQ: 스콜(squall)
- SS: 모래폭풍(sandstorm)
- DS: 먼지폭풍(duststorm)
- PO: 먼지/모래회오리(dust/sand whirl)
- FC: 깔때기 구름(funnel cloud)
- +FC: 토네이도/용오름(tornado/waterspout)

9. **하늘 상태.** METAR 코드에서 하늘 상태는 보고된 하늘 상태가 최근에 상당히 변화되었을 때 보고된다. METAR에서 하늘 상태는 다음 양식으로 보고된다.

운량/실링/(구름 종류) 또는 불명확 실링/높이

(a) **운량(amount).** 하늘의 덮임 정도를 다음과 같은 약어를 사용하여 8등분으로 보고된다.

- SKC: 맑음(clear)
- FEW: > 0 ~ 2/8
- SCT: 3/8 ~ 4/8(scattered)
- BKN: 5/8 ~ 7/8(broken)
- OVC: 8/8(overcast)
- CB: 적란운(cumulonimbus when present)

• TCU: 탑상적운(towering cumulus when present)

10. 기온/이슬점(temperature/dew point). 기온과 이슬점은 두 숫자 군의 섭씨로 " / "로 구분하여 보고된다. 기온이 영도인 경우 "M"자를 붙인다. 기온이 보고되었지만, 이슬점이 보고되지 않았다면 기온 다음에 사선(/)으로만 표기한다. 그러나 기온이 보고되지 않았다면 기온/이슬점 군은 보고에서 생략된다.

11. 고도계(altimeter). 고도계 수정치(altimeter setting)는 "A"자로 시작하여 4-숫자의 수은 인치(inHg)로 보고된다.

12. 비고(remarks). 비고는 해당하는 모든 관측요소가 포함될 것이다. METAR 보고에서 비고란은 약어 "RMK"로 표기된다.

[사례]

METAR KNSI 031656Z VRB03KT 5SM HZ SCT007 21/17 A2989 RMK SLP121 T02060172		
GROUP	CODED	TRANSLATION
Type of Report	METAR	Aviation Routine Weather Report
Station Identifier	KNSI	United States San Nicolas Island, California
Date and Time of Report	031656Z	3rd day of the month, 1656 UTC
Report Modifier	[omitted]	Either a manual or an augmented observation
Wind	VRB03KT	Wind variable at 3 knots (4 mph, 1.5 m/s)
Visibility	5SM	Visibility five statute miles (8.0 kilometers)
Runway Visual Range	[omitted]	
Present Weather	HZ	Haze
Sky Condition	SCT007	Scattered at 700 feet AGL
Temperature/ Dewpoint	21/17	Temperature 21℃ (69°F), dewpoint 17℃ (63°F)
Altimeter	A2989	29.89 inches of mercury (1012.3 millibars, 1012.3 hectopascals)
Remarks	RMK	Remarks section designator
Automated, Manual, and Plain Language	SLP121	Sea level pressure 1012.1 hectopascals (1012.1 millibars)
Additive and Automated Maintenance Data	T02060172	Temperature 20.6℃ (69°F), dewpoint 17.2℃ (63°F)

6.14.2 공항예보(TAF)

TAF(aerodrome forecast)는 공항에서 지정된 기간에 예보된 기상상태를 간결하게 서술한 것이다. TAF는 METAR 기상보고와 동일 코드를 사용한다. TAF는 일일 24시간 동안 0000Z, 0600Z, 1200Z, 1800Z와 같이 4차례 계획된다. TAF는 METAR 기상보고와 동일 기상 코드를 사용한다.

TAF or TAF AMD or TAF COR			
Type of report			
CCCC	YYGGggZ	Y1Y1G1G1/Y2Y2G2G2	dddffGfmfmKT
Location identifier	*Date/time of forecast origin group*	*Valid period*	*Wind group*
VVVV	w'w' or NSW	NsNsNshshshs or VVhshshs or SKC	WShwshwshws/dddftKT
Visibility group	*Significant weather group*	*Cloud and vertical obscuration groups*	*Non-convective low-level wind shear (LLWS) group*
TTGGgg			
Forecast change indicator groups			
FMY1Y1GGgg	TEMPO Y1Y1GG/YeYeGeGe	PROB30 Y1Y1GG/YeYeGeGe	
From group	*Temporary group*	*Probability group*	

TAF 보고 양식

1. Type of Report(보고 종류)
2. ICAO Station Identifier(식별문자)
3. Date and Time of Origin(최초 일시)
4. Valid Period Date and Time(유효일시)
5. Forecast Meteorological Conditions(예보기상상태)
6. =; TAF의 끝부분에 "=" 부호를 붙여 한 TAF가 종료되었음을 나타낸다. TAF는 하나 혹은 여러 개가 함께 발령될 수 있어 이때 각각의 TAF를 구분하기 위해서 "=" 부호를 사용한다.

[1] 보고 종류(type of report)

TAF의 발표는 정기예보발표(TAF)와 수정예보(TAF AMD)와 같이 2종류가 있다. TAF AMD는 최근 발표된 TAF가 현재 기상이나 예보에 부적절하거나 최근 또는 예보된 기상을 대표할 수 없을 때 발표된다.

[2] ICAO 관측소 식별부호(ICAO station identifier)
TAF 코드는 METAR 코드에서 사용된 ICAO 4-문자 위치 식별부호가 사용된다.

[3] 최초일시(date and time of origin)
이 요소는 예보가 실제로 준비된 날짜와 시간이다. 날짜는 2-숫자 그리고 시간은 4-숫자를 공백 없이 표기하고 (z)를 붙인다.

[4] 유효일시(valid period date and time)
예보의 UTC 유효기간은 "/"로 분리된 두 개의 4-숫자 세트로 구성된다.

[5] 예보기상상태(forecast meteorological conditions). TAF의 본문이다. 기본 양식은 다음과 같다.

WIND/VISIBILITY/WEATHER/SKY CONDITION/OPTIONAL DATA(WIND SHEAR)

바람, 시정과 하늘상태 요소는 항상 예보의 최초시각그룹(initial time group)에 포함된다. 기상은 항공에 중요할 때만 포함된다. 만약 유효기간 도중에 어느 요소라도 현저한 변화가 지속할 것으로 예측된다면 변화 요소와 함께 새로운 시간대(time period)가 포함된다. "FM" 그룹을 예외로 하고 새로운 시간대는 변화가 예상되는 이들 요소만 포함된다는 것에 주의해야 한다. 예를 들어 시정이 나빠질 것으로 예상하지만, 바람이 동일하게 유지될 것으로 예상할 때 더욱 낮아진 시정을 반영하는 새로운 시간대는 예보 바람에 포함되지 않는다. 예보 바람은 이전 시간대와 동일하게 유지된다. 특정 기간에 예상된 임시상태는 그 시간대가 포함된다. 다음은 위의 형식에 있는 요소들을 서술한 것이다.
(a) 바람(wind). 5개(6개) 숫자 군으로 보고되고 첫 3-숫자는 예상바람방향과 2-숫자는 풍속(100노트 이상일 때는 3-숫자)로 표기된다. 풍속 다음에 "KT"는 풍속의 단위이다. 돌풍은 풍속 다음에 "G"를 붙이고 다음에 최대예상돌풍(highest expected gust)이 예보된다.
(b) 시정(visibility). 6마일까지(6마일 포함)의 예상 우시정은 육상마일(SM)로 예보되며, 마일의 분수를 포함하여 단위는 "SM"을 붙여 예보된다. 예상 시정이 6마일 이상일 때는 "P6SM(plus six statute miles)"과 같이 표기된다.

- 1/2SM - Visibility one-half statute mile
- 2 1/4SM - Visibility two and one-quarter statute miles
- 5SM - Visibility five statute miles
- P6SM - Visibility more than six statute miles

(c) **기상현상**(weather phenomena). TAF 예보에서 사용되는 예상 기상현상은 METAR 보고와 동일 형식, 서술자 그리고 현상 약어가 사용된다.

(d) **하늘상태**(sky condition). TAF 하늘상태 예보는 METAR 보고에 서술된 METAR 형식을 사용한다.

(e) **선택 데이터**(optional data; wind shear). 윈드시어는 비대류성 저고도 바람(2,000피트까지)의 예보이다.

(f) **확률예보**(Probability Forecast)

뇌우 또는 다른 강수 현상이 발생할 가능성을 의미하는 것으로 관련된 기상상태(바람, 시정, 하늘상태)와 함께 예보된다. PRBO30 그룹은 뇌우 또는 강수의 발생 확률이 30~39% 그리고 PROB40 그룹은 뇌우 또는 강수의 발생 확률이 40~49%일 때 예보된다. 이는 4-숫자 군으로 조합되고 뇌우 또는 강수가 예상되는 기간의 시작시각과 종료시각을 예보한다.

(g) **예보변화지표**(forecast change indicators). 다음의 예보변화지표(indicator)는 예보기상상태의 일부 또는 전부가 급격히 혹은 서서히 아니면 일시적 변화가 예측될 때 사용된다. 각각의 변화지침은 TAF 예보 내에서 시간 그룹을 표기한다.

1. **FM 그룹**(from group). FM 그룹은 일반적으로 1시간 이내에 급격한 변화의 우세한 상태가 예상될 때 사용된다.
2. **BECMG 그룹**. BECMG(becoming) 그룹은 기상상태가 점진적 변화가 단기적 변화보다 긴 것으로(통상 2시간) 예상할 때 사용된다.
3. **TEMPO 그룹**. TEMPO(temporary) 그룹은 바람, 시정, 기상 또는 하늘상태가 1시간 이내로 지속 또는 30분 이내에서 발생이 예상될 때 사용된다.

[6] =; TAF의 끝부분에 "=" 부호를 붙여 한 TAF가 종료되었음을 나타낸다. TAF는 하나 혹은 여러 개가 함께 발령될 수 있어 이때 각각의 TAF를 구분하기 위해서 "=" 부호를 사용한다.

[사례]

```
TAF
KPIR 111140Z 1112/1212 13012KT P6SM BKN100 WS020/35035KT
TEMPO 1112/1114 5SM BR
FM111500 16015G25KT P6SM SCT040 BKN250
FM120000 14012KT P6SM BKN080 OVC150 PROB30 1200/1204 3SM TSRA
BKN030CB
FM120400 14008KT P6SM SCT040 OVC080 TEMPO 1204/1208 3SM TSRA
OVC030CB
```

- *TAF; Terminal Aerodrome Forecast*
- *KPIR; Pierre, South Dakota*
- *111140; prepared on the 11th at 1140 UTC*
- *1112/1212; valid from the 11th at 1200 UTC until the 12th at 1200 UTC*
- *13012KT; wind 130 at 12 knots*
- *P6SM; visibility greater than 6 statute miles*
- *BKN100; ceiling 10,000 broken*
- *WS020/35035KT; wind shear at 2,000 feet, wind from 350 at 35 knots*
- *TEMPO 1112/1114; temporary conditions between the 11th day of the month at 1200 UTC and the 11th day of the month at 1400 UTC*
- *5SM; visibility 5 statute miles*
- *BR; mist*
- *FM111500; from the 11th day of the month at 1500 UTC*
- *16015G25KT; wind 160 at 15 knots gusting to 25 knots*
- *P6SM; visibility greater than 6 statute miles*
- *SCT040 BKN250; 4,000 scattered, ceiling 25,000 broken*
- *FM120000; from the 12th day of the month at 0000Z*
- *14012KT; wind 140 at 12 knots*
- *P6SM; visibility greater than 6 statute miles*
- *BKN080 OVC150; ceiling 8,000 broken, 15,000 overcast*
- *PROB30 1200/1204; 30% probability between the 12th day of the month at 0000 UTC and the 12th day of the month at 0400 UTC*
- *3SM; visibility 3 statute miles*
- *TSRA; thunderstorm with moderate rain showers*
- *BKN030CB; ceiling 3,000 broken with cumulonimbus*
- *FM120400; from the 12th day of the month at 0400 UTC*
- *14008KT; wind 140 at 8 knots*
- *P6SM; visibility greater than 6 statute miles*
- *SCT040 OVC080; 4,000 scattered, ceiling 8,000 overcast*
- *TEMPO 1204/1208; temporary conditions between the 12th day of the month at 0400 UTC and the 12th day of the month at 0800 UTC*
- *3SM; visibility 3 statute miles*
- *TSRA; thunderstorms with moderate rain showers*
- *OVC030CB; ceiling 3,000 overcast with cumulonimbus*

[METAR]
RKSI 170530Z 28009KT 240V300 9999 FEW040 BKN150 BKN180 23/11 Q1009 NOSIG
-The report was made 23 minutes ago, at 05:30 UTC
-Wind 9 kt from the West, varying between West/Southwest and West/Northwest
-Temperature 23°C
-Humidity 47%
-Pressure 1009 hPa
-Visibility 10 km or more
-Few clouds at a height of 4000ft
-Broken clouds at a height of 15000ft
-Broken clouds at a height of 18000ft

[TAF]
RKSI 170500Z 1706/1812 25010KT 9999 FEW030 BKN180 TN19/1721Z TX23/1805Z BECMG 1713/1714 32010KT BECMG 1800/1801 26012KT BECMG 1808/1809 32012KT
-The report was made 53 minutes ago, at 05:00 UTC
-Forecast valid from 17 at 06 UTC to 18 at 12 UTC
-Wind 10 kt from the West/Southwest
-Visibility 10 km or more
-Few clouds at a height of 3000ft, Broken clouds at a height of 18000ft
-Becoming from 17 at 13 UTC to 17 at 14 UTC, Wind 10 kt from the Northwest
-Becoming from 18 at 00 UTC to 18 at 01 UTC, Wind 12 kt from the West
-Becoming from 18 at 08 UTC to 18 at 09 UTC, Wind 12 kt from the Northwest

6.14.3 조종사보고(PIREP)

PIREP은 비행 중 직면한 실제 기상상태에 관한 조종사 보고이다. 비행 중 위험이 될 수 있는 기상상태를 보고함으로써 동일 항로 또는 주변을 비행하는 다른 항공기의 비행 안전에 유용하게 활용할 수 있다. PIREP은 지정된 양식에서 [항목1~6]까지는 모든 PIREP에 포함되어야 하고, [항목7~12]까지는 한두 개 요소만 포함되어도 된다. PIREP 양식이 완전하게 작성되어야 하지만 가능한 한 간결하게 작성하고, 엄격한 양식 또는 용어에 너무 집착할 필요는 없다. 중요한 것은 조종사의 관측이 다른 조종사에게 전파되어 적시에 유용하게 사용되어야 한다는 점이다. 기상 현상에 대한 약어는 METAR에 사용된 부호와 약어를 사용한다.

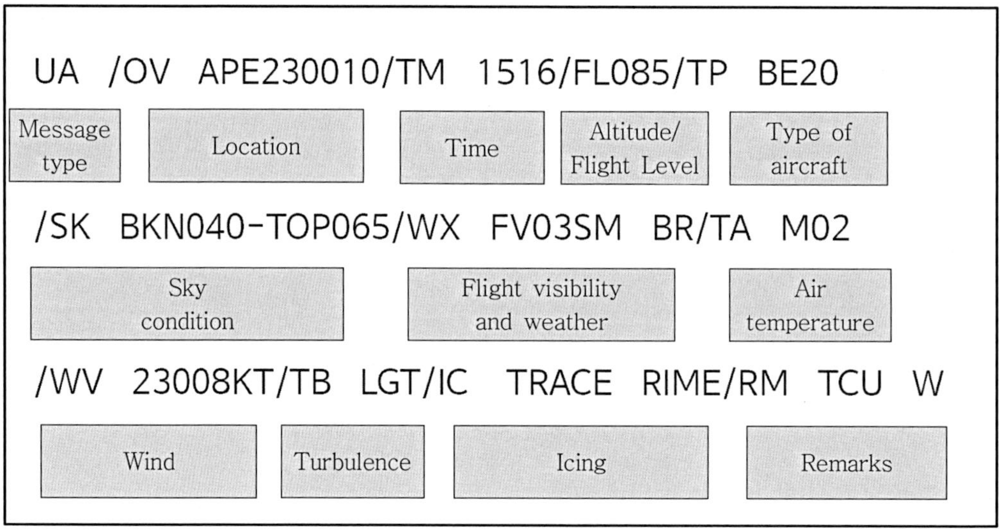

[EXAMPLE]
KCRW UV /OV KBKW 360015-KCRW /TM 1815 /FL120 /TP BE99
/SK IMC/WX RA/TA M08 /WV 290030 /TB LGT-MDT/IC LGT RIME/RM MDT MXD ICG DURC KROA NWBND FL080-100 1750Z
...Beckley VOR(KBKW)의 북쪽 15마일부터 Charleston VOR까지; 시간 1815 UTC; 고도 12,000피트; 기종 BE-99; 운중; 비; 기온 -8℃; 바람 290/30(자북/노트); 난기류 약함에서 중간; 약한 Rime 착빙, 고도 8,000피트와 10,000피트, 시간 1750 UTC 위치 Roanoke, VA로부터 북서 방향으로 상승 중...

6.14.4 기상도 부호

(1) 기상도 부호

항공 기상도에 표기되는 부호는 다음과 같다.

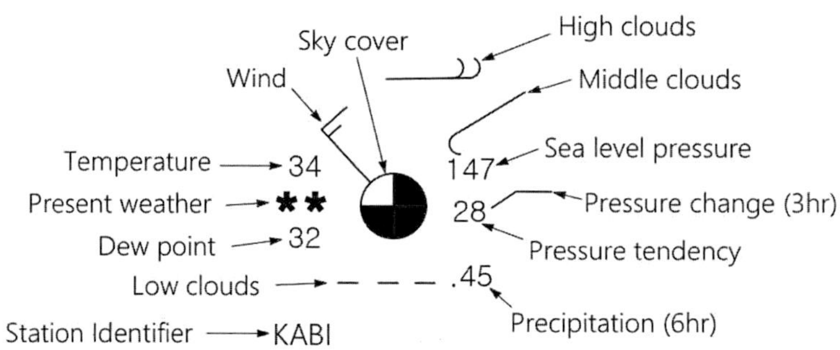

【그림6-34】 기상도 부호-1

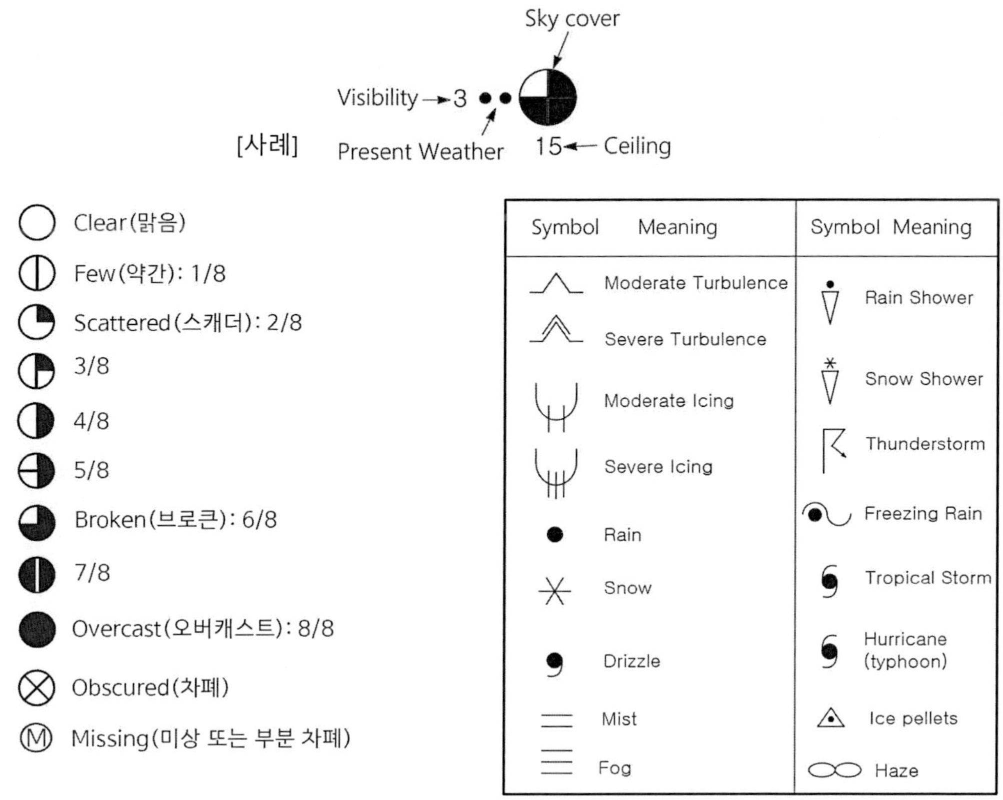

【그림6-35】 기상도 부호-2

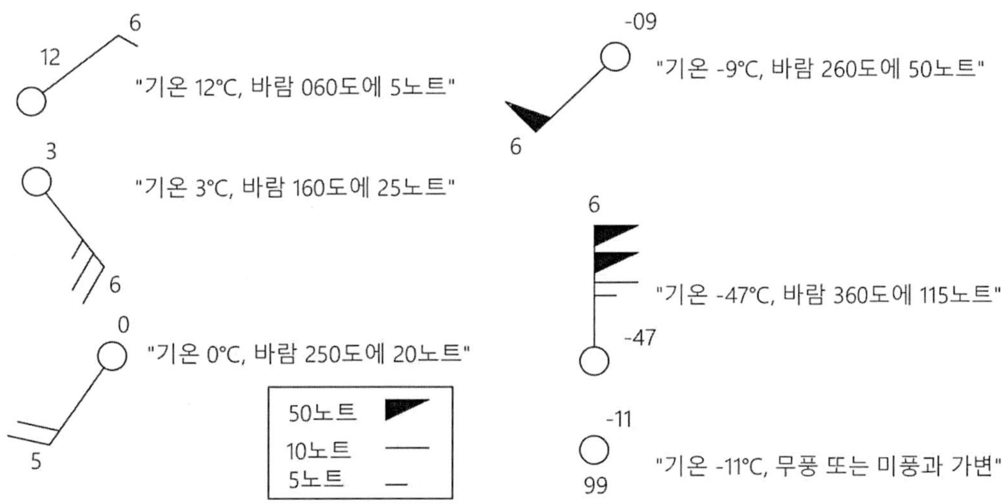

【그림6-36】 기상도 부호-3(풍향풍속)

(2) 기상 부호 사례

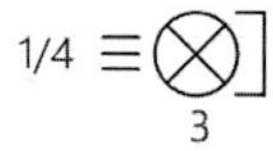

하늘 전체 차폐와 수직 시정 300피트, 시정 1/4에 안개, 자동관측장치로 결정

FEW(구름 높이 보고되지 않음)

BKN, 실링 1200피트, 소나기 강수, 시정 6마일 이상

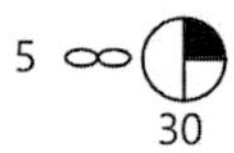

SCT, 운고 3000피트, 시정 5마일, 실안개(haze)

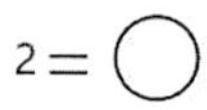

Clear, 지면안개로 시정 2마일

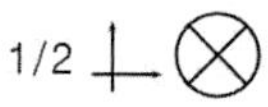

차폐, 시정 1.5마일, 눈보라, 구름층은 보고되지 않았음

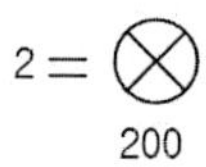

차폐, 시정은 안개로 2마일, 20,000피트에 구름 형성

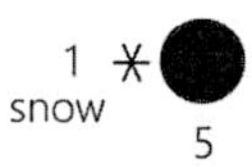

OVC, 실링 500피트, 시정 1마일, 눈

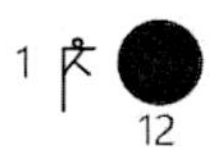

OVC, 실링 1200피트, 뇌우 발달, 시정 1마일.

자료 미상

(3) 기상 부호 용어

- 운량(sky cover)
- 바람(wind)
- 기온(temperature)
- 이슬점(dew point)
- 관측소 식별문자(station identifier)
- 해수면 기압(sea level pressure)
- 기압변화/추세((pressure change/trend)
- 강수(precipitation)
- 상층운/중층운/하층운 (high cloud/middle cloud/low cloud)
- 현재 기상(present weather)
- 실링(ceiling)
- 중간/심한 난기류 (moderate/severe turbulence)
- 중간/심한 착빙(moderate/severe icing)
- 비, 이슬비, 눈(rain, drizzle, snow)
- 박무, 안개(mist, fog)
- 어는비(freezing rain)
- 뇌우(thunderstorm)
- 실안개(haze)
- 싸락눈(ice pellet)
- 소낙비(rain shower)
- 허리케인/태풍(hurricane/typhoon)
- 열대성 폭풍(tropical storm)

기출문제 및 예상문제

1. 지구 자전에 대해서 맞게 설명하고 있는 것은?

① 지구가 태양의 주위를 일정한 궤도로 회전하는 현상

② 지구가 전향력의 힘에 의해서 회전하는 현상

③ 지구가 지축을 원심력에 의해서 회전하는 현상

④ 지구가 지축을 중심으로 회전하는 현상

【해설】 *자전(rotation)은 지축을 중심으로 한 지구의 회전이고, 공전(revolution)은 태양을 중심으로 한 지구의 회전이다.*

2. 물질과 물질 사이의 접촉으로 에너지가 전달되는 물리적 현상은?

① 방사　　② 전도

③ 대류　　④ 이류

【해설】 *전도(conduction)는 열원에 직접 접촉으로 열이 전달되는 물리적 현상이다. 대류(convection)는 분자의 운동으로 그리고 복사(radiation)는 파장이나 입자의 형태로 에너지가 전달되는 현상이다.*

3. 대기 중의 더운 공기는 위로 그리고 찬 공기는 아래로 이동하는 공기의 순환은?

① 대류　　② 전도

③ 이류　　④ 환류

4. 대류권에 분포된 가스는 어떻게 구성되어 있는가?

① 고도에 따라 분포도는 감소하는 경향이 있다.

② 고도가 증가하면 분포도는 증가하는 경향이 있다.

③ 고도와 관계없이 분포도는 일정한 것으로 간주한다.

④ 공기가 함유한 수증기량에 따라 분포도는 달라진다.

【해설】 *균질권(homogeneous atmosphere)은 대류가 활발해 공기의 혼합이 잘 이루어져 대기의 성분이 일정한 고도 100km 이하의 대기층이다.*

5. 대기 중의 공기는 끊임없이 크고 작은 순환이 이루어지고 있다. 이 같은 순환의 주요 원인?

① 지구와 태양 사이의 거리　　② 지표면의 불규칙 가열

③ 태양 표고각　　④ 태양이 지구에 방사하는 시간

【정답】 1.④　2.②　3.①　4.③　5.②

【해설】 대기 순환(atmospheric circulation)의 주원인은 태양이 지구를 불규칙하게 가열하기 때문이다. 따라서 "적도지방-더운 공기-상승, 극지방-찬 공기-하강"의 순환이 형성된다.

6. 대기를 구성하고 있는 기체 중 산소의 대략적인 분포율은 얼마인가?

① 78% ② 50%

③ 1% ④ 21%

【해설】 균질권 내에서 공기 성분의 비율은 일정하다.

7. 지표면에서 발생하는 모든 기상현상이 발생하는 층으로 평균 높이가 지표면으로부터 약 10~15km인 층은?

① 대류권 ② 성층권

③ 열권 ④ 중간권

【해설】 대기권의 가장 아래에 있는 층이다. 높이는 위도와 계절에 따라 변화하지만 대체로 약 10km 정도이며, 공기가 활발한 대류를 일으켜 기상현상이 발생한다.

8. 지구를 둘러쌓고 대류권의 높이가 다른 이유는 무엇인가?

① 지표면의 상태에 따른 차이 때문이다.

② 육지와 수면의 비열 차이 때문이다.

③ 기온에 따른 공기밀도의 분포가 다르기 때문이다.

④ 지구의 자전에 따른 계절적 요인 때문이다.

9. 물의 상태 변화에서 열을 발산하는 과정은?

① 응축과 응결 ② 응축과 증발

③ 응결과 용해 ④ 증발과 용해

【해설】 물의 상태 변화에서 응축(condensation)과 응결(freezing)은 열을 발산하는 과정이고, 융해(melting)와 증발(evaporation)은 열을 수렴한다.

10. 물의 상태가 기체에서 고체로 직접 변화는 승화 과정에서 잠재된 열은 어떻게 변하는가?

① 이 과정에서 열의 변화는 없다.

② 이 과정에서 열을 흡수(수용)한다.

③ 이 과정에서 열에너지 자체가 증가한다.

④ 이 과정에서 열을 방출한다.

11. 구름이 형성되는 과정에서 발생할 수 있는 열의 변화는?

① 구름 내부에서는 열은 어떠한 변화도 발생하지 않고 외부에서만 기온의 변화가 발생한다.

② 구름 내부에서는 상승 및 하강기류에 의해서만 상층으로 올라간다.

③ 구름 내부에서 막대한 양의 열이 방출되어 기온이 올라간다.

④ 구름 내부에서는 막대한 양의 열에너지가 증가하여 기온이 올라간다.

【정답】 6.④ 7.① 8.③ 9.① 10.④ 11.③

12. 기온이 0℃ 이하에서도 물방울이 액체 상태로 존재하는 것은?

① 과냉각 수　　② 응결 수
③ 용해 수　　④ 수증기

【해설】 과냉각 수(supercooled water)는 기온이 결빙점(freezing point) 이하에서 액체 상태로 남아 있는 물이다. 과냉각 수가 다른 물체에 부딪히자마자 얼어버린다.

13. 비행 중 과냉각 물방울의 위험성을 올바르게 설명하고 있는 것은?

① 영상과 영하의 기온이 동시에 존재한다는 것으로 기온의 급강하 가능성 때문이다.
② 항공기의 표면에 부딪히는 순간 얼음으로 변할 수 있기 때문이다.
③ 항공기 조종사의 시정에 큰 지장을 초래할 수 있기 때문이다.
④ 언제든지 응결되어 급속한 구름으로 형성할 수 있기 때문이다.

14. 물질 상태 변화에서 상위 상태로 변화시키는데 요구되는 열에너지는 무엇인가?

① 비열　　② 현열
③ 잠열　　④ 열량

【해설】 잠열(latent heat)은 온도의 변화 없이 상태 변화의 원인이 되는 재료에 더해지는 열이다. 용어가 의미하는 것과 같이 숨어 있는 열이다. 또는 물의 상태 변화 과정 중에 방출하거나 흡수하는 열의 양이다.

15. ICAO에서 정하고 있는 표준대기의 기준은?

① 평균 중위도, 해수면, 성층권 하단과 대류권
② 적도, 해수면, 성층권 하단의 대류권
③ 평균 고위도, 해수면, 성층권 하단의 대류권
④ 평균 중위도, 평균기지면, 성층권 하단의 대류권

16. ICAO에서 지정한 표준대기의 조건은 어느 것인가?

① 기온; 15℃, 기압 29.92"Hg, 기온감률 2℃
② 기온; 0℃, 기압 760mm, 기온감률 2℃
③ 기온; 15℃, 기압 29.92"Hg, 기온감률 3℃
④ 기온; 0℃, 기압 1013.2mb, 기온감률 3℃

17. 기상의 모든 물리적 과정에 동반하는 것은?

① 공기의 이동　　② 기압차
③ 열 교환　　④ 지구의 자전과 공전

【해설】 지구기상의 모든 물리적 과정은 열 교환(heat exchange)을 동반하거나 열 교환의 결과로 인한 것이다.

【정답】 12.① 13.② 14.③ 15.① 16.① 17.③

18. 기상보고 지점들 사이에 고도계 수정치가 다른 이유는?

① 지표면의 불균등 가열 ② 상이한 지형표고

③ 코리올리스의 힘 ④ 주간과 야간 시간의 차이

【해설】 *지표면의 불균등 가열은 대기압(air pressure)의 차이가 발생하는 원인이 되고 이는 기상보고 지점들 사이에 고도계 수정치(altimeter setting)에서 다르게 반영된다.*

19. 고도 5,000피트(AGL)에서 남서풍이고 지상에서는 남풍이 불고 있다. 이 풍향의 차이는 주로 무엇으로 인한 것인가?

① 더 높은 고도에서 더 강한 기압경도

② 바람과 지표면 사이 마찰

③ 지표면에서 더 강한 코리올리스의 힘

④ 공기밀도의 차이

【해설】 *고도 5,000피트에서 상층풍(wind aloft)은 코리올리스의 힘(Coriolis force)에 의한 큰 영향을 받아 바람이 오른쪽으로 편향(deflection)하는 경향이 있다. 그러나 풍속이 더 느려지는 지상에서는 코리올리스의 힘이 더 작게 작용하기 때문에 바람은 더 남쪽으로 불 수 있다. 풍속(wind speed)이 느려지는 것은 바람과 지표면 사이의 마찰(friction)로 인해 지상에서 더 느리다.*

20. 해풍과 관련된 대류순환 패턴의 원인이 되는 것은?

① 수면에서 육지로 이동하고 있는 온난하고 밀도가 있는 공기

② 육지보다 빠른 물의 흡수력과 열 방출

③ 수면에서 육지로 이동하고 있는 서늘하고 밀도가 있는 공기

④ 수면과 육지 사이의 공기밀도의 차이

【해설】 *해풍(sea breeze)은 수면에서 육지로 이동하고 있는 서늘하고 밀도가 더 높은 공기로 인한 대류순환(convective circulation)을 형성한다. 육지 상공에 있는 공기가 더 빠르게 가열되면서 공기를 위로 밀어 올리고, 수면에서는 더 찬 공기가 아래로 내려오면서 공기흐름을 육지 쪽으로 밀어내면서 대류순환 패턴을 형성한다. 따라서 해풍의 원인은 육지가 수면보다 더 빨리 가열되기 때문이다.*

21. 산바람과 골바람의 주요 원인은?

① 골바람; 경사면의 불규칙 가열, 산바람; 경사면의 복사냉각의 차이

② 골바람; 경사면의 불규칙 가열, 산바람; 경사면의 풍향의 차이

③ 골바람; 경사면의 균등한 가열, 산바람; 경사면의 풍향의 차이

④ 골바람; 경사면의 균등한 가열, 산바람; 경사면의 복사냉각의 차이

【해설】 *산바람(mountain breeze)은 능선(산등성이)에서 계곡(valley)으로 불어 내려오는 바람이다. 야간에는 낮과 반대로 계곡 기온이 높고, 능선 기온이 낮아 바람이 산 위쪽에서 계곡으로 불어 내려온다.*

【정답】 18.① 19.② 20.③ 21.①

22. 산바람과 골바람에 대해서 맞는 것은?

① 골바람; 산 아래에서 산 정상으로, 산바람; 산 정상에서 산 아래로
② 골바람; 산 정상으로 산 아래에서, 산바람; 산 정상에서 산 중간 능선으로
③ 골바람; 산 아래에서 산 정상으로, 산바람; 산 정상에서 산 중간 능선으로
④ 골바람; 산 아래에서 산 중간 능선으로, 산바람; 산 정상에서 산 아래로

23. 일반적으로 해풍과 육풍 중 어느 것이 강하게 형성되는가? 그리고 그 이유는 무엇인가?

① 해풍, 복사열>복사냉각; 기온감률이 낮다.
② 해풍, 복사열<복사냉각; 기온감률이 낮다.
③ 육풍, 복사열<복사냉각; 기온감률이 낮다.
④ 육풍, 복사열>복사냉각; 기온감률이 낮다.

24. 산바람(산풍)에 대해서 가장 잘 설명하고 있는 것은?

① 산바람은 주간에 형성되는 바람이다.
② 동일 지역에서 산의 경사도에 따라 발생하는 바람이다.
③ 산바람은 산 정상 쪽으로 부는 바람이다.
④ 산바람은 낮과 밤의 열적 순환에 의한 바람이다.

25. 날씨가 맑은 날 주간 해안가 근처의 활주로에 부는 바람에 대해서 맞게 설명하고 있는 것은?

① 육지에서 해양 쪽으로 불어가는 바람을 경험할 수 있다.
② 육지와 해양의 복사냉각 차이에 의해서만 형성되는 바람이다.
③ 이 바람은 아침에 최대로 경험할 수 있다.
④ 바다에서 육지로 불어오는 바람으로 오후 늦게 최대가 된다.

26. 해륙풍에 관한 내용을 올바르게 설명하고 있는 것은?

① 해륙풍의 근본적인 차이는 전향력이다.
② 해륙풍의 원인은 태양 복사열과 지표면 복사냉각이다.
③ 해풍은 야간에 그리고 육풍은 주간에 형성되는 국지풍이다.
④ 육풍이 해풍에 비해서 강하다.

27. 온난상승기류의 발달은 무엇에 달려 있는가?

① 태양열　　② 기온역전
③ 공기의 시계반대방향 순환　　④ 지형적 상승

【해설】 온난상승기류(thermals)는 소규모 대류성 기류에 있는 상승기류(updraft)이다. 대류성 기류(convective currents)는 지표면의 불균등 가열이 원인이다. 지표면은 태양열(solar heating)에 의해서 가열된다.

【정답】 22.① 23.① 24.④ 25.④ 26.② 27.①

28. 두 개의 서로 다른 기단 사이의 경계는 무엇인가?

① 전선소멸 ② 전선 발생

③ 전선 ④ 정체전선

【해설】 전선(front)은 서로 다른 특징을 지닌 두 개의 인접한 기단(air masses) 사이의 표면, 중간지대 혹은 불연속 전이지대(transition zone of discontinuity)이다. 전선은 두 개의 서로 다른 기단 사이의 경계(boundary)이다.

29. 기단이란 무엇인가?

① 공기군에 관련된 유사한 구름 형태

② 공기군이 지표면을 횡단하여 이동할 때 바람 변화가 발생한다.

③ 광범위한 지역을 덮고 기온과 습도의 독특한 특성을 갖는다.

④ 공기군은 어느 특정 지역에서 다양한 기상 특성을 갖는다.

【해설】 기단(air masses)은 수평적 평면에서 기온과 습도의 조건이 필수적으로 균등하게 분포된 공기의 거대한 덩어리이다. 일반적으로 기단은 그것이 덮고 있는 광활한 지역의 특성을 갖는다.

30. 기단이 지닌 특성을 설명한 것으로 맞는 것은?

① 유사한 기온과 습도의 특성을 지닌 공기 덩어리

② 유사한 지형적 특성을 지닌 곳에서 발생한 공기 덩어리

③ 유사한 기압과 습도의 특성을 지닌 공기 덩어리

④ 유사한 공기밀도와 기온의 특성을 지닌 공기 덩어리

31. 기단으로 발달하기 위한 발원지의 공통된 특성은?

① 지형적 형태와 관계없이 공기의 이동이 활동한 지역

② 지형적 형태와 관계없이 공기의 이동이 미약한 지역

③ 수평으로 평평한 지역과 공기의 이동이 정체 또는 미약한 지역

④ 수평으로 평지이면서 공기의 이동이 활발한 지역

32. 기단의 발원지가 고위도 지방의 대륙 특성을 지닌 기단으로 매우 건조한 기단은?

① 대륙성한랭기단 ② 대륙성열대기단

③ 한대기단 ④ 적도기단

33. 우리나라의 한겨울에 한파를 몰고 오는 매우 차고 건조한 기단은?

① 대륙성한랭기단 ② 해양성한랭기단

③ 대륙성열대기단 ④ 한대기단

【정답】 28.③ 29.③ 30.① 31.③ 32.① 33.①

34. 주로 적도 해상에서 발달하여 매우 습하고 무더운 기단으로 우리나라에 태풍과 함께 한반도로 이동하는 기단은?

① 적도기단 ② 해양성열대기단
③ 대륙성열대기단 ④ 해양성 한랭기단

35. 한반도의 여름철에 고온다습한 공기가 유입되면서 많은 비와 대기의 불안정을 초래하면서 급격한 뇌우를 발생시키는 기단은?

① 적도기단 ② 해양성열대기단
③ 대륙성열대기단 ④ 해양성 한랭기단

36. 한랭전선에 관한 내용으로 맞는 것은?

① 일반적으로 발생하는 구름은 층운형이다.
② 전선의 경사가 비교적 얕다.
③ 전선의 형태가 마치 쐐기 모양이다.
④ 찬 공기가 밑으로 깔리는 경향이 있고 대기는 대체로 불안정하다.

37. 온난전선에 관한 내용이다. 맞는 것은 어느 것인가?

① 시정이 대체로 불량하고 안개와 함께 지속성 비가 내린다.
② 전선의 이동 속도가 비교적 빠르다.
③ 전선의 경사는 매우 깊은 것이 특징이다.
④ 온난전선에서 내리는 강수는 전선의 뒤쪽임을 예측할 수 있다.

38. 전선지대에서 발생하는 난기류에 관한 내용으로 맞는 것은?

① 전선지대에서는 오직 풍속의 변화만 관찰할 수 있는 윈드시어가 발생한다.
② 한랭전선보다 온난전선의 난기류가 더 강하다.
③ 한랭전선은 전선의 통과 전을 더 조심해야 한다.
④ 온난전선은 전선의 통과 후에 더 조심해야 한다.

39. 고기압과 저기압 체계에 관해서 올바르게 서술하고 있는 것은?

① 고기압 지역 또는 마루는 상승하고 있는 공기의 지역이다.
② 저기압 지역 또는 골은 하강하고 있는 공기의 지역이다.
③ 고기압 지역 또는 골은 상승하고 있는 공기의 지역이다.
④ 고기압 지역 또는 마루는 하강하고 있는 공기의 지역이다.

【해설】 고기압(high-pressure) 지역에서 공기는 저기압(low-pressure) 공기보다 무겁기 때문에 하강하는 특성을 갖는다. 마루(ridge)는 고기압이 길게 형성된 지역이다.

【정답】 34.① 35.② 36.④ 37.① 38.② 39.④

40. 전선을 가로질러 통과할 때 주요 기상현상의 변화는?

① 풍향 ② 강수의 종류

③ 기단의 안정성 ④ 운량의 변화

【해설】 *전선(front)은 서로 다른 특징을 지닌 두 개의 인접한 기단 사이의 표면, 중간지대 혹은 불연속 전이지대이다. 이들 전선 사이에 기압차가 다르고 공기밀도가 다르므로 한 전선에서 다른 전선을 통과할 때 항상 바람 방향이 변할 수 있다는 것을 예상해야 한다.*

41. 조종사가 전선을 가로질러 통과하고 있음을 가장 쉽게 알 수 있는 한 방법은?

① 기온의 변화 ② 운량의 증가

③ 상대습도의 변화 ④ 시정의 변화

【해설】 *전선을 가로질러 통과하고 있음을 가장 쉽게 알 수 있는 한 방법은 기온의 변화를 통해서 알 수 있다. 전선을 통과하고 있을 때 조종사는 특히 저고도에서 상당한 기온의 변화를 감지할 수 있을 것이다.*

42. 만약 당신이 착륙하고자 하는 공항 근처에 뇌우가 활성화되고 있다면 착륙 접근 중에 예상할 수 있는 위험한 기상현상은?

① 정전기 ② 일정한 방향으로 부는 강한 바람

③ 지속성 비 ④ 윈드시어 난기류

【해설】 *뇌우(thunderstorm) 근처에서 예상할 수 있는 가장 위험한 기상현상은 윈드시어 난기류(windshear turbulence)이다.*

43. 때때로 한랭전선 전방에서 발달하는 폭이 좁은 비전선성 활성 뇌우는 무엇인가?

① 전선 전 체계 ② 스콜라인

③ 건조선 ④ 전선 후 체계

【해설】 *스콜라인(squall line)은 가끔 한랭전선(cold front) 전방에서 발달하는 폭이 좁은 비전선성 활성 뇌우(nonfrontal, narrow band of active thunderstorm)이다.*

44. 뇌우가 형성되는데 필수적인 조건들은?

① 높은 습도, 상승작용, 그리고 불안정성

② 높은 습도, 고온, 그리고 적운 구름

③ 상승작용, 습한 공기, 그리고 광범위한 운량

④ 높은 습도, 상승작용, 그리고 대기의 안정성

【해설】 *뇌우가 형성되기 위해서는 충분한 수증기(water vapor), 불안정 기온감률(lapse rate), 그리고 초기 상승작용(lifting force) 조건을 갖추어야 한다.*

45. 뇌우의 생명주기에서 뚜렷한 하강기류가 발달하는 것은 어느 단계로 보아야 하는가?

① 적운 단계 ② 소멸 단계

③ 성숙 단계 ④ 상승기류 단계

【정답】 40.① 41.① 42.④ 43.② 44.① 45.②

【해설】 뇌우(thunderstorm)의 생명주기(life cycle)는 적운(cumulus), 성숙(mature), 그리고 소멸(dissipating) 단계로 발달하는 경향이 뚜렷하다. 이 중 뚜렷한 하강기류는 뇌우가 소멸단계에 접어들었음을 나타낸다.

46. 뇌우가 최강에 도달하는 시기는?

① 성숙 단계　② 하강기류 단계
③ 적운 단계　④ 상승기류 단계

【해설】 뇌우가 성숙 단계에 접어들었을 때 강도는 최대가 된다.

47. 일반적으로 뇌우의 적운 단계와 관련이 있는 특징은?

① 회전구름　② 운량이 증가하고 시정이 악화됨
③ 빈번한 번개　④ 지속적인 상승기류

【해설】 뇌우의 적운 단계는 폭풍을 형상하는 지속적인 상승기류(updraft)의 발달이다.

48. 뇌우가 성숙 단계에 접어들었음을 무엇으로 판단할 수 있는가?

① 모루 정점이 형성되기 시작한다.　② 강수가 시작된다.
③ 지속적인 하강기류가 시작된다.　④ 강풍이 불고 운고가 낮아진다.

【해설】 뇌우가 성숙 단계에 접어 들었음을 판단할 수 방법은 지상에 강수가 내리기 시작하는 시기이다.

49. 일반적으로 항공기 운항에 큰 위험이 될 수 있는 뇌우는?

① 스콜라인 뇌우　② 지속성 뇌우
③ 온난전선 뇌우　④ 한랭전선 뇌우

【해설】 스콜라인(squall line)은 폭이 좁은 비전선성 활성 뇌우이다. 이것은 때때로 심한, 지속성 뇌우(steady-state thunderstorm)를 포함하고 항공기 운항에 가장 큰 단일 기상위험으로 나타난다.

50. 뇌우의 적운 단계에서 지속해서 공기를 상승시킬 수 있는 원동력은 무엇인가?

① 기압차　② 잠열
③ 공기밀도　④ 안정도

51. 뇌우와 항상 동반하는 기상현상은?

① 번개　② 폭우
③ 우박　④ 악시정

【해설】 뇌우는 용어가 의미하는 것과 같이 항상 번개(lightning)를 동반하고, 번개는 천둥(thunder)을 일으키는 원인이 된다. 통상적으로 폭우(heavy rain)가 내릴 수 있지만 대신 우박이 내릴 수 있다. 우박(hail)은 상승 힘이 결빙층(freezing level)까지 확대되고 과냉각 물방울(supercooled waterdrop)이 얼기 시작할 때만 발생한다.

【정답】 46.① 47.④ 48.② 49.① 50.② 51.①

52. 뇌우의 적운 단계에서 상승기류와 하강기류의 발달에 대해서 맞는 것은?

① 수증기의 응축과정에서 발산되는 잠열은 구름 내부의 기온을 상승시켜 지속적인 상승 원동력을 제공한다.

② 수증기의 냉각과정에서 발생하는 잠열의 흡수는 기온을 상승시켜 지속적인 상승 원동력을 제공한다.

③ 수증기의 응축과정에서 흡수되는 잠열은 구름 내부의 기온을 상승시켜 지속적인 상승 원동력을 제공한다.

④ 수증기의 승화 과정에서 흡수되는 잠열은 구름 내부의 기온을 상승시켜 지속적인 상승 원동력을 제공한다.

53. 비행 중 구조적 착빙이 형성되기 위한 필수조건의 하나는?

① 작은 기온/이슬점 분포　　② 층운형 구름

③ 가시적 습기　　④ 브로큰 이상의 운량

【해설】 *비행 중 구조적 착빙(structural icing)이 형성되기 위해서는 먼저 항공기가 비 혹은 구름방울과 같은 가시적 습기(visible moisture) 속을 비행해야 하고, 습기가 항공기 구조에 부딪히는 부분의 기온이 결빙 또는 그 이하가 되어야 한다.*

54. 항공기의 구조적 착빙이 최대 축적률로 형성될 수 있는 환경은?

① 결빙기온 이하에서 적운 구름　　② 어는 이슬비

③ 어는비　　④ 저고도 이슬비

【해설】 *항공기 운항에 매우 위험한 착빙을 일으킬 수 있는 조건은 많은 양의 크고 과냉각된 물방울의 존재이다. 이는 곧 결빙되는 비를 의미한다. 일반적으로 가장 착빙이 잘 형성되는 곳은 결빙 고도(freezing level) 또는 약간 높은 고도이다.*

55. 항공기에 착빙이 형성되었을 때 어떤 영향을 받을 수 있는가?

① 무게 증가, 양력 감소, 항력 증가　　② 무게 증가, 양력 감소, 항력 감소

③ 무게 감소, 양력 증가, 항력 증가　　④ 무게 감소, 양력 증가, 항력 감소

56. 물방울이 항공기 표면에 부딪히면서 표면을 덮은 수막이 그대로 얼어붙어 투명하고 단단해지는 착빙은?

① 맑은 착빙　　② 거친 착빙

③ 혼합 착빙　　④ 서리

57. 주로 가랑비라든지 층운형 구름 속에서 항공기 표면에 부딪힌 물방울이 퍼지기 전에 급속 냉각되어 형성되는 착빙은?

① 맑은 착빙　　② 거친 착빙

③ 혼합 착빙　　④ 서리

【정답】 52.① 53.③ 54.③ 55.① 56.① 57.②

58. 항공기 구조적 착빙에 최소한으로 영향을 줄 수 있는 구름은 어느 것인가?

① 낮은 구름 ② 높은 구름

③ 수직으로 발달한 구름 ④ 중간 높이 구름

【해설】 일반적으로 높은 구름은 전체가 얼음 수정체로 구성되어 있다. 따라서 얼음은 이미 얼어 있으므로 항공기의 구조적 표면에서 더 이상 얼지 않는다.

59. 지표면에 얼음 싸라기가 내리는 것은 어떤 기상현상의 존재를 나타내는가?

① 지역에 뇌우가 있다.

② 한랭전선이 통과하고 있다.

③ 온난전선이 통과하고 있다.

④ 더 높은 고도에 어는비와 함께 기온역전이 있다.

【해설】 더 찬 공기 속을 통과해서 내리고 있는 비는 하강하면서 얼어버려 얼음 싸라기(ice pellets)가 되어 내린다. 얼음 싸라기는 항상 더 높은 고도에 어는비(freezing rain)가 존재한다는 것을 나타낸다.

60. 아몬드 혹은 렌즈 모양 구름은 정체된 것처럼 보이지만 50노트 또는 그 이상의 강풍을 내포하고 있다. 이것은 무엇인가?

① 비활성 전성 구름 ② 깔때기 구름

③ 일정 층의 적운 ④ 렌즈 구름

【해설】 렌즈 구름(lenticular cloud)은 명칭이 의미하는 것과 같이 아몬드 혹은 렌즈 모양(lens-shaped)으로 산 정상에 정체된 산악파(mountain waves)로 알려져 있다. 이들은 상승기류에서 형성되고 하강기류에서 소멸하기 때문에 바람이 이들을 통해서 부는 것처럼 움직임이 없는 것이 특징이다. 아몬드 혹은 렌즈 모양 구름은 정체된 것처럼 보이지만 50노트 또는 그 이상의 강풍을 내포하고 있다.

61. 정체 산악파의 정점은 움직임이 없는 것처럼 보일 수 있고, 이때 렌즈 모양 구름은?

① 유방적운 구름 ② 정체렌즈구름

③ 회전구름 ④ 탑상운

【해설】 정체 산악파의 정점에 나타나는 렌즈 모양 구름은 정체렌즈구름(standing lenticular cloud)이라 한다. 이들은 상승기류에서 형성되고 하강기류에서 소멸하기 때문에 바람이 이들을 통해서 부는 것처럼 움직임이 없는 것이 특징이다.

62. 산악파 난기류의 가능성은 바람이 40노트 또는 그 이상 그리고 어떠한 상태일 때 예상할 수 있는가?

① 산 능선을 가로질러 통과하고, 공기가 안정되었을 때

② 계곡으로 하강하고, 공기가 불안정되었을 때

③ 산 정상과 평행하게 불고 공기가 안정되었을 때

④ 계곡을 가로질러 통과하고, 공기가 불안정되었을 때

【정답】 58.② 59.④ 60.④ 61.② 62.①

【해설】 산악파 난기류(mountain turbulence)의 가능성은 공기가 안정되고, 바람이 산 능선을 40노트 또는 그 이상으로 통과할 때 항상 예상해야 한다.

63. 산악파 난기류의 가장 위험한 구역은?
① 회전구름의 상하좌우 전체 구역
② 회전구름의 위
③ 렌즈구름의 내부와 아래
④ 회전구름의 내부와 아래

【해설】 안정된 공기가 산 능선(ridge)을 가로질러 흐를 때 거대한 파장(large wave)이 풍하(downwind) 구역에 형성된다. 각 파장 정점의 아래는 강력하게 회전하는 구름이 형성되고 이를 회전구름(rotor cloud)이라 한다. 이들 회전구름 속 혹은 아래에는 강력한 난기류가 존재한다는 것을 항상 염두에 두어야 한다.

64. 윈드시어가 가장 잘 발생하는 위치나 장소는?
① 오직 높은 고도에서만 발생한다.
② 오직 낮은 고도에서만 발생한다.
③ 모든 고도와 전 방향에서 발생한다.
④ 모든 고도 그리고 수평으로만 발생한다.

【해설】 윈드시어(wind shear)는 두 개의 서로 다른 방향, 또는 속도 혹은 풍향과 풍속 모두에서 서로 종류가 다른 파형이다. 따라서 윈드시어는 대기의 어느 높이 혹은 방향에서 풍향풍속의 변동이 발생할 수 있다.

65. 조종사는 지표면 상공 2,000피트~4,000피트 고도에서 풍속이 최소한 얼마가 되었을 때 기온역전이 존재하는 지역에서 윈드시어 지대를 예상할 수 있는가?
① 10노트　　② 15노트
③ 25노트　　④ 30노트

【해설】 일몰(sunset) 전후 수 시간 이내에 맑은 하늘 아래에 무풍 속에서 이륙 혹은 착륙할 때 지표면 근처에서 기온역전(temperature inversion)에 대비해야 한다. 만약 당신이 지표면 상공 2,000~4,000피트 고도에서 25노트 또는 그 이상의 풍속이 존재한다면 기온역전이 존재하는 지역에서 윈드시어 지대를 예상해야 한다. 이때 난기류 혹은 급격한 풍속의 변화로 인한 실속의 위험에 대비해서 정상 접근과 착륙을 위한 여분의 속도를 유지해야 한다.

66. 위험한 윈드시어가 발생할 것으로 예상할 수 있는 것에 관해서 가장 잘 서술하고 있는 것은?
① 렌즈형 구름층을 형성하면서 이동하는 곳에서 안정된 공기가 산악 장애물을 통과할 때
② 적운형 구름이 역학적 혼합을 지시하고 있을 때 전선 통과 전
③ 층적운 구름이 역학적 혼합을 지시하고 있을 때 전선 통과 후
④ 저고도 기온역전, 전선지대, 그리고 청천난기류 지역

【해설】 윈드시어는 풍향풍속의 급격한 변동이고 통상 수직과 수평 윈드시어라고 한다. 일반

【정답】 63.④　64.③　65.③　66.④

적으로 항공기 운항에 위험을 초래할 수 있는 윈드시어는 저고도 기온역전, 전선지대, 그리고 청천난기류(clear air turbulence; CAT) 지역이다.

67. 이륙 직후 또는 착륙 접근 중 기온역전에 조우했다면 잠재적 위험은 무엇으로 인한 것인가?

① 윈드시어　　② 강한 지상풍

③ 강한 대류성 기류　　④ 강한 상승기류

【해설】 윈드시어는 강한 바람과 함께 온난 공기로 덮여 있는 찬 무풍 공기 사이에 있는 지대에서 발달한다. 이것은 때때로 기온역전 중에 발생한다.

68. 윈드시어란 무엇인가?

① 풍향풍속의 급격한 변화가 일어나는 바람

② 국지풍의 일종으로 지표면의 불규칙 가열이 주원인이다.

③ 강력하게 회전하는 성향이 있는 바람이다.

④ 무풍에서 최대풍속까지 1분 동안 지속하는 바람이다.

69. 정상 접근 중 갑자기 속도가 떨어지는 현상을 경험했다. 어떤 유형의 윈드시어이고 적절한 조치는?

① 맞바람 상실-동력 증가로 접근경로 유지

② 맞바람 증가-동력 증가로 접근경로 유지

③ 맞바람 상실-동력 감소로 접근경로 유지

④ 맞바람 증가-동력 감소로 접근경로 유지

70. 윈드시어에 대한 설명으로 맞는 것은?

① 뇌우에 의해서 발생하는 횡적 와류와 주로 관련 있다.

② 일반적으로 뇌우 내부에 존재하지만, 강한 기온역전 근처에서 발견될 수 있다.

③ 윈드시어는 제트기류 또는 전선지대와는 관련이 없다.

④ 대기의 어느 층에서든지 풍향 전환이나 풍속 경도와 관련되어 있다.

71. 일반적으로 지표면 근처에서 위험한 윈드시어를 예상할 수 있는 대기 조건은?

① 풍속이 35노트보다 강할 때

② 풍속이 35노트보다 강하고 산악 계곡 근처일 때

③ 강한 기온역전과 뇌우 근처일 때

④ 강한 상승기류가 존재하는 지역

【해설】 뇌우는 지상 근처에서 위험한 윈드시어를 발생시킬 수 있다. 기온역전이 발생한 지역의 윈드시어는 저고도에서 공항에 접근 또는 출발하는 비행기에 영향을 미칠 때 역시 매우 위험하다.

【정답】 67.① 68.① 69.① 70.④ 71.③

72. 저고도 윈드시어가 예상되는 조건에서 이륙 중 갑작스러운 맞바람의 감소는 항공기에 어떠한 영향을 미칠 수 있는가?

① 바람 속도가 감소한 만큼의 속도 상실
② 바람 속도가 감소한 만큼의 속도를 얻음
③ 속도는 변함이 없으나, 지면 속도 감소
④ 항공기 성능의 일시적 향상을 예측

【해설】 이륙 중에 갑자기 맞바람이 감소한다는 것은 바람 속도가 감소한 만큼 속도도 감소한다.

73. 저고도 윈드시어에 대해서 맞게 설명하고 있는 것은?

① 적운형 구름으로부터 확장된 공기의 거칠게 회전하는 적운
② 대기 중에 매우 짧은 거리 내에 바람 방향과 속도의 변화
③ 지구 자전으로 인하여 지속적인 돌풍과 관련된 공기의 하향 이동
④ 뇌우의 중심부에서 발생하는 강한 하강기류

74. 기온역전층이나 윈드시어가 예보된 조건에서 상승 또는 강하 중 특히 주의해야 할 사항은?

① 급격한 속도의 변화　② 급격한 출력 증가
③ 급격한 출력 감소　④ 심한 상승률, 심한 강하율 증가

【해설】 기온역전층이나 윈드시어 지대에 진입한 항공기는 맞바람 및 뒷바람 상실을 초래할 수 있으므로 속도의 증감을 경험할 수 있다. 이에 따른 적절한 동력의 증감이 요구된다.

75. 만약 기온/이슬점 분포가 작고 감소 중이고, 기온이 62°F(16.6℃)라면 발달이 예상되는 종류의 기상현상은?

① 결빙 강수　② 뇌우
③ 안개 또는 하층운　④ 저고도 난기류

【해설】 기온과 이슬점(dew point) 사이의 차이를 기온/이슬점 분포(spread)라 한다. 기온/이슬점 분포(temperature/dew point spread)가 작아질수록 안개 혹은 하층운(fog or low cloud)이 발달할 수 있다. 기온이 62°F(16.6℃)에서는 결빙이 발생하지 않는다.

76. 이슬점 용어가 의미하는 것은?

① 응축과 증발이 동등해지는 기온
② 이슬이 형성될 수 있는 기온
③ 응축과 증발이 되기 위해서 냉각되어야 하는 기온
④ 공기가 포화되기 위해서 냉각되어야 하는 기온

【해설】 이슬점(dew point)은 공기가 포화되기 위해서 냉각되어야 하는 기온 또는 상대습도가 100%가 되는 기온이다.

【정답】 72.① 73.② 74.① 75.③ 76.④

77. 공기가 함유할 수 있는 수증기의 양을 결정하는 것은?

① 이슬점 ② 기온

③ 공기의 안정성 ④ 공기밀도

【해설】 기온은 공기가 함유할 수 있는 수증기의 양을 결정하는 주요인이다. 온난 공기는 한랭 공기와 비교하면 더 많은 수증기를 함유하고 있다.

78. 습기가 불포화 공기에 더해지는 과정은 무엇인가?

① 증발과 승화 ② 가열과 응축

③ 과포화와 증발 ④ 증발과 가열

【해설】 증발(evaporation)은 액체(liquid)가 수증기(water vapor)로 변하는 과정이고, 승화(sublimation)는 얼음에서 직접 수증기로 변하는 과정이다. 응축(condensation)은 수증기가 액체로 변하는 과정이다.

79. 서리가 형성될 수 있는 조건은?

① 미세한 수분이 표면에 떨어질 때 포집 표면의 기온이 결빙기온 또는 그 이하일 때

② 포집 표면의 기온이 주변 공기의 이슬점 또는 그 이하이고, 이슬점이 결빙기온 이하일 때

③ 미세한 수분이 표면에 떨어질 때 주변 공기의 기온이 결빙기온 또는 그 이하일 때

④ 수분의 포집 표면의 기온이 결빙기온 이하일 때

【해설】 서리(frost)는 포집 표면의 기온이 주변 공기의 이슬점(dew point) 또는 그 이하이고, 이슬점이 결빙기온(freezing temperature) 이하일 때 형성된다. 서리는 수증기에서 빙정(ice crystals)으로 변하는 승화 과정이다.

80. 이슬과 서리의 형성 과정에서 다른 점은?

① 이슬과 서리의 기온과 이슬점 분포의 차이가 다르다.

② 이슬은 기온과 이슬점이 같아야 하지만 서리는 기온보다 이슬점 기온이 더 낮아야 한다.

③ 이슬과 서리가 형성되기 위해서 상대습도는 100%가 되어야 하지만 서리의 이슬점은 결빙기온보다 낮아야 한다.

④ 이슬과 서리가 형성되기 위해서 상대습도는 100%이면서 기온이 결빙기온보다 낮게 냉각되어야 한다.

81. 상대습도가 100%이고 이슬점이 결빙기온보다 낮아졌을 때 발생할 수 있는 기상 현상은?

① 서리 ② 이슬

③ 안개 ④ 낮은 구름

82. 저고도 난기류가 발생하고 착빙이 비행에 위험할 수 있는 종류의 안개는?

① 강수성 안개 ② 활승 안개

③ 증발 안개 ④ 복사안개

【해설】 증발 안개(steam fog)는 주로 겨울철에 발생하는 안개이다. 이 안개는 육지로부터

【정답】 77.② 78.① 79.② 80.③ 81.① 82.③

차고 건조한 공기가 상대적으로 온난한 해수면 위로 이동할 때 수증기가 빠르게 결빙되면서 발생한다. 이 안개가 형성 지역에서는 저고도 난기류(low-level turbulence)가 발생할 수 있고 착빙의 위험에 노출될 수 있다.

83. 서리가 형성되는 조건으로 볼 수 있는 것은?

① 지면의 기온이 결빙기온 이하이고 작은 수적이 떨어질 때
② 이슬이 형성되고 기온이 결빙기온 이하로 하강할 때
③ 지면의 기온이 이슬점 기온 이하이고 이슬점 기온이 결빙기온 이하일 때
④ 주위의 기온이 결빙기온 이하이고 지면 위의 작은 수적이 떨어질 때

84. 구름, 안개, 또는 이슬의 형성을 항상 예상할 수 있는 시기는?

① 수증기에 수분이 더해질 때
② 수증기가 존재할 때
③ 상대습도가 100%가 되었을 때
④ 수증기가 응축될 때

【해설】 *수증기가 응축될 때 구름, 안개, 혹은 이슬과 같이 가시적으로 변한다.*
※ 응축; 기체가 액체로 변하는 일, 포화 증기 온도를 내리거나 일정하게 하고 이를 압축하면 증기 일부가 액화하는 현상이다.

85. 이류안개가 가장 잘 발생할 수 있는 환경은?

① 산의 풍상 측면에서 온난하고 습한 공기
② 겨울철 바다로부터 육지로 이동하는 공기
③ 해상으로 불어가는 더 한랭한 약한 해풍
④ 겨울철 육지로부터 해상으로 이동하는 공기

【해설】 *이류안개(advection fog)는 습한 공기가 더 한랭한 지상 혹은 수면으로 이동할 때 형성된다. 해무(sea fog)는 겨울 해안에서 공기 덩이가 더욱 따스한 수면으로부터 육지로 이동할 때 가장 잘 발생한다. 공기가 찬 육지 위로 이동함에 따라 공기는 이슬점까지 냉각되면서 해무가 발생한다.*

86. 복사안개가 가장 잘 형성될 수 있는 환경은?

① 맑고 바람이 없는 고지대 구릉 지역 위의 온난하고 습한 공기
② 한랭한 해안 위로 이동하고 있는 습한 열대성 공기
③ 매우 온난한 수면 위로 찬 공기의 이동
④ 맑고 바람이 없는 야간에 저지대의 평평한 지역 위의 온난하고 습한 공기

【해설】 *복사안개(radiation fog)는 지면안개(ground fog)의 한 종류이다. 이 안개는 맑은 하늘, 미풍 또는 무풍, 작은 기온/이슬점 분포의 조건에서 가장 잘 형성된다. 이 안개는 특이하게 야간 혹은 새벽녘에 지형적 복사냉각으로 인해서 지표면이 냉각되고 지표면이 이에 접해 있는 공기를 냉각시키면서 발생한다.*

【정답】 83.③ 84.④ 85.② 86.④

87. 안개가 존재하기 위해서는 바람과 함께 있어야 하는 종류의 안개는?
① 복사안개와 증발 안개　　② 스팀안개와 지면안개
③ 이류안개와 활승안개　　④ 복사안개와 활승안개
【해설】 이류안개는 습한 공기가 더 한랭한 지상 혹은 수면으로 이동할 때 형성된다. 이 안개는 해안 지역에서 주로 발생한다. 활승안개는 습한 공기가 산 경사를 따라 올라가면서 공기가 이슬점 이하로 냉각될 때 형성된다. 따라서 이들 두 안개가 형성되고 존재하기 위해서는 바람이 불어야 한다.

88. 이류안개에 관해서 맞게 서술한 것은?
① 이류안개는 서서히 형성되어 매우 급속히 소멸한다.
② 이류안개는 대부분 야간 또는 새벽에 형성된다.
③ 이류안개는 주간 또는 야간에 갑자기 발생할 수 있으며, 복사안개보다 오래 지속된다.
④ 이류안개는 주로 내륙의 평온한 지역에서 발생한다.
【해설】 이류안개는 주야 구분 없이 발생할 수 있으며, 통상 복사안개보다 지속성이 길다.

89. 일반적으로 안개가 산업화 지역에서 잘 발달하는 원인은?
① 도시 주변의 대기 안정
② 연소 부산물로부터 풍부한 응축 핵의 존재
③ 산업 열로 인한 상승 기온
④ 산업 지역의 자연적으로 공급되는 풍부한 수증기

90. 습한 공기가 더운 표면에서 찬 표면으로 이동할 때 발달할 것으로 예측할 수 있는 기상조건은?
① 시정 증가
② 지표면 열로 인한 대류성 난기류
③ 안개
④ 강수와 수직으로 발달하는 구름
【해설】 습한 공기가 더운 표면에서 찬 표면으로 이동하면 더운 공기는 이슬점까지 냉각되고 이류안개가 형성된다.

91. 낮은 층운 구름 속에서 이류안개가 흩어질 수 있는 요인은?
① 야간 냉각
② 밑에 깔려있는 지표면의 건조
③ 약 15노트 또는 그 이상의 지상풍
④ 태양열에 의한 복사
【해설】 이류안개는 바람이 15노트까지는 더욱 짙어지다가 그 이상이 되면 낮은 층운 구름 속으로 상승한다.

【정답】 87.③　88.③　89.②　90.③　91.③

92. 안개로 인하여 항공기 착륙등과 같은 조명장치에 지장을 초래하는 이유는?

① 안개의 산란 현상

② 안개 속에 존재하는 잠열

③ 안개를 구성하는 있는 물방울의 크기

④ 안개와 주변 지역의 기온 차이

93. 연무(haze)에 대해서 맞게 설명하고 있는 것은?

① 연무는 미세한 소금 입자 혹은 건조한 입자들이 집중된 층이다.

② 연무는 안개의 일종으로 입자의 크기가 안개보다 크다.

③ 연무는 대기 중의 수증기가 응결되어 시정을 제한하는 요소이다.

④ 연무는 대기 중의 수증기가 응축핵과 결합하여 형성된 시정 장애물이다.

94. 연무가 낀 지역에서 착륙 접근 중 조종사가 느끼는 감각은?

① 활주로는 더 멀리 있는 듯한 착각을 일으킨다.

② 활주로는 더 높이 있는 듯한 착각을 일으킨다.

③ 활주로는 더 가까이 있는 듯한 착각을 일으킨다.

④ 활주로는 더 낮게 있는 듯한 착각을 일으킨다.

95. 대기 오염 물질과 혼합되었을 때 뚜렷이 나타나는 시정 장애물은?

① 박무　　② 안개

③ 스모그　　④ 연무

【해설】 *연기(smoke)와 안개(fog)의 합성어로 도시의 매연을 비롯하여 대기 속의 오염 물질로 시정을 감소시킨다.*

96. 안개, 연기 그리고 연무의 소멸에 대해서 맞게 설명하고 있는 것은?

① 안개는 증발하는 반면 연기와 연무는 흩어진다.

② 연무와 안개는 흩어지지만, 연기는 증발한다.

③ 안개와 연기는 증발하는 반면 연무는 증발한다.

④ 안개와 연무는 증발하는 반면 연기는 흩어진다.

97. 구름을 4종류로 분류하는데 적용되는 기준은?

① 구름 외측의 모양　　② 구름의 정점 높이

③ 구름의 구성　　④ 구름의 높이

【해설】 *일반적으로 구름은 상층운(high clouds), 중층운(middle clouds), 하층운(low clouds), 그리고 수직으로 발달한 구름과 같이 4종류로 분류한다. 따라서 이들을 분류하는 기준은 높이이다.*

【정답】 92.① 93.① 94.① 95.③ 96.① 97.④

98. 구름 명칭에 접미사 "nimbus"가 붙은 것은 무엇을 의미하는가?
① 광범위하게 수직으로 발달한 구름
② 비구름
③ 얼음 싸라기를 함유한 중층운
④ 저층으로 발달할 수 있는 구름
【해설】 구름 명칭에 접미사 "nimbus" 또는 접두사 "nimbo"가 붙은 것은 비구름(rain cloud)을 의미한다.

99. 적란운 구름이 형성되기 위한 필수요건은 상승작용과 무엇인가?
① 과도한 응축 핵을 포함하고 있는 불안정 공기
② 안정된 공기와 응축 핵
③ 안정된 공기 아니면 불안정 공기 중 하나
④ 불안정하고 습한 공기
【해설】 적란운 구름이 형성되기 위해서는 강력한 상승작용(lifting action)과 불안정하고 습한 공기가 필수적이다.

100. 가장 강력한 난기류를 발생시키는 구름은?
① 탑적운 ② 적란운
③ 난층운 ④ 회전구름
【해설】 적란운 구름(cumulonimbus clouds)은 뇌우 구름으로서 가장 강력한 난기류를 내포하고 있다.

101. 다음 중 가장 강력한 대류성 난기류를 포함하고 있는 것은?
① 권운 구름 ② 난층운 구름
③ 탑적운 ④ 회전구름
【해설】 탑적운(towering cumulus)은 적란운 구름, 또는 뇌우의 초기 단계 형성되는 구름으로 불안정 기온감률과 같은 대류성 난기류를 기반으로 한다.

102. 하층운이 지표면으로부터 50피트 이내에서 발달하고 있을 때 (　)로 분류한다.
① 안개 ② 이슬
③ 난층운 ④ 층적운

103. 구름의 종류 중 어두운 재색을 띠며 많은 강수, 강력한 난기류, 우박 등을 동반하는 구름은?
① 난층운 ② 적란운
③ 고층운 ④ 적운

【정답】 98.② 99.④ 100.② 101.③ 102.① 103.②

104. 만약 지표면 기온이 82°F 그리고 이슬점이 38°F라면 조종사가 예상할 수 있는 적운 구름의 대략적인 고도는?

① 9,000피트 ② 10,000피트

③ 11,000피트 ④ 12,000피트

【해설】 *적운 구름의 기저 높이는 기온과 이슬점 분포를 이용해서 대략 예상할 수 있다. 대류성 기류 속에 있는 불포화 공기는 1,000피트 당 5.4°F에서 냉각되고, 이슬점은 1,000피트 당 1°F 씩 감소한다. 대류성 기류에서 기온과 이슬점은 1,000피트 당 4.4°F에서 합류한다. 따라서 기온과 이슬점 분포가 44°F(82-38)라면 이를 4.4로 나누고 1,000을 곱해주면 10,000피트(AGL)가 된다.*

105. 만약 지표면 기온이 1,000피트(MSL)에서 70°F 그리고 이슬점이 48°F라면 조종사가 예상할 수 있는 적운 구름의 대략적인 고도는?

① 4,000피트(MSL) ② 5,000피트(MSL)

③ 8,000피트 ④ 6,000피트(MSL)

【해설】 *기온과 이슬점 분포가 22°F(70-48)라면 이를 4.4로 나누고 1,000을 곱해주면 5,000피트(AGL)가 된다. 관측자가 서있는 지역의 표고가 1,000피트(MSL)이므로 구름 기저까지의 높이는 6,000피트(MSL)가 된다.*

106. 안정 공기의 특성은?

① 층운형 구름 ② 무한시정

③ 적운형 구름 ④ 소낙비

【해설】 *안정 공기(stable air)의 특성은 층운형 구름, 지속성 강수, 양호한 기류, 그리고 시정이 연무 혹은 연기로 인해서 불량하다.*

107. 습하고 온난한 안정 공기가 상경사를 따라 이동할 때

① 적운형 구름이 형성된다. ② 소나기와 뇌우의 원인이 된다.

③ 대류성 난기류가 발달한다. ④ 층운형 구름이 형성된다.

【해설】 *온난하고 습한 안정 공기(stable air)가 상경사(upslope)를 따라 이동할 때 이 공기가 지형의 경사를 따라 상승하면서 단열 냉각(adiabatic cooling)되어 층운형 구름(stratus type cloud)을 형성한다.*

108. 만약 불안정 공기가 위로 밀려 이동할 때 예상할 수 있는 구름의 종류는?

① 약간의 수직 발달과 함께 층운형 구름

② 상당한 난기류와 관련된 층운형 구름

③ 상당한 수직 발달과 난기류와 관련된 구름

④ 약간의 수직 발달과 함께 난기류가 없는 온난한 적운

【해설】 *일반적으로 불안정 공기(unstable air)가 위로 밀려 올라갈 때 상당한 수직 발달과 함께 난기류를 포함한 구름이 형성된다.*

【정답】 104.② 105.④ 106.① 107.④ 108.③

109. 온난상승기류와 관련해서 상승기류의 수직운동 비율과 하강기류의 수직운동 비율을 비교했을 때 올바르게 서술하고 있는 것은?

① 상승기류와 하강기류는 동일 비율에서 수직으로 운동한다.

② 하강기류의 수직운동이 상승기류의 수직운동 비율보다 더 느리다.

③ 상승기류의 수직운동이 하강기류의 수직운동 비율보다 더 느리다.

④ 하강기류의 수직운동에 대한 상승기류의 수직운동 비율은 주변 기온에 따라 달라진다.

【해설】 온난상승기류(thermals)가 발달해 있는 동안 공기의 순 상향 변위(net upward displacement)가 순 하향 변위와 동등해야 한다. 일반적으로 더 빠르게 상승하고 있는 온난상승기류는 대류 구역의 작은 부분만 포함되고, 대부분 구역은 더 느린 하강기류가 우세하다.

110. 불안정 공기의 특성은?

① 지속성 비 ② 난기류와 불량한 지상 시정

③ 난층운 구름과 양호한 지상 시정 ④ 난기류와 양호한 지상 시정

【해설】 불안정 공기(unstable air)의 특성은 적운형 구름, 소나기성 강수, 난기류, 그리고 양호한 지상 시정(good surface visibility) 등이다.

111. 안정 공기가 갖는 가장 뚜렷한 특성은?

① 소나기성 강수 ② 난기류

③ 양호한 기류 ④ 양호한 지상 시정

112. 전선에 앞서서 발생하는 지속성 강수는 무엇을 지시하는가?

① 중간강도 난기류와 함께 층운형 구름

② 약한 난기류 혹은 난기류가 없는 적운형 구름

③ 중간강도 난기류와 함께 난기류가 없는 적운형 구름

④ 약한 난기류 혹은 난기류가 없는 층운형 구름

【해설】 전선 전방에 내리는 지속성 강수(steady precipitation)는 더 한랭한 공기에 의한 하부로부터 냉각된 온난 공기로 인해서 초래된 통상 온난전선(warm front)을 나타낸다.

113. 습하고, 불안정 공기의 특성은?

① 적운형 구름과 소나기성 강수

② 시정 불량과 양호한 기류

③ 층운형 구름과 소나기성 강수

④ 적운형 구름과 지속성 강수

114. 대기의 안정성을 결정하기 위해서 사용되는 척도는?

① 대기압 ② 실제기온감률

③ 지표면 기온 ④ 공기밀도

【해설】 대기의 안정성(stability)은 공기의 수직운동으로 결정된다. 하부의 가열은 공기를 상

【정답】 109.② 110.④ 111.③ 112.④ 113.① 114.②

승하게 하고, 반대로 하부의 냉각은 공기를 하강하게 한다. 고도가 높아짐에 따라 기온이 감소하는 실제기온감률(actual lapse rate)이 대기의 안정도를 측정하는 척도가 된다.

115. 공기의 안정성을 감소시키는 것은?

① 상부로부터 가열　　② 하부로부터 냉각
③ 수증기의 감소　　④ 하부로부터 가열

【해설】 *공기가 하부로부터 가열이 있을 때 비록 단열적(adiabatically)으로 냉각될지라도 공기는 주변 공기보다 더 온난한 상태로 남아 있다. 그러나 주변이 더 한랭하고 밀도가 높은 공기가 온난 공기를 위로 밀어 올리면서 대기는 불안정해진다.*

116. 기온역전과 관련된 특징은?

① 안정된 공기층　　② 불안정한 공기층
③ 산 경사에서 치누크 바람　　④ 주변 기온 상승으로 인한 수증기의 증가

【해설】 *기온역전(temperature inversion)은 고도가 증가함에 따라 기온이 역으로 높아지는 현상이다. 따라서 온난 공기는 동일 기온 층까지 상승한 다음 안정된 공기층을 형성한다.*

117. 지표면 기온역전이 빈번하게 발생할 수 있는 환경은?

① 맑고, 산악 지형의 근처에서 정체된 온난 공기
② 산악 지형의 근처에서 급격하게 위로 올라가는 온난 공기
③ 온난 공기 아래 더 한랭 공기의 이동, 또는 찬 공기 위의 온난 공기의 이동
④ 맑고, 상대적으로 정적 야간에 지형적 복사

【해설】 *기온역전(temperature inversion)은 때때로 미풍(light wind)이 있을 때 맑고, 서늘한 야간(cool night)에 지표면 근처에서 발생할 수 있다. 지표면은 열을 상실하고 수백 피트 상공의 기온이 매우 작게 변화하는 동안 지표면에 접해 있는 공기는 냉각된다.*

118. 기온역전이 있는 지역에서 당신은 어떤 현상이 발생할 수 있을 것으로 예상해야 하는가?

① 상층역전 위의 광범위한 수직으로 발달한 구름
② 대기의 더 낮은 층에서 양호한 시정과 상층역전 위의 불량한 시정
③ 고도가 높아짐에 따라 기온 증가
④ 고도에 따라 운량의 증감

【해설】 *정상 대기 조건에서는 고도가 높아짐에 따라 기온이 떨어진다. 그러나 기온역전이 존재하는 구역에서는 고도가 증가함에 따라 기온도 증가한다.*

119. 상대습도가 높을 때 저고도 기온역전 층 아래에서 예상할 수 있는 기상현상은?

① 양호한 기류, 불량한 시정, 안개, 연무, 낮은 구름
② 약한 윈드시어, 불량한 시정, 연무, 그리고 약한 비
③ 난기류, 불량한 시정, 안개, 낮은 층운형 구름, 소나기성 강수
④ 불량한 기류, 불량한 시정, 안개, 연무, 높은 구름

【정답】 115.④　116.①　117.④　118.③　119.①

【해설】 저고도 기온역전(low-level temperature inversion) 층 아래에서 통상 기온역전으로 인해 수직운동이 약하기 때문에 기류가 양호하다. 또한, 이 지역에서 안개, 연무, 그리고 낮은 구름으로 인해서 시정이 불량하다.

120. 비행 중 우박의 위험에 대해서 맞게 서술한 것은?

① 수평 비행에서 우박의 위험은 구름 속에 수직 이동으로 인하여 최소화된다.
② 지표면에 비가 내리는 것은 상층부에 우박이 존재하지 않다는 신뢰할 수 있는 징후이다.
③ 우박 덩어리는 뇌우로부터 수 마일 지역의 맑은 하늘에서도 존재할 수 있다.
④ 우박은 뇌우의 성숙 단계에서의 중심부에서만 발생한다.

【해설】 우박은 어느 형태의 뇌우에서나 예측할 수 있으며, 특히 거대한 적란운 모루 하단에서 발견된다.

121. 우박의 발달을 예측할 수 있는 구름은?

① 적운 구름 ② 적란운 구름
③ 층적운 구름 ④ 수평으로 발달한 구름

122. 기온감률에 대해서 맞게 설명하고 있는 것은?

① 지표면에서 기온감률이 발생하지 않고 일정 고도 이상에서만 발생한다.
② 표준대기 조건에서만 고려되는 요소이다.
③ 기온감률은 고도가 증가함에 따라 기온이 일정 비율로 감소하는 비율이다.
④ 기온감률은 어느 조건에서나 1,000피트 당 약 2℃이다.

【해설】 기온감률(temperature lape rate)이 1,000피트 당 2℃이고, 해수면 표준기온은 15℃이다. 따라서 고도 5,000피트에서 기온감률 10℃를 적용했을 때 기온은 5℃가 된다.

123. 고도 10,000피트에서 표준기온은 얼마인가?

① -5℃ ② -15℃
③ +5℃ ④ -10℃

【해설】 해수면에서 표준기온은 15℃이고, 기온감률이 고도 1,000피트 당 2℃이다. 고도 10,000피트에서 기온감률은 -20℃이다. 따라서 10,000피트에서 표준기온은 -5℃(15 - 20)이다.

124. 기압골이란 무엇인가?

① 저기압이 길게 형성된 구역 ② 고기압이 길게 형성된 구역
③ 기압마루가 길게 형성된 구역 ④ 안장부가 길게 형성된 구역

【해설】 일기도의 저기압 구역에서 길게 연장되어 "U" 모양을 이루는 구역이다.

【정답】 120.③ 121.② 122.③ 123.① 124.①

125. 일기도에 그려진 등압선을 올바르게 설명하고 있는 것은?

① 등압선은 오직 기압이 높은 쪽에서 낮은 쪽으로만 그려진다.

② 등압선은 단지 일정 고도 층에 존재하는 기압만을 지시하기 때문에 기압차를 판단할 수 없다.

③ 등압선은 기압이 동일 기압대를 형성하는 지역을 연결한 선이다.

④ 등압선이 조밀한 곳은 기압경도가 낮다.

【해설】 등압선(isobar)이 매우 조밀하게 그려진 지역은 기압경도가 크기 때문에 강풍이 존재한다.

126. 기압경도를 가장 잘 설명하고 있는 것은?

① 기압경도가 크면 강풍이 존재할 가능성이 높다.

② 기압경도가 크면 등압선은 완만하게 그려진다.

③ 기압경도는 저기압에서 고기압으로 이동한다.

④ 기압경도와 등압선과는 관계가 없다.

【해설】 기압경도(pressure gradient)는 지역별 기압의 차이를 나타내고 공기를 이동시키는 원동력이다.

127. 고기압권에서 발생할 수 있는 공기흐름에 대해서 맞게 설명하고 있는 것은?

① 고기압은 표준기압보다 높은 상대의 기압이다.

② 고기압은 주변 대기압보다 상대적으로 높은 기압의 중심이다.

③ 고기압에서 공기흐름은 시계반대방향(북반구)으로 흐른다.

④ 고기압 중심에서 공기는 상승하는 경향이 있다.

128. 저기압 지역(북반구)에서 발생할 수 있는 공기흐름에 대해서 맞게 설명하고 있는 것은?

① 저기압 지역에서 공기흐름은 시계방향으로 흐른다.

② 저기압 지역에서 공기는 상승하려는 경향이 강하다.

③ 저기압 지역에서 공기흐름을 반사이클론 흐름이라고도 한다.

④ 저기압 지역에서 공기흐름은 상승하는 경향이 강하고 시계반대방향으로 흐른다.

129. 일기도에 그려진 저기압권의 기상 현상에 대해서 맞게 설명하고 있는 것은?

① 반드시 고기압과 인접한 구역에 존재하는 가장 낮은 기압의 중심이다

② 주변을 둘러싸고 있는 대기압보다 상대적으로 낮은 기압의 중심이다.

③ 표준기압보다 낮은 상태의 기압이다.

④ 그날의 해수면 기압보다 상대적으로 가장 낮게 존재하는 기압의 중심이다.

【정답】 125.③ 126.① 127.② 128.④ 129.②

130. 현재 공기가 함유할 수 있는 최대 수용 가용한 수증기량과 실제 존재하는 수증기량이 일치했다. 이것은 무엇을 의미하는가?

① 포화상태이고 상대습도는 100%이다.

② 포화상태이고 상대습도는 50%이다.

③ 불포화 상태이고 상대습도는 100%이다.

④ 불포화 상태이고 상대습도는 100%이다.

【해설】 상대습도(relative humidity)는 현재 공기가 함유할 수 있는 최대 수용 가용한 수증기량과 실제 존재하는 수증기량이 등가일 때 포화상태(saturated state)라 한다. 이때 상대습도는 100%이고 응축(condensation)이 발생한다.

131. 대기 중에 함유된 수증기의 양을 나타내는 것은?

① 기온 ② 밀도

③ 기압 ④ 습도

132. 상대습도가 100%가 되었을 때 발생할 수 있는 대기 현상으로 맞는 것은?

① 응축 현상이 일어난다.

② 대기가 응결되었으므로 건조 상태가 된다.

③ 아직 충분한 포화상태에 이르지 못했다.

④ 현재의 기온에서 단위 체적 당 수증기의 양이 100%가 되었다.

133. 불포화 상태의 공기가 냉각되어 포화상태가 되는 기온은?

① 이슬점 기온 ② 상대기온

③ 절대기온 ④ 결빙기온

【해설】 이슬점(dew point)은 공기가 냉각되어 수증기가 포화상태에 이르는 온도(기온)이다. 공기가 더 냉각된다면 응축되어 액체(이슬)가 된다.

134. 기온과 이슬점 기온의 분포가 2.7℃(5°F) 이하일 때 예측할 수 있는 대기의 현상은?

① 눈과 같은 강수 ② 이슬비

③ 서리 ④ 안개

135. 현지 비행장의 기온과 상대습도가 매우 높을 때 밀도고도는 어떻게 예상할 수 있는가?

① 밀도고도에 영향을 주지 않는다.

② 공기밀도가 감소하므로 밀도고도는 높다.

③ 공기밀도가 감소하므로 밀도고도도 감소한다.

④ 공기밀도가 증가하므로 밀도고도는 높다.

【정답】 130.① 131.④ 132.① 133.① 134.④ 135.②

136. 기압고도계 지시가 실제고도보다 낮게 지시하는 경우는 언제인가?

① 기온이 표준보다 낮을 때 ② 대기압이 표준보다 낮을 때

③ 지시고도가 기압고도와 같을 때 ④ 기온이 표준보다 높을 때

【해설】 *기압은 기온의 변화에 따라 차이가 발생한다. 표준기온에서 지시고도와 실제고도는 일치하지만, 표준보다 높은 기온 지역에서 항공기는 지시고도보다 높은 위치에 있으며 반대로 표준보다 낮은 지역에서 항공기는 지시고도보다 낮은 위치에 있다.*

137. 고기압권에서 기류의 흐름 방향에 대해서 올바르게 설명하고 있는 것은?

① 시계방향, 하향, 외측 ② 시계방향, 상향, 외측

③ 시계방향, 하향, 내측 ④ 시계반대방향, 하향, 외측

138. 지표면 바람의 방향이 기준이 되는 것은?

① 진북 ② 자북

③ 진북에 편각을 고려한 방위 ④ 도북

【해설】 *지상에서 보고되는 바람의 방향 중 유일하게 자북(magnetic north)으로 보고되는 곳은 관제탑이다.*

139. 지표면에서 바람 방향은 등압선과 일치하지 않는(수직 이외의 각도) 경향이 있다면 이는 어떠한 원인에 의한 것인가?

① 구심력 ② 지표면 마찰

③ 전향력 ④ 기압경도

140. 공기의 이동을 정의하는 데 있어서 대류와 이류의 차이점은 무엇인가?

① 대류는 공기의 수평적 이동이고, 이류는 수직적 이동이다.

② 대류는 전향력에 의한 힘이고, 이류는 구심력에 의한 힘이다.

③ 대류는 공기의 수직적 이동이고, 이류는 수평적 이동이다.

④ 대류와 이류는 공기의 이동을 촉발하는 근원지에 따른 분류이다.

141. 일반적으로 지상풍의 영향을 받을 수 있는 최대 고도 한계는 얼마인가?

① 2,000피트 ② 3,000피트

③ 4,000피트 ④ 5,000피트

142. 푄현상에 관한 내용을 올바르게 설명하고 있는 것은?

① 습하고 찬 공기가 지형적 상승을 통해서 고온 건조한 바람으로 변하는 현상이다.

② 해양의 습한 공기가 상대적으로 온난한 지역을 통과하면서 건조한 바람으로 변하는 현상이다.

③ 대륙의 차고 건조한 공기가 지형적 상승을 통해서 고온 건조한 바람으로 변하는 현상이다.

④ 대륙의 차고 건조한 공기가 해양의 습한 공기와 만났을 때 형성되는 현상이다.

【정답】 136.④ 137.① 138.① 139.② 140.③ 141.① 142.①

【해설】 국내에서 전형적인 푄현상은 동해안에서 발생한 차고 습한 공기가 태백산맥을 넘어오면서 서쪽 지방에서는 비정상적인 고온 현상과 건조한 날씨로 변질되는 현상이다.

143. 지상의 각종 구조물이나 지표면과 마찰로 인해서 발생하는 난기류는?

① 지형성 난기류 ② 열적 난기류
③ 윈드시어 ④ 회오리바람

144. 대기가 비교적 안정되어 있다는 것은 무엇을 의미하는가?

① 수직 및 대류 활동이 미약하다.
② 하층 공기는 비교적 온난한 성질을 갖는다.
③ 상층 공기는 비교적 찬 공기 성질을 갖는다.
④ 구름은 적운형이 지배적이다.

145. 더운 지표면 위로 이동하는 불안정하고 찬 기단의 특성은?

① 적운형 구름, 난기류, 시정 나쁨
② 적운형 구름, 난기류, 시정 좋음
③ 층운형 구름, 유연한 공기, 시정 나쁨
④ 층운형 구름, 유연한 공기, 시정 좋음

【해설】 찬 공기가 더운 공기 표면 위를 이동하면 지표면의 더운 공기는 상승하고 불안정한 상태가 된다. 이들 대류성 기류(convective current)는 적운형 구름, 난기류 그리고 양호한 시정을 형성한다.

146. 대기가 안정된 공기의 특성들을 열거한 것은?

① 양호한 시정, 지속적 강수, 층운형 구름
② 불량한 시정, 간헐적인 강수, 적운형 구름
③ 불량한 시정, 지속적인 강수, 층운형 구름
④ 양호한 시정, 지속적 강수, 적운형 구름

【해설】 안정된 공기는 정체되어 있고 수평적으로 흐르며 수직 이동이 없다. 따라서 오염 물질들이 공기 중에 남아 있게 되어 시정은 좋지 않다. 또한, 안정된 공기는 층운형 구름을 형성하며 지속성 강수가 내리게 된다.

147. 불안정한 기단이 산 경사로 상승하면서 발달하는 구름은?

① 약간 수직으로 발달한 층이진 구름
② 상당한 난기류에 관련된 층운형 구름
③ 광범위하게 수직으로 발달한 구름
④ 부분적으로 수직으로 발달한 층운형 구름

【해설】 불안정 공기의 기온감률은 크다. 이것은 상층부에 있는 공기는 아래에 있는 공기보다 차갑기 때문이다. 만약 불안정한 공기가 산 위로 밀어 올려질 때 공기는 계속해서 산 정상

【정답】 143.① 144.① 145.② 146.③ 147.③

을 넘어 상승하게 될 것이다. 일단 공기가 팽창하고 이슬점까지 냉각되면 적운형 구름이 상당한 수직으로 형성하게 될 것이다.

148. 비교적 맑은 하늘에 떠 있는 적운형 구름으로부터 예상할 수 있는 기상 현상은?
① 구름층 또는 아래에 난기류 ② 불량한 시정
③ 부드러운 비행 조건 ④ 상대적으로 안정된 기류의 존재
【해설】 *맑은 날씨 중에 적운형 구름은 대류성 기류를 형성하고 상대적으로 평평한 하단과 돔 모양(dome shape)의 상층부를 형성하는 것이 특징이다.*

149. 구름의 종류 중 강력한 대류성 난기류를 동반하는 것은?
① 권운 ② 난층운
③ 타워링 적운 구름 ④ 광범위하게 발달한 층운형 구름
【해설】 *탑적운(towering cumus)은 상대적으로 불안정 공기의 깊은 층을 나타내고 매우 강한 대류성 난기류를 지시한다.*

150. 적운형의 구름, 양호한 시정과 소나기성 비를 동반하는 기상조건을 기술하고 있는 것은?
① 안정되고 습한 공기와 지형성 상승
② 불안정하고 습한 공기와 지형성 상승
③ 불안정하고 습한 공기와 상승작용이 없음
④ 안정되고 습한 공기와 상승작용
【해설】 *상승작용(lifting action)을 동반하는 불안정하고 습한 공기는 소나기성 강수, 양호한 시정, 적운형 구름을 형성하고 지형성 상승작용은 산악 풍에 의해서 발생한다.*

151. 안정되고 습한 공기가 상승하면서 형성되는 구름은?
① 초기에는 층운 시간이 지나면서 수직형 구름
② 초기에는 수직형 구름 시간이 지나면서 층운
③ 고도가 증가함에 따라 수직운
④ 층운, 안개 생성
【해설】 *공기가 안정되었다는 것은 층운형 구름을 형성하고 여기에 습한 공기는 안개 형성을 촉진한다.*

152. 적운, 양호한 시정, 소나기성 강수, 착빙 현상 등을 동반하는 대기 조건을 열거한 것은?
① 기단의 안정, 습윤, 산악 지방에서의 상승작용
② 기단의 불안정, 습윤, 상승 현상 없음
③ 기단의 안정, 산악 지형적 상승작용
④ 기단의 불안정, 습윤, 산악 지형적 상승작용
【해설】 *불안정 기단은 수직으로 발달하는 적운형 구름, 기류 불량, 소나기성 강수와 양호한 시정이 특징이다.*

【정답】 148.① 149.③ 150.② 151.④ 152.④

153. 찬 기단이 따뜻한 표면으로 이동할 때 나타나는 현상은?

① 적운, 난기류, 불량한 시정　　② 적운, 난기류, 시정 양호

③ 층운, 안정한 공기　　④ 층운, 난기류, 양호한 시정

【해설】 찬 공기가 더운 공기로 이동하면 찬 공기는 밑으로 깔리고 더운 공기를 위로 밀어내 불안정 기단을 형성한다.

154. 우시정이란 무엇인가?

① 관측자가 360도 주변에서 최소한 180도 이상의 수평 반원에서 가장 멀리 볼 수 있는 수직거리

② 관제탑에서 최소한 180도 이상의 반원에서 측정된 최대 가시거리

③ 관측자가 360도 주변에서 최소한 180도 이상의 수평 반원에서 가장 멀리 볼 수 있는 수평거리

④ 관제탑에서 360도 주변에서 최소한 90도 이상의 반원에서 측정된 최대 수평거리

155. 수막현상에 대한 설명으로 맞는 것은?

① 항공기가 젖어 있는 표면에 고속으로 이동할 때 지표면과 타이어 사이에 형성된 수막 위로 이동하는 현상

② 항공기가 젖어 있는 표면에 고속으로 이동할 때 타이어와 활주로 표면 사이에 발생하는 진공 현상

③ 항공기가 젖어 있는 표면에 고속으로 이동할 때 타이어에서 발생한 물보라 현상

④ 항공기가 젖어 있는 표면을 고속으로 이동할 때 타이어와 수막 사이에 발생하는 마찰 현상

156. 우리나라 장마철에 형성되는 전선은 어떠한 종류인가?

① 온난전선　　② 정체전선

③ 폐색전선　　④ 한랭전선

157. 우리나라에 영향을 주는 황사에 관한 내용으로 틀린 것은?

① 황사가 비행에 영향을 주는 요소는 오직 시정이 나빠질 수 있다는 것이다.

② 황사에 포함된 미세한 흙먼지와 중금속 등은 항공기 엔진에 악영향을 미칠 수 있다.

③ 황사는 주로 편서풍을 타고 한반도 상공을 통과한다.

④ 황사는 저기압 지역에서 발생하여 이를 상층으로 끌어 올려 강한 상층풍이 이를 운반하는 역할을 한다.

158. 한반도까지 황사가 날아올 때 예측할 수 있는 대기 현상은?

① 편서풍　　② 편동풍

③ 편북풍　　④ 편남풍

【정답】 153.② 154.③ 155.① 156.② 157.① 158.①

159. 황사가 우리나라까지 날아오기 위해서는 발원지에서 최소한의 높이는 얼마인가?

① 2.5 km ② 4.5 km
③ 5.5 km ④ 7.5 km

160. 일반적으로 황사로 인해서 항공기에 미치는 영향으로 볼 수 없는 것은?

① 햇빛의 차단으로 저시정을 초래한다.
② 항공기 엔진에 흡입되는 미세 모래 먼지는 엔진 작동에 치명적 영향을 미칠 수 있다.
③ 황사는 주로 주간에만 발생하고 야간에는 황사의 영향이 크지 않다.
④ 황사는 상층에 강한 편서풍이 존재한다는 것을 의미한다.

[항공기상업무]

161. 조종사가 비행계획을 수립할 때 완전히 기상 브리핑을 얻기 위해서 요청해야 하는 것은?

① 일반 브리핑 ② 약식 브리핑
③ 전망 브리핑 ④ 표준 브리핑

【해설】 *조종사가 비행계획을 수립할 때 완전히 기상 브리핑(weather briefing)을 얻기 위해서 표준 브리핑(standard briefing)을 요청해야 한다. 조종사 기상 브리핑에는 다음과 같은 종류가 있다.*

- *표준 브리핑(standard briefing)*
- *약식 브리핑(abbreviated briefing)*
- *전망 브리핑(outlook briefing)*

162. 조종사는 1시간 안에 출발해야 하고 사전 기상정보를 받지 못했다면 어떤 기상 브리핑을 요청해야 하는가?

① 전망 브리핑 ② 약식 브리핑
③ 표준 브리핑 ④ 일반 브리핑

【해설】 *조종사는 비행계획을 수립하기 위해서, 또는 사전 기상정보를 받지 못했거나, 혹은 대중매체를 통해서 사전 기상정보를 받지 못했다면 표준 브리핑을 요청해야 한다.*

163. 대중매체를 통해서 얻은 정보를 보충하고자 할 때 어떤 종류의 기상 브리핑을 요청해야 하는가?

① 전망 브리핑 ② 보충 브리핑
③ 표준 브리핑 ④ 약식 브리핑

【해설】 *약식 브리핑(abbreviated briefing)은 대중매체를 통해서 얻은 정보를 보충하고자 할 때, 이전에 받은 브리핑을 업데이트하고자 할 때, 그리고 특정 질의에 대한 응답을 듣고자 할 때 요청해야 한다.*

【정답】 159.③ 160.③ 161.④ 162.③ 163.④

164. 예상출발시간 6시간 전에 필요한 기상정보를 얻기 위해서 요청해야 하는 기상 브리핑은?

① 전망 브리핑 ② 예보 브리핑
③ 예측 브리핑 ④ 표준 브리핑

【해설】 전망 브리핑(outlook briefing)은 예상출발시간(proposed departure time)으로부터 6시간 또는 그 이상 전에 필요한 기상정보를 얻기 위해서 요청해야 한다.

165. 조종사가 비행 전 기상정보를 전화로 기상 브리핑을 받고자 할 때 초기 서술해 주어야 하는 것은?

① 탑승객의 수를 말해주어야 한다.
② 총 비행시간을 말해주어야 한다.
③ 자신이 조종사임을 식별해 주어야 한다.
④ 비행하고자 하는 고도를 말해주어야 한다.

【해설】 조종사는 전화를 이용해서 비행전 기상정보를 받고자 할 때 브리퍼에서 자신이 조종사임을 식별해 주어야 기상 브리퍼(weather briefer)는 항공 관련 기상 브리핑을 제공하게 될 것이다. 이것은 일반인도 다른 활동을 위한 기상을 확인하기 위해서 기상 브리핑 시설에 전화하고 있기 때문이다.

166. 조종사가 전화를 이용해서 비행 전 기상정보를 위한 브리핑을 받고자 할 때 초기 서술해 주어야 하는 것은?

① 비행하고자 하는 무선 비행로의 주파수 ② 항공기의 기종
③ 기장의 주소 ④ 비행하고자 하는 비행로와 목적지

【해설】 기상 브리퍼(weather briefer)에게 비행하고자 하는 비행로와 목적지(intended route and destination)를 말함으로써 브리퍼는 더욱 적절한 브리핑을 제공하게 될 것이다.

167. 비행 전 기상정보를 위해서 기상 브리핑 시설에 전화할 때 조종사가 서술해 주어야 하는 것은?

① 항공기의 식별부호 또는 조종사의 성명 ② 진대기속도
③ 적재 연료량 ④ 항공기의 모기지 주소

【해설】 비행 전 기상정보를 얻기 위해서 기상 브리핑 시설에 전화할 때 당신은 다음과 같은 사항들을 서술해 주어야 한다.

- *비행방식(VFR or IFR)*
- *항공기 식별부호 또는 조종사의 성명*
- *기종*
- *출발지점*
- *비행로*
- *목적지*
- *고도*
- *예상출발시간*
- *예상순항항로시간 또는 예상도착시간*

【정답】 164.① 165.③ 166.④ 167.①

168. AFSS 기상 브리퍼와 통화할 때 당신이 서술해 주어야 하는 것은?

① 기장의 성명과 주소　　② 당신의 자격증명에 관한 요약

③ 비행방식(VFR or IFR)　　④ 항공기의 성능

169. 이전 기상 브리핑을 업데이트하기 위해서 조종사가 요청해야 하는 것은?

① 일반 브리핑　　② 표준 브리핑

③ 전망 브리핑　　④ 약식 브리핑

170. 항공기상에서 사용되는 지표면으로부터의 높이로 정의되는 실링은?

① 가장 낮게 보고된 차폐와 오버캐스트로 보고된 가장 높은 층의 구름

② 가장 낮은 브로큰 또는 오버캐스트 층, 또는 차폐 수직시정

③ 스케터, 브로큰, 또는 얇은 층으로 보고된 가장 낮은 구름층

④ 가장 낮은 오버캐스트 층, 또는 차폐 수직시정

【해설】 실링 층(ceiling layer)은 METAR 코드에는 지정되지 않는다. 항공 목적으로 사용되는 실링은 가장 낮은 브로큰 또는 오버캐스트 층, 또는 차폐 수직시정(vertical visibility into an obscuration)을 의미한다.

171. [그림6-37] Chicago Midway Airport(KMDW)의 최근 기상 상태는?

① 운량 700피트 오버캐스트, 시정 1-1/2 SM, 비

② 운량 700피트 오버캐스트, 시정 1-1/2 SM, 폭우

③ 운량 700피트 오버캐스트, 시정 11 SM, 때때로 2 SM, 비

④ 운량 70피트 오버캐스트, 시정 1-1/2 SM, 비

【해설】 KMDW에서 특별 METAR(SPECI)에 따르면 1856Z, 바람 320/5, 시정 1-1/2 SM, 보통 비, 운량 700피트에 오버캐스트, 기온 17℃, 이슬점 16℃, 고도계 수정치 29.80, 비고 비는 35분에 시작됨.

METAR KINK 121845Z 11012G18KT 15SM SKC 25/17 A3000
METAR KBOI 121854Z 13004KT 30SM SCT150 17/6 A3015
METAR KLAX 121852Z 25004KT 6SM BR SCT007 SCT250 16/15 A2991
SPECI KMDW 121856Z 32005KT 1 1/2SM RA OVC007 17/16 A2980 RMK RAB35
SPECI KJFK 121853Z 18004KT 1/2SM FG R04/2200 OVC005 20/18 A3006

【그림6-37】

172. [그림6-37] KJFK에서의 풍향풍속은?

① 040°(자방위)에 18노트　　② 180°(자방위)에 4노트

③ 040°(진방위)에 18노트　　④ 180°(진방위)에 4노트

【해설】 KJFK에서의 풍향풍속은 "18004KT"로 보고되었다. 첫 세 숫자는 풍향(진북) 그리

【정답】 168.③ 169.④ 170.② 171.① 172.④

고 다음 두 숫자는 풍속을 나타낸다.

173. [그림6-37] VFR 기상이 보고된 관측소는?

① 모든 관측소　　② KINK, KBOI, KJFK

③ KINK, KBOI, KLAX　　④ KINK, KJFK

【해설】 VFR 기상 최저치는 실링 1,000피트에 시정 3 SM 이상이 되어야 한다.

- *KINK; 15SM SKC-시정 15 SM, 하늘 맑음*
- *KBOI; 30SM SCT 150)-시정 30 SM, 15,000피트에 스캐터*
- *KLAX; 6SM BR SCT007 SCT250-시정 6 SM(박무), 700피트에 스캐터, 25,000피트에 스캐터*

174. [그림6-37] Wink, Texas(KINK)에서 기상 상태는?

① 무풍　　② 110°/12노트, 돌풍 18노트

③ 111°/2노트, 돌풍 18노트　　④ 011°/12노트, 돌풍 18노트

【해설】 KINK의 풍향풍속은 "11012G18KT"와 같이 보고되었다. 이것은 110°/12노트, 돌풍 18노트를 의미한다.

175. [그림6-37] KMDW의 비고에서 보고된 RAB35는 무엇을 의미하는가?

① 흩날림 박무는 시정을 1-1/2 SM로 감소시킨다.

② 비가 35mm 예상된다.

③ 기압이 0.35″Hg 상승했다.

④ 비는 1835Z에 시작되었다.

【해설】 KMDW의 비고(RMK)에 있는 RAB35는 보고시간이 지난 후 35분에 비가 시작되었다는 것을 의미한다. 따라서 비는 1835Z에 내리기 시작했다.

176. SIGMETs은 어느 종류의 항공기에 위험하다는 것을 경고해 주기 위해서 발표되는가?

① 오직 소형 항공기　　② 오직 대형 항공기

③ 모든 항공기　　④ 고도 18,000피트(MSL) 이하에 있는 항공기

【해설】 SIGMETs(significant meteorological information)은 모든 항공기에 잠재적 위험이 존재한다는 것을 경고해 주기 위해서 발표된다.

177. AIRMETs은 SIGMETs보다 강도가 약한 중요기상현상에 대한 조언이고 주로 누구에게 전파하고자 하는가?

① 오직 IFR 조종사　　② 모든 조종사

③ 오직 VFR 조종사　　④ 기상보고 관측소로부터 50마일 이내에 있는 항공기

【해설】 AIRMETs은 SIGMETs보다 강도가 약한 중요기상현상에 대한 조언이고 이 역시 모든 조종사에게 해당된다.

【정답】 173.③　174.②　175.④　176.③　177.②

178. CONVECTIVE SIGMET에 포함된 정보는?

① 심한 난기류, 은폐뇌우, 그리고 직경 1/2인치 이상의 우박
② 심한 착빙, 심한 난기류, 또는 시정을 3마일 미만으로 감소시키는 광범위한 먼지폭풍
③ 40노트 이상의 지상풍, VIP 레벨 4와 동등하거나 그 이상의 뇌우
④ 토네이도, 은폐뇌우, 그리고 직경 3/4인치 이상의 우박

【해설】 *CONVECTIVE SIGMET에는 다음과 같은 정보가 포함된다.*

- *토네이도*
- *뇌우의 선*
- *은폐뇌우*
- *직경 3/4인치 이상의 우박*
- *지역의 40% 또는 그 이상을 포함하는 VIP level 4와 동등하거나 그 이상의 뇌우 지역*

179. 최근 CONVECTIVE SIGMET에 뇌우가 예보되었을 때 예상할 수 있는 것은?

① 지역의 30%를 포함하고 있는 중간 뇌우
② 중간 또는 심한 뇌우
③ 거대한 구름층에 가려져 있는 뇌우
④ 직경 1/2인치 이상의 우박

【해설】 *은폐뇌우(embedded thunderstorm)는 거대한 구름층으로 가려져 있는 뇌우이다.*

180. [그림6-38] 지형표고가 1,295피트라면 실링 기저의 지상으로부터 높이는 얼마인가?

① 505피트(AGL)　② 1,295피트(AGL)
③ 6,586피트(AGL)　④ 1,505피트(AGL)

【해설】 *PIREP에 따르면 실링의 기저는 SK 섹션에 보고되었다. 첫 번째 층은 브로큰으로 보고되었기 때문에 실링으로 볼 수 있고 기저는 1,800피트(MSL)이다. 브로큰 기저의 지상으로부터 높이는 505피트(AGL; 1,800-1,295)가 된다.*

181. [그림6-38] 조종사가 보고한 착빙의 강도와 종류는?

① 약함에서 중간　② 약함에서 중간, 맑은 착빙
③ 약함에서 중간, 맑은 착빙　④ 약함에서 중간, 거친 착빙

【해설】 *PIREP 의 착빙은 IC 섹션에 "LGT-MDT RIME 072-089"와 같이 보고되었다. 이것은 약함에서 중간(light to moderate) 강도의 거친 착빙(rime icing)이 고도 7,200피트에서 8,900피트 사이라는 것을 의미한다.*

182. [그림6-38] 조종사가 보고한 오버캐스트 층의 상층과 하층은?

① 1,800피트(MSL)와 5,500피트(MSL)
② 5,500피트(AGL)와 7,200피트(MSL)
③ 7,200피트(MSL)와 8,900피트(MSL)
④ 7,200피트(AGL)와 8,900피트(MSL)

【해설】 *PIREP에 따르면 오버캐스트에 관한 정보는 SK 섹션에 "OVC072-TOP089"와 같이 보고되었다. 따라서 하층은 7,200피트 그리고 상층은 8,900피트이다. 모든 고도는 다르게*

【정답】 178.④ 179.③ 180.① 181.④ 182.③

지시되지 않는 한 MSL로 보고된다.

UA/OV KOKC-KTUL/TM 1800/FL 120/TP BE90//SK BKN018-TOP055/OVC072-TOP089/CLR ABV/TA M7/WV 08021/TB LGT 055-072/IC LGT-MOD RIME 072-089

【그림6-38】

183. [그림6-38] 조종사가 보고한 고도 12,000피트(MSL)에서 바람과 기온은?

① 080°/21노트, -7℃ ② 090°/21 MPH, -9°F

③ 090°/21노트, -9℃ ④ 080°/21 MPH, -7℃

【해설】 PIREP 바람에 대한 정보는 WV 섹션(WV 08021) 그리고 기온에 대한 정보는 TA 섹션(TA M7)에 보고된다. 바람은 080°에서 21노트, 그리고 기온은 -7℃(M7)에서 M은 영하의 기온을 의미한다.

184. [그림6-38] 특정 고도에서 보고된 난기류의 강도는?

① 5,500피트와 7,200피트에서 중간(보통)

② 5,500피트부터 7,200피트까지 중간(보통)

③ 5,500피트부터 7,200피트까지 약함

④ 5,500피트부터 7,200피트까지 강함

【해설】 PIREP 난기류에 대한 정보는 TB 섹션에 "TB LGT 055-072"와 같이 보고되었다. 이는 고도 5,500피트부터 7,200피트까지 약한 난기류가 존재한다는 것을 의미한다.

185. 여러 지방의 전반적인 예보기상상태를 결정하는 데 조종사가 참고해야 하는 가장 적절한 기상 출처는?

① 일반기상도 ② 기상묘사도

③ 위성지도 ④ 항공기상예보

【해설】 항공기상예보(aviation weather forecast)는 여러 지방의 전반적인 기상상태에 대한 예보를 제공한다. 이것은 통상 순항항로에서의 기상상태를 예측하거나 혹은 기상보고 또는 예보되지 않은 공항에서 예상할 수 있는 기상상태에 대한 전반적인 기상상태를 확인할 수 있다. 기상묘사도는 예보가 아닌 METAR 보고에 따라 작성된 것이다.

186. 상층의 결빙층과 착빙 가능 지역을 결정하기 위해서 조종사가 참고해야 하는 것은?

① 비행 중 항공기상조언 ② 기상묘사도

③ 지역예보 ④ 위성지도

【해설】 상층(aloft)의 결빙층과 착빙 가능 지역을 결정하기 위해서 조종사는 다음과 같은 비행 중 항공기상조언(inflight aviation weather advisories)을 반드시 참고해야 한다.

- *AIRMET ZULU; 착빙과 결빙층*
- *AIRMET TANGO; 난기류, 강풍과 저고도 윈드시어*

【정답】 183.① 184.③ 185.④ 186.①

- *AIRMET SIERRA; IFR 상태와 산악차폐*

187. 지역예보의 "VFR CLDS/WX" 섹션에 포함된 정보는?

① 지리적 지역으로 나누어 공역 절차 그리고 특별 고지와 함께 지역과 비행로 브리핑
② 공역 절차 그리고 특별 고지와 함께 지역과 비행로 브리핑
③ 기상이 발표되는 시기에 유효한 기상조언
④ 지방(주) 그리고 다른 지리적 지역으로 나누어 비행운용에 중요한 구름과 기상

【해설】 *지역예보의 "VFR CLDS/WX" 섹션에는 주(지방) 그리고 다른 잘 알려진 지리적 지역으로 나누고 포함된 지역은 대략 3,000제곱마일(square miles) 이상이 될 것이다.*

188. 만약 당신의 목적지 공항에 터미널예보(TAF)가 없다면 도착예정시간에 예상할 수 있는 기상에 관한 정보를 얻을 수 있는 주요 기상 출처는?

① 저고도 예보도 ② 기상묘사도
③ 지역예보 ④ 일반기상도

【해설】 *지역예보(area forecast; FA)는 여러 주(지방)를 포함하는 전반적인 기상상태에 대한 예보이다. FA는 순항항로 기상예보로 사용할 수 있고, 때로는 터미널예보(TAF)가 없는 공항을 위해서 적절하게 활용할 수 있다. 저고도 예보도는 앞으로 12시간 그리고 24시간 내에 존재할 것으로 예상되는 기상상태를 예보한다.*

189. [그림6-39] Chicago FA 예보 섹션의 유효시간은?

① 1945Z ② 0800Z
③ 2400Z ④ 1900Z

【해설】 *Chicago FA는 2개의 FA 중 두 번째이다. "CLDS/WX VALID UNTIL 250800"과 같이 표기되어 있다. 이것은 FA의 VFR 구름과 기상 섹션이 25일 0800Z까지 유효하다는 것을 의미한다.*

190. [그림6-39] 동부구역에 있는 상부 Michigan의 2300Z에 예보된 하늘 상태와 시정은?

① 실링 100피트 오버캐스트 그리고 시정 3~5 SM
② 실링 1,000피트 오버캐스트 그리고 시정 3~5 NM
③ 실링 1,000피트 브로큰 그리고 시정 3~5 NM
④ 실링 1,000피트 오버캐스트 그리고 시정 3~5 SM

【해설】 *Chicago FA는 2개의 FA 중 두 번째이다. "UPR MI LS"과 같이 표기되어 있다. 이것은 "Upper Michigan and Lake Superior"를 의미한다. 또한, ERN PTNS(동부구역; eastern portions)은 "23Z CIG PVC010 VIS 3-5 -RA BR"과 같이 표기되어 있다. 이것은 2300Z부터 기상은 1,000피트(AGL)에 오버캐스트 실링, 약한 비 그리고 박무와 함께 시정 3~5 SM이 예보되었다.*

【정답】 187.④ 188.③ 189.② 190.④

```
BOSC FA 241845
SYNOPSIS AND VFR CLDS/WX
SYNOPSIS VALID UNTIL 251300
CLDS/WX VALID UNTIL 250700...OTLK VALID 250700-251300
ME NH VT MA RI CT NY LO NJ PA OH LE WV MD DC DE VA AND CSTL WTRS
.
SEE AIRMET SIERRA FOR IFR CONDS AND MTN OBSCN.
TS IMPLY SEV OR GTR TURB SEV ICE LLWS AND IFR CONDS.
NON MSL HGTS DENOTED BY AGL OR CIG.
.
SYNOPSIS...19Z CDFNT ALG A 16NE ACK-ENE LN...CONTG AS A QSTNRY
FNT ALG AN END-50SW MSS LN. BY 13Z...CDFNT ALG A 140ESE ACK-HTO
LN...CONTG AS A QSTNRY FNT ALG A HTO-SYR-YYZ LN. TROF ACRS CNTRL
PA INTO NRN VA. ...REYNOLDS...
.
OH LE
NRN HLF OH LE...SCT-BKN025 OVC045. CLDS LYRD 150. SCT SHRA. WDLY
    SCT TSRA. CB TOPS FL350. 23-01Z OVC020-030. VIS 3SM BR. OCNL-
    RA. OTLK...IFR CIG BR FG.
SWRN QTR OH...BKN050-060 TOPS 100. OTLK...MVFR BR.
SERN QTR OH...SCT-BKN040 BKN070 TOPS 120. WDLY SCT-TSRA. 00Z
    SCT-BKN030 OVC050. WDLY SCT-TSRA. CB TOPS FL350. OTLK...VFR
    SHRA.
.
CHIC FA 241945
SYNOPSIS AND VFR CLDS/WX
SYNOPSIS VALID UNTIL 251400
CLDS/WX VALID UNTIL 250800...OTLK VALID 250800-251400
ND SD NE KS MN IA MO WI LM LS MI LH IL IN KY
.
SEE AIRMET SIERRA FOR IFR CONDS AND MTN OBSCN.
TS IMPLY SEV OR GTR TURB SEV ICE LLWS AND IFR CONDS.
NON MSL HGTS DENOTED BY AGL OR CIG.
.
SYNOPSIS...LOW PRES AREA 20Z CNTRD OVR SERN WI FCST MOV NEWD INTO
LH BY 12Z AND WKN. LOW PRES FCST DEEPEN OVR ERN CO DURG PD AND
MOV NR WRN KS BORDER BY 14Z. DVLPG CDFNT WL MOV EWD INTO S CNTRL
NE-CNTRL KS BY 14Z. ...SMITH..
.
UPR MI LS
WRN PTNS...AGL SCT030 SCT 030 SCT-BKN050. TOPS 080. 02-05Z BECMG CIG
    OVC010 VIS 3-5SM BR. OTLK...IFR CIG BR.
ERN PTNS...CIG BKN020 OVC040. OCNL VIS 3-5SM -RA BR. TOPS FL200.
    23Z CIG OVC010 VIS 3-5SM -RA BR. OTLK...IFR CIG BR.
.
LWR MI LM LH
CNTRL/NRN PTNS...CIG OVC010 VIS 3-5SM -RA BR. TOPS FL200
    OTLK...IFR CIG BR.
.
SRN THIRD...CIG OVC015-025. SCT -SHRA. TOPS 150. 00-02Z BECMG CIG
    OVC010 VIS 3-5SM BR. TOPS 060. OTLK...IFR CIG BR.
.
IN
NRN HALF...CIG BKN035 BKN080. TOPS FL200. SCT -SHRA. 00Z CIG
    BKN-SCT040 BKN-SCT080. TOPS 120. 06Z AGL SCT-BKN030. TOPS 080.
    OCNL VIS 3-5SM BR. OTLK...MVFR CIG BR.
SRN HALF...AGL SCT050 SCT-BKN100. TOPS 120. 07Z AGL SCT 030
    SCT100. OTLK...VFR.
```

【그림6-39】

191. [그림6-39] 0700Z 이후 Indiana 남부 절반 지역을 위한 전망은?

① VFR　② IFR

③ 한계 VFR(MVFR)　④ VFR과 IFR 사이

【해설】 *0700Z 이후 Indiana(IN) 남부 절반 지역의 전망은 Chicago 지역예보에 포함되어 있다. SRN HALF(southern half; 남부 절반 구역)에는 "OTLK...VFR"로 예보되었고 범주적 전망은 VFR 기상 상태라는 것을 의미한다. 여기서 서부두에 "OTLK VALID 250800-251400"라고 표기된 것은 범주적 전망이 0800Z부터 1400Z까지 유효하다는 것을 의미한다. 따라서 전망은 0700Z 이후 1시간까지 유효하지 않다. 그러나 이 문제에서 VFR이 정답이 되는 것은 0700Z 이후 전망을 요구하고 있기 때문이다.*

192. [그림6-39] 서부구역에 있는 상부 Michigan을 위한 하늘 상태와 시정 장애물은 무엇인가?

① 박무에서 시정 3~5 NM과 함께 실링은 100피트 오버캐스트가 될 것이다.

② 박무에서 시정 3~5 SM과 함께 실링은 100피트 오버캐스트가 될 것이다.

③ 박무에서 시정 3~5 NM과 함께 실링은 1,000피트 오버캐스트가 될 것이다.

④ 박무에서 시정 3~5 SM과 함께 실링은 1,000피트 오버캐스트가 될 것이다.

【해설】 *Chicago FA는 2개의 FA 중 두 번째이다. "UPR MI LS"과 같이 표기되어 있다. 이것은 "Upper Michigan and Lake Superior"를 의미한다. 또한, WRN PTNS(서부구역; western portions)은 "02-05Z BECMG CIG OVC 010 VIS 3-5SM BR"과 같이 표기되어 있다. 이것은 0200Z과 0500Z 사이에 기상은 1,000피트(AGL)에 오버캐스트 실링이 될 것이고, 박무(mist)와 함께 시정 3~5 SM이 예보되었다.*

193. [그림6-40] KMEM의 TAF에서 "SHRA"가 의미하는 것은?

① 소낙비

② 풍향의 변동이 예상됨

③ 강수에서 중요한 변화가 예상됨

④ 운량의 상당한 변화가 있음

【해설】 *TAF에서 SHRA는 소나기(shower; SH)와 비(rain; RA)를 나타낸다. 따라서 SHRA는 소낙비(rain showers)를 의미한다.*

194. [그림6-40] 예보기간 0600Z부터 0800Z까지 KOKC를 위한 시정은 얼마로 예보되었는가?

① 6 SM 이상　② 6 SM 가능성

③ 예보되지 않았음　④ 6 NM 이상

【해설】 *예보기간 0600Z부터 0800Z까지 KOKC를 위한 기상상태는 예보의 종료 시간까지 바람이 210/15노트, 시정 6 SM 이상(P6SM; greater than 6 SM), 4,000피트에 스캐터로 예보되었다.*

【정답】 191.① 192.④ 193.① 194.①

TAF

KMEM 121720Z 1218/1324 20012KT 5SM HZ BKN030 PROB40 2022 1SM TSRA OVC008CB
FM2200 33015G20KT P6SM BKN015 OVC025 PROB40 2202 3SM SHRA
FM0200 35012KT OVC008 PROB40 0205 2SM-RASN BECMG 0608 02008KT BKN012
BECMG 1310/1312 00000KT 3SM BR SKC TEMPO 1212/1214 1/2SM FG
FM131600 VRB06KT P6SM SKC=

KOKC 051130Z 0512/0618 14008KT 5SM BR BKN030 TEMPO 0513/0516 1 1/2SM BR
FM051600 18010KT P6SM SKC BECMG 0522/0524 20013G20KT 4SM SHRA OVC020
PROB40 0600/0606 2SM TSRA OVC008CB BECMG 0606/0608 21015KT P6SM SCT040=

【그림6-40】

195. [그림6-40] KOKC의 TAF에서 맑은 하늘은 어떻게 변화될 것으로 예보되었는가?

① 2200Z와 2400Z 사이 기간의 예보 중 2,000피트에 오버캐스트
② 2200Z와 2400Z 사이 기간의 예보 중 600피트에서 오버캐스트가 될 확률 40%와 함께 200피트 오버캐스트
③ 2200Z와 2400Z 사이의 기간 예보 중 400피트에서 오버캐스트가 될 확률과 함께 200피트 오버캐스트
④ 2200Z와 2400Z 사이 기간의 예보 중 600피트에 오버캐스트

【해설】 KOKC를 위한 2200Z부터 2400Z까지의 TAF에서 기상은 점차 바람이 200/13, 돌풍 20노트, 시정은 보통 소나기와 함께 4 SM, 2,000피트에 오버캐스트가 될 것으로 예보되었다. 0000Z와 0600Z 사이에 중간정도 비와 함께 뇌우 속에 시정이 2 SM이 될 확률이 40%, 그리고 적란운 구름이 800피트에 오버캐스트가 될 것이다.

196. [그림6-40] KMEM의 TAF를 위한 유효기간은?

① 1200Z에서 1800Z ② 1200Z에서 2400Z
③ 1800Z에서 2400Z ④ 0100Z에서 2300Z

【해설】 TAF의 유효기간은 4자리 위치 식별자와 날짜/시간을 6숫자로 표기된다. 날짜와 시간 그룹에서 두 숫자는 날짜, 다음 두 숫자는 시작시각, 그리고 다음 두 숫자는 종료시각을 나타낸다. KMEM의 TAF의 유효기간은 1218/1324이고, 이것은 12일 1800Z부터 13일 2400Z까지이다.

197. [그림6-40] KMEM의 TAF에서 1000Z와 1200Z 사이 예보된 시정은?

① 1/2 SM ② 3 SM
③ 6 SM ④ 6 NM

【해설】 KMEM의 TAF에서 1000Z와 1200Z 사이의 예보는 점차 무풍, 박무에 시정 3 SM, 하늘은 1200Z와 1400Z 사이에 안개로 가끔 시정이 1/2 SM과 함께 맑음으로 예보되었다. 이 기상상태는 1600Z까지 계속될 것으로 예상한다.

【정답】 195.① 196.③ 197.②

198. [그림6-40] KMEM의 TAF에서 1600Z부터 예보의 종료시각까지 바람에 대한 예보는?

① 중요한 바람이 없음

② 6노트에서 풍향 변동 없음

③ 4노트에서 풍향 변동

④ 6노트에서 풍향 변동

【해설】 KMEM의 TAF에서 1600Z부터 예보의 종료시간(1800Z)까지 바람은 6노트에서 풍향 변동(VRB06KT), 시정 6 SM 이상(P6SM), 그리고 하늘은 맑은 것으로 예보되었다.

199. [그림6-40] KOKC의 TAF에서 "FM(FROM) Group"은 1600Z부터 2200Z까지 바람에 대한 예보는?

① 160°에 10노트

② 180°에 10노트

③ 180°에 10노트, 점차 200°에 13노트가 변동

④ 160°에 10노트, 점차 020°에 13노트가 변동

【해설】 FM 그룹은 1600Z부터 2200Z(다음 변화 그룹의 시간)까지 예보이다. 이에 따르면 예보 바람은 180°에 10노트이다.

200. [그림6-40] TAF에 보고되는 유일한 구름은?

① 난층운 ② 적란운

③ 스케터 적운 ④ 탑적운

【해설】 TAF에 보고되는 유일한 구름은 적란운(cumulonimbus clouds)이다. 만약 공항에 적란운이 예상된다면 약어 "CB"를 적란운의 기저를 나타내는 구름층에 붙인다.

201. [그림6-41, 컬러] 조종사에게 기상묘사도의 중요성은?

① 저고도 난기류, 윈드시어에 관한 정보를 제공한다.

② 운량, 시정, 그리고 전선체계에 대한 정보를 제공한다.

③ 전선추세와 기단 특성을 결정하는 데 유용하다.

④ 비행계획을 수립하기 위한 전반적인 기상상태를 결정하는 데 유용하다.

【해설】 기상묘사도(weather depiction chart)는 기상도에 지정된 시간에 기상상태의 신속한 그림을 제공하고 있는 지상기상보고로부터 준비된 자료이다. 따라서 이것은 비행계획을 수립하기 위한 전반적인 기상상태를 결정하는 데 유용하다.

202. [그림6-41, 컬러] 북부 Texas에서 IFR 기상은 무엇으로 인한 것인가?

① 간헐적 비 ② 낮은 실링

③ 먼지 회오리바람 ④ 소낙성 비와 안개

【해설】 북부 Texas와 중부 Oklahoma 주변의 음영 구역은 IFR 기상이 존재한다는 것을 나타낸다. 주변 부호는 박무(=)와 600피트(AGL)에 오버캐스트를 나타낸다. 따라서 낮은 실링으로 인해서 IFR 상태가 보고되었다.

【정답】 198.④ 199.② 200.② 201.④ 202.②

203. [그림6-41, 컬러] 중부 Oklahoma에서 IFR 상태의 요인이 되는 기상현상은?

① 오직 저시정　　② 낮은 실링과 시정

③ 많은 소나기　　④ 저시정과 지속성 비

【해설】 *중부 Oklahoma에서 IFR 상태의 요인은 낮은 실링과 시정이다. 북부 Texas와 중부 Oklahoma 주변의 음영 구역은 IFR 기상이 존재한다는 것을 나타낸다. 이 구역에 5개의 검은색 원과 함께 옆에 2 1/2이 표기되어 있다. 검은색 원 아래 숫자 6은 600피트에 오버캐스트를 의미한다. 따라서 IFR 기상은 낮은 실링과 저시정으로 인한 것이다.*

204. [그림6-41, 컬러] Nebraska에서부터 Michigan의 상부 반도까지 확장된 전선의 상태는?

① 한랭전선　　② 정체정선

③ 온난전선　　④ 폐색전선

【해설】 *한랭전선(cold front)은 삼각형으로 그려지고 뾰족한 부분이 전선의 진행 방향이다. 온난전선(warm front)은 둥근 반원 모양으로 그려진다.*

205. [그림6-41, 컬러] 기상묘사도에 따른 남부 Michigan에서 북구 Indiana까지 비행을 위한 기상은?

① 실링 1,000~3,000피트 그리고 시정 3~5마일

② 실링 1,000피트 미만 그리고 시정 3마일 미만

③ 실링 3,000피트 이상 그리고 시정 5마일 이상

④ 실링 1,000피트 이상 그리고 시정 5마일 이상

【해설】 *해당 구역은 음영 혹은 등고선이 없다. 이것은 실링이 3,000피트 이상, 그리고 시정은 5마일 이상(greater than)을 나타낸다.*

206. [그림6-41, 컬러] 중부 Kentucky에서 한계기상은 무엇으로 인한 것인가?

① 수직으로 발달하는 구름과 차폐시정　　② 낮은 실링과 시정

③ 낮은 시정　　④ 낮은 실링

【해설】 *중부 Kentucky에서 MVFR 기상은 음영이 없는 등고선(contour line)으로 표시되어 있다. 관측소 부호(station symbol)는 1,000피트에 오버캐스트 실링을 지시하고 있다. MVFR은 실링 1,000~3,000피트 그리고 시정은 3~5 SM이다. 따라서 한계기상(marginal weather)은 낮은 실링으로 인한 것이다.*

207. 조종사가 레이더 기상보고에 관해서 특별히 관심을 가져야 하는 이유는?

① 낮은 실링과 안개의 광범위한 지역을 제공하기 때문이다.

② 강수의 종류, 강도, 그리고 셀 이동과 함께 강수의 위치를 제공하기 때문이다.

③ 강수의 종류, 강도, 그리고 추세와 함께 강수의 위치를 제공하기 때문이다.

④ 가장 최신의 강수의 종류, 강도에 대한 정보를 제공하기 때문이다.

【해설】 *조종사가 레이더 기상보고(radar weather reports)에 관해서 특별히 관심을 가져야 하는 이유는 강수(precipitation)의 종류, 강도, 그리고 셀 이동(cell movement)과 함께 강수*

【정답】 203.② 204.① 205.③ 206.④ 207.②

의 위치를 제공하기 때문이다. 그러나 추세 정보(trend information)는 포함되지 않는다.

208. 조종사는 중요기상예보도를 어떻게 사용해야 하는가?

① 전 고도에서 전반적인 계획수립을 위해서 유용하다.
② 전 지역에서 발생하는 전선에 대한 정보를 분석하는 데 유용하다.
③ 최근 전선 활동과 운량을 분석하는 데 유용하다.
④ 결빙층과 난기류를 회피하기 위한 지역을 결정하는 데 유용하다.

【해설】 *기상예보도(weather prognostic chart)는 앞으로 12시간과 24시간 이내에 있을 수 있는 기상상태를 예보한다. 이들은 두 종류의 예보를 포함한다. IFR과 MVFR 지역과 같은 저고도 중요기상(low-level significant weather) 그리고 중간강도 이상의 난기류 구역과 결빙층에 대한 정보가 포함된다.*

209. [그림6-42, 컬러] 12시간 중요기상예보도에 있는 중부 Florida 상공 결빙층 고도는?

① 4,000피트 ② 8,000피트
③ 12,000피트 ④ 15,000피트

【해설】 *중요기상예보도의 위 차트를 참고하라. 결빙층은 점선으로 그려지고 높이는 백 단위 피트(MSL)로 표기되어 있다. 중부 Florida를 가로지르는 점선과 함께 "120"으로 표기되어 있다. 이것은 결빙층이 12,000피트(MSL)를 의미한다.*

210. [그림6-42, 컬러] 24시간 중요기상예보도에 있는 중부 Florida 상공 빨간색 구역의 기상은?

① 실링, 1,000피트 미만, 시정 3마일 미만
② 실링, 1,000피트 미만, 시정 5마일 미만
③ 실링, 3,000피트 미만, 시정 3마일 미만
④ 실링, 3,000피트 미만, 시정 5마일 미만

【해설】 *중요기상예보도의 아래 차트를 참고하라.*

211. 순항항로기상조언을 받을 수 있는 주파수는?

① 123.2 MHz ② 122.1 MHz
③ 123.6 MHz ④ 122.2 MHz

【해설】 *당신의 순항항로(en route)를 따라서 비행 중 기상조언(weather advisory)은 주파수 122.2 MHz를 이용한 FSS와 교신해서 얻을 수 있다. 공항조언업무를 위한 공통 FSS 주파수는 123.6 MHz이다.*

212. 상층풍 예보에 "light and variable" 용어가 사용될 때 코드 그룹과 풍속은?

① 0000 그리고 7노트 미만 ② 9900 그리고 5노트 미만
③ 9999 그리고 10노트 미만 ④ 0000 그리고 5노트 미만

【해설】 *상층풍(Wind Aloft; FB) 예보에 "light and variable" 용어가 사용될 때 코드는 9900이고 풍속은 5노트 미만을 지시한다.*

【정답】 208.④ 209.③ 210.① 211.④ 212.②

FB WBC 151745
DATA BASED ON 151200Z
VALID 1600Z FOR USE 1800-0300Z. TEMPS NEG ABV 24000

FT	3000	6000	9000	12000	18000	24000	30000	34000	39000
ALS			2420	2635-08	2535-18	2444-30	245945	246755	246862
AMA		2714	2725+00	2625-04	2531-15	2542-27	265842	256352	256762
DEN			2321-04	2532-08	2434-19	2441-31	235347	236056	236262
HLC		1707-01	2113-03	2219-07	2330-17	2435-30	244145	244854	245561
MKC	0507	2006+03	2215-01	2322-06	2338-17	2348-29	236143	237252	238160
STL	2113	2325+07	2332+02	2339-04	2356-16	2373-27	239440	730649	731960

【그림6-43】

213. [그림6-43] 고도 9,000피트 STL에서 바람에 대한 예보는?

① 230° 자방위에 25노트　　② 230° 진방위에 32노트
③ 320° 진방위에 25노트　　④ 320° 자방위에 25노트

【해설】 상층풍(FB) 예보에서 바람정보는 첫 두 숫자는 풍향(진북), 그리고 나머지 두 숫자는 풍속이다. STL, 9,000피트에서 데이터를 지시하는 칸에서 바람정보는 "2332"와 같이 표기되어 있다. 이것은 230° 진방위에 32노트의 바람을 의미한다.

214. [그림6-43] 고도 12,000피트 STL에서 바람에 대한 예보는?

① 230° 자방위에 39노트
② 230° 진방위에 56노트
③ 230° 자방위에 56노트
④ 230° 진방위에 39노트

【해설】 STL, 12,000피트에서 데이터를 지시하는 칸에서 바람 정보는 "2339"와 같이 표기되어 있다. 이것은 230° 진방위(true bearing)에 39노트의 바람을 의미한다.

215. [그림6-43] 고도 9,000피트 DEN을 위한 바람과 기온 정보는?

① 230° 자방위에 53노트, 47℃
② 230° 진방위에 53노트, -47℃
③ 230° 진방위에 21노트, -4℃
④ 230° 자방위에 21노트, -4℃

【해설】 고도 9,000피트 DEN에서 데이터를 지시하는 칸의 정보는 "2321-04"와 같이 표기되어 있다. 이것은 230° 진방위에 21노트의 바람과 기온 -4℃를 의미한다.

216. [그림6-43] 고도 6,000피트 MKC를 위한 상층 바람과 기온 정보는?

① 050° 진방위에 7노트, 기온 미상　　② 200° 자방위에 6노트, +3℃
③ 200° 진방위에 6노트, +3℃　　④ 200° 자방위에 7노트, 기온 미상

【해설】 고도 6,000피트 MKC에서 데이터를 지시하는 칸에서 정보는 "2006+03"와 같이 표기되어 있다. 이것은 200° 진방위에 6노트의 바람과 기온 +3℃를 의미한다.

【정답】 213.② 214.④ 215.③ 216.③

217. 상층풍 예보에 사용되는 풍향풍속의 단위는?

① 자방위 그리고 노트

② 자방위 그리고 MPH

③ 진방위 그리고 MPH

④ 진방위 그리고 노트

【해설】 상층풍 예보(FB)에서 바람 정보의 방향은 진북(true north)이고 풍속은 노트(knots) 단위를 사용한다.

【정답】 217.④

Chapter 7 항공생리와 항공의사결정

7.1 개 요

항공안전! 아무리 강조해도 지나침이 없다. 현대의 항공기들은 공기역학적 그리고 구조적으로 신뢰성이 매우 높다. 비록 소형 항공기라 할지라도 성능이 크게 향상되어 가는 추세이기 때문에 항공안전은 이를 운용하는 사람의 능력에 좌우될 수 있다. 조종사는 항상 자신의 육체적 건강뿐만 아니라 정신적 건강 상태를 유지해야 안전을 보장받을 수 있다. 육체적 건강은 자신의 신체 조건에 맞는 적절한 운동을 할 것을 권장하고 직장에서의 심한 스트레스, 과중한 업무, 가정불화 등과 같은 정신적 스트레스 또한 안전비행을 위해서 해소되어야 한다. 안전 조종사가 되기 위해서는 건강 점검표를 작성하여 비행 전에 스스로 자신의 건강 상태를 점검하는 자세가 필요하다. 신체적 부적응과 비정상적인 심리적 불안 요인은 항공기 사고의 직접적인 원인이 되기도 한다. 조종사 자신의 건강뿐만 아니라 비행 중 직면할 수 있는 대기 현상과 비행이 인체에 미치는 영향에 대해서 충분한 지식이 있어야 이에 대비할 수 있다.

7.2 비행과 건강

활공기(glider)나 기구(balloon)와 같은 초경량 항공기 조종사를 제외한 모든 조종사는 지정 병원에서 발급한 신체검사 증명서(medical certificate)를 소지해야 한다. 항공 의료원에서는 신체적, 정신적 건강 상태를 검진하게 된다. 주요 검진항목은 신경계통과 심혈관, 시력과 청각 그리고 심장 및 혈압을 측정한다. 이외에도 소변 검사를 통한 신장의 정상적인 기능, 기관지 계통을 검진한다. 비록 조종사 자격증을 소지하고 있다 할지라도 유효 신체검사 증명서를 소지하고 있지 못하다면 조종사로서 업무를 수행할 수 없다. 다음과 같은 신체

【그림7-1】 착륙 중 속도는 이미 최저로 낮아진 상태이기 때문에 조종성이 크게 떨어질 수 있어 약간의 부주의도 사고로 이어질 수 있다. 이 비행기는 측풍을 받으면서 착륙 접근 중 부적절한 조종으로 한쪽 날개가 먼저 지면에 부딪히면서 회전축으로 작용하여 동체가 급격히 회전하고 있다. [wikipedia]

적 결함이 있는 사람은 비행자격을 취득하는데 제한을 받을 수 있다.

- 공공에 명시된 개인 장애
- 정신질환
- 알코올 또는 마약 중독자
- 간질
- 미해명 의식장애
- 심근경색
- 협심증 및 당뇨병

(1) 질 병

일상생활 중 신체에 발생하는 미열이라 할지라도 조종사의 능력을 떨어뜨려 비행안전에 치명적 요인이 될 수 있다. 질병은 신체의 열을 발생시키고 판단력, 기억력, 경계심 그리고 계산 능력을 떨어뜨릴 수 있는 착란 증상으로 발전될 수 있다. 질병이 약으로 치료되고 있다 할지라도 약물치료 자체가 조종사의 능력을 떨어뜨린다는 점을 간과해서는 안 된다. 일단 발병되었다고 판단될 때는 비행을 하지 않는 것이 최선이다. 일상생활 중 흔하게 걸릴 수 있는 감기조차도 지상에서는 큰 영향을 주지 않지만, 고고도에서는 심각한 영향을 미칠 수 있기 때문이다.

(2) 약 물

약물에 의한 신체 기능은 조제약이든 일상 상용 약이든 모두 조종사 능력을 심각하게 저하시킬 수 있다. 진정제, 안정제 또는 항히스타민제 등은 신경계통에 영향을 줄 수 있고 저산소증의 가능성을 증가시킨다. 이들 의약품 중에서 안정제, 진정제, 진통제, 기침 억제 조제약 등은 판단력, 기억력, 경계심, 시력, 계산 능력에 영향을 줄 수 있다. 이외에도 항히스타민제, 혈압 조절제, 근육 이완제, 설사 및 멀미 예방약 등은 같은 치명적 부작용을 초래할 수 있다.

(3) 알코올과 흡연

조사에 따르면 알코올의 섭취와 비행 위험에 대해서 많은 사실이 제시되었다. 예를 들어 1온스의 술, 맥주 1병, 와인 4온스 정도의 알코올을 섭취했을 때 호흡 및 혈액 속에 최소한 3시간 이상의 알코올 성분이 남아 있을 수 있다. 이 정도의 알코올 섭취로도 조종사의 비행 능력에 영향을 줄 수 있다. 알코올이 체내에서 완전히 소화된 후에도 숙취로 인하여 수 시간 동안 심각한 영향을 받을 수 있다. 체내에 흡수된 알코올 성분을 빠르게 제거하거나 숙취 상태를 완화하는 방법은 없으며, 알코올은 조종사에게 정위상실(disorientation)과 저산소증의 가능성을 증대시킨다. 치명적인 항공기 사고와 관련된 고농도의 알코올은 잠재적 항공기 사고와는 치명적 조화를 이루고 있음을 강조하고 있다.

항공법규에는 어떠한 형태의 알코올성 음료를 섭취하거나 알코올의 영향에 있는 상태에서는 혈중알코올농도가 0.03%(FAA 0.04%) 이상일 때 8시간 이내에 비행을 금지하도록 규정하고 있다. 알코올의 소화 속도가 느려 조종사가 적당량의 알코올을 섭취한 후 8시간 동안에는 알코올의 영향에 있다고 할 수 있다. 따라서 알코올 섭취 때에는 알코올성 음료의 섭취 정도에 따라 비행 임무를 수행하기 전까지는 최소한 12~24시간을 허용할 것을 강력히 권장하고 있다. 흡연이 건강에 좋지 않다는 것은 너무 잘 알려진 사실이다.

담배 연기 속에 포함된 일산화탄소(carbon monoxide)는 혈액(blood) 내의 산소를 흡수하는 것으로 알려져 있다. 이것은 두뇌를 포함한 인체의 각 부위에 적절한 혈액을 공급할 수 있는 에너지의 감소를 의미한다. 고고도에서 두뇌(brain)에 공급되는 산소의 부족은 명확한 저산소증(hypoxia)의 영향으로 나타난다. 특히 조종실과 같은 제한된 공간에서 조종실 기압이 감소한 상태에서의 흡연은 산소 부족 현상이 더욱 증가한다. 이 같은 이유로 조종실은 물론 민간 항공기의 기내 전체에서 흡연을 금지하는 이유이다.

(4) 피 로

피로(fatigue)는 조종사가 심각한 실수를 범하기 전까지 명확하게 감지되지 않기 때문에 비행안전에 방심할 수 없는 위험 요소 중의 하나이다. 피로의 주원인은 연속된 비행 업무, 과도한 운동, 수면 부족, 정신적 스트레스 등이다. 격렬한 근육 운동, 운동 부족, 과중한 정신적 스트레스, 격한 감정, 단조로움과 수면 부족 등을 포함한 육체적 정신적 과로가 장기간 계속될 때 나타나는 것이 급성 피로이다. 급성 피로는 규칙적인 운동과 적절한 영양섭취 그리고 적절한 휴식과 수면으로 해소할 수 있다. 그러나 일시적 피로가 완전히 회복되지 않은 상태에서 피로가 겹칠 때 만성 피로로 발전한다. 만성 피로는 조종사

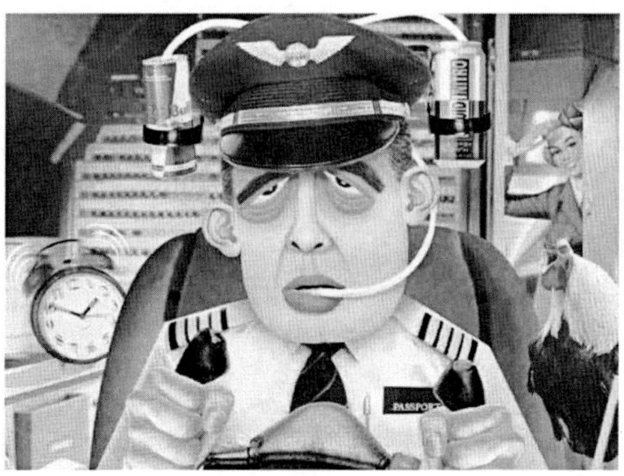

【그림7-2】 졸음 [wikipedia]

의 지속 기능 저하로 인하여 판단력을 떨어뜨리고 그 결과 심각한 위험을 초래할 수 있으므로 장기간 휴식이 요구된다.

(5) 긴장/압박감

현대인은 다양한 종류의 스트레스에 시달리고 있다. 스트레스는 조종사 기능을 매우 민감하게 떨어뜨린다. 특히 직장 생활에서 오는 고충은 경계심을 극도로 감소시켜 충분한 사고 과정을 잠식해 버린다. 이로 인한 혼란은 판단력에 심각한 영향을 미치고 긴장과 피로가 겹쳤을 때는 극히 위험하다.

(6) 감 정

심한 언쟁, 가족의 사망, 별거 또는 이혼, 실직이나 재산적 파산과 같은 감정적 동요 사건은 비행안전을 심각하게 위협할 수 있다. 이 같은 사건으로 인한 격노, 의기소침, 근심은 경계심을 감소시킬 뿐만 아니라 자포자기 상태를 유발할 수 있다. 감정적 혼란을 겪고 있는 조종사는 감정이 가라앉을 때까지 비행을 금지한다.

(7) 시력보호와 헌혈

의사의 검진에 따라 안경 또는 콘택트렌즈를 착용해야 할 정도의 시력이라면 당신은 반드시 안경이나 콘택트렌즈를 착용하고 비행해야 할 뿐만 아니라 항상 예비 안경을 소지하고 있어야 한다. 비행 중 시력을 보호하기 위해서 고글(goggle)이나 선글라스를 착용할 것을 권장하고 있다. 선글라스의 사용은 빛의 반사를 방지하고 최소한 85% 이상의 가시광을 흡수하고 분광 작용에 의한 이미지 왜곡을 최소화하여 모든 색을 동등하게 흡수한다. 헌혈은 비행 업무를 수행해야 할 조종사에게는 권장되지 않는다. 헌혈한 후 정상적인 상태로 회복되는데 수 주일이 걸리기 때문에 헌혈로 인하여 크게 영향을 미치지 않는다 할지라도 고도의 영향과 인체에 작용하는 하중계수는 일시적으로 산소를 공급하는 능력을 감소시킬 수 있다.

7.3 비행과 신체 기능

(1) 비행과 체온

고도(altitude)가 증가함에 따라 기온과 기압이 감소한다. 이에 따라 인체에 작용하는 영향 또한 다양하게 나타난다. 고도가 높아짐에 따라 평균 기온은 고도 1,000피트 당 2℃씩 감소한다. 예를 들어 지상 기온이 0℃일 때 고도 5,000피트에서는 -10℃가 될 것이다. 따라서 충분한 난방장치 혹은 보온대책을 갖추지 않으면 극심한 추위에 노출될 수 있어 조종능력을 떨어뜨리고 심하면 저체온증의 원인이 된다. 또한, 공기밀도의 감소는 산소의 절대

【그림7-3】 경비행기 사고 [wikipedia]

량이 부족한 현상이 발생하기 때문에 이로 인하여 저산소증을 유발한다. 고도가 증가하면 충치로 인하여 생긴 구멍 속에 갇힌 공기가 팽창되어 치통의 원인이 발생하는 것도 고도 증가에 따른 기압 변화의 영향이다.

(2) 저산소증

저산소증(hypoxia)은 두뇌와 다른 기관의 기능 저하를 일으킬 수 있는 체내의 산소결핍 상태이다. 고도가 증가함에 따라 기압고도는 점차 감소한다. 기압고도의 감소는 상대적인 공기밀도가 감소하는 원인이 된다. 비행 중 무의식적으로 또는 습관적으로 수행되는 행위에서도 저산소증의 가능성을 증대시킨다. 다음 사항들은 저산소증에 영향을 줄 수 있는 요소들이다.

- 담배 또는 배기가스로부터 흡입한 일산화탄소
- 헤모글로빈 결핍
- 알코올
- 항히스타민, 안정제, 진정제 등과 같은 특정 약품
- 매우 덥거나 추운 날씨, 신체 열 등은 산소의 필요성을 증가시킨다.

저산소증의 영향은 점진적으로 발생하기 때문에 인지가 더욱 곤란하며 조종사에게 상당한 위험을 초래할 수 있다. 이 같은 저산소증은 발생 요인을 충분히 인식하고 예방하는 것이 최선이다. 저산소증은 조종사의 판단력, 주의력, 근육 운동 및 계산 능력을 떨어뜨리고 두통, 졸음, 현기증, 행복 도취감은 물론 호전성과 같은 증상으로 나타난다.

(3) 과호흡증

몸의 호흡 기능은 정상적인 상태에서는 혈액 속에서 소모되는 이산화탄소의 양에 따라 호흡률을 조절한다. 그러나 비정상적인 상황에 접했을 때 사람은 당황하게 되고 체내에서는 아드레날린이 생산되어 급격한 행동에 대비한다. 혈액 속에서는 근육의 긴장으로 인한 이산화탄소(carbon dioxide)의 양이 증가하고 이를 해소하기 위해서 호흡률이 빨라진다. 비행 중 과호흡증(hyperventilation) 또는 비정상적인 호흡량의 증가는 비행 중 긴장된 상황에 직면했을 때 무의식적으로 발생할 수 있는 현상이다. 심장 박동이 빨라지고, 땀을 흘리며, 혈액이 근육으로 전환되고 호흡률은 증가한다. 과호흡증은 체내의 이산화탄소를 과도하게 배출하기 때문에 정신 혼란, 질식, 졸음, 흥분, 냉담 상태를 초래하게 되고, 무기력 상태는 조종 불능, 공간정위상실, 근육경련 등으로 의식불명으로 발전될 수 있다. 비행 중에 예기치 않은 상황에 직면했을 때 갑자기 호흡이 빨라지는 것은 과호흡증에 노출된 상태이다. 이를 해소하기 위해서는 의식적으로 깊은 호흡과 호흡률을 조절하여 침착성을 유지하거나 종이 봉지에 입과 코를 대고 호흡하여 체내에 이산화탄소를 축적하여 해소한다.

(4) 청각장애

귀 구조의 일부인 고막 바깥쪽은 대기압을 유지하고 있고 안쪽에 있는 중이에는 유스타키오 관을 통하여 간접적으로 대기로 연결되어 있어 공기압이 서로 평형을 이루고 있다. 유스타키오 관은 중이의 공기압과 대기압이 서로 평형을 이루게 하는 기능을 한다. 상승 중에 조종실 기압이 감소함에 따라 중이 내의 팽창된 공기가 유스타키오 관을 열고 밀어서 콧구멍으로 배출함으로 객실 기압과 평형을 유지한다. 그러나 강하 중에는 상승할 때와 달리 외부 대기압이 증가하고 이 힘은 고막을 안쪽으로 밀어 넣는다. 그러나 유스타키오 관은 스스로 압력을 조절할 수 있는 기능이 없어 유스타키오 관을 열어 압력을 동등하게 유지해 주어야 한다. 강하 중에 청각장애 현상을 감지했을 때는 침 삼킴, 하품 또는 큰소리를 내거나 입을 벌려 목 근육을 팽창시키는 방법으로 해소할 수 있다. 이 같은 방법으로 해소되지 않을 때는 입을 다물고 코를 잡은 후 콧구멍으로 공기를 불어 넣는 방법을 시도한다. 감기 또는 목의 통증과 같은 호흡기 감염, 코의 알레르기 상태는 두 기압의 평형을 이루기가 매우 어려운 상태가 되고 유스타키오 관이 막혀 평형이 불가한 상태를 청각장애라 한다. 청각장애는 심한 중이 통증과 수 시간에서 수일 동안 계속될 때는 청력 상실을 초래할 수 있다. 호흡기 감염 또는 코의 알레르기 상태에서 비행을 금함으로써 청각장애를 예방할 수 있다. 착륙 후 단기간에 청각장애가 해소되지 않으면 의사의 진단을 받아야 한다.

(5) 멀미와 현기증

메스꺼움, 식은땀, 현기증(vertigo) 등은 멀미의 증상이다. 멀미는 내이에 있는 평형감각기관이 가속으로 계속해서 과도한 자극을 받을 때 발생한다. 항공기가 난기류를 만났을 때 상하로 흔들리거나 급경사 선회와 같은 기동에서 몸이 1G 이상의 하중계수에 노출될 때 멀미 증상을 느낄 수 있다. 속도가 느리고 경항공기일수록 난기류의 영향을 크게 받을 수 있고, 무게중심으로부터 멀리 있을수록 운동량이 크기 때문에 멀미 현상이 증가한다. 특히 항공기에 처음 탑승한 사람이나 초임 조종사는 비행에 대한 두려움 그리고 다른 각도로 수평선을 바라보는 것을 두려워하는 정신적 요인 역시 멀미의 가능성을 증가시킨다. 비행 중 멀미 현상을 최소화하기 위해서 난기류 지역을 회피하고 최대한 안정된 상태에서 비행할 수 있어야 하며 탑승객에게 멀리 볼 수 있도록 해야 한다. 또한, 신선한 공기는 멀미를 방지하는 데 도움이 된다. 비행 전에 멀미약을 먹는 것은 비행 중 멀미를 방지할 수 있으나 졸음을 유발할 수 있어 조종사에게는 권장되지 않는다.

현기증(vertigo)은 실제 회전 현상이 발생하고 있지 않지만 평형감각기관이 마치 지구가 당신을 중심으로 돌아가는 것과 같은 감각을 느끼는 현상이다. 현기증은 질병으로 발생할 수 있으나 일반적으로 내이에 있는 평형감각기관을 혼란하게 하는 가속과 갑작스러운 기압의 변화가 원인이 되어 발생할 수 있다. 비행 중에는 급강하에서 급상승으로 전환하거나 급경사 선회에서 선회정지할 때와 같은 높은 G 하중을 발생시키는 기동 중 현기증 현상이 발생할 수 있다.

(6) 일산화탄소 중독

일산화탄소는 주로 배기가스에서 발생하지만, 담배 연기 속에도 포함되어 있다. 일산화탄소는 무색, 무취, 무미한 가스이고, 혈액에서 산소를 운반하는 헤모글로빈과 높은 친화력이 있어 혈액 속에 흡수되면 산소를 전달하는 능력을 감소시켜 저산소증을 유발한다. 대부분 경항공기는 배기 매니폴드(exhaust manifold)에서 더운 공기를 끌어들이는 난방 시스템을 활용하고 있다. 이때 엔진의 균열 틈이나 밀봉에서 새어 나와 일산화탄소의 중독을 초래할 수 있다. 난방기 사용 중 일산화탄소 중독은 두통, 졸음, 현기증, 근육 이완, 경련, 혼수상태에 빠지고 결국 생명을 위협하는 치명적인 증상으로 발전할 수 있다. 이를 감지했거나 예방하기 위해서는 난방기를 끄거나 창문 혹은 통풍구를 개방하고 비행해야 한다.

(7) 스쿠버 다이빙과 감압병

스쿠버 다이빙과 비행과는 상반된 조건에 노출된다. 물속으로 깊이 들어갈수록 물의 압력을 크게 받고 이때 체내의 혈액 속으로 질소와 같은 가스가 흡수된다. 깊은 물 속에서 나왔을 때 몸의 압력이 다시 감소한다. 이러한 상태에서 기압이 더 낮아지는 고고도에 노출된다면 혈액 속의 가스가 거품 형태로 발생한다. 혈액 내의 가스성 거품은 어깨, 팔 그리고 관절 계통에 심한 통증과 절임을 유발할 수 있다. 스쿠버 다이빙 후 비행을 원하는 조종사나 승객은 다이빙 중 흡수된 과도한 질소를 제거하기 위한 충분한 시간이 요구된다.

7.4 착각

공중에 떠 있는 항공기는 지상 교통수단과 달리 3차원적으로 운동한다. 또한, 빠른 속도감과 함께 선회 및 선회정지 기동과 같은 급격한 자세의 변화로 조종사는 다양한 형태의 비행착각(flight illusions)을 일으킨다. 비행착각이 시계가 부분 혹은 완전히 차단된 조건에서 주로 발생할 수 있는 현상이기는 하지만 양호한 기상조건에서도 비행착각이 발생할 수 있다는 점을 고려한다면 비행착각은 모든 조종사에게 그리고 어떠한 기상조건에서도 발생할 수 있음에 유의해야 한다.

7.4.1 착 시

목적지 공항에 도착하여 접근 착륙할 때 조종사의 시야에 들어오는 다양한 지형의 형태는 대기 조건과 조화되어 부정확한 높이와 거리에 대한 시각적 착각(visual illusions)을 유발할 수 있다.

(1) 활주로 폭과 경사에 의한 착시

정상 활주로(normal runway)보다 좁은 활주로(narrow runway)는 [그림7-4]와 같이 실제 높이보다 높은 고도에 있는 듯한 착각을 유발한다. 이 착각을 인식하지 못한 조종사는 고도가 높은 것으로 착각하여 정상 고도보다 낮은 고도로 접근하는 실수를 할 수 있다. 이 때 접근경로 선상에 높은 장애물이 있다면 충돌할 위험이 있거나 이를 회피하기 위한 급조작을 유발하여 착지점에 미도착(undershoot)하는 실수를 범할 수 있다. 정상 활주로보다 넓은 활주로(wider runway)로 인해 조종사는 실제 고도보다 낮은 고도에 있는 것 같은 착각을 유발하여 정상 고도보다 높은 고도로 접근하는 실수를 할 수 있다. 활주로 근처에서 높은 고도로 접근했을 때 착지대(touchdown zone)를 초과하거나 높은 고도에서 자세변경(flare) 조작을 하여 착지 과정에서 실수를 유발할 수 있다. 활주로가 위로 경사져 있다면 조종사는 실제 고도보다 높은 고도에 있는 듯한 착각을 유발하여 저고도 접근을 초래한다. 반대로 아래로 경사진 활주로(downslope)는 실제 고도보다 낮은 고도에 있는 듯한 착각을 일으켜 높은 고도로 접근하는 실수를 할 수 있다.

(2) 무특색 지형 착시

수면 상공이나 어두운 지역 또는 눈으로 완전히 덮인 지역을 비행하거나 접근 중 주변 지형이 뚜렷한 형태가 없으므로 조종사는 정확한 지형을 참고하기가 어렵고 이로 인하여 시각적 착각을 일으킬 수 있다. 이처럼 특색이 없는(featureless) 주변 지형의 형태는 실제 고도보다 높이 있는 듯한 착각을 유발하여 정상보다 낮은 고도로 접근을 유발한다.

(3) 대기 현상에 의한 착시

비행 중 비나 눈과 같은 강수 현상으로 인해서 시계가 가려져 활주로가 멀리 보일 때 조종사는 정상보다 높은 고도에 있는 듯한 착각을 일으킨다. 특히 안개나 엷은 연무 현상은 활주로가 정상 거리보다 멀리 있는 듯한 착각을 일으켜 접근각과 속도 조절에 실패하여 급기동이나 깊은각 접근을 유발한다. 안개가 덮인 활주로로 접근 중에는 심리적으로 지상 장애물에 대한 우려 때문에 무의식적으로 높은 고도로 안개 지역(foggy area)을 통과하는 경향이 있고 이로 인하여 활주로에 근접해서는 깊은각 접근(steep approach)으로 착륙을 시도하게 된다.

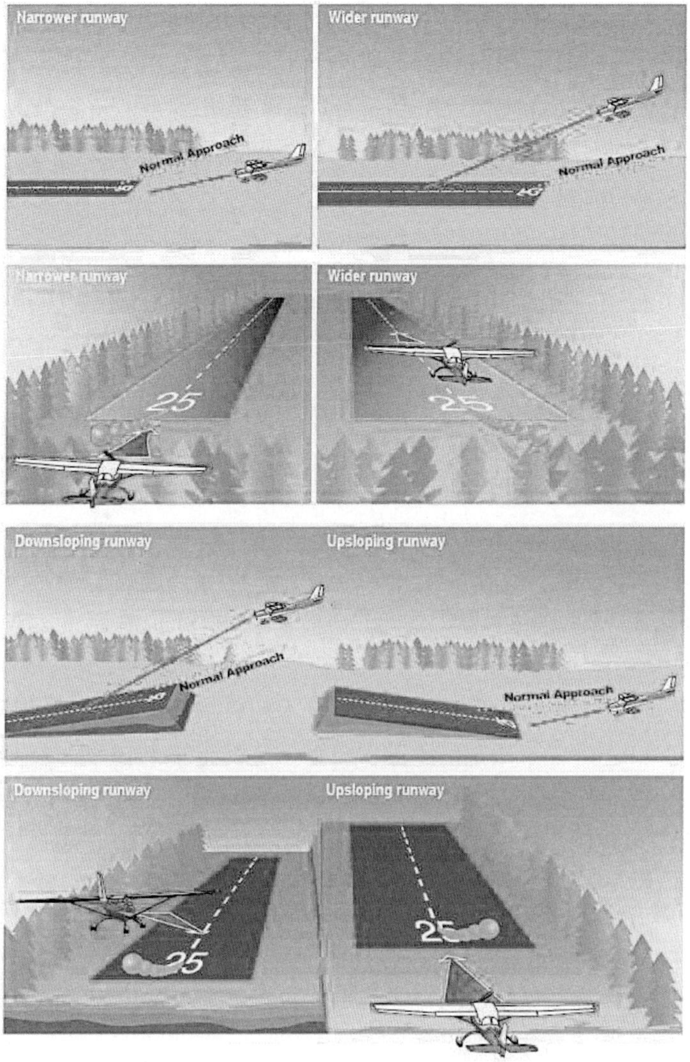

【그림7-4】
동일 활주로라 할지라도 비행조건에 따라 다르게 보일 수 있다. 정상 활주로 혹은 익숙해 있는 활주로보다 넓거나 좁은 활주로는 시각적 착시를 일으켜 이를 확실하게 인지하지 못한 조종사는 너무 높은 고도 혹은 낮은 고도로 접근하는 실수를 할 수 있다. 아래 그림은 동일 활주로이지만 접근 고도에 따라 보이는 모양이 다르다. [FAA, pilot knowledge handbook]

7.4.2 비행착각

비행 중 항공기의 3차원적 운동과 신체의 기능이 조화되어 지상에서 경험할 수 없는 다양한 종류의 비행착각(flight illusions)을 일으킬 수 있다. 비행착각이 위험한 것은 자신이 이를 인지하지 못한다는 것이다. 비행착각에 빠진 조종사는 자신이 위험하다는 것으로 인식했기 때문에 때로는 초인적 힘과 조종량으로 오조작하여 스스로 위험에 빠뜨린다. 비행 중에 직면할 수 있는 복합적인 운동, 힘 그리고 특정 시각광경은 운동과 위치의 착각을 유발할 수 있다. 특히 장시간 일정률 선회와 같이 경사진 자세의 급격한 수정은 반대 방향으로 경사지는 것과 같은 착각을 유발하고 방향감각을 상실(disorientation)한 조종사는 최초의 자세로 회복하려는 오조작으로 더욱 깊은각 경사를 적용하여 위험을 초래한다. 시계비행 상태에서 이륙할 때 급격한 증속은 기수가 들리는 듯한 착각을 느껴 기수를 더욱 낮추는 실수를 범할 수 있다. 이를 증감속 착각이라 한다. 또한, 상승에서 수평비행으로 급격하게 자세가 변화되었을 때 조종사는 마치 뒤로 넘어가는 듯한 착각을 일으켜 기수를 과도하게 앞으로 밀어 원하는 고도에 도달하지 못하거나 반대로 강하하도록 하여 재차 상승해야 하는 실수를 범할 수 있다. 이를 전도 착각이라 한다. 이외에도 승강기와 같이 급격한 상승기류에 의한 상방 수직 가속은 조종사에게 상승하는 듯한 착각을 일으켜 조종사는 기수를 낮추기 위해서 조종간을 앞으로 밀어 급격한 기수 숙여짐(nose-down) 자세가 되는 실수를 할 수 있다. 급격한 하강기류는 반대의 착각을 일으킨다. 이를 승강기 착각(elevator illusion)이라 한다. 이와 같은 비행착각은 언제 누구에게나 발생할 수 있음에 유의하고 비행 중 착각이 유발될 수 있는 조건과 행위에 대해서 주의함으로써 예방할 수 있다.

7.5 비행난기류

대형 비행기의 후방에는 항상 거대한 비행난기류(wake turbulence)라는 위험 요소가 존재하기 때문에 경항공기 조종사는 대형 비행기가 운항하는 지역에서는 항상 비행난기류에 대한 주의를 기울여야 한다. 비행난기류는 특히 받음각이 크게 운용되는 이륙 또는 착륙할 때 최대로 발생한다는 것과 이륙 및 착륙을 위해서는 필연적으로 동일 공항의 활주로를 사용해야 하므로 공항 지역에서 더욱 주의를 요구하는 것도 이 같은 이유 때문이다. 비행난기류가 대형 비행기에서만 발생하는 것은 아니다. 비록 강도의 차이는 있을지라도 모든 항공기의 비행에는 비행난기류를 발생시킨다. 특히 경항공기는 무게가 가벼우면서 가로세로비는 큰 특징을 갖는다. 이것은 비행난기류의 영향을 그만큼 크게 받을 수 있다는 것을 의미한다.

비행난기류는 [그림7-5]와 같이 활주로에 약한 45도 뒷바람(quartering tailwind)이 존재할 때 비행난기류는 활주로 중앙에 한동안 정체되는 현상이 발생할 수 있다. 이 바람은 발생한 비행난기류를 활주로 중앙으로 이동시켜 더욱 강력한 와류(vortices)를 형성하여 뒤따르는 경항공기에 치명적인 영향을 미칠 수 있다. 대형 비행기를 후속하여 이착륙하는 항공기가 비행난기류를 피하는 가장 좋은 방법은 흩어질 때까지 기다리거나 충분한 간격을 두고 착륙 및 이륙하는 것이다.

【그림7-5】 경비행기가 이륙할 때 속도는 느리고 받음각은 높은 비행조건으로 가장 강력한 날개끝 와류가 형성된다. 만약 오른쪽에서 바람이 불고 있다면 와류 중심은 활주로 중앙으로 이동하게 될 것이다. 맞바람은 와류를 빠르게 흩어질 수 있지만, 뒷바람은 와류를 활주로 중앙에서 한동안 머물게 한다. [wikipedia]

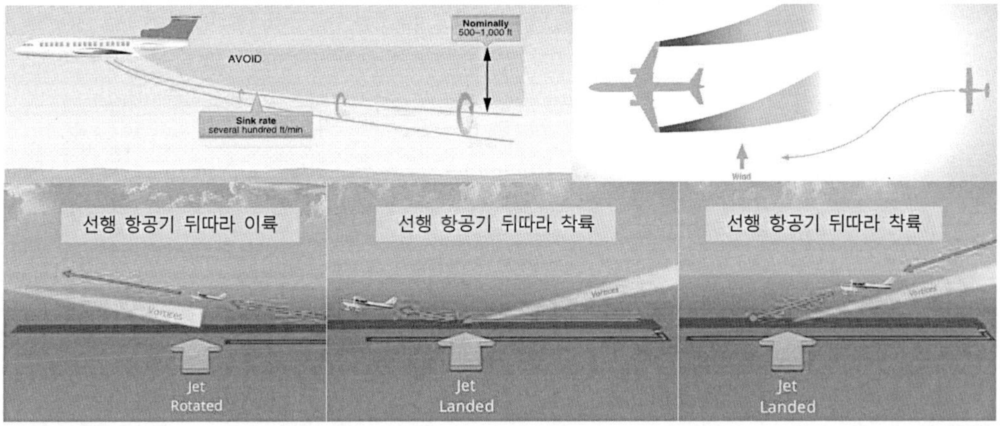

【그림7-6】 선행하는 대형 항공기 후방에는 강력한 비행난기류가 발생한다. 따라서 후속 경비행기는 선행 항공기의 비행경로 위 그리고 업윈드 쪽으로 비행해야 한다. [wikipedia]

(1) 착륙과 비행난기류

비행난기류의 영향을 최소화하기 위해서 [그림7-6]과 같이 선행하는 비행기의 착지점을 확인하고 그 지점을 훨씬 지난 지점에 착지할 수 있도록 계획한다. 착지하는 순간부터 양력이 발생하지 않고 난기류는 급격히 흩어지기 때문이다.

(2) 이륙과 비행난기류

이륙하는 선행 비행기에 이어서 착륙할 때는 [그림7-6]과 같이 선행하는 대형 비행기의 부양지점을 확인하고 그 훨씬 이전에 착지하여 착륙이 종료될 수 있도록 계획한다. 또한, 선행하는 대형 비행기가 접근 중 복행(go-around)을 하고 있을 때 후속하는 항공기 조종사는 선행하는 대형 비행기의 항적으로 결코 진입해서는 안 된다. 복행 중인 대형 비행기는 안전을 위해서 최대 동력과 받음각으로 상승을 시도하고 있을 것이기 때문에 활주로 위에 형성된 비행난기류의 강도 역시 최대로 존재할 수 있다. 이 같은 상황에서 선행하는 대형 비행기는 비행경로 위로 비행하든지 아니면 우회할 것을 권장한다.

(3) 항로 비행

순항항로(enroute) 선상에서 대형 비행기가 지나간 비행경로를 횡단해야 할 필요가 있을 때는 충분하게 고도를 분리하여 통과하여야 한다. 일반적으로 대형 비행기의 비행난기류는 비행경로 아래로 가라앉는 경향이 있으므로 위로 통과할 때는 최저 200피트 이상의 고도를 유지하고 아래로 통과할 때는 최저 1,000피트 아래로 통과해야 비행난기류의 영향을 최소화할 수 있다. 여러 대가 일렬로 편대 비행할 때는 후행 비행기는 선행 비행기보다 약간 높은 고도를 유지함으로써 비행난기류의 영향을 피할 수 있다.

7.6 잠재적 비행위험

모든 항공기 조종사는 이륙준비 단계에서부터 비행이 완전히 종료될 때까지 비행안전에 대해서 어느 한 요소도 소홀히 해서는 안 된다. 이전 과제에서 다룬 비행이론 지식은 물론이고 동력장치에 대한 지식 그리고 항공기상이 강조되는 것도 궁극적으로 안전비행을 위한 것이다. 이외에도 비행안전을 저해하는 수많은 인공 및 자연 장애물들이 산재해 있다. 비록 경항공기라고 해서 항공기 사고에서 벗어날 수 없으며 잠재적 비행안전 요소에 대한 철저한 분석으로 예방하는 것이 최선이다. 여기서는 경항공기 조종사에게 직접적이고 심각한 영향을 줄 수 있는 비행안전 요소들만을 간단히 다룬다.

7.6.1 항공기 사고의 주요 원인

항공기 사고(aircraft accidents)의 대부분이 조종사 혹은 운용자의 사소한 실수에 의한 인적과실이 대부분이다. 이것은 얼마든지 예방할 수 있었음을 반증하는 것이다. 국내에서 일반항공이 소개되기 시작된 지는 얼마 되지 않았지만, 오랫동안 항공기를 운용해 온 선진국의 사고사례를 통해서 사고 예방을 위한 중요한 교훈을 얻을 수 있다. 아래에 열거한 내용은 항공기 사고를 분석한 결과에서 얻어진 주요 10대 사고 원인들이다.

① 부적절한 비행 전 준비와 계획
② 권장 비행속도를 얻지 못하거나 유지하지 못했을 때
③ 방향유지 실패
④ 부적절한 수평 조작
⑤ 물체 또는 장애물 확인과 회피 실패
⑥ 부적절한 연료 관리
⑦ 부적절한 비행 중 결심 또는 계획
⑧ 거리와 속도 판단 착오
⑨ 부적합한 지형 선정
⑩ 부적절한 비행기동

7.6.2 새떼 및 야생동물 충돌

대형 항공기가 운용되는 공항 주변에는 새떼라든지 야생동물들을 퇴치하기 위한 전문요원들이 배치되어 항공기 운항에 영향을 주지 않도록 활동하고 있다. 고성능 제트엔진 항공기의 엔진 속으로 새떼들이 흡입되었을 때 엔진 작동에 치명적 영향을 미치기 때문에 즉각적인 비상착륙을 해야 할 정도로 매우 치명적이다. 저속 경항공기는 프로펠러에 충돌하거나 비행 중 윈드실드에 충돌하는 사고가 발생할 수 있다. 대부분 경항공기는 자연 환경이

【그림7-7】 공항 주변에서 활동하는 작은 텃새들이 떼를 지어 날아갈 때 이착륙하는 비행기와 충돌할 수 있다. 오리와 같은 철새들은 고도 3,000피트 이상에서 날아다니지만 크기가 크고 무리 지어 날아다니기 때문에 저속의 경비행기는 이들을 먼 거리에서부터 비행경로를 변경하여 피할 수 있다. [wikipedia]

잘 조성된 지역에서 운용되기 때문에 새떼라든지 야생동물의 출현에 대비할 수 있어야 한다. 새떼에 의한 위험은 일정 지역에서 낮게 날아다니면서 서식하는 텃새에 의한 위험뿐만 아니라 환경보호 차원에서 계절적으로 철새들이 무리 지어 날아다닐 때 항공기에는 치명적일 수 있다. 조종사는 텃새라든지 철새의 습성을 이용하여 회피할 수 있어야 한다.

(1) 철새 활동

우리나라에서 철새 활동이 활발한 시기에 조류충돌(bird strike) 위험성이 높다. 물론 대륙을 이동하는 때도 있겠지만 먹이 활동을 위해서 수백 혹은 수천 마리가 무리 지어 날아다닐 때는 새떼로부터 충분히 회피하여 비행해야 한다.

① 조류충돌 위험은 주로 3~4월과 8~9월에 증가한다.

② 철새 떼의 이동 고도는 상층풍, 전선, 지형 표고, 구름 조건에 따라 다양하다.

③ 조류충돌 보고의 90%가 3,000피트 이상에서 발생하고, 오리나 거위는 7,000피트까지 관측된다.

④ 새의 크기, 무리 또는 나르는 습성으로 인하여 잠재적 위험이 있다.

(2) 조류충돌위험 감소

경항공기에 가장 심각한 충돌은 프로펠러 또는 윈드실드(propeller or windshield)에 충돌하는 경우이다. 윈드실드에 충돌하는 순간 조종사는 당황하거나 공간정위상실(spatial disorientation) 등으로 항공기 조종성에 심각한 영향을 줄 수 있다. 새떼 무리를 충분히 피해서 비행하는 것이 최상이지만 인접해서 비행해야 한다면 새들의 특성을 이용하여 회피하여야 한다. 새떼는 아래로 분산되는 특성이 있고 가장 높은 고도에 우두머리 새가 있을 수 있다. 새떼에 인접해서 비행할 때 충돌을 예방하기 위한 권장 절차는 다음과 같다.

① 항로 선상에서 새떼에 직면했을 때 상승하여 회피한다.

② 새떼의 집중구역 상공을 회피

③ 새떼가 이동할 때 저고도 비행을 회피한다.

【그림7-8】 지상의 각종 인공 시설은 저고도 비행을 하는 경항공기의 비행안전을 위협하는 요소이다. 특히 이착륙 장소 주변에 고압 송전선은 철탑은 비교적 식별이 양호하지만, 공중에서 전선은 지상과 조화되어 식별이 매우 어려울 수 있다. [wikipedia]

(3) 새떼와 다른 야생동물 활동보고

활주로 또는 근처에서 새떼나 야생동물을 발견했을 때는 지상 요원에게 이들을 쫓아낼 것을 요청하거나 여의치 않다면 위험 요소가 완전히 제거될 때까지 비행을 연기한다. 새떼 혹은 야생동물을 발견했을 때는 인근의 관제시설이나 지상 무선국에 다음과 같은 내용을 포함하여 간단하게 통보한다.

① 위치

② 새의 종류(거위, 오리, 갈매기 등)

③ 대략적인 수

④ 고도

⑤ 새떼의 이동 방향

7.6.3 인공 및 자연 장애물

저고도에서 비행하는 경항공기 주변에는 수많은 인공 및 자연 장애물들이 산재해 있다. 물론 주변 지역에 산재해 있는 장애물의 형태와 높이 등에 대해서 사전에 충분히 인지하고 있겠지만 익숙하지 않은 지역으로 비행할 때는 이들 장애물에 대해서 상당한 주의를 집중하여야 한다. 인공 장애물에 의한 사고사례 중 경비행기가 지역 행사를 위한 축하비행 중 대형 풍선에 달린 줄에 걸리면서 추락하는 사고는 저고도로 비행하는 경항공기 조종사가 안전에 대해서 얼마나 주의를 기울여야 하는지를 말해주는 교훈이다.

(1) 송전선 및 불규칙 장애물

저고도 비행에 가장 심각한 영향을 줄 수 있는 인공 장애물은 고압 송전선 및 안테나 탑이다. 송전탑은 비교적 식별이 쉽지만, 송전선(power lines)은 식별이 매우 어렵다. 이들 장애물이 자연 장애물과 조화를 이루었을 때 식별을 더욱 어렵게 한다. 특히 고도 200피트(AGL) 이하에는 수많은 전선, 안테나 탑 등이 설치되어 있고 장애물 표지 또는 등화시설이 되어 있지 않은 장애물은 더욱 식별하기가 어렵다.

(2) 안테나 탑

안테나 탑과 같은 인공 장애물(artificial obstructions)은 주야 식별하기 쉽게 빨간색 경광등이나 백색 섬광등(white strobelight)과 같은 장애물등(obstruction light)이 설치되어 있지만, 고도 2,000피트(AGL) 미만으로 비행할 때 극도의 주의가 요망된다. 특히 라디오, 텔레비전 안테나와 같은 수많은 골조 구조물이 고도 1,000피트를 초과(일부는 2,000피트 이상)할 수 있다. 이들 골조 구조물은 양호한 기상에서도 발견하기 어려운 버팀줄로 지지되는 이들 버팀줄(guy wire)은 식별이 매우 어렵다. 버팀줄은 수평으로 약 1,500피트까지 확장되어 설치되므로 이 지역을 통과할 때는 구조물로부터 최소한 2,000피트 이상 회피하여 비행해야 안전하다.

(3) 가공선

가공선(aerial wire)은 활주로, 호수, 강, 협곡과 계곡(valley)과 같은 자연 통로를 가로질러 설치되어 있으므로 특정 조건에서 육안 식별이 불가능할 수 있다. 일부 가공선은 공중 식별이 쉽게 일정 순서로 점멸되는 백색등(flash white light)이 설치되어 있다. 조종사는 높은 산과 산 사이를 통해서 비행하고자 하는 심리가 있으므로 자연 비행통로를 따라 비행할 때 모든 조종사는 이들 가공선에 극도의 주의가 요구된다.

7.6.4 산악비행

경항공기의 특성상 넓고 평평한 지형 조건이 적합하겠지만 유효 탑재량(payload)의 STOL 비행기는 고산 지대라든지 눈 덮인 지대와 같이 거친 환경에서 운용되기도 한다. 전문적인 산악비행은 금지되지만, 국지적으로 산악비행을 해야 할 상황에서는 비행경로 선상의 주변 지형에 의한 영향을 철저하게 분석하여 안전비행에 대비해야 할 것이다.

(1) 산악비행의 특성

산악비행(mountain flying)은 평지가 거의 없으므로 비행 중 엔진고장과 같은 비상상황이 발생했을 때 불시착에 적합한 장소가 드물다. 또한, 산정과 산후사면 그리고 능선 등은 급격한 지형의 변화가 심하다. 이 같은 거친 지형에서 강력한 상승기류 및 하강기류가 발달할 수 있다. 만약 산을 통과하는 중에 산후사면으로 접근할 때 비행기의 상승 성능을 초과하는 강력한 하강기류는 큰 위험 요소이다. 이외에도 산악 지형에서는 풍향풍속이 급격하게 변화할 수 있으므로 특별히 주의해야 한다.

(2) 산악비행 권장 절차

산악비행이 예상될 때는 비행경로(flight path)를 선정할 때 불시착에 적합한 지형을 따

【그림7-9】 산악지역 비행을 위해서는 기상 급변에 대비하고 진입 및 출구 그리고 비상상황에 대비할 수 있는 철저한 계획수립이 요구된다. [wikipedia]

라 비행하거나 민가 근처 혹은 익숙한 산악 지형으로 비행할 수 있도록 계획한다. 또한, 안전을 위해서 충분한 고도를 유지하는 것도 산악비행을 위해서 필수적이지만 고도가 높아질수록 바람이 강해질 수 있으므로 경항공기 조종사는 상층풍(wind aloft)의 영향을 피할 수 있어야 한다. 이외에도 지형이 급격히 변하는 지역 상공에서는 강력한 난기류가 존재할 수 있으므로 비행해서는 안 된다. 표고(elevation)가 높은 지역에서 운용할 때 공기밀도가 상대적으로 적기 때문에 동일 지시속도(IAS)를 유지하고 있을지라도 진대기속도(TAS)는 높다는 것을 예상할 수 있어야 하고 해수면 조건보다 더 긴 착륙거리가 요구될 수 있다. 또한, 평균 풍속이 강하고 풍향(wind direction)이 급격히 변할 수 있다는 점을 고려하여 무동력 접근(power-off approach)보다 충분한 동력 접근(power approach)하는 방법이 권장된다.

7.6.5 수상 비행기 안전

경항공기의 특징을 활용하여 수상에서 운용할 수 있도록 플로트(float)를 장착하고 운용된다. 수상 비행기를 운용할 때는 다음과 같은 절차에 따를 것을 권장하고 있다.

【그림7-10】 수상에서 선박과 공유하고 있다면 수상기는 선박으로 간주하여 다른 선박의 항해를 방해해서는 안 된다. 수상기는 반드시 별도의 안전장비를 갖추어야 한다. [wikipedia]

① 수상에 있을 때 충돌 회피 규정상 선박으로 고려된다.
② 수상에 있을 때 선박과 충분한 간격을 유지하고 항해에 지장을 주지 않아야 한다.
③ 충돌코스에 있다면 서서히 정지하여 오른쪽으로 이동하여 다가오는 선박의 뱃머리에서 멀어진다.
④ 수면에서 엔진 작동 중에는 모든 무동력 선박에 진로를 양보한다.
⑤ 수면에 있는 항공기는 공중에 있는 항공기에 우선한다.
⑥ 이륙 중인 항공기는 착륙 중인 항공기에 우선한다.
⑦ 수상기는 반드시 필수 안전장비를 갖추어야 한다.

7.6.7 곡예비행

곡예비행(aerobatic flight)은 항공기의 구조 및 조종사의 인체에 미치는 영향이 정상을 초월할 수 있으므로 규정된 고도와 시정 조건을 준수해야 하고 아울러 주변의 여건을 충분히 고려하여 비상상황이 발생했을 때 지상 인원과 조종사의 안전이 동시에 고려되어야 한다. 일반 경항공기가 곡예비행을 할 수 있는 것은 아니지만 급강하 혹은 급상승 그리고 급선회 기동 중에도 곡예비행과 같이 하중계수(load factor)가 증가할 수 있다. 급강하 기동할 때 신체 장기와 혈액이 머리로 쏠리는 현상이 발생한다. 혈액이 머리로 쏠리면서 순간적으로 시력에 악영향을 주면서 심하면 의식불명을 초래할 수 있다. 급상승할 때는 신체 장기와 혈액이 다리 쪽으로 쏠리면서 두뇌의 혈액 순환이 떨어져 산소결핍 증상이 발생할 수 있다. 이로 인하여 조종사는 일시적으로 시야가 좁아질 수 있어 부분 시각장애를 일으킬 수 있으며 심하면 의식불명으로 이어질 수 있다. 선회할 때 하중계수가 증가한다는 것은 주지의 사실이다. 경사각이 증가할수록 원심력은 증가하고 항공기 구조에 미치는 하중계수는 증가한다. 조종사는 좌석을 아래로 밀어 내리는 현상이 발생하기 때문에 신체 장기와 혈액을 다리 쪽으로 쏠리게 하여 급상승할 때와 유사한 현상이 나타난다.

7.6.8 공중충돌 예방절차

항공기 사고(aircraft accidents)는 누구에게도 예외가 없다. 비록 수천 시간의 비행경력을 갖추고 있을지라도 안전을 소홀히 했을 때 사고 가능성은 증가한다. 실제 국내에서도 장주에서 비행훈련 중 공중충돌(midair collisions)로 조종훈련생 모두 사망했던 사고사례가 있다. 공중충돌의 사고조사에 의하면 적지 않은 사고가 기상이 양호한 조건에서 발생한다는 것은 의미하는 바가 크다. 경항공기는 관제기관으로부터 무선통신이라든지 레이더 조력을 받지 않고 자율적으로 운용하기 때문에 다음과 같은 권장 사항을 참고하여 다른 항공기의 관찰과 회피에 더욱 주의를 기울여야 한다.

첫째, 양호한 기상조건이라고 경계를 소홀히 해서는 안 된다.
둘째, 대부분의 공중충돌은 양호한 기상상태에서 발생한다는 점을 기억하라.

【그림7-11】 두 대의 경비행기가 공중충돌했다. 심리적으로 자신이 유리하다고 판단한 위치 혹은 비행로는 다른 사람에게도 유리할 수 있으므로 서로 같은 방향으로 지향할 때 빈번하게 근접비행이 발생할 수 있다. 비행 중 시각탐색을 소홀히 하거나 진로권 규칙을 준수하지 않았을 때 순간적으로 사고가 발생할 수 있다. [wikipedia]

셋째, 항공기 간의 무선통신을 청취하여 다른 항공기의 의도와 위치를 파악한다.

넷째, 지상 무선국에서 제공하는 항공교통정보에 주의를 기울여라.

다섯째, 항공기 활동이 많은 공역에서는 진로권 규칙에 따라 양보해 줄 것을 기다리지 말고 미리미리 회피 기동하라.

다음은 수많은 사고조사와 항공기 운용 경험들을 토대로 공중충돌을 예방하기 위한 권장 절차이다.

① 상대 고도를 결정하라. 수평선을 활용하여 다른 항공기가 수평선보다 높은 위치에 있다면 그 항공기는 상대적으로 높은 비행경로 선상에 있고, 반대로 수평선보다 낮은 위치에 있다면 상대방 항공기는 당신보다 낮은 비행경로에 있다.

② 규정에 따라 적절한 조치를 한다. 조종사는 진로권에 익숙해 있어야 하고, 충돌경로 선상에 있을 때는 즉시 진로 변경 원칙에 따라 회피한다.

③ 다수의 위험 요소를 고려하라. 상승 및 강하 또는 선회는 조종사가 결정하는 사항이지만 다른 조종사 역시 신속한 기동을 할 것이라는 것을 예상해야 한다. 기동 중에도 다른 항공기의 기동 방향을 관찰하고 그 항공기가 동일 기동지역에 들어온 다음부터 다시 시각탐색을 한다.

④ 충돌경로 선상의 목표물의 상태를 확인하라. 상대적인 움직임이 없거나 시각탐색이 곤란한 영역에 머물러 있는 항공기는 충돌경로 선상에 있는 것으로 판단한다. 이 같은 항공기의 움직임이 수평과 수직으로 동일 위치에 있으면서 항공기의 크기가 점점 크게 보인다면 즉각적인 회피 기동을 해야 한다.

⑤ 높은 위험지역을 숙지하라. 장주 구역, 관제공역, 항법보조시설 근처에는 많은 항공기가 집중될 수 있다. 공중충돌이 양호한 기상 조건에서 발생함에 유의해야 한다.

⑥ 조종실을 효과적이고 간결하게 정리하라. 각종 항공도, 점검표, 비행 지침서 등이 정리되어 있지 않을 때는 이를 찾는데 주의를 빼앗길 수 있고 이로 인한 시각적 착각과 다른

항공기의 시각탐색 타이밍을 놓칠 수 있다.

⑦ 윈드실드를 깨끗한 상태로 유지하라. 먼지나 곤충 등으로 더럽혀진 윈드실드는 다른 항공기를 관찰하는 데 방해가 될 뿐만 아니라 이를 다른 비행체로 착각할 수 있다.

⑧ 시정 조건에 따라 대처하라. 안개, 연기, 비 등은 시정을 감소시키고 태양을 마주 보고 비행하는 것은 눈부심으로 인하여 다른 항공기를 적시에 발견할 수 없다.

⑨ 조종실 내부에 시각 장애물을 확인하라. 항공기 자체의 구조물로 인하여 외부 관찰을 어렵게 할 수 있으며 이때는 항공기 자세를 약간 변경시켜 관찰한다. 조종실 물건들을 안전하게 보관하거나 고정해야 한다.

7.7 비상절차

7.7.1 기장의 책임과 권한

항공기 기장(pilot in command; PIC)은 해당 항공기 운용에 대한 직접적인 책임과 최종 권한을 갖는다. 비상조치를 취해야 할 상황에서 비상상황에 대처하기 위해서 어떠한 규정도 위반할 수 있다. 만약 관제공역에서 ATC 인가를 위반했을 때 조종사는 가능한 한 신속히 ATC 기관에 통보하고 수정인가를 받아야 한다. 긴급한 구조가 요구되는 비상사태란 재난과 긴급상황으로 구분된다. 조종사는 기내 화재, 조종장치의 고장 또는 구조적 파손 등과 같은 재난 상황에 직면했을 때 즉시 비상사태의 선언을 주저하지 말아야 한다. 그러나 일부 조종사들은 잠재적 재난에 직면할 가능성이 있을 때 비상상황의 선포를 주저하여 더 큰 화를 초래하는 경우가 있다. 조종사가 자신의 위치, 연료량, 기상 또는 비행안전에 악영향을 미치는 어떠한 요소에 대해서 의심을 하기 시작했다면 이것만으로도 최소한의 긴급상황으로 볼 수 있으며 재난 상황으로 발전하기 전에 도움을 요청해야 한다. 비행안전이 염려된다면 조종사는 가용한 모든 수단을 이용하여 즉시 도움을 요청한다.

7.7.2 비상위치발신기

대부분의 일반항공 비행기에 비상위치발신기(emergency locator transmitter; ELT)를 장착할 것을 요구하고 있다. 다양한 종류의 ELT가 개발되어 불시착 항공기의 위치를 찾는 데 활용된다. ELT는 배터리 전원으로 작동되고 비상주파수 121.5MHz, 243.0MHz, 406MHz로 가청음을 발신한다. ELT는 장전 위치에 놓거나 추락할 때 충격으로 자동 작동하게 되어 있으며, 신호는 최소한 48시간 이상 지속한다. 따라서 ELT는 신속한 수색 및 구조로 인명구조에 결정적인 역할을 할 수 있는 장비이다. ELT의

【그림7-12】 수동 ELT 스위치

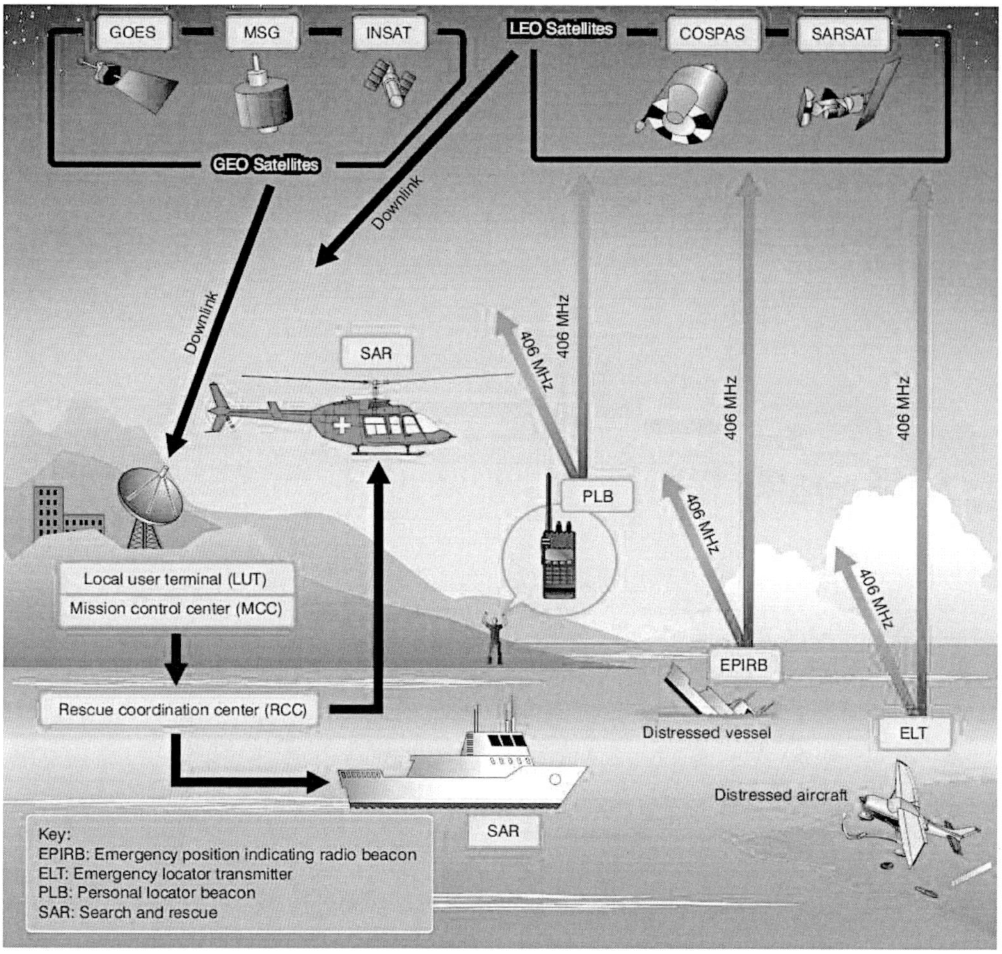

【그림7-13】 항공기, 선박을 찾기 위한 수색 및 구조 업무(SAR) [FAA, pilot knowledge handbook]

시험은 허위경보가 전파되지 않도록 완전히 차폐 또는 밀폐된 장소에서 아래 사항에 유의하여 실시해야 한다.

① 부주의한 취급 또는 무단 작동은 실제 경보와 혼동하게 하여 실제 수색 및 구조 업무를 방해한다.

② 곡예비행, 경착륙 또는 정비 중 부주의한 작동이 발생할 수 있다.

③ 비상주파수를 감청함으로써 허위경보를 최소화할 수 있다.

7.7.3 수색 및 구조

수색 및 구조(search and rescue; SAR) 기관에서는 행방불명 항공기 수색, 생환 보조, 구조 활동, 비상의료 등을 지원한다.

【그림7-14】 수상비행 중 엔진 고장과 같은 비상상황에 처했을 때 가능한 한 육지에 가까운 장소 또는 항해 중인 선박 근처에 비상착수함으로써 신속한 구조를 보장받을 수 있다. [wikipedia]

(1) 비상상황과 미귀환 항공기

① 미귀환 또는 행방불명되었다고 추정되는 정보를 입수했을 때 수색 및 구조 기관에 도움을 요청한다.

② 출발 전 주변 사람에게 목적지를 알려두는 것은 수색 및 구조 업무의 신속성에 도움이 된다.

③ 사고 후 3일 지났을 때 부상이 없는 생존자의 생존 가능성이 급격히 감소하면서 첫 24시간 동안에 부상한 생존자의 생존 가능성이 80% 이상 감소한다.

(2) 불시착 항공기의 목격

① 노란색 십자형으로 표시되어 있는지 판단하고 표시되어 있다면 그 사고는 이미 보고 되었다.

② 항공기 기종과 생존자의 흔적 여부를 확인한다.

③ 주요 지형지물을 참고로 가능한 한 정확한 위치를 결정하고 지상 수색팀을 돕기 위해서 해당 지역의 지리적 위치를 통보해 준다.

④ 인근 관제기관에 획득한 정보를 전달한다.

⑤ 상황이 허락하면 다른 지원 항공기 등이 도착할 때까지 사고 주변을 선회한다.

⑥ 착륙 후 즉시 가장 가까운 관제기관 또는 기타 해당 기관에 신고한다.

7.7.4 재난과 긴급통신

재난(distress) 또는 긴급상황(urgent)에 처한 조종사는 관제시설 또는 구조 기관에 구조를 요청한다. 조종사는 현재의 재난 또는 긴급상황에 대해서 통보하고 조종사의 의도와 원하는 구조 방법을 통보한다. 최초 교신(initial contact)할 때 재난 상황임을 알리기 위해서 "MAYDAY"를 그리고 긴급상황임을 알리기 위해서 "PAN-PAN" 용어를 연속 3회 경고 후 교신한다. 재난통신은 모든 다른 통신에 절대적으로 우선하고, "MAYDAY"는 사용 중인 주파수의 무선 침묵을 명령하는 것이다. "PAN-PAN"은 재난통신을 제외한 모든 다른 통신에 우선하고 긴급통신을 방해하지 않도록 경고한다. 재난 또는 긴급상황에 처했을 가용한 통신수단을 이용하여 지상 무선국 혹은 119 구조대와 같은 기관에 사실을 알리는 것이 무엇보다 중요하다.

7.7.5 비상 조력 절차

재난 또는 긴급상황에서 조력을 받기 위해서는 순서와 관계없이 재난 또는 긴급 메시지를 가능한 한 순서대로 전달한다.

① 재난 상황: "MAYDAY, MAYDAY, MAYDAY"
  긴급 상황: "PAN-PAN, PAN-PAN, PAN-PAN"
② 호출 무선국 명칭
③ 항공기 식별 부호와 기종
④ 재난 또는 긴급의 상태
⑤ 현재 기상 상태
⑥ 조종사의 의도와 요청사항
⑦ 현재 위치와 기수방위(위치 상실시 최종 위치, 시간과 기수방위)
⑧ 고도
⑨ 연료량(분 단위)
⑩ 탑승자 수와 기타 유용한 정보

조종사는 무선통신이 이루어진 후 지상 무선국으로부터 받은 조언과 지시에 따라야 한다. 낙하산 탈출, 추락 또는 해상 비상착수가 임박했을 때 수색 및 구조 업무를 돕기 위해서 다음과 같은 추가적인 행동을 취한다.

① 항공기 색채와 탑승자 수
② ELT 작동
③ 낙하산 탈출, 추락 또는 수면 위에 착수할 때 화재 위험이 없다면 통신장비가 계속 신호를 송출하도록 조치한다.
④ 비상착수가 불가피하다면 선박 근처로 착수하도록 노력한다.
⑤ 추락 후 구조의 가능성이 없다고 판단되지 않는 한 항공기를 떠나지 말고 신호 수단을 준비한다.

■ 생존자가 사용하는 공지 시각 신호 코드[그림7-15]

① 부호는 직물, 낙하산 조각, 나무 조각, 돌과 같은 가능한 재료를 사용하여 부호를 만든다.
② 부호로 사용하는 재료와 배경 색이 잘 대비되도록 한다.
③ 부호는 최소한 10피트 길이의 재료를 사용하고 정확하게 부호를 형성한다.

부호	의미	부호	의미
V	도움이 필요하다.	Y	그렇다 또는 예
X	의료 도움이 필요하다.	↑	이 방향이다.
N	아니요	SOS	국제구호요청부호

【그림7-15】 사고를 당했다면 가능한 한 빨리 구조 기관에 사실을 알려야 한다. 주변의 가용한 물체들을 이용해서 위치를 알리고 구조 항공기와 의사소통을 준비해야 한다.

④ 구조 항공기의 시선을 끌 수 있도록 무선, 불꽃신호, 연기와 같은 가능한 모든 방법을 사용한다.
⑤ 눈 덮인 지역에서는 눈을 파내는 방법으로 부호를 만든다.
⑥ 모든 것이 가용하지 않다면 국제구조요청부호(SOS)를 사용하라.

7.7.6 항공기 사고보고

비행 중 항공기 사고가 발생했을 때 인명 피해를 최소화하기 위한 조종사의 조치가 최우선으로 취해져야 한다. 이후 사고가 발생했음을 수색 및 구조 기관에 신속하게 알려 구조를 받아야 한다. 이 과정에서 조종사가 취해야 할 기본적인 내용을 소개한다.

(1) 용어의 정의

① 사고는 사람이 사망 또는 중상을 입거나 항공기가 대파된 사고이다.
② 경사고는 사고 이외의 경미한 사고를 의미하며 항공기 안전운항에 영향을 미칠 수 있는 사고이다.
③ 치명상이란 사고 후 30일 이내에 사망할 수 있을 정도의 부상이다.
④ 중상
- 사고 후 7일 이내에 48시간 이상의 입원이 요구되는 부상
- 손가락, 발가락, 코뼈 등의 골절을 제외한 골절상
- 심한 출혈, 신경, 근육 또는 인대의 부상
- 2도 또는 3도 화상을 포함하여 신체 부위의 5% 이상의 화상을 당한 부상

⑤ 항공기 대파는 구조의 강도, 성능에 영향을 줄 수 있는 사고로서 주요 부품의 수리 및 교환이 요구된다.

(2) 항공기 사고 즉시 보고사항

항공기 운용자는 아래와 같은 사고가 발생했을 때 즉시 가용한 신속한 수단을 이용하여 사고조사위원회에 보고한다.

① 사고 또는 경사고 중 아래와 같은 사고가 발생했을 때 즉시 보고한다.
- 항공기 조종 계통의 기능 상실 또는 고장
- 부상이나 질병으로 인하여 비행 승무원으로서 임무를 수행할 수 없을 때
- 비행 중 화재가 발생했을 때
- 비행 중 공중충돌 사고가 발생했을 때

② 도착예정시간을 초과하여 미귀환 항공기로써 사고가 발생했을 것으로 추정될 때

(3) 사고 보고서 포함 사항

① 항공기 기종, 국적
② 항공기 소유자 및 운용자 성명
③ PIC 성명
④ 사고 일시
⑤ 최종 출발 지점 및 착륙 지점
⑥ 위치를 식별할 수 있는 지리적 위치를 이용한 항공기 위치
⑦ 현재까지 알려진 사고 상태, 기상 및 추가 파손 여부
⑧ 항공기에 적재된 폭발물, 무선 작동 물질 또는 기타 위험물질

(4) 항공기 잔해, 우편물, 화물 및 서류의 보존

항공기 사고를 보고할 때 항공기 운용자는 그 사고를 사고조사위원회에서 관리할 때까지 항공기 잔해, 우편, 화물 및 서류 등을 보존할 책임이 있지만, 기장의 판단에 다음의 경우는 예외이다.

① 부상한 사람이나 사고 항공기에 갇힌 인원을 후송할 때
② 사고 항공기의 더 큰 파손을 방지할 필요가 있을 때
③ 공공물의 파손을 방지할 필요가 있을 때

기출문제 및 예상문제

1. 저산소증에 관해서 가장 잘 서술하고 있는 것은?

① 체내 이산화탄소가 부족한 상태이다.
② 비정상적으로 호흡률이 증가하는 것이다.
③ 관절 혹은 근육 주변에 거품이 형성되는 것이다.
④ 체내에 산소가 부족한 상태이다.

【해설】 *저산소증(hypoxia)은 혈류(bloodstream)에 산소가 부족한 상태이고 명확한 사고력(clear thinking)의 부족, 피로감, 도취증(euphoria; 약물 등에 취해있는 듯한)에 빠지면서 결국 의식상실(unconsciousness)이 발생할 수 있다.*

2. 저산소증의 종류가 아닌 것은?

① 조직 독성 ② 혈중 산소부족
③ 고독성 ④ 혈중 헤모글로빈 부족

【해설】 *저산소증은 세부적으로 다음과 같은 4종류가 있다.*

- *조직 독성(histotoxic)*
- *혈중 산소부족(hypoxic)*
- *빈혈성(hypemic)*
- *정체성(stagnant)*

3. 비행 중 저산소증의 감각에 대처하기 위한 올바른 조치는?

① 즉시 고도를 낮춘다. ② 조종실 공기흐름을 증가시킨다.
③ 급격한 흡입을 피한다. ④ 창문을 열고 고도를 높인다.

【해설】 *비행 중 저산소증의 영향을 감지했을 때 고도를 낮추거나 보충산소를 갖추고 있다면 보충산소(supplemental oxygen)를 사용해야 한다.*

4. 비행 중 저산소증을 더욱 악화시킬 수 있는 요소로 볼 수 없는 것은?

① 기내 흡연 ② 소량의 알코올
③ 안정제 또는 진정제 등의 복용 ④ 충분한 환기시설

【해설】 *저산소증(hypoxia)은 체내의 산소결핍으로 인하여 발생할 수 있는 현상이다.*

5. 비행 중 저산소증을 악화시킬 수 있는 내용으로 잘못 설명하고 있는 것은?

① 일산화탄소 ② 저고도 비행
③ 비행 중 흡연 ④ 헤모글로빈 결핍

【정답】 1.④ 2.③ 3.① 4.④ 5.②

6. 과호흡증이 가장 잘 발생할 수 있는 환경은?

① 감정적 긴장, 두려움, 혹은 공포　② 과도한 알코올 소모

③ 과도하게 느린 호흡률과 산소부족　④ 강한 태양 복사열

【해설】 일반적으로 과호흡증(hyperventilation)은 예상하지 못한 상황에 직면했을 때, 또는 스트레스를 받는 상황에서 과도하게 긴장되어 있거나 두려움 혹은 공포(anxiety or fear) 상황에 직면했을 때 가장 잘 발생할 수 있다.

7. 비행 중 긴장된 상황에 직면했을 때 호흡이 비정상적으로 증가하는 현상은?

① 저산소증　② 과호흡증

③ 청각장애　④ 동공장애

8. 비행 중 긴급 상황에 직면했을 때 조종사의 신체적으로 나타나는 현상은?

① 호흡이 급격히 빨라진다.　② 멀미 증상을 느낀다.

③ 현기증을 느낀다.　④ 호전성으로 나타난다.

9. 과호흡증이 진행됨에 따라 조종사는 어떠한 증상이 발생할 수 있는가?

① 호흡률이 느려지고 깊어진다.　② 의식이 높아지고 도취감을 느낀다.

③ 호흡률이 빨라지고 도취감을 느낀다.　④ 질식과 졸음 증상을 느낀다.

【해설】 과호흡증은 매우 긴장된 상황에 조우했을 때 무의식적으로 호흡이 비정상으로 증가하는 현상이다. 이것은 현기증(lightheadedness), 졸음(drowsiness), 질식(suffocation), 수족의 떨림, 그리고 무기력(coolness)의 원인이 될 수 있다. 의식이 높아지고(heightened awareness) 행복감을 느끼는 것은 저산소의 잠재적 증상이다.

10. 과호흡증의 발생을 예방하기 위해서 조종사는 어떻게 해야 하는가?

① 비행기를 조종하기 위한 비행계기를 면밀하게 관찰한다.

② 호흡률을 낮추고 종이봉지 속에 호흡하거나 큰 소리로 말한다.

③ 폐의 환기를 높이기 위해서 호흡률을 증가시킨다.

④ 즉시 고도를 낮추고 조종실에 공기흐름을 증가시킨다.

【해설】 과호흡증을 예방하거나 극복하기 위해서 조종사는 호흡률을 낮추고 종이봉지 속에 호흡하거나 큰 소리로 말한다.

11. 과호흡증을 극복하기 위해서 조종사는 어떻게 해야 하는가?

① 침을 삼키거나 하품을 한다.　② 호흡률을 낮춘다.

③ 호흡률을 높인다.　④ 창문을 개방하고 고도를 낮춘다.

【해설】 과호흡증을 예방하거나 극복하기 위해서 조종사는 호흡률을 낮추고 종이봉지 속에 호흡하거나 큰 소리로 말한다. 침을 삼키거나 하품(swallow or yawn)을 하는 행위는 귀의 기압을 평형하게 하는 데 도움이 된다.

【정답】 6.① 7.② 8.① 9.④ 10.② 11.②

12. 신체 속에 있는 알코올에 관해서 올바르게 서술하고 있는 것은?

① 소량의 알코올은 시각 민감성을 향상시킨다.

② 고도가 증가함에 따라 알코올의 영향은 감소한다.

③ 소량의 알코올이라 할지라도 판단력과 의사결정 능력에 악영향을 줄 수 있다.

④ 피로할 때 소량의 알코올은 각성제 기능을 할 수 있다.

【해설】 1온스의 주류(liquor), 12온스의 맥주, 또는 4온스의 와인(한 병) 정도의 소량이라 할지라도 비행 기량에 영향을 줄 수 있고, 이들 알코올 성분은 최소한 3시간 동안 호흡과 혈액 속에 감지될 수 있다.

13. 최근 규정에 따르면 알코올 섭취와 항공기 조종 사이에 최소한 몇 시간이 경과해야 하는가?

① 4시간 ② 8시간

③ 16시간 ④ 12시간

【해설】 최근 규정에 따르면 알코올 섭취와 항공기 조종 사이에 최소한 8시간이 경과한 후 비행할 것을 권장하고 있다.

14. 알코올과 고도의 결합에 관해서 올바르게 서술하고 있는 것은?

① 판단력과 의사결정 능력은 고도가 2,000피트 이상이 되었을 때만 영향을 줄 수 있다.

② 고도의 증가는 알코올의 영향을 서서히 낮추어 준다.

③ 고도의 증가는 알코올의 영향을 변화시키지 않는다.

④ 고도는 알코올의 영향을 배가시킨다.

【해설】 특히 고고도에서 알코올의 영향은 두뇌에 미치는 영향을 배가시킬 수 있다.

15. 비행 중 멀미가 발생할 수 있는 원인은?

① 평형감각을 제어하는 중이의 작은 부분의 계속적인 자극

② 평형에 영향을 미치는 두뇌 세포의 불안정

③ 위산의 발생을 초래할 수 있는 항공기의 움직임

④ 항공기의 움직임은 두뇌 세포를 불안정하게 만들어 위액을 자극한다.

【해설】 멀미는 점진적으로 진행되어 식욕을 상실하고, 구강 내 침이 모여지고 땀을 흘린다. 따라서 메스꺼움을 느끼고 방향감각을 상실하게 된다. 두통과 함께 멀미하는 경향이 있다.

16. 비행 중 멀미를 하려는 사람에 대한 적절한 조치는?

① 멀미약을 복용한다.

② 머리를 낮추고 눈을 감은 상태로 안정을 취하게 한다.

③ 불필요한 머리의 움직임을 피하고 바깥을 멀리 주시하도록 권장한다.

④ 안전 벨트를 단단히 조이고 움직임을 최대한 방지한다.

【해설】 멀리를 느끼면 환기시켜 시원한 공기를 들이마시고, 불필요한 머리의 움직임 회피, 안전 벨트를 느슨하게 조절, 가능하다면 예비산소를 활용하면서 비행을 취소하고 가능한 한 빨리 착륙한다.

【정답】 12.③ 13.② 14.④ 15.① 16.③

17. 비행 중 청각장애를 경험할 수 있는 비행조건은?
① 상승 중　　② 강하 중
③ 선회정지 중　　④ 급격한 자세변경 중

18. 강하 중 조종실 기압과 내이 속의 압력차로 발생하는 현상은?
① 청각장애　　② 동공장애
③ 감압병　　④ 저산소증

19. 비행 중 청각장애를 의심했을 때 취할 수 있는 조치로 틀린 것은?
① 하품한다.
② 침을 삼킨다.
③ 큰 소리로 말을 한다.
④ 목 근육을 자극할 어떠한 행동도 하지 않는다.

20. 비행 중 소리가 잘 들리지 않는 것을 감지하고 입을 크게 벌리는 것과 같은 행위로도 해소되지 않았을 때 권장 방법은?
① 코와 입을 막고 코로 숨을 불어 넣는다.
② 즉시 강하율을 증가시킨다.
③ 머리를 크게 흔들어 자극한다.
④ 머리를 흔들고 고개를 뒤로 크게 젖힌 자세를 취한다.

21. 스쿠버 다이빙이 비행에 어떠한 영향을 줄 수 있는가?
① 청각장애　　② 감압병
③ 현기증　　④ 저산소증

22. 스쿠버 다이빙과 고고도 비행이 인체에 미치는 영향을 올바르게 설명한 것은?
① 수중과 고고도의 밀도차
② 수중과 고고도의 기온차
③ 수중과 고고도의 압력차
④ 수중과 고고도의 해수면으로부터의 차이

23. 스쿠버 다이빙을 했을 때 인체에 어떠한 영향을 줄 수 있는가?
① 혈액 속의 질소 흡수　　② 혈액의 응고 현상 촉진
③ 혈액 속의 산소 흡수　　④ 혈액 속의 헤모글로빈 흡수

24. 고도 8,000피트 이하에서 비감압 스쿠버 다이빙 후 최소 대기 시간은?
① 8시간　　② 12시간
③ 24시간　　④ 48시간

【정답】 17.② 18.① 19.④ 20.① 21.② 22.③ 23.① 24.②

【해설】 고도 8,000피트 이상을 비행할 때는 다이빙 종류와 관계없이 24시간을 대기한 후 비행해야 한다. 고도 8,000피트 이하에서 비감압 다이빙을 한 후에는 최소한 12시간을 대기한 후 비행해야 한다.

25. 감압 다이빙 후 고도 8,000피트 이하에서 비행할 때 감압병을 예방하기 위해서 최소한 몇 시간 후에 비행해야 하는가?

① 8시간　　② 12시간
③ 24시간　　④ 48시간

26. 공중공간에서 항공기의 위치, 자세, 또는 움직임에 관한 방향감각의 상실을 무엇이라 정의하는가?

① 공간정위상실　　② 과호흡증
③ 저산소증　　④ 감각기관의 상실

【해설】 공간정위상실(spatial disorientation)은 공간에서 항공기의 위치, 자세, 또는 움직임에 관해서 방향감각을 상실한 상태이다. 이것은 여러 감각기관(sensory organs)으로부터 잘못된 정보가 두뇌에 전달되어 특정 참고점에 관한 항공기의 인식을 상실한 상태이기 때문이다.

27. 조종사는 공간정위상실을 어떻게 극복해야 하는가?

① 자신의 신체적 감각에 전적으로 의존한다.
② 내부를 관찰하는 시간을 줄여 극복해야 한다.
③ 모든 외부 시각 참조물에 의존해서 극복해야 한다.
④ 비행계기에 의존해서 극복해야 한다.

【해설】 조종사가 비행 중 공간정위상실을 방지하기 위해서 비행계기에 의존하거나, 급격한 머리의 움직임 회피, 그리고 지표면이 확실하게 고정되는 시각 참조물에 의존하는 방법으로 극복할 수 있다.

28. 조종사가 공간정위상실을 경험하고 있음을 나타내고 있는 비행 상태는?

① 깊은각 선회　　② 악성 나선강하
③ 원형 선회　　④ 실속

【해설】 악성 나선강하(graveyard spiral)는 조종사가 공간정위상실 상태에 빠졌다는 것을 보여주는 사례이다.

29. 조종사가 뜨거운 여름날 장시간 비행했을 때 탈수증이 발생할 수 있는 원인은?

① 고도 증가에 따라 기온감률이 감소하기 때문이다.
② 고도에서 습한 공기는 신체의 수분을 보존하는 데 도움이 되기 때문이다.
③ 기온은 고도와 함께 떨어지기 때문이다.
④ 고도에서 건조한 공기는 신체에서 수분 손실률을 증가시키는 경향이 있기 때문이다.

【정답】 25.③　26.①　27.④　28.②　29.④

【해설】 뜨거운 여름날 장시간 비행했을 때 고도에서 건조한 공기는 신체에서 수분 손실률을 증가시키는 경향이 있으므로 탈수증(dehydration)이 발생할 가능성이 크다.

30. 열 스트레스의 징후는 무엇인가?

① 혼수 ② 빠른 호흡
③ 경계심 저하 ④ 졸음과 도취감

【해설】 열 스트레스(heat stress)는 열 탈진(heat exhaustion)의 첫 단계로 수행능력, 의사결정능력, 그리고 시각 능력이 감소한다.

31. 다른 항공기를 정확하게 관찰하기 위해서 조종사는 어떻게 하는 것이 가장 좋은 방법인가?

① 규칙적으로 한쪽에서 다른 쪽으로 시야를 서서히 이동시킨다.
② 감지된 주변 움직임에 집중한다.
③ 하늘의 연속 구역이 중심시야 속으로 들어오도록 일련의 규칙적인 간격의 짧은 눈 움직임을 활용한다.
④ 시정이 좋지 않은 구역을 중심으로 좌우로 집중하여 관찰한다.

【해설】 주간에 다른 항공기의 움직임을 관찰하기 위한 가장 효과적인 방법은 하늘의 연속 구역이 중심시야(central field of view) 속으로 들어오도록 일련의 규칙적인 간격의 짧은 눈 움직임을 활용하는 것이다. 눈 움직임은 10°를 초과하지 않아야 하고, 각 구역은 최소한 1초 동안 관찰해야 한다.

32. 수평직선비행 중 좌우에 있을 수 있는 항공기를 관찰하기 위해서 조종사가 적용해야 하는 기술은?

① 전체 구역을 한 눈으로 볼 수 있도록 훈련한다.
② 주변시에 감지된 상대 움직임에 집중한다.
③ 윈드실드의 오른쪽에서 왼쪽으로 연속적으로 이동시킨다.
④ 하늘의 상이한 구역에서 짧은 간격으로 체계적으로 초점을 이동한다.

【해설】 눈은 오직 좁은 구역에만 초점을 둘 수 있으므로 효과적인 관찰 기술은 하늘의 연속 구역이 중심시야(central field of view) 속으로 들어오도록 일련의 규칙적인 간격의 짧은 눈 움직임을 활용하는 것이다. 이때 눈 움직임은 10°를 초과하지 않아야 하고, 각 구역은 최소한 1초 동안 관찰해야 한다.

33. 비행 중 연무는 다른 항공기 또는 지형 모양을 관찰하는 데 어떠한 영향을 주는가?

① 연무는 눈의 초점에 무한에 두도록 하는 원인이다.
② 눈은 연무 속에서 내려다보는 경향이 있어 상대적 운동을 쉽게 발견하지 못한다.
③ 모든 항공기 또는 지형 모양은 실제 거리보다 멀리 있는 것처럼 보인다.
④ 활주로에 접근 중 연무는 실제 거리보다 가까이 있는 것처럼 보인다.

【해설】 연무(haze)는 모든 항공기 또는 지형 모양을 실제 거리보다 멀리 있는 것처럼 보이는 착각(illusions)을 일으킨다. 이 착각을 인식하지 못한 조종사는 더 낮은 고도에서 접근하

【정답】 30.③ 31.③ 32.④ 33.③

게 될 것이다.

34. 연무는 어떠한 종류의 착각을 일으킬 수 있는가?

① 활주로로부터 더 멀리 있는 듯한 착각

② 활주로로부터 더 가까이 있는 듯한 착각

③ 연무는 대기 착각을 일으키지 않는다.

④ 활주로로부터 높이 있는 듯한 착각

【해설】 윈드실드(windshield)에 있는 비(rain)는 활주로로부터 더 높이 있는 듯한 착각을 일으키고, 연무(haze)는 활주로로부터 더 멀리 있는 듯한 착각을 일으킬 수 있다.

35. 인체에 과도한 일산화탄소 축적으로 인해서 나타날 수 있는 결과는?

① 이마 앞부분의 두통　　② 근육의 힘 상실

③ 도취감이 높아짐　　④ 시각 민감도가 높아짐

【해설】 일산화탄소는 산소를 운반하는 혈액의 능력을 떨어뜨린다. 다량의 일산화탄소를 흡입하는 것은 근육 힘(muscular power)을 빠지게 할 수 있다. 행복 도취감이 높아지는 것은 저산소증의 증상이다.

36. 일산화탄소 중독의 가능성이 증가할 수 있는 경우는?

① 기온 증가　　② 고도 감소

③ 기압 증가　　④ 고도 증가

【해설】 일산화탄소 중독(carbon monoxide poisoning)은 산소결핍을 초래한다. 고고도에서는 가용한 산소가 적기 때문에 고도가 증가함에 따라 일산화탄소 중독은 더 적은 양의 일산화탄소로도 발생할 수 있다.

37. 비행 중 두통과 함께 졸음과 현기증을 느꼈을 때 적절한 조치는?

① 저산소증을 의심하고 즉시 고도를 강하한다.

② 과호흡증을 의심하고 종이봉지에 입을 대고 호흡한다.

③ 난방장치에서 배기가스의 유입을 의심하고 즉시 난방기를 끄고 환기시킨다.

④ 청각장애 현상을 의심하고 침을 삼키거나 하품을 한다.

38. 비행과 일산화탄소에 관한 내용을 올바르게 설명하고 있는 것은?

① 흡연으로 인한 일산화탄소의 영향은 없다.

② 미량이라도 일산화탄소가 의심된다면 난방기를 끄고 환기시켜야 한다.

③ 이산화탄소는 헤모글로빈과 높은 친화력이 있다.

④ 일산화탄소는 과호흡증의 한 원인이다.

【정답】 34.① 35.② 36.④ 37.③ 38.②

39. 조종사가 기장으로 승무하고자 할 때 항상 소지해야 하는 증명서는?

① 조종사 자격 증명서, 비행기록부

② 신체검사 증명서, 비행기록부

③ 조종사 자격 증명서와 신체검사 증명서

④ 여권과 조종사 자격증명서

40. 조종사의 비행과 건강과 관련된 것으로 올바르게 설명하고 있는 것은?

① 일상적으로 복용하는 상용약은 비행에 어떠한 영향도 미치지 않는다.

② 숙취 해소제는 체내의 알코올을 신속하게 분해하는 역할을 한다.

③ 약물치료를 받고 있다면 큰 문제가 되지 않는다.

④ 미열이라도 치명적인 조종 능력을 저하시킬 수 있다.

41. 조종사의 판단 능력에 영향을 줄 수 있는 요소를 올바르게 설명하고 있는 것은?

① 일상생활에서 오는 적당한 긴장감은 비행안전에 도움이 된다.

② 직장에서의 고충 등은 비행함으로써 극복할 수 있다.

③ 피로는 심각한 실수를 할 때까지 나타나지 않는다.

④ 격렬한 근육운동 또는 과중한 정신적 업무는 만성피로의 현상이다.

42. 조종사의 건강과 비행에 관한 내용을 잘못 설명하고 있는 것은?

① 조제약은 조종사의 기능을 심각하게 저하시킬 수 있다.

② 감기약이라 할지라도 조제하지 않은 상용약은 영향을 미치지 않는다.

③ 알코올은 공간정위상실과 저산소증의 가능성을 증대시킨다.

④ 질병이 약으로 치료되고 있다 할지라도 약물치료 자체가 조종사의 능력을 저하시킬 수 있다.

【해설】 신체적으로 미열이라 할지라도 높은 고도에서 심각한 영향을 줄 수 있고 병이 약으로 치료되고 있다 할지라도 치료약 자체가 심각한 부작용을 일으킬 수 있다.

43. 조종사의 운동부족, 과중한 정신적 업무라든지 격한 감정 등으로 인하여 나타날 수 있는 비행 위험요소는?

① 급성 피로　　② 만성 피로

③ 일시 피로　　④ 정신적 피로

44. 흡연이 조종사에게 미칠 수 있는 영향은?

① 야간 시력을 약 50% 정도 약화시킨다.

② 신체의 열을 증가시키고 그 결과 더 많은 산소량을 요구한다.

③ 과호흡증을 유발할 수 있는 부가적인 이산화탄소량을 요구한다.

④ 과호흡증의 원인이 될 수 있다.

【해설】 담배 연기 속의 일산화탄소(carbon monoxide)는 산소를 더 많이 빼앗는다. 니코틴

【정답】 39.③　40.④　41.③　42.②　43.①　44.②

은 신체 열을 약 10~15% 증가시켜 더 많은 산소량이 필요하다.

45. 비행 중 흡연이 조종사의 신체에 영향을 줄 수 있는 내용을 올바르게 설명하고 있는 것은?
① 니코틴은 신체 열을 높이는 역할을 한다.
② 니코틴은 일산화탄소를 감소시켜 저산소증을 증가시킨다.
③ 니코틴 성분은 산소를 감소시키는 직접적 요인이다.
④ 흡연은 조종실의 일산화탄소를 감소시킨다.

46. 평소에 이착륙하던 활주로보다 넓은 활주로에 착륙할 때 느낄 수 있는 착시는?
① 실제 고도보다 낮게 있는 듯한 착각
② 실제보다 멀리 있는 듯한 착각
③ 실제보다 가까이 있는 듯한 착각
④ 실제 고도보다 높이 있는 듯한 착각
【해설】 평소에 이착륙하던 활주로보다 좁은 활주로에 착륙할 때 조종사는 실제 고도보다 높이 있는 듯한 착각을 한다.

47. 활주로가 약간 위로 경사진 활주로에 접근 중 경험할 수 있는 착각은?
① 실제 고도보다 낮게 있는 듯한 착각
② 실제보다 멀리 있는 듯한 착각
③ 실제보다 가까이 있는 듯한 착각
④ 실제 고도보다 높이 있는 듯한 착각

48. 눈으로 덮인 지형으로 둘러싸인 활주로에 착륙 접근할 때 조종사가 느낄 수 있는 착각은?
① 실제보다 높은 듯한 착각　　② 실제보다 낮은 듯한 착각
③ 실제보다 넓은 듯한 착각　　④ 실제보다 좁은 듯한 착각

49. 활주로 주변에 안개가 끼어 시정이 불량한 상태에서 조종사의 심리적 상태는?
① 낮은 고도로 접근　　② 높은 고도로 접근
③ 정상보다 빠른 속도로 접근　　④ 정상보다 낮은 속도로 접근

50. 실제 고도보다 높이 있는 듯한 착각을 유발하게 하는 활주로의 형태는?
① 좁은 활주로-상경사 활주로　　② 좁은 활주로-하경사 활주로
③ 넓은 활주로-상경사 활주로　　④ 넓은 활주로-하경사 활주로

51. 활주로 이착륙 훈련 중 정상보다 낮은 고도로 접근했을 때 나타나는 활주로 모양은?
① 활주로가 길게 보인다.　　② 납작하게 보인다.
③ 넓어 보인다.　　④ 좁아 보인다.

【정답】 45.① 46.① 47.④ 48.① 49.② 50.① 51.②

52. 이륙할 때 급격히 가속했을 때 조종사가 경험할 수 있는 착각은?

① 경사 착각 ② 승강기 착각

③ 증감속 착각 ④ 전도 착각

【해설】 급감속시에는 반대로 기수가 급격히 숙여지는 듯한 착각을 일으킨다.

53. 상승에서 수평비행으로 급격하게 자세를 변화시켰을 때 조종사는 어떤 착각을 경험할 수 있는가?

① 뒤로 넘어가는 듯한 착각 ② 앞으로 숙여지는 듯한 착각

③ 수직으로 상승하는 듯한 착각 ④ 수직으로 강하하는 듯한 착각

54. 비행 중 급격한 상승기류를 만났을 때 조종사가 경험할 수 있는 착각은?

① 강하하는 듯한 착각 ② 뒤집어지는 듯한 착각

③ 상승하는 듯한 착각 ④ 반대로 선회하는 듯한 착각

55. 비행 중 상승기류 및 하강기류로 인해서 조종사가 경험할 수 있는 착각은?

① 전도 착각 ② 증감속 착각

③ 승강기 착각 ④ 경사 착각

56. 어둠 속에서 정지된 불빛을 수 초 동안 응시했을 때 불빛이 움직이는 듯한 착각을 일으키는 것은?

① 자각 착시 ② 경사 착각

③ 증감속 착각 ④ 전도 착각

57. 급상승 기동할 때 느낄 수 있는 현상으로 잘못된 것은?

① 두뇌의 혈액 순환 결핍으로 산소결핍

② 부분적인 시각장애 초래

③ 일시적 의식상실

④ 혈액이 머리로 급격히 쏠림

【해설】 급상승할 때 신체기관과 혈액이 하부로 쏠린다.

58. 때때로 인적요소와 관련된 일련의 판단 과실을 무엇으로 볼 수 있는가?

① 실수사슬 ② 방책

③ DECIDE 모델 ④ 위험관리

【해설】 실수사슬(error chain)은 인적요소(human factor)와 관련된 사고로 이어지는 일련의 판단 과실을 기술하기 위해서 사용된다.

【정답】 52.③ 53.① 54.③ 55.③ 56.① 57.④ 58.①

59. 항공의사결정은 무엇인가?

① 매 비행과 관련된 위험을 줄이기 위한 정신적 처리 과정에 대한 체계적 접근이다.

② 매 비행과 관련된 위험을 줄이기 위한 현명한 판단에 의존하는 의사결정과정이다.

③ 특정 상황에서 모든 정보를 분석하여 행동에 대한 적시 적절한 결심을 하는 정신적 과정이다.

④ 주어진 세트의 환경에서 일관되게 최상의 방책을 결정하기 위한 정신적 처리 과정에 대한 체계적 접근이다.

【해설】 *항공의사결정(aeronautical decision marking; ADM)이란 주어진 세트의 환경에서 일관되게 최상의 방책을 결정하기 위한 정신적 처리 과정에 대한 체계적 접근이다. 위험관리(risk management; RM)는 매 비행과 관련된 위험을 감소시키기 위해서 상황인식, 문제 인식, 그리고 현명한 판단력에 의존하는 항공의사결정의 한 부분이다. 판단력(judgment)은 특정 상황에서 관련된 모든 정보를 인식하고 분석하여 대체 행동을 합리적으로 평가하고 취해야 하는 행동을 적시에 결정하는 과정이다.*

60. 항공의사결정과정의 한 부분으로 매 비행과 관련된 위험을 낮추기 위해서 의존해야 하는 것은?

① 스트레스 관리의 적용과 위험 요소 절차

② 특정 상황에서 모든 정보를 분석한 후 행동에 대한 적시에 취해야 하는 결심을 하는 정신적 과정

③ 상황인식, 문제 인식, 그리고 현명한 판단력

④ 특정 상황과 관련된 위험을 줄이기 위한 정신적 과정

【해설】 *위험관리(risk management; RM)는 매 비행과 관련된 위험을 감소시키기 위해서 상황인식, 문제 인식, 그리고 현명한 판단력에 의존하는 항공의사결정의 한 부분이다.*

61. 조종사가 저시정과 실링에서 지형과 시각적 접촉을 유지하려는 시도에서 자신의 능력과 항공기 한계에 지나치게 의존하는 것을 무엇이라 하는가?

① 스커드 러닝　　② 사고방식

③ 동료압박　　④ 덕 언더 신드롬

【해설】 *스커드 러닝(scud running)은 조종사가 저시정과 실링에서 비행하는 동안 지형과 시각적 접촉(visual contact)을 유지하려는 시도에서 자신의 능력과 항공기 한계에 지나치게 의존하는 것을 의미한다. 스커드 러닝은 재난(mishap)으로 이어질 수 있는 위험한 행위이기 때문에 조기에 식별되고 제거되어야 한다.*

62. VFR 하에서 비행 중일 때 공간정위상실 또는 지상/장애물과 충돌로 이어질 수 있는 것은?

① 사고방식

② 항공기의 상황을 방치하는 행위

③ 덕-언더 신드롬

④ 계기상태에서 계속 VFR 비행하는 행위

【정답】 59.④　60.③　61.①　62.④

【해설】 계기비행 상태 속으로 계속 VFR 비행을 하는 것은 외부 시각 참조물을 상실할 수 있으므로 공간정위상실 또는 지상/장애물에 충돌할 수 있다. 특히 조종사가 계기비행자격을 갖추지 않았거나 혹은 최근 경력 요건을 갖추지 못했을 때 더욱 위험할 수 있다. 덕-언더 신드롬(duck-under syndrome)이란 항상 오차범위(fudge factor; 실패를 예상하고 여유를 두는 일)가 있다는 믿음을 바탕으로 최저치 아래로 강하하려는 심리적 경향이다. 이것은 VFR 비행이 아닌 IFR 비행 중 발생하는 심리적 경향이다.

63. 효과적인 위험관리와 항공의사결정을 위한 DECIDE 모델의 첫 단계는 무엇인가?

① 탐지 ② 식별
③ 평가 ④ 행동

【해설】 DECIDE 모델은 조종사에게 논리적 방법으로 접근할 수 있도록 6개의 단계로 구성되어 있다. 이 모델은 탐지(detect)-예측(estimate)-선택(choose)-식별(identify)-행동(do)-평가(evaluate)로 구성된다.

64. 항공의사결정(ADM)을 위한 DECIDE 모델의 최종 단계는 무엇인가?

① 제거 ② 예측
③ 평가 ④ 선택

65. 조종사가 반복적 과업을 위한 장기기억과 단기기억에 의존할 때 무시될 수 있는 것 중 하나는?

① 평가 능력 ② 상황인식
③ 영역선도 외부에서 비행 ④ 점검표

【해설】 점검표(checklist), 비행계획서(flight plan), 또는 비행 전 점검 등을 무시하는 것은 반복적인 비행 과업을 위한 장기기억(long term memory)과 단기기억(short term memory)에 의존하는 조종사의 부실한 의존(unjustified reliance)을 나타낸다.

66. 중요한 단계를 빠뜨리는 것을 방지하기 위해서 항상 사용할 것을 강조하는 것은?

① 점검표 ② 속도계 표지
③ 감항증명서 ④ 운용자 지침서

【해설】 조종사는 중요한 단계에서 어느 요소를 빠뜨리는 것을 방지하기 위해서 항상 점검표를 사용할 것을 강조한다.

67. 조종사가 점검표를 일상적으로 준수하는 것은

① 암기력이 떨어지는 조종사이다. ② 필요한 지식이 부족한 조종사이다.
③ 시간이 부족한 조종사이다. ④ 규칙을 잘 준수하고 유능한 조종사이다.

【해설】 조종사가 점검표를 일상적으로 준수하는 것은 규칙을 잘 준수하고 유능한 조종사(disciplined and competent pilot)의 상징이다. 점검표는 중요한 항목을 빠짐없이 그리고 합리적 순서에 따라 점검할 수 있도록 하고 항공기 운용과 비행을 관리하는 데 도움이 되는 정

【정답】 63.① 64.③ 65.④ 66.① 67.④

보들이 수록되어 있기 때문이다.

68. 반복적 과업을 위한 장기기억과 단기기억에 의존하는 조종사가 가끔 무시할 수 있는 것은?

① 성능영역선도를 벗어난 비행　　② 점검표

③ 상황인식　　④ 운용한계

【해설】 점검표(checklist), 비행계획서, 또는 비행 전 점검(preflight inspection) 등을 무시하는 것은 반복적인 비행 과업을 위한 장기기억과 단기기억에 의존하는 조종사의 부실한 의존(unjustified reliance)을 나타낸다.

69. 어떠한 이유로 그들의 안전이 우려될 때 조종사의 적절한 조치는?

① 즉시 조력을 요청해야 한다.

② 그들의 상황인식을 낮추어야 한다.

③ 사고방식을 바꾸어야 한다.

④ 추가 행동을 중지하고 상황을 계속 주시해야 한다.

【해설】 어떠한 이유로 인해서 안전이 우려된다면 조종사는 즉시 조력(assistance)을 요청해야 한다.

70. 조종사가 안전에 악영향을 미치는 정의감이 있음을 보여주기 위한 것은 무엇인가?

① 어떠한 대체방책도 완전히 무시한다.

② 항상 최상의 방책을 결정한다.

③ 자신의 행동을 제어하기 위한 사건, 또는 상황을 허용한다.

④ 위험하고 때로는 불법적이고 재난으로 이어질 수 있는 경향이 발생한다.

【해설】 정의감(right stuff)을 보여주기 위한 본능적 동인(basic drive)은 안전에 악영향을 미칠 수 있고 상당한 스트레스(stressful)를 받는 상황에서 조종 기량의 비현실적 판단(unrealistic assessment)을 내릴 수 있다. 자신의 행동을 제어하기 위한 사건, 또는 상황을 방치하는 것은 "getting behind the aircraft" 행위이다.

※ right stuff; 불굴의 정신, 용기, 정의감, 결단력, 신의 등 필요한 자질

71. 운용상의 함정에 빠질 수 있는 항공기를 방치하는 행위의 극단적인 경우는?

① 경계능력의 상실　　② 업무량 상실

③ 내적 스트레스　　④ 상황인식의 상실

【해설】 자신의 행동을 제어하기 위한 사건, 또는 상황을 방치하는 것은 "getting behind the aircraft" 행위이다. 운용상의 함정에 빠질 수 있는 항공기를 방치하는 행위의 극단적인 경우는 상황인식의 상실(loss of situational awareness)이다.

72. ADM 과정에서 위험 태도를 누그러뜨리기 위한 첫 단계는?

① 부정확한 판단을 다루는 것이다.　　② 위험사고를 인지하는 것이다.

③ 상황에서 취약성을 인지하는 것이다.　　④ 주변의 환경을 파악하는 것이다.

【정답】 68.② 69.① 70.④ 71.④ 72.②

【해설】 ADM 과정에서 위험 태도를 누그러뜨리기 위한 첫 단계는 위험사고(hazardous thoughts)를 인지하는 것이다.

73. ADM과 함께 다루어야 하는 일부 위험 태도는 무엇인가?
① 반권위적, 충동적, 마초이즘
② 위험관리, 스트레스 관리, 그리고 위험요소
③ 부실한 의사결정, 상황인식, 그리고 판단력
④ 반권위적, 충동적, 마초이즘, 그리고 판단력
【해설】 항공의사결정(ADM)은 다음과 같은 5개의 위험 태도로 분류하고 있다.
- *반권위적*
- *충동적*
- *불사신*
- *마초이즘*
- *체념*

74. 조종사가 위험사고를 인식했을 때 그에 상응하는 치유방법으로 교정해야 한다. 반권위적 행동에 대한 적절한 치유방법은?
① 서두르지 말고 생각부터 한다.
② 이것은 나에게도 발생할 수 있다.
③ 규정을 따라라. 이것만이 올바른 길이다.
④ 당신이라면 할 수 있다.
【해설】 반권위적(antiauthority) 행동을 보이는 사람에게는 항상 규정에 따를 것을 강조하라. 이것만이 올바른 길이라는 것을 강조해야 한다.

75. 충동적인 성향을 나타내는 사람에 대한 적절한 치유방법은?
① 이것은 나에게도 발생할 수 있다.
② 신속하게 처리하라.
③ 항상 규정을 준수하라.
④ 서두르지 말고 생각부터 한다.
【해설】 충동적인 성향을 나타내는 사람에 대한 적절한 치유방법은 서두르지 말고 생각부터 할 것을 강조해야 한다.

76. 불사신이라는 성향이 있는 사람에 대한 적절한 치유방법은?
① 더 나빠질 수 없다.
② 이것은 당신에게도 발생할 수 있다.
③ 이것은 당신에게 발생하지 않는다.
④ 신속하게 처리하라.
【해설】 불사신(invulnerability) 위험 태도는 나에게는 결코 발생하지 않는다. 이 성향이 있는 사람은 사고는 발생할 수 있다는 것을 알고 있지만, 오직 다른 사람의 일이라고 생각한다. 이 유형의 사람에게는 이것이 나에게 발생할 수 있다는 것을 강조해야 한다.

【정답】 73.① 74.③ 75.④ 76.②

77. 반권위적 위험 태도를 치유하는 방법은?

① 규정은 이 상황에 적용되지 않는다.
② 내가 무엇을 해야 하는지 나도 알고 있다.
③ 당신에게도 발생할 수 있다.
④ 규정을 준수하라.

78. 마초이즘과 같은 위험 태도를 가진 사람에 대한 적절한 치유 방법은?

① 나는 할 수 있다.
② 운에 맡기는 것은 어리석은 행위이다.
③ 아무것도 발생하지 않을 것이다.
④ 신속하게 처리하라.

【해설】 마초(macho)는 나는 모든 것을 할 수 있다는 것을 보여주고자 하는 성향이 있는 사람이다. 이 위험 태도에 대한 적절한 치유방법은 우연에 기대하는 것은 어리석은 행동이라는 것을 강조하는 것이다.

79. 체념과 같은 위험 태도를 가진 사람에 대한 적절한 조언은?

① 아무 소용도 없다.
② 누군가는 책임이 있다.
③ 어찌할 도리가 없는 것은 아니다.
④ 아무것도 발생하지 않을 것이다.

【해설】 체념(resignation)과 같은 위험 태도를 가진 사람에 대한 적절한 조언은 결코 희망이 없지 않다는 것을 강조하는 것이다.

80. 비록 조종사가 최근 유효 자동차 면허증을 소지하고 있을지라도 조종사가 특정 비행에 적합한지 아닌지를 결정하는 것은 누구의 책임인가?

① 항공청 관계자　② 신체검사 평가관
③ 항공기 소유주　④ 조종사

【해설】 조종사의 비행 기량에 영향을 줄 수 있는 다양한 요소들이 있다. 예를 들어 수면 부족에서부터 질병에 이르기까지 이들 요소는 특정 비행을 준비하는 조종사의 능력에 영향을 줄 수 있다. 비록 조종사가 최근 유효 자동차 면허증을 소지하고 있을지라도 특정 비행에 적합한지 아닌지를 결정하는 것은 조종사 자신에게 있다.

81. 조종사는 자신에게는 결코 사고가 발생하지 않는다고 믿고 있다. 그는 이것이 위험 태도라는 것을 알고 있다. 이 낡은 태도를 버리고 새로운 태도를 갖기 위해서 어떻게 해야 하는가?

① 무언가가 발생하게 될 것이다.
② 나에게도 발생할 수 있다.
③ 그는 무엇을 했는지 알고 있다.
④ 운에 맞기고 행동하는 것은 매우 어리석은 행동이다.

【정답】 77.④　78.②　79.③　80.④　81.②

【해설】 조종사는 다양한 위험요소들에 취약할 수 있다. 모든 위험 태도는 적절하게 극복하는 데 도움이 되는 치유방법이 있다. 불사신(invulnerable)이라고 하는 위험 태도에 대한 적절한 조언은 이것은 나에게도 발생할 수 있음을 강조하는 것이다.

82. 조종사가 질병으로 인한 비행 가능성에 관한 조언이 필요하다면 누구와 상의하여야 하는가?

① 항공전문의 ② 가족 주치의

③ 인근 병원 의사 ④ 비행교관

【해설】 항공전문의(aviation medical examiner)는 특별히 항공안전과 항공의학을 수련한 항공전문의이다.

83. 다음 중 가장 예방 가능한 사고에 영향을 주는 하나의 공통 요소는?

① 구조적 결함 ② 기계적 결함

③ 기상요소 ④ 인적요소

【해설】 항공기 사고 중 연료 고갈, 공간정위상실(disorientation)로 이어지는 VFR에서 IFR 상태로 비행, 알려진 착빙 상태에서 비행 등으로 인한 사고 대부분은 충분히 예방이 가능한 사고들이고 이들과 깊은 관련이 있는 것은 인적과실(human error)이다. 이들 사고와 관련된 조종사는 통상적으로 무엇이 잘못되었는지를 잘 알고 있다. 과거 경험, 비용 절약, 또는 다른 부적절한 요소 등이 재난으로 이어질 수 있는 잘못된 결심을 하게 한다.

84. 최저 예비연료 필수요건을 무시하는 것은 과신, 해당 규정의 무시, 또는 무엇의 결과라고 할 수 있는가?

① 부적절한 비행계획 수립 ② 충동적

③ 신체적 스트레스 ④ 반권위적 행위

【해설】 최저 예비연료 필수요건(minimum fuel reserve requirements)을 무시하는 것은 과신(overconfidence), 해당 규정의 무시, 또는 부적절한 비행계획 수립으로 인한 결과라고 할 수 있다.

85. 조종사가 위험사고를 인지했을 때 어떻게 해야 하는가?

① 철저한 위험평가를 통해서 이 위험사고를 수정해야 한다.

② 모든 위험요소는 등등하게 처리되어야 한다.

③ 이 위험사고가 발달할 수 있도록 허용하는 상황을 피한다.

④ 위험사고라고 분류한 다음 상응하는 치유방법을 서술하는 방법으로 수정해야 한다.

【해설】 당신이 위험사고를 인지했을 때 일단 이것을 위험요소로 분류하는 것이 중요하다. 다음, 그에 상응하는 치유방법을 서술하는 방법으로 수정해야 한다. 이들 위험사고에 대한 적절한 치유방법을 간단하게 암기할 수 있으므로 필요할 때마다 암송하는 방법으로 마음을 새롭게 할 수 있다.

【정답】 82.① 83.④ 84.① 85.④

86. 충동적 위험 태도가 있는 조종사에 대한 적절한 치유방법은?

① 신속하게 행해서 마치도록 한다.

② 나에게도 발생할 수 있다.

③ 서두르지 말고 먼저 생각하라.

④ 규정을 준수하는 것만이 올바른 행동이다.

【해설】 위험 태도의 충동성이란 어느 것이든, 무엇이든 즉시 해야 한다고 느끼는 성향이 있는 사람이다. 이들은 무엇인가 해야 한다는 생각을 멈추지 않는다. 따라서 이들은 최선의 방책을 선택하기보다 우선 생각난 것을 먼저 행동으로 옮기고 보는 특성이 있다. 이들은 자신이 이 같은 위험 태도를 갖고 있다는 것을 스스로 혹은 주변 지인들로부터 도움을 받아 인지해야 하고 상응하는 치유방법을 적용해야 한다. 이에 대한 적절한 조언은 "행동하기 전에 먼저 생각하라."라고 하는 것이다.

87. 비행 중 철새 떼의 충돌dl 예상되는 고도는?

① 500피트 이상 ② 3,000피트 이상

③ 5,000피트 이상 ④ 9,000피트 이상

【해설】 조류충돌 충돌보고의 90%가 3,000피트 이상에서 발생하고 오리나 거위는 7,000피트에서 관측된다.

88. 비행 중 새떼를 만났을 때 부적절한 조치는 어느 것인가?

① 새떼가 좌우로 흩어지기 때문에 중심으로 통과한다.

② 새떼 이동 중에 저고도 비행을 회피한다.

③ 새떼를 만났을 때 상승한다.

④ 새떼의 집중구역 상공 비행을 회피한다.

【해설】 새떼를 회피하여 비행하는 것이 가장 좋은 방법이나 피할 수 없을 때는 상승할 것을 권장한다. 이는 새떼를 아래로 분산시키고 가장 높은 고도에 우두머리 새가 있기 때문이다.

89. 새떼의 출현이 빈번한 것으로 알려진 지역을 비행할 때 권장 비행 방식은?

① 새떼가 소리에 놀라 분산할 수 있도록 중심부로 통과한다.

② 새떼가 비행체를 보고 놀라 높이 솟아오르는 본성이 있으므로 저고도로 비행한다.

③ 우두머리 새가 가장 높이 있으므로 가능한 한 높은 고도로 비행한다.

④ 새떼가 엔진 소음에 놀랄 수 있도록 최대동력을 적용하여 통과한다.

90. 산악비행의 특성으로 볼 수 없는 것은?

① 불시착 장소의 제한 ② 양호한 시정

③ 급격한 풍향풍속의 변화 ④ 심한 상승 및 하강기류 존재

【해설】 이외에도 지형의 급격한 변화와 구름의 형태가 다르게 보이거나 구름의 급속한 형성 등의 특성을 알아야 한다.

【정답】 86.③ 87.② 88.① 89.③ 90.②

91. 표고가 높은 지역에서 항공기 운용에 대해서 주의해야 할 사항은?

① 공기밀도가 높아 성능이 떨어질 수 있다.

② 불규칙한 지형은 강력한 난기류의 존재를 예측해야 한다.

③ 해수면 조건보다 착륙거리가 짧을 수 있다.

④ 이륙 성능이 다소 향상될 수 있다.

92. 산악비행을 비행해야 할 때 주의해야 할 사항은?

① 불시착 장소 선정이 어렵다. ② 시정은 대체로 양호하다.

③ 기류가 대체로 양호한 편이다. ④ 진대기속도가 약간 낮을 수 있다.

93. 산악비행의 특징을 고려하여 착륙할 때 조종사가 주의해야 하는 것은?

① 정상보다 약간 낮은 활공경로를 유지하여 접근한다.

② 동력을 약간 높은 상태로 유지하여 접근한다.

③ 정상보다 더욱 깊은각 활공경로를 유지하여 접근한다.

④ 동력을 완전히 줄여 무동력 접근을 권장한다.

94. 수상기가 수면에 있을 때 어떻게 고려되는가?

① 수상기가 선박에 우선한다. ② 선박이 수상기에 우선한다.

③ 수상활주 중일 때 수상기가 우선한다. ④ 선박으로 취급한다.

95. 수상에서 엔진이 작동 중에 수상기와 무동력 선박의 진로권은?

① 수상기 ② 무동력 선박

③ 이동 중일 때 수상기 ④ 진로권은 동등하다.

96. 수면에서 이동 중인 비행기와 공중에 있는 항공기의 진로권은?

① 공중에 있는 항공기

② 수상에 있는 항공기

③ 수상에서 이동 중일 때는 동등한 진로권

④ 주변에 선박이 없을 때는 공중에 있는 항공기

97. 수상기의 운용에 관한 내용이다. 틀린 것은?

① 이륙 중인 항공기는 착륙 중인 항공기에 우선

② 수상에 있는 항공기는 공중에 있는 항공기에 우선

③ 수상기는 선박에 우선

④ 무동력 선박은 엔진 작동 중인 항공기에 우선

【정답】 91.② 92.① 93.② 94.④ 95.② 96.② 97.③

98. 근접비행은 다른 항공기와 얼마의 거리에 근접했을 때인가?
① 100피트 ② 300피트
③ 500피트 ④ 700피트

99. 구조신호의 코드가 "X"로 표시되었을 때 의미하는 것은?
① 의료 지원이 필요하다. ② 아니다.
③ 그렇다 ④ 도움이 필요하다.

100. 구조신호의 코드가 "V"로 표시되었을 때 의미하는 것은?
① 의료 지원이 필요하다. ② 아니다.
③ 그렇다 ④ 도움이 필요하다.

101. 사고 지역 인근을 비행하던 중 지상에 "노란색 십자" 표시가 되어 있는 것은 무엇을 의미하는가?
① 수색이 진행 중이다. ② 사고가 이미 보고되었다.
③ 도움이 필요하다. ④ 접근에 주의가 요망된다.

102. 조종사가 비행 중 "MAYDAY" 송신을 청취했을 때 무엇을 의미하는가?
① 긴급상태임을 의미하고 무선침묵을 해야 한다.
② 긴급상태임을 의미하고 긴급통신에 방해되지 않도록 주의
③ 재난상태임을 감지하고 무선침묵을 해야 한다.
④ 재난상태임을 감지하고 통신에 방해되지 않게 주의한다.
【해설】 재난상태를 알리는 "MAYDAY"는 모든 사용 항공기에 무선침묵(radio silence)을 명령한다.

103. 조종사가 비행 중 "PAN-PAN" 송신을 청취했을 때 무엇을 의미하는가?
① 긴급상태임을 의미하고 무선침묵을 해야 한다.
② 긴급상태임을 의미하고 긴급통신에 방해되지 않도록 주의한다.
③ 재난상태임을 감지하고 무선침묵을 해야 한다.
④ 재난상태임을 감지하고 통신에 방해되지 않게 주의한다.

104. 재난 또는 긴급상태에서 가능한 한 높은 고도로 상승할 것을 권장하고 있다. 이는 어떠한 이유 때문인가?
① 통신 및 레이더 포착 범위를 향상시킬 수 있다.
② 활공거리를 증가시킨다.
③ 안전한 착륙장을 선정하기 위해서이다.
④ 주변 기상을 확인하기 위해서이다.
【해설】 지상관제 시설의 신속한 조력(advisory)을 받기 위해서는 고도를 높여 무선통신과

【정답】 98.③ 99.① 100.④ 101.② 102.③ 103.② 104.①

레이더 포착범위를 향상시켜 조기 식별이 가능하다.

105. 항공기 사고를 올바르게 정의하고 있는 것은?
① 사망 또는 중상 그리고 항공기 대파를 동반한 사고
② 사망이 발생한 사고로 한정
③ 중상 이상의 부상을 입은 사고로 한정
④ 사고 후 3일 이내에 사망한 사고를 포함하여 중상 이상의 사고

106. 항공기 사고의 용어에서 치명상이란?
① 사고 후 10일 이내에 사망할 정도의 부상
② 사고 후 20일 이내에 사망할 정도의 부상
③ 사고 후 30일 이내에 사망할 정도의 부상
④ 사고 후 40일 이내에 사망할 정도의 부상

107. 항공기 사고 중 즉시 보고해야 하는 사고 또는 경사고가 아닌 것은?
① 비행 중 환자 발생 ② 비행 중 화재사고
③ 조종계통의 고장 ④ 비행 중 공중충돌

108. 항공기 사고가 발생했을 때 항공기 잔해 및 서류 등은 보존되어야 하지만 예외인 경우는?
① 항공기의 더 큰 파손 방지 ② 공공시설물의 파손 방지
③ 부상자 이송 ④ 사고조사가 쉽도록 위치이동

【정답】 105.① 106.③ 107.① 108.④

컬러 그림

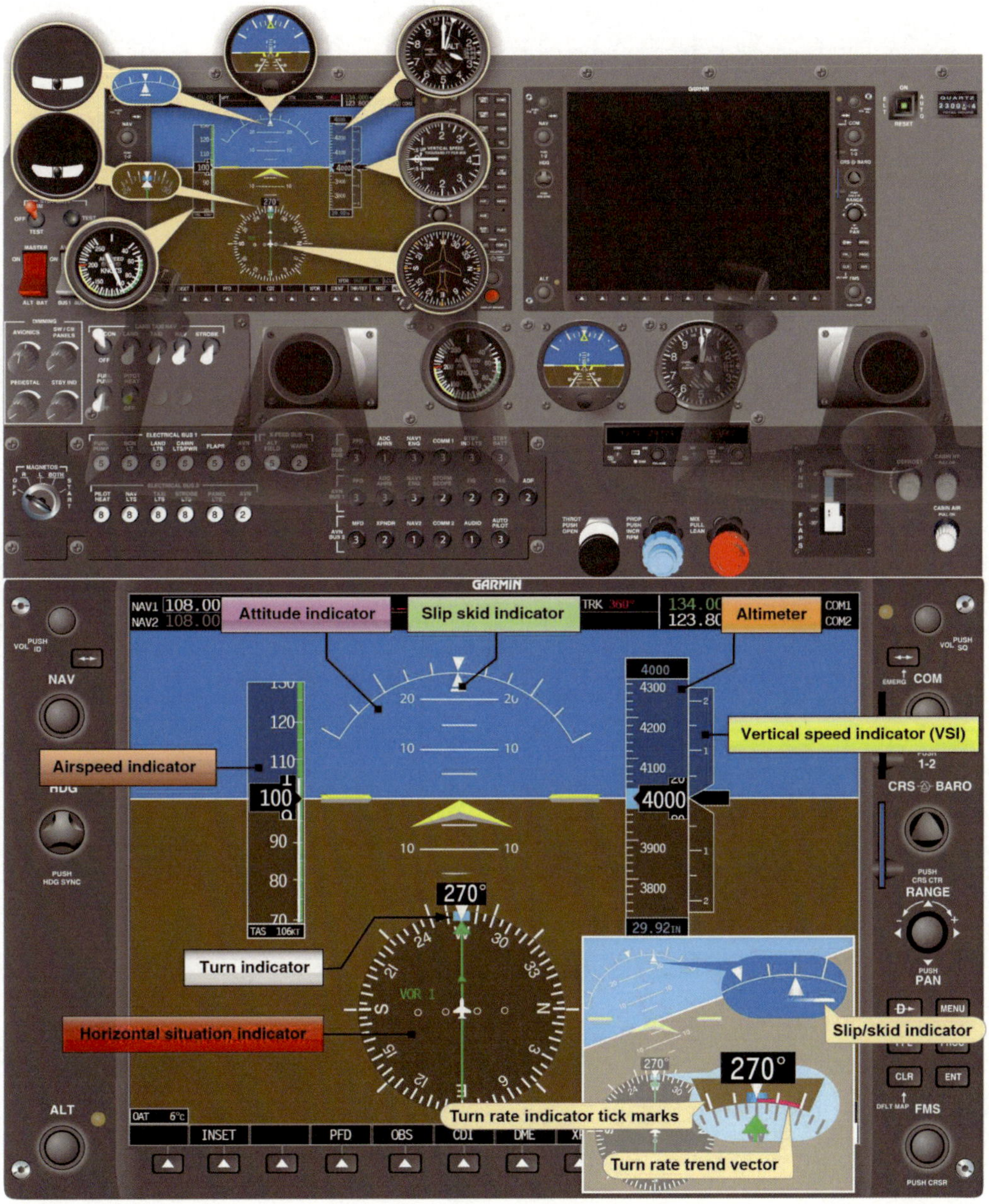
Attitude indicator
Slip skid indicator
Altimeter
Vertical speed indicator (VSI)
Airspeed indicator
Turn indicator
Horizontal situation indicator
Slip/skid indicator
Turn rate indicator tick marks
Turn rate trend vector

【그림2-34】

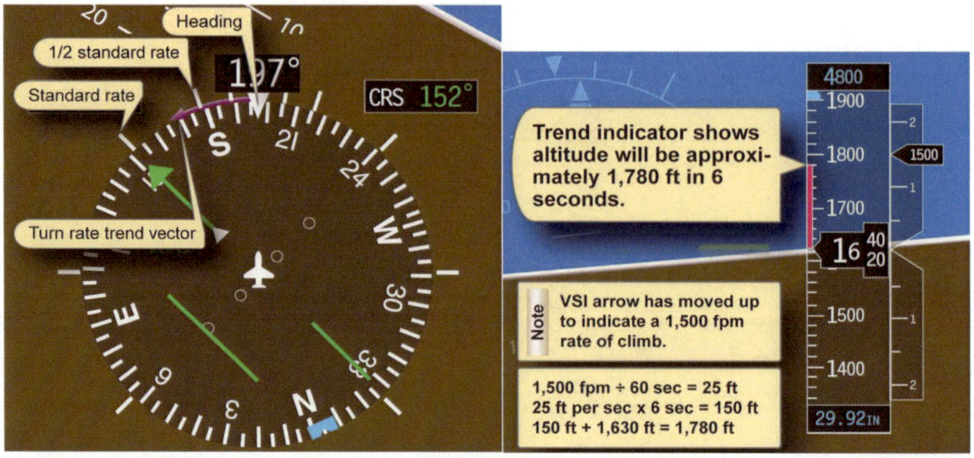
Heading
1/2 standard rate
Standard rate
197°
CRS 152°
Turn rate trend vector
Trend indicator shows altitude will be approximately 1,780 ft in 6 seconds.
Note
VSI arrow has moved up to indicate a 1,500 fpm rate of climb.
1,500 fpm ÷ 60 sec = 25 ft
25 ft per sec x 6 sec = 150 ft
150 ft + 1,630 ft = 1,780 ft
4800
1500
29.92IN

【그림2-35】

GARMIN
NAV1 108.00 113.00
NAV2 108.00 110.60
WPT
DIS
DTK
TRK
134.000 118.000 COM1
123.800 118.000 COM2
TRAFFIC
Heading
1/2 standard rate
Standard rate
Turn rate trend vector
197°
CRS 152°
TAS 120KT
29.92IN
OAT 7°C
XPDR 5537 IDNT LCL23:00:34
INSET
PFD
OBS
CDI
DME
XPDR
IDENT
TMR/REF
NRST
ALERTS
NAV
HDG
ALT
COM
CRS BARO
RANGE
PAN
MENU
FPL
PROC
CLR
ENT
FMS

【그림2-36】

AIRSPEED
KNOTS
240
220
200
180
160
140
100
80
60
40

【그림2-37】

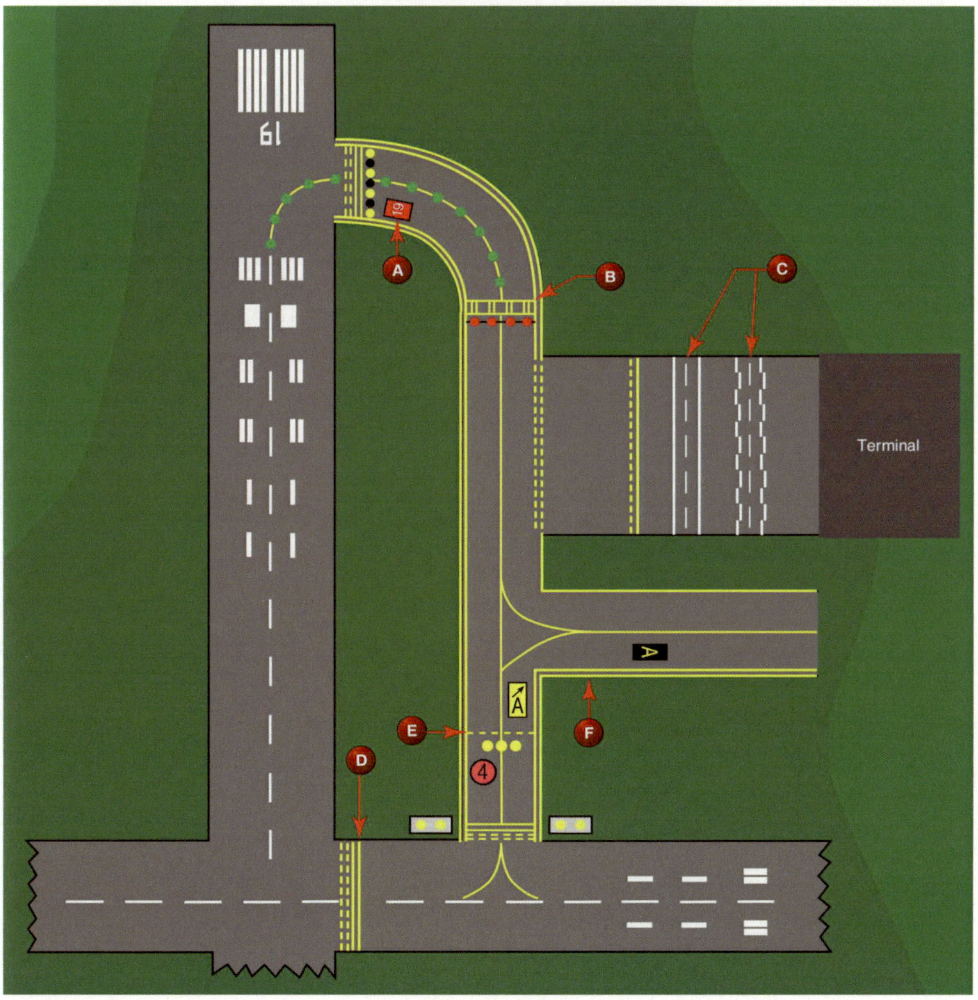
19
A
B
C
D
E
F
4
Terminal

【그림3-24】

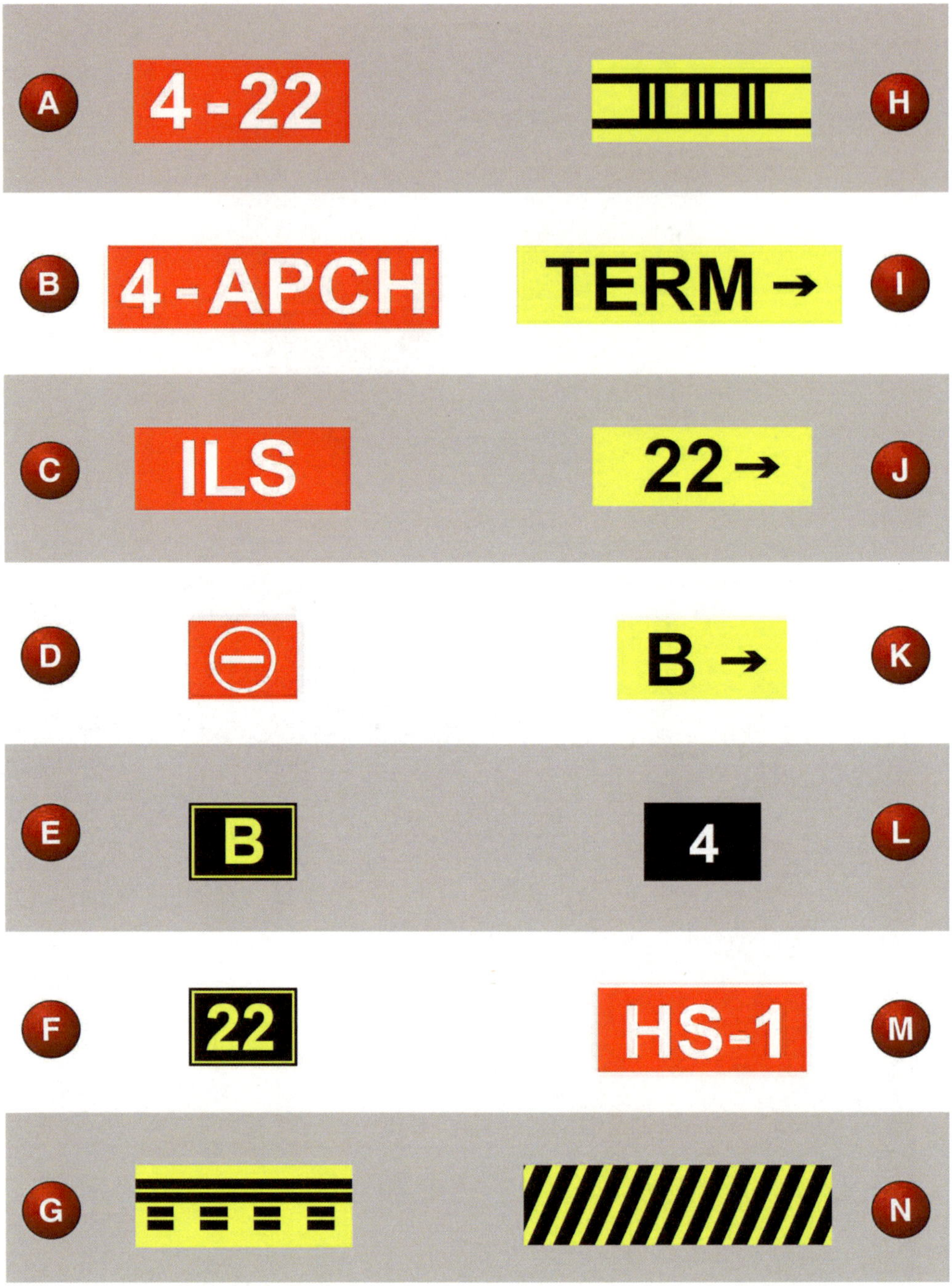

【그림3-26】

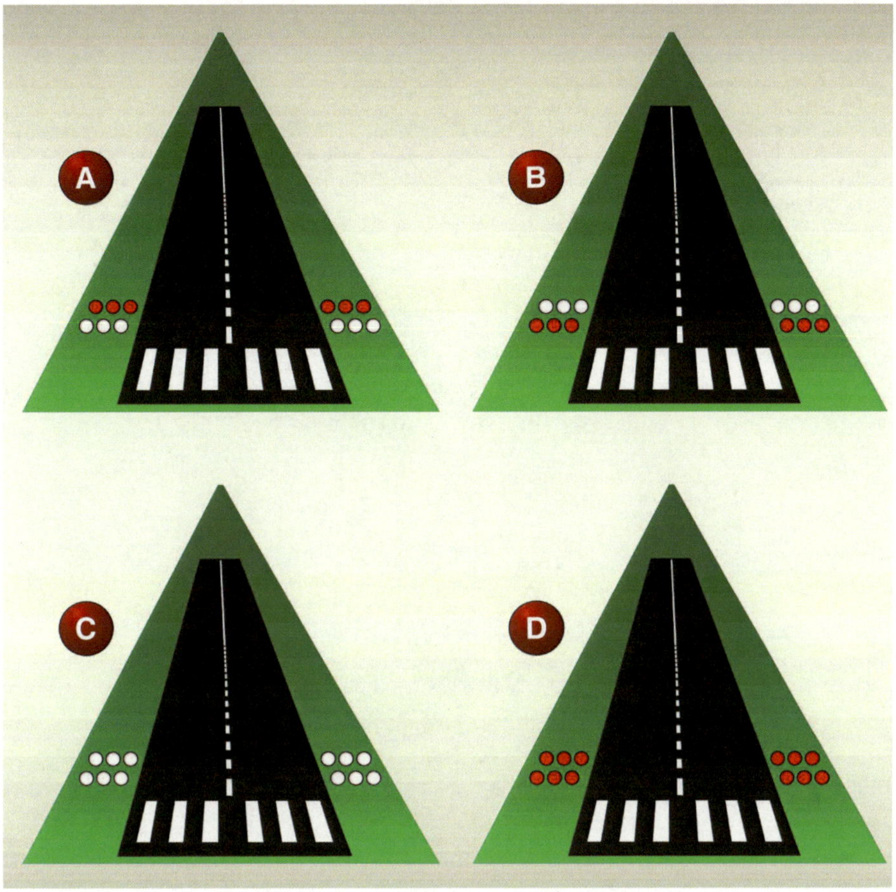

【그림3-30】

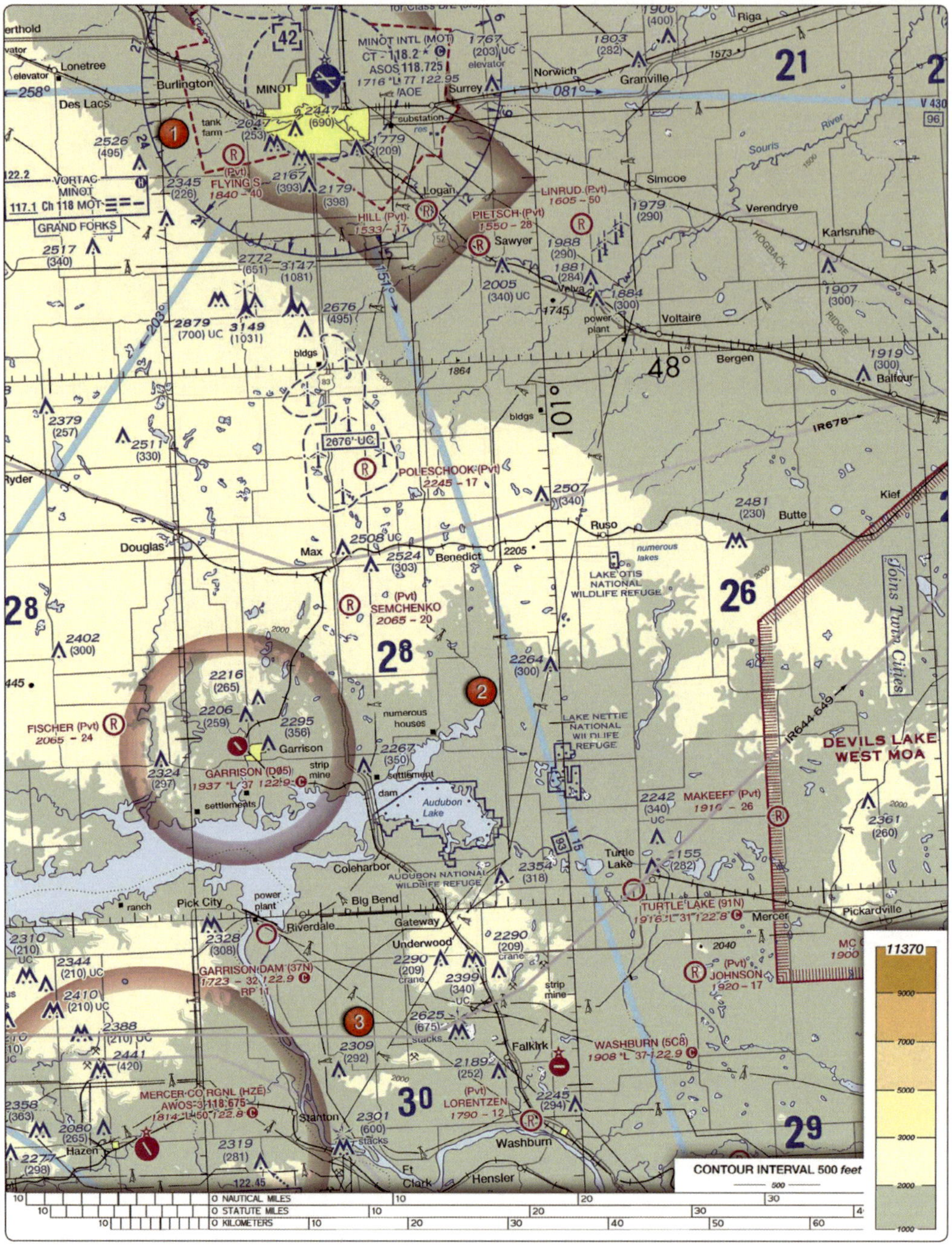
MINOT INTL (MOT)
CT - 118.2
ASOS 118.725
1716 *L 77 122.95
GARRISON (D05)
1937 *L 37 122.9
GARRISON DAM (37N)
1723 - 32 122.9
MERCER CO RGNL (HZE)
AWOS-3 118.675
1814 *L 50 122.8
WASHBURN (5C8)
1908 *L 37 122.9
TURTLE LAKE (91N)
1916 *L 31 122.8
DEVILS LAKE
WEST MOA
LAKE OTIS
NATIONAL
WILDLIFE REFUGE
AUDUBON NATIONAL
WILDLIFE REFUGE
Audubon
Lake
CONTOUR INTERVAL 500 feet
NAUTICAL MILES
STATUTE MILES
KILOMETERS

【그림4-8】

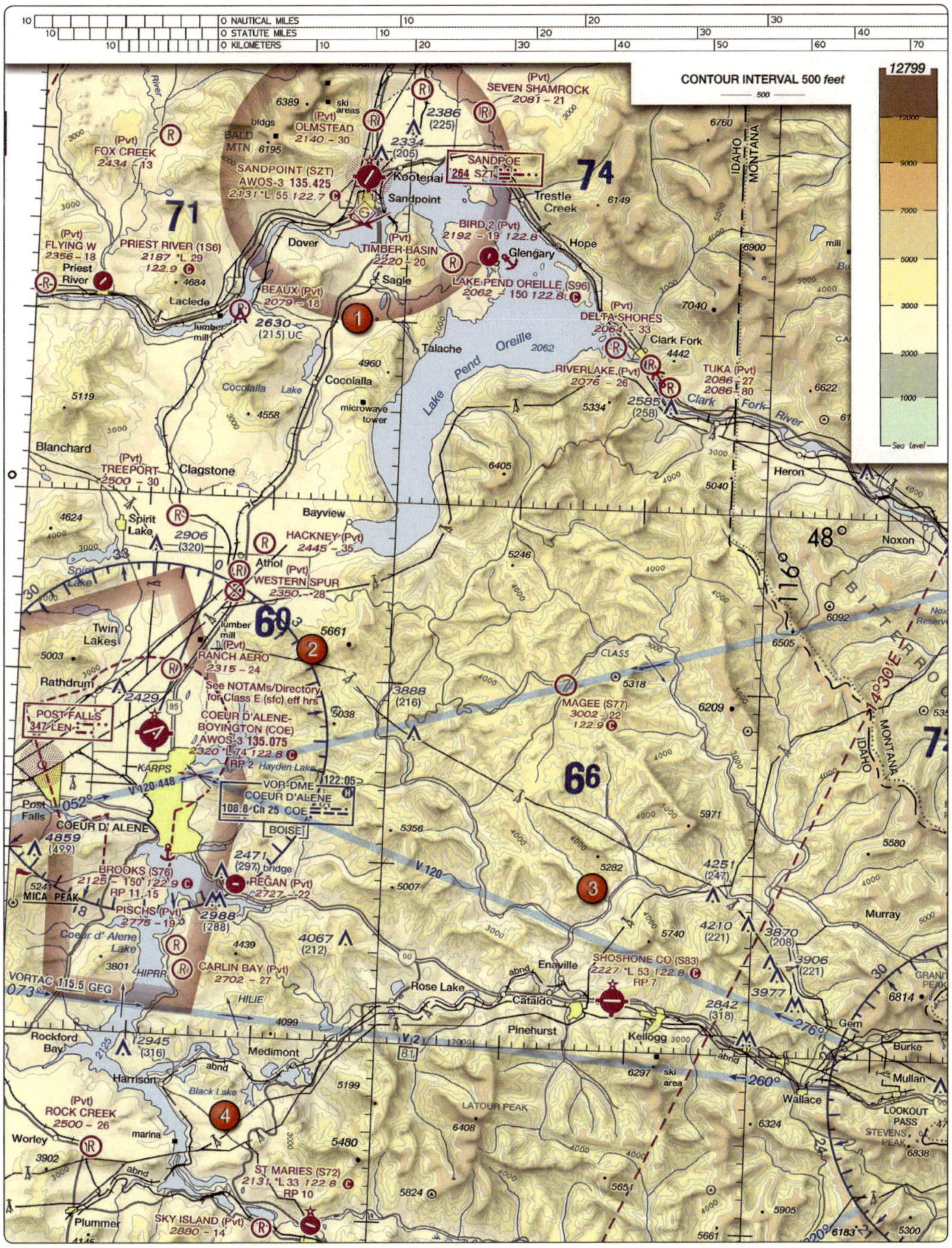

NAUTICAL MILES
STATUTE MILES
KILOMETERS
CONTOUR INTERVAL 500 feet
12799
IDAHO
MONTANA
(Pvt) SEVEN SHAMROCK 2081 - 21
(Pvt) OLMSTEAD 2140 - 30
BALD MTN 6195
SANDPOINT (SZT) AWOS-3 135.425 2131 *L 55 122.7
Kootenai
Sandpoint
SANDPOE 264 SZT
Trestle Creek
Hope
(Pvt) FOX CREEK 2434 - 13
71
74
(Pvt) FLYING W 2356 - 18
PRIEST RIVER (1S6) 2187 *L 29 122.9
Priest River
Laclede
Dover
(Pvt) TIMBER-BASIN 2220 - 20
BIRD 2 (Pvt) 2192 - 19 122.8
Glengary
Sagle
BEAUX (Pvt) 2079 - 18
LAKE PEND OREILLE (S96) 2062 - 150 122.8
(Pvt) DELTA SHORES 2064 - 33
Clark Fork
Talache
Lake Pend Oreille
Cocolalla
Cocolalla Lake
RIVERLAKE (Pvt) 2076 - 26
TUKA (Pvt) 2086 - 27 2086 - 80
Clark Fork River
Blanchard
(Pvt) TREEPORT 2500 - 30
Clagstone
Heron
Bayview
Spirit Lake
HACKNEY (Pvt) 2445 - 35
Athol
(Pvt) WESTERN SPUR 2350 - 28
48°
Noxon
116°
Twin Lakes
(Pvt) RANCH AERO 2315 - 24
69
Rathdrum
See NOTAMs/Directory for Class E (sfc) eff hrs
POST FALLS 347 LEN
COEUR D'ALENE-BOYINGTON (COE) AWOS-3 135.075 2320 *L 74 122.8 RP 2
MAGEE (S77) 3002 - 22 122.9
Hayden Lake
KARPS
V 120 448
VOR-DME 122.05 COEUR D'ALENE 108.8 Ch 25 COE
BOISE
66
MONTANA
IDAHO
14°30'E
Post Falls
COEUR D'ALENE
MICA PEAK
BROOKS (S76) 2125 - 150 122.9 RP 11, 15
REGAN (Pvt) 2727 - 22
V 120
(Pvt) PISCHS 2775 - 19
Coeur d' Alene Lake
HIPRR
CARLIN BAY (Pvt) 2702 - 27
HILIE
VORTAC 115.5 GEG
Rose Lake
Enaville
SHOSHONE CO (S83) 2227 *L 53 122.8 RP 7
Cataldo
Pinehurst
Kellogg
Murray
Rockford Bay
Medimont
Harrison
Black Lake
ski area
Wallace
Burke
Mullan
LOOKOUT PASS
STEVENS PEAK
LATOUR PEAK
(Pvt) ROCK CREEK 2500 - 26
Worley
marina
ST MARIES (S72) 2131 *L 33 122.8 RP 10
Plummer
SKY ISLAND (Pvt) 2880 - 14
1
2
3
4

【그림4-9】

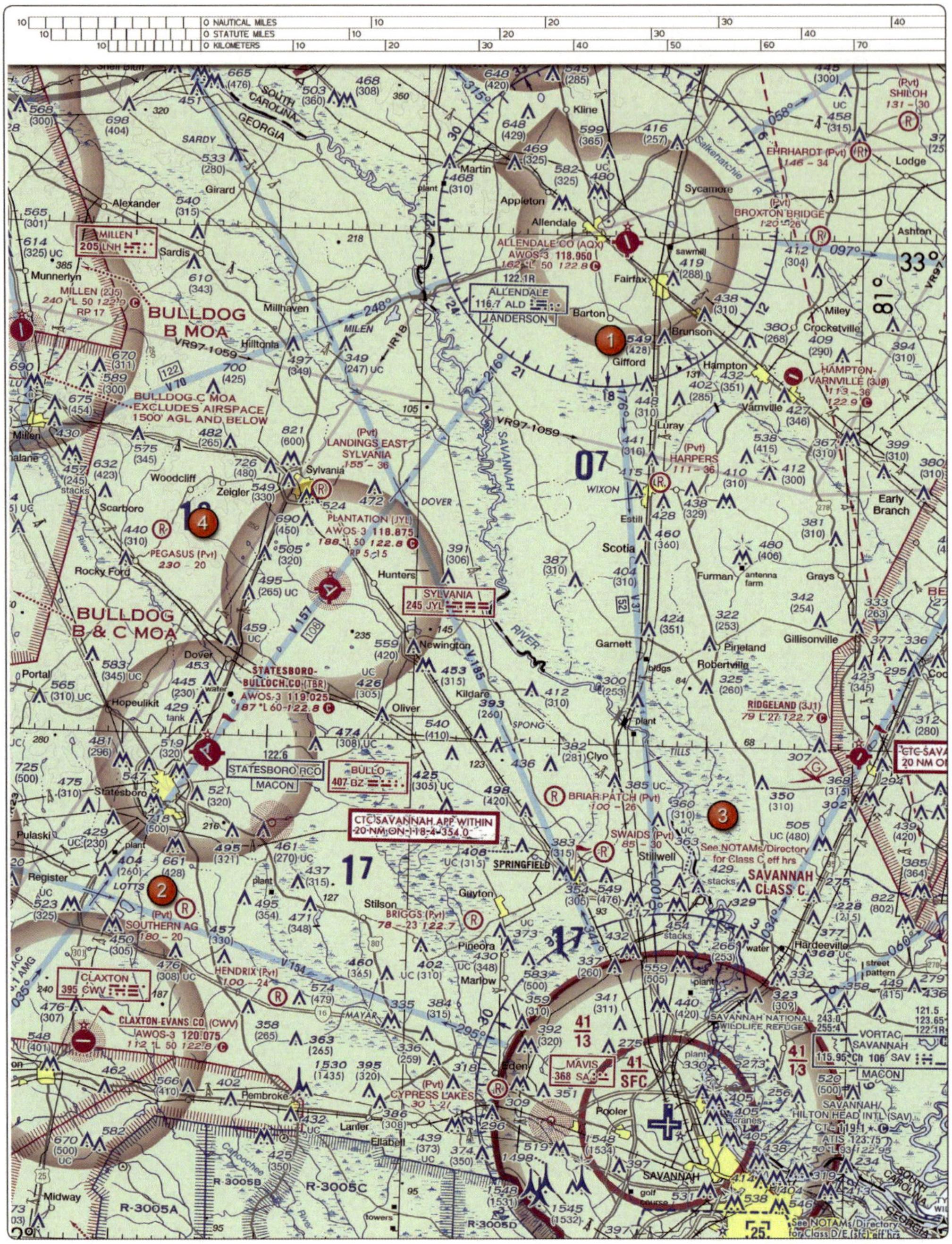
NAUTICAL MILES
STATUTE MILES
KILOMETERS
BULLDOG B MOA
BULLDOG-C MOA EXCLUDES AIRSPACE 1500' AGL AND BELOW
BULLDOG B & C MOA
ALLENDALE CO (AQX)
AWOS-3 118.950
ALLENDALE 116.7 ALD
ANDERSON
HAMPTON-VARNVILLE (3J0)
PLANTATION (JYL)
AWOS-3 118.875
SYLVANIA 245 JYL
STATESBORO-BULLOCH CO (TBR)
AWOS-3 119.025
STATESBORO RCO
MACON
BULLO
CTC SAVANNAH APP WITHIN 20 NM ON 118.4 354.0
RIDGELAND (3J1)
See NOTAMs/Directory for Class C eff hrs
SAVANNAH CLASS C
CLAXTON 395 CWV
CLAXTON-EVANS CO (CWV)
AWOS-3 120.075
SAVANNAH NATIONAL WILDLIFE REFUGE
SAVANNAH/HILTON HEAD INTL (SAV)
MAVIS 368 SA
SAVANNAH
SPRINGFIELD
R-3005A
R-3005B
R-3005C
R-3005D
SAVANNAH RIVER
GEORGIA
SOUTH CAROLINA

【그림4-10】

SULPHUR SPRINGS (SLR)
AWOS-3 118.35
SULPHUR SPRINGS
109.0 Ch 27 SLR
COMMERCE (2F7)
MAJORS (GVT)
CADDO MILLS (7F3)
QUITMAN
114.0 Ch 87 UIM
PARIS
113.6 Ch 83 PRX
BONHAM
114.6 Ch 93 BYP
LAKE TAWAKONI
Greenville
Commerce
Sulphur Springs
Winnsboro
Farmersville
Wolfe City
Ladonia
Cooper
Klondike
Campbell
Cumby
Emory
Quinlan
Royse City
Rockwall
Whitewright
Trenton
Leonard
Bailey
Randolph
Celeste
Kingston
Merit
Westminster
Valdasta
Nevada
Yantis
Alba
Quitman
Saltillo
Pickton
Como
Dike
Weaver
Pine Forest
Peerless
Martin Springs
Miller Grove
Lone Oak
Point
Fairlie
Yowell
Charleston
Lake Creek
Enloe
Ben Franklin
Minter
Cunningham
Bogata
Johntown
Hagansport
Sulphur Bluff
V 583
V 573
V 15
V 114
33°
96°

【그림4-11】

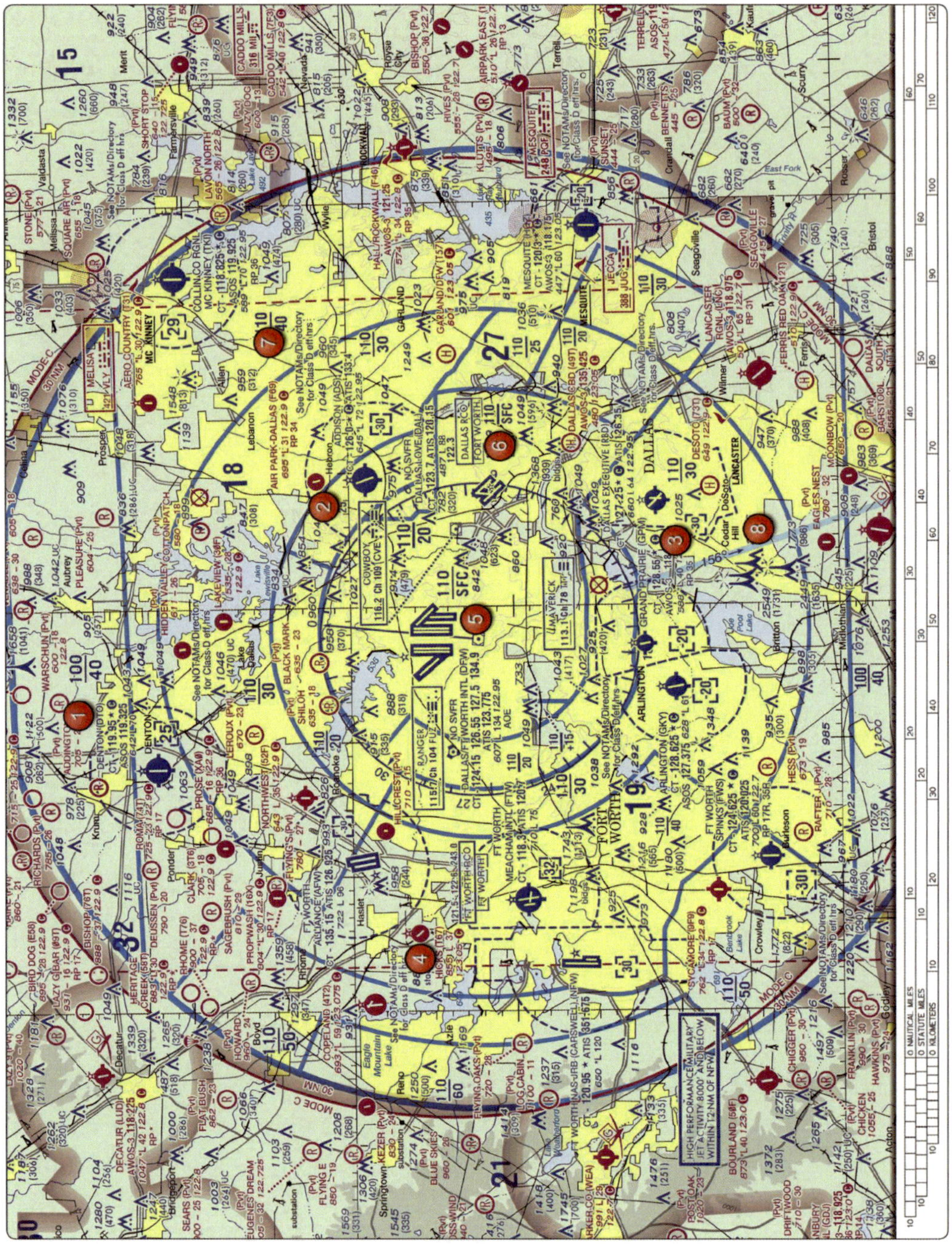

【그림4-12】

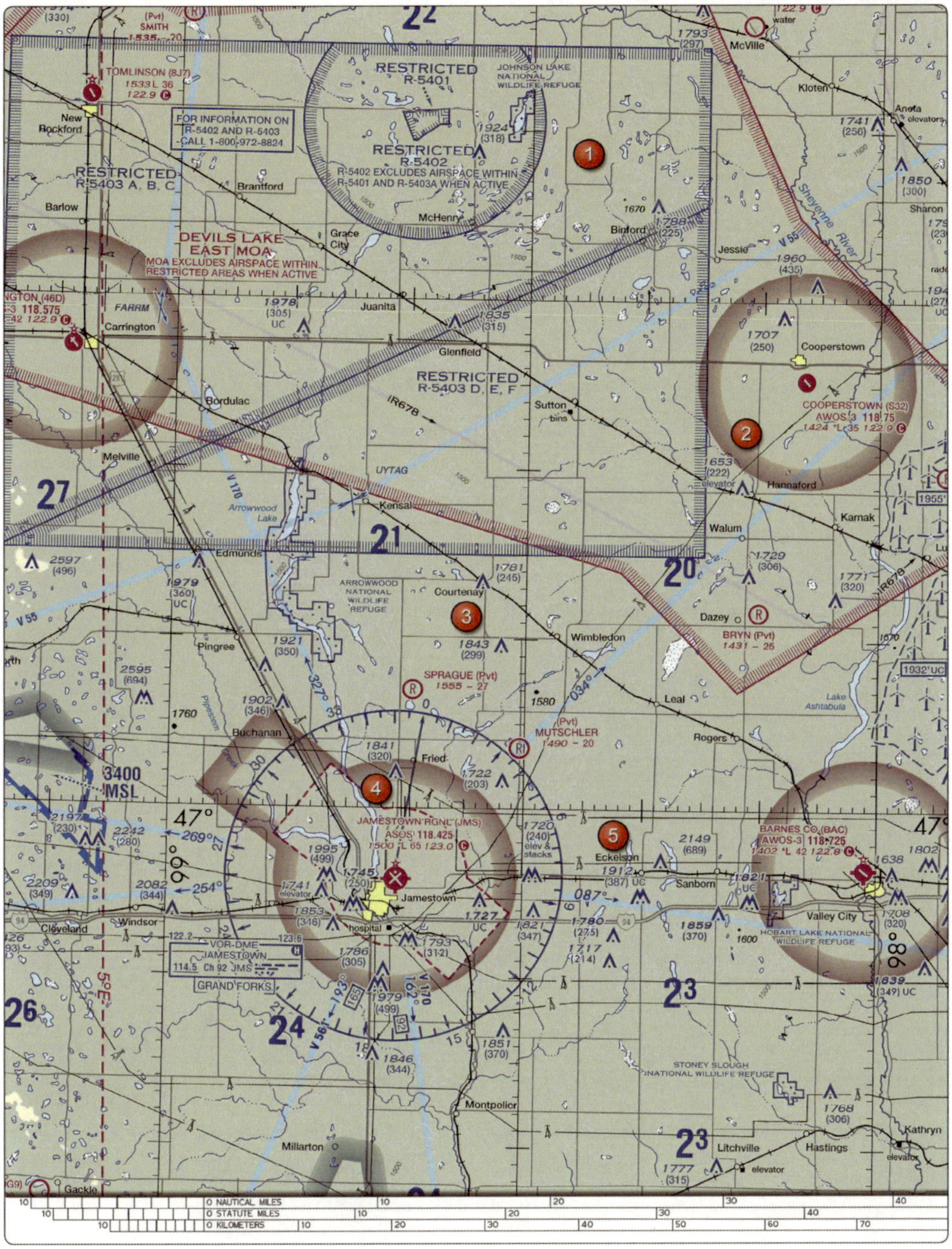

RESTRICTED R-5401
JOHNSON LAKE NATIONAL WILDLIFE REFUGE
RESTRICTED R-5402
R-5402 EXCLUDES AIRSPACE WITHIN R-5401 AND R-5403A WHEN ACTIVE
FOR INFORMATION ON R-5402 AND R-5403 CALL 1-800-972-8824
RESTRICTED R-5403 A, B, C
DEVILS LAKE EAST MOA
MOA EXCLUDES AIRSPACE WITHIN RESTRICTED AREAS WHEN ACTIVE
RESTRICTED R-5403 D, E, F
TOMLINSON (8J7) 1533 L 36 122.9
New Rockford
Brantford
Barlow
McHenry
Grace City
Binford
Jessie
McVille
Kloten
Aneta
Sharon
Juanita
Carrington
Glenfield
Sutton
Bordulac
Melville
Cooperstown
COOPERSTOWN (S32) AWOS-3 118.75 1424 *L 35 122.9
Hannaford
Karnak
Walum
Kensal
Edmunds
Arrowwood Lake
ARROWWOOD NATIONAL WILDLIFE REFUGE
Courtenay
Wimbledon
Dazey
BRYN (Pvt) 1431 - 25
Pingree
SPRAGUE (Pvt) 1555 - 27
(Pvt) MUTSCHLER 1490 - 20
Leal
Rogers
Lake Ashtabula
Buchanan
Fried
3400 MSL
JAMESTOWN RGNL (JMS) ASOS 118.425 1500 L 65 123.0
Jamestown
hospital
Eckelson
Sanborn
BARNES CO. (BAC) AWOS-3 118.725 1402 *L 42 122.8
Valley City
HOBART LAKE NATIONAL WILDLIFE REFUGE
Cleveland
Windsor
VOR-DME JAMESTOWN 114.5 Ch 92 JMS
GRAND FORKS
STONEY SLOUGH NATIONAL WILDLIFE REFUGE
Montpelier
Millarton
Litchville
Hastings
Kathryn
Gackle
NAUTICAL MILES
STATUTE MILES
KILOMETERS

【그림4-13】

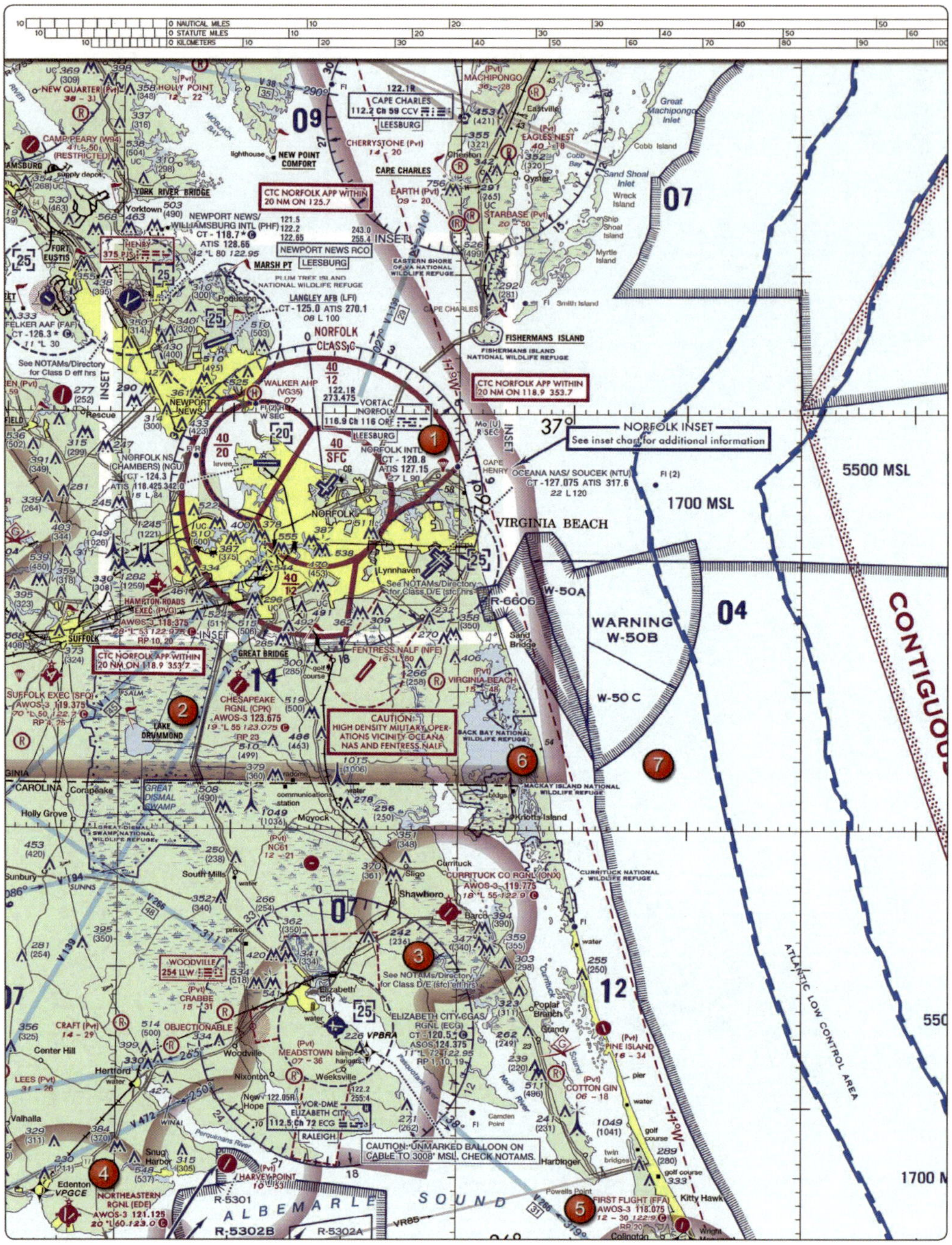
NAUTICAL MILES
STATUTE MILES
KILOMETERS
NEW QUARTER (Pvt)
HOLLY POINT
CAMP PEARY (W94) (RESTRICTED)
CAPE CHARLES
112.2 Ch 59 CCV
LEESBURG
NEW POINT COMFORT
CHERRYSTONE (Pvt)
MACHIPONGO
EAGLES NEST
YORK RIVER BRIDGE
CTC NORFOLK APP WITHIN 20 NM ON 125.7
EARTH (Pvt)
STARBASE (Pvt)
NEWPORT NEWS/ WILLIAMSBURG INTL (PHF)
CT - 118.7
ATIS 128.65
NEWPORT NEWS RCO
LEESBURG
MARSH PT
PLUM TREE ISLAND NATIONAL WILDLIFE REFUGE
EASTERN SHORE OF VA NATIONAL WILDLIFE REFUGE
LANGLEY AFB (LFI)
CT - 125.0 ATIS 270.1
FELKER AAF (FAF)
CT - 126.3
NORFOLK CLASS C
FISHERMANS ISLAND
FISHERMANS ISLAND NATIONAL WILDLIFE REFUGE
See NOTAMs/Directory for Class D eff hrs
CTC NORFOLK APP WITHIN 20 NM ON 118.9 353.7
WALKER AHP (VG35)
VORTAC NORFOLK
116.9 Ch 116 ORF
NORFOLK INSET
See inset chart for additional information
NORFOLK INTL
CT - 120.8
ATIS 127.15
NORFOLK NS (CHAMBERS) (NGU)
CT - 124.3
ATIS 118.425 342.0
OCEANA NAS/ SOUCEK (NTU)
CT - 127.075 ATIS 317.6
5500 MSL
1700 MSL
NORFOLK
VIRGINIA BEACH
Lynnhaven
See NOTAMs/Directory for Class D/E (sfc) hrs
HAMPTON ROADS EXEC (PVG)
AWOS-3 118.375
SUFFOLK
R-6606
W-50A
WARNING W-50B
W-50 C
CONTIGUOUS
CTC NORFOLK APP WITHIN 20 NM ON 118.9 353.7
GREAT BRIDGE
FENTRESS NALF (NFE)
SUFFOLK EXEC (SFQ)
AWOS-3 119.375
CHESAPEAKE RGNL (CPK)
AWOS-3 123.675
VIRGINIA BEACH
CAUTION: HIGH DENSITY MILITARY OPERATIONS VICINITY OCEANA NAS AND FENTRESS NALF
LAKE DRUMMOND
BACK BAY NATIONAL WILDLIFE REFUGE
MACKAY ISLAND NATIONAL WILDLIFE REFUGE
CAROLINA
GREAT DISMAL SWAMP
Moyock
Knotts Island
Holly Grove
South Mills
CURRITUCK CO RGNL (ONX)
AWOS-3 119.775
Shawboro
CURRITUCK NATIONAL WILDLIFE REFUGE
WOODVILLE 254 LLW
CRABBE
OBJECTIONABLE
See NOTAMs/Directory for Class D/E (sfc) eff hrs
ELIZABETH CITY CG/ RGNL (ECG)
CT - 120.5
ASOS 124.375
ATLANTIC LOW CONTROL AREA
Center Hill
MEADSTOWN
Hertford
Weeksville
LEES (Pvt)
CRAFT (Pvt)
PINE ISLAND
COTTON GIN
VOR-DME ELIZABETH CITY
112.5 Ch 72 ECG
RALEIGH
CAUTION: UNMARKED BALLOON ON CABLE TO 3008' MSL. CHECK NOTAMS.
Valhalla
Edenton
NORTHEASTERN RGNL (EDE)
AWOS-3 121.125
HARVEY POINT
ALBEMARLE SOUND
R-5301
R-5302B
R-5302A
FIRST FLIGHT (FFA)
AWOS-3 118.075
Kitty Hawk
1700 MSL
1
2
3
4
5
6
7

【그림4-14】

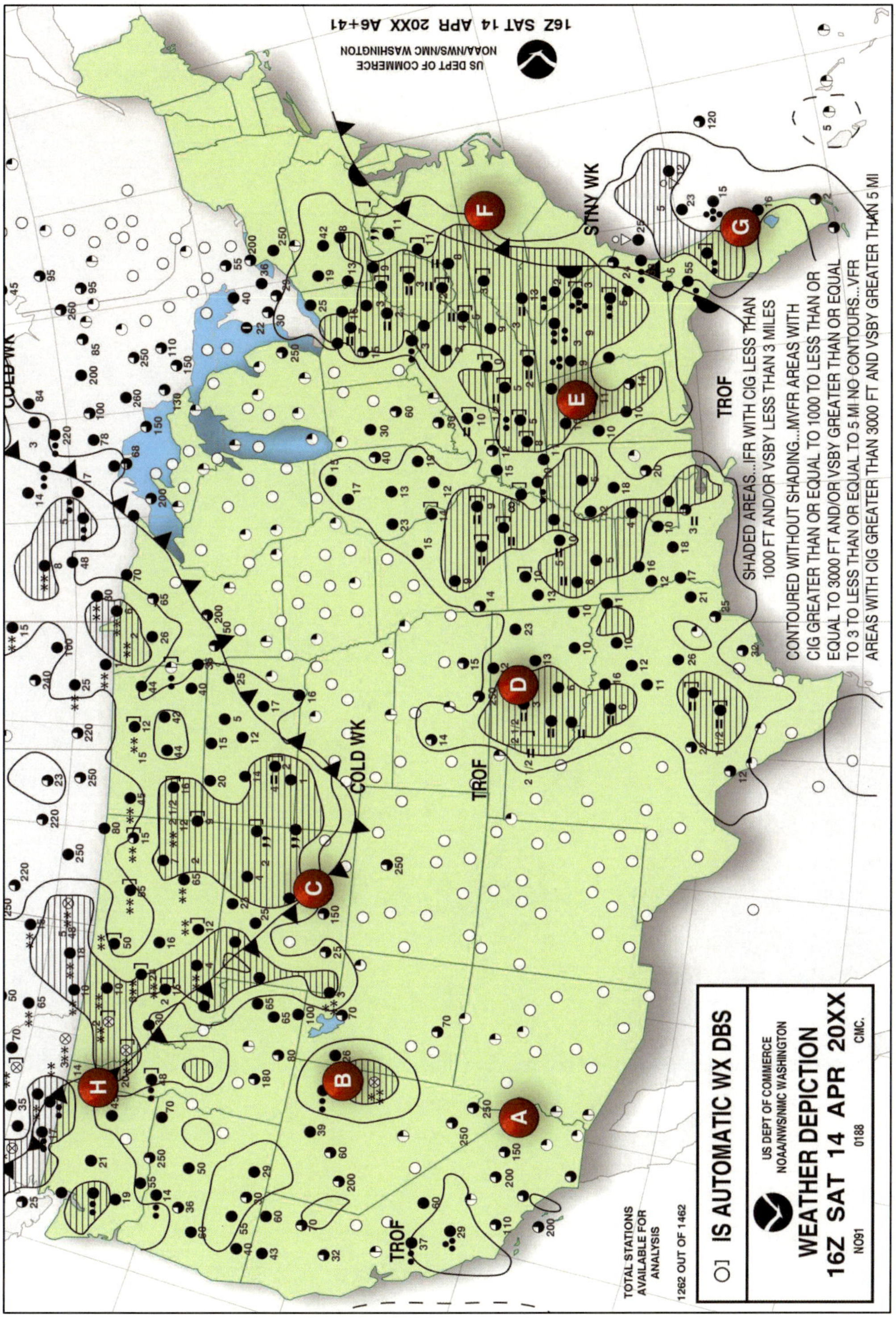
16Z SAT 14 APR 20XX A6+41
US DEPT OF COMMERCE
NOAA/NWS/NMC WASHINGTON
A
B
C
D
E
F
G
H
COLD WK
TROF
STNY WK
SHADED AREAS...IFR WITH CIG LESS THAN 1000 FT AND/OR VSBY LESS THAN 3 MILES
CONTOURED WITHOUT SHADING...MVFR AREAS WITH CIG GREATER THAN OR EQUAL TO 1000 TO LESS THAN OR EQUAL TO 3000 FT AND/OR VSBY GREATER THAN OR EQUAL TO 3 TO LESS THAN OR EQUAL TO 5 MI NO CONTOURS...VFR AREAS WITH CIG GREATER THAN 3000 FT AND VSBY GREATER THAN 5 MI
TOTAL STATIONS AVAILABLE FOR ANALYSIS
1262 OUT OF 1462
IS AUTOMATIC WX DBS
US DEPT OF COMMERCE
NOAA/NWS/NMC WASHINGTON
WEATHER DEPICTION
16Z SAT 14 APR 20XX
NO91 0188 CMC.

【그림6-41】

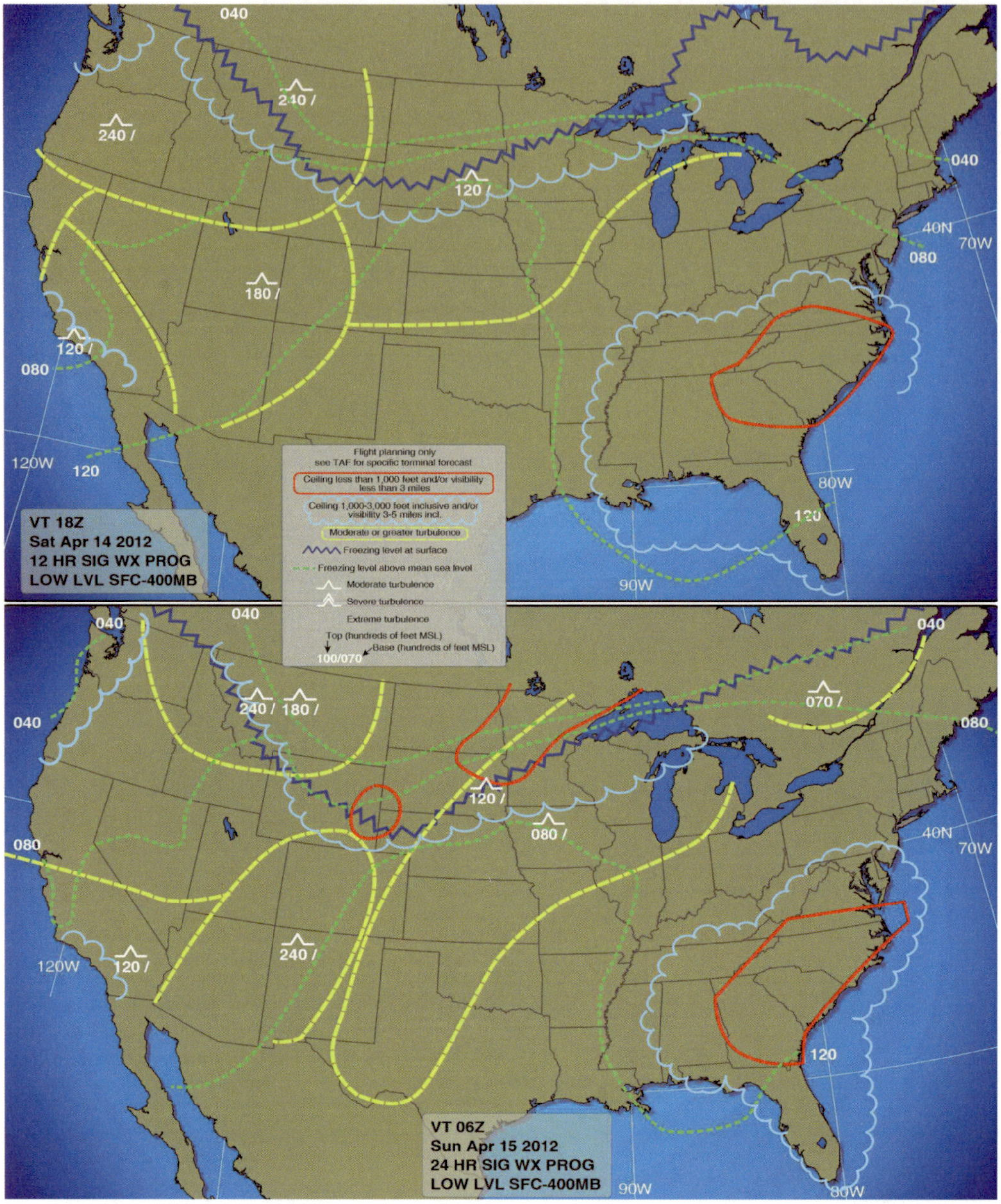
VT 18Z
Sat Apr 14 2012
12 HR SIG WX PROG
LOW LVL SFC-400MB
Flight planning only
see TAF for specific terminal forecast
Ceiling less than 1,000 feet and/or visibility less than 3 miles
Ceiling 1,000-3,000 feet inclusive and/or visibility 3-5 miles incl.
Moderate or greater turbulence
Freezing level at surface
Freezing level above mean sea level
Moderate turbulence
Severe turbulence
Extreme turbulence
Top (hundreds of feet MSL)
Base (hundreds of feet MSL)
100/070
VT 06Z
Sun Apr 15 2012
24 HR SIG WX PROG
LOW LVL SFC-400MB

【그림6-42】

【참고 서적】

1. Pilot's handbook of aeronautical knowledge, 2016, FAA
2. FAA-CT-8080-2H Airman Knowledge Testing Supplement for Sport Pilot, Recreational Pilot, Remote Pilot, and Private Pilot, 2018, FAA
3. Aviation weather, 2017, FAA
4. Aviation weather service, 2017, FAA
5. Cessna(152) information manual, 1995
6. Airmen information manual, 2017, FAA
7. 운항학 개론, 2018, 비행연구원, 이강희
8. 경량 항공기, 2012, 비행연구원, 이강희
9. 항공우주용어사전, 2014, 비행연구원, 이강희, 최연철
10. 비행기 조종학, 2020, 비행연구원, 이강희
11. Wikipedia, the free encyclopedia
12. SKYbrary